储能与动力电池技术及应用

钠离子电池科学与技术

Na-Ion Batteries：Science and Technology

胡勇胜　陆雅翔　陈立泉　著

科学出版社

北　京

内 容 简 介

钠离子电池是继锂离子电池之后最具应用前景的二次电池技术之一，掌握钠离子电池涉及的理论知识和关键科学问题对基础研究和应用推广具有重要意义。本书介绍了钠离子电池的发展历史、工作原理、性能特点和基本概念，探讨了正极材料、负极材料、液体电解质、固体电解质和非活性材料的制备方法、理化性质及对钠离子电池性能的影响，梳理了先进表征技术和理论计算模拟在钠离子电池研究中的应用，分述了钠离子电池的制造工艺、失效分析、成本估算及产业化现状。本书汇集了国内外研究者的最新科技成果与相关技术，体现了钠离子电池当今发展和研究的趋势，是材料、物理、化学、电化学、化工、能源等学科的基础理论研究与应用技术前沿的集成反映。全书共9章，包括钠离子电池简介、钠离子电池正极材料、钠离子电池负极材料、钠离子电池液体电解质、钠离子电池固体电解质、钠离子电池非活性材料、钠离子电池表征技术、钠离子电池理论计算与模拟和钠离子电池技术与应用。

本书深入浅出，适合高等学校、科研院所、相关企业从事化学电源研发的科研人员、生产技术人员和管理工作者等阅读，同时可作为相关专业的师生学习参考用书。

图书在版编目(CIP)数据

钠离子电池科学与技术/胡勇胜，陆雅翔，陈立泉著. —北京：科学出版社，
2020.12

ISBN 978-7-03-067109-7

Ⅰ.①钠…　Ⅱ.①胡…　②陆…　③陈…　Ⅲ.①钠离子-电池　Ⅳ.①TM912

中国版本图书馆 CIP 数据核字 (2020) 第 239524 号

责任编辑：周　涵　田轶静／责任校对：彭珍珍
责任印制：吴兆东／封面设计：蓝正设计

科 学 出 版 社 出版
北京东黄城根北街 16 号
邮政编码：100717
http://www.sciencep.com

北京中科印刷有限公司 印刷
科学出版社发行　各地新华书店经销

*

2020 年 12 月第　一　版　开本：720×1000　B5
2022 年 4 月第五次印刷　印张：30 1/2
字数：613 000

定价：248.00 元
(如有印装质量问题，我社负责调换)

丛 书 序

新能源汽车是指采用非常规的车用燃料作为动力来源（或使用常规的车用燃料、采用新型车载动力装置），综合车辆的动力控制和驱动方面的先进技术，形成的集新技术、新结构于一身的汽车。中国新能源汽车产业始于21世纪初。"十五"以来成功实施了"863电动汽车重大专项"，"十一五"又提出"节能和新能源汽车"战略，体现了政府对新能源汽车研发和产业化的高度关注。

2008年我国新能源汽车产业发展呈全面出击之势。2009年，在密集的扶持政策出台背景下，我国新能源产业驶入全面发展的快车道。

根据公开的报道，我国新能源汽车的产销量已经连续多年位居世界第一，保有量占全球市场总保有量的50%以上。经过近20年的发展，我国新能源汽车产业已进入大规模应用的关键时期。然而，我们要清醒地认识到，过去的快速发展在一定程度上是依赖财政补贴和政策的推动，在当下补贴退坡、注重行业高质量发展的关键时期，企业需要思考如何通过加大研发投入，设计出符合市场需求的、更安全的、更高性价比的新能源汽车产品，这关系到整个新能源汽车行业能否健康可持续发展的关键。

事实上，在储能与动力电池领域持续取得的技术突破，是影响新能源汽车产业发展的核心问题之一。为此，国务院于2012年发布《节能与新能源汽车产业发展规划（2012—2020年）》及2014年发布《关于加快新能源汽车推广应用的指导意见》等一系列政策文件，明确提出以电动汽车储能与动力电池技术研究与应用作为重点任务。通过一系列国家科技计划的立项与实施，加大我国科技攻关的支持力度、加大研发和检测能力的投入、通过联合开发的模式加快重大关键技术的突破、不断提高电动汽车储能与动力电池产品的性能和质量，加快推动市场化的进程。

在过去相当长的一段时间里，科研工作者不懈努力，在储能与动力电池理论及应用技术研究方面取得了长足的进步，积累了大量的学术成果和应用案例。储能与动力电池是由电化学、应用化学、材料学、计算科学、信息工程学、机械工程学、制造工程学等多学科交叉形成的一个极具活力的研究领域，是新能源汽车技术的一个制高点。目前储能与动力电池在能量密度、循环寿命、一致性、可靠性、安全性等方面仍然与市场需求有较大的距离，亟待整体技术水平的提升与创新；这是关系到我国新能源汽车及相关新能源领域能否突破瓶颈，实现大规模产业化的关键一步。所以，储能与动力电池产业的发展急需大量掌握前沿技术的专业人才作为支撑。我很欣喜地看到这次有这么多精通专业并有所心得、遍布领域各个研究方向和层面的作者加入到"储能与动力电池技术及应用"丛书的编写工作中。我们还荣幸地邀请到中国工程院陈立泉院士、衣宝廉院士担任学术顾问，为丛书的出版提供指导。我相信，这套丛书的出版，对储能与动力电池行业的人才培养、技术进步，乃至新能源汽车行业的可持续发展都将有重要的推动作用和很高的出版价值。

本丛书结合我国新能源汽车产业发展现状和储能与动力电池的最新技术成果，以中国汽车技术研究中心有限公司作为牵头单位，科学出版社与中国汽车技术研究中心共同组织而成，整体规划 20 余个选题方向，覆盖电池材料、锂离子电池、燃料电池、其他体系电池、测试评价 5 大领域，总字数预计超过 800 万字，计划用 3~4 年的时间完成丛书整体出版工作。

综上所述，本系列丛书顺应我国储能与动力电池科技发展的总体布局，汇集行业前沿的基础理论、技术创新、产品案例和工程实践，以实用性为指导原则，旨在促进储能与动力电池研究成果的转化。希望能在加快知识普及和人才培养的速度、提升新能源汽车产业的成熟度、加快推动我国科技进步和经济发展上起到更加积极的作用。

祝储能与动力电池科技事业的发展在大家的共同努力下日新月异，不断取得丰硕的成果！

吴锋

2019 年 5 月

前言 Preface

早在 20 世纪 70 年代末期,钠离子电池与锂离子电池几乎同时开展研究,由于受当时研究条件的限制和研究者对锂离子电池研究的热情,钠离子电池的研究曾一度处于缓慢甚至停滞状态,直到 2010 年后钠离子电池才迎来它的发展与复兴。近年来,随着对可再生能源利用的大量需求和对环境污染问题的日益关注,迫切需要发展高效便捷的大规模储能技术。与锂离子电池具有相同工作原理、资源丰富和综合性能优异的钠离子电池在这样的背景下再次获得世界各研究组的广泛关注。钠离子电池相关材料和技术的报道层出不穷,截至 2020 年,全球已有二十多家企业致力于钠离子电池的研发,钠离子电池正朝着实用化的进程迈进。

综观锂离子电池的商业化道路,自 1991 年日本索尼公司将其商业化以来,历经近三十年的发展,锂离子电池已经在"4C"产品(即计算机、通信、网络和消费电子)中占领主体市场,在各国政府的大力支持下,其在电动汽车领域的发展势头也日益强劲,目前国内二次电池的营收占比中锂离子电池和铅酸电池几乎平分秋色。我们不禁要问:钠离子电池能否同锂离子电池一样在储能领域占据重要席位?钠离子电池未来的商业化机遇又路在何方?处在能源消费转型迫在眉睫的关键时期,我国政府对储能技术的研究开发和应用推广给予了高度重视,已出台多项支持政策。国务院颁布的文件中曾明确指出"提高可再生能源利用水平,加强电源与电网统筹规划,科学安排调峰、调频、储能配套能力,切实解决弃风、弃水、弃光问题"。面对如此大的需求和高的技术标准,储能技术的发展迎来了不可忽视的机遇。钠离子电池技术在中国的商业化进程必将势不可挡,不仅能够满足新能源领域低成本、长寿命和高安全性能等要求,还能在一定程度上缓解锂资源短缺引发的储能电池发展受限问题,是锂离子电池的有益补充,同时可逐步替代铅酸电池,有望在低速电动车、电动船、家庭/工业储能、通信基站、数据中心、可再生能源大规模接入和智能电网等多个领域快速发展,推动我国清洁能源技术应用迈向新台阶,提升我国在储能技术领域的竞争力与影响力。

中国科学院物理研究所自 2011 年以来致力于安全环保、低成本、高性能钠离子电池技术开发,已在核心材料方面获得专利授权 20 项(部分专利获得美国、日本和欧盟授权)。开发出的具有自主知识产权的 Cu 基层状氧化物正极材料和低成本无烟煤基负极材料均为国际首创。依托中国科学院物理研究所的钠离子电池技术，中科海钠科技有限责任公司——一家专注于钠离子电池研发与生产的高新技术型企业于 2017 年正式成立，有序推进了关键材料放大制备和生产、电芯设计和研制、模块化集成与管理。目前，已建成钠离子电池正负极材料百吨级中试线及 MW·h 级电芯线，研制出软包、铝壳及圆柱电芯。2018 年 6 月，研制出 72 V/80 A·h 钠离子电池组，首次实现了在低速电动车上的示范应用；2019 年 3 月，研制出 30 kW/100 kW·h 钠离子电池储能电站，首次实现了在规模储能上的示范应用。团队于 2019 年 8 月成功举办了第一届全国钠电池研讨会，邀请同行专家和青年学者进行学术与产业化交流。

面对不断涌入这一研究领域的青年学子、研究学者和企业界人士，著者认为亟需一本关于钠离子电池的专著以帮助他们获取更系统和更前沿的知识，做出更创新和更深入的研究成果，为钠离子电池的研发和应用提供理论和技术支持。为此，著者汇集团队近十年在钠离子电池基础研究和工程化探索中取得的研究进展，荟萃国内外专家学者近四十年在钠离子电池技术领域取得的突出成果，组织撰写了这本关于钠离子电池科学与技术的专业书籍，旨在系统总结钠离子电池的研究现状，集中探讨钠离子电池的关键问题，着力展望钠离子电池的发展趋势。在本书的撰写过程中，著者的研究生们做了大量的文献搜集、图表绘制、数据整理和撰写修改等工作，他们是：容晓晖、丁飞翔、孟庆施、戚钰若、杨佯、邵元骏、张强强、刘丽露、李钰琦、赵成龙、蒋礼威、周权和戚兴国。在此，对他们的辛勤工作表示诚挚感谢！非常感谢肖睿娟、代涛、苏醒、谢飞、牛耀申、于昊、李昱、王一博、胡紫霖、韩帅、刘渊、苏韵、谢贵震、周琳、艾关杰和孔维和等在本书校稿过程中给予的大力支持和帮助。由衷感谢国家重点研发计划智能电网技术与装备重点专项（2016YFB0901500）、国家杰出青年科学基金（51725206）、北京市科学技术委员会项目（Z181100004718008）和中国科学院战略性先导科技专项——变革性洁净能源关键技术与示范（XDA21070500）等对相关研究的长期资助和大力支持。特别感谢科学出版社周涵编辑在本书出版过程中给予的大力帮助。

钠离子电池涉及的科学概念和理论知识非常广泛，同时又处于蓬勃发展之中，各种新材料、新方法、新技术和新理论不断涌现，受著者水平所限，难免挂一漏万。若有疏漏和不妥之处，敬请专家和广大读者批评指正。

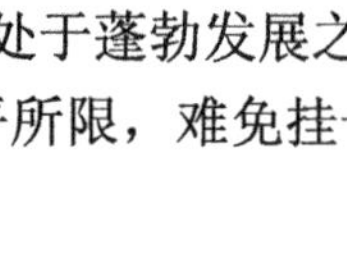

2020 年 7 月

目录 Contents

01

钠离子电池简介

1.1 概　述

自人类通过钻木取火获取能量开始,每次能源革命都伴随着人类文明的巨大进步。然而大量化石能源的消耗给人类环境造成了不可逆转的污染与破坏,因此亟待一场新的划时代的能源革命——以可再生能源替代化石能源,来使人类摆脱即将面临的能源危机和环境灾难。近年来,利用风能、太阳能、水能和潮汐能等可再生能源转化为电能的技术得到了快速发展,但由于其产生的电能会受到自然条件的限制,具有随机性、间歇性和波动性等特点,如果将其产生的电能直接输入电网,会对电网产生大的冲击。新能源发电行业仍面临严重的弃风和弃光等能源浪费问题。据国家能源局公布[1],2018 年全国风、光、水、核四种清洁能源总发电装机量达到 7.28 亿千瓦,总发电量累计 1.87 万亿千瓦时,其中,弃风率为 7%,弃光率为 3%。因此需要发展高效便捷的大规模储能技术,形成可再生能源-储能系统-智能电网-用户端的"能源互联网",才能大幅提高可再生能源的利用效率,建立绿色低碳和高效节约的可持续发展型社会。

目前,对电能的存储可以通过物理储能、化学储能和电化学储能等技术实现[2],其中物理储能包括抽水蓄能、压缩空气储能、飞轮储能和超导储能等;化学储能包括各类化石燃料和氢能等;电化学储能包括二次电池和超级电容器等。在众多储能技术中,电化学储能具有能量密度高、能量转换效率高和响应速度快等优点,在能源领域具有广泛的应用前景,其中二次电池(又称为可充电电池或蓄电池)因其易模块化的特点备受关注。目前进入储能示范应用的二次电池主要有四类:铅酸电池、高温钠电池、钒液流电池和锂离子电池,然而这四类电池都有各自的局限性,如铅酸电池能量密度较低(30~50 W·h/kg),高温钠电池需在较高温度下运行(300~350 ℃),钒液流电池能量转换效率偏低(75%~82%),锂离子电池受锂资源储量的限制难以同时支撑电动汽车与规模储能的发展,因此必须发展新的储能电池技术以支持其可持续发展。近年来,与锂离子电池具有相同工作原理和相似电池构件的钠离子电池,因钠资源丰富、成本低廉和综合性能好等优势而受到广泛关注。钠离子电池能够满足新能源领域低成本、长寿命和高安全性能等要求,可在一定程度上缓解锂资源短缺引发的储能电池发展受限问题,是锂离子电池的有益补充,同时可逐步替代铅酸电池,有望在新型储能应用中扮演重要角色[3]。

早在 20 世纪 70 年代末期,钠离子电池的研究几乎与锂离子电池同时开展,锂离子电池在 1991 年就成功实现了商业化,而钠离子电池至今仍未实现商业化。虽然两种电池的工作原理、材料体系和电池构件相似,但由于电荷载体的差异(Li$^+$

vs. Na$^+$），对钠离子电池的研究可以借鉴锂离子电池的研究经验却无法完全移植。所以，寻找适合钠离子电池的材料，构建合适的钠离子电池体系是其走向实用化的关键。近年来，国内外对钠离子电池的核心材料体系（正极、负极、电解质和隔膜）、重要辅助材料（黏结剂、导电剂和集流体）、关键电池技术（非水系、水系和固态电池）以及分析表征、材料预测和失效机制等方面的研究取得了一系列进展，为钠离子电池的商业化奠定了坚实的基础[4,5]。

随着研究的不断深入，研究者挖掘出了更多钠离子电池的潜在优势，这些优势将赋予钠离子电池更多的特性，使其在未来市场竞争中占据有利地位。图 1.1 总结了钠离子电池的一些优势：

（1）钠资源储量丰富、分布广泛、成本低廉，无发展瓶颈；

（2）钠离子电池与锂离子电池的工作原理相似，可兼容锂离子电池现有的生产设备；

（3）钠与铝不发生合金化反应，钠离子电池正极和负极的集流体均可使用廉价的铝箔，可以进一步降低成本且无过放电问题；

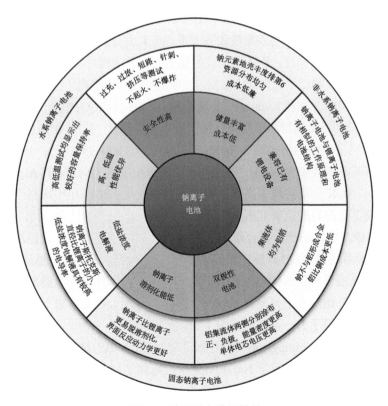

图 1.1　钠离子电池的特性

（4）可构造双极性钠离子电池，即在同一张铝箔两侧分别涂布正极和负极材料，将极片在固体电解质的隔离下进行周期性堆叠，可在单体电池中实现更高电压，同时节约其他非活性材料以提高能量密度；

（5）钠离子的溶剂化能比锂离子的更低，具有更好界面去溶剂化能力；

（6）钠离子的斯托克斯直径比锂离子的小，低浓度的钠盐电解液具有较高的离子电导率，可以使用低盐浓度电解液；

（7）钠离子电池具有优异的倍率性能和高、低温性能；

（8）钠离子电池在安全性测试中不起火、不爆炸，安全性能好。

本章首先简要回顾钠离子电池的发展历史，然后介绍钠离子电池的工作原理与特点，最后对钠离子电池中常用的基本概念做简要总结。

1.2　钠离子电池的诞生与发展

早在研究者利用钠离子作为电荷载体传输和储存电荷之前，1870 年法国著名作家 Jules Verne（儒勒·凡尔纳）在他的科幻小说《海底两万里》中就曾经对钠电池进行过描述[6]，他写道："钠与汞形成汞齐（汞合金）去替代 Bunsen cell（本生电池）中的锌，汞可以永久保持，而不断消耗的钠则可以从大海中源源不断地提取……"自钠电池的概念在科幻小说中提出之后，钠电池的真正出现则历经了近 100 年的时间。1967 年美国的 Yao 和 Kummer[7]发现了 Na^+ 在 $Na-\beta''-Al_2O_3$ 中的快速传导；1968 年美国 Ford 公司以金属钠和单质硫分别作为负极和正极，以 $Na-\beta''-Al_2O_3$ 作为固体电解质，发明了高温钠硫电池（$Na|Na-\beta''-Al_2O_3|S$）（300~350 ℃）；1986 年南非 Coetzer[8]将硫单质替换为 $NiCl_2$，又发明了 ZEBRA 电池（$Na|Na-\beta''-Al_2O_3|NiCl_2$）；2003 年日本 NGK 公司实现了高温钠硫电池的商业化；2011 年中国科学院（以下简称中科院）上海硅酸盐研究所成立上海电气钠硫电池储能技术公司，2014 年开展针对 ZEBRA 电池的产学研合作，并于 2019 年成立上海奥能瑞拉能源科技有限公司（以下简称奥能瑞拉）开展中试技术研究。然而，无论是钠硫电池还是 ZEBRA 电池都是在高温下工作的钠电池，为了降低钠电池的工作温度以提高其安全性，大量研究工作开始致力于开发在室温下工作的钠电池。在此需求下，室温钠离子电池的发展则经历了另一番过程（图 1.2）。

1976 年，美国 Whittingham 等[9]开展了对 Li^+ 嵌入 TiS_2 插层行为的研究，在此研究报道后不久实现了室温下 Na^+ 在 TiS_2 中的电化学可逆脱嵌[10]。法国 Armand[11] 在 1979 年举办的北大西洋公约组织会议（NATO Conference on Materials for Advanced Batteries）上提出了 "摇椅式电池" 的概念，开启了锂离子和钠离子

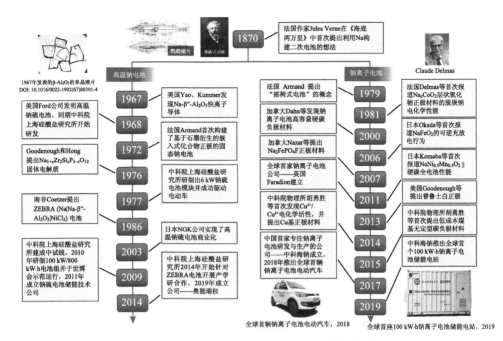

图 1.2　高温钠电池与室温钠离子电池发展线路图

电池的研究。1981 年，法国 Delmas 等[12]首次报道了 Na_xCoO_2 层状氧化物正极材料的电化学性质，并提出了对层状氧化物结构的分类方法，即按照碱金属离子的配位环境把层状氧化物分为 O 型或 P 型（O 指八面体，P 指三棱柱），并用数字（如 2、3 等）代表氧最少重复单元的堆垛层数，该结构分类方法至今仍广泛使用（详见 2.1.1 节）。这一时期也相继报道了多种含钠过渡金属层状氧化物 Na_xMO_2（M = Ni、Ti、Mn、Cr、Nb）的电化学性质。Delmas[4]在研究 NASICON 结构的固体电解质 $Na_3M_2(PO_4)_3$（M = Ti、V、Cr、Fe 等）时，发现它们也可作为电极材料，将 Na^+ 嵌入 $NaTi_2(PO_4)_3$ 电极材料中。然而，在 20 世纪 80 年代后期，关于钠离子嵌入材料的研究报道非常有限，只有少数的论文和专利得以发表，主要原因有[13]：①对锂离子嵌入材料的研究在这一时期也刚刚起步，大量研究者将研究方向锁定在锂离子电池上；②受研究条件的限制（如电解液的纯度、手套箱的密封性和氩气纯度等），难以利用活泼的金属钠作为电极在半电池中准确评估电极材料的性能；③在锂离子电池中成功应用的石墨在碳酸酯类电解质中几乎不具备储钠能力，导致对钠离子电池的研究缺乏合适的负极材料。其实，在锂离子电池成功商业化之前，美国和日本的一些公司就开展了对钠离子全电池的研发，即用 $P2\text{-}Na_xCoO_2$ 为正极，Na-Pb 合金为负极构筑钠离子全电池。虽然该钠离子电池的循环寿命可达 300 周，但它的平均放电电压低于 3 V，这与当时报道的 $C\|LiCoO_2$ 电池（3.7 V）

相比没有优势，未能引起研究者的关注。

如果说 20 世纪 80 年代后期对钠离子电池的研究处于缓慢和停滞状态，2000 年钠离子电池迎来了它的第一个发展转折点。加拿大的 Stevens 和 Dahn[14] 在 2000 年首次通过热解葡萄糖得到一种硬碳负极材料，并展示出 300 mA·h/g 的储钠比容量。截至目前，硬碳材料仍是最具应用前景的钠离子电池负极材料。第二个重要发现是日本的 Okada 等[13]报道的 Fe^{4+}/Fe^{3+}氧化还原电对在 $NaFeO_2$ 中的可逆转变，而该电对在 $LiFeO_2$ 中没有电化学活性。除了层状氧化物之外，2007 年加拿大 Nazar 等[15]报道的 Na_2FePO_4F 聚阴离子材料，该材料在脱出/嵌入钠离子过程中仅表现出 3.7%的体积形变，低于橄榄石型 $NaFePO_4$ 材料 15% 的体积形变。至此，在 2000~2008 年期间发表的有关钠离子电池材料的论文呈缓慢增长的趋势，并主要集中于少数几个实验室中。

自 2010 年始，钠离子电池的研究进入了复兴时期，发表的相关文章数量迅速增加（图 1.3），主要原因有[16]：①对锂离子电池材料的研究日趋成熟，此时的研究主要集中在对材料的应用改进及对电化学过程的深入分析，而开发新材料的难度明显增加，因此大批研究者转向对钠离子电池材料体系的探索；②对全球锂资源的担忧以及新的规模储能应用需求也促使研究者尝试开拓新的电池体系。钠离子电池就是在这样的背景下，借助已有的锂离子电池的丰富研究经验快速发展起来的，研究者相继报道了各种各样的钠离子电池正极材料、负极材料和电解质体系等[17]。其中，正极材料主要有层状和隧道型过渡金属氧化物、聚阴离子化合物、普鲁士蓝类似物和有机材料等；负极材料主要有碳材料、合金、磷化物和有机羧酸盐等。除了对新材料体系的研究，对钠离子电池的研发也朝着低成本和实用化的方向努力。2011 年日本 Komaba 等[18]首次报道了硬碳 $\|NaNi_{0.5}Mn_{0.5}O_2$ 全电池的性能；同年，全球首家钠离子电池公司——英国 FARADION 成立；2013 年美国 Goodenough 等[19]提出了具有较高电压和优良倍率性能的普鲁士白正极材料；2014 年中国胡勇胜等[20]首次在层状氧化物中发现了 Cu^{3+}/Cu^{2+}氧化还原电对的电化学活性，并设计制备出一系列低成本的 Cu 基正极材料[21]；2016 年胡勇胜等[22]又提出用低成本无烟煤制备钠离子电池无定形碳负极材料；基于提出的关键正负极材料，2017 年中国首家钠离子电池研发与生产的公司——中科海钠科技有限责任公司成立，该公司于 2018 年和 2019 年分别推出了全球首辆钠离子电池低速电动车和首座 100 kW·h 钠离子电池储能电站[23]。截至 2020 年，全球有二十多家企业致力于钠离子电池的研发，说明钠离子电池正在向着实用化的进程迈进。与此同时，为了发展更加安全的大规模储能用钠离子电池，分别用水系电解液和固体电解质替换有机电解液的水系钠离子电池和固态钠离子电池的研发也在同步进行。

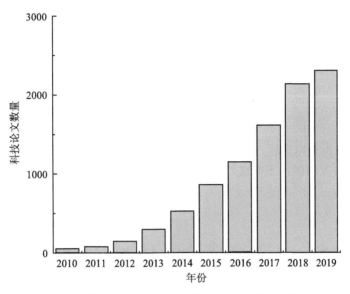

图 1.3　钠离子电池相关研究近十年发表的论文情况

1.3　钠离子电池的工作原理与特点

1.3.1　钠离子电池的工作原理

　　碱金属离子在一定电势下能够在一些宿主材料中可逆脱出和嵌入的现象是碱金属离子可充电池体系发展的基础。如果电池的正、负极分别使用合适的可以脱出/嵌入碱金属离子的宿主材料,那么整个电池的循环过程就是碱金属离子在两电极间的嵌入和脱出过程,也就是碱金属离子在正负极间的定向迁移过程。这一想法的提出摆脱了必须用活泼碱金属作为负极的限制,使最初的锂电池逐渐向锂离子电池的方向发展,避免了不均匀沉积锂金属产生锂枝晶致使电池内部短路的问题。这种利用碱金属离子在正负极之间往返迁移的电池即 M. Armand 提出的"摇椅式电池",钠离子电池便是这种摇椅式电池的一种。

　　与锂离子电池相同,钠离子电池的构成主要包括正极、负极、隔膜、电解液和集流体。正负极之间由隔膜隔开以防止短路,电解液(溶解在有机溶剂中的钠盐溶液)浸润正负极以确保离子导通,集流体则起到收集和传输电子的作用。充电时,Na^+从正极脱出,经电解液穿过隔膜嵌入负极,使正极处于高电势的贫钠态,负极处于低电势的富钠态。放电过程则与之相反,Na^+从负极脱出,经由电解液穿过隔膜嵌入正极材料中,使正极恢复到富钠态。为保持电荷的平衡,充放电过程中有相同数量的电子经外电路传递,与 Na^+ 一起在正负极间迁移,使正负极分别发生氧化和还原反应（图 1.4）。若以 Na_xMO_2 为正极材料，硬碳为负极材料，则电极和电池反应式可分别表示为

$$正极反应：Na_xMO_2 \rightleftharpoons Na_{x-y}MO_2 + yNa^+ + ye^- \qquad (1\text{-}1)$$

$$负极反应：nC + yNa^+ + ye^- \rightleftharpoons Na_yC_n \qquad (1\text{-}2)$$

$$电池反应：Na_xMO_2 + nC \rightleftharpoons Na_{x-y}MO_2 + Na_yC_n \qquad (1\text{-}3)$$

其中，正反应为充电过程，逆反应为放电过程。理想的充放电情况下，Na^+ 在正负极材料间的嵌入和脱出不会破坏材料的晶体结构，充放电过程发生的电化学反应是高度可逆的。

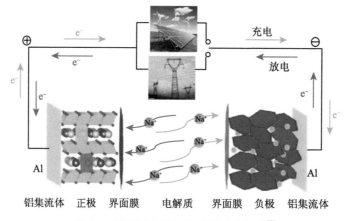

铝集流体　正极　界面膜　电解质　界面膜　负极　铝集流体

图 1.4　钠离子电池的构成及工作原理[5]

　　钠离子电池的工作电压与构成电极的钠离子嵌入化合物的种类以及电极材料的钠含量有关。正极材料应选择具有较高嵌钠电位且富含钠的化合物，该化合物既要提供充放电反应过程在正负极之间嵌入/脱出循环所需要的钠，又要提供在负极表面形成固体电解质中间相所需要的钠；负极材料应尽可能选择电势接近标准 Na^+/Na 电极电势的可嵌入钠的材料。在理想情况下，电池能输出的最大有用功等于电池反应的吉布斯自由能变化 ΔG，为钠离子在正负极间的化学势之差，由此，钠离子电池的电动势 $E=-\Delta G/(nF)=(\mu^- - \mu^+)/F$，其中 μ^- 和 μ^+ 分别代表钠离子在负极和正极材料表面的化学势，F 为法拉第常数（96485 C/mol）。由此可见，要获得较高的电动势，就必须选择合适的正负极材料，提高钠离子在两电极间的化学势差。

　　对钠离子电池进行充放电测试是了解其电化学性能的重要方法。通常由外部设备对电池施加一定的电流或电压，根据设定的数据记录条件记录电压随时间的演变过程和电流随时间的演变过程。例如，对钠离子电池进行恒流充放电时，设定电流值，同时记录电池的电压变化。恒流充放电时的横坐标为时间，通常将电

流与时间积分后可转化为比容量坐标轴，单位一般为 mA·h/g。电池充放电过程中，它的工作电压总是随着时间的延续而不断变化，用电池的工作电压和比容量绘制而成的曲线称为电压-比容量曲线（又称充放电曲线）。根据充放电曲线，可以判断电池恒流工作下的比容量、库仑效率和循环稳定性等。对于全电池而言，充放电曲线基本反映了电极的状态，是正负电极电势变化的叠加。如果想分别获得正负极的电极过程信息，可组装成三电极体系，分别测试正负极相对于参比电极的充放电曲线，或将正负极分别与金属钠对电极组装成扣式半电池，测试充放电曲线。然而，一般情况下充放电曲线中电压对比容量的变化并不敏感，可以对充放电曲线进行微分处理（例如，比容量微分曲线 dQ/dV），以达到将变化放大便于观察的目的。图 1.5 为含 $Na_3(VOPO_4)_2F$ 正极材料的充放电曲线和相应的 dQ/dV 比容量微分曲线。从图中可以看出，比容量微分曲线能更加清晰地反映电极状态的变化，但是要确定具体的过程，仍需要结合其他方法以及参考相关的文献进一步确定。

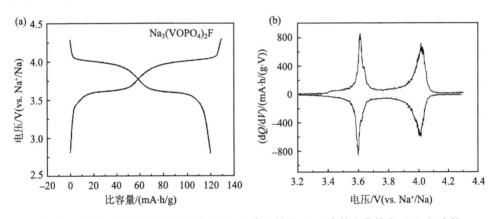

图 1.5 含 $Na_3(VOPO_4)_2F$ 正极材料相对于金属钠的（a）充放电曲线和（b）相应的比容量微分曲线

1.3.2 钠离子电池的特点

储量丰富的钠资源是钠离子电池在大规模储能应用中备受关注的主要因素。锂在地壳中的丰度仅约为 0.0017%，而且分布不均匀，~50% 集中在南美洲。与锂不同，钠是地壳中含量较高的几种元素之一，同时广泛分布于海洋中。除了锂资源的问题，锂离子电池中常用的其他元素，如钴、镍在地壳中的储量也比较低。相比之下，钠离子电池中常用的元素，如铁、锰、铝（正负极集流体）在地壳中的储量相对较高（图 1.6）。这些特点有助于降低钠离子电池的材料成本，同时使其规模化生产不受地理因素的限制，有利于实现大规模储能可持续发展。

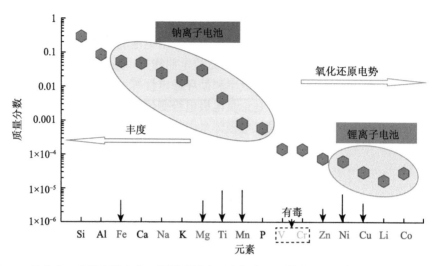

图1.6 地壳中一些元素的丰度，阴影区域表示在锂离子和钠离子层状氧化物中常用的元素

　　除了资源和成本问题，钠离子之所以适合作为电池的电荷载体与其自身的特点相关。图 1.7 汇总了二次电池中常用的几种电荷载体离子的性质，包括锂离子、钠离子、钾离子、镁离子、铝离子、钙离子和锌离子。从图中可以看出钠离子作

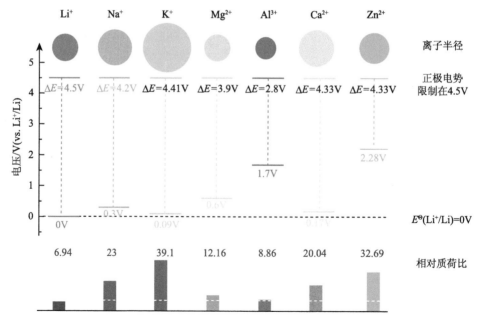

图1.7 二次电池常见电荷载体（锂离子、钠离子、钾离子、镁离子、铝离子、钙离子和锌离子）的物理化学性质，包含离子半径、电化学窗口（碳酸酯溶剂中）和质荷比（相对于锂离子）

为电荷载体具有以下特点：钠离子半径适中，所以不至于因半径过大造成电极材料较大的体积形变，也不至于因半径过小而造成在电解液中去溶剂化困难；拥有相对较宽的电压窗口（4.2 V，以锂离子电池 4.5 V 的电压窗口为基准），可实现更高的能量密度；质荷比较大，大约是锂离子的 3.3 倍、铝离子的 2.6 倍，但是如果选择恰当的正极材料体系，可使材料质量比容量之间的差距进一步减小。表 1.1 进一步总结了上述电荷载体离子的相关性质参数。

表 1.1　各种电荷载体离子的性质对比

参数	Li⁺	Na⁺	K⁺	Mg²⁺	Al³⁺	Ca²⁺	Zn²⁺
相对原子质量	6.94	23.00	39.10	24.31	26.58	40.08	65.38
质荷比	6.94	23.00	39.10	12.16	8.86	20.04	32.69
$ACoO_2$ 的理论质量比容量/(mA·h/g)	274	235	206	260	268	242	217
$ACoO_2$ 的理论体积比容量/(mA·h/cm³)	1378	1193	906				
$E^{\ominus}(A^+/A_{aq})$(V vs. SHE)	−3.04	−2.71	−2.93	−2.4	−1.7	−2.9	−0.76
$E^{\ominus}(A^+/A_{pc})$(V vs. Li⁺/Li$_{pc}$)	0	0.23	−0.09				
Shannon's 半径/Å	0.76	1.02	1.38	0.72	0.54	1.06	0.74
斯托克斯半径(H₂O)/Å	2.38	1.84	1.25	3.47	4.39	3.10	4.3
斯托克斯半径(PC)/Å	4.8	4.6	3.6				
PC 的离子电导率/(S·cm²/mol)	8.3	9.1	15.2				
去溶剂化能(PC)/(kJ/mol)	215.8	158.2	119.2	569.4			
熔点/℃	180.5	97.8	63.4	650	660	842	420

注：多电子转移的 $ACoO_2$ 的理论比容量是基于 $Mg_{0.5}CoO_2$、$Al_{1/3}CoO_2$ 和 $Ca_{0.5}CoO_2$ 的。

尽管钠是周期表中在原子质量和原子半径方面仅次于锂的第二轻和第二小的碱金属，但两者在物理化学性质上的差异势必会造成相应电极材料在电化学性能上的差异。例如，较重的钠离子质量和较大的钠离子半径致使钠离子电池的重量和体积能量密度无法与锂离子电池相媲美。而钠离子较大的离子半径也必将引起电极材料在离子输运、体相结构演变和界面性质等方面的差异。图 1.8（a）对比了 Li||LiCoO₂ 和 Na||NaCoO₂ 半电池的典型充放电曲线。从图中可以看出，虽然两种正极材料具有相同的晶体结构，但由于电荷载体存在差异（Li⁺ vs. Na⁺），LiCoO₂ 的工作电压要高于 NaCoO₂，而且在充放电过程中 NaCoO₂ 的电化学曲线出现了多个平台[13]。就负极材料而言，在锂离子电池中具有优异储锂能力的石墨却由于热力学原因几乎不具备储钠能力（图 1.8（b））[24]。这些都说明了在开发钠离子电池电极材料过程中必须探寻不同于锂离子电池的新体系，才能发挥钠离子电池自身的优势。

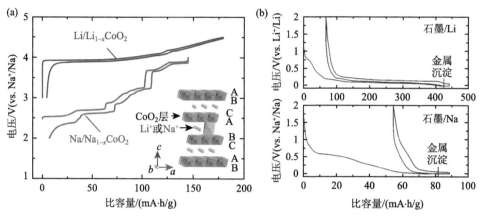

图 1.8 （a）Li||LiCoO₂ 和 Na||NaCoO₂ 半电池的典型充放电曲线对比；
（b）石墨储锂和储钠的性能对比

　　然而，钠离子半径较大所带来的差异并非一定是负面的，在钠离子电池电极材料开发方面存在一些与锂离子电池不同的特点：①由于钠离子与过渡金属元素离子的半径差异较大，在高温下更容易与过渡金属分离形成层状结构，使其层状氧化物的堆积方式具有多样化。含锂层状氧化物多为 O 型结构，而含钠层状氧化物具有丰富的 O 型和 P 型材料种类。②很多在含锂层状氧化物正极中没有电化学活性的过渡金属元素在含钠层状氧化物中具有活性。目前仅发现 Mn、Co 和 Ni 三个元素组成的含锂层状氧化物可以可逆充放电，而具有活性的含钠层状氧化物种类相对较多，Ti、V、Cr、Mn、Fe、Co、Ni 和 Cu 等元素均具有活性且表现出高度可逆性。③钠离子在电极材料中的扩散速率并非一定低于锂离子，扩散速率的快慢与电极材料的晶体结构密切相关，例如，Na^+ 在层状 $Na_{0.66}[Li_{0.22}Ti_{0.78}]O_2$ 中的扩散速率要高于在尖晶石 $Li_4Ti_5O_{12}$ 中的扩散速率。④在充放电过程中，相同构型的电极材料由于传输离子的差异会产生不同的相变，特别是钠离子与空位的有序无序分布将对电极材料性能产生重要影响。⑤较大的钠离子半径不一定会导致电极材料的体积发生巨大形变，例如，层状 $Na_{0.6}[Cr_{0.6}Ti_{0.4}]O_2$ 在脱出/嵌入钠离子过程前后的体积形变仅有 0.5%。⑥较大的钠离子半径使其在极性溶剂中具有较弱的溶剂化能，从而在电解液中具有更高的电导率，另一方面也可以用低盐浓度电解液达到相同的电导率。

　　此外，由于钠与铝不会形成合金，铝箔可以同时作为钠离子电池正负极的集流体，替代在锂离子电池负极侧使用的铜箔集流体，这样不仅可以进一步降低钠离子电池的成本，而且可以设计双极性（bi-polar）电池以进一步提升能量密度。而且由于钠离子电池与锂离子电池相似的结构组件，可以在大规模生产中使用生产锂离子电池的设备、技术和方法，以加快钠离子电池的产业化进程。

1.4 钠离子电池的基本概念

在描述钠离子电池电化学性能的过程中，通常会涉及相关的概念及术语，本节将介绍一些常用的术语。

1. 电池电动势（E）

在等温等压条件下，体系发生变化时吉布斯自由能的减小（$\Delta G_{T,p}$）等于对外所做的最大非膨胀功，如果非膨胀功只有电功，则

$$\Delta G_{T,p} = -nFE \tag{1-4}$$

式中，n 为电极在氧化还原反应中的得失电子数；F 为法拉第常数，即 1 mol 电子的电量，约为 96485 C；E 为可逆电动势，即正负极之间的电势差。如果参加反应的物质活度为 1，则 E 为可逆反应的标准电动势 $E^{\ominus}$。当电池中的化学能以热力学不可逆方式转变为电能时，两极间的电势差 E 一定小于可逆电动势 E。

2. 开路电压（U_{ocv}）

开路电压是指外电路没有电流通过时电池正负极之间的电势差，一般小于电池的电动势，单位为 V。

3. 工作电压（U_w）

工作电压是指电流通过外电路时，电池正负极之间的电势差，又称放电电压或负荷电压，是电池的实际输出电压，单位为 V。工作电压总是低于开路电压，因为电流在电池内部流动时，必须克服欧姆电阻和极化电阻所造成的阻力

$$U_w = E - IR_i = E - I(R_{\Omega} + R_f) \tag{1-5}$$

或

$$U_w = E - \eta^+ - \eta^- - IR_{\Omega} = \varphi^+ - \varphi^- - IR_{\Omega} \tag{1-6}$$

式中，η^+ 和 η^- 分别为正极极化过电势和负极极化过电势；φ^+ 和 φ^- 分别为正极电势和负极电势。

4. 终止电压

终止电压又叫截止电压，是指电池在充电或放电时所规定的最高充电电压或最低放电电压。

5. 充放电速率

充放电速率常用"时率"和"倍率"表示。时率指以一定的放电电流放完额定容量所需的小时数。倍率指电池在规定时间内放出额定容量所输出的电流值,数值上等于额定容量的倍数。例如,2 倍率(2C)放电,表示放电电流数值为额定容量的 2 倍,若额定容量为 10 A·h,放电电流为 2×10=20(A),也就是 2C 放电,换算成时率则是 10 A·h/20 A=0.5 h。

6. 电池内阻（R_i）

电池内阻是指电池在工作时,活性离子在电池内部迁移所受的阻力,包括欧姆电阻（R_Ω）和极化电阻（R_f）两部分。欧姆电阻由电极材料、隔膜、电解液电阻及各部分零件的接触电阻组成。极化电阻是指电极在电化学反应时由极化引起的电阻,包括电化学极化电阻和浓差极化电阻。

7. 理论容量（C_0）

理论容量是指活性物质全部参加电池反应所给出的电量。按照法拉第定律,计算公式为

$$C_0 = \left(96485n\frac{m_0}{M}\right)\Big/3600 = 26.8\, n\frac{m_0}{M} = \frac{1}{q}\, m_0 \,(\text{A·h}) \tag{1-7}$$

式中,m_0 为活性物质完全反应的质量;M 为活性物质的摩尔质量（g/mol）;n 为电极反应中的得失电子数;q 为活性物质电化当量（g/(A·h)）。

8. 实际容量（C）

实际容量是指在一定放电条件下,电池实际放出的电量。
恒电流放电时

$$C = It \tag{1-8}$$

恒电阻放电时

$$C = \int_0^t I\mathrm{d}t = \frac{1}{R}\int_0^t U\mathrm{d}t \tag{1-9}$$

近似计算公式为

$$C = U_a t/R \tag{1-10}$$

式中,I 为放电电流（A）;R 为放电电阻（Ω）;t 为放电至终止电压的时间（h）;U_a 为电池的平均放电电压（V）。

9. 额定容量（C_r）

额定容量是指尚未使用的成品电池在特定温度下以规定的放电速率放电到特定终止电压的容量。

10. 比容量（C_m 或 C_v）

比容量是指单位质量或单位体积电池所提供的容量，称为质量比容量 C_m（A·h/kg）或体积比容量 C_v（A·h/L）。

$$C_m = C/m \tag{1-11}$$
$$C_v = C/V \tag{1-12}$$

式中，m 为电池质量（kg）；V 为电池体积（L）。

11. 理论能量（W_0）

电池在放电过程中处于热力学平衡态，放电电压保持电动势（E）数值，且活性物质利用率为 100%，即放电容量达到理论容量（C_0）时，电池的输出能量为理论能量。理论能量是可逆电池在恒温恒压下所做的最大非膨胀功

$$W_0 = C_0 E \tag{1-13}$$

12. 实际能量（W）

实际能量是电池放电时实际输出的能量。

$$W = C U_a \tag{1-14}$$

13. 比能量（W_m 或 W_v）

比能量又称为能量密度，是指单位质量或单位体积的电池输出的能量，称为质量比能量 W_m（W·h/kg）或体积比能量 W_v（W·h/L）。

$$W_m = C U_a/m \tag{1-15}$$
$$W_v = C U_a/V \tag{1-16}$$

14. 理论功率（P_0）

理论功率是指在一定的放电条件下，单位时间内电池输出的理论能量，单位为 W。

$$P_0 = W_0/t = C_0 E/t = ItE/t = IE \tag{1-17}$$

15. 实际功率（P）

实际功率是指在一定的放电条件下，单位时间内电池输出的实际能量。

$$P = IU = I(E-IR_i) = IE-I^2R_i \qquad (1\text{-}18)$$

式中，I^2R_i 指电池总内阻消耗的功率。电池的内阻越大，其对应功率越小，即高速放电的性能差。

16. 比功率（P_m 或 P_v）

比功率又称功率密度，是指单位质量或单位体积电池输出的功率，一般用 W/kg 或 W/L 表示。功率密度的大小表示电池承受工作电流的大小，与电池内阻有关。电池在高倍率放电时，比功率增大，但由于极化增强（包括内阻引起的压降），输出的电压很快下降，因此比能量降低。

17. 恒流充放电

恒流充放电是指在恒定的电流下，对电池进行充电或放电的过程。一般当充电或放电达到设置的终止电压时，充电或放电过程结束。

18. 恒压充电

恒压充电是指在恒定的电压下，对电池进行充电的过程。在充电过程中设置终止电流，当电流小于该值时，充电过程结束。

19. 库仑效率

库仑效率是指充放电效率，用放电容量与充电容量的百分比表示。库仑效率与电极的稳定性和电极/电解质界面的稳定性有关。电极活性材料的结构、形态、导电性的变化，电解质的分解，电极界面的钝化等都会影响库仑效率。

20. 能量转换效率

能量转换效率是指电池放电能量与充电能量的比值，是一个 0~1 的无量纲数字，有时也会用百分比表示。

21. 循环寿命

电池经历一次充放电，称为一个周期。循环寿命是指电池在一定条件下进行充放电，当电池放电比容量达到规定值时的循环次数。影响循环寿命的主要因素有：充放电过程中，电极活性物质表面积减小，工作电流密度上升，极化增大；电极上活性物质脱落或转移；电极材料晶型改变或发生腐蚀，活性降低；电池内部短路；隔膜损坏等。

22. 自放电

自放电是指在开路状态下，电池在一定条件下贮存时容量下降的现象。自放电速率是单位时间内容量降低的百分数。

23. 荷电状态（state of charge, SOC）

荷电状态是指当电池使用一段时间或长期搁置不用后，剩余容量与初始充电状态容量的比值，常用百分数表示。SOC=100%表示电池充满状态。

24. 放电深度（depth of discharge, DOD）

放电深度是放电程度的一种度量，体现为电池放电容量与额定放电容量的百分比。

参 考 文 献

[1] http://www.nea.gov.cn/xwfb/20190128zb1/index.htm
[2] Dunn B, Kamath H, Tarascon J M. Electrical energy storage for the grid: a battery of choices. Science, 2011, 334(6058): 928-935
[3] Lu Y X, Zhao C L, Rong, X H, et al. Research progress of materials and devices for room-temperature Na-ion batteries. Acta Physica Sinica, 2018, 67(12): 120601
[4] Delmas C. Sodium and sodium-ion batteries: 50 years of research. Advanced Energy Materials, 2018, 8(17): 1703137
[5] Pan H L, Hu Y S, Chen L Q. Room-temperature stationary sodium-ion batteries for large-scale electric energy storage. Energy & Environmental Science, 2013, 6(8): 2338-2360
[6] Winter M, Barnett B, Xu K. Before Li ion batteries. Chemical Reviews, 2018, 118(23): 11433-11456
[7] Yao Y F Y, Kummer J T. Ion exchange properties of and rates of ionic diffusion in beta-alumina. Journal of Inorganic and Nuclear Chemistry, 1967, 29(9): 2453-2475
[8] Coetzer J. A new high-energy density battery system. Journal of Power Sources, 1986, 18(4): 377-380
[9] Whittingham M S. Electrical energy storage and intercalation chemistry. Science, 1976, 192(4244): 1126-1127
[10] Newman G H, Klemann L P. Ambient temperature cycling of an Na-TiS$_2$ cell. Journal of the Electrochemical Society, 1980, 127(10): 2097-2099
[11] Armand M B. Intercalation electrodes// Murphy D W. Materials for Advanced Batteries. New York: Springer, 1980: 145-161
[12] Delmas C, Braconnier J J, Fouassier C, et al. Electrochemical intercalation of sodium in Na$_x$CoO$_2$ bronzes. Solid State Ionics, 1981, 3-4: 165-169
[13] Okada S, Takahashi Y, Kiyabu T, et al. 210th ECS Meeting Abstracts, 2006, MA2006-02, 201
[14] Stevens D, Dahn J R. High capacity anode materials for rechargeable sodium-ion batteries. Journal of the Electrochemical Society, 2000, 147(4): 1271-1273
[15] Ellis B L, Makahnouk W R M, Makimura Y, et al. A multifunctional 3.5 V iron-based phosphate cathode for rechargeable batteries. Nature Materials, 2007, 6: 749-753
[16] Kubota K, Komaba S. Review—practical issues and future perspective for Na-ion batteries. Journal of the Electrochemical Society, 2015, 162(14): A2538-A2550

[17] Palomares V, Casas-Cabanas M, Castillo-Martínez E, et al. Update on Na-based battery materials. A growing research path. Energy & Environmental Science, 2013, 6(8): 2312-2337

[18] Komaba S, Murata W, Ishikawwa T, et al. Electrochemical Na insertion and solid electrolyte interphase for hard-carbon electrodes and application to Na-ion batteries. Advanced Functional Materials, 2011, 21(20): 3859-3867

[19] Wang L, Lu Y, Liu J, et al. A superior low-cost cathode for a Na-ion battery. Angewandte Chemie International Edition, 2013, 52(7): 1964-1967

[20] Xu S Y, Wu X Y, Li Y M, et al. Novel copper redox-based cathode materials for room-temperature sodium-ion batteries. Chinese Physics B, 2014, 23(11): 118202

[21] Mu L, Xu S, Li Y, et al. Prototype sodium-ion batteries using an air-stable and Co/Ni-free O3-layered metal oxide cathode. Advanced Materials, 2015, 27(43): 6928-6933

[22] Li Y, Hu Y S, Qi X, et al. Advanced sodium-ion batteries using superior low cost pyrolyzed anthracite anode: towards practical applications. Energy Storage Materials, 2016, 5: 191-197

[23] Lu Y X, Rong X H, Hu Y S, et al. Research and development of advanced battery materials in China. Energy Storage Materials, 2019, 23: 144-153

[24] Li Y, Lu Y X, Adelhelm P, et al. Intercalation chemistry of graphite: alkali metal ions and beyond. Chemical Society Reviews, 2019, 48(17): 4655-4687

02

钠离子电池正极材料

2.1 概 述

自 20 世纪 70 年代末研究者发现 Na$^+$在层状氧化物 Na$_x$CoO$_2$ 中能够可逆脱出/嵌入以来，关于钠离子电池正极材料的研究越来越多。钠离子电池正极材料主要包括氧化物类、聚阴离子类、普鲁士蓝类和有机类等。其中，氧化物类主要包括层状结构氧化物和隧道结构氧化物，聚阴离子类包括磷酸盐、氟化磷酸盐、焦磷酸盐和硫酸盐等（图 2.1）。与锂离子电池相似，几乎所有的钠离子电池正极材料都需要有可变价的过渡金属离子，氧化还原电势与过渡金属的种类及材料的结构均有关系，可转移的电子数也不尽相同（图 2.2）。但是直接把锂离子电池电极材料中的锂替换为钠并不合适，因此寻找适合钠离子电池的电极材料是钠离子电池走向实用化的关键。

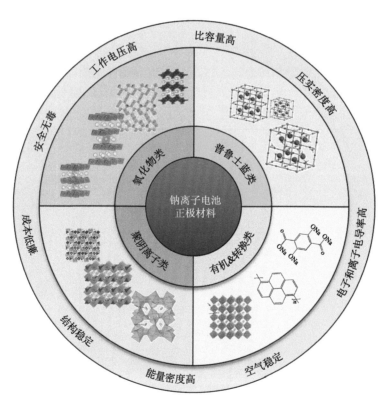

图 2.1 钠离子电池主要正极材料及要求

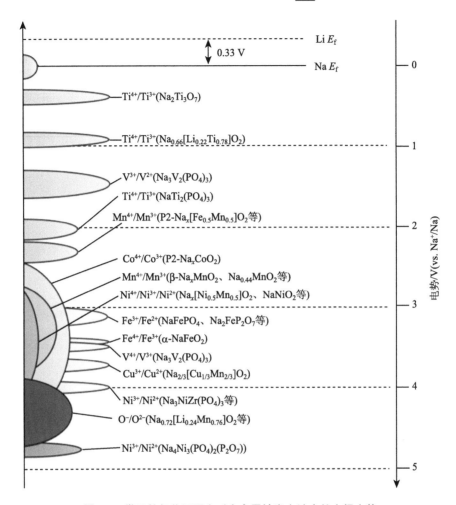

图 2.2　常见的氧化还原电对在金属钠半电池中的电极电势

　　层状氧化物具有周期性层状结构、制备方法简单、比容量和电压较高，是钠离子电池的主要正极材料；除此之外，通过晶格氧的氧化还原反应还可以进一步提高这类材料的能量密度（图 2.3）。不过层状材料大多容易吸水或者与空气反应，影响材料的稳定性和电化学性能，故不能长期存放在空气中。

　　隧道型氧化物的晶体结构中具有独特的"S"形通道，具有较好的倍率性能，且对空气和水的稳定性都较高，然而其首周充电比容量较低，所以实际可用的比容量较小。

　　聚阴离子正极材料大多具有开放的三维骨架、较好的倍率性能及较好的循环性能，但这类化合物的导电率一般较差，为提高其电子和离子导电性，往往需要采取碳包覆和掺杂手段，但又会导致其体积能量密度降低。

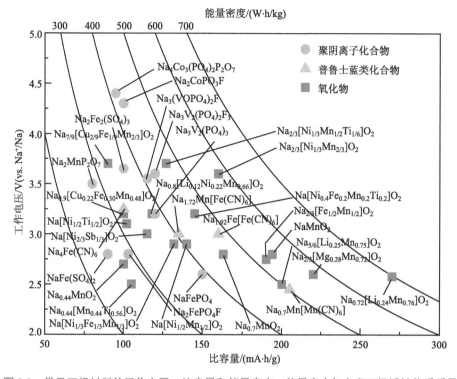

图 2.3　常见正极材料的工作电压、比容量和能量密度，能量密度仅考虑正极活性物质质量

普鲁士蓝类材料是近年来发展起来的具有较大潜力的新型正极材料，其具有开放型三维通道（框架结构），使得 Na^+ 在通道中可以快速迁移，因此具有较好的结构稳定性和倍率性能；然而普鲁士蓝化合物存在结晶水难以除去以及过渡金属离子溶解等问题。

有机类正极材料一般具有多电子反应的特点，从而具有较高的比容量；但是其电子电导率一般较差，同时存在易溶解于有机电解液中的问题。

图 2.3 比较了常见的聚阴离子、普鲁士蓝和氧化物等正极材料的工作电压、比容量和能量密度等参数。

理想的钠离子电池正极材料一般要求具有以下特点：

（1）正极的氧化还原电势高，在负极电极电势一定的情况下全电池可以获得更高的工作电压，从而提高电池整体的能量密度；

（2）质量比容量和体积比容量大，即有限的质量或体积的正极材料可以提供更多容量；

（3）对电解液稳定性高，且在循环过程中结构稳定，可保证电池具有较长的循环寿命；

（4）较高的电子电导率，可以降低电池内阻；

（5）较高的离子电导率，要求电极结构有合适的钠离子扩散通道和较低的离子迁移势垒；

（6）能量转换效率和能量保持率较高；

（7）空气中结构稳定，可以避免存放导致的性质恶化问题；

（8）安全无毒，原料成本低廉，容易制备，可以显著降低钠离子电池成本。

本章将从晶体结构、合成方法、材料性能与涉及的科学问题等方面系统地介绍钠离子电池正极材料的相关知识。

2.1.1 典型正极材料的晶体结构

1. 氧化物类

氧化物类正极材料主要分为层状结构氧化物和隧道结构氧化物。

层状结构氧化物是研究最早的一类嵌入型化合物，具有较高的能量密度以及易制备的特点，结构通式为 Na_xMO_2（M 主要为过渡金属元素中的一种或者多种）。通常过渡金属元素与周围六个氧形成的 MO_6 八面体结构组成过渡金属层，钠离子位于过渡金属层之间，形成 MO_6 多面体层与 NaO_6 碱金属层交替排布的层状结构。Delmas 等[1]根据 MO_6 多面体中钠离子的配位构型与氧的堆垛方式，将层状氧化物分为 O3、O2、P3 和 P2 等不同结构，其中大写的英文字母代表钠离子的配位构型（O 是 Octahedral 的缩写，即八面体位置；P 为 Prismatic 的缩写，即三棱柱位置），数字代表氧最少重复单元的堆垛层数（2 对应 ABBA…，3 对应 ABCABC…），如图 2.4 所示。这种结构分类的优点是可以形象地描述不同的层状结构，缺点是并没有区分出具体的空间群和原子占位信息。文献中一般默认，O3、P2 和 P3 结构对应的空间群分别为 $R\bar{3}m$、$P6_3/mmc$ 和 $R3m$。这些电极材料在充电过程中会发生晶格扭曲并产生相变，虽然相变后的结构所属空间群发生了变化，但仍可以用类似的方法来命名结构。文献中"′"的位置不统一，可能会给读者造成误解，在本书中，我们定义"′"的添加规则为：空间群变化加在字母后，空间群不变添加在数字后。比如，用 O′3、P′2 和 P′3 代表在原有结构基础上空间群发生变化后的结构（O′3、P′2 和 P′3 结构对应的空间群分别为 $C2/m$、$Cmcm$ 和 $P2_1/m$），用 O3′、P2′和 P3′表示与原始材料空间群相同，但是晶胞参数有较大差别的结构。

钠离子电池层状正极材料中最常见的是 O3 和 P2 两种结构，在特定合成条件下也可以得到 P3 结构。图 2.4 展示了 O3、P3 和 P2 结构的晶体结构示意图及钠离子配位环境，这些结构的原子占位和对应的空间群信息如表 2.1 所示。在 O3 结构中，钠离子只有一种占位，与过渡金属 MO_6 八面体共棱连接形成 NaO_6 八面体；在 P3 结构中，仅包含一种 NaO_6 三棱柱占位（一侧与 MO_6 八面体共棱连接，另一

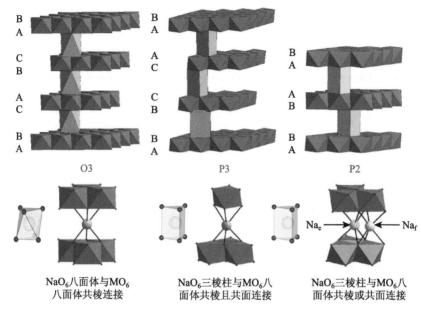

图 2.4 常见的钠离子电池层状氧化物的晶体结构及钠离子配位环境

NaO$_6$八面体与MO$_6$ 八面体共棱连接

NaO$_6$三棱柱与MO$_6$八 面体共棱且共面连接

NaO$_6$三棱柱与MO$_6$八 面体共棱或共面连接

表 2.1 常见的空间群和对应的原子占位

结构	空间群 (代号)	原子占位				
		Na$_e$	Na$_f$	Na	M	O
O3	$R\bar{3}m$ (167)	—	—	3b (0, 0, 1/2)	3a (0, 0, 0)	6c (0, 0, ~0.27)
P3	$R3m$ (160)	—	—	3a (0, 0, ~0.17)	3a (0, 0, 0)	3a (0, 0, ~0.4)
P2	$P6_3/mmc$ (194)	2d (2/3, 1/3, 1/4)	2b (0, 0, 1/4)	—	2a (0, 0, 0)	4f (1/3, 2/3, ~0.09)

侧共面连接);在 P2 结构中,NaO$_6$ 三棱柱分为两种,一种是三棱柱上下两侧均与过渡金属 MO$_6$ 八面体以共棱形式连接,另外一种是上下两侧均与过渡金属 MO$_6$ 八面体以共面形式连接,这两种钠位分别称为 Na$_e$(edge,共棱连接,2d 位)和 Na$_f$(face,共面连接,2b 位)。对于 P2 结构,如果 Na$_e$ 和 Na$_f$ 位置同时占满,钠含量可以达到 2,但是由于存在较强的库仑斥力,两个相邻的位置不能同时占据,一般 Na$_e$ 位置相对 Na$_f$ 能量更低,更易占据,但是两个位置的 Na$^+$ 占据比例与充放电状态和过渡金属元素的选择均有关系。

隧道型氧化物的结构相比层状氧化物更复杂,比如 Na$_{0.44}$MnO$_2$ 是一种典型的隧道结构氧化物,属于正交晶系,空间群为 $Pbam$(图 2.5)。Na$_{0.44}$MnO$_2$ 具有大的 S 形通道和与之毗邻的小的六边形通道。大的 S 形通道由 12 个过渡金属原子 Mn 围成,包含 5 个独立晶格位置,分别为 Mn1、Mn2、Mn3、Mn4 和 Mn5。其

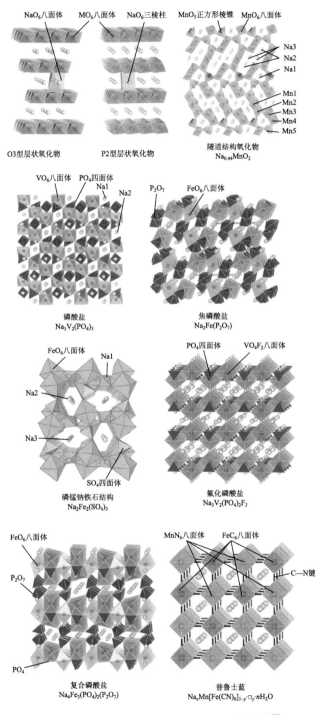

NaO₆八面体　MO₆八面体　NaO₆三棱柱　MnO₅正方形棱锥　MnO₆八面体

Na3
Na2
Na1
Mn1
Mn2
Mn3
Mn4
Mn5

O3型层状氧化物　　P2型层状氧化物　　隧道结构氧化物 Na₀.₄₄MnO₂

VO₆八面体　PO₄四面体　Na1　Na2　　P₂O₇　FeO₆八面体

磷酸盐 Na₃V₂(PO₄)₃　　焦磷酸盐 Na₂Fe(P₂O₇)

FeO₆八面体　Na1　Na2　Na3　SO₄四面体　　PO₄四面体　VO₄F₂八面体

磷锰钠铁石结构 Na₂Fe₂(SO₄)₃　　氟化磷酸盐 Na₃V₂(PO₄)₂F₃

FeO₆八面体　P₂O₇　PO₄　　MnN₆八面体　FeC₆八面体　C—N键

复合磷酸盐 Na₄Fe₃(PO₄)₂(P₂O₇)　　普鲁士蓝 NaₓMn[Fe(CN)₆]₁₋ᵧ·□ᵧ·nH₂O

图 2.5　常见钠离子电池正极材料的晶体结构[2]

中 Mn1、Mn3 和 Mn4 位由 Mn^{4+} 占据，而 Mn2 和 Mn5 位由 Mn^{3+} 占据，呈现电荷排布的有序性。S 形通道内部占据四列钠离子，靠近通道中心的为 Na3 位，靠近通道边缘的为 Na2 位，而小通道中 Na 为 Na1 位。

2. 聚阴离子类

聚阴离子类化合物一般可以表示为 $Na_xM_y(X_aO_b)_zZ_w$，其中，M 为 Ti、V、Cr、Mn、Fe、Co、Ni、Ca、Mg、Al 和 Nb 等中的一种或几种；X 为 Si、S、P、As、B、Mo、W 和 Ge 等；Z 为 F 和 OH 等。这类材料一般由 X 多面体与 M 多面体通过共棱或者共角连接形成多面体结构框架，而钠离子则分布于框架空隙中。这类正极材料往往具有较好的结构稳定性，同时 F^- 和多面体如 PO_4^{3-}、SO_4^{2-} 等拥有较大的电负性，表现出很强的诱导效应，可以提升工作电压。

磷酸盐类化合物种类较多，主要包括 $Na_3M_2(PO_4)_3$ 型磷酸盐、焦磷酸盐和混合磷酸盐等。$Na_3M_2(PO_4)_3$ 型磷酸盐具有三维框架结构，由 PO_4 四面体与 MO_6 八面体共角连接构成，钠离子位于框架中的空隙内，大多具有较高的钠离子扩散系数（$Na_3V_2(PO_4)_3$ 的钠离子扩散系数约为 10^{-10} cm^2/s，比一般层状氧化物高出 1 个数量级以上）。$Na_3V_2(PO_4)_3$ 是一种典型的正极材料，空间群为 $R\overline{3}c$，具有两种不同配位的钠原子，分别是位于六配位的 Na1 位和位于八配位的 Na2 位置，其中位于八配位的 Na2 可以可逆脱出和嵌入，表现出电化学活性，而 Na1 位置的钠离子无法脱出。另外，磷酸盐中的 PO_4^{3-} 阴离子具有诱导效应，使得过渡金属具有较高的氧化还原电势。

焦磷酸盐 $Na_2MP_2O_7$ 具有多种不同的结构构型，包括三斜结构（空间群为 $P1$）、单斜结构（空间群为 $P2_1/c$）和四方结构（$P4_2/mnm$）等，均可以实现钠离子的可逆脱出和嵌入。三斜结构的焦磷酸盐由 MO_6 八面体与 PO_4 以交错方式连接，两个 MO_6 共角连接形成的 M_2O_{11} 二聚体与 P_2O_7（两个 PO_4 共角连接）分别以共角和共棱方式连接，$Na_2Fe(P_2O_7)$ 就属于这种结构；单斜结构的焦磷酸盐具有层状结构，可以看作 1 个 MO_6 八面体与 6 个 P_2O_7 共角连接；四方结构的焦磷酸盐具有较高的结构对称性，M 为四面体配位，1 个 MO_4 四面体与 4 个 P_2O_7 连接。

硫酸盐中的硫酸根往往具有比磷酸根更强的诱导效应，具有比磷酸盐更高的工作电压。$Na_2Fe_2(SO_4)_3$ 具有磷酸钠铁石的结构，空间群为 $P2_1/c$，不同于 NASICON 结构，$Na_2Fe_2(SO_4)_3$ 不包含 $[M_2(PO_4)_3]$ 单元，FeO_6 八面体通过共棱连接形成 Fe_2O_{10} 单元，Fe 有两种不同的占位环境，Fe_2O_{10} 单元和 SO_4 通过共角方式连接并构成三维的结构框架，钠离子沿着 c 轴排布在框架中。

具有两种及两种以上阴离子的化合物一般被称为混合聚阴离子化合物，常见的包括氟化磷酸盐、氟化硫酸盐、磷酸碳酸盐和磷酸焦磷酸盐等，组成十分丰富。氟化磷酸盐通过引入强电负性的 F 原子，可以进一步提高材料的氧化还原电势，氟化磷酸盐包括 Na_2FePO_4F（空间群 $Pbcn$）和 $Na_3(VO_{1-x}PO_4)_2F_{1+2x}$ $(0\leqslant x\leqslant1)$（$x=0$ 时空间群为 $I4/mmm$，$x=1$ 时为 $P4_2/mnm$）等，不同组成的氟磷酸盐结构不同。Na_2FePO_4F 属于正交晶系，FeO_4F_2 八面体链之间与 PO_4 四面体共角相连构成结构框架，Na 位于 $FePO_4F_2$ 层间；$Na_3V_2(PO_4)_2F_3$ 属于四方晶系，每两个 $V_2O_8F_3$ 八面体以共角连接形成 $V_2O_8F_3$ 二聚体，二聚体所具有的 8 个顶点的 O 再与 8 个 PO_4 四面体相连形成结构框架。$Na_4Fe_3(PO_4)_2P_2O_7$ 是一种磷酸焦磷酸化合物，属于正交晶系，空间群为 $Pn2_1a$，FeO_6 八面体和 PO_4 单元通过共角连接，$Fe_3P_2O_{13}$ 基团与 bc 面平行，同时与 P_2O_7 单元在 a 轴方向上连接，钠离子占据于三维离子通道，相比一维离子通道的结构有更好的钠离子扩散能力。

3. 普鲁士蓝类

普鲁士蓝类化合物的结构通式可以写成 $A_xM_1[M_2(CN)_6]_{1-y}\cdot\square_y\cdot nH_2O(0\leqslant x\leqslant2,$ $0\leqslant y\leqslant1)$，其中 A 为碱金属离子，如 Na^+ 和 K^+ 等；M_1、M_2 常为 M 和 Fe，$\square$ 为 $[M_2(CN)_6]$ 空位。普鲁士蓝化合物的结构所属的空间群与钠含量、过渡金属种类以及结晶水的含量均有关。常见的结构有单斜的 $P2_1/n$、立方的 $Fd\bar{3}m$ 和四方的 $I4/m$ 空间群等。普鲁士蓝类化合物具有开放的三维骨架结构及合适的钠离子扩散通道，通过选择不同的过渡金属还可以调控电压和比容量，具备很高的材料设计灵活性。

4. 有机类材料

有机电极材料的种类包括有机小分子、导电聚合物、有机二硫化物和共轭羰基化合物等。这类材料种类和结构繁多，这里不作详细介绍，在后面小节中会对一些有代表性的有机正极材料的结构和性质做具体介绍。

2.1.2 正极材料常用合成方法

正极材料最常用的合成方法是固相反应法。该方法具有操作简单、易于控制、工艺流程短和易工业化生产等优点，便于研究者迅速筛选开发出性能优异的电极材料。但是，固相法得到的样品不能完全达到原子级别的均匀程度，有一定的局限性。其他合成方法，如溶胶-凝胶法、水热/溶剂热法、微波合成法、喷雾干燥法、离子交换法和共沉淀法等也能获得性能优异的样品。表 2.2 总结了钠离子电池正极材料常见的合成方法及其特点。

表 2.2　钠离子电池正极材料常见的合成方法及其特点

合成方法	优点	缺点	适用条件
固相反应法	操作简单、易于控制、工艺流程短、成本较低、易工业化生产等	煅烧时间久、能耗较大、效率低、样品均匀性差和性能略差等	适用性强
共沉淀法	各元素混合均匀，形貌一般较好，易生产放大	需要控制的条件较多，成本较高，需处理废水	可溶性原料
溶胶-凝胶法	前驱体混合均匀，可降低煅烧温度和时间，降低生产成本，样品一致性较好、纯度高等	惰性气氛下易残留原位碳	可溶性原料、可原位包覆碳
喷雾干燥法	干燥过程迅速，前驱体形貌可控	设备一般较复杂，热消耗较大	原料可溶或不可溶均可
水热/溶剂热法	合成温度低、反应迅速、能耗少	反应条件不易控制、结晶性较差、产率低	原料可溶或不可溶均可
微波合成法	烧结时间短	形貌一般较难控制	

1. 固相反应法

固相反应是固体间发生化学反应生成新固体产物的过程。固相反应法是制备电极材料和固体电解质材料最常采用的方法之一，具有工艺简单和成本低廉的优势。该法也属于多组分固相烧结法，即在多组分固相烧结过程中通过离子扩散形成固溶体或新的化合物。在该法中离子扩散的速度及其均匀性对产物的质量有着重要的影响。因此通过采取合适的方法提高材料离子扩散的性能，可促进多组分粉末体系烧结成相。要提高产物的纯度并缩短反应时间，可采用降低粉末粒径、提高粉末混合均匀性和适当提高烧结温度等方法。

例如，以 Na_2CO_3 为钠源，与金属氧化物 CuO、Fe_2O_3 和 Mn_2O_3 混合，可制备 $O3-Na_{0.9}[Cu_{0.22}Fe_{0.30}Mn_{0.48}]O_2$。首先各种原材料按照摩尔比进行称量，在玛瑙研钵或者球磨罐中研磨混合均匀，其间可以加入乙醇、丙酮或乙二醇等作为分散剂增加混合程度。干燥后将粉末转移至三氧化二铝坩埚并放置在马弗炉中，在 900 ℃空气气氛下烧结十余个小时。在烧结过程中，首先在 Na_2CO_3、CuO、Fe_2O_3 和 Mn_2O_3 颗粒接触的地方形成中间相，之后中间相范围逐渐扩大，当离子到达平衡位置时，成核形成 $Na_{0.9}[Cu_{0.22}Fe_{0.30}Mn_{0.48}]O_2$ 相，$Na_{0.9}[Cu_{0.22}Fe_{0.30}Mn_{0.48}]O_2$ 相逐渐长大，自然冷却后即得到目标材料。

烧结气氛一般分为氧化性、还原性和惰性三种，在 $Na_{0.9}[Cu_{0.22}Fe_{0.30}Mn_{0.48}]O_2$ 的合成中一般是氧化性气氛（如氧气或者空气）；对于 $Na_{0.6}[Cr_{0.6}Ti_{0.4}]O_2$，为了避免 Cr 与氧气反应生成 Cr^{6+}，一般采用惰性气氛（如氮气或者氩气）；对于极易被空气氧化的低价态元素（如 Fe^{2+} 和 Mn^{2+} 等），一般采用还原性气氛（如氢氩混合气或者氢氮混合气）。

固相法的合成条件，包括前驱体的选择、烧结程序、气氛和合成温度等会对最后的产物产生影响，尤其是合成温度影响最为明显。图 2.6 是 Na_xCoO_2 的相图，展示了不同钠含量在不同温度下烧结产生的相。一般而言，低钠含量时对应的热力学稳定相是 P2 相，高钠含量对应的热力学稳定相是 O3 相，但是在钠含量较低时可能会形成热力学亚稳相的 P3 或者 O'3 相，这是因为最后影响成相结果的除了热力学因素，还包括动力学因素[3]。

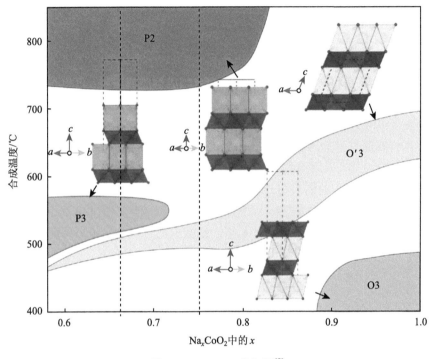

图 2.6　Na_xCoO_2 的相图[3]

2. 共沉淀法

共沉淀法是指在溶液中含有两种或多种阳离子，它们以均相存在于溶液中，加入沉淀剂，经沉淀反应后，可得到各种成分均一的沉淀，它是制备含有两种或两种以上金属元素化合物的重要方法。共沉淀法一般分为两种：第一种是一步共沉淀法，一般是向原料溶液中添加适当的共沉淀剂，使溶液中已经混合均匀的各离子按化学计量比共同沉淀出来，经抽滤干燥后即可得到所需样品。第二种是共沉淀与高温固相法相结合获得目标产物的一种方法，即先通过共沉淀获得前驱体，再通过煅烧分解结晶制得最终产物。共沉淀法制备的前驱体颗粒尺寸形貌可控，目标产物的颗粒均匀性可以得到有效保证，并且产物中有效组分可以达到原子或分子级别的混合程度，克服了固相法反应周期长和能耗大的缺点。马紫峰等[4]利用共沉淀法制备了$(Ni_{1/3}Fe_{1/3}Mn_{1/3})(OH)_2$前驱体,并与$Na_2CO_3$混合,使用固相反应法在850 ℃空气中烧结制成$Na[Ni_{1/3}Fe_{1/3}Mn_{1/3}]O_2$。其中,$(Ni_{1/3}Fe_{1/3}Mn_{1/3})(OH)_2$的具体制备方法如下:将$NiSO_4 \cdot 6H_2O$、$FeSO_4 \cdot 7H_2O$和$MnSO_4 \cdot H_2O$按照计量比制备成总浓度为2 mol/L的溶液,将溶液放置在圆柱形反应容器中并持续搅拌,往该反应容器中使用注射泵逐步注入2 mol/L的NaOH溶液,反应溶液温度保持50 ℃不变直到反应结束;之后将所有$(Ni_{1/3}Fe_{1/3}Mn_{1/3})(OH)_2$沉淀过滤,并用去离子水清洗去除钠盐,最后在100 ℃空气中烘干。

3. 溶胶-凝胶法

溶胶-凝胶法是将金属醇盐或无机盐溶液制成溶胶或凝胶,再将凝胶低温热处理变成氧化物的一种方法。制备过程包括溶胶的制备、溶胶-凝胶转化和凝胶干燥,其中凝胶的制备及干燥是关键步骤。当采用金属醇盐制备氧化物粉末时,先制得溶胶,再将其通过醇盐水解和聚合形成凝胶,之后是陈化和干燥热处理,最终得到产物。曹余良等[5]采用溶胶-凝胶法制备了一系列$NaFe_x(Ni_{0.5}Mn_{0.5})_{1-x}O_2$($x = 0$、0.1、0.2、0.3和0.4)材料。将一定化学计量比的钠、铁、镍和锰的硝酸盐添加到柠檬酸的水溶液中,随后在70 ℃下搅拌6 h形成凝胶,并在120 ℃下干燥24 h,将得到的干凝胶在450 ℃下预烧6 h除去硝酸根和有机物。最后将前驱体研磨压片后在900 ℃空气气氛下煅烧15 h得到目标产物。

4. 喷雾干燥法

喷雾干燥法也称喷雾干燥造粒法,是通过物理的方法将溶液、溶胶或悬浊液等具有流动性的物料,在高压下喷射分散成雾状的液滴,增大物料的比表面积以加快物料中水分挥发的速度。这些液滴被喷入有流动性热空气的干燥室中,通过与热空气大面积接触和热交换,液滴可在瞬间除去水分,得到干燥的粉末物料。产物的一般形态是小颗粒团聚成类球状的二次颗粒。喷雾干燥是一种便捷有效的二次造粒和快速干燥技术,广泛应用于食品、化工、陶瓷和制药业。喷雾干燥法简单、成本低廉,适合大规模生产。喷雾干燥法可用于电池电极材料的二次造粒,通过调控实验条件能得到纳微结构的电极材料,兼具纳米颗粒离子扩散路径短和微米颗粒振实密度大的优点。

雾滴的大小与形状决定其表面及对应的表面能的大小,热力学上液滴倾向于形成表面能更小的形状,而球形是比表面积最小的几何形状。在没有外力作用下,雾滴会自发地收缩成球形,随着水分的挥发,球形液滴中剩下的非挥发性固体团聚在一起,基本保持了液滴原有的形状,即形成球形颗粒,这就是喷雾干燥法制备球形颗粒的原理。胡勇胜等[6]利用喷雾干燥法构建了具有电子和离子混合导电网络的

$Na_2C_6H_2O_4$/CNT 复合材料，实现了材料的纳米化以及纳米颗粒的二次造粒。

5. 水热/溶剂热法

水热/溶剂热法是在高温高压条件下，利用溶液中物质化学反应制备目标产物的一种湿化学合成技术，合成温度一般为 100~350 ℃，压力 1 MPa~1 GPa。温度、压力和装填量对水热/溶剂热反应至关重要，这主要通过一个封闭的体系（高压釜）来实现。因此可以通过调控反应条件，制备出尺寸均一且具有规则形貌的材料。赵君梅等[7]以乙酰丙酮钒、H_3PO_4 和 NaF（V:P:F（摩尔比）=1:1.5:1.67）在 120 ℃下溶剂热 10 h 合成 $Na_3(VPO_4)_2F_3$，首先称取 1 mmol 乙酰丙酮钒溶解分散在 3 mL 乙醇和 1 mL 丙酮中，向上述悬浮分散液中加入 3 mmol H_3PO_4 和 3 mmol NaF；超声处理并充分溶解分散后移入 50 mL 水热反应釜，密封，置于马弗炉中，以 5 ℃/min 的速率升温到 120 ℃，恒温 10 h 后随炉冷却到室温，将所得混合物移入 10 mL 离心管中，在 8000 r/min 转速下离心分离，用水和乙醇交替洗涤多次，将所得产物在 60 ℃下真空干燥 2 h 得到蓝绿色粉末 $Na_3(VPO_4)_2F_3$。

6. 微波合成法

利用微波加热快速、均质与选择性等优点进行材料合成的方法，称为微波合成法。微波合成法已在多种纳米材料的合成中得到了广泛的应用。其特点在于前驱体与微波场相互作用，吸收微波能，从材料的内部开始迅速升温，大大缩短合成时间并降低了能耗。微波频率范围为 300 MHz~3000 GHz，适用范围较广，很容易实现工业化生产。Whitacre 等[8]通过微波合成法制备了 $NaTi_2(PO_4)_3$，首先将 $NaH_2PO_4·H_2O$、TiO_2 和 $(NH_4)_2HPO_4$ 按照 1:2:2 的摩尔比研磨数分钟后加入 15%（质量百分比）的石墨，最后在球磨机中球磨 20 h 得到前驱体粉末。再将其放入石英管中，用微波反应器以三步法加热：50 W 持续 5 min，然后 100 W 持续 3 min，最后增加到 150 W 持续 1 min，便可得到目标产物。

2.2 氧化物类正极材料

钠离子层状氧化物与锂离子层状氧化物具有较大的差异，一般而言，Na 比 Li 更容易与过渡金属分离形成层状结构。目前仅发现 Mn、Co 和 Ni 三个元素组成的锂层状氧化物可以可逆充放电（图 2.7 和表 2.3），而具有活性的钠离子电池层状氧化物种类相对较多，Ti、V、Cr、Mn、Fe、Co、Ni 和 Cu 等元素均具有电化学活性且表现出多种性质[9]。此外，阴离子的氧化还原可进一步提高钠离子电池的能量密度。

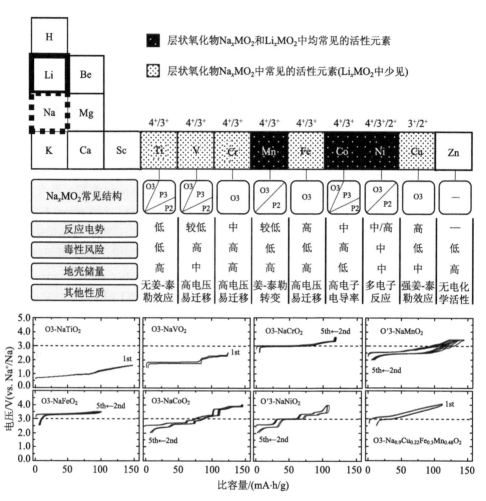

图 2.7 锂离子电池和钠离子电池层状氧化物中具有电化学活性的氧化还原电对的对比[9]以及各种 3d 过渡金属元素在钠离子电池层状氧化物中的特点

表 2.3 锂离子电池层状氧化物的基本性能[10]

化学式	质量比容量（理论值/典型值）/（mA·h/g）	平均电压/V	所处阶段
$LiCoO_2$	274/148	3.8	已商业化
$LiNiO_2$	275/150	3.8	研究中
$LiMnO_2$	285/140	3.3	研究中
$Li[Ni_{0.33}Co_{0.33}Mn_{0.33}]O_2$	280/160	3.7	已商业化
$Li[Ni_{0.8}Co_{0.15}Al_{0.05}]O_2$	279/199	3.7	已商业化
Li_2MnO_3	458/180	3.8	研究中

第 1 章中图 1.8 对比了 Li‖LiCoO$_2$ 和 Na‖NaCoO$_2$ 半电池的充放电曲线[2]。LiCoO$_2$ 半电池在充放电过程中的电压变化不明显且曲线整体较为平滑，而 NaCoO$_2$ 在半电池中的充放电曲线为多台阶形，在 100 mA·h/g 之前，二者的电压差接近 1.5 V，远远大于 Li 和 Na 的标准电极电势差（0.33 V），而在 100 mA·h/g 之后电压差则降到约 0.4 V。结果表明，NaCoO$_2$ 和 LiCoO$_2$ 虽然具有同样的晶体结构，但是在 Na$^+$ 和 Li$^+$ 脱出和嵌入层间时经历了不同的结构演变过程，相应的电极电势也相差很大。在钠离子电池层状氧化物中存在比锂离子电池层状氧化物更为复杂的科学问题。图 2.7 汇总了 3d 过渡金属在钠离子电池层状氧化物中的特点（包括常见结构、反应电势、毒性和储量等），可以方便读者对其有更系统的认识。

虽然 O3 层状结构的 LiCrO$_2$ 和 NaCrO$_2$ 均可以通过相同的方法制备出来（900 ℃氩气中烧结 5 h），但是电化学性能却有很大差异（图 2.8）[11]。如图 2.8 所示，LiCrO$_2$ 首周充电比容量虽然可以达到 60 mA·h/g 左右（20 mA/g），但是首周放电比容量不到 10 mA·h/g，表现出高度不可逆的充放电行为；而 NaCrO$_2$ 却表现出了不同于 LiCrO$_2$ 的充放电性能，首周充电比容量可达 120 mA·h/g，首周放电比容量大于 110 mA·h/g，且具有较好的循环稳定性。二者电化学性质的差异来自于 LiCrO$_2$ 和 NaCrO$_2$ 的晶胞参数不同，由于 Li$^+$ 半径比 Na$^+$ 的小，LiCrO$_2$ 中的 Li 层间距显著小于 NaCrO$_2$ 中的 Na 层间距，且 LiCrO$_2$ 中 CrO$_2$ 层的四面体间隙位体积比 NaCrO$_2$ 中的更小。由于充电生成的 Cr^{4+} 不稳定，容易发生歧化反应变成 Cr^{3+} 和 Cr^{6+}，Cr^{6+} 的离子半径很小，容易进入 LiCrO$_2$ 的 CrO$_2$ 层四面体间隙位，并进一步迁移进入 Li 层空位中（不可逆）。而由于 NaCrO$_2$ 中 CrO$_2$ 层中的四面体间隙位较大，与 Cr^{6+} 半径不匹配，在 NaCrO$_2$ 中的 Cr^{4+} 的歧化反应被抑制，从而表现出较好的可逆充放电行为。但是需要注意的是，NaCrO$_2$ 充电截止电压在低于 3.6 V 时才显示出较好的循环性能，充电高于 3.7 V 后结构进一步变化，同样会发生不可逆的 Cr^{6+} 迁移，这一点会在后面关于过渡金属离子迁移的部分进一步讨论。

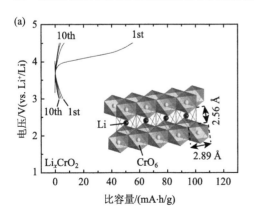
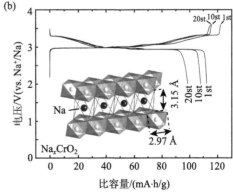

图 2.8 O3-Li$_x$CrO$_2$（a）和 O3-Na$_x$CrO$_2$（b）在半电池中的充放电曲线对比[11]

2.2.1 层状氧化物正极材料

1. P2 层状氧化物

1）一元材料

3d 过渡金属是目前钠离子电池层状氧化物的主流组成元素，包括钛（Ti）、钒（V）、铬（Cr）、锰（Mn）、铁（Fe）、钴（Co）、镍（Ni）和铜（Cu）。目前发现一元层状材料中只有 Co、Mn 和 V 可以合成出 P2 结构的一元正极材料。图 2.9 总结了常见的 P2 结构材料的典型充放电曲线。

最早报道的钠离子电池正极材料是含 Co 的一元层状氧化物材料，由 P2-Na_xCoO_2[12]、P2-$Na_{0.7}CoO_{1.96}$[13]与 O3-$NaCoO_{1.96}$[13]等一系列组成。P2-$Na_{0.7}CoO_{1.96}$ 在 2.0~3.5 V 的可逆比容量可达 90 mA·h/g。除了电化学性能，研究者还发现 P2-Na_xCoO_2 具有优异的热电性能[14]，其水合物甚至还具有超导性质[15]。Delmas 等[16] 通过原位 X 射线衍射（XRD）发现，P2-Na_xCoO_2（起始 Na 含量为 0.74）在钠离子脱出和嵌入过程中相变非常复杂，其充放电曲线具有多个台阶状特点，对应着结构与 Na^+/空位有序的变化，在 2.0~3.8 V，其可逆比容量可达 110 mA·h/g 左右。

在 2.0~3.8 V，P2-$Na_{0.6}MnO_2$ 比容量~150 mA·h/g，但是循环性能较差[17]。这是由于 Mn^{3+} 具有较强的姜-泰勒效应（Jahn-Teller effect），而姜-泰勒效应所导致的材料局域结构的畸变会对材料的性能产生较大的影响。

P2-$Na_{0.71}VO_2$ 的充放电曲线呈现台阶状[18]，在钠含量为 1/2、5/8 以及 2/3 时会出现电压突降，但是作为正极材料，其工作电压太低，在 1.4~2.5 V 的可逆比容量约为 110 mA·h/g，充电电压高于 2.5 V 会导致容量衰减。

2）多元材料

P2-$Na_{2/3}[Fe_{1/2}Mn_{1/2}]O_2$ 仅包含成本低廉的 Fe 和 Mn，在 1.5~4.3 V，比容量可达 190 mA·h/g 以上[19]。该材料中 Fe 的迁移在一定程度上得到了抑制，但是有的研究表明该材料在充电态仍然有部分 Fe 的不可逆迁移。P2-$Na_{2/3}[Fe_{1/2}Mn_{1/2}]O_2$ 的缺点同样明显，首先是电压滞后，在 3.0~4.3 V，电压滞后较为明显，这种现象可能和 Fe 的迁移有关。通过对 P2-$Na_x[Fe,Mn]O_2$ 掺杂 Co、Ni 和 Ti 等可以抑制 Fe^{4+} 的姜-泰勒效应，抑制 Fe 的迁移并减小电压滞后[20-26]；其次是初始材料钠含量不足，低电压的容量对应着额外的钠的嵌入，这就意味着需要额外的钠源才能实现 190 mA·h/g 的可逆比容量，这也是 P2 材料实际应用中面临的问题。再者，该材料在空气中的稳定性需要提高，可以通过部分 Cu^{2+} 取代以提高其空气稳定性，从而提高材料的综合性能[27]。

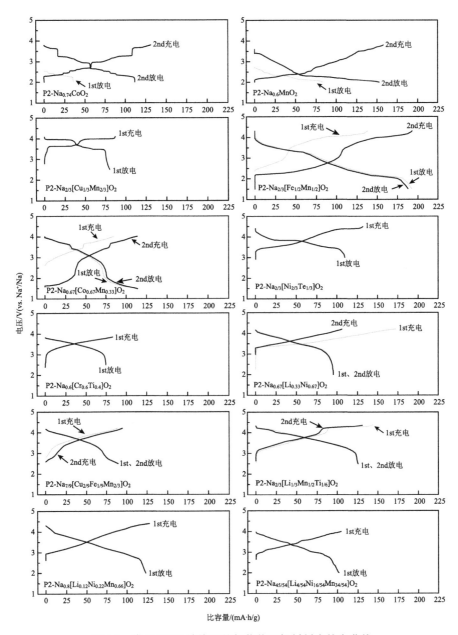

图 2.9 常见的 P2 结构层状氧化物正极材料充放电曲线

P'2-Na$_{2/3}$MnO$_2$ 和 P2-Na$_{2/3}$CoO$_2$ 可以任意 Mn/Co 比固溶，最早在 2000 年左右用于合成锂离子电池正极材料（离子交换法）[28,29]。2011 年 Carlier 等[30]报道了 P2-Na$_{2/3}$[Mn$_{1/3}$Co$_{2/3}$]O$_2$，该材料在 1.5~4.0 V 的可逆比容量可达 112 mA·h/g，其充

放电曲线在钠含量为 2/3 和 1/2 时会有电压陡变，但比 P2-Na$_x$CoO$_2$ 或者 P2-Na$_x$MnO$_2$ 的曲线平滑。X 射线吸收谱表明，在充电过程中，Co^{3+} 变为 Co^{4+}，Mn^{4+} 保持不变，放电至 2.5 V 时，Co^{4+} 变回 Co^{3+}，低于 2.5 V 之后 Mn^{4+} 变为 Mn^{3+}，Co^{3+} 进一步变为 Co^{2+}。值得注意的是，在低于 2.5 V 的电压范围内，约 0.16 个 Na 是额外被嵌入的，意味着较高的比容量只能在有额外的钠源的情况下才可以实现，这个前提限制了该类材料的实际应用[22,23]。

1990 年到 2000 年之间，人们使用 P2-Na$_{2/3}$[Ni$_{1/3}$Mn$_{2/3}$]O$_2$ 作为制备锂电正极材料的前驱体[31,32]，2001 年 Dahn 等[33]报道了其储钠电化学性能，在 2.0~4.5 V，该材料的可逆比容量可达约 150 mA·h/g，充放电曲线呈现多平台状，平均工作电压为 3.6 V。原位 XRD 结果表明该材料在 4.1 V 左右的平台对应着 P2-O2 相变，并伴随着巨大的体积变化（约 23%），从而导致在较宽的工作电压范围内比容量快速衰减。P2-Na$_{2/3}$[Ni$_{1/3}$Mn$_{2/3}$]O$_2$ 几乎可以实现所有的 Na$^+$ 的可逆脱出/嵌入，X 射线吸收谱表明，电荷补偿主要基于 Ni^{4+}/Ni^{3+} 和 Ni^{3+}/Ni^{2+} 的可逆变价[34-36]，也有密度泛函理论(DFT)结果表明晶格氧可能一定程度上也参与了电荷补偿过程[34]。P2-Na$_{2/3}$[Ni$_{1/3}$Mn$_{1/2}$Ti$_{1/6}$]O$_2$ 在 2.0~4.5 V 可以实现约 127 mA·h/g 的可逆比容量，体积变化由未掺杂的 23% 减小到 13% 左右，同时充放电曲线更加平滑，改善了循环性能[37]。Meng 等[38]发现 Li 取代的 P2-Na$_{0.8}$[Li$_{0.12}$Ni$_{0.22}$Mn$_{0.66}$]O$_2$ 具有非常平滑的充放电曲线，在 2.0~4.4 V 电压范围内比容量约为 118 mA·h/g。充电至 4.4 V 仍没有发生明显的 P2-O2 相转变，通过固体核磁研究发现 Li 在充放电过程中可以在过渡金属层和 Na 层之间可逆迁移，这可能是抑制相变的原因之一[39]。胡勇胜等[40]设计并详细地研究了高钠含量的 P2-Na$_{45/54}$[Li$_{4/54}$Ni$_{16/54}$Mn$_{34/54}$]O$_2$ 的合成条件、结构演化和电化学行为等，该材料在 2.0~4.0 V 能够实现 Ni^{2+} 到 Ni^{4+} 的多电子转移反应，表现出约 100 mA·h/g 的可逆比容量，且可实现 3000 次的长循环。张景萍等[41]使用少量的 Fe 掺杂，有效提升了该材料在 2.0~4.4 V 电压范围内的循环稳定性和倍率性能。

胡勇胜等[42]于 2014 年报道了 P2-Na$_{2/3}$[Cu$_{1/3}$Mn$_{2/3}$]O$_2$，它是第一种基于 Cu^{3+}/Cu^{2+} 氧化还原电对的钠离子电池层状氧化物材料。该材料在 2.0~4.2 V 具有约 80 mA·h/g 的可逆比容量，平均工作电压约为 3.7 V。为了进一步提高比容量，还提出了 Fe^{3+} 取代的 P2-Na$_{7/9}$[Cu$_{2/9}$Fe$_{1/9}$Mn$_{2/3}$]O$_2$[43]，该材料在 2.5~4.2 V 的可逆比容量约为 90 mA·h/g，平均电压高达 3.6 V，Fe 含量很低，有效避免了 Fe 的迁移，同时也避免了 P2-Na$_x$[Fe,Mn]O$_2$ 电压滞后的问题。

除了 Mn 基材料之外，Ti 基正极也有报道，这类材料大多既可以作为正极材料（基于 Ni^{4+}/Ni^{3+}/Ni^{2+}、Co^{4+}/Co^{3+} 和 Cr^{4+}/Cr^{3+} 等氧化还原电对），也可以作为负极

材料（基于 Ti^{4+}/Ti^{3+} 氧化还原电对）使用。2014 年，Shanmugam 等[44]报道了 P2-$Na_{2/3}[Ni_{1/3}Ti_{2/3}]O_2$ 作为正极和负极材料的电化学性能，该材料在 2.0~4.5 V 电压区间内的可逆比容量可达 90 mA·h/g，平均工作电压为 3.7 V，电化学曲线非常平滑。2015 年，胡勇胜等[45]报道了 P2-$Na_{0.6}[Cr_{0.6}Ti_{0.4}]O_2$ 作为正极材料时（该材料也可以作为负极），在 2.0~3.7 V 电压范围内的可逆比容量可达约 75 mA·h/g，平均电压约 3.5 V，组装成 $Na_{0.6}[Cr_{0.6}Ti_{0.4}]O_2$||$Na_{0.6}[Cr_{0.6}Ti_{0.4}]O_2$ 对称全电池后 1C 倍率下循环 100 周，容量保持率可达 80%以上。

Goodenough 等[46]报道了过渡金属 Ni 和 Te 呈现蜂窝状有序排布的 P2-$Na_{2/3}[Ni_{2/3}Te_{1/3}]O_2$，该材料在 3.0~4.5 V（0.03C）有约 110 mA·h/g 的可逆比容量，充电曲线和放电曲线不对称。该材料的倍率性能较差，1C 倍率下比容量不到 40 mA·h/g。

2. P2-$Na_{2/3}[Ni_{1/3}Mn_{2/3}]O_2$ 的结构与性能

前面介绍了 P2 型层状氧化物正极材料的研究概况，下面选择 P2-$Na_{2/3}[Ni_{1/3}Mn_{2/3}]O_2$ 作为典型例子进行详细介绍，以加深对 P2 层状氧化物的理解。

1）晶体结构分析

P2-$Na_{2/3}[Ni_{1/3}Mn_{2/3}]O_2$ 是一种典型的 P2 结构钠离子电池层状正极材料，相关研究较为丰富，最早是用于离子交换法制备 $Li_x[Ni_{0.33}Mn_{0.67}]O_2$ 的前驱体[33,47]。P2-$Na_{2/3}[Ni_{1/3}Mn_{2/3}]O_2$ 的 XRD 图谱如图 2.10 所示，结构对应的空间群为 $P6_3/mmc$，属于六方晶系，第一个峰大多出现在 16°左右。需要注意的是过渡金属层中 Ni 和 Mn 呈现蜂窝状有序排布，即每个 Ni^{2+} 被 6 个 Mn^{4+} 包围，或者每个 Mn^{4+} 被 3 个 Ni^{2+} 和 3 个 Mn^{4+} 包围，这样周期性排列的 Ni^{2+} 和 Mn^{4+} 的比例为 1:2，合乎化学计量比和电荷守恒。除此之外，P2-$Na_{2/3}[Ni_{1/3}Mn_{2/3}]O_2$ 的 Na 层内存在 Na^+/空位的有序排布（Na^+/空位有序排布将在后面详细介绍），这个有序排布同样会产生超晶格衍射峰。在实验室测量的 XRD 结果中不容易发现 Ni^{2+} 和 Mn^{4+} 及 Na^+/空位有序排布产生的超晶格峰，而同步辐射 XRD 和中子衍射可以发现明显的超晶格峰，较为明显的是（004）前的两个超晶格峰，但由于这两个有序峰较弱，在对 P2-$Na_{2/3}[Ni_{1/3}Mn_{2/3}]O_2$ 的 XRD 精修时不考虑 Ni/Mn 有序的存在也可获得相对较好的精修结果。另外中子衍射结果证明了 P2-$Na_{2/3}[Ni_{1/3}Mn_{2/3}]O_2$ 的 Na 层内 Na^+/空位有序的存在[48]。在 P2-$Na_{2/3}[Ni_{1/3}Mn_{2/3}]O_2$ 的基础上用 Fe^{3+} 取代部分 Ni^{2+} 和 Mn^{4+} 可以消除原有的过渡金属层内原子有序以及 Na^+/空位有序，如图 2.11 所示，P2-$Na_{2/3}[Ni_{1/3}Mn_{2/3}]O_2$ 中的有序峰在 P2-$Na_{0.67}[Ni_{0.17}Fe_{0.33}Mn_{0.5}]O_2$ 中完全消失。

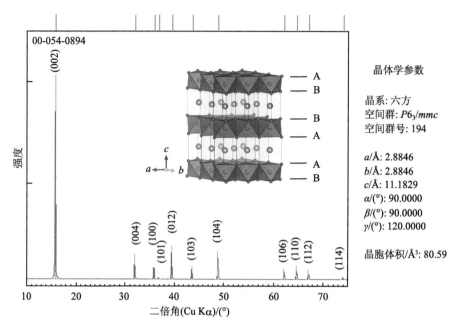

图 2.10　P2-Na$_{2/3}$[Ni$_{1/3}$Mn$_{2/3}$]O$_2$ 标准 PDF 卡片的 XRD 谱线以及晶体学信息

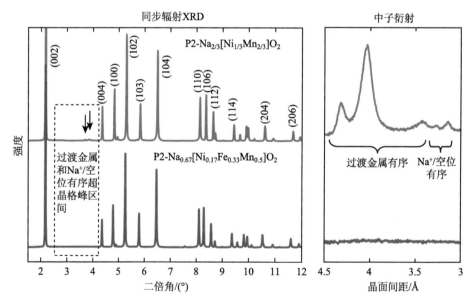

图 2.11　P2-Na$_{2/3}$[Ni$_{1/3}$Mn$_{2/3}$]O$_2$ 和 P2-Na$_{0.67}$[Ni$_{0.17}$Fe$_{0.33}$Mn$_{0.5}$]O$_2$ 的同步辐射 XRD 测试结果以及
中子衍射测试结果[48]

2）充放电曲线

P2-Na$_{2/3}$[Ni$_{1/3}$Mn$_{2/3}$]O$_2$ 在充电过程中可以脱出几乎所有的 Na$^+$，首周充电比容量约 160 mA·h/g，仅略低于理论比容量（173 mA·h/g）。P2-Na$_{2/3}$[Ni$_{1/3}$Mn$_{2/3}$]O$_2$ 的充放电曲线很有特点（图 2.12[33]），在 2.0~4.5 V 有三个显著的电压平台，每个台阶的起点对应的 Na 含量分别为 0.67（2/3）、0.5（1/2）和 0.33（1/3）。放电至 2.0 V 以下，在 1.5~2.0 V 存在另外一个平台，对应 Na$^+$ 的额外嵌入。在 2.0~4.0 V 的循环性能最好，而 2.0~4.5 V 的循环性能最差[49]。

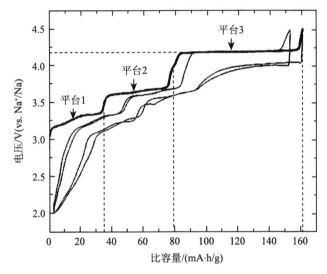

图 2.12　P2-Na$_{2/3}$[Ni$_{1/3}$Mn$_{2/3}$]O$_2$ 半电池在 2.0~4.5 V 的充放电曲线[33]

3）晶体结构演变

在首周充电过程中，（001）峰和（101）峰向低角度偏移，而（110）峰和（112）峰则向高角度偏移，这表明 c 轴在充电（Na$^+$ 脱出）过程中膨胀而 a 轴在收缩，在充电到 3.9 V 之前，Na$_x$[Ni$_{0.33}$Mn$_{0.67}$]O$_2$（0.33 < x < 0.67）的结构仍然可以保持为 P2 型。当 Na$^+$ 含量低于 0.33（1/3）后，（101）峰的峰形显著宽化。当电压达到 4.1 V 之后，出现了一组新的衍射峰（对应 O2 结构），而原始的衍射峰开始逐渐消失（充电到 4.4 V 后完全消失），表明发生了结构转变。而放电过程与充电过程的结构演变几乎是一个相反的过程，但是原位 XRD 结果中对应的 O2 结构的谱线条数显著减少，证明该转变过程可逆性较差。图 2.13 是 P2 和 O2 结构从（110）方向上观察到的简化晶体结构，仅包含过渡金属（M）和氧（O）而省略 Na$^+$ 的位置。当少量 Na$^+$ 从层间脱出后，相邻层间的氧原子之间会失去钠离子的屏蔽效应，在静电斥力的作用下，c 轴会膨胀但尚且不足以发生相变；但当 Na$^+$ 脱出量足够大时，氧

原子之间的静电斥力将会促使相邻层发生滑移。这种滑移有两种可能性，如图 2.13 所示，过渡金属从 A 位置滑移到 B 位置，或者从 A 位置滑移到 C 位置，同时 Na 从原来的三棱柱位置变到八面体位置，需要注意的是这两种滑移的选择是随机的，而这将会导致 P2-O2 相变过程中往往伴随着显著的堆垛层错，（101）峰的宽化就是由此造成的。由于显著的 P2-O2 转变，$Na_x[Ni_{0.33}Mn_{0.67}]O_2$ 在充放电前后的体积变化高达 23%左右，这也是其在 2.0~4.5 V 循环稳定性差的原因之一[33]。

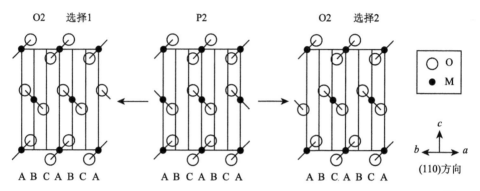

图 2.13   P2-$Na_{2/3}[Ni_{1/3}Mn_{2/3}]O_2$ 在充电至高电压时 P2 结构向 O2 结构转变的示意图[33]

4）电荷补偿机理

研究发现少量的 Cu^{2+} 掺杂可以有效提升 P2-$Na_{2/3}[Ni_{1/3}Mn_{2/3}]O_2$ 的循环稳定性能[50]。无掺杂的 P2-$Na_{2/3}[Ni_{1/3}Mn_{2/3}]O_2$ 在 2.0~4.5 V 循环时比容量迅速降低，而掺杂少量 Cu^{2+}（1/12，约 0.08）的样品循环 30 周后比容量保持率为 89%。原位 XRD 结果表明 Cu^{2+} 掺杂可以抑制 P2-O2 相变，发生的是 P2-OP4 结构的相变，并减小了体积变化。OP4 可以理解为 P2 不完全转变为 O2 的过渡结构，部分 Na 层中 Na^+ 为三棱柱占位，部分为八面体占位（在后面的结构演变部分会有专门的相关讨论）。同步辐射 X 射线近边吸收谱结果表明，Ni 在充电过程中价态持续升高（吸收边向高能方向偏移），对应的是 Ni^{2+} 向 Ni^{4+} 的持续变化。而 Cu 和 Mn 的价态在 2.5~4.5 V 没有发生明显的变化（Cu 含量较小可能变化不明显）。结果表明，在 2.5~4.5 V 电压范围内，P2-$Na_{0.67}[Cu_{0.08}Ni_{0.25}Mn_{0.67}]O_2$ 的电荷补偿主要由 Ni^{4+}/Ni^{2+} 氧化还原电对提供[50]，该结论也适用于 P2-$Na_{2/3}[Ni_{1/3}Mn_{2/3}]O_2$。

5）改性研究

除了 Cu^{2+} 掺杂，Al^{3+}、Mg^{2+} 和 Ti^{4+} 等元素的掺杂也可以有效提升 P2-$Na_{2/3}[Ni_{1/3}Mn_{2/3}]O_2$ 的循环稳定性，掺杂量仅为 1/18 便可以出现显著的改善效果，其中以 Al^{3+} 和 Mg^{2+} 掺杂的效果最佳，在 2.0~4.5 V 表现出了优异的循环稳定性[51]。除此之外，Li^+和Zn^{2+}等非活性元素以及Fe^{3+}和Co^{3+}等活性元素掺杂或取代也可以取得较好的性能。

除了掺杂其他元素，在 P2-$Na_{2/3}[Ni_{1/3}Mn_{2/3}]O_2$ 表面包覆惰性保护层也可以有效降低高电压时电极材料与电解液界面处的副反应，从而形成较稳定的界面，降低电池内阻，使电池循环稳定性提升。研究发现，通过原子层沉积（ALD）或者湿法包覆一层 Al_2O_3 可以有效提升材料的循环稳定性，另外，使用磷酸二氢铵在 300 ℃下熔融浸渍 P2-$Na_{2/3}[Ni_{1/3}Mn_{2/3}]O_2$ 颗粒可以与表面多余的 Na_2CO_3 原位反应生成 Na_3PO_4，该 Na_3PO_4 层同样可以显著提升材料的比容量保持率[52]。

3. O3 层状氧化物

1） 一元材料

与 P2 层状一元正极材料不同，具有 O3 层状结构的一元材料较多，常见的一元 O3 正极充放电曲线如图 2.7 所示。1983 年，Maazaz 等[53,54]发现 O3-$NaTiO_2$ 是具有电化学活性的，该材料基于 Ti^{4+}/Ti^{3+} 的可逆变价，可以提供约 150 mA·h/g 的可逆比容量，充放电曲线呈斜坡状，但是由于 Ti^{4+}/Ti^{3+} 氧化还原电势较低（约 1.0 V，电压区间为 0.6~1.6 V），该材料更适合作为负极材料。2011 年 Didier 和 Hamani 等[55,56]报道了 O3-$NaVO_2$，该材料具有约 126 mA·h/g 的可逆比容量，对应 0.5 个 Na^+的可逆脱出/嵌入，但是与 O3-$NaTiO_2$ 一样都有工作电压太低的特点，并不适合作为正极材料。除此之外，O3-$NaVO_2$ 的充放电曲线具有多个电压平台，具有多相变化的反应。

Braconnier 等[57]在 1982 年报道了 O3-$NaCrO_2$ 的电化学性能，在 2.5~3.6 V 电压范围内，平均工作电压为 3.02 V，可逆比容量为 110 mA·h/g。在锂离子电池中，$LiCrO_2$ 则是没有电化学活性的（前面已有介绍）。O3-$NaCrO_2$ 在充放电过程中的结构演变过程为 O3-O′3-P′3，如果钠含量进一步降低（提高充电电压），则会导致 Cr 从过渡金属层到 Na 层不可逆迁移。Myung 等[58]通过对 O3-$NaCrO_2$ 包碳可以将比容量提高到 120 mA·h/g，还可以提高材料的循环性能（减少电极材料与电解液的副反应）和倍率性能。

锰基材料由于具有较高的比容量和低成本的特点，是一种重要的钠离子电池正极材料。Parant 等[59]于 1971 年报道了 O′3-$NaMnO_2$（α 相）的晶体结构，后来 Ceder 等[60]在 2011 年对该材料的充放电行为进行了研究。该材料在 2.0~3.8 V 具有 185 mA·h/g 的可逆比容量，对应约 0.8 个 Na^+的可逆脱出/嵌入，但是伴随有复杂的相变（多个平台），循环稳定性较差。

O3-$NaFeO_2$ 也就是常见的层状结构模型材料 α-$NaFeO_2$，Takeda 等[61]于 1994 年在金属锂半电池中报道了其电化学性能，基于 Fe^{3+} 到 Fe^{4+} 的变化脱出 0.5 个 Na^+

可以实现约 120 mA·h/g 的充电比容量。而 LiFeO$_2$ 则是没有电化学活性的，而且只能通过离子交换的方法（将 O3-NaFeO$_2$ 中的 Na 置换为 Li）制得。O3-NaFeO$_2$ 在 2.5~3.4 V（半电池）可以实现约 80 mA·h/g 的可逆比容量，在 3.3 V 展示出可逆的电压平台（Fe^{3+}→Fe^{4+}）。如果进一步提高充电电压（钠含量小于 0.5），会发生 Fe 的不可逆迁移（从过渡金属层迁移到 Na 层），类似的现象在 O3-NaTiO$_2$、O3-NaVO$_2$ 和 O3-NaCrO$_2$ 中均有发生。

O3-NaCoO$_2$ 最早是 Delmas 等[13]在 1980 年报道的，几乎与 O3-LiCoO$_2$ 同期发现。O3-NaCoO$_2$ 在 2.5~4.0 V 可以提供约 140 mA·h/g 的比容量，但是由于 CoO$_2$ 层在 Na$^+$ 脱出/嵌入过程中出现多次滑移，所以该材料的充放电曲线有多个平台。

O′3-NaNiO$_2$ 由 Delmas 等[57]在 1982 年报道，该材料在 1.25~3.75 V 有约 100 mA·h/g 的比容量，而且该材料的充放电曲线同样具有多个平台，后来研究者通过原位 XRD 研究发现，在充放电过程中至少发生了六次相变（六种不同的 O′3 和 P′3 结构），同时放电末态的结构并不是初始结构，表明该材料发生了不可逆的结构变化[62,63]。Ceder 等[64]通过高分辨透射电子显微镜(HRTEM)研究了 O3-NaCoO$_2$ 和 O′3-NaNiO$_2$ 在充电至 4.5 V 之后的结构，并没有发现 Ni 和 Co 向钠层迁移的证据，这与 Cr 和 Fe 体系有较大的不同。

2）多元材料

一元材料的电化学性能普遍存在弊端，如相变复杂（O3-NaCoO$_2$、O′3-NaNiO$_2$ 和 O′3-NaMnO$_2$），或者在高电压下存在过渡金属离子迁移（O3-NaFeO$_2$ 和 O3-NaCrO$_2$）。结合多种过渡金属元素的特点，取长补短，是提升材料综合性能的有效方法。图 2.14 总结了常见的多元 O3 结构材料的典型充放电曲线。

最早报道的二元正极材料是 O3-Na[Ni$_{0.6}$Co$_{0.4}$]O$_2$，初始材料中 Ni 和 Co 均为 +3 价，该材料具有约 95 mA·h/g 的比容量[65]，同时在 2.25 V 和 2.4 V 有两个充放电平台，对应着两次相变。除此之外，关于 O3-Na[Ni$_{0.5}$Co$_{0.5}$]O$_2$ 的研究也有报道，通过原位 XRD 发现该材料在第一周放电末态的晶格结构并非初始的 O3 结构，该现象在 O′3-NaNiO$_2$ 中也有报道，对于钠离子电池富 Ni 材料结构不可逆变化的内在原因还需要进一步研究[66]。

O3-Na[Ni$_{0.5}$Fe$_{0.5}$]O$_2$ 在 2.0~3.8 V 电压范围内可逆比容量约为 125 mA·h/g，平均工作电压约 3.1 V（较 O3-Na[Ni$_{0.5}$Ti$_{0.5}$]O$_2$ 低）[67]，而 O3-NaFeO$_2$ 在相同电压范围内比容量仅为 80 mA·h/g[68]。Yamada 等[67]通过 X 射线吸收谱（硬线和软线）对 O3-Na[Fe$_{0.5}$Ni$_{0.5}$]O$_2$ 和 O3-Na[Ni$_{0.5}$Ti$_{0.5}$]O$_2$ 进行了深入研究，研究发现，在 O3-Na[Fe$_{0.5}$Ni$_{0.5}$]O$_2$ 中，Fe 和 Ni 的化合价均为+3，而在 O3-Na[Ni$_{0.5}$Ti$_{0.5}$]O$_2$ 中，

Ni 为+2，Ti 为+4。Ni^{4+}/Ni^{3+}氧化还原电对对应的电压比 Ni^{3+}/Ni^{2+}氧化还原电对要更低，这与过渡金属 d 电子轨道与晶格氧 p 电子轨道杂化程度有关，Ni^{3+}或者 Ni^{4+}的 3d 电子轨道与 O 的 2p 杂化程度更高一些，整体电压反而较 Ni^{3+}/Ni^{2+}偏低。

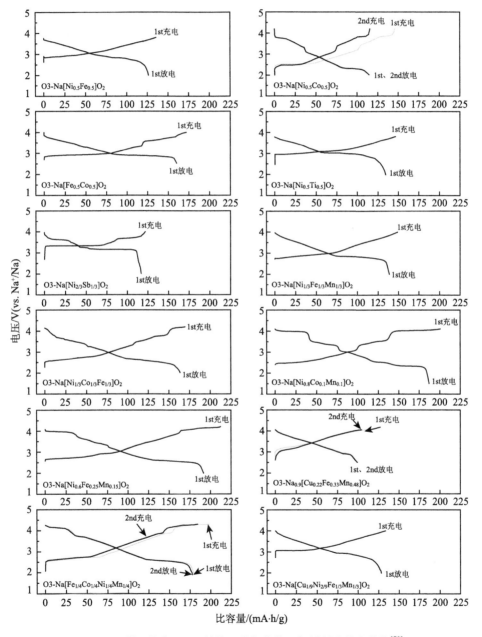

图 2.14　常见的多元 O3 结构层状氧化物正极材料充放电曲线[51]

O3-Na[Fe$_{0.5}$Co$_{0.5}$]O$_2$ 具有较高的比容量，在 2.5~4.0 V 可以提供 160 mA·h/g 的可逆比容量，首周库仑效率大于 94%，亦即首周充电对应约 0.7 个 Na$^+$的脱出，相当于有 0.5 个 Co 变价，0.2 个 Fe 变价。由于 Fe 变价较少还不至于产生大量 Fe 迁移，因此该材料具有较小的电压滞后和较好的循环稳定性[69]。原位 XRD 研究结果表明，在充放电过程中仅为 O3-P3-P′3-O′3 转换[70]，由于在高电压的晶体结构为 P3 和 P′3 相，这两个结构中钠层没有四面体位，这就抑制了过渡金属离子的迁移，从而利于结构稳定，最终实现较好的循环稳定性与倍率性能。

在 O3-Na[Fe$_{0.5}$Co$_{0.5}$]O$_2$ 的基础上，Ceder 等[71,72]合成了 Co 含量更低的 O3-Na[Ni$_{1/3}$Co$_{1/3}$Fe$_{1/3}$]O$_2$ 和 O3-Na[Fe$_{1/4}$Co$_{1/4}$Ni$_{1/4}$Mn$_{1/4}$]O$_2$，这两种材料的可逆比容量分别可以达到 165 mA·h/g（2.0~4.2 V）和 180 mA·h/g（1.9~4.3 V），而且更低的 Fe 含量意味着更少的 Fe 迁移可能性。理论计算结果发现在充电末期 Fe^{4+}的姜-泰勒效应有利于更多的 Na$^+$的脱出，但是 Fe(IV)O$_6$ 八面体的姜-泰勒畸变降低了 Fe 的迁移势垒使其更容易发生迁移，Ceder 等同时指出，当 Fe 含量低于 0.3 时才可以有效抑制 Fe 向钠层的迁移。这也是 Fe 迁移都出现在含较多 Fe 的一元和二元材料中，而在更多三元甚至四元的含 Fe 材料中 Fe 迁移并不明显甚至不存在的原因。

O3-Na[Fe$_{0.5}$Mn$_{0.5}$]O$_2$ 是一类低成本的电池材料，最早由 Komaba 等[19]报道，在 1.5~4.0 V 可以提供约 170 mA·h/g 的比容量，但是电压滞后严重的原因尚未完全明了，O 的 K 边 X 射线吸收谱结果表明电压滞后或许与晶格氧的参与有关。部分 Mn 的取代可以帮助稳定结构，但是比容量衰减并没有得到完全抑制，这可能和 Fe 的迁移有关。

基于 O3-Na[Fe$_{0.5}$Mn$_{0.5}$]O$_2$ 体系衍生的材料有很多，主要通过部分过渡金属的取代以实现更好的循环稳定性。傅正文等[73]报道了 Cr^{3+}取代的 O3-Na[Cr$_{1/3}$Fe$_{1/3}$Mn$_{1/3}$]O$_2$ 在 2.0~4.1 V 可以实现 165 mA·h/g 的比容量，在 1.5~4.2 V 可以达到 186 mA·h/g，Fe 的迁移同样受到了抑制。不仅如此，Cr 的迁移也因 Fe^{3+}和 Mn^{4+}对 Cr^{4+}的局域环境的调节得到了抑制，原因是 Cr^{4+}的迁移需要有三个 Cr^{4+}在一起发生歧化反应，生成的 Cr^{6+}更倾向于迁移到四面体位置。

O3-Na[Ni$_{0.5}$Mn$_{0.5}$]O$_2$ 也是一个经典的钠离子电池正极材料，最早由 Komaba 等[74]报道，在 2.2~3.8 V 电压区间可以实现约 125 mA·h/g 的可逆比容量，在 2.2~4.5 V 可逆比容量可提高到 185 mA·h/g 左右，实现了大于 0.5 个 Na$^+$的可逆脱出/嵌入，但是循环性能还需要进一步提高。

基于 O3-Na[Ni$_{0.5}$Mn$_{0.5}$]O$_2$ 的三元和四元材料较多，比较有代表性的有 Johnson 等[75]报道的 O3-Na[Ni$_{1/3}$Fe$_{1/3}$Mn$_{1/3}$]O$_2$、Komaba 等[76]报道的 O3-Na[Ni$_{0.3}$Fe$_{0.4}$Mn$_{0.3}$]O$_2$、陈春华等[77] 报道的 O3-Na[Ni$_{0.4}$Fe$_{0.2}$Mn$_{0.2}$Ti$_{0.2}$]O$_2$ 和胡勇胜等[78] 报道的缺钠 O3-Na$_{0.9}$[Ni$_{0.4}$Mn$_x$Ti$_{0.6-x}$]O$_2$。O3-Na[Ni$_{1/3}$Fe$_{1/3}$Mn$_{1/3}$]O$_2$ 在 2.0~4.0 V 具有约 140

mA·h/g 的可逆比容量，充放电曲线平滑且表现出良好的循环稳定性。调整比例后的 O3-Na[Ni$_{0.3}$Fe$_{0.4}$Mn$_{0.3}$]O$_2$ 在 2.0~3.8 V 的可逆比容量高达 140 mA·h/g，充放电曲线光滑且没有显著的电压滞后。使用 Ti 部分取代 Ni、Fe 和 Mn 后，O3-Na[Ni$_{0.4}$Fe$_{0.2}$Mn$_{0.2}$Ti$_{0.2}$]O$_2$ 的平均工作电压有所提升，且循环稳定性更加优异，在 2.0~3.8 V，可逆比容量可以达到 130 mA·h/g。事实上很多含 Ni 且设计钠含量为 1.0 的 O3 材料都有 NiO 的杂相，相比钠含量为 1 的 O3 材料，缺钠相相对更易合成。通过减少 O3-Na[Ni$_{0.5}$Mn$_{0.5}$]O$_2$ 的钠含量并加入部分 Ti，获得 O3-Na$_{0.9}$[Ni$_{0.4}$Mn$_x$Ti$_{0.6-x}$]O$_2$，随着 Ti 含量的增加，充放电曲线变得更加平滑，这是由于 Ti 的加入打破了 Ni/Mn 的有序性，在保证较高比容量的同时稳定了结构，提高了材料的循环稳定性。

胡勇胜等[20]在 Cu 基的 P2-Na$_{2/3}$[Cu$_{1/3}$Mn$_{2/3}$]O$_2$ 和 P2-Na$_{7/9}$[Cu$_{2/9}$Fe$_{1/9}$Mn$_{2/3}$]O$_2$ 的基础上，通过调整元素比例，设计合成了 O3-Na$_{0.9}$[Cu$_{0.22}$Fe$_{0.3}$Mn$_{0.48}$]O$_2$，在 2.5~4.05 V 可以实现 100 mA·h/g 的可逆比容量，平均工作电压可达 3.2 V，并且具有优异的循环稳定性。值得一提的是，Cu^{2+} 不但可以提供电荷补偿（Cu^{3+}/Cu^{2+}），还可以有效提高材料的空气稳定性，是目前为数不多的具有空气和水稳定性的钠离子层状正极材料之一。在该材料中加入 Ni 可以进一步提高其比容量，O3-Na[Cu$_{1/9}$Ni$_{2/9}$Fe$_{1/3}$Mn$_{1/3}$]O$_2$ 在 2.0~4.0 V 具有 127 mA·h/g 的可逆比容量，平均工作电压约为 3.1 V[79]。

除此之外，与锂电三元体系类似，Tarascon 等[80]报道了 O3-Na[Ni$_{1/3}$Co$_{1/3}$Mn$_{1/3}$]O$_2$（Na-NCM333），Sun 等[81]报道了 Na-NCM523、Na-NCM622 和 Na-NCM811 等。其中 Na-NCM333 在 2.0~3.75 V 可以实现 120 mA·h/g 的比容量，对应约 0.5 个 Na$^+$ 的可逆脱出/嵌入，且具有较好的循环稳定性，充电至 4.1 V，可逆比容量可达 140 mA·h/g 左右；Na-NCM811 在 2.0~4.1 V 的可逆比容量为 187 mA·h/g。虽然这类材料比容量较高，但空气稳定性极差，限制了该材料的实际应用。Ni 含量的提高有利于提升可逆比容量，Mn 含量的提高有利于提升循环稳定性，Co 含量的提升有利于提高结构稳定性和电子电导率，进而提高倍率性能，但是 Co 的存在会提高钠离子电池的成本。胡勇胜等[82]采用共沉淀法合成了无 Co 的高 Ni 模型正极材料 O3-Na[Ni$_{0.60}$Fe$_{0.25}$Mn$_{0.15}$]O$_2$，该材料在 2.0~4.2 V 内有 190 mA·h/g 的可逆比容量，比能量密度超过 584 W·h/kg，将电压限制在 2.0~4.0 V 内有 152 mA·h/g 的可逆比容量，在 0.5C（2.0~4.0 V）条件下循环 200 周比容量保持率为 84%。

近期胡勇胜等[83]使用多种元素取代和掺杂，制备了高熵正极材料 Na[Ni$_{0.12}$Cu$_{0.12}$Mg$_{0.12}$Fe$_{0.15}$Co$_{0.15}$Mn$_{0.10}$Ti$_{0.10}$Sn$_{0.10}$Sb$_{0.04}$]O$_2$。该正极材料 3C 倍率下 500 次循环比容量保持率约为 83%，在 5C 倍率下，比容量保持率约为 80%。另外，该材料 O3-P3 转变较为滞后，在 O3 型区域中存储了超过 60% 的总比容量。

除以上材料之外，O3 结构的钠离子层状正极材料还有很多，甚至一些含 4d 金属的材料也陆续有报道，如杨汉西等[84]的 O3-Na[Ni$_{2/3}$Sb$_{1/3}$]O$_2$、Tarascon 等[85]的 O3-Na[Ni$_{0.5}$Sn$_{0.5}$]O$_2$ 和郭玉国等[86]的 O3-Na$_{0.7}$[Ni$_{0.35}$Sn$_{0.65}$]O$_2$。整体而言，O3 类正极材料虽然具有相对较高的比容量，但还存在许多问题，例如，空气稳定性普遍较差，库仑效率仍需进一步提高，以及钠离子脱出嵌入动力学较差等。

4. O3-Na[Ni$_{0.5}$Mn$_{0.5}$]O$_2$ 的结构与性能

O3-Na[Ni$_{0.5}$Mn$_{0.5}$]O$_2$ 是一种较为典型的 O3 结构层状氧化物，与 P2-Na$_{2/3}$[Ni$_{1/3}$Mn$_{2/3}$]O$_2$ 类似，O3-Na[Ni$_{0.5}$Mn$_{0.5}$]O$_2$ 最初是用来制备 O3-Li[Ni$_{0.5}$Mn$_{0.5}$]O$_2$ 的前驱体（离子交换法）。由于 Li$^+$ 的半径和 Ni^{2+} 接近，直接合成的 O3-Li[Ni$_{0.5}$Mn$_{0.5}$]O$_2$ 往往会出现 Li$^+$ 和 Ni^{2+} 的混排，从而限制其电化学性能的发挥。这里对这种材料进行较为全面的介绍，以加深对这类材料的认识。

1）晶体结构分析

O3-Na[Ni$_{0.5}$Mn$_{0.5}$]O$_2$ 的晶体结构与 α-NaFeO$_2$ 相同，对应空间群为 $R\bar{3}m$。与 P2-Na$_{2/3}$[Ni$_{1/3}$Mn$_{2/3}$]O$_2$ 不同的是，O3-Na[Ni$_{0.5}$Mn$_{0.5}$]O$_2$ 过渡金属层内并没有 Ni^{2+} 和 Mn^{4+} 的有序排布，是一个非常标准的 O3 结构层状氧化物。图 2.15 为 O3-Na[Ni$_{0.5}$Mn$_{0.5}$]O$_2$ 的 XRD 的 PDF 卡片以及对应的晶体学信息，其中第一个衍射峰大多出现在 16.5°左右，比 P2 的第一个峰的角度略高，表明 O3 结构中 Na 层（八面体）层间距小于 P2 中 Na 层（三棱柱）层间距。

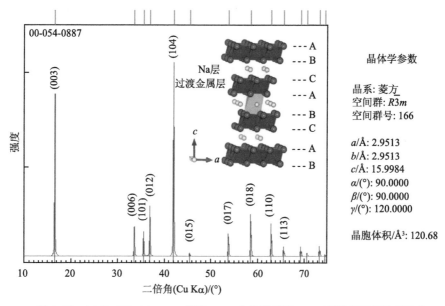

图 2.15　O3-Na[Ni$_{0.5}$Mn$_{0.5}$]O$_2$ 标准 PDF 卡片的模拟 XRD 谱线以及晶体学信息

充电过程中的结构演变过程以及 XRD 图谱的变化，发现经过掺杂后相变过程可以得到有效抑制[88]。

4）电荷补偿机理

同步辐射 X 射线吸收谱测试结果如图 2.18 所示，原始材料的 Mn 的 K 吸收边比标样 Mn_2O_3 的吸收边能量更高，显示出与 Li_2MnO_3 类似的特点，证明原始材料中 Mn 的价态为+4，在脱出 0.5 个 Na^+ 后 Mn 的吸收边没有发生明显的偏移，表明 Mn 的价态依然保持+4。与 Mn K 边不同的是，Ni K 吸收边在充电前后发生了明显的变化。其中原始材料 Ni 的吸收边与 NiO 标样非常接近，证明原始材料中 Ni 的价态为+2，而在脱出 0.5 个 Na^+ 后，Ni 的吸收边与 $LiNiO_2$ 非常接近，证明在脱出 0.5 个 Na^+ 后 Ni 的价态变为+3。以上结果表明 $O3\text{-}Na[Ni_{0.5}Mn_{0.5}]O_2$ 的电荷补偿主要由 Ni 提供，而可以推断的是，随着 Na^+ 的进一步脱出，Ni 的价态将从+3 逐渐变为+4。

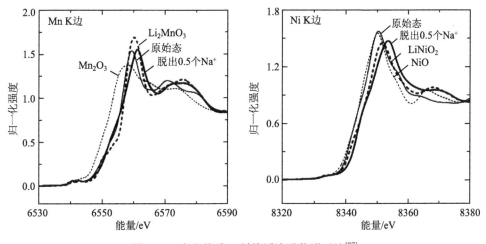

图 2.18 充电前后 X 射线近边吸收谱对比[87]

5）改性研究

其他元素掺杂或取代是提升 $O3\text{-}Na[Ni_{0.5}Mn_{0.5}]O_2$ 电化学性能的有效手段。研究发现，使用适量的 Ti^{4+} 取代 Mn^{4+} 可以起到平滑充放电曲线、抑制相变以及提高循环稳定性的作用，只需 0.1 的 Ti^{4+} 取代便可以显著平滑充放电曲线，而其中 $O3\text{-}Na[Ni_{0.5}Mn_{0.2}Ti_{0.3}]O_2$ 表现出最好的循环稳定性。原位 XRD 结果表明，$O3\text{-}Na[Ni_{0.5}Mn_{0.2}Ti_{0.3}]O_2$ 在首周充电时为 O3→O3+O′3→P3，首周放电时为 P3→O3，没有出现 O′3 结构。整体而言，Ti^{4+} 取代抑制了复杂的结构转变，从而有效提升了材料的循环稳定性[89]。

Fe^{3+}取代是降低 O3-Na[Ni$_{0.5}$Mn$_{0.5}$]O$_2$ 原材料成本，提升材料电化学性能的有效途径。由于 Fe^{4+}/Fe^{3+} 在钠离子层状氧化物中具有电化学活性，Fe^{3+}取代并不会降低原始材料的比容量。随着 Fe 取代量的增加，充放电曲线逐渐变得平滑，表明复杂的结构变化得到了较好的抑制。通过对比不同 Fe 取代量的材料的循环稳定性发现，当 Fe 取代量为 0.2 时，即 O3-Na[Fe$_{0.2}$Ni$_{0.4}$Mn$_{0.4}$]O$_2$ 表现出最好的循环稳定性，且可逆比容量从未掺杂时的约 120 mA·h/g 提升到了约 130 mA·h/g。除此之外，倍率性能测试结果表明 O3-Na[Fe$_{0.2}$Ni$_{0.4}$Mn$_{0.4}$]O$_2$ 相比 O3-Na[Ni$_{0.5}$Mn$_{0.5}$]O$_2$ 有了一定程度的提升[5]。

除了以上提到的两个例子，Li^+、Mg^{2+}、Al^{3+}、Cu^{2+}、Zn^{2+} 和 Co^{3+} 等元素的掺杂或取代，以及包覆等都可能是提升 O3-Na[Ni$_{0.5}$Mn$_{0.5}$]O$_2$ 性能的有效手段。

5. P3 层状氧化物

大部分 O3 正极材料在充放电过程中会发生 O3-P3 的相转变，P3 材料往往对应钠含量较少的相。P3 层状氧化物正极为亚稳相，可以通过简单低温法直接烧结而成。P3 结构的 XRD 图谱如图 2.19（a）所示，与 O3 结构的图谱很类似，显著区别是在 P3 中，（015）峰强度远高于（104）峰，而在 O3 结构中则相反。最早报道的 P3 层状氧化物正极材料是 1988 年报道的 P3-Na$_{0.67}$CoO$_2$[90]，在 2.0~3.7 V 约有 0.55 个 Na$^+$可逆脱出/嵌入，对应约 140 mA·h/g 的可逆比容量，该材料与 P2 和 O3 相 Na$_x$CoO$_2$ 类似，为多平台状。P3-Na$_{2/3}$[Ni$_{1/3}$Mn$_{2/3}$]O$_2$ 同样也可以在低温下直接合成（700 ℃，空气中煅烧 36 h），最初被用作制备 O3-Li$_{2/3}$[Ni$_{1/3}$Mn$_{2/3}$]O$_2$ 的前驱体[91]。Yabuuchi 等[92]在 2016 年合成了一系列的 Na$_x$[Cr$_x$Ti$_{1-x}$]O$_2$ 氧化物，并发现只有在钠含量为 0.6 以下，合成温度在 850 ℃ 左右才可以合成 P3 结构。P3-Na$_{0.58}$[Cr$_{0.58}$Ti$_{0.42}$]O$_2$ 作为正极在 2.5~3.8 V 的可逆比容量约为 60 mA·h/g（图 2.19（b）），平均工作电压约为 3.5 V，充放电曲线较为平滑，仅在 3.5 V 左右有轻微的电压降。Delmas 等[93]通过电化学脱出/嵌入方法，制备了 P3-Na$_{1/2}$VO$_2$，并发现在 325 K 左右，该材料会发生磁结构和晶体结构的转变。李杰等[94]通过共沉淀的方法（pH 恒定为 8）制备了 P3-Na$_{0.9}$[Ni$_{0.5}$Mn$_{0.5}$]O$_2$，发现合成出来的材料结构与共沉淀过程中的 pH 有关，pH 较高则为 O3，pH 较低为 P3。在 1.5~4.5 V 充放电过程中，电压曲线呈现多平台状，可逆比容量约 140 mA·h/g，1C 循环 500 次比容量保持率为 78%。整体而言，P3 层状氧化物的材料目前报道得相对较少，更多材料和性质还在陆续研究中。

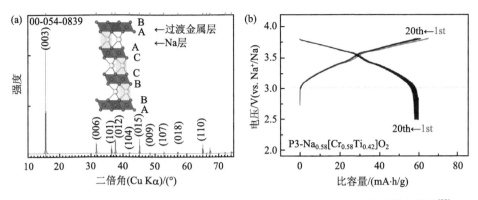

图 2.19 （a）P3 结构 XRD 图谱以及（b）P3-Na$_{0.58}$[Cr$_{0.58}$Ti$_{0.42}$]O$_2$ 的充放电曲线[92]

其他氧化物正极材料

1. Zig-Zag 型氧化物

NaMnO$_2$ 材料除了 O′3 层状结构（α 相）之外，还有 Zig-Zag 层状结构（β 相），空间群为 *Pmnm*，也称波纹状层状结构，可以看作一种比较特殊的层状结构（图 2.20）。

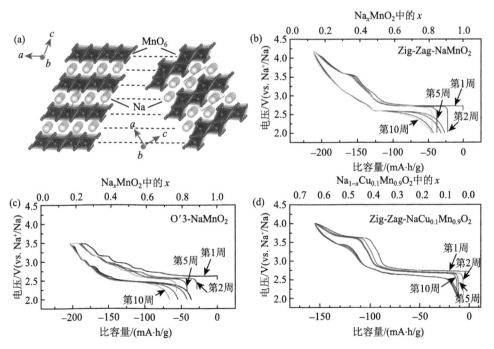

图 2.20 α-NaMnO$_2$ 和 β-NaMnO$_2$（Zig-Zag 型）的（a）结构对比、（b）和（c）充放电曲线对比[95]以及（d）Zig-Zag-Na[Cu$_{0.1}$Mn$_{0.9}$]O$_2$ 充放电曲线[96]

Bruce 等[95]发现 β-NaMnO$_2$ 在 2.0~4.2 V 电压范围内，比容量可达 190 mA·h/g。虽然 β-NaMnO$_2$ 具有较高的比容量，但是其烧结条件非常苛刻，需要在高温和氧气环境下煅烧并迅速淬冷才能得到纯 β 相（图 2.21）。胡勇胜等[96]通过在 NaMnO$_2$ 中掺杂少量 Cu，在空气中 950 ℃烧结 15 h 并自然降温得到纯 β 相结构。β-Na[Cu$_{0.1}$Mn$_{0.9}$]O$_2$ 在 2.0~4.0 V 可以实现约 150 mA·h/g 的可逆比容量，且具有较好的循环稳定性。

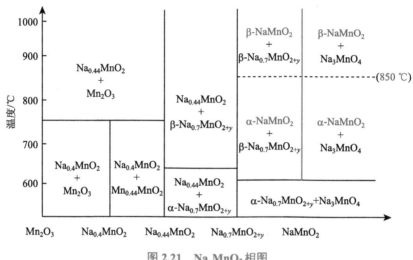

图 2.21　Na$_x$MnO$_2$ 相图

2. 隧道型氧化物

当氧化物中钠含量较低时（$x<0.5$），以三维隧道结构的氧化物为主，隧道型氧化物具有独特的 S 形和六边形隧道（图 2.22（a）），具有稳定的结构，在空气中可以稳定存在，充放电过程中性能稳定，但是这种材料首周充电容量较低。

1968 年，Mumme 等[97]在合成 NaMnTiO$_4$ 时发现，当温度升高到 1200 ℃时，可以得到新型隧道结构的 Na$_4$Mn$_4$Ti$_5$O$_{12}$，其空间群为 *Pbam*，钠离子占据锰氧八面体及钛氧八面体共面和共角连接形成的两个隧道结构中，形成一个大的 S 形隧道和一个小的六边形隧道。1971 年，Hagenmuller 等[59,98]发现 Na$_4$Mn$_4$Ti$_5$O$_{12}$ 中的 Ti 可以被 Mn 替换，于是制备了相似结构的 Na$_{0.44}$MnO$_2$ 氧化物，后来该材料作为一种重要的钠离子电池正极材料得以研究。

1994 年，Doeff 等[99]首先对隧道结构 Na$_{0.44}$MnO$_2$ 作为钠离子电池正极材料进行了研究，使用 P(EO)$_{20}$-NaSO$_3$CF$_3$ 作为电解质，以金属钠作为对电极，电池在 1.8~3.5 V 电压范围内工作，Na$^+$ 可以在 0.15~0.66 含量范围内可逆脱出/嵌入。之后 Doeff 等[100]开展了大量工作，以此结构为基础进行离子交换得到 Li 的隧道结构正极材料，并且进行过渡金属位 Cu 取代，以及钠位 Ca 取代以进一步提高材料的电化学性能。2007 年，法国 Tarascon 等[101]在 Doeff 等的研究基础上利用原位 XRD 研究了 $Na_{0.44}MnO_2$ 在 0.01C 倍率下充放电过程中结构的变化，研究发现，在充放电过程中，Na_xMnO_2 中钠离子含量可变范围在 0.22~0.66，隧道结构不发生变化，但是存在多个两相区域，这些两相区是钠离子和空位的有序重组造成的。该材料在半电池中，首周充电到 3.8 V，有 0.22 个 Na^+ 脱出，对应约 60 mA·h/g 的比容量，放电到 2 V 时，有 0.44 个 Na^+ 嵌入，对应 120 mA·h/g 的比容量。在全电池中，由于负极不能够提供钠离子，所以全电池中只有 0.22 个 Na^+ 脱出/嵌入，对应比容量只有 60 mA·h/g。2010 年，Whitacre 等[102]以 $Na_{0.44}MnO_2$ 作为正极材料，以活性炭作为负极材料，1 mol/L 的硫酸钠水溶液作为电解质制备了水溶液钠离子电池，实际可逆比容量约 35 mA·h/g，循环 1000 周几乎无衰减，循环性能非常优异。2011 年，Funabiki 等[103]制备了 $Na_{0.44}MnO_2$ 的单晶，首次得到 Mn 的五个不同晶格位置上的价态，并且根据价态确定不同位置上的钠含量。2012 年韩国首尔大学的 Kang 等[104]利用第一性原理计算，首次对 $Na_{0.44}MnO_2$ 材料中 Mn 在不同位置上的含量以及材料充放电过程中的电荷补偿机制进行了细致研究，并且发现材料中的 Mn 可以用 Ti、V 和 Cr 等元素取代。

虽然隧道结构氧化物具有优异的循环和倍率性能，但在制作全电池中有着钠含量不足的劣势。以 $Na_{0.44}MnO_2$ 为例，该初始材料中仅有 0.44 个 Na^+，且在首周充电时仅有 0.22 个 Na^+ 可以脱出，对应的理论比容量仅为 60 mA·h/g。$Na_{0.44}MnO_2$ 中的 Mn^{4+} 可以被 Ti^{4+} 以任意比例取代，$Na_{0.44}[Mn_{0.61}Ti_{0.39}]O_2$ 是一系列 $Na_{0.44}[Mn_{1-x}Ti_x]O_2$ 中的一种，既可以作为钠离子电池正极也可以作为负极，具有非常好的循环稳定性[105]。该材料作为负极材料时，$Na_{0.44}[Mn_{0.61}Ti_{0.39}]O_2$ 首周放电可以嵌入 0.17 个 Na^+，得到 $Na_{0.61}[Mn_{0.61}Ti_{0.39}]O_2$，表明这个隧道型结构中至少可以容纳 0.61 个 Na^+ 并且保持结构不变。在接下来的充电过程中有 0.37 个 Na^+ 脱出，对应比容量为 105 mA·h/g，所以从另外一个角度来理解，该材料的放电产物可以视为一个高容量的正极。从图 2.22（e）发现，放电过程中当 Na^+ 含量达到 0.61 时，放电电压是 1.8 V，对应着 Mn^{3+}/Mn^{2+} 氧化还原，远低于 2.7 V。这意味着电化学还原过程中所得到的放电产物在空气中是不稳定的，不能通过简单的高温煅烧方法获得。在钠离子电池中，Fe^{4+}/Fe^{3+} 的氧化还原电势比 Mn^{3+}/Mn^{2+} 电势高，引入 Fe^{3+} 来部分取代结构中的 Mn^{3+} 可以提高其空气稳定性。按照这个思路得到了空气稳定的高钠含量隧道型氧化物 $Na_{0.61}[Mn_{0.27}Fe_{0.34}Ti_{0.39}]O_2$[106]。该材料在 2.6~4.2 V 首周充电比容量为 119 mA·h/g，首周放电比容量为 98 mA·h/g，对应 0.36 个 Na^+ 的可逆脱出/嵌入（图 2.22（f）），原位 XRD 结果表明该材料在充放电过程

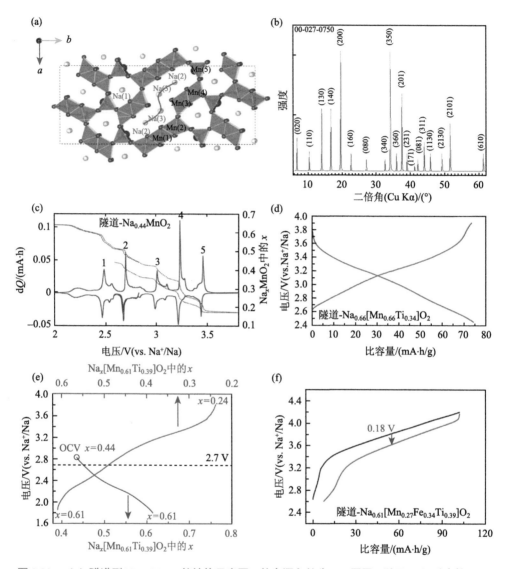

图 2.22 （a）隧道型 $Na_{0.44}MnO_2$ 的结构示意图，其中深色的为 Mn 原子，以及（b）对应的 XRD 图谱；（c），（d）分别为 $Na_{0.44}MnO_2$ 和 $Na_{0.66}[Mn_{0.66}Ti_{0.34}]O_2$ 的充放电曲线；（e）$Na_{0.44}[Mn_{0.61}Ti_{0.39}]O_2$ 在 1.8~3.8 V 的充放电曲线（先放电后充电）[105]；（f）$Na_{0.61}[Mn_{0.27}Fe_{0.34}Ti_{0.39}]O_2$ 在 2.6~4.2 V 的充放电曲线[106]

中为固溶体反应，除此之外，该材料并没有出现类似层状氧化物中 Fe 的迁移，其在放电过程中的电压滞后仅为 0.18 V。这个新材料设计思路可以归纳为

负极：$Na_aMO_2 + xNa^+ + xe^- \xrightarrow{\text{放电}} Na_{a+x}MO_2 \longrightarrow Na_{a+x}[M_{1-y}R_y]O_2$（新型高钠正极）

$$(2\text{-}1)$$

正极: $Na_\beta MO_2 - xNa^+ - xe^- \xrightarrow{\text{充电}} Na_{\beta-x}MO_2 \longrightarrow Na_{\beta-x}[M_{1-y}R_y]O_2$（新型低钠负极）

$$(2-2)$$

其中，M 为原始电极材料中承担氧化还原反应的过渡金属元素；R 为具有合适电势的过渡金属元素，用来取代原始材料中的 M。

2.2.3 层状氧化物正极材料的若干基础科学问题

层状氧化物是一类重要的钠离子电池电极材料，为了进一步提高对它的认识，需要对一些重要的基础科学问题进行深入的剖析。本节将介绍一些钠离子电池中常见的基础科学问题，以作为对前面部分知识的补充。

1. 姜-泰勒效应

Jahn 和 Teller 在 1937 年提出了著名的姜-泰勒效应（图 2.23），该理论指出，在对称的非线性分子中，如果体系的基态有多个简并能级，就会发生自发的畸变而使得简并消除，这种简并消除往往可以使体系的对称性和能量降低，因此姜-泰勒效应通常也是自发进行的。在以金属原子为中心的 MO_6 八面体中，姜-泰勒效应表现为其八面体结构的扭曲（MO_6 八面体中原本 6 个等长的 M—O 键变为 2 长 4 短或 2 短 4 长）。根据晶体场理论，姜-泰勒效应与过渡金属 d 电子在能级 t_{2g} 和 e_g 的分布排列有关。八面体配合物中，5 个 d 轨道可以分成两类，即 t_{2g}（三重简并轨道 d_{xy}、d_{zx} 和 d_{xy}）以及 e_g（二重简并轨道 d_{z^2} 和 $d_{x^2-y^2}$），其中 e_g 轨道的能量比 t_{2g} 轨道的要高一些。Δ_O（配体场分裂参数）用于具体的能量差。在 Δ_O 比电子成对能大的配合物中，电子倾向于成对，电子按能量从低到高的顺序占据 d 轨道。在这样一种低自旋的态中，t_{2g} 轨道被占据满了后电子才会去占据 e_g 轨道。而在高自旋配合物中，Δ_O 比电子成对能小，e_g 轨道中的每个轨道在 t_{2g} 轨道中的任一个占满两个电子之前将分别占据一个电子。在八面体配合物中，姜-泰勒效应在奇数个电子占据 e_g 轨道时最常观察到。例如，低自旋配合物中轨道上的电子为 7 或 9 时（也就是 d^7 和 d^9，如 Ni^{3+} 属于 d^7 低自旋态，Cu^{2+} 为 d^9 低自旋态）或有一个单 e_g 电子的高自旋配合物：d^4（Mn^{3+} 就属于 d^4 高自旋态）。当 e_g 轨道中存在一个单电子轨道时，会产生拉长型和压缩型两种畸变。假设 e_g 轨道上电子数为 2 或 4，分别占据 d_{z^2} 和 $d_{x^2-y^2}$ 两个简并轨道，若此时去掉的是 $d_{x^2-y^2}$ 轨道上的一个电子，则减少了对 x, y 轴配位体的推斥力，从而 $\pm x$, $\pm y$ 上四个配体内移，形成四个较短的键，因为四个短键上的配体对 $d_{x^2-y^2}$ 斥力大，故 $d_{x^2-y^2}$ 能级上升，d_{z^2} 能级下降，消除了简并性，总的结果是形成四个短键和两个长键，为拉长型姜-泰勒畸变；若此时去掉的是 d_{z^2} 轨道上的一个电子，减小了对 $\pm z$ 上两个配体的斥力，使 $\pm z$ 的两个配体内移，形成两个较短的键，d_{z^2} 轨道能级上升，$d_{x^2-y^2}$ 轨道能级下降，总的结果是形成两个短键和四个长键，为压缩型姜-泰勒畸变。

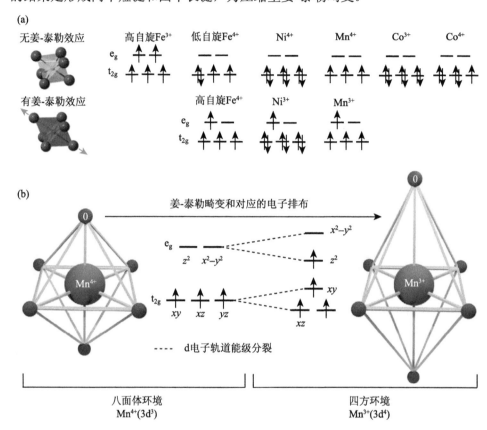

图 2.23 姜-泰勒效应示意图

（a）部分元素的电子结构以及示意图[64]；（b）Mn^{3+}姜-泰勒效应示意图[107]

表 2.4 列举了一些常见的过渡金属离子的基本性质：

Ceder 等[108]通过扫描透射电子显微镜（STEM）直接在 $Na_{5/8}MnO_2$（单斜 O'3 结构，空间群 $C2/m$）中观察到了 $Mn^{3+}O_6$ 的姜-泰勒形变（$Mn^{4+}O_6$ 没有畸变），以及在 Mn 层周期性的扭曲，这些扭曲通过 Na-O-Mn^{3+}-O-Na 相互作用驱使 Na^+ 占据高度扭曲的八面体位，出现伴随姜-泰勒畸变的 Na^+/空位有序结构。关于这个工作的具体介绍见 7.3.3 中的 STEM 技术介绍。姜-泰勒效应可能也会对电池材料某些方面的性能有提升作用，Ceder 等[64]发现 $Na[Mn_{0.25}Fe_{0.25}Co_{0.25}Ni_{0.25}]O_2$ 具有较高的可逆比容量，生成的 Fe^{4+}姜-泰勒畸变可以有效降低 Na^+ 从八面体位置与四面体间隙位的迁移势垒，从而有利于 Na^+ 的进一步脱出。但目前大多数的观点认为姜-泰勒畸变会对材料的性能造成不好的影响，比如不利于结构稳定性或者会促进过渡金属的溶解等，于是研究者在材料设计时一般会尽量避免引入有姜-泰勒效应的元素或者价态。

表 2.4 常见元素的重要物理化学性质[51]

元素	地壳丰度/ppm①	常见化合价（自旋态）	层状氧化物中的电子结构	姜-泰勒效应	离子半径/Å
Li	17	+1	[He]	—	0.76
Na	23600	+1	[Ne]	—	1.02
Mg	23300	+2	[Ne]	—	0.72
Al	82300	+3	[Ne]	—	0.535
Sc	22	+3	[Ar]	—	0.745
Ti	5600	+4	[Ar]	—	0.605
V	120	+3	[Ar] $3d^2$ ($t_{2g}^2 e_g^0$)	弱	0.64
		+4	[Ar] $3d^1$ ($t_{2g}^1 e_g^0$)	弱	0.58
Cr	102	+2 (HS②)	[Ar] $3d^4$ ($t_{2g}^3 e_g^1$)	强	
		+3	[Ar] $3d^3$ ($t_{2g}^3 e_g^0$)		0.615
Mn	950	+2	[Ar] $3d^5$ ($t_{2g}^3 e_g^2$)	—	0.67
		+3 (HS)	[Ar] $3d^4$ ($t_{2g}^3 e_g^1$)	强	0.645
		+4	[Ar] $3d^3$ ($t_{2g}^3 e_g^0$)		0.53
Fe	56300	+2 (HS)	[Ar] $3d^6$ ($t_{2g}^4 e_g^2$)		0.78
		+2 (LS③)	[Ar] $3d^6$ ($t_{2g}^6 e_g^0$)		0.61
		+3 (HS)	[Ar] $3d^5$ ($t_{2g}^3 e_g^2$)		0.645
		+4 (HS)	[Ar] $3d^4$ ($t_{2g}^3 e_g^1$)	强	0.585
Co	25	+3 (HS)	[Ar] $3d^6$ ($t_{2g}^4 e_g^2$)		0.61
		+3 (LS)	[Ar] $3d^6$ ($t_{2g}^6 e_g^0$)		0.545
		+4 (LS)	[Ar] $3d^5$ ($t_{2g}^5 e_g^0$)	弱	0.53
Ni	84	+2	[Ar] $3d^8$ ($t_{2g}^6 e_g^2$)	—	0.69
		+3 (LS)	[Ar] $3d^7$ ($t_{2g}^6 e_g^1$)	强	0.56
Cu	60	+2	[Ar] $3d^9$ ($t_{2g}^6 e_g^3$)	强	0.73
Zn	70	+2	[Ar] $3d^{10}$ ($t_{2g}^6 e_g^4$)	—	0.74
Ru	0.001	+4	[Ar] $3d^4$ ($t_{2g}^4 e_g^0$)	弱	0.62
Sn	2.3	+4	[Kr] $4d^{10}$ ($t_{2g}^6 e_g^4$)	—	0.69
Sb	0.2	+5	[Kr] $4d^{10}$ ($t_{2g}^6 e_g^4$)	—	0.6
Te	0.001	+6	[Kr] $4d^{10}$ ($t_{2g}^6 e_g^4$)	—	0.56

注：① 1ppm = 10^{-6}；
② HS 代表高自旋；
③ LS 代表低自旋。

2. 过渡金属离子迁移与溶解

在钠离子电池层状氧化物早期的研究中发现，Na_xFeO_2 和 Na_xCrO_2 在脱出钠含量大于 0.5 后的可逆比容量会迅速降低且伴随着电压滞后的显著增加（图 2.24 (a) 和 (b)）。XRD、^{57}Fe 的穆斯堡尔谱和透射电镜（TEM）等结果证明了在这两种材料中存在过渡金属离子向钠层的不可逆迁移。图 2.24 (c) 是过渡金属离子的迁移过程示意图。过渡金属不可逆的迁移会阻碍 Na^+ 在放电过程中重新嵌入的过程，于是表现出较大的电压滞后和较低的可逆比容量。通过球差校正电镜可以清晰地观察到 $NaFeO_2$ 在充电至 4.4 V 后发生的不可逆的 Fe 迁移，如图 2.24（d）和（e）所示[109]。为了减少 Fe 或者 Cr 的迁移，一般采用掺杂取代的方法。

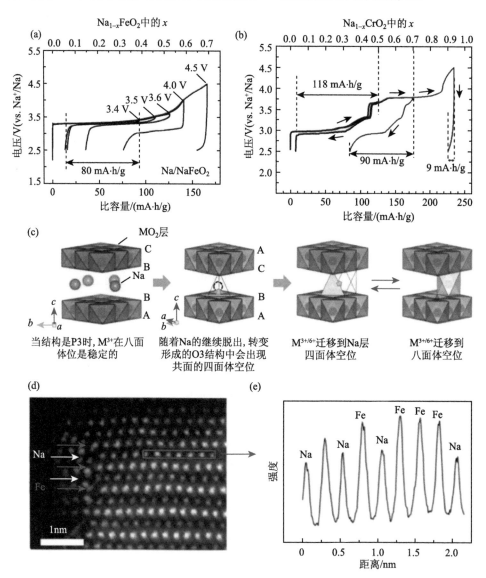

图 2.24 （a）O3-NaFeO$_2$ 和（b）O3-NaCrO$_2$ 在不同截止电压的充放电曲线，以及（c）过渡金属迁移过程的示意图[51,109]；（d）、（e）通过 STEM 观察到的 NaFeO$_2$ 表面结构的高角度环形暗场（HAADF）图以及衬度分析图

　　进一步的研究发现，Fe 或者 Cr 的迁移还会受到周围元素的影响，如图 2.25 所示。在过渡金属层独立存在的 Fe 如果要发生从过渡金属层八面体位置到钠层四面体间隙位的迁移，单位晶胞能量至少需要增加 0.7 eV。而当多个 Fe 原子形成团簇后，这个迁移所需的能量显著下降[64]。因为当具有姜-泰勒畸变的 Fe^{4+} 团聚在一起后，过渡金属层 Fe 可以适应周边 Fe 的 Fe—O 键的缩短，这种效应可以显著降低钠层四面体位（亚稳态，能量较高）的能量，从而大大提高 Fe 迁移的概率。这个结果也表明，如果要抑制 Fe 迁移，过渡金属层的 Fe 含量不要超过 1/3。

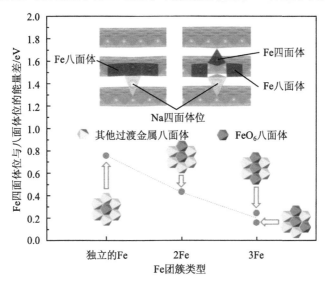

图 2.25　Fe 通过过渡金属层八面体位置迁移到钠层四面体位置的能量差[64]

　　过渡金属离子溶解是锂离子电池以及钠离子电池中常见的问题，一般具有姜-泰勒效应的 Ni、Mn 等过渡金属相比 Co 更容易发生溶解，溶解后的过渡金属离子会迁移到负极并在负极侧沉积，不但会造成负极侧固定电解质中间相（solid electrolyte interphase, SEI）膜厚度增加，减少活性 Na^+，增加电池内阻，还会持续催化电解液分解，降低了电池的循环寿命。

　　长轴向的 M—O 键的电子离域特性比较明显，其离子性一般比平面的 M—O 键的离子性更强（共价性更弱），可以显示出相对更强的路易斯碱性（失电子能力较强），从而提高 MO_6 与电解液中的酸性物质的反应活性，使得过渡金属更容易发生溶解反应。电解液中的酸性物质一般来自于残留的水分对 $NaPF_6$ 盐的水解作用（$NaPF_6 + H_2O \longrightarrow HF + PF_5 + NaOH$），产物 HF 是一种强路易斯酸，其中 H^+ 在正极/电解液界面处与轴向的氧反应并产生 H_2O。由于 H_2O 中的 H—O 键共价性弱于正极中 M—O 键的共价性，M—O 上 O 的实际电子数不足以生成 H—O，需要从 M—O 中汲取电子，这一过程会导致 M 离子的价态提升，高价态（高氧化性）

的 M 离子往往会通过直接氧化电解液溶剂回到稳定的无姜-泰勒效应的状态（如 Mn^{4+} 会变成 Mn^{2+}、Ni^{3+} 变为 Ni^{2+}），而较低价态的离子的氧化物或氟化物易溶解于电解质中。生成的 H_2O 会继续和 $NaPF_6$ 反应生成 HF，并使过渡金属离子溶解持续进行。

可以采取以下几种方法减少过渡金属离子溶解：①使用除水添加剂，用来阻断 HF 的反应生成路径；②表面包覆，避免电解液与活性材料的反应，但是可能会降低材料的电子电导率；③元素掺杂或者引入缺陷以稀释具有姜-泰勒畸变的过渡金属离子；④改变电解液中使用的钠盐，如使用 NaTFSI（$Na(CF_3SO_2)_2N$），其中 C—F 键不易水解；⑤限制充电电压或者提高电解液耐高压性质，因为电解液溶剂分子在高电势分解也可能提供质子，并生成 HF。

3. 晶体结构演变

$P2\text{-}Na_{2/3}[Ni_{1/3}Mn_{2/3}]O_2$ 的原位 XRD 结果表明有超晶格结构的衍射峰在 25° 和 34° 左右可逆地出现和消失，而超晶格结构是由 Na^+/空位的有序排布造成的，说明该材料中 Na 含量为 0.5 时（$P2\text{-}Na_{0.5}[Ni_{0.33}Mn_{0.67}]O_2$）会出现 Na^+/空位的有序排布。在进一步充电到 4.1 V 之后（对应 $Na_{1/3}[Ni_{1/3}Mn_{2/3}]O_2$）会发生明显的相变（P2-O2），该现象在之前部分已经有了较为详细的介绍，这里不再重复。

与 $P2\text{-}Na_{2/3}[Ni_{1/3}Mn_{2/3}]O_2$ 不同，部分 Fe 取代的 $P2\text{-}Na_{0.67}[Ni_{0.25}Fe_{0.17}Mn_{0.58}]O_2$ 在充放电过程中并没有出现 Na^+/空位有序的超晶格峰，这也可以解释该材料在 4.1 V 之前充放电曲线的斜线行为。当充电到 4.1 V 之后，$P2\text{-}Na_{0.67}[Ni_{0.25}Fe_{0.17}Mn_{0.58}]O_2$ 也会发生相变，但是与 $P2\text{-}Na_x[Ni_{0.33}Mn_{0.67}]O_2$ 不同的是，该材料并不会变为 O2 相，而是会变为 "Z" 相（图 2.26）。在 XRD 上可以观察到（002）峰较为连续的偏移，体积变化也会降低到 15% 左右（$P2\text{-}Na_x[Ni_{0.33}Mn_{0.67}]O_2$ 为 23%）。"Z" 相可以理解为 O2 和 P2 的堆叠层错结构，介于 P2 和 O2 结构之间，是 P2-O2 的不完全转变。图 2.27（a）展示了完全的 P2-O2 转变过程，P2 结构在过渡金属层按照（1/3, 2/3, 0）或者（2/3, 1/3, 0）方向滑移可以得到 O2 结构，而 "Z" 相则是 O 与 P 结构沿着 c 轴方向的随机分布，且 P-O 的滑移矢量也是随机二选一的（图 2.27（b））。研究者有时将其简化为 OP4 结构，即 P-O-P-O 交替排布，但这是 P 与 O 结构比为 1:1 的特殊情况。由于 "Z" 相中存在 P 类型的结构，可以减少 P-O 转变过程中较大的层间距变化，从而一定程度上减小了体积变化[48]。

O3 结构层状氧化物在充放电过程中的结构演变过程与 P2 结构层状氧化物有较大的差异。在之前部分介绍了 $O3\text{-}Na[Ni_{0.5}Mn_{0.5}]O_2$ 在充放电过程中发生了非常复杂的结构演变，这里以 $O3\text{-}Na[Ni_{0.33}Fe_{0.33}Mn_{0.33}]O_2$ 为例，介绍 O3 结构较为典型的结构演变过程。图 2.28 对比了 $O3\text{-}Na[Ni_{0.33}Fe_{0.33}Mn_{0.33}]O_2$ 在两个电压区间的结构演变过程，发现二者具有较为明显的差别。当截止电压为 4.0 V 时结构演变过程较为简单，充电过程为 O3-P3 转变（转变发生在 3.2~3.5 V），放电时为 P3-O3′ 转变（2.8 V），放电末态的 O3′的晶胞参数与原始态 O3 略有差别，但整体表现出高度可逆的结构演变过程。但当将充电截止电压设置为 4.3 V 后发现结构演变过程变得复杂且不同：在首周充电至 4.0 V 之前为 O3-P3 相变（与之前相同），充电至 4.0~4.3 V 过程中 P3 的（003）峰会再次劈裂为两个，新产生的衍射峰是单斜晶系的 O′3 相，从 4.3 V 放电至 3.5 V 过程中 O′3 会转变为同为单斜晶系的 P′3 相，可以发现其衍射峰相较于充电最初产生的六方晶系的 P3 相有明显的偏移。3.0 V 以下，P′3 会转变为六方晶系 O3 相，该 O3 相的晶体学参数与原始态较为接近[110]。六方晶系的 O3、P3 结构与 O′3、P′3 结构的对比如图 2.29 所示，其中单斜晶系的

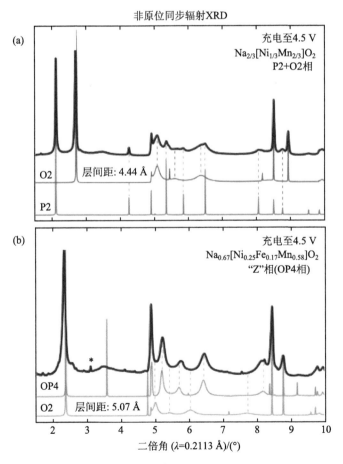

图 2.26　（a）P2-Na$_{2/3}$[Ni$_{1/3}$Mn$_{2/3}$]O$_2$ 和（b）P2-Na$_{0.67}$[Ni$_{0.25}$Fe$_{0.17}$Mn$_{0.58}$]O$_2$ 充电至 4.5 V 后的 XRD 对比[48]

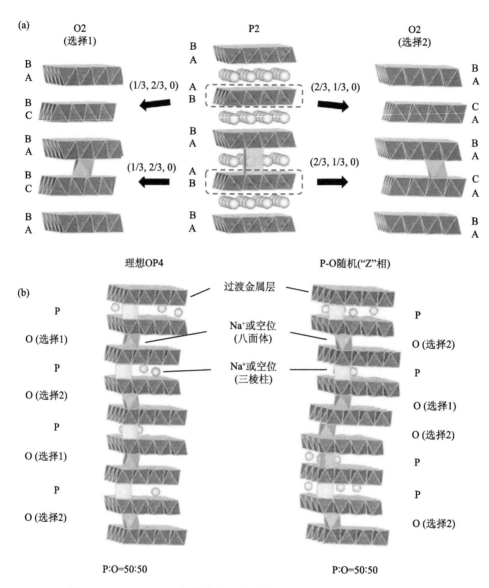

图 2.27 （a）P2-O2 相转变的两个可能的方向；（b）理想的 OP4 结构
以及 P-O 随机分布的"Z"相[50]

单胞与六方晶系有明显不同，六方晶系的 α、β 和 γ 分别为 90°、90° 和 120°，而
单斜晶系的 α 和 γ 分别为 90°、90°，$\beta \neq 90°$[87]。

  P2 和 O3 层状材料的相变过程通过其充放电曲线可以有大致判断，图 2.30 对
比了常见的 P2 和 O3 层状材料的充放电曲线及对应的可能相变过程。相变往往会
导致循环过程中比容量和能量密度衰减，原因主要在于相变往往会出现较大的体

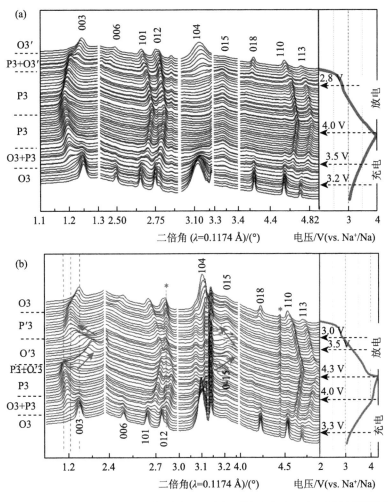

图 2.28　O3-Na$_x$[Ni$_{0.33}$Fe$_{0.33}$Mn$_{0.33}$]O$_2$ 在（a）2.0~4.0 V 和（b）2.0~4.3 V 同步辐射原位 XRD 测试结果以及充放电曲线[110]

积变化，导致颗粒的破碎或与极片脱离；其次不可逆的相变会导致 Na$^+$ 不能完全可逆地脱出/嵌入；长期循环过程中结构演变过程会发生变化，有时会出现放电电压的持续衰减。除此之外，相变还往往会导致钠离子扩散的动力学性能变差，这在下面会进一步介绍。为了避免以上问题，需要尽量避免相变的发生，比如对于 P2 结构要尽可能抑制 P2-O2 相变的发生，对于 O3 结构，一般很难避免 O3-P3 转变，但应尽量避免向 P′3 和 O′3 等扭曲结构的转变，或者在首周过后的后期循环过程中能保持 P3 结构不再转变，这样既能保证循环稳定性也能一定程度上提高倍率性能。目前抑制相变的方法主要还是控制充放电电压区间和杂元素掺杂改性，方法简单且效果较为明显，但改性方法的探索工作还需进一步开展。

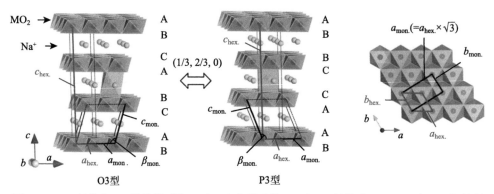

图 2.29 O3 结构和 P3 结构的对比，以及六方晶系的 O3 和 P3 的单胞（用 hex.表示）与单斜晶系的 O′3 和 P′3（用 mon.表示）[87]

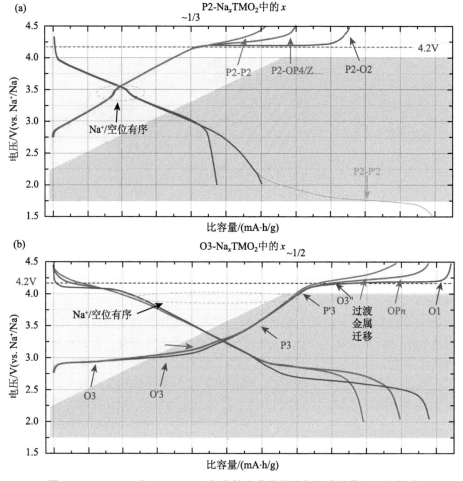

图 2.30 （a）P2 和（b）O3 正极充放电曲线特点与相变的常见对应关系

4. 有序/无序排布

在层状氧化物中有三种有序性，分别为：过渡金属离子位置的有序、过渡金属离子的电荷有序以及 Na^+/空位有序。其中过渡金属离子位置的无序排布与钠离子和空位的无序没有必然联系，过渡金属离子无序排布，但 Na^+/空位可能有序。在层状氧化物中，钠层的 Na^+/空位常常会出现有序分布，这个现象在 O3、P2 以及 P3 层状氧化物材料中都有出现，本质上是形成新的超晶格相，在充放电曲线上表现为台阶状电压降。Na^+/空位有序的出现往往对应几个特殊的钠含量：1/3、1/2、5/8 以及 2/3。例如，在 P2-Na_xCoO_2 中，在钠含量为 1/2 和 2/3 时均出现了电压突变的现象，分别位于 3.45 V 以及 2.8 V 附近。Delmas 等[18,111]通过电化学方法制备了 Na^+/空位有序的 O′3-$Na_{1/2}VO_2$、P′3-$Na_{1/2}VO_2$ 以及 P2-$Na_{1/2}VO_2$，Komaba 等[70,112]通过电化学方法制备了 P′3-$Na_{1/2}[Fe_{1/2}Co_{1/2}]O_2$ 以及 P′3-$Na_{1/2}CrO_2$。Meng 等[34]研究了 P2-$Na_x[Ni_{1/3}Mn_{2/3}]O_2$ 中的 Na^+/空位有序问题，发现在钠含量为 1/3、1/2 和 2/3 时，钠层存在 Na^+/空位有序，钠含量小于 1/3 后，Na^+/空位有序消失，即该材料在 3.5 V 左右的电压降对应两种有序的转变（2/3 转为 1/2），而在 4.0 V 左右的电压降对应钠含量为 1/3 的有序结构以及 P2-O2 的相转变。Ceder 等[108]发现在 O′3-$Na_{5/8}MnO_2$ 中，Na^+/空位有序结构对应最低能量状态。前面已经介绍了这三种层状的晶体结构，这里着重研究钠离子在三种结构中的不同占位情况。O3 结构中，钠离子仅占据八面体位置，而在 P2 和 P3 结构中，钠的三棱柱占位有两种局域结构。图 2.31 和图 2.32 展示了在 O′3、P2 以及 P3 结构中典型的 Na^+/空位有序分布的结构。

胡勇胜等[45]针对 P2 层状氧化物中的 Na^+/空位有序相关的工作做了系统整理归纳，总结了 22 种 P2 层状氧化物中存在的过渡金属离子占位有序、电荷有序以及 Na^+/空位有序。通过归纳总结发现，当过渡金属离子半径之比小于 1.15 且取代量大于 1/6 时，过渡金属离子的排布无序；Na^+/空位有序性与电荷有序性紧密相关，而 Na^+/空位有序性与过渡金属离子的有序性没有必然联系。电荷有序性与过渡金属离子的氧化还原电势之差有关，当过渡金属离子间具有较大的氧化还原电势差时，电荷倾向无序排布，进而 Na^+/空位为无序排布。胡勇胜等[45]在 2015 年根据这一规律设计了 P2-$Na_{0.6}[Cr_{0.6}Ti_{0.4}]O_2$，其中 Cr^{3+} 和 Ti^{4+} 的半径相近，且具有较大的氧化还原电势差。实验结果表明，该材料无论作为正极或负极都有非常平滑的曲线，变温中子衍射和分子动力学模拟结果表明该材料中的 Cr^{3+}/Ti^{4+} 和 Na^+/空位均为无序排布。

5. 钠离子扩散机理

结构特征会影响 Na^+ 在晶格中的扩散速率。对于 O3 型层状氧化物来讲，Na^+ 占据层间的八面体位，Na^+ 在相邻八面体位之间迁移时需要经过中间的四面体空

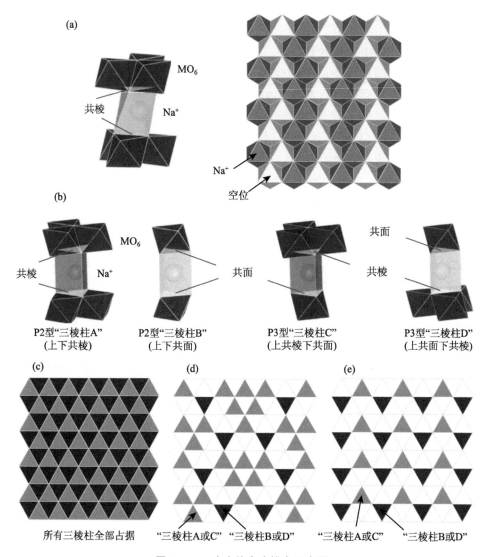

图 2.31　Na⁺/空位有序排布示意图

(a) 在 O'3-Na$_{0.5}$VO$_2$ 和 O'3-Na$_{5/8}$MnO$_2$ 中观察到的 Na⁺/空位有序结构；(b) P2 和 P3 结构中钠离子的三棱柱占位；
(c) P2 或者 P3 结构中 Na 占据全部三棱柱位的情形；(d) P2-Na$_{2/3}$CoO$_2$ 和 (e) P'2-Na$_{1/2}$CoO$_2$、P'2-Na$_{1/2}$VO$_2$、
P'3-Na$_{1/2}$VO$_2$、P'3-Na$_{1/2}$[Fe$_{1/2}$Co$_{1/2}$]O$_2$、P'3-Na$_{1/2}$CrO$_2$ 中的 Na⁺/空位有序结构[2]

位，与 O3-Li$_x$CoO$_2$ 类似，其中八面体和四面体为共面相连。与 O3 结构不同，P2 结构层状氧化物的 Na⁺ 扩散路径较为开放，Na⁺ 迁移时仅需通过相邻的三棱柱位置，并不像 O3 结构一样需要穿过四面体位置。从八面体位到四面体位的扩散势垒较高，而三棱柱之间的扩散势垒较低，从而 P2 或者 P3 结构材料一般具有比 O3 或 O2 结构更好的倍率性能[2]，如图 2.33 所示。

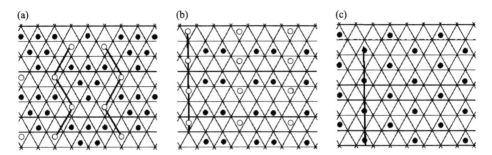

图 2.32　P2-Na$_x$[Ni$_{1/3}$Mn$_{2/3}$]O$_2$ 在不同钠含量时对应的有序结构的转变

（a）$x = 0.67$（2/3）；（b）$x = 0.5$（1/2）；（c）$x = 0.33$（1/3），其中黑点表示 Na$_e$ 位，空心圈表示 Na$_f$ 位[34]

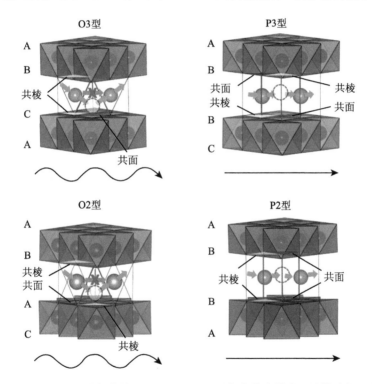

图 2.33　O3 和 O2 层状氧化物以及 P3 和 P2 层状氧化物中钠离子扩散路径示意图[2]

在之前的部分有介绍 P2-Na$_{2/3}$[Ni$_{1/3}$Mn$_{2/3}$]O$_2$ 在电压高于 4.1 V 后会发生典型的 P2-O2 相变，恒电流间歇滴定测试（图 2.34（a）和（b））结果发现 Na$^+$ 的扩散系数与结构有着显著的关系。在充电过程中，当电压低于 4.1 V 时，扩散系数约 10^{-10} cm^2/s，而此时对应的是 P2 结构；当电压高于 4.1 V 后扩散系数迅速降低，最低值约为 6.4×10^{-14} cm^2/s，而此时对应的是 O2 结构。计算结果表明,对于 P2-Na$_x$[Ni$_{1/3}$Mn$_{2/3}$]O$_2$，O2 结构中 Na$^+$ 的迁移活化能（约 0.28 eV）比 P2 结构更大

（约 0.17 eV）[49]。胡勇胜等[82]测试了 O3-Na[Ni$_{0.6}$Fe$_{0.25}$Mn$_{0.15}$]O$_2$ 在 2.0~4.2 V 电压区间内 Na$^+$的扩散系数随比容量的变化（图 2.34（c）和（d））。充电比容量达到 170 mA·h/g 以上（对应发生了 P3-O3″相转变）的 Na$^+$扩散系数要明显降低，这与上面的介绍基本一致。

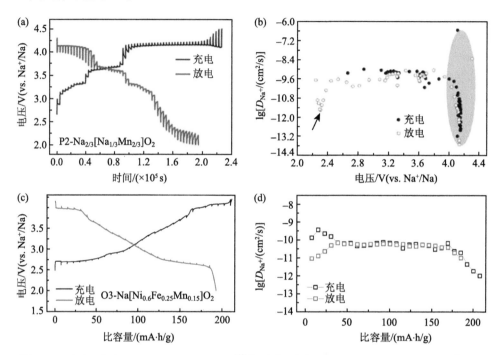

图 2.34　（a）、（b）P2-Na$_{2/3}$[Ni$_{1/3}$Mn$_{2/3}$]O$_2$[49]和（c）、（d）O3-Na[Ni$_{0.6}$Fe$_{0.25}$Mn$_{0.15}$]O$_2$ 在 2.0~4.2 V 的恒电流间歇滴定（GITT）测试结果以及计算得到的 Na$^+$扩散系数随比容量的变化[82]

6. 氧离子氧化还原反应

传统的钠离子电池正极材料的电荷补偿都是基于过渡金属离子的氧化还原电对实现的，常见的有 Ni^{3+}/Ni^{2+}、Ni^{4+}/Ni^{3+}、Co^{4+}/Co^{3+}、Fe^{4+}/Fe^{3+}、Cu^{3+}/Cu^{2+} 和 Mn^{4+}/Mn^{3+}等，而正极的能量密度主要受限于可变价过渡金属离子的含量。除了过渡金属，晶格中的氧在一定条件下也可以失去电子，通过引入氧的氧化还原反应可以实现更高的容量。2000 年左右，研究者发现 Li$_2$MnO$_3$ 类富锂锰基材料具有超出理论容量的额外容量，通过不断研究发现，额外的容量由体相中的晶格氧提供（图 2.35（a））。由于富锂材料具有超高的比能量，关于这类材料的研究热度一直在持续。2015 年之后，陆续出现了一系列具有氧离子氧化还原的钠离子电池正极材料。

在介绍材料之前，首先需要了解氧离子氧化还原的机理[113]（图 2.35（b））。

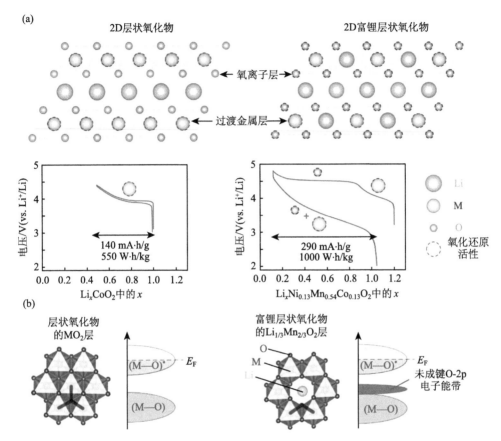

图 2.35　（a）锂离子电池层状氧化物和锂离子电池富锂氧化物的结构特点以及典型的代表性
充放电曲线；（b）阴离子氧化还原机理示意图[113]

对于嵌入/脱出型电极材料，其氧化还原电对是由高于费米能级（E_F）的空穴和低于费米能级的电子组成的。对于过渡金属氧化物，其能带结构需要考虑过渡金属 d 轨道和氧的 p 轨道的重叠，轨道重叠后会导致强配体的成键态（M—O）和具有金属特征的反键态（M—O）*两种能带的产生。成键态（M—O）和反键态（M—O）*的能量差被称为电荷转移项 Δ，电荷转移项 Δ 的大小与 M 和 O 的电负性之差有关，反映了 M—O 键的离子性或者共价性的强弱。如果将 O 换成电负性较低的 S 之后，电荷转移项 Δ 的数值会减小。对于传统的正极材料（不包含阴离子氧化还原过程的），它们的氧化还原过程只包含具有较强的金属特征的反键态（M—O）*（经常被简称为"d 带"）。

最近通过简单的路易斯结构分析发现在富锂材料的能带结构中会出现氧的非键合态。O^{2-}的能带分为一对 2s 能带和三对 2p 能带（成键态和反键态互为一对）。

由于 2s 能带远离费米能级（E_F），可以认为是没有电化学活性的，而具有较高能量的 O-2p 能带（距费米能级较近）参与 M—O 键的形成，其参与程度与结构有关。如在经典层状氧化物 $LiMO_2$ 中，O/M 为 2，O 的三个 2p 轨道电子均参与成键；而在富锂结构 Li_2MnO_3（O/M 为 3）中，O 其中一个 2p 轨道与 Li 的 2s 轨道键合程度较弱，于是这个弱键合的 O-2p 轨道电子的性质类似非成键态电子（能量较高），其能带位于成键态（M—O）能带之上。对于这个弱键合的 O-2p 电子的称呼有很多，如"孤立 O-2p 态"、"未混合 O-2p 态"、"O 孤对"或"Li-O-Li 配位"等，但是都对应同一种情况。氧非键合态是除了反键态（M—O）*能级之外，第二个可以在保持结构基本稳定的前提下提供电荷补偿的能带（表现为提升材料比容量）。而对于不具备氧非键合态能带的经典体系，一旦反键态（M—O）*能带的电子耗尽，额外的电子只能来自成键态（M—O）能带，而后者的参与会影响材料结构稳定性。

通过上面的一系列介绍，我们可以发现在氧化物类正极中引入氧的氧化还原反应，是一种可以有效提升锂离子电池或者钠离子电池容量的策略，但是阴离子氧化还原反应在钠离子电池正极材料中的性质和锂离子电池中的性质又不尽相同。

钠离子电池中的阴离子氧化还原反应至今已经有了较多进展，但是相关机理的研究仍在持续开展中，下面我们主要对一些典型的工作做介绍（充放电曲线见图 2.36）。

1）Na-□-Mn-O 体系（□为 Mn 空位）

非键合 O-2p 可以通过在过渡金属层直接引入过渡金属空位得到。比较有代表性的材料是 $Na_2Mn_3O_7^{[114]}$（可以被写作 $Na_{4/7}[\square_{1/7}Mn_{6/7}]O_2$，其中□是 Mn 的空位，这里 Mn 全部是 Mn^{4+}），这种材料最初被作为钠离子电池的负极进行研究，在 2.1 V 附近存在一个对应 Mn^{4+}/Mn^{3+} 转变的电压平台，比容量有 160 mA·h/g 左右。$Na_{4/7}[\square_{1/7}Mn_{6/7}]O_2$ 在过渡金属层有 1/7 的 Mn 的空位，导致有两种 O 的存在，一种是和三个 Mn 形成共价键的 O，另一种是位于 Mn 空位边缘，仅和两个 Mn 形成共价键的 O，而后者的存在引入了弱键合 O-2p 能带，这就导致了其具备阴离子氧化还原的活性。作为正极使用时，在首周充电至 4.7 V 后该材料有约 120 mA·h/g 的比容量，放电至 1.5 V 后可以提供约 200 mA·h/g 的比容量。

2）缺钠 Na-Li-Mn-O 体系

Li_2MnO_3 是典型的富锂材料，整体呈现 O3 层状排布。锂离子分布在锂层和过渡金属层，其中过渡金属层 Li 占比为 1/3，和 Mn^{4+} 呈蜂窝形有序排布，所以 Li_2MnO_3

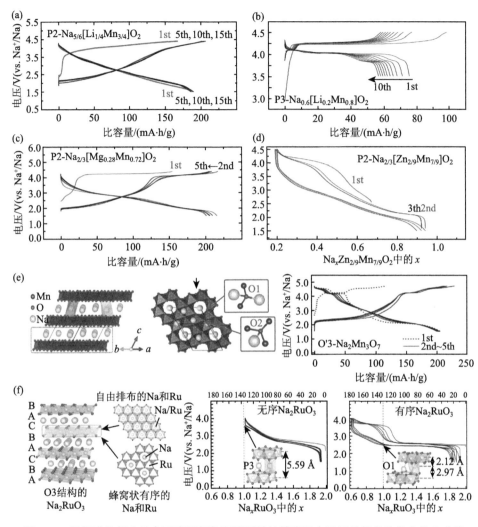

图 2.36　已报道的部分具有阴离子氧化还原活性的钠离子电池层状氧化物的充放电曲线

（a）P2-Na$_{5/6}$[Li$_{1/4}$Mn$_{3/4}$]O$_2$；（b）P3-Na$_{0.6}$[Li$_{0.2}$Mn$_{0.8}$]O$_2$；（c）P2-Na$_{2/3}$[Mg$_{0.28}$Mn$_{0.72}$]O$_2$；

（d）P2-Na$_{2/3}$[Zn$_{2/9}$Mn$_{7/9}$]O$_2$；（e）O'3-Na$_2$Mn$_3$O$_7$；（f）O3-Na$_2$RuO$_3$

又可以写作 Li[Li$_{1/3}$Mn$_{2/3}$]O$_2$。研究者最初希望能够合成 Na$_2$MnO$_3$（Na[Na$_{1/3}$Mn$_{2/3}$]O$_2$）这种材料（只是简单地将 Li 全部换为 Na），但均以失败告终，因为 Na$^+$ 的半径和 Mn^{4+} 的半径差异很大。后来研究者又尝试去合成 Na[Li$_{1/3}$Mn$_{2/3}$]O$_2$，但是发现也很难如预期合成出来 O3 结构。研究者通过调整 Li 和 Mn 的比例以及钠离子的含量，发现了一系列具有阴离子氧化还原的 P2 或 P3 结构的缺钠相（钠含量<1），如 P2-Na$_{5/6}$[Li$_{1/4}$Mn$_{3/4}$]O$_2$[115]、P3-Na$_{0.6}$[Li$_{0.2}$Mn$_{0.8}$]O$_2$[116,117]、P2-Na$_{0.6}$[Li$_{0.2}$Mn$_{0.8}$]O$_2$[118]和 P2-Na$_{0.72}$[Li$_{0.24}$Mn$_{0.76}$]O$_2$[119]等。与富锂材料类似，这类

材料的阴离子氧化还原的活性得益于非键合 O-2p 能级的存在。这类材料由于没有足够的可变价过渡金属离子，在首周充电时都具有一个很明显的特征，那就是在 4.0 V 左右有一个高电压平台，对应着阴离子氧化还原的过程。不同材料的放电曲线不尽相同，大多是一个长斜坡，但是在开始电压滞后较大。P3-Na$_{0.6}$[Li$_{0.2}$Mn$_{0.8}$]O$_2$ 在充放电过程中表现为 4.1 V 左右的电压平台，可见阴离子氧化还原过程的可逆性与材料的结构有较大的关系。

这类材料往往都具有接近甚至超过 200 mA·h/g 的放电比容量，如 P2-Na$_{5/6}$[Li$_{1/4}$Mn$_{3/4}$]O$_2$ 在 1.5~4.4 V 放电比容量为 190 mA·h/g，P2-Na$_{0.6}$[Li$_{0.2}$Mn$_{0.8}$]O$_2$ 在 2.0~4.6 V 放电比容量为 160 mA·h/g，而 P2-Na$_{0.72}$[Li$_{0.24}$Mn$_{0.76}$]O$_2$ 在 1.5~4.4 V 放电比容量甚至可达 270 mA·h/g。

3）缺钠 Na-Mg-Mn-O 和 Na-Zn-Mn-O 体系

除了 Li$^+$ 之外，研究者还发现 Mg^{2+} 替换掉 Li$^+$ 之后（如 P2-Na$_{0.67}$[Mg$_{0.28}$Mn$_{0.72}$]O$_2$[120] 和 P2-Na$_{0.67}$[Mg$_{0.33}$Mn$_{0.67}$]O$_2$[121]）也表现出可逆的阴离子氧化还原特征，充放电曲线的形状与 Na-Li-Mn-O 体系类似。P2-Na$_{0.67}$[Mg$_{0.28}$Mn$_{0.72}$]O$_2$ 在 1.5~4.4 V 放电比容量为 220 mA·h/g。近期研究发现，对于含 Li 的材料，Li$^+$ 会在高电压从过渡金属层间脱出，并随着循环不可逆地扩散进入电解液中，而含 Mg 却不会发生迁移，可以稳定地保持在过渡金属层内[122,123]。除此之外，Ti^{4+} 掺杂可以有效地提升这类材料中阴离子氧化还原反应的稳定性，如近期报道的 P2-Na$_{0.66}$[Li$_{0.22}$Ti$_{0.15}$Mn$_{0.63}$]O$_2$[124] 和 P2-Na$_{0.67}$[Mg$_{0.33}$Ti$_{0.17}$Mn$_{0.5}$]O$_2$[125]等。Zn 的电子结构为 3d^{10}，也可以激活晶格氧的电化学活性，Rozier 等[126]报道了 P2-Na$_{2/3}$[Zn$_{2/9}$Mn$_{7/9}$]O$_2$ 中阴离子氧化还原的活性，在 1.5~4.5 V 范围内有接近 200 mA·h/g 的可逆比容量，但是也具有明显的电压滞后现象。

4）富钠 Na-TM-O 体系（TM 为 Ru、Sn 和 Ir 等）

Na$_2$RuO$_3$ 这类包含 4d 过渡金属的正极材料与之前的 Mn 基材料不同，其中 Na 和 Ru 可以共同占据过渡金属层的八面体位。研究者发现 Na$_2$RuO$_3$ 具有两种构型：一种是过渡金属层，Na 和 Ru 为无序排布（简称无序相）[127]；另一种是 Na 和 Ru 在过渡金属层中呈现的蜂窝状有序排布[128]，与之前提到的 Li$_2$MnO$_3$（Li[Li$_{1/3}$Mn$_{2/3}$]O$_2$）的结构类似。通过对比发现，两种不同构型的材料具有截然不同的电化学性质，有序相 Na$_2$RuO$_3$ 在 3.9 V 左右会多出一个约 50 mA·h/g 的可逆平台，对应着阴离子可逆氧化还原的过程，而无序相 Na$_2$RuO$_3$ 在相同的电压区间却没有这个特征。

研究者还发现使用部分 Sn 取代 Ru 有利于活化和稳定阴离子氧化还原反应，

如 $Na_2[Ru_{0.75}Sn_{0.25}]O_3$ 可以可逆地脱出/嵌入约 1.2 个 Na^+，显著高于仅仅依靠 Ru^{5+}/Ru^{4+} 氧化还原电对的理论比容量[129]。除了 Ru 之外，研究者还发现 Na_2IrO_3 也具有阴离子氧化还原活性，Na_2IrO_3 具有两种不同的构型，一种是过渡金属无序的层状结构，一种是过渡金属有序的层状结构，电化学表现也不尽相同[130,131]。

氧的氧化还原反应虽然能显著提高材料的比容量，但是缺点也非常明显。主要问题集中在：①充电电压往往较高，且生成的类过氧基团具有较高的氧化性，有些材料会和电解液发生副反应以及产生不可逆的氧气损失；②氧得失电子的动力学缓慢，倍率性能往往较差；③这类材料大多电压滞后较大，能量转换效率低；④长循环容量衰减严重，电压曲线变化显著。为了解决以上问题，可以从元素比例调整、元素掺杂取代、表面包覆、粒径调节和电解液改性等方面进行，大量工作还有待进一步开展。

7. 电压滞后

电压滞后是指有限电流通过电极时电极电势偏离平衡电极电势的现象。平衡电势是当电极无净电流通过，电极处于平衡态时相应的电极电势。有电流通过电极时，电极上会发生一系列过程（离子的扩散和电极反应等）并以一定的速率进行，每一步或多或少存在一定的阻力，电荷的流动在电极表面积累电荷，使电极电势偏离平衡状态，要克服这些阻力，相应地需要一定的推动力，在电极上即表现为电极电势的偏离。

目前钠离子电池层状正极材料中常见的电压滞后现象分为以下几类（不限于此）。

1）过渡金属离子的迁移造成的电压滞后

在前面已经提及，当 Na_xFeO_2 和 Na_xCrO_2 中 x 小于 0.5 时，Fe 和 Cr 会发生不可逆的迁移，从而影响 Na^+ 嵌入时在晶格中的扩散能力，造成明显的电压滞后。其他元素取代是可以抑制 Fe 或 Cr 迁移的有效方法，如 Ni、Ti 共取代的 $O3-Na[Fe_{0.2}Ni_{0.4}Ti_{0.4}]O_2$ 和 Ti 取代的 $P2-Na_{0.67}[Cr_{0.67}Ti_{0.33}]O_2$ 可以将充电电压提升一些，但是在充电至高电压后仍会不可避免地发生部分迁移（图 2.37）[92,132]。

2）结构变化造成的电压滞后

根据相转变和扩散部分介绍，不同结构中 Na^+ 的不同扩散能力会造成不同程度的电压滞后。通过恒电流间歇滴定技术可以测得平衡电势，例如，$Na_x[Ni_{0.33}Mn_{0.67}]O_2$ 由 P2 转变为 O2 相后 Na^+ 的扩散系数显著降低[49]；$Na_x[Ni_{0.5}Mn_{0.5}]O_2$ 在充电至 4.5 V 后放电电压滞后显著增加（单斜 P′3 相转变为六方 P3′相）[87]。

3）自旋转化造成的电压滞后

在 Na^+ 脱出和嵌入过程中，过渡金属离子的价态会发生变化，从而其 d 电子

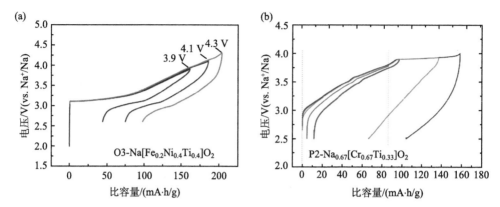

图 2.37 （a）O3-Na[Fe$_{0.2}$Ni$_{0.4}$Ti$_{0.4}$]O$_2$ 与（b）P2-Na$_{0.67}$[Cr$_{0.67}$Ti$_{0.33}$]O$_2$ 在不同截止电压下的电压滞后演变曲线

的数量和自旋分布可能会发生变化,不同的自旋状态对应不同的 M—O 键长以及能量状态,从而电池中自旋分布状态发生变化可能会导致电压的变化。O3-Na$_x$[Co$_{0.5}$Ti$_{0.5}$]O$_2$ 就存在这种特殊的转换机制,如图 2.38（a）所示,O3-Na$_x$[Co$_{0.5}$Ti$_{0.5}$]O$_2$ 充电和放电的电压具有巨大的差异,平均充电电压在 3 V 以上,而平均放电电压却降至 1 V 以下。Co 和 Ti 的 X 射线吸收谱测试结果确定了 Co 的可逆氧化和还原行为,并排除了 Ti 参与变价的可能。非原位 XRD 测试结果表明在充放电过程中该材料的结构是高度可逆的,X 射线吸收谱拓展精细结构测试结果表明在充放电过程中 Co 的局域环境没有发生变化,排除了 Co 迁移的可能性。通过 DFT 计算证明了在放电后 Co^{3+} 会发生高自旋态向低自旋态的转变,而计算得到的 Co^{3+}（低自旋）+ e$^-$ $\longrightarrow$ Co^{2+}（低自旋）对应的电压比 Co^{3+}（高自旋）+ e$^-$ $\longrightarrow$ Co^{2+}（高自旋）的电压（3.1 V）低 1 V 以上。这就表明该材料放电时的平衡电势远低于充电时的平衡电势[133]。

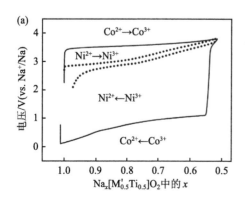

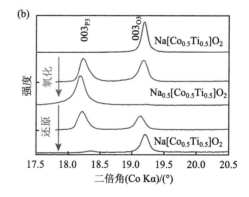

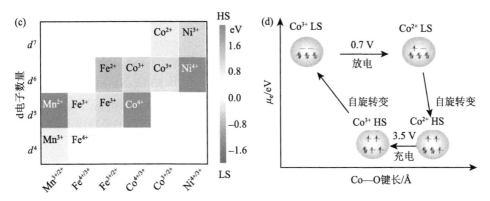

图 2.38　（a）O3-Na$_x$[Co$_{0.5}$Ti$_{0.5}$]O$_2$ 与 O3-Na$_x$[Ni$_{0.5}$Ti$_{0.5}$]O$_2$ 的充放电曲线对比；
（b）O3-Na$_x$[Co$_{0.5}$Ti$_{0.5}$]O$_2$ 在充放电过程中的可逆结构演变；（c）不同元素
不同价态的自旋态；（d）Co 的自旋转变过程示意图[133]

4）氧离子氧化还原反应造成的电压滞后

氧离子氧化还原反应是基于晶格氧的可逆得失电子的行为，这类材料往往有明显的电压滞后现象，即充电曲线与放电曲线偏离严重。锂离子电池中的富锂材料在首周充电后结构会从原来的层状结构向尖晶石结构转变，第一周放电时电压滞后明显，且在第二周之后的充电曲线中原来的高电压平台（约 4.5 V，对应晶格氧的氧化）会消失。但在钠离子电池中，氧的氧化平台在第二周往往可以得到保留，多项研究结果表明，钠离子电池层状正极在氧得失电子之后仍可以保持结构的稳定性，结构导致电压滞后的可能性较小。研究还发现元素组成、化学配比以及结构都会对电压滞后有不同的影响。图 2.39（a）和（b）对比了 P3-Na$_{0.6}$[Li$_{0.2}$Mn$_{0.8}$]O$_2$ 与

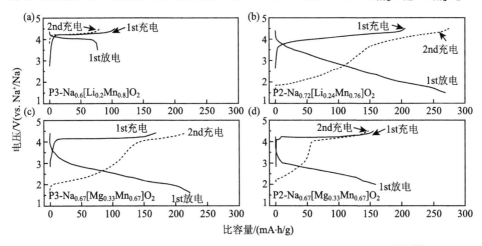

图 2.39　（a）、（b）两种不同组成和结构的 Na$_x$[Li,Mn]O$_2$ 的充放电曲线对比[117,119]以及（c）、（d）两种相同组成和不同结构的 Na$_x$[Mg,Mn]O$_2$ 的充放电曲线对比[121,134]

P2-$Na_{0.72}[Li_{0.24}Mn_{0.76}]O_2$ 的充放电曲线，其中 P3-$Na_{0.6}[Li_{0.2}Mn_{0.8}]O_2$ 表现出较轻微的电压滞后行为，而后者在首周充电至 4.5 V 后从 4.0 V 左右开始放电，电压滞后严重[117,119]。图 2.39（c）和（d）对比了组成相同而结构不同的 P3-$Na_{0.67}[Mg_{0.33}Mn_{0.67}]O_2$[134] 和 P2-$Na_{0.67}[Mg_{0.33}Mn_{0.67}]O_2$[121]。与含 Li 的情形不同的是，P3/P2-$Na_{0.67}[Mg_{0.33}Mn_{0.67}]O_2$ 均表现出明显的电压滞后现象，但是仔细观察可以发现 P3-$Na_{0.67}[Mg_{0.33}Mn_{0.67}]O_2$ 的电压滞后略小于 P2-$Na_{0.67}[Mg_{0.33}Mn_{0.67}]O_2$。这类材料电压滞后产生的原理尚不明了，还需开展进一步的研究。

8. 空气稳定性

在实验室使用刮刀涂敷浆料制备钠离子电池电极极片时，经常可以发现浆料黏稠且黏附性不好。比如将 $Na[Ni_{0.5}Mn_{0.5}]O_2$ 在空气（未控制水分）中与导电碳和黏结剂溶液混合，制成浆料后涂布出的极片出现了明显的颗粒团聚以及表面粗糙的现象，这是 $Na[Ni_{0.5}Mn_{0.5}]O_2$ 颗粒碱性较强所导致的。OH^- 会和浆料中的聚偏氟乙烯（PVDF）发生化学反应，导致 PVDF 脱 F，黏结性能变差。除此之外，铝箔会和 OH^- 反应（腐蚀铝箔），导致电池性能下降甚至失效。大多数的钠离子电池层状氧化物都会和潮湿空气反应，这类材料在保存和制备极片过程中要格外注意空气的干燥处理。目前关于钠基层状氧化物空气稳定性较差的报道较多，Komaba 等[135]认为层间的 Na^+ 与空气中 H_2O 中的 H^+ 发生了离子交换。反应过程如下：

$$NaMO_2 + xH_2O \longrightarrow Na_{1-x}H_xMO_2 + xNaOH \tag{2-3}$$

除此之外，有一些层状氧化物的半电池初始开路电压在 2 V 左右，低于正常热力学稳定电压 2.7 V，表明这些材料是具有一定还原性的。在含有水和氧气的条件下可能发生如下反应：

$$NaMO_2 + xO_2 \longrightarrow Na_{1-4x}MO_2 + 2xNa_2O \tag{2-4}$$

$$Na_2O + H_2O \longrightarrow 2NaOH \tag{2-5}$$

$$NaOH + CO_2 \longrightarrow NaHCO_3 \tag{2-6}$$

$$2NaOH + CO_2 \longrightarrow Na_2CO_3 + H_2O \tag{2-7}$$

Tarascon 等[80]对合成的 $Na[Ni_{0.33}Co_{0.33}Mn_{0.33}]O_2$ 研究发现，该材料的空气稳定性同样很差，并对比了原始合成材料与放置 15 天和 30 天后材料的形貌结构（图 2.40）。通过扫描电子显微镜（SEM）对比发现，随着放置时间的增长，颗粒表面逐渐变得粗糙，且表面的导电性显著降低（电子局域化导致亮度提高）。红外光谱结果表明，在暴露于空气中 30 天之后，颗粒表面出现了 O—H 和 C—O 等振动信号，结果表明层间部分 Na 转化为 Na_2CO_3 和 NaOH。通过对比 XRD 图谱发现，在长时间暴露于空气后，XRD 图谱发生了明显的变化，O3 结构会向单斜 O1

（空间群 $C2/m$）和 P3 结构转变。基于以上结果，提出了以下反应过程：

$$Na[Ni_{0.33}Co_{0.33}Mn_{0.33}]O_2 + x/2CO_2 + x/4 O_2 \longrightarrow Na_{1-x}[Ni_{0.33}Co_{0.33}Mn_{0.33}]O_2 + x/2 Na_2CO_3$$

$$(2\text{-}8)$$

或者

$$Na[Ni_{0.33}Co_{0.33}Mn_{0.33}]O_2 + xOH^- \longrightarrow Na_{1-x}[Ni_{0.33}Co_{0.33}Mn_{0.33}]O_2 + xNaOH \quad (2\text{-}9)$$

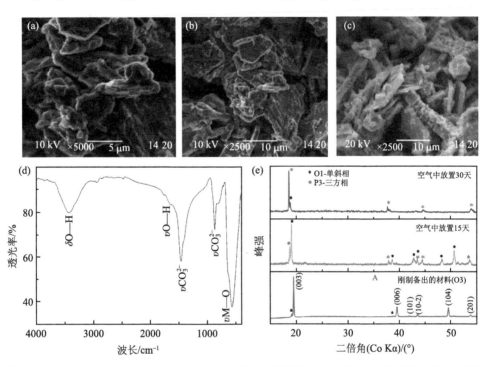

图 2.40　（a）～（c）$Na[Ni_{0.33}Co_{0.33}Mn_{0.33}]O_2$ 的原始形貌和空气中放置 15 天后及放置 30 天后的表面形貌；（d）空气中放置 30 天后的红外光谱测试结果；（e）空气中放置不同时长后的 XRD 测试结果[80]

Nazar 等[136]通过热重分析、产气分析和中子对分布函数等手段发现，P2-$Na_{2/3}[Fe_{1/2}Mn_{1/2}]O_2$ 在潮湿空气中的不稳定性源于水和二氧化碳反应生成的 CO_3^{2-} 会进入过渡金属层四面体间隙位中，与此同时，Mn^{3+} 会变成 Mn^{4+} 以保持电荷守恒。与严格空气保护的 $Na_{2/3}[Fe_{1/2}Mn_{1/2}]O_2$ 相比，空气中暴露的 $Na_{2/3}[Fe_{1/2}Mn_{1/2}]O_2$ 表现出更严重的充电/放电电压滞后和更低的比容量。他们提出该材料在空气中具体的反应过程如下：

$$CO_2 + H_2O \longrightarrow 2H^+ + CO_3^{2-} \qquad (2\text{-}10)$$

$$2H^+ + 1/2O_2 + 2e^- \longrightarrow H_2O \ (Mn^{3+} \rightarrow Mn^{4+} + e^-) \qquad (2\text{-}11)$$

式（2-10）和式（2-11）相加得到式（2-12）

$$CO_2 + 1/2O_2 + 2e^- \longrightarrow CO_3^{2-} \quad (Mn^{3+} \rightarrow Mn^{4+} + e^-) \tag{2-12}$$

整个过程也可以写为式（2-13）的形式：

$$Na(I)_{2/3}[Fe(III)_{1/2}Mn(III)_{1/6}Mn(IV)_{1/3}]O(-II)_2 + 1/12\ CO_2 + 1/24\ O_2$$

$$\longrightarrow 9/8\ Na(I)_{16/27}[Fe(III)_{4/9}Mn(IV)_{4/9}C(IV)_{2/27}]O(-II)_2 \tag{2-13}$$

杨勇等[137]通过系列对比实验研究并结合理论计算发现，P2 型层状氧化物正极材料中存在一临界钠含量 n_c，当钠含量高于 n_c 时，水分子不能嵌入材料，而当钠含量低于 n_c 时，水分子嵌入钠层。并提出了层状钠离子氧化物在潮湿空气中会发生下述结构和化学转变过程：

在没有二氧化碳的潮湿环境中：

$$xH_2O + Na_{0.67}MO_2 \longrightarrow Na_{0.67-x}H_xMO_2 + xNaOH \tag{2-14}$$

在有少量二氧化碳的潮湿环境中：

$$xCO_2 + xH_2O + 2Na_{0.67}MO_2 \longrightarrow 2Na_{0.67-x}H_xMO_2 + xNa_2CO_3 \tag{2-15}$$

在有充足二氧化碳的潮湿环境中：

$$xCO_2 + xH_2O + Na_{0.67}MO_2 \longrightarrow Na_{0.67-x}H_xMO_2 + xNaHCO_3 \tag{2-16}$$

如果结构中的钠含量低于 n_c，水分子会嵌入钠层：

$$Na_{0.67-x}H_xMO_2 + yH_2O \longrightarrow [Na_{0.67-x}H_x(H_2O)_y]MO_2 \tag{2-17}$$

杨勇等[137]进一步探究了不同 Mn 价态对空气稳定性的影响，选择了五种层状氧化物并将之放置在不同气氛下 3 天（图 2.41（a）），随着相对湿度的增加和二氧化碳的出现，暴露的层状氧化物的结构发生了更剧烈的变化。对比各暴露材料中水合相的比例，这五种氧化物空气稳定性的顺序依次是 P2-Na$_{0.67}$[Ni$_{0.33}^{2+}$Mn$_{0.67}^{4+}$]O$_2$ > P2-Na$_{0.67}$[Zn$_{0.2}^{2+}$Mn$_{0.8}^{3.66+}$]O$_2$ > P2-Na$_{0.67}$[Zn$_{0.1}^{2+}$Mn$_{0.9}^{3.47+}$]O$_2$ > P2-Na$_{0.67}$[Al$_{0.1}^{3+}$Mn$_{0.9}^{3.37+}$]O$_2$ > P2-Na$_{0.67}$Mn$^{3.33+}$O$_2$，该顺序和材料中锰离子的价态和首次充电过程的充电反应电势变化顺序一致。在此基础上进一步对比了六种不同的氧化物，分别是 P2-Na$_{0.67}$[Co$_{0.67}$Mn$_{0.33}$]O$_2$、P2-Na$_{0.67}$[Ni$_{0.17}$Co$_{0.33}$Mn$_{0.5}$]O$_2$、P2-Na$_{0.67}$[Ni$_{0.17}$Fe$_{0.33}$Mn$_{0.5}$]O$_2$、P2-Na$_{0.67}$[Li$_{0.2}$Mn$_{0.80}$]O$_2$、P2-Na$_{0.67}$[Mg$_{0.28}$Mn$_{0.72}$]O$_2$ 和 P2-Na$_{0.67}$[Cu$_{0.33}$Mn$_{0.67}$]O$_2$，并将这些材料在 RH 93% + CO$_2$ 环境中放置三天。结果表明，虽然 P2-Na$_{0.67}$[Co$_{0.67}$Mn$_{0.33}$]O$_2$、P2-Na$_{0.67}$[Ni$_{0.17}$Co$_{0.33}$Mn$_{0.5}$]O$_2$ 和 P2-Na$_{0.67}$[Ni$_{0.17}$Fe$_{0.33}$Mn$_{0.50}$]O$_2$ 材料中的锰离子均为正四价，暴露于潮湿二氧化碳气氛后材料完全发生水合。而具有高首次脱出钠电势的 P2-Na$_{0.67}$[Li$_{0.2}$Mn$_{0.80}$]O$_2$、P2-Na$_{0.67}$[Mg$_{0.28}$Mn$_{0.72}$]O$_2$ 和 P2-Na$_{0.67}$[Cu$_{0.33}$Mn$_{0.67}$]O$_2$ 观察不到水合相的产生。以上结果说明对于原始 P2 材料，首次充电（脱出钠）电势越高，钠越难脱出，在空气中越稳定（图 2.41（b））。

以上仅列举了一些较有代表性的观点，关于钠离子电池层状氧化物材料较差的空气稳定性的机理尚不完全明了，提高空气稳定性的相关研究也较为有限。对空气和水稳定的钠离子电池层状正极材料数量较少，较为常见的有 P2-Na$_{2/3}$[Ni$_{1/3}$Mn$_{2/3}$]O$_2$ 和 O3-Na$_{0.9}$[Cu$_{0.22}$Fe$_{0.3}$Mn$_{0.48}$]O$_2$ 等，相关研究还需进一步开展。

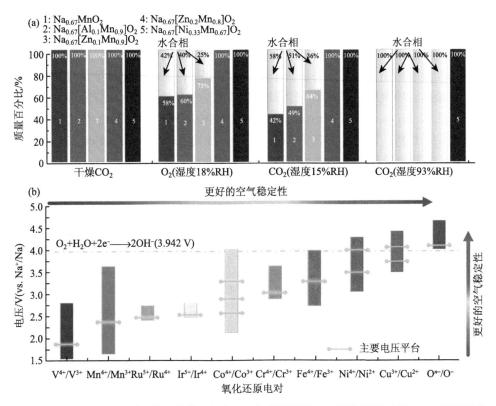

图 2.41　（a）几种 P2 型层状氧化物正极在不同气氛下放置 3 天后的组分对比；（b）不同氧化还原电对对层状氧化物空气稳定性的影响[137]

2.3　聚阴离子类正极材料

钠基聚阴离子类化合物是指由聚阴离子多面体和过渡金属离子多面体通过强共价键连接形成的具有三维网络结构的化合物，化学式为 Na$_x$M$_y$(X$_a$O$_b$)$_z$Z$_w$，其中，M 为 Ti、V、Cr、Mn、Fe、Co、Ni、Ca、Mg、Al、Nb 等中的一种或几种；X 为 Si、S、P、As、B、Mo、W、Ge 等；Z 为 F、OH 等。与层状正极材料相比，聚阴离子类正极材料具有以下优点：①聚阴离子(X$_a$O$_b$)$_z^{n-}$ 能支撑和稳定材料的晶体结构，因此化学稳定性、热稳定性和电化学稳定性较高；②聚阴离子类正极材料中一般含有多个 Na$^+$，且其中的过渡金属离子一般存在多个中间价态，因此能实现多个电子转移，实现更高的比容量；③更高电负性的 X 离子通过 M-O-X 的诱导效应削弱 M—O 键的共价特性,从而导致该类材料具有更高的氧化还原电势;④可形成聚阴离子类化合物的聚阴离子和过渡金属离子种类较多,所以材料的氧化还原电势容易调节。但是,它们普遍具有电子电导率较低的缺点,一般需要通过碳包覆提高其电化学性能。

常见的聚阴离子类正极材料主要包括磷酸盐、焦磷酸盐、硫酸盐、硅酸盐、硼酸盐和混合聚阴离子等。与锂离子电池体系类似,各种磷酸盐类化合物是目前研究得最广泛的聚阴离子脱出/嵌入载体。磷酸盐材料中,理论比容量最大的为橄榄石型的 $NaFePO_4$,为 154 mA·h/g。但和 $LiFePO_4$ 不同,$NaFePO_4$ 热力学稳定相是磷铁钠矿结构,该结构不具备电化学活性,稳定的橄榄石型 $NaFePO_4$ 只能通过 $LiFePO_4$ 先脱出锂再嵌入钠的过程获得。含有可变价过渡金属元素(如 V、Fe、Cr、Mn、Ni、Cu 等)的 NASICON 型 $Na_3M_2(PO_4)_3$ 材料是一种典型的磷酸盐材料,具有开放的三维离子传输通道,可以作为电极材料。其中,$Na_3V_2(PO_4)_3$ 是典型的代表,其反应机制为典型的两相反应,两相转变过程的体积变化较小,循环可逆性较高。除此之外,混合聚阴离子的氟化磷酸盐材料也是一类重要的钠离子电池正极材料。最具代表性的氟化磷酸盐正极材料是氟磷酸钒钠 $Na_3(VO_{1-x}PO_4)_2F_{1+2x}$($0 \leqslant x \leqslant 1$),该系列化合物中存在 3 个 Na^+,在电解液的稳定窗口内通常可以实现 2 个 Na^+ 的可逆脱出/嵌入,理论比容量高达 128~130 mA·h/g。由于氟原子的诱导作用,平均电压高达 3.7 V,基于正极材料的理论能量密度达到 480 W·h/kg。这一系列的化合物凭借其稳定的三维结构,在半电池体系中表现出非常优异的长循环稳定性和倍率特性,具有一定的应用前景。

相比于 PO_4^{3-},SO_4^{2-} 具有更高的电负性和更强的诱导效应,因此硫酸盐材料的工作电压更高。磷锰钠铁石结构的 $Na_2Fe_2(SO_4)_3$ 材料,理论比容量为 120 mA·h/g,平均工作电压高达 3.8 V。其他聚阴离子类化合物(如硅酸盐和硼酸盐)因具有多样的晶体结构和资源丰富、对环境无污染的优势得到广泛研究。另外,将两种或两种以上不同的阴离子组合在一起,可以得到一系列不同结构、不同电化学性能的材料。其中含有 $(PO_4^{3-})(P_2O_7^{4-})$ 和 $(PO_4^{3-})(CO_3^{2-})$ 的化合物在循环过程中体积变化小,也受到了人们的关注。

聚阴离子类正极材料中特有的聚阴离子结构单元由很强的共价键紧密连接,将聚阴离子基团和过渡金属离子的价电子隔离开。尽管过渡金属离子的这种孤立电子结构使这类材料具有较高的工作电压,但同时也导致了该类材料电子电导率较低,这在很大程度上限制了其在高倍率下的充放电性能,给实际应用带来了一定的困难。因此,针对这类材料的制备及改性工作主要围绕提高材料的电子电导率展开。改性方法主要包括纳米化和碳包覆:纳米材料可以提高固(活性颗粒)-液(电解液)接触面积,缩短钠离子扩散路径;碳包覆有助于提高材料的表面电子电导率，改善颗粒间的电接触；同时碳包覆层的存在还可以抑制颗粒的生长，使材料纳米化的同时更能改善颗粒的团聚现象。

2.3.1 磷酸盐

1. 橄榄石结构 NaMPO$_4$

受到 LiFePO$_4$ 在锂离子电池体系中应用的启发，橄榄石结构的 NaFePO$_4$ 也在钠离子电池体系中得到了研究。然而，对于 NaFePO$_4$ 而言，橄榄石相只能在 480 ℃以下稳定存在，而温度高于 480 ℃后其热力学稳定相属于磷铁钠矿相。目前橄榄石型 NaFePO$_4$ 主要是由橄榄石型 LiFePO$_4$ 脱锂后通过电化学钠化的方法合成的。图 2.42 为两者的晶体结构示意图，橄榄石结构的 NaFePO$_4$ 属于正交晶系，空间群 *Pmnb*，晶体由 FeO$_6$ 八面体和 PO$_4$ 四面体构成空间骨架，Na$^+$ 则占据共边的八面体位并形成沿 *b* 轴方向的长链。其中一个 FeO$_6$ 八面体与两个 NaO$_6$ 八面体和一个 PO$_4$ 四面体共边，而 PO$_4$ 四面体则与一个 FeO$_6$ 八面体和两个 NaO$_6$ 八面体共边。钠离子具有一维传输通道，在充放电过程中钠离子能够在不破坏主体结构的前提下很容易地脱出/嵌入。在磷铁钠矿型结构中，Na$^+$ 和 Fe^{2+} 的位置与橄榄石型的正好相反，磷酸根的位置保持不变，这样的转变使得结构中缺少 Na$^+$ 传输通道，而不具有电化学活性。

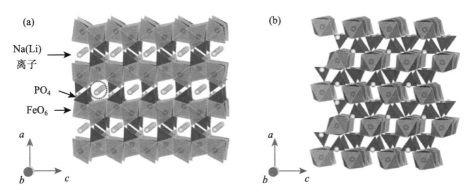

图 2.42 （a）橄榄石型 Na(Li) FePO$_4$ 和（b）磷铁钠矿型 NaFePO$_4$ 的晶体结构示意图

在橄榄石型 NaFePO$_4$ 中，可以实现接近一个 Na$^+$ 的可逆脱出/嵌入，放电电压平台在 2.75 V 左右（图 2.43（a）和（b））。仔细观察发现该材料的充电曲线有两个平台，相应的容量微分曲线显示，充电过程中有两个氧化峰对应着两个充电平台，放电过程中只有一个尖锐的还原峰对应着相应的放电平台，而磷酸铁锂只有一个充放电平台（图 2.43（c））。经研究发现，橄榄石结构的 NaFePO$_4$ 与 LiFePO$_4$

充放电机理不同，其在充放电过程中并不是单一的两相反应，而是存在一个中间相 $Na_{2/3}FePO_4$[138]。由于在 Na_xFePO_4（$x>2/3$）体系中 Na^+/空位具有较大的固溶度，因此充放电过程中 $2/3<x<1$ 时发生的是固溶反应，在 $0<x<2/3$ 时是 $Na_{2/3}FePO_4$ 和 $FePO_4$ 的两相反应。两个阶段中体积形变分别为 3.62% 和 13.48%，总体积变化高于 $LiFePO_4$ 的 6.9%。正是两段反应过程中不同的体积形变和动力学条件，使得放电嵌钠过程中 $FePO_4$ 到 $Na_{2/3}FePO_4$ 的反应平台（较高动力学阻碍）与 $Na_{2/3}FePO_4$ 到 $NaFePO_4$ 的反应平台（较低动力学阻碍）重叠，形成一个电压平台。在充电过程中动力学阻碍较大的过程位于高电压平台，因此跟第一个平台之间的电压差会变得更大，展现出两个电压平台的特征。然而在较高的充放电倍率下，动力学阻碍得到放大造成不同的电压极化，放电过程中两个电压平台得以分开也能观察到两个平台的现象。

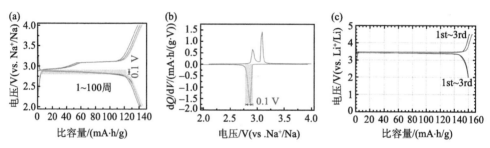

图 2.43　（a），（b）橄榄石型 $NaFePO_4$ 的充放电曲线和首周容量微分曲线[139]；（c）橄榄石型 $LiFePO_4$ 的充放电曲线

　　最近的研究发现，纳米级的磷铁钠矿型 $NaFePO_4$ 也可以显示出较好的电化学活性[140]。这可能是由于钠离子脱出时，纳米级 $NaFePO_4$ 同时发生了向无定形 $FePO_4$ 的转变。第一性原理计算结果表明，$NaFePO_4$ 能表现出较好电化学活性的原因在于所生成的无定形 $FePO_4$ 中钠离子的迁移率显著增加，活化势垒仅为原始材料的 1/4。

　　与 $NaFePO_4$ 类似，$NaMnPO_4$ 的热力学稳定相也是磷铁钠矿型且其电化学性能同样不理想，而橄榄石型 $NaMnPO_4$ 同样需要通过离子交换或者软化学合成法合成。一种可行的混合离子橄榄石型 $NaMn_{1-x}Fe_xPO_4$（$x=0$，0.5 和 1）的合成方法是以 $NH_4Mn_{1-x}Fe_xPO_4·H_2O$（$x=0$，0.5 和 1）和 $CH_3COONa·3H_2O$ 为前驱体在 100 ℃以下通过离子交换制备的，但其电化学性能受限于它的颗粒大小[141]。实验结果表明，纳米级的颗粒有利于提高橄榄石型 $NaMn_{1-x}Fe_xPO_4$ 脱钠相的成核速率，进而提高材料的可逆性。

　　2. NASICON 型结构的 $Na_3M_2(PO_4)_3$

　　NASICON 型结构的聚阴离子化合物因具有较高的离子电导，最初用作固体电解质材料。如果其中的过渡金属离子具有电化学活性，也可以用来作为电极材料。其中，$Na_3V_2(PO_4)_3$ 是具有 NASICON 型结构而得到广泛研究的一种磷酸盐聚阴离子化合物。

1）$Na_3V_2(PO_4)_3$ 的晶体结构和充放电曲线

$Na_3V_2(PO_4)_3$ 是 $Na_3M_2(PO_4)_3$（M=Al^{3+}、Ti^{3+}、V^{3+} 和 Fe^{3+} 等）族化合物中的一员，均属于六方晶系，空间群为 $R\bar{3}c$，晶胞参数为 $a=b$=8.738 Å，c=21.815 Å。每个原胞由六个 $Na_3V_2(PO_4)_3$ 单胞组成，单胞由两个 VO_6 八面体和三个 PO_4 四面体共角连接组成（图 2.44（a）），$[V_2(PO_4)_3]^{3-}$ 单元沿着 c 轴形成$[V_2(PO_4)_3]$无限延伸的带（$[V_2(PO_4)_3]_\infty$）。Na^+在其中有两个位置，分别为 Na1（6b 位，占有率 1）和 Na2（18e 位，占有率 2/3），Na1 位于同一个$[V_2(PO_4)_3]_\infty$带的两个近邻的$[V_2(PO_4)_3]$单元之间，Na2 位于$[V_2(PO_4)_3]_\infty$带之间。

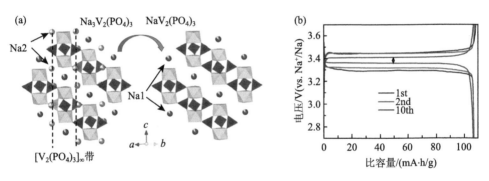

图 2.44　$Na_3V_2(PO_4)_3$（a）晶体结构转变示意图和（b）充放电曲线

$Na_3V_2(PO_4)_3$ 因其在 3.4 V 可以发生可逆的 V^{4+}/V^{3+}氧化还原反应和提供三维钠离子扩散通道而成为钠离子电池正极材料之一。$Na_3V_2(PO_4)_3$结构中可以实现 2 个 Na^+的可逆脱出/嵌入，对应 117 mA·h/g 的理论比容量。在 1.6 V 左右存在另一个 V^{3+}/V^{2+}氧化还原反应，对应着 1 个 Na^+的脱出/嵌入，可以作为负极材料使用，但循环可逆性较差。

2）晶体结构演变

通过对材料脱出/嵌入钠离子前后 $Na_3V_2(PO_4)_3$ 和 $NaV_2(PO_4)_3$ 的结构精修分析发现[142]，在 $Na_3V_2(PO_4)_3$ 中，Na1 位占据率约为 0.8430，而 Na2 占据率约为 0.7190，说明在 Na1 和 Na2 位置存在大量空位，这也是 $Na_3V_2(PO_4)_3$ 具有较高离子电导率的原因，是 NASICON 型结构的典型特征。充电态 $NaV_2(PO_4)_3$ 中 Na2 位几乎没有 Na，相当于 Na2 位的 Na^+完全脱出，而 Na1 位占据率对比初始态 $Na_3V_2(PO_4)_3$ 没有明显变化[143]，这说明 $Na_3V_2(PO_4)_3$ 中的 Na1 位置的 Na^+ 在充放电过程中没有移动，Na2 位置的 Na^+ 发生可逆的脱出/嵌入。原位 XRD 图谱分析发现充放电过程中两相的衍射峰是此消彼长的关系，充电到 3.7 V（vs. Na^+/Na）时，$Na_3V_2(PO_4)_3$ 所有的衍射峰完全消失，只存在 $NaV_2(PO_4)_3$ 的衍射峰，放电结束时，材料的结构又完全回到初始状态，表明 $Na_3V_2(PO_4)_3$ 作为正极材料的充放电过程是一个典型的两相反应，而且这个过程是高度可逆的。计算结果显示从 $Na_3V_2(PO_4)_3$ 转变为 $NaV_2(PO_4)_3$ 的体积变化率为 8.26%，接近目前锂离子电池商业上应用的 $LiFePO_4$ 材料（6.9%），因此具有一定的应用前景。

3）改性研究

虽然 $Na_3V_2(PO_4)_3$ 展现出高稳定、高电压和高离子电导等优良特性，但电子电导率较低。为弥补这一缺陷，需要对材料进行改性，目前常用的方法主要为碳包覆，因为其成本低廉、操作简便，而且较低的碳含量就能明显提升材料的电子导电性能。目前这方面的工作主要集中于寻找不同碳源以及不同的包覆方法。在这个方法中，含碳量是决定其电化学性能的一个重要参数。如果含碳量过低则不能有效地增强材料的电化学性能，反之，含碳量过高则会因为离子迁移困难而损害材料性能。胡勇胜等[143]首先采用一步固相法制备出碳均匀包覆的 $Na_3V_2(PO_4)_3$ 复合材料（$Na_3V_2(PO_4)_3$-6%C），形成了离子、电子混合导电网络。通过降低碳含量得到 $Na_3V_2(PO_4)_3$-4%C 的样品，其实际碳含量为 3.8%，包覆层厚度为 3 nm。在 NaFSI/PC 电解液体系中，首周充放电比容量分别为 108.5 mA·h/g 和 107.1 mA·h/g，库仑效率高达 98.7%，且第二周能达到 99.5%，随后的每周库仑效率也都在 99.8% 以上，80 周循环后比容量保持率为 93.0%。

然而由于高价钒离子对动物体具有毒性并且成本较高，2013 年胡勇胜等[2]提出采用非毒性、资源丰富的过渡金属离子替代部分或全部钒离子[2]。近年来，研究者设计合成了一系列 NASICON 型结构的磷酸盐正极材料，如 $Na_3MnTi(PO_4)_3$、$Na_3MnV(PO_4)_3$、$Na_3TiV(PO_4)_3$、$Na_3Fe_2(PO_4)_3$、$Na_3MnZr(PO_4)_3$ 等。早在 2003 年 Masquelier 等[144]报道了 $Na_2TiFe(PO_4)_3$ 在钠离子电池体系中的电化学性能，然而基于 Fe^{3+}/Fe^{2+} 的氧化还原电势位于 2.5 V 左右，因平均电压太低而不能用作正极材料。2013 年胡勇胜等[2]提出并尝试合成 $Na_3MnTi(PO_4)_3$ 材料。2016 年 Goodenough 等[145]报道了组成为 $Na_3MnTi(PO_4)_3$ 的电化学性能，在 2.5~4.2 V 电压范围内首周放电比容量为 80 mA·h/g，充放电曲线中产生的两个电压平台分别位于 3.5 V 和 4.0 V，对应于 Mn^{3+}/Mn^{2+} 和 Mn^{4+}/Mn^{3+} 氧化还原电对。同年他们又合成了纯相的 $Na_4MnV(PO_4)_3$ 和 $Na_3FeV(PO_4)_3$ 作为正极材料[146]。在 1C 倍率下 $Na_4MnV(PO_4)_3$

和 $Na_3FeV(PO_4)_3$ 首周可逆比容量分别为 101 mA·h/g 和 103 mA·h/g，均表现出两个电压平台的充放电特征，分别位于 3.3 V /3.6 V 和 2.5 V /3.3 V，对应着 V^{4+}/V^{3+}、Mn^{3+}/Mn^{2+} 和 Fe^{3+}/Fe^{2+}、V^{4+}/V^{3+} 两组氧化还原电对。在相同倍率下循环 1000 周后比容量保持率分别为 89% 和 95%。2017 年 Dou 等[147]报道了碳包覆的 $Na_3Fe_2(PO_4)_3$/C 电极材料，电荷补偿主要基于 Fe^{3+}/Fe^{2+} 的氧化还原反应，在 1.5~4.2 V 可以实现 109 mA·h/g 的比容量，经过 200 周循环后比容量保持率为 96%。

3. 焦磷酸盐结构 $Na_2MP_2O_7$

磷酸盐在高温下很容易分解脱氧形成高温稳定基团焦磷酸根（$PO_4^{3-}→P_2O_7^{4-}$），因此形成的焦磷酸盐具有较高的热稳定性。在焦磷酸盐中首先要提的就是 $Na_2MP_2O_7$（M=Fe, Co, Mn, Cu）系列，主要包括三斜晶型、四方晶型、正交晶型和单斜晶型几种晶体结构。金属元素的不同可以导致该类化合物具有一种或多种不同的晶体结构。

在上述化合物中，$Na_2FeP_2O_7$ 属于三斜晶系，空间群 $P\bar{1}$，晶胞参数 a= 6.434 Å、b=9.416 Å、c=11.01 Å、$α$=64.409°、$β$=85.479°、$γ$=72.807°[148]。晶体结构中，两个 FeO_6 八面体共角连接的 Fe_2O_{11} 二聚体与两个 PO_4 四面体共角连接的 P_2O_7 共边或共角桥接，形成了三维扭曲的 Zig-Zag 型 Na^+ 传输通道和五种不同占据程度的 Na 位，其中图 2.45（a）虚线框中的钠位因具有较好的离子通道及较低的离子迁移势垒（0.5 eV），有利于钠离子的迁移。在 2.0~4.0 V 的电压窗口内（图 2.45（b）），发生 Fe^{3+}/Fe^{2+} 的氧化还原反应，最多可以实现一个 Na^+ 的可逆脱出/嵌入，理论比容量达到 97 mA·h/g，充放电曲线表现为 2.5 V 和 3 V 左右两个平台。对储钠机理研究发现，充放电过程中 $Na_xFeP_2O_7$ 体系，在 $1<x<2$ 范围内存在三个中间相（x=1.25、1.5 和 1.75），在 2.5 V 左右的平台为 $Na_2FeP_2O_7$ 和 $Na_{1.75}FeP_2O_7$ 的两相反应，3~3.25 V 为其他中间相和脱钠相之间的两相反应。

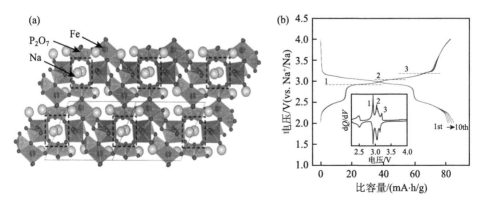

图 2.45　$Na_2FeP_2O_7$ 的（a）晶体结构示意图；（b）充放电曲线及相应的容量微分曲线[148]

在 $Na_2FeP_2O_7$ 化合物中，只有氧化还原电对 Fe^{3+}/Fe^{2+} 参与反应，得失一个电子，然而结构中含有两个 Na^+ 可以可逆地脱出/嵌入。为了协调变价过渡金属和 Na^+ 之间的平衡，研究者开发了一系列相同结构的铁基焦磷酸盐化合物 $Na_{4-a}Fe_{2+a/2}(P_2O_7)_2$ ($2/3 \leqslant a \leqslant 7/8$)。Chou 等[149]研究了碳包覆的 $Na_{3.32}Fe_{2.34}(P_2O_7)_2$/C 材料，发现 0.1C 倍率下经过首周活化之后第二周具有约 100 mA·h/g 的可逆比容量，0.5C 倍率下循环 300 周比容量保持率 92.3%。

相同结构的 $Na_2MnP_2O_7$ 在 3.8 V 处有一个由 Mn^{3+}/Mn^{2+} 氧化还原反应所产生的电压平台[150]。该材料在室温下的放电比容量为 90 mA·h/g，以 0.2C 倍率循环 30 周后比容量保持率为 96%，电流从 0.05C 升至 1C，比容量保持率为 70%。进一步降低材料颗粒尺寸能够实现更好的电化学性能。通过第一性原理计算发现，$Na_2MnP_2O_7$ 具有电化学活性主要源于其结构中共角的多面体在姜-泰勒效应作用下能够很好地实现局部调节。几乎在同一时间，Yamada 等[151]也报道了 β-$Na_2MnP_2O_7$ 的电化学性能（空间群 $P1$）。β-$Na_2MnP_2O_7$ 在 0.05C 倍率下的放电比容量接近 80 mA·h/g，其中 Mn^{3+}/Mn^{2+} 氧化还原活性中心位于 3.6 V。

$Na_2CoP_2O_7$ 结构中，钴既可以处于四面体配位的位置也可以处于八面体配位的位置，因此它存在三种不同的晶型，即正交晶型（$Pna2_1$）、四方晶型（$P4_2/mnm$）和三斜晶型（$P\bar{1}$）。其中，三斜相在热力学上最不稳定，四方相和正交相具有相似的结构。正交相中 CoO_4 和 PO_4 四面体混合排列形成平行于 (001) 平面的 $[Co(P_2O_7)]^{2-}$ 层，$[Co(P_2O_7)]^{2-}$ 层与钠层交替堆积形成一种层状的结构。Yamada 等[152] 报道了 $Na_2CoP_2O_7$ 正交相作为钠离子电池正极材料的电化学性能。正交型 $Na_2CoP_2O_7$ 以 0.05C 倍率充放电时放电比容量接近 80 mA·h/g，达到了理论比容量的 83%。在 1.5~4.7 V 电压范围内的充放电曲线是连续的斜线，Co^{3+}/Co^{2+} 氧化还原电势中心位于 3.0 V。

除了 $Na_2MP_2O_7$ 系列之外，另一种新型焦磷酸盐 $Na_7V_3(P_2O_7)_4$ 也得到研究，该材料的平均电压高达 4 V，比容量接近 75 mA·h/g[153]。具有结构多样性和不同脱出/嵌入钠离子行为的焦磷酸盐体系作为室温钠离子电池正极材料得到了广泛的研究，但是该类材料普遍存在比容量较低，动力学性能较差的问题。

2.3.2 硫酸盐

硫酸盐类材料大部分来源于矿物，其通式可以写成 $Na_2M(SO_4)_2·2H_2O$，（M 为过渡金属元素）。与其他聚阴离子化合物（PO_4^{3-}、BO_3^{3-}、SiO_4^{4-}）不同的是，SO_4^{2-} 基团热力学稳定性非常差，其分解温度低于 400 ℃（生成 SO_2 气体），因此一般采用低温固相法合成。下面主要介绍 Kröhnkite 型铁基含水硫酸盐 $Na_2Fe(SO_4)_2·2H_2O$ 和 $Na_2Fe_2(SO_4)_3$ 的晶体结构和性能。

1. Na₂Fe(SO₄)₂·2H₂O

$Na_2Fe(SO_4)_2·2H_2O$ 属于单斜晶系[154]，空间群 $P2_1/c$，晶体结构如图 2.46（a）所示，基本框架是由 $Fe(SO_4)_2·2H_2O$ 单元组成的。FeO_6 八面体通过和 SO_4 四面体交替地桥接，形成平行于 c 轴的长链。对于每一个 FeO_6 八面体，其中四个氧原子是与邻近的 SO_4 单元共享的，而剩余两个氧原子（在 c 轴方向上）组成水分子的部分。H_2O 和邻近的 SO_4 基团以氢键键合，不仅能固定水分子的取向，而且可以获得化学稳定的结构。Na^+ 沿着 a 轴占据长链之间的间隙位置，形成交替的层状 $Fe(SO_4)_2·2H_2O$ 单元。这些[$Fe(SO_4)_2·2H_2O$]∞长链通过 Na^+（Na—O 键）和 H^+（氢键）连接形成一个类层状结构框架。对称的 SO_4 四面体和 FeO_6 八面体单元构建了 $Na_2Fe(SO_4)_2·2H_2O$ 的单斜晶型结构。并且 SO_4 单元充当多配位体的配合基，而沿着 b 轴的通道为 Na^+ 的脱出/嵌入提供了扩散通道。Na-Fe-S-O-H 体系成本低而且具有相对较高的 Fe^{3+}/Fe^{2+} 氧化还原电势（~3.25 V），但该材料的放电比容量较低，仅为 70 mA·h/g，如图 2.46（b）。

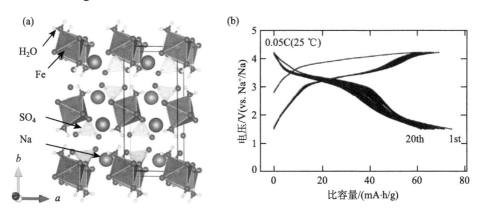

图 2.46　$Na_2Fe(SO_4)_2·2H_2O$ 的（a）结构示意图和（b）充放电曲线

2. Na₂Fe₂(SO₄)₃

$Na_2Fe_2(SO_4)_3$ 为一种独特的磷锰钠铁石结构，具有 $AA'BM_2(XO_4)_3$ 晶型结构，其中 A=Na2，A'=Na3，B=Na1，M=Fe，X=S，属于单斜晶系（空间群 $P2_1/c$），可以看出和大部分具有 NASICON 相关晶体构型的 $A_xM_2(XO_4)_3$ 型化合物有所不同。晶体结构如图 2.47 所示，Fe^{2+} 占据八面体位并且两两连接，形成 Fe_2O_{10} 二聚体结构单元，占据两个晶格位置 Fe1 和 Fe2（局部结构相似，但晶体学位点不同）。这些独立的共边 Fe_2O_{10} 二聚物依次与 SO_4 通过共角连接起来，形成了一个具有大通道的三维独立的框架结构。Na 占据三个不同的晶格点；Na1 位点全部占有，Na2 和 Na3 部分占有。$Na_2Fe_2(SO_4)_3$ 与 $Na_2Fe(SO_4)_2·2H_2O$ 相比具有更高的氧化还原电势

（~3.8 V），是目前所有结构中基于 Fe^{3+}/Fe^{2+} 氧化还原电对的最高电势，在 2~4.5 V 的电压范围内可实现 102 mA·h/g 的可逆比容量，达到理论比容量的 85%。

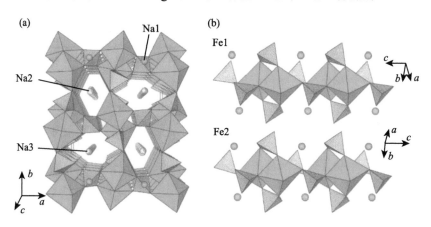

图 2.47　$Na_2Fe_2(SO_4)_3$ 的晶体结构示意图

　　Yamada 等[155]详细探究了 $Na_2Fe_2(SO_4)_3$ 的电化学反应机理，对该材料在 Na^+ 的脱出/嵌入过程中能发生的相变过程进行了深入分析，如图 2.48 所示。在充电过程 a~c 的初始阶段，对应于容量微分曲线中 3.67 V 处观察到的宽峰，Na3 位点的占据率从 0.561 突然下降到 0.072。这表明钠的脱出主要发生在 Na3 位置。Na2 位点的占有率仅下降约 0.27，而 Na1 位点和 Fe1 位点的占有率保持恒定。在充电到 4.06 V 时，dQ/dV 曲线的尖峰对应 Na^+ 从 Na1 位点的脱出，然后开始诱导 Fe^{3+} 从 Fe1（8f）位点迁移到空位 Na1（4e）位点。因此，在整个初始充电过程中，Na^+ 的脱出主要发生在 Na3 位点，然后是 Na2 和 Na1 位点。在 e~g 的放电过程中，Na2 位点的占有率先增加，而 Na1，Na3 和 Fe1 位点几乎不发生变化。因此，在 dQ/dV 图中 3.99 V 的还原峰归因于 Na^+ 嵌入 Na2 位点。在 g~h 进一步放电过程中，Na3 占有率开始增加，表明在 3.76 V 的峰主要是由于 Na^+ 嵌入 Na3 位点。放电过程的最后一步 h~j，Fe1 位点的钠含量增加，而其他 Na 位点保持不变。因此，在 dQ/dV 图中 3.37 V 的峰对应于 Na^+ 嵌入 Fe^{3+} 占据的空位 Fe1 位置。在整个放电过程中，观察到在 Fe1 位置的 Fe^{3+} 占据位置变化几乎可以忽略不计（占有率变换约为 0.09）。因此，在第一次充电过程中 Fe1 位的 Fe^{3+} 迁移到 Na1 位置后，在放电过程中便保持不动，脱出的 Na^+ 可逆地脱出/嵌入 Fe1 位置，从而保证该材料的结构可逆性。在随后的充电过程 j~n 中，跟随前面的放电步骤，Na^+ 的脱出按照先从钠占据的 Fe1（Na/Fe1）位点，然后是 Na3 和 Na2 位点的次序发生，在容量微分曲线中对应三个宽峰。

　　除了对化学计量比的 $Na_2Fe_2(SO_4)_3$ 进行深入研究以外，非化学计量比的 $Na_{2+2x}Fe_{2-x}(SO_4)_3$（x=0~0.4）也受到了关注。通过理论计算以及穆斯堡尔谱分析证

明合成的 $Na_2Fe_2(SO_4)_3$ 材料存在一些杂相，原因是反应过程中有一部分 $FeSO_4$ 未参加反应。在这一点上，我们可以看出化学计量的 $Na_2Fe_2(SO_4)_3$ 是亚稳态的。为了减少 $FeSO_4$ 杂质（未反应的），需要过量的 Na_2SO_4，就形成了非化学计量的 $Na_{2+2x}Fe_{2-x}(SO_4)_3$（$x=0.2\sim0.25$）。而过量使用 Na_2SO_4 又会导致生成富含钠杂质的化合物，如 $Na_6Fe(SO_4)_4$。通过对非计量比的 $Na_{2+2x}Fe_{2-x}(SO_4)_3$ 进行研究，发现 $x=0.2$ 时，可以获得杂相含量最小的材料，由此开展对 $Na_{2.4}Fe_{1.8}(SO_4)_3$ 的结构及电化学性能的进一步研究。此后，Oyama 等[156]研究了 Na_2SO_4-$FeSO_4$ 二元体系中 $Na_{2+2x}Fe_{2-x}(SO_4)_3$ 系列的相图，并预测了这些非化学计量比的硫酸盐优异的电化学性能。

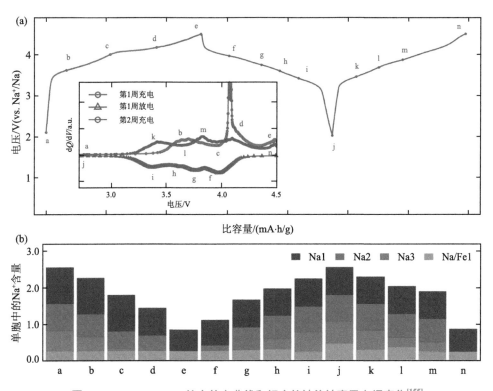

图 2.48　$Na_2Fe_2(SO_4)_3$ 的充放电曲线和相应的钠位钠离子占据变化[155]

针对硫酸盐正极材料的制备及改性工作，主要围绕提高材料的电子电导率而展开。在合成方面，邓超等[157]通过将静电纺丝和电喷技术结合，构建了 $Na_{2+2x}Fe_{2-x}(SO_4)_3$/多孔碳纳米纤维混合膜。该复合材料在 2.0~4.5 V 的电压内能够提供 97 mA·h/g 的可逆比容量，而且在高倍率下电化学性能的提升十分明显。Dwibedi 等[158]通过溶剂热法，以离子液体为反应溶剂和模板，降低了材料的颗粒尺寸，得到了纳米级的

$Na_{2.4}Fe_{1.8}(SO_4)_3$，也获得了较好的性能。

2.3.3 硅酸盐

过渡金属正硅酸盐 Na_2MSiO_4 (M = Fe，Mn)中，硅酸根离子具有资源丰富且对环境无污染的优势，如果能实现两个 Na^+ 的脱出/嵌入，则可实现约 278 mA·h/g 的理论比容量。Na_2MSiO_4 的晶体结构如图 2.49 所示，属于单斜晶系，空间群 Pn，结构中孤立的 MO_4 四面体通过 SiO_4 四面体共角连接在一起，Na^+ 沿着 c 轴占据其中的间隙位置。

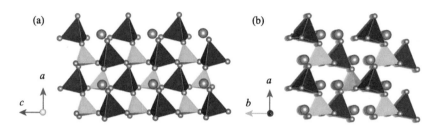

图 2.49 单斜结构 Na_2MSiO_4 的晶体结构示意图

研究者采用离子液体作电解液[159]，以钠金属作负极测试了碳包覆 Na_2MnSiO_4 的电化学性能，发现在 0.1C（13.9 mA/g）下可逆比容量达 70 mA·h/g（25 ℃）、125 mA·h/g（90 ℃），平均电压 3.0 V。非原位 XRD 结果表明首次脱钠后材料晶体结构发生了结构坍塌，形成无定形结构，但是形成的无定形相仍可实现钠离子的嵌入/脱出。后续通过石墨烯包覆、添加电解液添加剂等优化措施，可以进一步改善材料的电化学性能。

同样，单斜结构的 Na_2FeSiO_4 也表现出电化学活性[160]，需要注意的是，为获得结晶性良好的 Na_2FeSiO_4 样品，需要退火处理，但是退火时间太短会导致产量较低，时间过长样品容易分解生成 Fe_3O_4 和 Na_2SiO_3 杂相。在低倍率下充放电时可以获得 126 mA·h/g 的首周放电比容量，但同 Na_2MnSiO_4 一样，首周充电过程中材料晶体结构会因坍塌而形成无定形相。

2.3.4 硼酸盐

硼原子能够通过 sp^2 杂化和 sp^3 杂化形成$[BO_3]^{3-}$和$[BO_4]^{5-}$、$[B_2O_4]^{4-}$ 等，这些基团通过缩合或多聚形成岛状、链状、层状和骨架状基团，进而构筑出多种多样的硼酸盐晶体结构，图 2.50 为多种硼酸阴离子的配位结构。硼酸盐正极材料与同为聚阴离子类的磷酸盐、硫酸盐和硅酸盐正极材料相比具有更高的理论比容量，原因在于硼酸根的摩尔质量只有 58.8 g/mol，是最轻的聚阴离子。

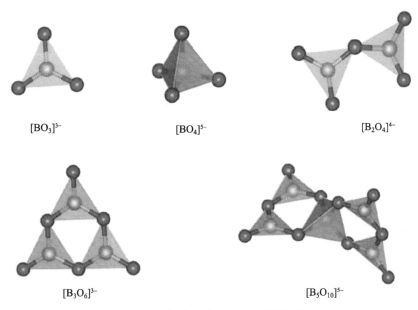

[BO$_3$]$^{3-}$ 　　　　　[BO$_4$]$^{5-}$ 　　　　　[B$_2$O$_4$]$^{4-}$

[B$_3$O$_6$]$^{3-}$ 　　　　　[B$_5$O$_{10}$]$^{5-}$

图 2.50 　多种硼酸阴离子的配位结构

五硼酸盐 Na$_3$MB$_5$O$_{10}$(M = Fe、Co)很容易通过固相反应法获得[161]，Na$_3$FeB$_5$O$_{10}$ 和 Na$_3$CoB$_5$O$_{10}$ 隶属于不同的空间群，即正交晶系空间群 *Pbca* 和单斜晶系空间群 *P*2$_1$/*n*。如图 2.51（a）和（b）所示，晶体框架都是由 MO$_4$ 四面体的四个顶点和[B$_5$O$_{10}$]$^{5-}$ 单元连接形成的，[B$_5$O$_{10}$]$^{5-}$ 单元又是由一个 BO$_4$ 四面体和四个 BO$_3$ 平面三角形连接形成的。MO$_4$-B$_5$O$_{10}$ 网络在 *a-b* 平面聚集成层，并沿着 *c* 轴堆叠，钠离子占据层间的位置。Na$_3$FeB$_5$O$_{10}$ 跟磷酸盐和硫酸盐相比电压较低，这跟硼酸根较弱的诱

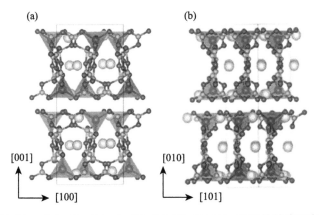

图 2.51 　（a）　Na$_3$FeB$_5$O$_{10}$ 和（b）Na$_3$CoB$_5$O$_{10}$ 的晶体结构示意图

导效应有关。并且该材料电压滞后很大，可逆性不好，主要因为材料的电子和离子电导率较低、动力学性能较差。而 $Na_3CoB_5O_{10}$ 则没有电化学活性，因此需要进一步探索其他结构类型的硼酸盐用作钠离子电池正极材料。

2.3.5 混合聚阴离子化合物

1. 氟化聚阴离子化合物

磷酸根和氟离子结合可以形成一类氟化磷酸盐化合物。目前为止，已经报道了一系列可以作为正极材料的钠基氟化磷酸盐化合物。通常，氟化磷酸盐正极材料的工作电压要高于相应的磷酸盐正极材料，这主要与氟离子具有更强的诱导效应有关。

1）氟磷酸钒钠

早在 1999 年，Courbion 等[162]利用水热方法合成了一系列 $Na_3(MPO_4)_2F_3$（$M=Al^{3+}$、V^{3+}、Ge^{3+}、Fe^{3+}、Ga^{3+}）化合物，并对它们的结构进行了系统的研究。其中，$Na_3(VPO_4)_2F_3$ 属于四方晶系，空间群为 $P4_2/mnm$，晶胞参数 $a=b=9.047(2)$ Å、$c=10.705(2)$ Å。如图 2.52（a）所示，其晶体结构由 $V_2O_8F_3$ 双八面体与 PO_4 四面体交替地连接形成三维网络结构，从而形成了沿[110]和[1$\bar{1}$0]方向的传输通道，Na^+ 可以通过这个传输通道实现快速的脱出/嵌入。

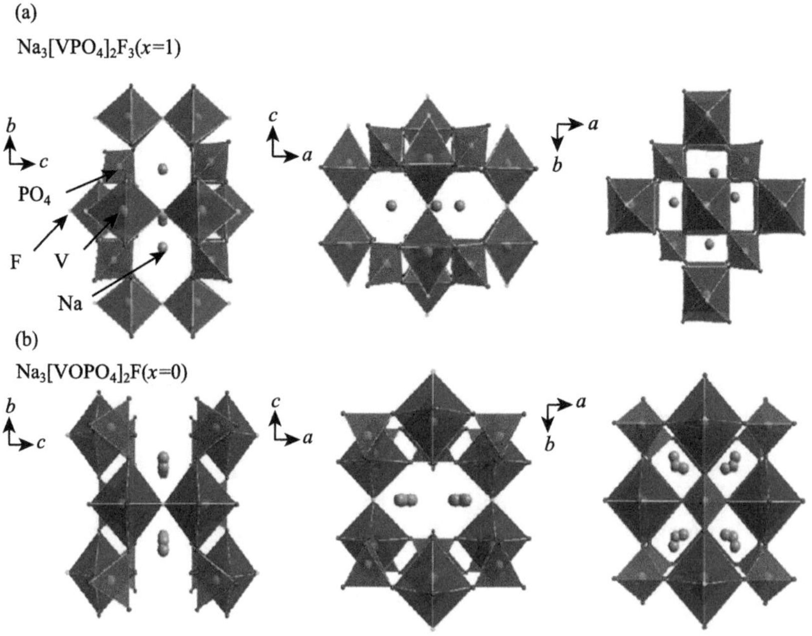

图 2.52 （a），（b）$Na_3(VO_{1-x}PO_4)_2F_{1+2x}$（$x=1$, 0)的结构示意图

$Na_3(VPO_4)_2F_3$ 中的 F 原子可以通过 O 原子取代,形成一系列不同组成的化合物 $Na_3(VO_{1-x}PO_4)_2F_{1+2x}$ ($0 \leqslant x \leqslant 1$)。$Na_3(VO_{1-x}PO_4)_2F_{1+2x}$ ($0 \leqslant x \leqslant 1$)结构代表一系列具有不同 O/F 比(不同氧含量、不同氟含量、不同氧化价态)的化合物。从结构上看(图 2.52(a)和(b)),$Na_3(VPO_4)_2F_3$ 和 $Na_3(VOPO_4)_2F$ 具有相似的结构框架($V_2O_8F_3$ 双八面体变成 $V_2O_{10}F$ 双八面体),也属于四方晶系,但是两者的空间群不同,$Na_3(VOPO_4)_2F$ 属于 $I4/mmm$ 空间群,晶胞参数为 $a = b = 6.3811(6)$ Å、$c = 10.586(1)$ Å。

$Na_3(VPO_4)_2F_3$ 和 $Na_3(VOPO_4)_2F$ 的理论比容量分别为 128 mA·h/g 和 130 mA·h/g,充放电曲线各存在两个电压平台,分别对应着两个 Na^+ 的脱出/嵌入,涉及 V^{4+}/V^{3+} 和 V^{5+}/V^{4+} 两对氧化还原电对反应,然而实际比容量都没有达到理论比容量(图 2.53)[163]。随着 O/F 比增加(即氧含量的增加、氟含量的减少),诱导效应减弱,材料的充放电电压降低,两者电压差约为 100 mV。

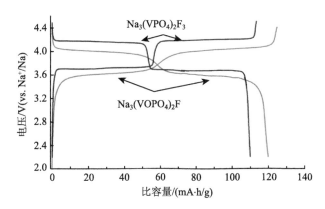

图 2.53　$Na_3(VO_{1-x}PO_4)_2F_{1+2x}$($x=1, 0$)的充放电曲线[163]

在早期的研究中,大家主要关注的是 $Na_3(VPO_4)_2F_3$ 作为锂离子电池正极材料的电化学性质,并且发现该材料具有非常优异的储锂性能[164]。2012 年 Kang 等[165]首次结合第一性原理计算和实验的方法研究了 $Na_3(VPO_4)_2F_3$ 在钠离子电池中的性能。非原位 XRD 结果表明该材料在脱出/嵌入钠离子过程中表现出了单相反应的特点,整个过程中体积形变仅为 2%,具有良好的结构稳定性。然而,Croguennec 等[166]采用固相法合成 $Na_3(VPO_4)_2F_3$ 并利用同步辐射原位 XRD 分析,结果表明:在充电过程中至少存在四个中间相,加上原始化合物和完全脱钠态的化合物,总共存在六个相;只有当钠离子含量在 1.3~1.8 时,发生的才是固溶反应,其他范围内发生的是两相反应。最终充电态 $Na(VPO_4)_2F_3$ 的空间群为 $Cmc2_1$,晶体结构中存在两种不同的钒位置,分别对应为 V^{3+} 和 V^{5+},而不全是 V^{4+}。然而研究者也提出,仅仅通过晶胞参数的变化判断在充放电过程中是否存在中间相的方法不精确,需要同时结合键长变化、多面体的扭曲程度、钠位占据情况等作出判断。2017 年，该课题组结合固体核磁共振技术、X 射线吸收谱等数据再次证明，在脱钠态产物的晶体结构中存在两种不同类型的钒的位置，分别对应着 V^{3+} 和 V^{5+}[167]。

为提高其电子电导率，主要的改性工作有：Banks 等[168]采用碳热还原法制备的碳复合 $Na_3(VPO_4)_2F_3$，在 1.82C 倍率下 $Na_3(VPO_4)_2F_3$ 正极材料能够提供 115 mA·h/g 的比容量，并且循环 100 周以后的比容量保持率达到了 96%。Goodenough 等[169]采用一步溶剂热法，将 $Na_3(VOPO_4)_2F$ 纳米颗粒分散在了石墨烯片层当中，制备出了一种三明治结构的复合型材料。该复合材料在 2.5~4.5 V 的电压区间内能够提供 120 mA·h/g 的可逆比容量，电化学性能的提升十分明显。Kim 等[170]通过将 $Na_3(VO_{1-x}PO_4)_2F_{1+2x}$ 与多壁碳纳米管复合，成功将材料应用于水系钠离子电池当中，并获得了非常出色的长循环性能。赵君梅等[171]利用低温水热法，通过调节溶液的 pH，合成出了 $Na_3(VPO_4)_2F_3$ "纳米花"，其形貌如图 2.54（a）和（b）所示。制备的 $Na_3(VPO_4)_2F_3$ "纳米花"表现出了非常优异的循环稳定性，在 0.2C 的倍率下循环 500 周，比容量保持率高达 94.5%。随后该课题组[172]又开发了一种室温大规模合成方法，并通过巧妙设计，获得具有多壳层微观结构的 $Na_3(VOPO_4)_2F$ 微球，如图 2.54（c）和（d）。其形成机理主要是基于原位生成的气泡作为软模板，使溶液中共沉淀产生的纳米颗粒与气泡表面发生层层自组装。所合成的 $Na_3(VOPO_4)_2F$ 微球在没有任何额外的高温烧结、纳米化以及碳包覆处理的条件

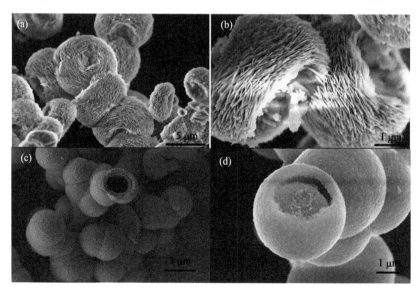

图 2.54　（a），（b）$Na_3(VPO_4)_2F_3$ "纳米花"[171]和（c），（d）$Na_3(VOPO_4)_2F$ 中空多壳层微球的扫描电镜照片[172]

下，展现了优异的倍率性能和突出的循环性能，在 15C 的倍率下可逆比容量为 81 mA·h/g，循环 3000 周后比容量保持率仍有 70%。

2）Na₂MPO₄F 型氟化磷酸盐

在通式为 Na₂MPO₄F（M=Fe²⁺和 Mn²⁺）的氟化磷酸盐材料中，由于 Fe²⁺和 Mn²⁺的离子半径不同，Na₂FePO₄F 和 Na₂MnPO₄F 相应的结构也有所不同[173]。如图 2.55（a）和（c）为两者的晶体结构示意图，Na₂FePO₄F 具有一种二维的层状结构（空间群 *Pbcn*），而 Na₂MnPO₄F 是一种三维的隧道结构（空间群 *P2₁/n*），这使得它们具有不同的电化学性质。Na₂FePO₄F 只能实现单电子的反应，在 3.0 V 附近分布着两个相近的电压平台。这两个平台的交界处存在一个中间相 Na₁.₅FePO₄F。该中间相的晶体学参数介于两端相之间且具有单斜对称性，空间群为 *P2/c*。Na₂FePO₄F 能够通过固相法合成，使用 2%抗坏血酸作为碳源并对其进行加热处理后，可以在 Na₂FePO₄F 颗粒表面形成碳包覆层且可以限制颗粒尺寸的增长。Komaba 等[174]使用该方法合成了一种含碳量为 1.3%的 Na₂FePO₄F/C 复合物。该复合物在 2.0~3.8 V 电压区间内 6.2 mA/g 电流密度下放电比容量为 110 mA·h/g

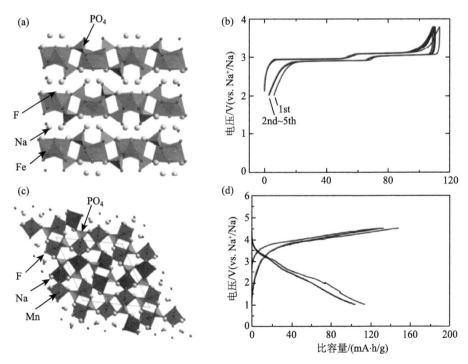

图 2.55 （a）Na₂FePO₄F 的晶体结构示意图[177]；（b）Na₂FePO₄F 的充放电曲线；（c）Na₂MnPO₄F 的晶体结构示意图[177]；（d）Na₂MnPO₄F 的充放电曲线

（理论比容量为 124 mA·h/g），放电曲线中两个电压平台分别位于 3.06 V 和 2.91 V（图 2.55（b））。

当用锰部分取代铁后，x 的值在 0.1 以下时 $Na_2Fe_{1-x}Mn_xPO_4F$ 仍可以保持层状结构；而当 $0.3<x<1$ 时，三维隧道结构开始出现。Komaba 等[175]制备并研究了碳包覆的 $Na_2Fe_{0.5}Mn_{0.5}PO_4F/C$ 复合物。相比而言，$Na_2Fe_{0.5}Mn_{0.5}PO_4F/C$ 的电化学反应活性要低于 Na_2FePO_4F/C。该材料在 0.05C（6.2 mA/g）倍率下的放电比容量为 110 mA·h/g。Kang 等[176]制备了碳包覆的 Na_2MnPO_4F 材料。该材料在室温下以 0.08C（10 mA/g）倍率下充放电时的放电比容量为 120 mA·h/g，接近理论比容量，然而该材料的比容量保持率较差且动力学性能较差（图 2.55（d））。

2. 磷酸根和焦磷酸根混合聚阴离子化合物

研究发现含有磷酸根和焦磷酸根离子的混合框架结构能够在钠离子化合物中稳定存在。其中，$Na_4Fe_3(PO_4)_2P_2O_7$ 是首个含有 Fe^{2+} 的混合磷酸盐化合物[178]，与它同结构的化合物还有 $Na_4M_3(PO_4)_2P_2O_7$（M=Co，Mn 和 Ni），都属于正交晶系，空间群为 $Pn2_1a$。从图 2.56（a）可以看出 FeO_6 八面体之间以共边或共角连接，PO_4 四面体通过连接这些 FeO_6 八面体从而形成沿 b-c 平面方向的一个层状单元 $[M_3P_2O_{13}]$，这些层状单元在 a 轴方向上通过 P_2O_7 基团连接从而形成了 $Na_4Fe_3(PO_4)_2P_2O_7$ 的立体框架结构，这样所形成的三维网络结构在 a、b、c 三个方向上都存在钠离子扩散通道，在这一结构中存在着四个不同的钠位。Kang 等[178]最早研究了 $Na_4Fe_3(PO_4)_2P_2O_7$ 作为钠离子电池正极材料的电化学性能，该材料的理论比容量为 129 mA·h/g，通过固相法合成的 $Na_4Fe_3(PO_4)_2P_2O_7$ 以 0.025C 倍率充放电时放电比容量可以达到理论比容量的 88%。放电平均电压约 3.2 V，高于 $Na_2FeP_2O_7$ 和 Na_2FePO_4F 的放电电压。进一步对 $Na_4Fe_3(PO_4)_2P_2O_7$ 的电化学机理进行研究，发现该材料的钠离子脱出/嵌入过程伴随着局部晶格畸变的固溶反应，过

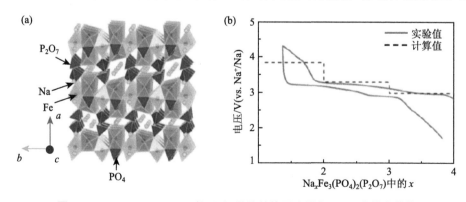

图 2.56　$Na_4Fe_3(PO_4)_2P_2O_7$ 的（a）晶体结构示意图和（b）充放电曲线

程中体积变化小，有利于晶体结构的稳定。而且，该材料高度脱钠态的热稳定温度高达 530 ℃。

Nose 等[179]报道了 $Na_4Co_3(PO_4)_2P_2O_7$ 的电化学性能。在以 34 mA/g (0.2C) 的电流充放电时，该材料的首周放电比容量为 95 mA·h/g，对应于每分子嵌入约 2.2 个 Na^+。$Na_4Co_3(PO_4)_2P_2O_7$ 最大的优势是高电压，其放电电压平台都处于 4.1~4.7 V，是目前已经报道的钠离子电池正极材料中平均放电电压最高的材料之一。此外，$Na_4Co_3(PO_4)_2P_2O_7$ 也具有较好的倍率性能，可以以 4.25 A/g 的超大电流密度进行放电，放电比容量仍可达到 80 mA·h/g。但是，由于该材料的工作电压超出一般电解液的电化学稳定窗口，因此要实现稳定的循环，必须要选择合适的耐高压电解液。进一步用 Ni 和 Mn 部分取代 $Na_4Co_3(PO_4)_2P_2O_7$ 中的 Co，可以合成 $Na_4Co_{2.4}Mn_{0.3}Ni_{0.3}(PO_4)_2P_2O_7$[180]，与 $Na_4Co_3(PO_4)_2P_2O_7$ 的充放电曲线呈现出多重阶梯状特征不同，此材料只在 4.2 V 和 4.6 V 存在两个电压平台。当该材料在 3.0~5.1 V 电压范围内以 0.2C 倍率循环时，首周放电比容量达到 104 mA·h/g，循环 10 周后比容量小幅提高至 110 mA·h/g，随后逐渐衰减。该材料同样具有较好的倍率性能，在 5C 倍率下放电比容量仍然可以达到 103 mA·h/g。通过 X 射线吸收谱对材料电荷补偿机理进行研究后发现，充电过程中 Co、Mn、Ni 都在不同程度上参与了电化学反应。

$Na_7V_4(P_2O_7)_4(PO_4)$ 是另一种不同组成形式的混合型磷酸盐化合物，结构上也属于 3D 框架结构。$[V_4(P_2O_7)_4(PO_4)]_\infty$ 结构中，一个 PO_4 四面体与相邻的四个 VO_6 八面体以共角的方式相连，同时一个 P_2O_7 基团也以共角的方式与相邻的 VO_6 八面体相连。邓超等[181]制备了沿着 [001] 方向生长，具有一维纳米结构的 $Na_7V_4(P_2O_7)_4(PO_4)$。该材料脱钠过程中 V^{4+}/V^{3+} 氧化还原电对参与了反应，充放电过程中存在一个中间相 $Na_5V_4^{3.5+}(P_2O_7)_4(PO_4)$，导致在 3.87 V($V^{3.5+}/V^{3+}$)和 3.89 V($V^{4+}/V^{3.5+}$)处出现了两个电压平台。这种一维形貌的 $Na_7V_4(P_2O_7)_4(PO_4)$ 在 0.05C 和 10C 倍率下的放电比容量分别为 92 mA·h/g 和 73 mA·h/g。

3. 磷酸和碳酸根混合聚阴离子化合物

理论研究表明通过 $YO_3^{2-/3-}$ 和 $XO_4^{3-/4-}$（Y=C，B；X=Si，As，P）的结合，可以组成一类具有电化学活性的新的化合物 $A_xM(YO_3)(XO_4)$(A=Li，Na；M 为过渡金属元素；$0<x<3$，空间群 $P2_1/m$)。Ceder 等[182]研究了 $Na_3MnPO_4CO_3$ 的电化学性能，该材料平均电压在 3.4 V 左右，表现出 125 mA·h/g 的可逆比容量。吴自玉等[183]合成了 $P2_1/m$ 相的 $Na_3FePO_4CO_3$，该材料在 2.7 V 左右表现出一个长的放电平台，可逆比容量为 121 mA·h/g，循环 50 周，比容量保持率为 79%。

2.4 普鲁士蓝类正极材料

普鲁士蓝正极材料的化学式可表示为 $A_xM_1[M_2(CN)_6]_{1-y}\cdot\square_y\cdot nH_2O(0\leq x\leq 2,$ $0\leq y<1)$，其中 A 为碱金属离子，如 Na^+、K^+等；M_1 和 M_2 为不同配位过渡金属离子（其中，M_1 与 N 配位、M_2 与 C 配位），如 Mn、Fe、Co、Ni、Cu、Zn、Cr 等；$\square$为$[M_2(CN)_6]$空位。由于铁氰化物结构稳定、前驱体简单易得，普鲁士蓝的研究多集中于铁氰化物 $A_xM[Fe(CN)_6]_{1-y}\cdot\square_y\cdot nH_2O$（metal hexacyanoferrate，可简写为 MHCF 或者 MFe-PBA）。这类材料通常具有面心立方结构（空间群 $Fm\overline{3}m$），晶格中金属 M 与铁氰根按 Fe—C≡N—M 排列形成三维骨架结构，Fe 离子和 M 离子按立方体排列位于顶点，C≡N 位于立方体棱上，嵌入离子 A^+和晶格 H_2O 分子则处于立方体空隙中，如图 2.57 所示。它们的特点主要有：①Fe—C≡N—M 框架独特的电子结构(Fe 对 C 原子存在反馈 π 键，不同的 M^{n+}对 $Fe^{3+/2+}$存在诱导效应)，保证了 Fe^{3+}/Fe^{2+}氧化还原电对有较高的工作电势（2.7~3.8 V vs. Na^+/Na）；②利用 M^{3+}/M^{2+}和 Fe^{3+}/Fe^{2+}氧化还原电对，最多可以实现两个 Na^+的可逆脱出/嵌入，对应理论比容量 170 mA·h/g（以 $Na_2Fe[Fe(CN)_6]$为例）；③开放的三维离子通道有利于 Na^+的快速脱出/嵌入；④Fe—CN 的配位稳定常数较高（$[Fe(CN)_6]^{4-}$，$\lg K=35$，$[Fe(CN)_6]^{3-}$，$\lg K=42$），可以维持三维框架结构的稳定，较大的框架结构还可以缓解 Na^+脱出/嵌入时的结构应力，因而具有较长的循环寿命；⑤整个骨架中过渡金属离子环境友好、成本低廉、合成简便，通过简单的液相沉淀反应即可制备，生产成本较低；⑥普鲁士蓝具有较低的溶度积常数，有效避免了在水溶液体系中的溶解流失问题，因此还可以作为水溶液体系正极材料。

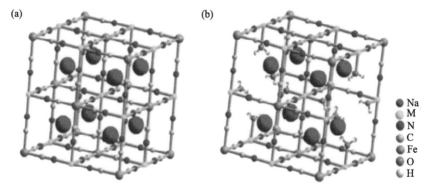

图 2.57 普鲁士蓝化合物 $Na_2M[Fe(CN)_6]$的晶体结构示意图[184]

（a）理想的无缺陷结构；（b）含有 25%$Fe(CN)_6$缺陷结构

普鲁士蓝类正极材料虽然具有以上一系列优点，但在实际应用中普遍存在容量利用率低、效率低、倍率差和循环不稳定等缺点。主要原因可能与普鲁士蓝结构的 $Fe(CN)_6$ 空位和晶格水分子有关，以 $Na_2M[Fe(CN)_6]$ 为例说明：$Na_2M[Fe(CN)_6]$ 一般由水溶液中 M^{2+} 和 $Na_4[Fe(CN)_6]$ 的快速沉淀反应制备而来，在快速的结晶过程中，普鲁士蓝晶格中会存在一定量的 $Fe(CN)_6$ 空位和晶格水分子，形成分子式为 $Na_{2-x}M[Fe(CN)_6]_{1-y}·□_y·nH_2O$ 的化合物，如图 2.57（b）所示。这些 $Fe(CN)_6$ 空位和水分子会严重影响普鲁士蓝的电化学储钠性能，具体表现为：①$Fe(CN)_6$ 空位减少了氧化还原活性中心，降低了晶格中的 Na 含量，导致实际储钠比容量降低；②$Fe(CN)_6$ 空位增加了晶格中的水含量，而且部分水分子会脱出进入电解液中，导致首周效率和循环效率的降低；③晶格水分子占据了部分 Na^+ 的嵌入位点，导致实际容量比理论容量低；④$Fe(CN)_6$ 空位破坏了晶格的完整度，Na^+ 在脱出/嵌入时容易造成晶格扭曲甚至结构坍塌，导致循环性能的严重衰减；⑤前驱体 $Na_4[Fe(CN)_6]$ 制备时会涉及有剧毒的 NaCN。

目前报道的普鲁士蓝类化合物主要包括贫钠类和富钠类两种。贫钠普鲁士蓝钠含量一般≤1；富钠普鲁士蓝钠含量一般>1，富钠材料不需要额外提供钠源，可以很好地与目前的硬碳负极材料相匹配。随着晶格内钠含量的增加，晶体结构逐渐从立方结构（空间群 $Fm\bar{3}m$）向斜方六面体结构转化（空间群 $R\bar{3}$）；晶体的颜色逐渐从柏林绿向普鲁士蓝再向普鲁士白转变，这主要是由氰基阴离子伸展模式频率改变导致的。通过控制前驱体比例和前驱体价态类型，可以合成不同钠含量的普鲁士蓝类化合物。普鲁士蓝储钠正极在有机电解液和水溶液体系中的电化学行为均有研究，根据过渡金属离子 M^{n+} 种类的不同，主要分为 $A_xFe[Fe(CN)_6]$、$A_xMn[Fe(CN)_6]$、$A_xNi[Fe(CN)_6]$、$A_xCu[Fe(CN)_6]$、$A_xCo[Fe(CN)_6]$ 和其他普鲁士蓝类材料。

2.4.1 普鲁士蓝在非水系钠离子电池中的应用

1. $A_xFe[Fe(CN)_6]$ 框架化合物

作为普鲁士蓝化合物最典型的代表，$A_xFe[Fe(CN)_6]$ 以其低成本、高比容量等优点得到了广泛的研究，尤其在有机电解液体系中。2012 年 Goodenough 等[185] 利用快速沉淀反应制备的 $KFe[Fe(CN)_6]$ 材料，首周充电比容量 160 mA·h/g，首周放电比容量约 100 mA·h/g，效率仅为 63%。随着循环次数的增多（30 周循环），放电比容量基本不变但库仑效率始终低于 80%，这主要是晶格水分子在高电压下的氧化分解导致的，利用快速沉淀反应制备的 $NaFe[Fe(CN)_6]$ 材料，首周放电比容量提高到 120 mA·h/g，但仍存在首周效率低（67%）、长循环不稳定等问题。

杨汉西等[186]利用缓慢结晶法制备了单晶 $Fe[Fe(CN)_6]_{0.94}·\square_{0.06}·1.6H_2O$ 纳米颗粒，该材料具有较少的 $Fe(CN)_6$ 空位（6%）和晶格水分子（10%），从而表现出稳定的 2 个 Na^+ 脱出/嵌入。需要说明的是：普鲁士蓝材料的分子式一般都是利用电感耦合等离子体光谱（ICP-AES）和热重分析（TG）确定的，其中 ICP-AES 可以确定过渡金属离子含量，热重可以测定晶格水的含量。研究发现初始材料两种位置上的铁元素均是正三价。循环伏安法（CV）测试中发现有两对氧化还原峰分别位于 3.74 V /3.47 V 和 3.1 V /2.78 V，对应着与氰根离子中的 C 连接的低自旋铁离子和与 N 连接的高自旋态铁离子的氧化还原反应。但是两位置上的铁离子在该体系中的氧化还原活性表现有所差异，该电极的电化学性能特征由低电压的氧化还原平台主导。理想情况下的脱出/嵌入钠离子过程如图 2.58 所示，钠离子可逆地脱出/嵌入普鲁士蓝面心立方的晶体框架，并伴随着过渡金属离子 Fe^{3+}/Fe^{2+} 的氧化还原。经过首周放电嵌入钠后，第二周的实际可逆比容量可以达到 120 mA·h/g。在 20C 的倍率下仍有 78 mA·h/g 的可逆比容量，2C 倍率下循环 500 周后保留 87%的首周比容量，每周库仑效率接近 100%。

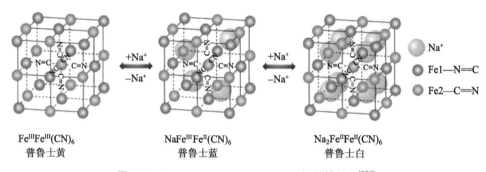

$Fe^{III}Fe^{III}(CN)_6$
普鲁士黄

$NaFe^{III}Fe^{II}(CN)_6$
普鲁士蓝

$Na_2Fe^{II}Fe^{II}(CN)_6$
普鲁士白

Na^+
$Fe1—N≡C$
$Fe2—C≡N$

图 2.58　$Fe[Fe(CN)_6]_{0.94}·\square_{0.06}·1.6H_2O$ 的储钠机理[186]

随后，郭玉国等[187]发明了单一铁源制备法，利用 $Na_4[Fe(CN)_6]$ 在酸性条件下裂解释放出 Fe^{2+}，Fe^{2+} 再与未反应的 $Na_4[Fe(CN)_6]$ 结合形成富钠态的普鲁士蓝。测试结果表明，低缺陷的 $Na_{0.61}Fe[Fe(CN)_6]_{0.94}·\square_{0.06}$ 材料具有较低的 $Fe(CN)_6$ 空位（6%）和较低的水含量（~16%），因此表现出稳定的两电子反应，不仅储钠比容量高达 170 mA·h/g，库仑效率接近 98%，而且循环 150 周之后容量基本无衰减；但该材料电子导电性能有待改善，在 600 mA/g 的电流密度下仅具有 70 mA·h/g 的比容量。

$Na_2Fe[Fe(CN)_6]$ 结构中的 Fe^{2+}-N 极易发生氧化，造成 Fe 元素价态的升高和 Na 含量的降低。为了合成真正意义上的富钠态普鲁士蓝 $Na_2Fe[Fe(CN)_6]$，人们进行了广泛的探索和尝试。2014 年，郭玉国等[188]首先对制备方法进行了优化，发现在氮气保护和添加还原剂（维生素 C）的条件下，可以制备出 $Na_{1.63}Fe[Fe(CN)_6]_{0.89}$，该材料首周充放电比容量都接近 150 mA·h/g，循环 200 周可以维持 90%的初始容量。

2015 年，Goodenough 等[189]利用单一铁源水热法成功地制备了 $Na_{1.92}Fe[Fe(CN)_6]\cdot$ $0.08H_2O$，该材料可以实现 160 mA·h/g 的储钠比容量，基本接近理论值；该材料还具有较高的倍率性能，在 15C 电流密度下具有 100 mA·h/g 的放电比容量；循环 800 周之后，比容量保持率高达 80%。不同于前面提到的普鲁士蓝典型的面心立方结构，$Na_{1.92}Fe[Fe(CN)_6]\cdot0.08H_2O$ 为斜方六面体结构（空间群为 $R\bar{3}$），是由面心立方结构沿（111）晶面扭曲而来的，以储存更多的 Na^+（1.92 个）。如图 2.59 所示，$Na_{1.92}Fe[Fe(CN)_6]\cdot0.08H_2O$ 具有两个充放电平台，分别位于 3.11 V/3.0 V 和 3.3 V /3.29 V，可逆比容量约 160 mA·h/g。

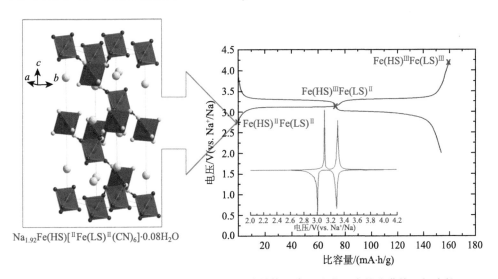

图 2.59　$Na_{1.92}Fe[Fe(CN)_6]\cdot0.08H_2O$ 的晶体结构示意图和首周充放电曲线及相应的容量微分曲线[189]

基于软 X 射线吸收谱和理论计算的结果，发现 Fe 在不同位点上的 3d 电子具有不同自旋态是产生两个平台的原因。由该类化合物的结构可知，晶格中的金属离子分别与氰根离子中的 C 和 N 八面体连接形成两种位点，由于不同的成键环境和电子轨道能，其中与 N 连接的 Fe^{2+} 呈高自旋态，与 C 连接的 Fe^{2+} 呈低自旋态。充电态的电极材料中，Fe^{3+} 的最外层 3d 轨道有 5 个电子。根据晶体场理论可知，高自旋的 Fe^{3+}-N 的 3d 电子排布为 $t_{2g}^3e_g^2$，如果添加一个电子到该高自旋系统，离子间的交换稳定作用将会被破坏，同时电子间的库仑作用增加。这就导致高自旋系统中未占据轨道具有较高的轨道能，使得电子难以进入 Fe—N 键。相反，低自旋的 Fe^{3+}-C 的 3d 电子排布中 t_{2g}^5 只有一个未占据的轨道，添加一个电子到 t_{2g} 轨道，系统能量将显著占优。因此和高自旋 Fe^{3+}-N 相比，电子填充（放电）到低自旋的 Fe^{3+}-C 轨道内在能量上占据优势，导致 FeC_6 还原对应着放电时的第一个电压平台。由此得出，低电压平台对应着与 N 连接的高自旋 Fe 离子的氧化还原反应，高电压平台对应着与 C 连接的低自旋 Fe 离子的氧化还原反应。

2. $A_xMn[Fe(CN)_6]$框架化合物

由于 Mn 资源丰富、成本低廉，所以 $A_xMn[Fe(CN)_6]$同样具有潜在的应用前景。2013 年，Goodenough 等[190]报道了两种不同 Na 含量 $Na_{1.72}Mn[Fe(CN)_6]_{0.99}$ 和 $Na_{1.4}Mn[Fe(CN)_6]_{0.97}$ 正极材料的储钠性能。他们发现较高 Na 含量会诱导 $Na_{2-x}Mn[Fe(CN)_6]$晶体结构从典型的面心立方（空间群 $Fm\bar{3}m$）转变成为斜方六面体结构（空间群 $R\bar{3}m$）。高 Na 含量的 $Na_{1.72}Mn[Fe(CN)_6]_{0.99}$ 正极具有更高的储钠比容量（130 mA·h/g）；此外，该材料还具有 3.3 V 的工作电压和较高的倍率性能，但两种材料的循环性能均有待改善。随后他们又合成了单斜结构的 $Na_{1.89}Mn[Fe(CN)_6]_{0.97}$，通过对高钠含量的材料真空干燥除去晶格中的水分子可以得到一种更加扭曲的斜方六面体结构（空间群 $R\bar{3}$）[191]，而且电化学性能也显著不同。

对 $Na_{1.89}Mn[Fe(CN)_6]_{0.97}$ 材料在真空条件下干燥后可得到除水相，图 2.60（a）和（b）分别为含水相和除水相 $Na_{1.89}Mn[Fe(CN)_6]_{0.97}$ 的首周充放电曲线。在 2~4.0 V 的电压范围内，含水相电极有两个充放电平台分别位于 3.45 V /3.17 V 和 3.79 V/ 3.49 V。除水相仅有一个充放电平台位于 3.53 V/3.44 V，而且首周库仑效率明显高于含水相，可逆比容量高达 150 mA·h/g，其中极化电压 100 mV 也明显低于含水相的 300 mV。经过 500 周的循环后除水相仍有 75%的比容量保持率，明显优于含水相。

含水相样品为单斜结构（空间群 $P2_1/n$, a = 10.5864 Å, b = 7.5325 Å, c =7.3406 Å, β = 92.119°）；除水相则和上文中的 $Na_{1.92}Fe[Fe(CN)_6]·0.08H_2O$ 结构相似，为斜方六面体结构（空间群为 $R\bar{3}$, a = b = 6.5800Å, c= 18.9293 Å）。两种结构的样品除含水量不同外，其他成分均相同，由此判断间隙结晶水在 $Na_{1.89}Mn[Fe(CN)_6]_{0.97}$ 材料的电化学性能和结构中起着关键的作用。在结构方面，除水相中的 Na^+ 沿着[111]立方轴方向向顶点 Fe^{2+} 位移，线性的$(C≡N)^-$协同旋转使 N 原子向位移轴移动并与位移的 Na^+接触，∠Mn-N-C 约为 140°（图 2.60（d））。间隙水的加入使斜方六面体结构转变为单斜结构，主要跟$(NaOH_2)^+$基团的协同畸变有关，由图 2.60（c）可以看出含水相中的 Na^+交替地沿着[111]和[1$\bar{1}$1]立方轴方向向相邻(010)晶面上的顶点 Fe^{2+} 位移，氧原子则和邻近的 Na^+桥接，线性的$(C≡N)^-$仅发生轻微的旋转（∠Mn-N-C 约为 170°）。

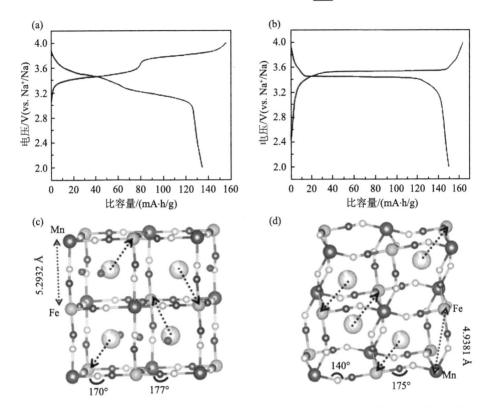

图 2.60　（a），（c）含水相和（b），（d）除水相 $Na_{1.89}Mn[Fe(CN)_6]_{0.97}$ 的首周充放电曲线和晶体结构示意图[191]

3. $A_xCo[Fe(CN)_6]$、$A_xNi[Fe(CN)_6]$ 和 $A_xCu[Fe(CN)_6]$ 框架化合物

杨汉西等[192]在反应过程中加入络合剂 L^{n-}（如柠檬酸等），使过渡金属离子 M^{2+} 与其形成 $ML_m^{(mn-2)-}$ 配位，结晶过程中通过该配合物缓慢释放出的 M^{2+} 与 $Na_4[Fe(CN)_6]$ 发生共沉淀反应。由于配体 L^{n-} 与 $[Fe(CN)_6]^{4-}$ 之间的竞争作用，普鲁士蓝的结晶速率得到明显的控制，最终生长成为形貌规整、结晶良好的 $Na_2M[Fe(CN)_6]$ 化合物。采用此方法合成的 $Na_{1.85}Co[Fe(CN)_6]_{0.99}\cdot1.9H_2O$ 为粒径均匀的纳米立方体形貌（颗粒大小约 600 nm），结构缺陷度仅有 1%，晶格水含量为 10%。如图 2.61 所示，该材料具有高度可逆的 2 个 Na^+ 脱出/嵌入反应行为，储钠比容量高达 150 mA·h/g，库仑效率接近 100%，且 200 周循环后，可以维持~90% 的初始比容量。该工作表明，控制结晶法可有效抑制普鲁士蓝材料的 $Fe(CN)_6$ 空位缺陷、改善晶格规整度，提高普鲁士蓝框架 2 个 Na^+ 可逆脱出/嵌入反应，而且该方法简便易行，有利于推广到其他普鲁士蓝材料。

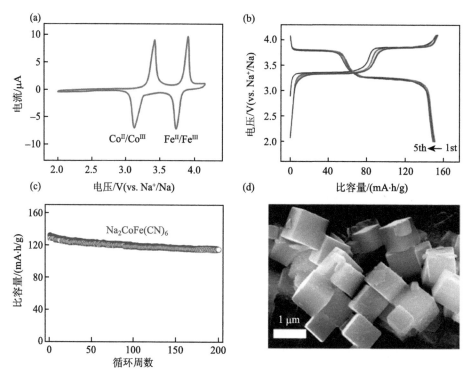

图 2.61 $Na_{1.85}Co[Fe(CN)_6]_{0.99}·1.9H_2O$ 的电化学性能

（a）首周循环伏安曲线；（b）前五周充放电曲线；（c）循环性能；（d）扫描电镜图[192]

$A_xNi[Fe(CN)_6]$ 和 $A_xCu[Fe(CN)_6]$ 材料可以利用 Fe^{3+}/Fe^{2+} 间的氧化还原反应实现 1 个 Na^+ 的脱出/嵌入，对应着约 70 mA·h/g 的可逆比容量，Ni^{2+} 和 Cu^{2+} 则不具备电化学活性，而且研究多集中于水溶液体系。

4. 其他框架化合物

当骨架中的过渡金属离子全部被锰离子替代之后[193]，化合物 $Na_2Mn^{II}[Mn^{II}(CN)_6]$ 已经不具备普鲁士蓝典型的立方晶体结构，这主要是由于 Mn—C≡N—Mn 链发生了弯曲，C≡N—Mn 弯曲角度范围达到了 148°~157°，而形成了单斜相（空间群 $P2_1/n$）。在 Mn—C≡N—Mn 链中，虽然与 N 连接的高自旋 Mn^{2+} 和与 C 连接的低自旋的 Mn^{2+} 没有直接接触，避免了轨道重叠的可能性，但是具有磁性的 Mn^{2+} 通过隔在中间的非磁性离子 CN^- 为媒介产生了超交换作用，这导致 CN 配体采取正对称或负对称弯曲。如图 2.62 所示，该材料经过首周先放电到 1.2 V 后，单胞中八个亚胞的四个间隙位可以再嵌入一个 Na^+，得到分子式为 $Na_3Mn^{II}[Mn^{I}(CN)_6]$ 的物质，第二周可以实现三个 Na^+ 的可逆脱出/嵌入，比容量达到 209 mA·h/g，并具有相当好的循环稳定性和倍率性能。

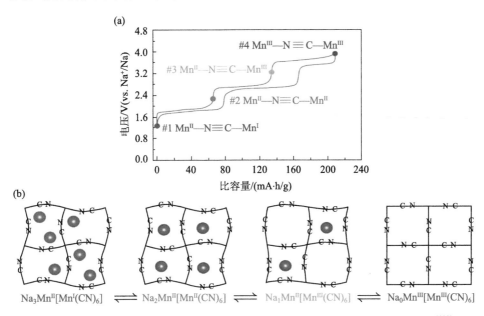

图 2.62　$Na_{1.96}Mn[Mn(CN)_6]_{0.99}\square_{0.01}\cdot 2H_2O$ 的（a）充放电曲线和（b）储钠机理[193]

2.4.2　普鲁士蓝在水系钠离子电池中的应用

　　鉴于普鲁士蓝作为有机钠离子电池的脱出/嵌入钠离子正极在可逆比容量和循环性方面取得的巨大进步，目前已开始进入实用化发展。与此同时，考虑到规模储能对于成本、安全性和环境影响的严苛要求，利用普鲁士蓝在水溶液中的嵌钠反应，构建水系钠离子电池也成为二次电池领域的研究热点。在此之前，虽然不少金属氧化物或磷酸盐曾用于水系钠离子电池，但这些材料在水溶液中大多表现出结构稳定性差、电化学活性低等问题，难以完全满足水系钠离子电池的要求。原则上，许多普鲁士蓝化合物在水溶液中具有较好的化学稳定性，且已知具有良好的电化学氧化还原活性和高度可逆性，应当满足于水溶液电池的基本要求。由于水的电化学窗口范围较窄，从全电池设计的角度来说需要正负极氧化还原电压尽可能在水的分解电压范围内，才能使水系电池稳定运行。

　　Cui 等[194]于 2011 年首次报道了普鲁士蓝类化合物 $K_{0.6}Ni_{1.2}[Fe(CN)_6]\cdot 3.6H_2O$（KNi[Fe(CN)$_6$]）在水系钠离子电池中的应用。在 0.3~0.9 V（vs. SHE 标准氢电极）的电压范围内，可以观察到一对位于 0.59 V/0.69 V 的氧化还原峰，对应 Fe^{3+}/Fe^{2+} 的可逆反应。在 10 mA/g 的电流密度下，KNi[Fe(CN)$_6$]展现出 59 mA·h/g 的比容量。即使在 2.5 A/g 的电流密度下，比容量仍可达到电流密度 10 mA/g 下比容量的 66%。

更重要的是，在循环过程中 KNi[Fe(CN)$_6$]的稳定性能优异，5000 周的充放电测试后比容量仅损失了 1.75%。然而用作水系钠离子电池正极材料，KNi[Fe(CN)$_6$]的氧化还原电势相对较低。随后通过铜取代镍[195]，发现 KCu$_x$Ni$_{1-x}$[Fe(CN)$_6$]电极在 1 mol/L NaNO$_3$ 水溶液中氧化还原电势可以从 0.6 V（x=0）到 1.0 V（x=1）连续变化且可逆比容量保持相对稳定，无明显损失。其中 Cu/Ni=0.56/0.44 组成的材料循环 2000 周后比容量保持率 100%，在该系列材料中显示出了最佳的循环性能。镍全部被铜替换的材料 K$_{0.71}$Cu[Fe(CN)$_6$]$_{0.72}$·3.7H$_2$O（KCu[Fe(CN)$_6$]）相应的反应电势升高到了 1 V（vs. SHE）左右，对应的比容量约为 65 mA·h/g（电流密度为 50 mA/g）。在 500 mA/g 下循环 2000 周后，比容量保持率为 75%。虽然 KNi[Fe(CN)$_6$]、KCu[Fe(CN)$_6$]表现出优异的倍率性能和循环稳定性，但是其比容量较低。这主要是因为在整个充放电过程中只发生了 Fe^{3+}/Fe^{2+} 的可逆反应，而 Ni 和 Cu 表现为电化学惰性。如果两个金属离子都可以进行价态的变化，比容量将有很大程度的提高。

理论上，Na$_2$M[Fe(CN)$_6$]（M=Fe，Co，Mn，V）具有两个氧化还原中心。在早期的水系钠离子电池的研究中，发现 Na$_{0.75}$Fe$_{1.08}$[Fe(CN)$_6$]·3.5H$_2$O[196]只有 60~70 mA·h/g 的比容量，远远低于理论值，也与有机系中的结果有明显差距。这主要可以归结为两点：①反应中只有与 C 配位的低自旋态的 Fe 表现出了电化学活性，这也就意味着晶体框架中八个可用的钠离子脱出/嵌入位点中只有四个对比容量有贡献；②采用简单共沉淀法合成的普鲁士蓝类材料，缺陷含量很高（~30%），同时存在大量的配位水和结晶水占据了 Na$^+$ 的活性位点，致使比容量进一步降低。

为了解决这个问题，杨汉西等[197] 通过在共沉淀反应中加入柠檬酸络合剂合成了一种缺陷很低的 Na$_{1.85}$Co[Fe(CN)$_6$]$_{0.99}$·2.5H$_2$O，并首先将其应用于水系钠离子电池，由于其具有完美晶格并拥有两个氧化还原中心，所以其拥有较高的比容量 130 mA·h/g。对应于每个分子式中 1.7 个 Na$^+$ 的可逆脱出/嵌入，达到理论比容量的 85%。如图 2.63 所示，在 0~1 V（vs. Ag/AgCl）的电压窗口内，呈现出两个明显的充放电平台，对应于 Fe^{3+}/Fe^{2+}和 Co^{3+}/Co^{2+}电对的氧化还原反应。此外，该材料在 20C 的电流密度下表现出较高的倍率性能，在 5C 倍率下循环 800 周后比容量保持率高达 90%，低缺陷的普鲁士蓝类化合物的形貌也更接近完美的立方块。图 2.63（b）和（c）展示了 Ni-Fe 和 Cu-Fe 材料的充放电曲线，可以看出明显差异。

Cui 等[200]结合电化学测试、X 射线吸收光谱和原位 X 射线衍射等实验技术，建立了锰钴-铁基六氰酸盐晶体学、电子态、电化学可逆性和动力学之间的直接关系。提出了一种在保持循环稳定性的同时提高普鲁士蓝类化合物比容量的新机制。

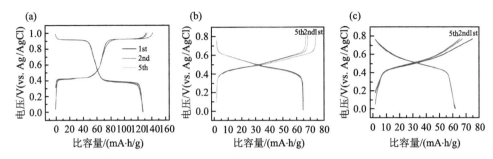

图 2.63　（a）$Na_{1.85}Co[Fe(CN)_6]_{0.99} \cdot 2.5H_2O$ 的充放电曲线[197]；（b）$Na_{1.94}Ni_{1.03}Fe(CN)_6 \cdot 4.8H_2O$ 的充放电曲线[198]；（c）$Na_{1.4}Cu_{1.3}Fe(CN)_6 \cdot 8H_2O$ 的充放电曲线[199]

结果表明，与 C 配位的铁可以保持普鲁士蓝类正极材料在水系电解液中的晶体结构，并使其具有优异的反应动力学和循环寿命。另一方面，由于弱 N 配位晶体场引起的结构畸变，与 N 配位的 Co 和 Mn 离子表现出较慢的动力学行为，但仍对材料的总比容量具有显著贡献。

　　传统水系电解液溶质（盐）的质量与水的质量之比一般都小于 1，称为 Salt-in-Water（水包盐）水溶液，近年来，溶质的质量与水的质量之比大于 1 的 Water-in-Salt（盐包水）水溶液由于能够实现宽电压窗口而得到了广泛研究（见 4.6.2 节详细介绍）。为了设计更高性能的 Water-in-Salt 电解液，往往需要提高溶液中盐的浓度。当一种盐的浓度不够高时，可以将两种盐同时溶于水中，称之为 Water-in-Bisalt（双盐包水）电解液。索鎏敏等[201]通过将三氟甲基磺酸四乙基铵（TEAOTF）盐和三氟甲基磺酸钠（NaOTF）盐共同溶于水中，设计了一种含惰性阳离子的 9 m① NaOTF + 22 m TEAOTF Water-in-Bisalt 电解液，使用该电解液组装了高性能的 $NaTiOPO_4 \| Na_{1.88}Mn(Fe(CN)_6)_{0.97} \cdot 1.35H_2O$（NaMnHCF）全电池。该电解液在电化学测试中展现出三大优点：①该电解液由于具有更宽的电压窗口，NaMnHCF 正极和 $NaTiOPO_4$ 负极能够实现更高的首周库仑效率；②该电解液由于具有较少的自由水，NaMnHCF 正极在循环过程中的溶解降低，循环性能大大提高；③由于 TEA^+ 半径较大（计算值为 3.6 Å），因而不会嵌入正负极材料中，该电解液能够避免其他碱金属阳离子混合电解液中普遍存在的阳离子共嵌入问题。全电池在 0.25 C 的低倍率下展示了具有 2.2 V 和 1.6 V 平台的放电曲线（图 2.64（a）），并且在充电至 2.6 V 后静置 100 h 的过程中一直能够维持在 2.1 V 左右的开路电压，展现了较好的自放电性能（图 2.64（b）插图）。此外，该全电池在 0.25 C 低倍率下循环 200 周后剩余 90% 的容量（图 2.64（b）），在 1 C 的高倍率下循环 800 周后剩余 76% 的容量（图 2.64（c）），展示了较好的循环性能。

――――――――――――
① m 指质量摩尔浓度，即单位质量的溶剂（水）所溶解的溶质的物质的量，单位为 mol/kg。

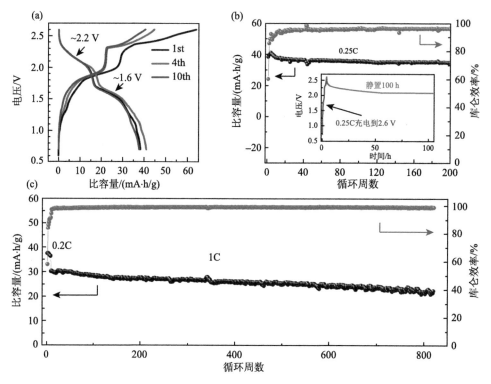

图 2.64　（a）NaTiOPO₄‖NaMnHCF 全电池在 0.25C 倍率下的第 1、4 和 10 周充放电曲线
（1 C= 0.14 A/g）；（b）NaTiOPO₄‖NaMnHCF 全电池在 0.25C 倍率下的长循环性能；（c）全
电池先在 0.2C 倍率下循环 8 周，随后在 1C 下循环 800 周

2.5　有机类正极材料

　　有机化合物尤其是聚合物，具有资源丰富、种类众多、环境友好等优点，是
二次电池电极材料发展的重要方向。与无机电极材料相比，有机电极材料具有以
下特点：

　　（1）与无机晶体材料的阳离子嵌入反应机理不同，在正负极均为有机材料的
二次电池中电解质中的阴阳离子均可参与电极反应过程。其具体反应机理如下列
公式所示：p 型掺杂有机物在充电过程中失去电子，电解质中的阴离子迁移进入
聚合物链段以维持电荷平衡，放电过程与之相反；n 型掺杂有机物在放电过程中
得到电子，电解质中的阳离子迁移进入聚合物骨架以保持电极的电中性，充电过
程则发生相反的反应。根据 Nernst 方程，电极的氧化还原电势受活性电对浓度的
影响，充电过程氧化部分逐渐增加，电极电势升高，放电过程与之相反，因此有
机电极的充放电曲线不像无机固体的相转化反应那样具有平坦的电势平台。

p 型反应：$P+A^- \underset{\text{放电}}{\overset{\text{充电}}{\rightleftharpoons}} P^+A^- + e^-$（P：p 型掺杂有机物；$A^-$：$ClO_4^-$、$PF_6^-$、$BF_4^-$、$TFSI^-$）

n 型反应：$N+M^+ +e^- \underset{\text{充电}}{\overset{\text{放电}}{\rightleftharpoons}} M^+N^-$（N：n 型掺杂有机物；$M^+$：$Li^+$、$Na^+$）

电池反应：$P+N+A^-+M^+ \underset{\text{放电}}{\overset{\text{充电}}{\rightleftharpoons}} P^+A^-+M^+N^-$

值得注意的是，p 型掺杂的过程与电解质中的阳离子无关，因此改变阳离子种类对其电化学性质影响较小，所以适用于锂离子电池的 p 型掺杂电极同样可以用于钠离子电池。

（2）结构多样化。有机物种类繁多，结构多样，可以通过改变材料的结构调控材料的能量和功率密度，改善循环稳定性能、加工性能等。

通过在有机分子上引入给电子基团或拉电子基团，可在一定程度上提高或降低氧化还原电势，调节材料的氧化还原电势；降低氧化还原活性基团的质量可在一定程度上提高比容量；引入长链烷基可以提高难溶聚合物的加工性能。

（3）可持续性。无机材料的电化学反应大多基于过渡金属离子的氧化还原反应，大规模应用将伴随着资源不足、环境污染、生产和回收过程的高成本等问题。而有机电极材料可由生物质原料合成，甚至来自于有机废弃物，因此对环境影响小。

通常可逆的电化学反应发生于共轭体系和含有孤对电子的基团（N、O、S）。共轭结构有利于电子的传输和电荷的离域化，稳定电化学反应后的分子结构；而孤对电子或单电子通常具有更高的反应活性。目前研究的有机电极材料均基于上述原则，根据活性基团的不同主要分为以下几类：导电聚合物和共轭羰基化合物，具体结构和性能如图 2.65 所示。

导电聚合物

(1) 无定形低聚芘
([$C_{16}H_8$]$_n$, 121 mA·h/g, 3.5 V)

(2) 聚三苯胺
([$C_{38}H_{30}N_2$]$_n$, 98 mA·h/g, 3.6 V)

羰基化合物

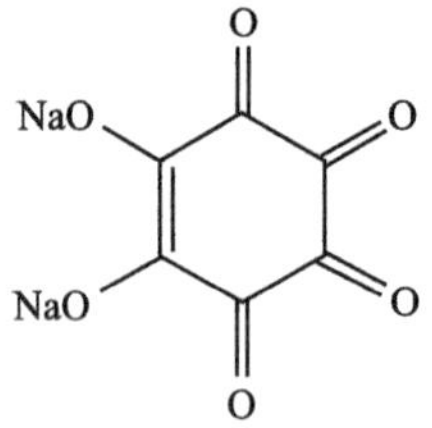

(3) 玫棕酸二钠
($Na_2C_6O_6$, 250 mA·h/g, 2.2 V)

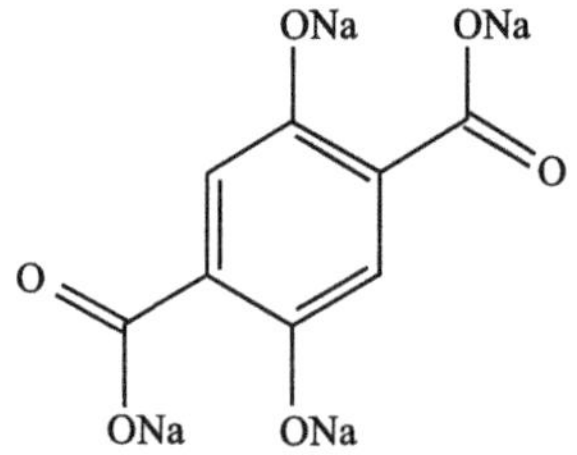

(4) 二羟基对苯二甲酸四钠
($Na_4C_8H_2O_6$, 183 mA·h/g, 2.3 V)

图 2.65　部分有机物钠离子电极材料的比容量、电压和结构示意图

2.5.1　导电聚合物

导电聚合物是一类具有大 π 键共轭结构的聚合物，离域 π 键电子可以在聚合物链上自由移动，本征态时呈绝缘态或半导体状态，经氧化掺杂（p 掺杂）或还原掺杂（n 掺杂）后可获得与金属媲美的电导率，因此被称为导电聚合物。首个导电聚合物——聚乙炔是由日本研究者白川英树和美国研究者 Macdiarmid 及 Heeger 于 1977 年合作发现的[202]，三人因此共同获得 2000 年的诺贝尔化学奖。作为电极材料时，导电聚合物的实际比容量与本身的单元分子量和掺杂度有关，但大部分导电聚合物的掺杂度均不高，导致实际比容量远远低于理论比容量，均小于 150 mA·h/g。常见的导电聚合物主要有聚乙炔、聚对苯、聚苯胺、聚吡咯、聚噻吩及其衍生物。它们一般通过化学聚合和电化学聚合的方法制备，除聚乙炔外，其余聚合物的导电聚合产物均为掺杂态。

2012 年，杨汉西等[203]率先报道了聚苯胺及氰化铁掺杂的聚吡咯等导电聚合物的储钠性能，这类材料均是靠传统的 p 型掺杂机理储钠的。随后该课题组又报道了在聚吡咯的主链上引入掺杂基团——磺酸根的方式，提高了聚合物的掺杂度，得到比容量为 85 mA·h/g 的自掺杂聚吡咯正极，经 100 周循环后仍能保持 75 mA·h/g 的比容量[204]。此外，带有亚磺酸钠接枝的聚吡咯也具有 85 mA·h/g 的比容量，平均放电电压为 3.0 V，但是库仑效率比较低，可能是发生了 p 型共掺杂反应造成的。

2.5.2　有机共轭羰基类化合物

有机共轭羰基化合物的典型特征是具有大的共轭体系，同时含有多个羰基官能团（羰基个数≥2，往往为偶数），本质上决定了该类材料具有结构多样性、高的比容量和快速的电化学反应动力学。大多数简单的电活性共轭羰基化合物都是工业上易得的，甚至一些共轭羰基化合物可以直接来源于生物质，或者以简单共轭羰基化合物为前驱体，经过现有的有机合成方法和分子设计原理就可方便地制备出电化学活性优异的共轭羰基化合物。因此，共轭羰基化合物非常适合用作新型绿色钠离子电池电极材料。

2014 年，陈军等[205]合成了二羟基对苯二甲酸四钠盐（Na$_4$C$_8$H$_2$O$_6$）作为正极活性材料，该材料经历两电子的氧化还原可实现两个 Na$^+$ 的脱出/嵌入。在 18.7 mA/g 的电流密度下 1.6~2.8 V 电压范围内具有可逆比容量 183 mA·h/g（图 2.66（a）），相应的平台电压为 2.3 V，循环 100 周后比容量保持率 83%，在高倍率 5C 下，仍能够实现 81 mA·h/g 的比容量。其反应机理如图 2.66（b）所示，充电过程中结构中的两个烯醇化合物基团失去两个电子和两个 Na$^+$，形成羰基碳氧双键；放电过程中羰基碳氧双键得电子生成自由基氧负离子，并与电解液中的 Na$^+$结合成四钠盐。结构中苯环和羧基相连，形成共轭大 π 键，可以有效避免氧化还原过程中形成的小分子共轭羰基化合物在电解液中的溶解。此外该材料还可以用作负极材料，在 0.1~1.8 V 电压范围内充放电比容量为 207 mA·h/g，形成 Na$_4$C$_8$H$_2$O$_6$/Na$_6$C$_8$H$_2$O$_6$ 氧化还原反应电对，同样具有优异的倍率和循环性能。

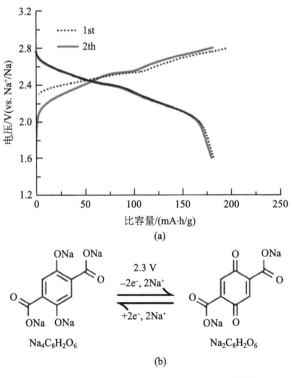

图 2.66　Na$_4$C$_8$H$_2$O$_6$ 的电化学反应机理[205]

共轭的羰基化合物用作电极材料时通常比容量较高，但普遍电导率低，用作正极材料的醌类、酰胺和酸酐类电压不高。尤其是其中的小分子类材料，易溶于电解液中，循环稳定性有待提高，当充电到较高电压时还会发生氧化分解。

参 考 文 献

[1] Delmas C, Fouassier C, Hagenmuller P. Structural classification and properties of the layered Oxides. Physica B+C, 1980, 99(1-4): 81-85

[2] Pan H L, Hu Y S, Chen L Q. Room-temperature stationary sodium-ion batteries for large-scale electric energy storage. Energy & Environmental Science, 2013, 6(8): 2338-2360

[3] Bianchini M, Wang J, Clement R J, et al. The interplay between thermodynamics and kinetics in the solid-state synthesis of layered oxides. Nature Materials, 2020, 19(10): 10.1038/s41563-020-0688-6

[4] Wang H, Liao X Z, Yang Y, et al. Large-scale synthesis of $NaNi_{1/3}Fe_{1/3}Mn_{1/3}O_2$ as high performance cathode materials for sodium ion batteries. Journal of the Electrochemical Society, 2016, 163(3): A565-A570

[5] Yuan D, Wang Y, Cao Y, et al. Improved electrochemical performance of Fe-substituted $NaNi_{0.5}Mn_{0.5}O_2$ cathode materials for sodium-ion batteries. ACS Applied Materials & Interfaces, 2015, 7(16): 8585-8591

[6] Wu X, Ma J, Ma Q, et al. A spray drying approach for the synthesis of a $Na_2C_6H_2O_4$/CNT nanocomposite anode for sodium-ion batteries. Journal of Materials Chemistry A, 2015, 3(25): 13193-13197

[7] Qi Y, Mu L, Zhao J, et al. Superior Na-storage performance of low-temperature-synthesized $Na_3(VO_{1-x}PO_4)_2F_{1+2x}$ $(0 \leqslant x \leqslant 1)$ nanoparticles for Na-ion batteries. Angewandte Chemie International Edition, 2015, 54(34): 9911-9916

[8] Wu W, Mohamed A, Whitacre J F. Microwave synthesized $NaTi_2(PO_4)_3$ as an aqueous sodium-ion negative electrode. Journal of the Electrochemical Society, 2013, 160(3): A497-A504

[9] Sun Y, Guo S, Zhou H. Adverse effects of interlayer-gliding in layered transition-metal oxides on electrochemical sodium-ion storage. Energy & Environmental Science, 2019, 12(3): 825-840

[10] Nitta N, Wu F, Lee J T, et al. Li-ion battery materials: present and future. Materials Today, 2015, 18(5): 252-264

[11] Komaba S, Takei C, Nakayama T, et al. Electrochemical intercalation activity of layered $NaCrO_2$ vs. $LiCrO_2$. Electrochemistry Communications, 2010, 12(3): 355-358

[12] Fouassier C, Matejka G, Reau J-M, et al. Sur de nouveaux bronzes oxygenes de formule Na_xCoO_2 (x<l). Le systéme cobalt-oxygene-sodium. Journal of Solid State Chemistry, 1973, 6(4): 532-537

[13] Braconnier J J, Delmas C, Fouassier C, et al. Comportement electrochimique des phases Na_xCoO_2. Materials Research Bulletin, 1980, 15(12): 1797-1804

[14] Terasaki I. Large Thermoelectric power in $NaCo_2O_4$ single crystals. Physical Review B, 1997, 56: 685-687

[15] Takada K, Sakurai H, Takayama-Muromachi E, et al. Superconductivity in two-dimensional CoO_2 layers. Nature, 2003, 422(6927): 53-55

[16] Berthelot R, Carlier D, Delmas C. Electrochemical investigation of the P2-Na$_x$CoO$_2$ phase diagram. Nature Materials, 2011, 10(1): 74-80

[17] Caballero A, Hernán L, Morales J, et al. Synthesis and characterization of high-temperature hexagonal P2-Na$_{0.6}$MnO$_2$ and its electrochemical behaviour as cathode in sodium cells. Journal of Materials Chemistry, 2002, 12(4): 1142-1147

[18] Guignard M, Didier C, Darriet J, et al. P2-Na$_x$VO$_2$ system as electrodes for batteries and electron-correlated materials. Nature Materials, 2013, 12(1): 74-80

[19] Yabuuchi N, Kajiyama M, Iwatate J, et al. P2-type Na$_x$[Fe$_{1/2}$Mn$_{1/2}$]O$_2$ made from earth-abundant elements for rechargeable Na batteries. Nature Materials, 2012, 11(6): 512-517

[20] Talaie E, Duffort V, Smith H L, et al. Structure of the high voltage phase of layered P2-Na$_{2/3-z}$[Mn$_{1/2}$Fe$_{1/2}$]O$_2$ and the positive effect of Ni substitution on its stability. Energy & Environmental Science, 2015, 8(8): 2512-2523

[21] Thorne J S, Dunlap R A, Obrovac M N. Investigation of P2-Na$_{2/3}$Mn$_{1/3}$Fe$_{1/3}$Co$_{1/3}$O$_2$ for Na-ion battery positive electrodes. Journal of the Electrochemical Society, 2014, 161(14): A2232-A2236

[22] Han M H, Gonzalo E, Sharma N, et al. High-performance P2-phase Na$_{2/3}$Mn$_{0.8}$Fe$_{0.1}$Ti$_{0.1}$O$_2$ cathode material for ambient-temperature sodium-ion batteries. Chemistry of Materials, 2015, 28(1): 106-116

[23] Zhao W, Kirie H, Tanaka A, et al. Synthesis of metal ion substituted P2-Na$_{2/3}$Ni$_{1/3}$Mn$_{2/3}$O$_2$ cathode material with enhanced performance for Na ion batteries. Materials Letters, 2014, 135: 131-134

[24] Yuan D, Hu X, Qian J, et al. P2-type Na$_{0.67}$Mn$_{0.65}$Fe$_{0.2}$Ni$_{0.15}$O$_2$ cathode material with high-capacity for sodium-ion battery. Electrochimica Acta, 2014, 116: 300-305

[25] Hasa I, Buchholz D, Passerini S, et al. High performance Na$_{0.5}$[Ni$_{0.23}$Fe$_{0.13}$Mn$_{0.63}$]O$_2$ cathode for sodium-ion batteries. Advanced Energy Materials, 2014, 4(15): 1400083

[26] Bai Y, Zhao L, Wu C, et al. Enhanced sodium ion storage behavior of P2-type Na$_{2/3}$Fe$_{1/2}$Mn$_{1/2}$O$_2$ synthesized via a chelating agent assisted route. ACS Applied Materials & Interfaces, 2016, 8(4): 2857-2865

[27] Mu L, Xu S, Li Y, et al. Prototype sodium-ion batteries using an air-stable and Co/Ni-free O3-layered metal oxide cathode. Advanced Materials, 2015, 27(43): 6928-6933

[28] Paulsen J M, Dahn J R. Studies of the layered manganese bronzes, Na$_{2/3}$[M$_{1-x}$M$_x$]O$_2$ with M = Co, Ni, Li, and Li$_{2/3}$[Mn$_{1-x}$M$_x$]O$_2$ prepared by ion-exchange. Solid State Ionics, 1999, 126: 3-24

[29] Wang X, Tamaru M, Okubo M, et al. Electrode properties of P2-Na$_{2/3}$Mn$_y$Co$_{1-y}$O$_2$ as cathode materials for sodium-ion batteries. The Journal of Physical Chemistry C, 2013, 117(30): 15545-15551

[30] Carlier D, Cheng J H, Berthelot R, et al. The P2-Na$_{2/3}$Co$_{2/3}$Mn$_{1/3}$O$_2$ phase: structure, physical properties and electrochemical behavior as positive electrode in sodium battery. Dalton Trans., 2011, 40(36): 9306-9312

[31] Paulsen J M, Larcher D, Dahn J R. O2 structure Li$_{2/3}$[Ni$_{1/3}$Mn$_{2/3}$]O$_2$: a new layered cathode material for rechargeable lithium batteries iii. ion exchange. Journal of the Electrochemical Society, 2000, 147(8): 2862-2867

[32] Paulsen J M, Thomas C L, Dahn J R. O2 structure Li$_{2/3}$[Ni$_{1/3}$Mn$_{2/3}$]O$_2$: a new layered cathode material for rechargeable lithium batteries i. electrochemical properties. Journal of the Electrochemical Society, 2000, 147(3): 861-868

[33] Lu Z, Dahn J R. *In situ* X-ray diffraction study of P2-Na$_{2/3}$[Ni$_{1/3}$Mn$_{2/3}$]O$_2$. Journal of the Electrochemical Society, 2001, 148(11): A1225

[34] Lee D H, Xu J, Meng Y S. An advanced cathode for Na-ion batteries with high rate and excellent structural stability. Physical Chemistry Chemical Physics, 2013, 15(9): 3304-3312

[35] Wu X, Xu G L, Zhong G, et al. Insights into the effects of zinc doping on structural phase transition of P2-type sodium nickel manganese oxide cathodes for high-energy sodium ion batteries. ACS Applied Materials & Interfaces, 2016, 8(34): 22227-22237

[36] Zhao C, Lu Y, Chen L, et al. Ni-based cathode materials for Na-ion batteries. Nano Research, 2019, 12(9): 2018-2030.

[37] Yoshida H, Yabuuchi N, Kubota K, et al. P2-type Na$_{2/3}$Ni$_{1/3}$Mn$_{2/3-x}$Ti$_x$O$_2$ as a new positive electrode for higher energy Na-ion batteries. Chemical Communications, 2014, 50(28): 3677-3680

[38] Xu J, Lee D H, Clément R J, et al. Identifying the critical role of Li substitution in P2-Na$_x$[Li$_y$Ni$_z$Mn$_{1-y-z}$]O$_2$ (0 <x, y, z< 1) intercalation cathode materials for high-energy Na-ion batteries. Chemistry of Materials, 2014, 26(2): 1260-1269

[39] Clément R J, Xu J, Middlemiss D S, et al. Direct evidence for high Na$^+$ mobility and high voltage structural processes in P2-Na$_x$[Li$_y$Ni$_z$Mn$_{1-y-z}$]O$_2$ (x, y, $z \leqslant$ 1) cathodes from solid-state NMR and DFT calculations. Journal of Materials Chemistry A, 2017, 5(8): 4129-4143

[40] Zhao C, Yao Z, Wang Q, et al. Revealing high Na-content P2-type layered oxides as advanced sodium-ion cathodes. Journal of the American Chemical Society, 2020, 142(12): 5742-5750

[41] Yang Q, Wang P F, Guo J Z, et al. Advanced P2-Na$_{2/3}$Ni$_{1/3}$Mn$_{7/12}$Fe$_{1/12}$O$_2$ cathode material with suppressed P2-O2 phase transition toward high-performance sodium-ion battery. ACS Applied Materials & Interfaces, 2018, 10(40): 34272-34282

[42] Xu S, Wu X, Li Y, et al. Novel copper redox-based cathode materials for room-temperature sodium-ion batteries. Chinese Physics B, 2014, 23(11): 118202

[43] Li Y, Yang Z, Xu S, et al. Air-stable copper-based P2-Na$_{7/9}$Cu$_{2/9}$Fe$_{1/9}$Mn$_{2/3}$O$_2$ as a new positive electrode material for sodium-ion batteries. Advanced Science, 2015, 2(6): 1500031

[44] Shanmugam R, Lai W. Na$_{2/3}$Ni$_{1/3}$Ti$_{2/3}$O$_2$: "bi-functional" electrode materials for Na-ion batteries. ECS Electrochemistry Letters, 2014, 3(4): A23-A25

[45] Wang Y, Xiao R, Hu Y S, et al. P2-Na$_{0.6}$[Cr$_{0.6}$Ti$_{0.4}$]O$_2$ cation-disordered electrode for high-rate symmetric rechargeable sodium-ion batteries. Nature Communications, 2015, 6: 6954

[46] Gupta A, Buddie Mullins C, Goodenough J B. Na$_2$Ni$_2$TeO$_6$: evaluation as a cathode for sodium battery. Journal of Power Sources, 2013, 243: 817-821

[47] Lu Z, Dahn J R. Effects of stacking fault defects on the X-ray diffraction patterns of T2, O2, and O6 structure Li$_{2/3}$[Co$_x$Ni$_{1/3-x}$Mn$_{2/3}$]O$_2$. Chemistry of Materials, 2001, 13: 2078-2083

[48] Somerville J W, Sobkowiak A, Tapia-Ruiz N, et al. Nature of the "Z"-phase in layered Na-ion battery cathodes. Energy & Environmental Science, 2019, 12(7): 2223-2232

[49] Liu Q, Hu Z, Chen M, et al. P2-type Na$_{2/3}$Ni$_{1/3}$Mn$_{2/3}$O$_2$ as a cathode material with high-rate and long-life for sodium ion storage. Journal of Materials Chemistry A, 2019, 7(15): 9215-9221

[50] Kubota K, Yoda Y, Komaba S. Origin of enhanced capacity retention of P2-type Na$_{2/3}$Ni$_{1/3-x}$Mn$_{2/3}$Cu$_x$O$_2$ for Na-ion batteries. Journal of the Electrochemical Society, 2017, 164: A2368-A2373

[51] Kubota K, Kumakura S, Yoda Y, et al. Electrochemistry and solid-state chemistry of NaMeO$_2$ (Me = 3d transition metals). Advanced Energy Materials, 2018, 8(17): 1703415

[52] Zhang J, Wang W, Wang W, et al. Comprehensive review of P2-type $Na_{2/3}Ni_{1/3}Mn_{2/3}O_2$, a potential cathode for practical application of Na-ion batteries. ACS Applied Materials & Interfaces, 2019, 11(25): 22051-22066.

[53] Maazaz A, Delmas C, Hagenmuller P. A study of the Na_xTiO_2 system by electrochemical deintercalation. Journal of Inclusion Phenomena, 1983, 1: 45-51

[54] Wu D, Li X, Xu B, et al. $NaTiO_2$: a layered anode material for sodium-ion batteries. Energy & Environmental Science, 2015, 8(1): 195-202

[55] Didier C, Guignard M, Denage C, et al. Electrochemical Na-deintercalation from $NaVO_2$. Electrochemical and Solid-State Letters, 2011, 14(5): A75

[56] Hamani D, Ati M, Tarascon J M, et al. Na_xVO_2 as possible electrode for Na-ion batteries. Electrochemistry Communications, 2011, 13(9): 938-941

[57] Braconnier J J, Delmas C, Hagenmuller. Etude par desintercalation electrochimique des systemes Na_xCrO_2 et Na_xNiO_2. Materials Research Bulletin, 1982, 17: 993-1000

[58] Yu C, Park J, Jung H, et al. $NaCrO_2$ cathode for high-rate sodium-ion batteries. Energy & Environmental Science, 2015, 8(7): 2019-2026

[59] Parant J P, Olazcuaga R, Devalette M, et al. Sur quelques nouvelles phases de formule Na_xMnO_2 ($x \leqslant 1$). Journal of Solid State Chemistry, 1971, 3: 1-11

[60] Ma X, Chen H, Ceder G. Electrochemical properties of monoclinic $NaMnO_2$. Journal of the Electrochemical Society, 2011, 158(12): A1307

[61] Takeda Y, Nakahara K, Nishijima M, et al. Sodium deintercalation from sodium iron oxide. Materials Research Bulletin, 1994, 29: 659-666

[62] Han M, Gonzalo E, Casas-Cabanas M, et al. Structural evolution and electrochemistry of monoclinic $NaNiO_2$ upon the first cycling process. Journal of Power Sources, 2014, 258: 266-271

[63] Wang L, Wang J, Zhang X, et al. Unravelling the origin of irreversible capacity loss in $NaNiO_2$ for high voltage sodium ion batteries. Nano Energy, 2017, 34: 215-223

[64] Li X, Wang Y, Wu D, et al. Jahn-Teller assisted Na diffusion for high performance Na ion batteries. Chemistry of Materials, 2016, 28(18): 6575-6583

[65] Saadoune I, Maazaz A, Ménétrier M, et al. On the $Na_xNi_{0.6}Co_{0.4}O_2$ system: physical and electrochemical studies. Journal of Solid State Chemistry, 1996, 122: 111-117

[66] Vassilaras P, Kwon D H, Dacek S T, et al. Electrochemical properties and structural evolution of O3-type layered sodium mixed transition metal oxides with trivalent nickel. Journal of Materials Chemistry A, 2017, 5(9): 4596-4606

[67] Nanba Y, Iwao T, Boisse B M D, et al. Redox potential paradox in Na_xMO_2 for sodium-ion battery cathodes. Chemistry of Materials, 2016, 28(4): 1058-1065

[68] Yabuuchi N, Yoshida H, Komaba S. Crystal structures and electrode performance of alpha-$NaFeO_2$ for rechargeable sodium batteries. Electrochemistry, 2012, 80(10): 716-719

[69] Yoshida H, Yabuuchi N, Komaba S. $NaFe_{0.5}Co_{0.5}O_2$ as High energy and power positive electrode for Na-ion batteries. Electrochemistry Communications, 2013, 34: 60-63

[70] Kubota K, Asari T, Yoshida H, et al. Understanding the structural evolution and redox mechanism of a $NaFeO_2$-$NaCoO_2$ solid solution for sodium-ion batteries. Advanced Functional Materials, 2016, 26(33): 6047-6059

[71] Li X, Wu D, Zhou Y-N, et al. O3-type $Na(Mn_{0.25}Fe_{0.25}Co_{0.25}Ni_{0.25})O_2$: a quaternary layered cathode compound for rechargeable Na ion batteries. Electrochemistry Communications, 2014,

49: 51-54

[72] Vassilaras P, Toumar A J, Ceder G. Electrochemical properties of $NaNi_{1/3}Co_{1/3}Fe_{1/3}O_2$ as a cathode material for Na-ion batteries. Electrochemistry Communications, 2014, 38: 79-81

[73] Cao M H, Wang Y, Shadike Z, et al. Suppressing the chromium disproportionation reaction in O3-type layered cathode materials for high capacity sodium-ion batteries. Journal of Materials Chemistry A, 2017, 5(11): 5442-5448

[74] Komaba S, Nakayama T, Ogata A, et al. Electrochemically reversible sodium intercalation of layered $NaNi_{0.5}Mn_{0.5}O_2$ and $NaCrO_2$. ECS Transactions, 2009, 16: 43-55

[75] Kim D, Lee E, Slater M, et al. Layered $Na[Ni_{1/3}Fe_{1/3}Mn_{1/3}]O_2$ cathodes for Na-ion battery application. Electrochemistry Communications, 2012, 18: 66-69

[76] Yabuuchi N, Yano M, Yoshida H, et al. Synthesis and electrode performance of O3-type $NaFeO_2$-$NaNi_{1/2}Mn_{1/2}O_2$ solid solution for rechargeable sodium batteries. Journal of the Electrochemical Society, 2013, 160(5): A3131-A3137

[77] Sun X, Jin Y, Zhang C Y, et al. $Na[Ni_{0.4}Fe_{0.2}Mn_{0.4-x}Ti_x]O_2$: a cathode of high capacity and superior cyclability for Na-ion batteries. Journal of Materials Chemistry A, 2014, 2(41): 17268-17271

[78] Qi X, Wang Y, Jiang L, et al. Sodium-Deficient O3-$Na_{0.9}[Ni_{0.4}Mn_xTi_{0.6-x}]O_2$ layered-oxide cathode materials for sodium-ion batteries. Particle & Particle Systems Characterization, 2016, 33(8): 538-544

[79] 穆林沁, 戚兴国, 胡勇胜, 等. 新型 O3-$NaCu_{1/9}Ni_{2/9}Fe_{1/3}Mn_{1/3}O_2$ 钠离子电池正极材料研究. 储能科学与技术, 2016, 5(3): 324-328

[80] Sathiya M, Hemalatha K, Ramesha K, et al. Synthesis, structure, and electrochemical properties of the layered sodium insertion cathode material: $NaNi_{1/3}Mn_{1/3}Co_{1/3}O_2$. Chemistry of Materials, 2012, 24(10): 1846-1853

[81] Hwang J Y, Yoon C S, Belharouak I, et al. A comprehensive study of the role of transition metals in O3-type layered $Na[Ni_xCo_yMn_z]O_2$ (x = 1/3, 0.5, 0.6, and 0.8) cathodes for sodium-ion batteries. Journal of Materials Chemistry A, 2016, 4(46): 17952-17959

[82] Ding F, Zhao C, Zhou D, et al. A novel Ni-rich O3-$Na[Ni_{0.60}Fe_{0.25}Mn_{0.15}]O_2$ cathode for Na-ion batteries. Energy Storage Materials, 2020, 30: 420-430

[83] Zhao C, Ding F, Lu Y X, et al. High-entropy layered oxide cathodes for sodium-ion batteries. Angewandte Chemie International Edition, 2020, 59(1): 264-269

[84] Yuan D, Liang X, Wu L, et al. A Honeycomb-Layered $Na_3Ni_2SbO_6$: a high-rate and cycle-stable cathode for sodium-ion batteries. Advanced Materials, 2014, 26(36): 6301-6306

[85] Sathiya M, Jacquet Q, Doublet M L, et al. A chemical approach to raise cell voltage and suppress phase transition in O3 sodium layered oxide electrodes. Advanced Energy Materials, 2018: 1702599

[86] Wang P, Xin H, Zuo T, et al. An abnormal 3.7 volt O3-type sodium-ion battery cathode. Angewandte Chemie International Edition, 2018, 57(27): 8178-8183

[87] Komaba S, Yabuuchi N, Nakayama T, et al. Study on the reversible electrode reaction of $Na_{1-x}Ni_{0.5}Mn_{0.5}O_2$ for a rechargeable sodium-ion battery. Inorganic Chemistry, 2012, 51(11): 6211-6220

[88] Wang Q, Mariyappan S, Vergnet J, et al. Reaching the energy density limit of layered O3-$NaNi_{0.5}Mn_{0.5}O_2$ electrodes via dual Cu and Ti substitution. Advanced Energy Materials, 2019, 9(36): 1901785

[89] Wang P, Yao H, Liu X, et al. Ti-substituted $NaNi_{0.5}Mn_{0.5-x}Ti_xO_2$ cathodes with reversible O3-P3 phase transition for high-performance sodium-ion batteries. Advanced Materials, 2017, 29(19): 1700210

[90] Shacklette L W, Jow T R, Townsend L. Rechargeable electrodes from sodium cobalt bronzes. Journal of the Electrochemical Society, 1988, 135(11): 2669-2674

[91] Kalapsazova M, Stoyanova R, Zhecheva E. Structural characterization and electrochemical intercalation of Li^+ in layered $Na_{0.65}Ni_{0.5}Mn_{0.5}O_2$ obtained by freeze-drying method. Journal of Solid State Electrochemistry, 2014, 18(8): 2343-2350

[92] Tsuchiya Y, Takanashi K, Nishinobo T, et al. Layered $Na_xCr_xTi_{1-x}O_2$ as bifunctional electrode materials for rechargeable sodium batteries. Chemistry of Materials, 2016, 28(19): 7006-7016

[93] Guignard M, Delmas C. Using a battery to synthesize new vanadium oxides. Chemistry Select, 2017, 2(20): 5800-5804

[94] Risthaus T, Chen L, Wang J, et al. P3 $Na_{0.9}Ni_{0.5}Mn_{0.5}O_2$ cathode material for sodium ion batteries. Chemistry of Materials, 2019, 31(15): 5376-5383

[95] Billaud J, Clement R J, Armstrong A R, et al. Beta-$NaMnO_2$: a high-performance cathode for sodium-ion batteries. Journal of the American Chemical Society, 2014, 136(49): 17243-17248

[96] Jiang L, Lu Y X, Wang Y, et al. A high-temperature β-phase $NaMnO_2$ stabilized by Cu doping and its Na storage properties. Chinese Physics Letters, 2018, 35(4): 048801

[97] Mumme W G. The structure of $Na_4Mn_4Ti_5O_{18}$. Acta Crystallographica, 1968, 24: 1114-1120

[98] Chae M S, Kim H J, Bu H. et al. The sodium storage mechanism in tunnel-type $Na_{0.44}MnO_2$ cathodes and the way to ensure their durable operation. Advanced Energy Materials, 2020, 10(21): 2000564.

[99] Doeff M M, Peng M Y, Ma Y, et al. Orthorhombic Na_xMnO_2 as a cathode material for secondary sodium and lithium polymer batteries. Journal of the Electrochemical Society, 1994, 141(11): 145-147

[100] Doeff M M, Richardson T J, Hwang K T. Electrochemical and structural characterization of titanium-substituted manganese oxides based on $Na_{0.44}MnO_2$. Journal of Power Sources, 2004, 135(1-2): 240-248

[101] Sauvage F, Baudrin E, Tarascon J M. Study of the potentiometric response towards sodium ions of $Na_{0.44-x}MnO_2$ for the development of selective sodium ion sensors. Sensors and Actuators B: Chemical, 2007, 120(2): 638-644

[102] Whitacre J F, Tevar A, Sharma S. $Na_4Mn_9O_{18}$ as a positive electrode material for an aqueous electrolyte sodium-ion energy storage device. Electrochemistry Communications, 2010, 12(3): 463-466

[103] Akimoto J, Hayakawa H, Kijima N, et al. Single-crystal synthesis and structure refinement of $Na_{0.44}MnO_2$. Solid State Phenomena, 2011, 170: 198-202

[104] Kim H, Kim D J, Seo D H, et al. *Ab initio* study of the sodium intercalation and intermediate phases in $Na_{0.44}MnO_2$ for sodium-ion battery. Chemistry of Materials, 2012, 24(6): 1205-1211

[105] Wang Y, Liu J, Lee B, et al. Ti-substituted tunnel-type $Na_{0.44}MnO_2$ oxide as a negative electrode for aqueous sodium-ion batteries. Nature Communications, 2015, 6: 6401

[106] Xu S, Wang Y, Ben L, et al. Fe-based tunnel-type $Na_{0.61}[Mn_{0.27}Fe_{0.34}Ti_{0.39}]O_2$ designed by a new strategy as a cathode material for sodium-ion batteries. Advanced Energy Materials, 2015, 5(22): 1501156

[107] Asl H Y, Manthiram A. Reining in dissolved transition-metal ions. Science, 2020, 369(6500):

140-141

[108] Li X, Ma X, Su D, et al. Direct visualization of the Jahn-Teller effect coupled to Na ordering in Na$_{5/8}$MnO$_2$. Nature Materials, 2014, 13(6): 586-592

[109] Li Y, Gao Y, Wang X, et al. Iron migration and oxygen oxidation during sodium extraction from NaFeO$_2$. Nano Energy, 2018, 47: 519-526

[110] Xie Y, Wang H, Xu G, et al. In Operando XRD and TXM study on the metastable structure change of NaNi$_{1/3}$Fe$_{1/3}$Mn$_{1/3}$O$_2$ under electrochemical sodium-ion intercalation. Advanced Energy Materials, 2016, 6(24): 1601306

[111] Didier C, Guignard M, Darriet J, et al. O'3-Na$_x$VO$_2$ system: a superstructure for Na$_{1/2}$VO$_2$. Inorganic Chemistry, 2012, 51(20): 11007-11016

[112] Yabuuchi N, Ikeuchi I, Kubota K, et al. Thermal stability of Na$_x$CrO$_2$ for rechargeable sodium batteries; Studies by high-temperature synchrotron X-ray diffraction. ACS Applied Materials & Interfaces, 2016, 8(47): 32292-32299

[113] Assat G, Tarascon a J-M. Fundamental understanding and practical challenges of anionic redox activity in Li-ion batteries. Nature Energy, 2018, 3: 373-386

[114] Mortemard de Boisse B, Nishimura S i, Watanabe E, et al. Highly reversible oxygen-redox chemistry at 4.1 V in Na$_{4/7-x}$[□$_{1/7}$Mn$_{6/7}$]O$_2$ (□: Mn vacancy). Advanced Energy Materials, 2018: 1800409

[115] Yabuuchi N, Hara R, Kajiyama M, et al. New O2/P2-type Li-excess layered manganese oxides as promising multi-functional electrode materials for rechargeable Li/Na batteries. Advanced Energy Materials, 2014, 4(13): 1301453

[116] Du K, Zhu J, Hu G, et al. Exploring reversible oxidation of oxygen in a manganese oxide. Energy & Environmental Science, 2016, 9(8): 2575-2577

[117] Rong X, Liu J, Hu E, et al. Structure-induced reversible anionic redox activity in Na layered oxide cathode. Joule, 2018, 2(1): 125-140

[118] de la Llave E, Talaie E, Levi E, et al. Improving energy density and structural stability of manganese oxide cathodes for Na-ion batteries by structural lithium substitution. Chemistry of Materials, 2016, 28(24): 9064-9076

[119] Rong X, Hu E, Lu Y X, et al. Anionic redox reaction-induced high-capacity and low-strain cathode with suppressed phase transition. Joule, 2019, 3(2): 503-517

[120] Yabuuchi N, Hara R, Kubota K, et al. A new electrode material for rechargeable sodium batteries: P2-type Na$_{2/3}$[Mg$_{0.28}$Mn$_{0.72}$]O$_2$ with anomalously high reversible capacity. Journal of Materials Chemistry A, 2014, 2(40): 16851-16855

[121] Dai K, Wu J, Zhuo Z, et al. High reversibility of lattice oxygen redox quantified by direct bulk probes of both anionic and cationic redox reactions. Joule, 2018, 3(2): 518-541

[122] House R A, Maitra U, Jin L, et al. What triggers oxygen loss in oxygen redox cathode materials? Chemistry of Materials, 2019, 31(9): 3293-3300

[123] Maitra U, House R A, Somerville J W, et al. Oxygen redox chemistry without excess alkali-metal ions in Na$_{2/3}$[Mg$_{0.28}$Mn$_{0.72}$]O$_2$. Nature Chemistry, 2018, 2: 288-295

[124] Cao X, Li X, Qiao Y, et al. Restraining oxygen loss and suppressing structural distortion in a newly Ti-substituted layered oxide P2-Na$_{0.66}$Li$_{0.22}$Ti$_{0.15}$Mn$_{0.63}$O$_2$. ACS Energy Letters, 2019, 4(10): 2409-2417

[125] Zhao C, Yao Z, Wang J, et al. Ti substitution facilitating oxygen oxidation in Na$_{2/3}$Mg$_{1/3}$Ti$_{1/6}$Mn$_{1/2}$O$_2$ cathode. Chem, 2019, 5(11): 2913-2925

[126] Bai X, Sathiya M, Mendoza-Sánchez B, et al. Anionic redox activity in a newly Zn-doped

sodium layered oxide P2-Na$_{2/3}$Mn$_{1-y}$Zn$_y$O$_2$ (0 < y < 0.23). Advanced Energy Materials, 2018, 8(32): 1802379

[127] Tamaru M, Wang X, Okubo M, et al. Layered Na$_2$RuO$_3$ as a cathode material for Na-ion batteries. Electrochemistry Communications, 2013, 33: 23-26

[128] Mortemard de Boisse B, Liu G, Ma J, et al. Intermediate honeycomb ordering to trigger oxygen redox chemistry in layered battery electrode. Nature Communications, 2016, 7: 11397

[129] Rozier P, Sathiya M, Paulraj A R, et al. Anionic redox chemistry in Na-rich Na$_2$Ru$_{1-y}$Sn$_y$O$_3$ positive electrode material for Na-ion batteries. Electrochemistry Communications, 2015, 53: 29-32

[130] Perez A J, Batuk D, Saubanère M, et al. Strong oxygen participation in the redox governing the structural and electrochemical properties of Na-rich layered oxide Na$_2$IrO$_3$. Chemistry of Materials, 2016, 28(22): 8278-8288

[131] Pearce P E, Rousse G, Karakulina O M, et al. β-Na$_{1.7}$IrO$_3$: a tridimensional Na-ion insertion material with a redox active oxygen network. Chemistry of Materials, 2018, 30(10): 3285-3293

[132] Singh G, Aguesse F, Otaegui L, et al. Electrochemical performance of NaFe$_x$(Ni$_{0.5}$Ti$_{0.5}$)$_{1-x}$O$_2$ (x = 0.2 and x = 0.4) cathode for sodium-ion battery. Journal of Power Sources, 2015, 273: 333-339

[133] Watanabe E, Zhao W, Sugahara A, et al. Redox-driven spin transition in a layered battery cathode material. Chemistry of Materials, 2019, 31(7): 2358-2365

[134] Song B, Hu E, Liu J, et al. A novel P3-type Na$_{2/3}$Mg$_{1/3}$Mn$_{2/3}$O$_2$ as high capacity sodium-ion cathode using reversible oxygen redox. Journal of Materials Chemistry A, 2019, 7(4): 1491-1498

[135] Kubota K, Komaba S. Review—practical issues and future perspective for Na-ion batteries. Journal of the Electrochemical Society, 2015, 162(14): A2538-A2550

[136] Duffort V, Talaie E, Black R, et al. Uptake of CO$_2$ in layered P2-Na$_{0.67}$Mn$_{0.5}$Fe$_{0.5}$O$_2$: insertion of carbonate anions. Chemistry of Materials, 2015, 27: 2515-2524

[137] Zuo W, Qiu J, Liu X, et al. The stability of P2-layered sodium transition metal oxides in ambient atmospheres. Nature Communications, 2020, 11(1): 3544

[138] Boucher F, Gaubicher J, Cuisinier M, et al. Elucidation of the Na$_{2/3}$FePO$_4$ and Li$_{2/3}$FePO$_4$ intermediate superstructure revealing a pseudouniform ordering in 2D. Journal of the American Chemical Society, 2014, 136(25): 9144-9157

[139] Tang W, Song X, Du Y, et al. High-performance NaFePO$_4$ formed by aqueous ion-exchange and its mechanism for advanced sodium ion batteries. Journal of Materials Chemistry A, 2016, 4(13): 4882-4892

[140] Kim J, Seo D H, Kim H, et al. Unexpected discovery of low-cost maricite NaFePO$_4$ as a high-performance electrode for Na-ion batteries. Energy & Environmental Science, 2015, 8(2): 540-545

[141] Lee K T, Ramesh T N, Nan F, et al. Topochemical synthesis of sodium metal phosphate olivines for sodium-ion batteries. Chemistry of Materials, 2011, 23(16): 3593-3600

[142] Jian Z, Han W, Lu X, et al. Superior electrochemical performance and storage mechanism of Na$_3$V$_2$(PO$_4$)$_3$ cathode for room-temperature sodium-ion batteries. Advanced Energy Materials, 2013, 3(2): 156-160

[143] Jian Z, Zhao L, Pan H, et al. Carbon coated Na$_3$V$_2$(PO$_4$)$_3$ as novel electrode material for sodium ion batteries. Electrochemistry Communications, 2012, 14(1): 86-89

[144] Patoux S, Rousse G, Leriche J B, et al. Structural and electrochemical studies of rhombohedral

Na$_2$TiM(PO$_4$)$_3$ and Li$_{1.6}$Na$_{0.4}$TiM(PO$_4$)$_3$ (M = Fe, Cr) phosphates. Chemistry of Materials, 2003, 15(10): 2084-2093

[145] Gao H, Li Y, Park K, et al. Sodium extraction from NASICON-structured Na$_3$MnTi(PO$_4$)$_3$ through Mn(III)/Mn(II) and Mn(IV)/Mn(III) redox couples. Chemistry of Materials, 2016, 28(18): 6553-6559

[146] Zhou W, Xue L, Lu X, et al. Na$_x$MV(PO$_4$)$_3$ (M = Mn, Fe, Ni) structure and properties for sodium extraction. Nano Letters, 2016, 16(12): 7836-7841

[147] Rajagopalan R, Chen B, Zhang Z, et al. Improved reversibility of Fe^{3+}/Fe^{4+} redox couple in sodium super ion conductor type Na$_3$Fe$_2$(PO$_4$)$_3$ for sodium-ion batteries. Advanced Materials, 2017, 29(12): 1605694

[148] Barpanda P, Ye T, Nishimura S I, et al. Sodium iron pyrophosphate: a novel 3.0 V iron-based cathode for sodium-ion batteries. Electrochemistry Communications, 2012, 24: 116-119

[149] Chen M, Chen L, Hu Z, et al. Carbon-coated Na$_{3.32}$Fe$_{2.34}$(P$_2$O$_7$)$_2$ cathode material for high-rate and long-life sodium-ion batteries. Advanced Materials, 2017, 29(21): 1605535

[150] Park C S, Kim H, Shakoor R A, et al. Anomalous manganese activation of a pyrophosphate cathode in sodium ion batteries: a combined experimental and theoretical study. Journal of the American Chemical Society, 2013, 135(7): 2787-2792

[151] Barpanda P, Ye T, Avdeev M, et al. A new polymorph of Na$_2$MnP$_2$O$_7$ as a 3.6 V cathode material for sodium-ion batteries. Journal of Materials Chemistry A, 2013, 1(13): 4194-4197

[152] Barpanda P, Lu J, Ye T, et al. A Layer-structured Na$_2$CoP$_2$O$_7$ pyrophosphate cathode for sodium-ion batteries. RSC Advances, 2013, 3(12): 3857-3860

[153] Deng C, Zhang S, Zhao B. First exploration of ultrafine Na$_7$V$_3$(P$_2$O$_7$)$_4$ as a high-potential cathode material for sodium-ion battery. Energy Storage Materials, 2016, 4: 71-78

[154] Barpanda P, Oyama G, Ling C D, et al. Kröhnkite-type Na$_2$Fe(SO$_4$)$_2$·2H$_2$O as a novel 3.25 V insertion compound for Na-ion batteries. Chemistry of Materials, 2014, 26(3): 1297-1299

[155] Barpanda P, Oyama G, Nishimura S, et al. A 3.8-V earth-abundant sodium battery electrode. Nature Communications, 2014, 5: 4358

[156] Shishkin M, Sato H. *Ab initio* study of stability of Na$_2$Fe$_2$(SO$_4$)$_3$, a high potential Na-ion battery cathode material. The Journal of Physical Chemistry C, 2017, 121(37): 20067-20074

[157] Yu T, Lin B, Li Q, et al. First exploration of freestanding and flexible Na$_{2+2x}$Fe$_{2-x}$(SO$_4$)$_3$@porous carbon nanofiber hybrid films with superior sodium intercalation for sodium ion batteries. Physical Chemistry Chemical Physics, 2016, 18(38): 26933-26941

[158] Dwibedi D, Ling C D, Araujo R B, et al. Ionothermal synthesis of high-voltage alluaudite Na$_{2+2x}$Fe$_{2-x}$(SO$_4$)$_3$ sodium insertion compound: structural, electronic, and magnetic insights. ACS Applied Materials & Interfaces, 2016, 8(11): 6982-6991

[159] Chen C Y, Matsumoto K, Nohira T, et al. Na$_2$MnSiO$_4$ as a positive electrode material for sodium secondary batteries using an ionic liquid electrolyte. Electrochemistry Communications, 2014, 45: 63-66

[160] Kee Y, Dimov N, Staykov A, et al. Investigation of metastable Na$_2$FeSiO$_4$ as a cathode material for Na-ion secondary battery. Materials Chemistry and Physics, 2016, 171: 45-49

[161] Strauss F, Rousse G, Sougrati M T, et al. Synthesis, structure, and electrochemical properties of Na$_3$MB$_5$O$_{10}$ (M = Fe, Co) containing M^{2+} in tetrahedral coordination. Inorganic Chemistry, 2016, 55(24): 12775-12782

[162] Le Meins J M, Crosnier-Lopez M P, Hemon-Ribaud A, et al. Phase transitions in the Na$_3$M$_2$(PO$_4$)$_2$F$_3$ family (M = Al^{3+}, V^{3+}, Cr^{3+}, Fe^{3+}, Ga^{3+}): synthesis, thermal, structural, and

magnetic studies. Journal of Solid State Chemistry, 1999, 148(2): 260-277

[163] Bianchini M, Xiao P, Wang Y, et al. Additional sodium insertion into polyanionic cathodes for higher-energy Na-ion batteries. Advanced Energy Materials, 2017, 7(18): 1700514.

[164] Gover R, Bryan A, Burns P, et al. The electrochemical insertion properties of sodium vanadium fluorophosphate, $Na_3V_2(PO_4)_2F_3$. Solid State Ionics, 2006, 177(17-18): 1495-1500

[165] Shakoor R A, Seo D H, Kim H, et al. A combined first principles and experimental study on $Na_3V_2(PO_4)_2F_3$ for rechargeable Na batteries. Journal of Materials Chemistry, 2012, 22(38): 20535-20541

[166] Bianchini M, Fauth F, Brisset N, et al. Comprehensive investigation of the $Na_3V_2(PO_4)_2F_3$-$NaV_2(PO_4)_2F_3$ system by operando high resolution synchrotron X-ray diffraction. Chemistry of Materials, 2015, 27(8): 3009-3020

[167] Broux T, Bamine T, Simonelli L, et al. VIV Disproportionation upon sodium extraction from $Na_3V_2(PO_4)_2F_3$ observed by operando X-ray absorption spectroscopy and solid-state NMR. The Journal of Physical Chemistry C, 2017, 121(8): 4103-4111

[168] Song W, Ji X, Chen J, et al. Mechanistic investigation of ion migration in $Na_3V_2(PO_4)_2F_3$ hybrid-ion batteries. Physical Chemistry Chemical Physics, 2015, 17(1): 159-165

[169] Xu M, Wang L, Zhao X, et al. $Na_3V_2O_2(PO_4)_2F$/graphene sandwich structure for high-performance cathode of a sodium-ion battery. Physical Chemistry Chemical Physics, 2013, 15(31): 13032-13037

[170] Kumar P R, Jung Y H, Lim C H, et al. $Na_3V_2O_{2x}(PO_4)_2F_{3-2x}$: a stable and high-voltage cathode material for aqueous sodium-ion batteries with high energy density. Journal of Materials Chemistry A, 2015, 3(12): 6271-6275

[171] Qi Y, Mu L, Zhao J, et al. pH-regulative synthesis of $Na_3(VPO_4)_2F_3$ nanoflowers and their improved Na cycling stability. Journal of Materials Chemistry A, 2016, 4(19): 7178-7184

[172] Qi Y, Tong Z, Zhao J, et al. Scalable room-temperature synthesis of multi-shelled $Na_3(VOPO_4)_2F$ microsphere cathodes. Joule, 2018, 2(11): 2348-2363

[173] Recham N, Chotard J N, Dupont L, et al. Ionothermal synthesis of sodium-based fluorophosphate cathode materials. Journal of The Electrochemical Society, 2009, 156(12): A993

[174] Kawabe Y, Yabuuchi N, Kajiyama M, et al. Synthesis and electrode performance of carbon coated Na_2FePO_4F for rechargeable Na batteries. Electrochemistry Communications, 2011, 13(11): 1225-1228

[175] Kawabe Y, Yabuuchi N, Kajiyama M, et al. A comparison of crystal structures and electrode performance between Na_2FePO_4F and $Na_2Fe_{0.5}Mn_{0.5}PO_4F$ synthesized by solid-state method for rechargeable Na-ion batteries. Electrochemistry, 2012, 80(2): 80-84

[176] Kim S W, Seo D H, Kim H, et al. A comparative study on Na_2MnPO_4F and Li_2MnPO_4F for rechargeable battery cathodes. Physical Chemistry Chemical Physics, 2012, 14(10): 3299-3303

[177] Palomares V, Serras P, Villaluenga I, et al. Na-ion batteries, recent advances and present challenges to become low cost energy storage systems. Energy & Environmental Science, 2012, 5(3): 5884-5901

[178] Kim H, Park I, Seo D H, et al. New iron-based mixed-polyanion cathodes for lithium and sodium rechargeable batteries: combined first principles calculations and experimental study. Journal of the American Chemical Society, 2012, 134(25): 10369-10372

[179] Nose M, Nakayama H, Nobuhara K, et al. $Na_4Co_3(PO_4)_2P_2O_7$: a novel storage material for sodium-ion batteries. Journal of Power Sources, 2013, 234: 175-179

[180] Nose M, Shiotani S, Nakayama H, et al. $Na_4Co_{2.4}Mn_{0.3}Ni_{0.3}(PO_4)_2P_2O_7$: high potential and high capacity electrode material for sodium-ion batteries. Electrochemistry Communications, 2013, 34: 266-269

[181] Deng C, Zhang S. 1D Nanostructured $Na_7V_4(P_2O_7)_4(PO_4)$ as high-potential and superior-performance cathode material for sodium-ion batteries. ACS Applied Materials & Interfaces, 2014, 6(12): 9111-9117

[182] Chen H, Hao Q, Zivkovic O, et al. Sidorenkite ($Na_3MnPO_4CO_3$): a new intercalation cathode material for Na-ion batteries. Chemistry of Materials, 2013, 25(14): 2777-2786

[183] Huang W, Zhou J, Li B, et al. Detailed investigation of $Na_{2.24}FePO_4CO_3$ as a cathode material for Na-ion batteries. Scientific Reports, 2014, 4: 4188

[184] Qian J, Wu C, Cao Y, et al. Prussian blue cathode materials for sodium-ion batteries and other ion batteries. Advanced Energy Materials, 2018, 8(17): 1702619

[185] Lu Y, Wang L, Cheng J, et al. Prussian blue: a new framework of electrode materials for sodium batteries. Chemical Communications, 2012, 48(52): 6544-6546

[186] Wu X, Deng W, Qian J, et al. Single-crystal $FeFe(CN)_6$ nanoparticles: a high capacity and high rate cathode for Na-ion batteries. Journal of Materials Chemistry A, 2013, 1(35): 10130-10134

[187] You Y, Wu X L, Yin Y X, et al. High-quality prussian blue crystals as superior cathode materials for room-temperature sodium-ion batteries. Energy & Environmental Science, 2014, 7(5): 1643-1647

[188] You Y, Yu X, Yin Y, et al. Sodium iron hexacyanoferrate with high Na content as a Na-rich cathode material for Na-ion batteries. Nano Research, 2014, 8(1): 117-128

[189] Wang L, Song J, Qiao R, et al. Rhombohedral prussian white as cathode for rechargeable sodium-ion batteries. Journal of the American Chemical Society, 2015, 137(7): 2548-2554

[190] Wang L, Lu Y, Liu J, et al. A superior low-cost cathode for a Na-ion battery. Angewandte Chemie International Edition, 2013, 52(7): 1964-1967

[191] Song J, Wang L, Lu Y, et al. Removal of Interstitial H_2O in hexacyanometallates for a superior cathode of a sodium-ion battery. Journal of the American Chemical Society, 2015, 137(7): 2658-2664

[192] Wu X, Wu C, Wei C, et al. Highly crystallized $Na_2CoFe(CN)_6$ with suppressed lattice defects as superior cathode material for sodium-ion batteries. ACS Applied Materials & Interfaces, 2016, 8(8): 5393-5399

[193] Lee H, Wang R, Pasta M, et al. Manganese hexacyanomanganate open framework as a high-capacity positive electrode material for sodium-ion batteries. Nature Communications, 2014, 5: 5280

[194] Wessells C D, Peddada S V, Huggins R A, et al. Nickel hexacyanoferrate nanoparticle electrodes for aqueous sodium and potassium ion batteries. Nano Lett., 2011, 11(12): 5421-5425

[195] Wessells C D, McDowell M T, Peddada S V, et al. Tunable reaction potentials in open framework nanoparticle battery electrodes for grid-scale energy storage. ACS Nano, 2012, 6(2): 1688-1694

[196] Fernández-Ropero A J, Piernas-Muñoz M J, Castillo-Martínez E, et al. Electrochemical characterization of $NaFe_2(CN)_6$ prussian blue as positive electrode for aqueous sodium-ion batteries. Electrochimica Acta, 2016, 210: 352-357

[197] Wu X, Sun M, Guo S, et al. Vacancy-free prussian blue nanocrystals with high capacity and superior cyclability for aqueous sodium-ion batteries. Chemnanomat, 2015, 1(3): 188-193

[198] Wu X, Cao Y, Ai X, et al. A low-cost and environmentally benign aqueous rechargeable

sodium-ion battery based on NaTi$_2$(PO$_4$)$_3$-Na$_2$NiFe(CN)$_6$ intercalation chemistry. Electrochemistry Communications, 2013, 31: 145-148

[199] Wu X, Sun M, Shen Y, et al. Energetic aqueous rechargeable sodium-ion battery based on Na$_2$CuFe(CN)$_6$-NaTi$_2$(PO$_4$)$_3$ intercalation chemistry. ChemSusChem, 2014, 7(2): 407-411

[200] Pasta M, Wang R, Ruffo R, et al. Manganese-cobalt hexacyanoferrate cathodes for sodium-ion batteries. Journal of Materials Chemistry A, 2016, 4(11): 4211-4223

[201] Jiang L, Liu L, Yue J, et al. High-Voltage Aqueous Na-ion battery enabled by inert-cation-assisted water-in-salt electrolyte. Advanced Materials, 2020, 32(2): e1904427

[202] Shirakawa H, Louis E J, Macdiarmid A G, et al. Synthesis of electrically conducting organic polymers: halogen derivatives of polyacetylene, (CH)$_x$. Journal of the Chemical Society, Chemical Communications, 1977, (16): 578-580

[203] Zhou M, Zhu L, Cao Y, et al. Fe(CN)$_6$-4-doped polypyrrole: a high-capacity and high-rate cathode material for sodium-ion batteries. RSC Advances, 2012, 2(13): 5495-5498

[204] Zhu L, Shen Y, Sun M, et al. Self-doped polypyrrole with ionizable sodium sulfonate as a renewable cathode material for sodium ion batteries. Chemical Communications, 2013, 49(97): 11370-11372

[205] Wang S, Wang L, Zhu Z, et al. All organic sodium-ion batteries with Na$_4$C$_8$H$_2$O$_6$. Angewandte Chemie International Edition, 2014, 53(23): 5892-5896

03

钠离子电池负极材料

3.1 概　　述

从锂离子电池的发展历史来看，负极材料的研究对锂离子电池的商业化起着重要的推动作用。20 世纪 90 年代，以石墨为代表的负极材料的出现，避免了金属锂负极枝晶带来的安全问题，从而直接促进了锂离子电池的商业化。由于在碳酸酯电解液中不易实现石墨储钠，钠离子电池要实现产业化突破，就需要寻求一种像锂离子电池石墨负极那样成本低廉且性能优异的负极材料[1]。

在实验室研究中，我们常以金属钠作为对电极来评价一种电极材料的性能。在实际电池体系中，如果以金属钠作为负极材料，电池循环过程中容易在负极侧析出钠枝晶而刺破隔膜，导致电池内部短路。同时，由于金属钠的熔点低（~97.7 ℃），反应活性高，在电池制造及使用过程中会产生安全隐患。在钠离子电池中很难以金属钠作为负极，所以迫切需要开发其他负极材料。近些年钠离子电池负极材料的研究相继取得重要进展，如图 3.1 所示，目前已经报道的钠离子电池负极材料主要包括碳基、钛基、有机类、合金及其他负极材料等[2-5]。

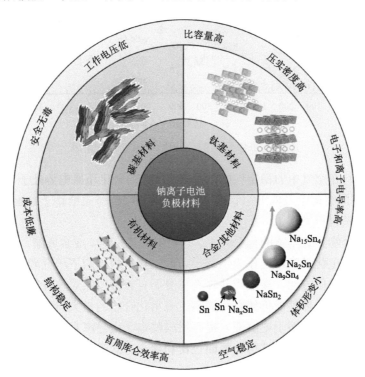

图 3.1　钠离子电池主要负极材料及要求

碳基材料的研究主要集中于石墨类碳材料、无定形碳材料以及纳米碳材料。石墨作为已实现商业化应用的锂离子电池负极材料,其理论比容量为 372 mA·h/g,储锂电位约为 0.1 V(vs. Li$^+$/Li)。然而由于热力学原因,钠离子难以嵌入石墨层间,不容易与碳形成稳定的插层化合物,因此钠离子电池难以将石墨作为负极材料。无序度较大的无定形碳基负极材料具有较高的储钠比容量、较低的储钠电位和优异的循环稳定性,是最有应用前景的钠离子电池负极材料(图 3.2)。纳米碳材料主要包括石墨烯和碳纳米管等,主要依靠表面吸附储钠,实现快速充放电,但是首周库仑效率低和循环性能差等问题使其难以获得实际应用。

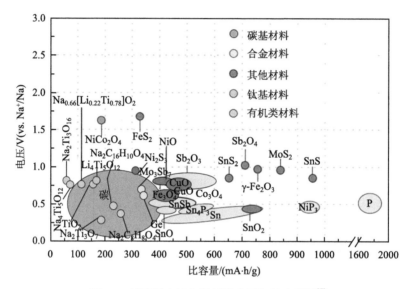

图 3.2 钠离子电池负极材料电压与比容量图[5]

钛基材料在空气中的稳定性好,且 Ti^{4+}/Ti^{3+} 的氧化还原电势处于 0~2 V(vs. Na$^+$/Na),不同结构中表现出的储钠电位不一样。因此作为钠离子电池负极材料的候选者,钛基材料受到了广泛的关注。

有机化合物具有丰富的化学组成,原材料来源广泛,成本低廉,对环境友好,并具有可调的电化学窗口,作为钠离子电池负极材料引起了研究者的极大兴趣。在容量和工作电压方面,羧酸类共轭有机分子可以提供相对较好的电化学性能,但是倍率性能和循环性能仍然有待提高。有机化合物的最大问题在于材料的电子电导率比较低并且易溶于电解液。提高材料的电子电导率是实现有机化合物实用化的关键。通过调控分子结构、表面包覆和聚合方式等提高钠离子电池有机负极材料性能是这类材料的研究重点。

Na-M(M=Sn、Pb、P、Sb 和 Bi)合金类材料作为钠离子电池负极材料,具有较高的理论比容量，较低的储钠电位，良好的导电性，此外还可以避免由金属钠产生的枝晶问题，使其安全性得以提高。钠合金的出现在一定程度上解决了金属钠负极可能存在的安全隐患，但是钠合金在反复循环过程中会出现较大的体积变化，电极材料会逐渐粉化，电池比容量迅速衰减。因此，对于合金类材料而言，提高其循环稳定性是研究的重点。

其他材料包括金属氧化物（如 Fe_2O_3、CuO、CoO、MoO_3 和 $NiCo_2O_4$ 等）和硫化物（如 MoS_2、SnS 等）。金属氧化物类负极材料自身导电性较差，存在易团聚和转化反应不可逆等问题，在循环过程中会产生较大的体积膨胀，破坏电极材料的完整性，导致较差的循环稳定性和倍率性能。因此，需要设计一些新型的具备微纳结构的金属氧化物和硫化物等材料以改善其电化学性能。

作为钠离子电池负极材料应满足以下要求：

（1）负极的氧化还原电势应尽可能低，但要高于钠的沉积电势，从而使电池的输出电压高且不析钠；

（2）随着钠离子的不断嵌入/脱出，氧化还原电势的变化应尽可能小，电池的电压不会发生显著变化，可以保持较平稳的电压输出；

（3）具有合适的比表面积，首周库仑效率高；

（4）储钠位点多，比容量高；

（5）在钠离子的嵌入/脱出过程中，结构没有或者很少发生变化，以确保好的循环性能；

（6）具有较高的电子电导率和离子电导率，可进行快速充放电；

（7）能够与电解质形成良好的 SEI，在宽的电压窗口下能够稳定循环；

（8）成本低廉，对环境无污染等。

本章将介绍碳基材料、钛基材料、有机类材料、合金及其他材料作为钠离子电池负极时的电化学性能、储钠机理及改性策略。

3.2 碳基负极材料

3.2.1 碳材料的种类及发展史

不同种类的碳材料广泛地服务于生活的方方面面，碳材料的发展史也是人类文明的进步史。在钻木取火的时候，人类就与碳产生了联系。在古代，生活用碳主要以木炭、煤炭和墨的形式被用作取暖、烹饪和文字记录等。18 世纪初，从焦炭炼铁开始，传统工业用碳主要以电极、电刷和炭黑的形式被用作冶金、电动机械和橡胶轮胎等领域。从 19 世纪 40 年代开始，以等静压石墨、热解石墨、热解碳、碳纤维和膨胀石墨为代表的新兴工业用碳被用在精密加热器、高强结构、新型电池和核反应器等领域。随着科学技术的进步，人类逐渐发现碳材料蕴含着无限的开发可能性。20 世纪 80 年代以后，以富勒烯、碳纳米管和石墨烯为代表的纳米碳材料凭借其优异的光学、电学和力学特性，在材料、微纳加工、能源和生物医学等领域展现出巨大的应用潜能。

根据碳原子中电子之间不同的轨道杂化形式，可将碳材料主要分为 sp、sp^2 和 sp^3 碳材料，如图 3.3 所示。钠离子电池碳基负极材料以 sp^2 杂化为主，包括石墨、无定形碳和纳米碳材料。由于结晶度和碳层排列方式的不同，它们的物理性质、化学性质和电化学性质等都呈现出不同的特点。

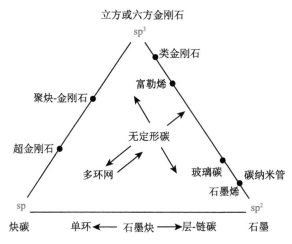

图 3.3　碳原子的杂化形式与相应碳材料的存在形态

3.2.2　石墨类碳材料

石墨类碳材料主要包括天然石墨、人造石墨和改性石墨。

1. 石墨晶体结构

石墨晶体是层状结构。如图 3.4 所示，在每一层内，碳原子以 sp^2 杂化的方式与邻近其他三个碳原子形成三个共平面的 σ 键。这些共平面的碳原子在 σ 键作用下形成六元环状网络，并连接成较大的片状结构，形成二维的石墨层。同一石墨层内的碳原子以较强的共价键结合，键能较大（342 kJ/mol），因此石墨的熔点很高（3850 ℃）。石墨层与层之间的相对位置有两种排列方式，因此石墨晶体在石墨片层堆积方向（c 轴）上存在两种结构：六方形结构（2H）和菱形结构（3R）。在六方形结构中，六角网状平面呈 ABAB 重叠，每层的碳原子与隔一层的碳原子相互重叠，每层的碳原子不是直接排列在下一层的碳原子之上，而是排列在下一层的碳原子所组成的六元环的中心之上。而在菱形结构中，六角网状平面呈ABCABC重叠，即第一层的位置与第四层相对应。石墨片层之间以分子间作用力（范德瓦耳斯力，van der Waals force）结合在一起，键能较小（16.7 kJ/mol）。由于分子间作用力比化学键弱，所以石墨层容易滑动，石墨的硬度很小并且具有润滑性。每个碳原子中未参与杂化的电子在平面的两侧形成大π共轭体系。由于大π共轭体系中电子的共轭作用，π电子容易流动从而使石墨具有良好的导电性。

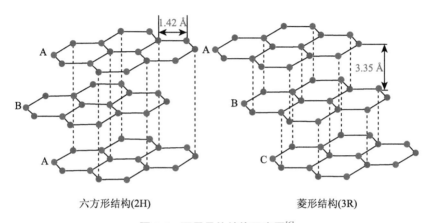

六方形结构(2H)　　　　　　　　菱形结构(3R)

图 3.4　石墨晶体结构示意图[6]

描述石墨晶体的结构参数主要有 L_a、L_c、d_{002} 和 G。L_a 为石墨晶体沿 a 轴方向的平均宽度。L_c 为石墨晶体沿 c 轴方向堆积的厚度，d_{002} 为相邻两石墨片层的间距，G 为石墨化度。L_a 和 L_c 的大小随着碳材料的石墨化程度而发生变化，一般石墨化程度越大，L_a 和 L_c 的值也就越大。对于理想的石墨晶体，d_{002} 为 3.35 Å。石墨的这些结构参数一般可以通过 XRD 来确定，具体计算公式如下：

$$L_a\,(\mathrm{nm}) = \frac{1.84\lambda}{\beta\cos\theta} \tag{3-1}$$

$$L_c\,(\mathrm{nm}) = \frac{0.89\lambda}{\beta\cos\theta} \tag{3-2}$$

$$d_{002}\,(\mathrm{nm}) = \frac{\lambda}{2\sin\theta} \tag{3-3}$$

式中，λ、β 和 θ 分别为入射 X 射线的波长、衍射峰的半峰宽以及衍射角。

2. 石墨表面结构

物质表面层的组成及分子所处的环境都与物质内部不同，这使得物质表面层的性质不同于本体。同时，在钠离子电池中，电化学反应首先发生在电解液和电极材料的界面。因此，材料的表面结构对界面反应的热力学（如材料和电解液的稳定性）和动力学（包括钠离子的嵌入/脱出和可逆电极电势等）都有很大影响。所以在研究负极材料时必须考虑它的表面结构。

碳材料的表面结构包括碳原子的键合方式、端面和基面的比例、化学或物理吸附的官能团、杂质原子和缺陷等。在石墨本体中，碳原子之间以 sp^2 杂化方式键合，但是在石墨的表面会存在一些以 sp^3 形式杂化的碳原子。在石墨化碳材料中，由于二维各向异性形成两种不同的表面。一种是本征石墨平面结构，被称作基面（basal plane）；另一种是与基面相对的有许多化学基团的边界表面，被称作端面（edge plane）。端面又分为两种，一种是 Z 字形（Zig-Zag）面，另外一种是扶椅形（arm-chair）面，如图 3.5 所示。由于离子在石墨中的嵌入一般从端面开始（若基面存在着像微孔一样的结构缺陷也可以从基面中进行），因此端面和基面的比例对钠的嵌入有很大的影响。热处理过程的不完全以及碳原子价态未饱和，都容易使所制备的碳材料表面以物理或化学方式吸附一些杂质原子和官能团等。最常见的杂质原子是氢原子和氧原子，它们通常以表面吸附的羟基和羧基形式存在。此外，还有氮和硫等杂原子。

扶椅形面

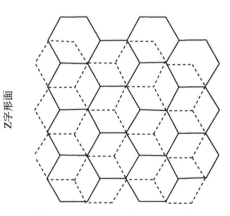

图 3.5　石墨的两种端面示意图

3. 石墨缺陷结构

碳原子成键杂化形式的多样性会导致碳材料存在各种结构缺陷。常见的结构缺陷有平面位移、螺旋位错和堆积缺陷等。在实际的碳材料中，碳原子除了通过 sp^2 杂化轨道成键构成六角网络结构外，还可能通过 sp 和 sp^3 杂化轨道成键。杂化形式不同，电子云分布密度也不同，碳层内电子的密度也发生变化，从而使碳层变形，导致碳层产生面内的结构缺陷。此外，当碳平面结构中存在其他杂原子时，由于杂原子的大小及所带电荷与碳原子不同，也会导致碳层平面产生结构缺陷。例如，以有机化合物作为前驱体，通过热解方式制备的碳材料，在碳平面生成过程中，边缘的碳原子可能仍与一些官能团（如羟基、羧基、醚键或甲基）等连接，从而引起碳层平面结构变形。碳层平面堆积缺陷是指碳平面呈现不规则排列，形成碳材料中的层面堆积缺陷。孔隙缺陷是在碳材料制备过程中，由气相物质挥发留下孔隙而引起的。

4. 石墨的储钠性质

石墨因具有较高的比容量和良好的循环性能，成为目前应用最广泛的锂离子电池负极材料。石墨嵌锂的容量主要来源于锂离子在石墨层间的嵌入并形成相应的石墨插层化合物（LiC_x）。当 $x=6$ 时，理论嵌入量最大，对应 372 mA·h/g 的理论比容量。

虽然钠与锂的性质相近，但石墨的储钠容量十分有限。1958 年，Asher 等[7]采用气相法将钠蒸气与石墨充分反应，发现仅有极少量的钠原子能嵌入石墨层中并形成 NaC_{64} 化合物。1988 年，Ge 等[8]对石墨电极的电化学行为进行了研究，其充放电曲线表现为一条倾斜曲线，对应着 NaC_{64} 化合物的生成。

关于石墨储钠容量低，早期观点认为，石墨层间距过小，较大半径的钠离子嵌入石墨层间需要更大的能量，因此无法在有效的电压窗口内进行可逆嵌入/脱出。但是，半径比钠离子更大的同主族碱金属离子（K^+、Rb^+ 和 Cs^+）在石墨中有较高的可逆容量，这说明石墨储钠容量较低并不是钠离子半径大造成的。理论计算表明，石墨储钠容量低应归因于热力学因素。钠离子与石墨层之间的相互作用弱，钠离子难以与石墨形成稳定的插层化合物是石墨储钠容量低的原因[9]，具体原因将在 8.3.1 节中进行详细论述。

5. 钠离子和醚类溶剂共嵌入

在醚类溶剂中，溶剂化的钠离子可以与溶剂一起嵌入石墨层中，反应机理如下：

$$Na^+(solv)_n + xC + e^- \rightleftharpoons Na(solvent)_nC_x \tag{3-4}$$

当以二甘醇二甲醚（DEGDME）作为溶剂时，形成石墨插层化合物的机制如下：

$$Na^+(DEGDME)_n + xC + e^- \rightleftharpoons Na(DEGDME)_nC_x, \quad n=1或2, \quad x=16 \sim 22 \tag{3-5}$$

当 $x=20$ 时，基于石墨负极的理论比容量为 111.7 mA·h/g（图 3.6），并且倍率性能优异。这一发现为石墨负极在钠离子电池中的应用带来了契机。X 射线衍射结果显示，溶剂化的钠离子在石墨中的嵌入/脱出过程伴随着可逆相变。

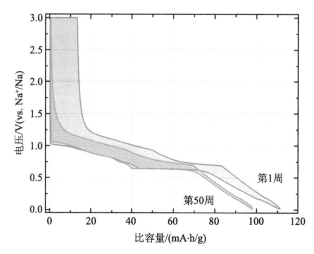

图 3.6　石墨在 1 M（mol/L）NaSO₃CF₃/DEGDME 中的充放电曲线[10]

Adelhelm 等[10]利用原位电化学膨胀仪（ECD）和原位电化学质谱仪（OEMS）研究了 Na⁺-DEGDME 在石墨负极中的共嵌入现象。研究表明，石墨负极在充放电过程中的厚度变化率高达 70%~100%。石墨负极的厚度变化率取决于其荷电状态。当放电至 0.6 V 的电压平台时，石墨负极的厚度随比容量的变化速率最大。继续放电至 0.5 V 以下时，石墨负极的厚度基本保持不变（图 3.7）。虽然石墨负极在循环过程中具有如此大的厚度变化率，但是对应的钠化/脱钠反应却具有极高的可逆性。这是因为负极石墨颗粒在充放电过程中仅被剥离为片状的石墨晶体，其结构没有被完全破坏。另外，OEMS 测试结果表明，电解液在负极表面的还原分解反应仅在首周充放电循环中发生。在此后 45 h 的充放电循环过程中，原位电化学质谱仪没有检测到电解液分解产气。并且，用透射电镜（TEM）也没有观察到石墨负极表面的 SEI 膜或 SEI 膜断裂产生的碎片。以上 OEMS 和 TEM 的结果说明，石墨负极在醚类电解液中循环时表面没有形成新的 SEI 膜，特殊的界面结构使石墨负极/电解液界面在动力学上较为稳定，可以获得优异的循环性能。

醚类电解液中的共嵌入反应使得石墨成为潜在的钠离子电池负极材料，有可能应用到快充型钠离子电池器件。但共嵌入反应的热力学过程及界面 SEI 膜的性质都还未完全理解透彻，未来借助更先进的原位表征可进一步深入研究。此外，利用溶剂共嵌入储钠也有很大的局限性。一方面，溶剂共嵌入现象只在醚类电解液中发生；另一方面，石墨在醚类溶剂中的储钠容量仍然较低，会消耗溶剂，而且储钠电位较高，体积变化较大，这将降低实际电池体系的能量密度和循环寿命。

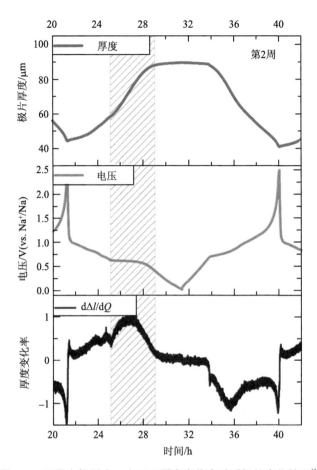

图 3.7　石墨电极厚度、电压及厚度变化率随时间的变化情况[11]

　　钠离子和醚类溶剂在石墨中共嵌入所涉及的主客体相互作用的嵌入化学值得关注。石墨作为一种特殊的层状宿主材料，可供多种客体（包括阴离子、单/多价阳离子和溶剂化离子等）嵌入，如图 3.8 所示。因此其可作为一种通用型电极材料，应用于多种"摇椅式电池"（如锂离子电池、钾离子电池等）。采用同种电极材料的优势在于可利用相同或类似的材料生产线，有利于规模制备，降低成本；并且设计同种宿主不同客体的对照试验也有利于研究不同电荷载体的嵌入/扩散动力学差异。

　　另一方面，钠离子和溶剂分子作为共同客体嵌入至石墨的反应可激发我们进行更多客体侧的改进。例如，多价态离子在宿主材料中的嵌入与扩散一直是难以解决的问题，于是研究者提出使用络合阴离子嵌入石墨。铝离子无法单独嵌入石墨，但和氯离子络合形成单价阴离子就可嵌入石墨；镁离子也可与氯离子形成络合阳离子嵌入二硫化钛。虽然上述的络合阴离子嵌入可有效降低嵌入的能垒，但也丧失了多价态离子电池的优势（实现多电子转移），混合离子嵌入是另一种电荷载体的设计思路。例如，锌离子和氢离子可在水系电池中共同嵌入钒基正极；溴离子和氯离子也可作为共同客体，先后嵌入石墨，形成最密堆垛的石墨插层化合物，实现高比容量。

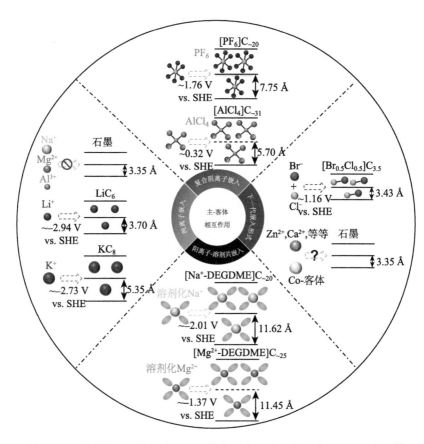

图 3.8 石墨作为普适性的宿主，可供多种离子或溶剂化离子客体的嵌入[6]

3.2.3 无定形碳材料

由于石墨在碳酸酯类电解液中的储钠比容量低，研究者将研究重点主要集中在石墨化程度较低的各种无定形碳材料上。在无定形碳微观结构中，弯曲石墨层状结构排列零乱且不规则，存在缺陷，而且晶粒微小，含有少量杂原子。由于石墨层间的范德瓦耳斯力较弱，石墨碳层的随机平移、旋转和弯曲导致了不同程度的堆垛位错，大部分碳原子偏离了正常位置，周期性的堆垛也不再连续，碳原子层无规则地堆积在一起，形成湍层无序结构。在无定形碳材料中，石墨微晶区相对较少，结晶度比较低，L_a 和 L_c 值相对小，同时石墨微晶片层的组织结构不像石墨那样规整有序，所以宏观上不呈现晶体的性质。

在碳材料领域，通常按照石墨化难易程度，将无定形碳材料划分为易石墨化碳和难石墨化碳两种。易石墨化碳又称为软碳，通常是指在 2800 ℃ 以上可以石墨化的碳材料，无序结构很容易被消除。难石墨化碳又称硬碳，通常是指在 2800 ℃ 以上难以完全石墨化的碳，在高温下其无序结构难以消除。这两种无定形碳材料的主要差别在于组成它们的碳层的排列方式不同[12,13]。

图 3.9 是石墨、软碳和硬碳这三种碳材料的典型 XRD 和小角 X 射线散射（small-angel X-ray scattering, SAXS）图谱及其微观结构示意图。石墨中碳原子几乎全部以 sp^2 杂化形式成键，sp^2 碳层由范德瓦耳斯力相互连接，从而在 c 方向排列成规则层状结构。这种层状结构在机械作用下容易发生层间滑移。其 XRD 主峰位于 26°，对应着（002）衍射峰。石墨的 SAXS 图谱在低散射矢量下为一条倾斜直线，表明石墨内部没有微孔结构。同石墨一样，软碳也具有一定的层间滑移能力。同时，由于软碳层间的范德瓦耳斯力较弱，其碳层在高温下具有较大的移动能力，容易形成结晶性的石墨，所以又被称为易石墨化碳。软碳的 XRD 也显示出较强的层状结构特征，即有较强的（002）衍射峰。但是，与石墨相比，软碳的（002）衍射峰明显向低角度移动，并且变得更宽。（002）峰的宽化证明软碳在堆叠方向的结晶度明显降低了（可能包括层间距的增加以及结晶尺寸的减小等）。除此之外，与石墨相比，其他一些层间衍射峰如（101）和（012）等也完全消失，这可能是由碳层的移动和旋转等因素造成的，形成湍流无序结构。面内衍射峰，如（100）峰，仍然存在，且该峰的位置与石墨的相应峰位置相近，并且发生了明显的宽化，这说明软碳的面内结晶性也降低了（可能包括碳层的弯曲、点缺陷和结晶尺寸减小等）。与石墨类似，软碳的 SAXS 图谱在低散射矢量下依旧为一条倾斜直线，并且斜率发生微小变化，表明软碳表面较为粗糙，结晶度降低，内部存在无序结构，可能有少量微孔存在。如果碳层之间具有较强的交联相互作用，就可以阻止碳层在机械作用下发生滑移，也能阻止碳层在高温下或强机械作用下发生石墨化，从而最终形成硬碳。硬碳的衍射峰与软碳相比，其（002）峰进一步发生了明显的左移和宽化。面内衍射峰，如（100）峰，与软碳非常相近，表明软碳和硬碳的主要区别在于碳层的堆叠情况发生了变化，即主要在于 c 方向的结晶性的差异（可能包括层间距的增加以及结晶尺寸的减小），而面内结晶性并没有多大变化。这种堆叠情况的变化也是由交联相互作用的存在导致的。并且，这种交联

相互作用也会诱导产生一些纳米孔等精细结构，从而使硬碳的真实密度降低。硬碳的 SAXS 图谱在低散射矢量下为一条倾斜直线，反映了硬碳颗粒宏观表面信息；当散射矢量数值 q 在 1~10 nm^{-1} 时，散射强度曲线出现一个平台，反映出硬碳内部存在微孔结构[12,14-16]。

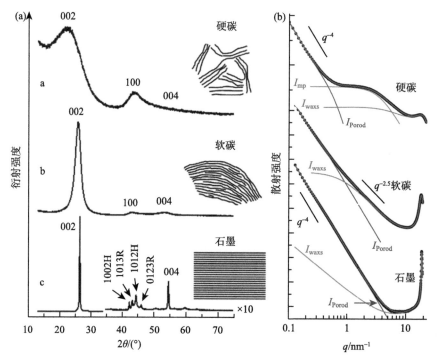

图 3.9 （a）石墨、软碳和硬碳的典型 XRD 和微观结构示意图[17]；（b）小角 X 射线散射图谱[18]

无定形碳的 d_{002} 与温度相关。在低温下，软碳和硬碳的 d_{002} 都比较大，经过高温处理，软碳的 d_{002} 变化较为明显，随着温度的升高越接近于石墨的层间距（0.3354 nm）。在 1500 ℃以下，软碳和硬碳的 L_a 和 L_c 都比较小且相互接近；超过 1500 ℃后，随着温度的升高软碳的 L_a 和 L_c 明显增加，而硬碳的 L_a 和 L_c 没有明显变化（图 3.10）。

Doeff 等[20]首次将石油焦制备的无定形碳材料应用于钠离子电池负极，其充放电曲线呈斜坡状，但储钠比容量较低。2000 年，Dahn 等[21]首次报道了葡萄糖前驱体制备的硬碳类负极材料，在 0~2 V 的电压范围内，其可逆比容量能够达到 300 mA·h/g（图 3.11）。与软碳材料的储钠曲线不同，常见硬碳材料的充放电曲线可分为斜坡区和平台区。该材料的发现揭开了钠离子电池硬碳类负极材料的研究序幕。硬碳材料展现出了较高的可逆比容量（300 mA·h/g 左右）和较低的储钠电压（平台电压在 0.1 V 左右），成为最具应用前景的钠离子电池负极材料。此后，研究者主要是利用不同前驱体制备具有不同微观结构的硬碳材料，并研究其储钠性能与碳层微观结构之间的关系，以期获得关于硬碳储钠机理方面的理解。但迄今为止，硬碳材料的储钠机理仍然存在较多争议，具体内容将在 3.2.5 小节进行介绍。

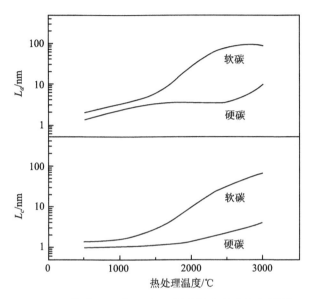

图 3.10　软碳、硬碳 L_a 和 L_c 值随温度的变化曲线[19]

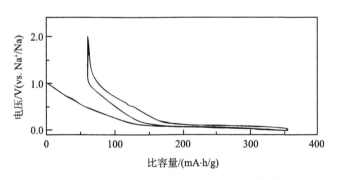

图 3.11　葡萄糖热解硬碳典型充放电曲线[21]

3.2.4 纳米碳材料

除石墨、软碳和硬碳材料之外，钠离子电池碳基负极材料还包括纳米碳材料（石墨烯、碳纳米管等）。下面介绍几种常见的钠离子电池纳米碳负极材料。

1. 石墨烯

英国曼彻斯特大学的安德烈·海姆（Andre Geim）和康斯坦丁·诺沃肖洛夫（Konstantin Novoselov）使用透明胶带对天然石墨进行层层剥离而意外得到了石墨烯（Graphene）。石墨烯是一种由碳原子以 sp^2 杂化轨道组成的，具有六角形蜂巢晶格的二维碳纳米材料，内部结构具有如下特点：碳原子有 4 个价电子，其中 3 个电子生成 sp^2 键，即每个碳原子都贡献一个位于 p_z 轨道上的未成键电子，近邻原子的 p_z 轨道与平面成垂直方向可形成 π 键，新形成的 π 键呈半填满状态。研究证实，石墨烯中碳原子的配位数为 3，每两个相邻碳原子间的键长为 1.42 Å，键与键之间的夹角为 120°（图 3.12）。除了 σ 键与其他碳原子连接成六角环状蜂巢式结构外，每个碳原子的垂直于层平面的 p_z 轨道可以形成贯穿全层的大 π 键（与苯环类似），因而具有优良的导电和光学性能。

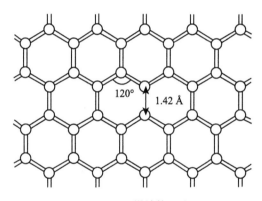

图 3.12　石墨烯结构示意图

石墨烯具有平面结构，存在较大的比表面积和较多的表面缺陷，从而为钠离子的吸附提供储存位点。石墨烯储钠的充放电曲线呈斜坡状，无明显电势平台，说明钠在石墨烯上的储存表现出类似表面吸附的行为。受制备方法和元素掺杂等诸多因素的影响，石墨烯的储钠比容量分布在 150~350 mA·h/g。由于以石墨烯为代表的碳纳米材料普遍存在首周库仑效率低、反应电势高、成本昂贵以及制备复杂等缺点，因此难以成为钠离子电池碳基负极材料的理想选择。

2. 碳纳米管

1991 年日本 NEC 公司实验室的饭岛澄男发现了由管状的同轴纳米管组成的碳分子，即碳纳米管。如图 3.13 所示，单壁碳纳米管的几何结构可以视为由单层石墨烯卷曲而成。多壁碳纳米管是由呈六边形排列的碳原子构成的数层到数十层的同轴圆管，层与层之间保持固定的距离，约 0.36 nm。径向尺寸为纳米级，一般为 2~25 nm。轴向尺寸为微米级甚至厘米级。碳纳米管中碳原子以 sp² 杂化为主，同时六角形网络结构存在一定程度的弯曲，形成空间拓扑结构，其中可形成一定的 sp³ 杂化键，即形成的化学键同时具有 sp² 和 sp³ 混合杂化状态，而这些 p 轨道彼此交叠在碳纳米管片层外形成高度离域化的大 π 键，碳纳米管外表面的大 π 键是碳纳米管与一些具有共轭性能的大分子以非共价键复合的化学基础。

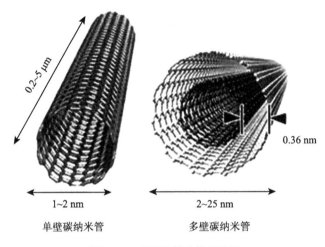

0.2~5 μm

0.36 nm

1~2 nm   2~25 nm

单壁碳纳米管   多壁碳纳米管

图 3.13　碳纳米管结构示意图

　　碳纳米管用作钠离子电池负极材料时，充放电曲线为一条倾斜曲线。碳纳米管储钠的充放电曲线通常表现为斜坡状，储钠原理主要为钠离子在材料表面或缺陷处的吸附，以及与杂原子结合等。因此碳纳米管通常具有较好的倍率性能，但是其首周库仑效率一般较低。

3.2.5　碳负极充放电曲线特征分析

1. 斜坡型充放电曲线

　　从不同碳材料的充放电曲线来看，碳基材料的微观结构会影响其储钠性能。如图 3.14 所示，石墨、石墨烯和软碳的放电曲线一般表现为单调变化的斜坡，而这三类材料的区别仅在于可逆比容量和首周库仑效率不同。石墨具有完整的层状结构，由于热力学原因，钠离子难以嵌入石墨层间，不易与碳原子形成稳定的化合物，而石墨的低比表面积也制约了钠离子的表面吸附，因此石墨的储钠比容量最低；石墨烯的结构中没有或只有少量的碳原子层的堆积，无法嵌入钠离子，但比表面积较大，显示出较高的吸附容量；对于软碳材料，在一定的热处理温度下可形成片层较小的类石墨结构，因此其容量主要来自于钠离子在活性表面和缺陷位置的吸附。具有斜坡型充放电曲线的碳材料一般倍率性能较好且不容易析钠。

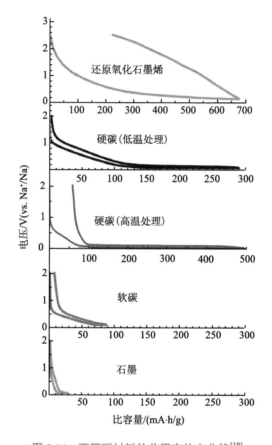

图 3.14　不同碳材料的首周充放电曲线[19]

2. 斜坡-平台型充放电曲线

相比于石墨和软碳，硬碳材料的储钠行为较为复杂，充放电曲线表现为高电压斜坡区和低电压平台区（图 3.14）。

3. 硬碳储钠机理

2000 年，Dahn 等[21]在研究葡萄糖热解硬碳的电化学储锂和储钠性质时，发现二者的充放电曲线极为相似，因此认为锂离子与钠离子在硬碳材料中有着相似的嵌入/脱出机理，并首次提出了"house of cards"（纸牌屋）结构模型：硬碳由大量无序的微晶碳层随机堆叠而成，一部分碳层平行排列形成石墨微晶区，另一部分碳层杂乱无序排列形成纳米尺寸的微孔区（图 3.15）。根据此结构模型，目前研究者提出的硬碳储钠机理模型主要有如下四种[9,15,22-32]。

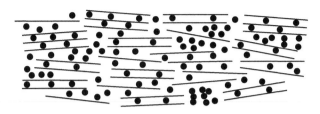

图 3.15 "house of cards"（纸牌尾）结构模型[21]

1）"插层-填孔"模型

Dahn 等[21]提出了"插层-填孔"模型：高电压（0.1~1.2 V）斜坡区对应钠离子在碳层间的嵌入，这与膨胀石墨的充放电曲线类似，嵌入电压随嵌入量的增加而降低；低电压（0~0.1 V）平台区容量与钠离子在纳米级石墨微晶乱层堆垛形成的微孔中的填充行为有关（图 3.16）。

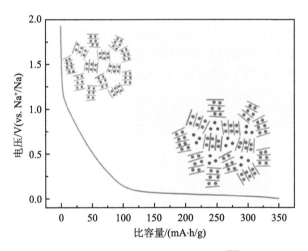

图 3.16 "插层-填孔"机理模型[30]

Komaba 等[15]利用非原位 XRD 研究了硬碳材料石墨层间距与反应电位的相互关系。当嵌钠电位降低到 0.2 V 时,发现硬碳的（002）衍射峰从 23.40°移动到 21.0°,表明碳层间距变大，可能是钠离子嵌入石墨层间导致的；当充电至 2.0 V 时，峰位又回到初始位置，说明钠离子可以实现在石墨层间的可逆嵌入与脱出。此外，他们还利用 Raman 光谱研究了钠离子嵌入硬碳时 C—C 键的变化情况。由于钠离子嵌入硬碳层时会占据 π*反键轨道上的电子位置，造成 C—C 键强度的削弱和键长的伸长，导致硬碳 G 峰的红移。实验发现，当放电电压处于斜坡区时，硬碳材料的 G 峰均出现红移；而放电电压处于平台区时，G 峰并未发生移动，因此认为斜坡容量来自于钠离子在石墨层间的嵌入。当放电电压低于 0.2 V 时，SAXS 检测到在 0.03~0.07 Å 范围内，微孔电子密度明显下降，因此认为低电势平台区对应钠离子在微孔中的填充。

2）"吸附-插层"机理

虽然部分研究结果与"插层-填孔"机理是吻合的，但一些实验现象与此机理存在明显的冲突。例如，低温热解硬碳存在大量的微孔，但充放电曲线几乎不存在低电势平台；随着热解温度的升高，硬碳材料的微孔数量减少，而平台容量却呈现上升的趋势。曹余良等[26]将聚苯胺热解得到管状硬碳，发现其充放电曲线与石墨储锂的充放电曲线非常相似，而该材料的储钠和储锂行为有较大差异，因此推断硬碳在 0~0.1 V 低电压平台区的储钠机理与石墨储锂类似，并提出了"吸附-插层"机理，如图 3.17 所示。通过原位 XRD 测试，可以观测到在低电压平台区存在碳层间距的变化，由此推断低电压平台区对应钠离子在石墨层间的嵌入过程，形成钠碳化合物（NaC_x）。钠离子嵌入碳层形成 NaC_x 需要一个合适的层间距，通过理论计算得到适合钠离子嵌入的石墨层间距为 0.37~0.47 nm，层间距过小钠离子无法嵌入，过大则类似于吸附。随着热解温度的升高，碳层缺陷减少，并且斜坡区域的储钠容量呈现缓慢下降的趋势，因此认为高电势斜坡区对应钠离子在硬碳缺陷位点和杂原子上的吸附[30]。

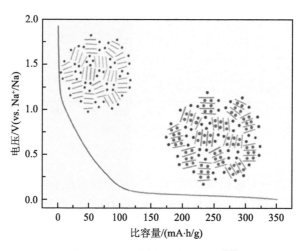

图 3.17 "吸附-插层"机理模型[30]

3）"吸附-填孔"机理

不同于以上两种观点，胡勇胜等[33,34]认为硬碳储钠过程不包含插层行为，而是"吸附-填孔"机制。高电势斜坡区对应钠离子在硬碳表面、边缘或缺陷位置的吸附；低电势平台区对应钠离子在硬碳材料纳米孔内的填充（图3.18）。

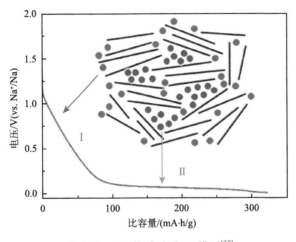

图3.18 "吸附-填孔"机理模型[35]

胡勇胜等[35]以天然棉花为碳源，通过一步炭化法制备出形状规则的硬碳微管。非原位 TEM 表征没有发现放电前后石墨微晶中碳层间距的变化，表明放电过程中没有钠离子嵌入到结晶较好的石墨层中；而缺陷位置、碳层边缘及纳米空穴等位置储钠以后变得模糊，证明了钠离子在这些位置的存储（图3.19（a）和（b））。非原位 XPS 测试表明钠离子在平台部分的存储具有更高的结合能，而在缺陷位置和碳层边缘的结合能较低，因此推断斜坡部分对应钠在碳层表面和缺陷位置的吸附，而平台部分则对应钠在纳米孔中的存储（图3.19（c））。

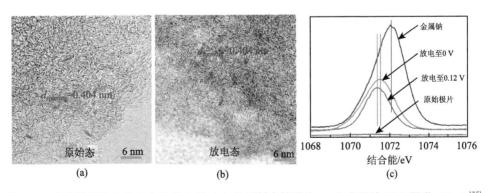

图3.19 硬碳微管放电前（a）和放电后（b）的透射电镜照片；（c）非原位 XPS 图谱：Na 1s[35]

许运华等[36]从结构和电解液的角度出发，采用填充硫以及改变热解温度和电解液体系等手段，研究了硬碳的储钠行为和性能。结果发现，硫填入硬碳微孔后，并未影响石墨微晶层的结构,但 0.1 V 以下的低电压平台消失,而表现出 1.3 V/1.6 V 的放电/充电平台,直接表明平台区容量来源于钠离子在微孔中的填充。与钠离子-醚类溶剂在石墨中的共嵌入不同,硬碳在醚类电解液与酯类电解液中均表现出高于 0.1 V 的斜坡区域和低于 0.1 V 的平台区域,且获得了相似的比容量,这就进一步排除了钠离子在碳层间的插入机制。此外,随炭化温度升高(1000 ℃、1600 ℃、2000 ℃),硬碳的缺陷和杂原子减少,对应的斜坡区容量降低,表明斜坡区容量来源于钠离子在缺陷位点或杂原子上的吸附。以上结果验证了钠离子电池中硬碳负极“吸附-填孔”的储钠机理。

4)“吸附-插层-填孔”机理

纪秀磊等[25]提出了“吸附-插层-填孔”机理:1.0~0.2 V 斜坡容量来源于钠离子在乱层堆垛的石墨微晶边缘和缺陷位置处的吸附,0.2~0.05 V 平台容量来源于钠离子在石墨微晶层间的嵌入,小于 0.05 V 的平台容量则来源于钠离子在石墨微晶相互交错形成的孔洞中的填充(图 3.20)。

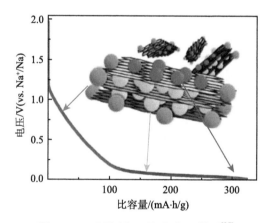

图 3.20 “吸附-插层-填孔”机理模型[25]

将蔗糖在 1100 ℃、1400 ℃和 1600 ℃下热解得到硬碳,并将产物与玻璃碳(热解温度超过 2000 ℃)进行对比。通过 X 射线衍射与拉曼图谱发现石墨微晶的长度 L_a 随热解温度升高逐渐变大,基本满足线性回归($R^2=0.90$),I_D/I_G 逐渐减小,而随着温度升高,斜坡容量逐渐减少,与 I_D/I_G 比值变化一致,由此推断斜坡容量由硬碳材料的缺陷贡献(图 3.21(a))。缺陷位置包括空位、碳层边缘以及自由键合碳烯等。为了进一步验证该说法,利用恒电流间歇滴定技术(GITT)计算了钠离子电池在不同电压范围内的扩散系数,发现钠离子扩散系数在斜坡区域大于平台区域,出现这种现象的原因主要是石墨层边缘及表面缺陷更容易优先发生钠离子的吸附，并且石墨层间的嵌入需要先克服静电斥力。因此斜坡区容量对应碳边缘或表面缺陷的储钠行为，低电压平台对应钠离子在碳片层间的嵌入。同时在 50 mV 附近，观测到钠离子的扩散系数突然增加，因此提出在 0~0.05 V 附近对应着钠在纳米孔中的填充（图 3.21（b））。

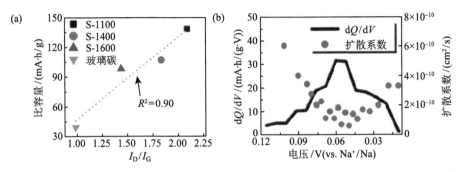

图 3.21 （a）硬碳材料 I_D/I_G 与斜坡区比容量的关系；（b）扩散系数与放电电压的关系曲线[25]

从以上分析可以看出，关于斜坡段储钠机理的认识，研究者普遍认为是钠离子的吸附过程。这些吸附过程可能包括物理吸附与化学吸附，吸附位点包括碳材料的表面、边缘或缺陷位置。然而，由于硬碳的结晶性差，内部微结构相对复杂和表面状态难以确定，关于平台段储钠机理是碳层间的嵌入，还是纳米孔中的吸附或填充，或者这两者同时存在，还需更高精度的研究手段和更系统的实验设计来进一步验证。

钠离子在硬碳中嵌入的不同机理对硬碳材料的合成具有不同的指导意义。如按照"插层-填孔"机理，提高硬碳储钠平台容量，则需要丰富的孔结构。对于"吸附-插层"机理，增加平台容量则需要提供合适的碳层间距和完整的碳结构，丰富的孔结构不仅没有好处，反而会造成首周库仑效率的降低。如果以"吸附-填孔"机理为指导去设计硬碳材料，则需要控制硬碳的比表面积和孔径分布。具有丰富微孔或介孔的硬碳材料，由于比较大的比表面积，首周充放电过程的库仑效率普遍较低，因此难以实用化。纳米孔储钠要求硬碳的孔径分布必须合理而且集中。孔径太大会使电解液分子与电极材料接触面积变大，副反应较多，造成首周产生大量不可逆容量；孔径过小则可能使钠离子无法进入和快速扩散。因此在硬碳中引入更多的闭合孔结构，可以同时提高平台区储钠容量和库仑效率。综上仍需要对硬碳材料的不同组成、结构和电化学特性进行系统研究，有必要通过更加全面的研究手段和表征技术去充分认识和理解硬碳的储钠机制，为高性能嵌钠硬碳材料的设计和开发提供理论指导。

3.2.6 碳材料微结构调控

1. 前驱体的选择对碳基材料微结构的影响

所有碳材料都由类似的基本结构单元（石墨微晶）以不同方式交联而成。基本结构单元由2~4层含有10~20个芳环组成的碳六角网平面以平行方式重叠而成。软碳前驱体在炭化过程中会发生碳层重排，基本结构单元长大并或多或少地以平行方式排列，从而导致其高温处理时易于石墨化。软碳前驱体主要包括石油焦、石墨化中间相碳微球、沥青以及无烟煤等[37-43]。

而硬碳前驱体中的有机大分子充分交联，不生成胶质体，基本结构单元不能平行排列，因此在任何温度下都难以石墨化。按照碳源划分，硬碳前驱体主要包括生物质、碳水化合物和树脂等[44-46]。

生物质前驱体主要是指植物的根茎叶等[47-52]（如香蕉皮、泥煤苔、花生壳、树叶、苹果皮、柚子皮、杨木和棉花等）。碳水化合物前驱体主要包括葡萄糖、蔗糖、淀粉、纤维素和木质素等通过生物质提取而来的化工产品[16,53-57]。树脂前驱体主要包括酚醛树脂、聚苯胺和聚丙烯腈等[44-46,58]。

因此，从以上分析可以看出，所制备的碳材料属于软碳还是硬碳完全依赖于碳层之间的交联相互作用，也就是取决于前驱体的结构和性质，即前驱体的种类。根据研究报道，如图3.22所示，如果前驱体材料为热塑性前驱体（富氢材料或者缺氧材料），在高温炭化时就容易发生石墨化而形成软碳材料；相反，如果前驱体材料为热固性前驱体（富氧材料或者缺氢材料），在高温炭化时就难以发生石墨化而形成硬碳材料。例如，石油化工原料及其下游产品（煤炭、沥青和石油焦等）在高温炭化时就容易获得软碳；生物质前驱体或其衍生物（木材、坚果壳和香蕉皮等）、大部分糖类（葡萄糖、蔗糖和纤维素等）、人工合成的树脂等在高温炭化时容易获得硬碳。

在软碳前驱体的热解过程中，通常可以观察到前驱体的熔融过程。这种熔融状态的产生主要是跟热解初期前驱体中残余的大量氢元素有关。如图3.23所示，在热解初期，前驱体中的氢原子和其他原子（如C、O、Cl和N等）会以挥发分的形式（CH_4、CO_2、CO、H_2O、HCl和NH_3等）释放出去。与此同时，过量的氢原子就会残留下来，形成黏性的中间产物。由于这些中间产物呈黏稠状，其中有机分子在高温炭化时更容易发生重排，最终形成致密的石墨化碳，这个过程称为熔融炭化，容易得到软碳。相反，如果炭化初期残余的氢原子含量不多，炭化中间产物就始终保持固相，在高温时碳层的有序排列就相对较难，难以形成高度石墨化的碳。这种过程称为固相炭化，容易得到硬碳。在固相炭化过程中，挥发

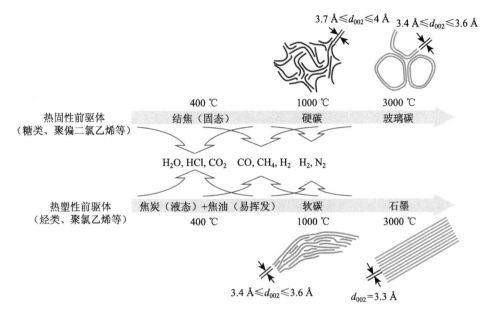

图 3.22 热固性和热塑性有机前驱体热解炭化过程示意图[19]

性气体的溢出会留下一些孔洞，这些孔洞在后续高温炭化过程中不会发生坍塌，从而在碳层之间形成纳米孔。下面以两个相似聚合物聚氯乙烯（PVC，$(C_2H_3Cl)_n$）和聚偏氯乙烯（PVDC，$(C_2H_2Cl_2)_n$）为例进行详细阐述。在早期热解阶段，两个聚合物都会以 HCl 的形式释放出氢原子。聚氯乙烯中，每个单体释放一个 HCl 分子，剩余物质每个单体中都还残余两个氢原子，因此得到的是富氢的黏稠状物质，最终形成高度石墨化的软碳。而聚偏氯乙烯中，每个单体会释放两个 HCl 分子，消耗掉其中所有的氢原子，因此得到缺氢的固相物质，最终形成硬碳结构。总之，一般来说，原料经过固相炭化得到难石墨化碳；原料经过液相炭化得到易石墨化碳；中间相热转化过程进行得越完全，所得碳材料越易石墨化。

2. 温度对碳基材料微结构的影响

随着热解温度的提升，含碳前驱体的热解过程可分为热解、炭化和石墨化三个阶段（图 3.23）。碳材料最终结构的形成是前驱体的种类和最高处理温度共同决定的。每一种前驱体都以不同的方式进行分解，通过碳的迁移以及氢和杂原子的释放或重排，形成新的键和空位，从而达到更稳定的结构。

在前驱体热解过程中（1000 ℃以下），一些碳原子存在一定程度的流动性，形成有限的原子重组（例如，形成六元环系统，由脂肪烃向芳香烃转变，此过程称为芳构化），接着通过缩聚反应形成机械稳定性更高的碳网络。此时软碳前驱体会发生由固相到液相的转变；硬碳前驱体分子结构发生重排，但依旧为固相。此过程会伴随着二氧化碳和甲烷等气体的产生，氢和氮等杂原子依旧会留在碳网络中。此时的产物开孔数量多，比表面积大，杂质元素含量高。

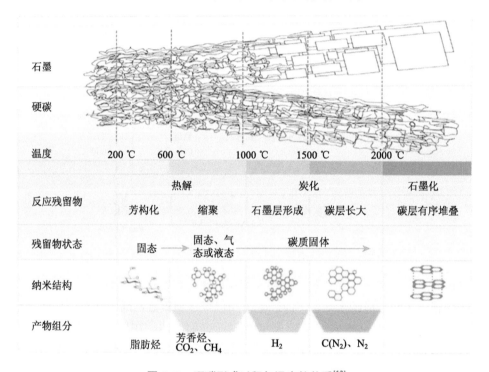

图 3.23　硬碳形成过程与温度的关系[12]

　　无论是软碳前驱体还是硬碳前驱体，在 500~1000 ℃温度范围内处理得到的无定形碳材料都具有以下一些共同特征：①结晶化程度低，d_{002} 较大，有时可达 0.4 nm 以上。XRD 图谱中具有一些强度较弱的峰，最常见的峰出现在近石墨的（002）、（100）和（110）晶面附近。②含有焦油类无组织碳。它们通常是大小不等的单层碳六角网平面或 sp^3 杂化碳，填充于石墨微晶之间或以支链和桥键方式存在。③具有大量的纳米孔。这些纳米孔可以用电子显微镜观察到，也可以用 SAXS 推测到。这些具有纳米孔结构的碳的真密度小于石墨，一般为 1.4~2.0 g/cm³。④含有 O、N、H 和 S 等杂原子。这些杂原子是从前驱体中转化而来的，它们以官能团形式与碳六角网平面结合，其含量与前驱体种类及处理方式有关。大部分 H 可在 1000 ℃除去，O 和 N 可在 1500 ℃除去，而 S 则需要在 2000 ℃以上才能将其除去。

　　在前驱体炭化（1000~2000 ℃）过程中，大分子芳香类化合物聚集在一起形成石墨层。随着温度的升高，石墨层逐渐长大，此过程会伴随着氢原子和氮原子的逸出，产物的碳含量逐渐升高并趋于稳定，开孔逐渐闭合，比表面积减小。值得注意的是，软碳前驱体在炭化过程中便已出现明显的石墨化趋势；而硬碳前驱体在局部形成石墨微晶，石墨微晶混乱堆垛形成无序微孔。随着温度的升高，碳层间距减小，石墨烯堆叠层数增多并且伴随着片层长大，面内缺陷减少，悬挂键变少，氢含量降低，微孔尺寸变大，比表面积降低[59,60]，通过提高热解温度来增加闭孔数量并减少开孔数量是实现高首周库仑效率和高容量硬碳负极的有效策略。

在石墨化（2000 ℃以上）过程中，软碳前驱体石墨层继续长大，有序堆叠形成石墨结构，孔隙消失，真密度逐渐增大并趋于稳定（$2 \sim 2.25$ g/cm^3）；硬碳前驱体石墨微晶进一步长大，局域石墨化度提高，闭孔大量形成，真密度在$1.4 \sim 1.7$ g/cm^3。

3. 软碳前驱体改性

1）软硬碳结合对碳基材料微结构的影响

如图 3.24 所示，硬碳材料普遍展现出良好的储钠性能，但其前驱体一般为生物质或人工合成树脂，成本较高且产碳率较低，难以在激烈的竞争中凸显优势。中间相沥青（来自石油工业的废渣）可作为软碳前驱体，其成本较低，制备出的软碳具有更有序的结构，更少的缺陷和更短的层间距，但其比容量往往低于硬碳。鉴于硬碳和软碳各自的优势，将两者结合可为开发低成本和高性能的碳基负极材料提供良好的策略。

为提高碳基材料产碳率并降低材料成本，可以将滤纸（FP）或是木质素作为硬碳前驱体，将沥青（MP）作为软碳前驱体，将二者以不同比例混合后进行高温裂解来制备软硬碳复合材料[43,61]。如图 3.25（a）所示，硬碳 FP 1000 具有非常宽和弱的（002）峰，表明石墨片层之间是无序的，而软碳 MP 1000 在较高的角度具有更尖锐和更窄的峰，表明其具有更有序的结构和更小的层间距。在软硬碳复合材料中，随着沥青比例升高，（002）峰向高角度移动，峰形变得更加尖锐，表明有更厚的石墨片堆叠和更小的层间距（图 3.25（b））。根据拉曼光谱，不同比例的滤纸与沥青会导致所制得的软硬碳复合材料微观结构的变化。增加沥青的占比会导致更多的长程有序纳米区域产生，同时也将一些缺陷引入石墨层中（图 3.25（c）和（d））。氮气吸脱附和 SAXS 研究表明，沥青的加入导致了硬碳孔结构和比表面积的变化。纯硬碳样品（FP 1000）显示出最高比表面积 539 m^2/g，沥青与滤纸的比率越高，比表面积越小。纯软碳样品（MP 1000）的比表面最小，仅有 2 m^2/g。这表明，随着沥青的加入，有一定数量的孔隙无法被氮气吸附，说明软碳限制了

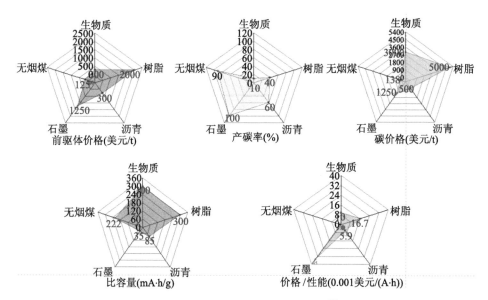

图 3.24　不同碳前驱体的特性对比[4]

对孔隙表面的吸附，导致闭孔比例较高，因此显著降低了材料的表面积。

2）低温炭化对软碳结构的影响

在无定形碳材料中，研究者主要关注的是同时具有高电压斜坡区（0.1~2.0 V）和低电压平台区（0~0.1 V）的碳材料。这种碳材料的可逆比容量较高，约 300 mA·h/g。但是，大部分比容量来自低电压平台区。这势必会导致两个问题：①由于低电压平台区容易受极化影响，所以在大电流密度下比容量衰减严重，倍率性能较差；②由于低电压平台区的电势接近 0 V，所以在大电流或者低温工作充电时容易沉积钠金属，带来安全隐患。因此，高斜坡比容量的碳负极有望解决以上两个问题。目前，许多研究者采用掺杂、纳米化和造孔等方式制备了高斜坡比容量的碳负极，显著提高了碳材料的倍率性能，减小了安全隐患。但是，它们的可逆比容量和首周效率难以同时满足实际应用需求。综上所述，要实现满意的倍率性能和较高的安全性能，需要在不牺牲总体比容量的前提下，发展高斜坡比容量和高首周库仑效率的碳负极材料。

通常，制备钠离子电池碳负极材料的温度在 1000 ℃以上，有时温度甚至高达 2000 ℃。在如此高的温度下制备的是具有较低缺陷浓度的碳材料，具有较低的斜坡比容量。然而，如果向相反的方向进行，通过降低温度就可以提高碳材料的斜坡比容量。同时，考虑到沥青软碳的电压曲线通常只含有斜坡段，所以有望采用沥青前驱体在较低温度下制备具有高斜坡比容量和高首周库仑效率的碳材料。

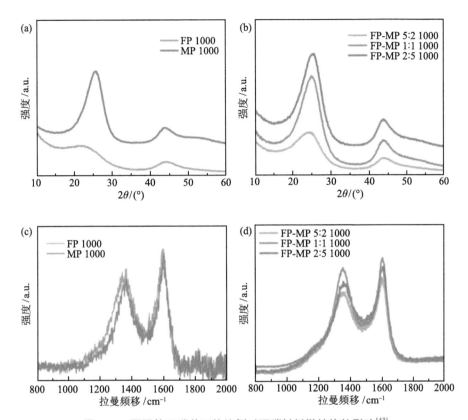

图 3.25　不同软硬碳前驱体比例对硬碳材料微结构的影响[43]

基于沥青前驱体，陆雅翔等[42]提出了一种反向低温法来调节材料的微观结构。通过结构和电化学性能表征发现，800 ℃合成的样品具有合适的微观结构以及较高的缺陷浓度，因此具有最优的电化学性能。并且，相比于高温法制备碳材料，在较低的温度下制备碳材料可以降低材料的制备成本，从而降低钠离子电池的成本。如图 3.26 所示，与 1550 ℃合成的样品比较，800 ℃合成样品的储钠比容量提高了 3.5 倍，整个充放电曲线呈斜坡状，并且保持了较高的首周库仑效率。而且，当与 $Na[Ni_{1/3}Fe_{1/3}Mn_{1/3}]O_2$ 正极匹配时，6C 倍率下的可逆比容量为 0.15C 可逆比容量的 75%，3C 循环 1000 周后比容量保持率为 73%。这说明利用这种低温反向法制备的高斜坡容量碳负极具有良好的循环性能和倍率性能。低温炭化沥青具有良好电化学性能的原因可能是由无序的微观结构，较多的钠离子储存位点，较多的缺陷以及较高的离子和电子电导率综合决定的。

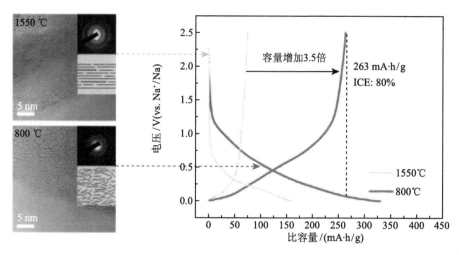

图 3.26　高温炭化沥青 PC 1550 和低温炭化沥青 PC 800 的微观结构和充放电曲线对比[42]

4. 杂原子的引入对碳基材料微结构的影响

1）预氧化

预氧化是指在空气中对碳前驱体进行低温加热处理。

沥青作为一种常见的石油工业残渣，其成本非常低廉，并具有较高的产碳率，是制备碳材料的理想前驱体。然而在高温炭化过程中沥青很容易发生石墨化而形成高度有序的碳层结构，不利于钠离子的存储，致使其储钠比容量较低，约 90 mA·h/g。陆雅翔等[41]首次提出预氧化工艺，可以实现沥青基碳结构从有序到无序的转变。与原始沥青炭化相比，预氧化沥青炭化后性能大幅提升，其产碳率从 54% 提高到 67%，储钠比容量从 94 mA·h/g 增加到 300 mA·h/g，首周库仑效率从 64.2% 提升到 88.6%，如图 3.27 所示。实验结果表明，在低温预氧化过程中引入氧基官能团是实现碳结构高度无序化的关键。预氧化过程中产生的羧基官能团与沥青分子发生相互交联，阻止高温炭化过程中沥青的熔化与有序重排，产生了大量的无序结构；高温过程中释放出的气体小分子(如 CO 和 CO_2 等)会进一步改变碳材料的微结构，起到双重调控的作用。反之，原始沥青在高温下熔化并发生重排反应，极易发生石墨化而形成有序结构，不利于钠的存储。此外，预氧化沥青炭化后的电化学行为也发生改变，无序结构的产生使其既具有斜坡比容量又具有平台比容量，这也是储钠比容量增加的原因。

2）杂原子掺杂

杂原子掺杂也是提高硬碳储钠性能的一种方式。目前掺杂的主要元素有 B、

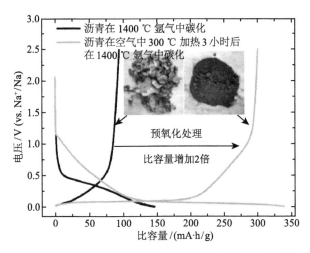

图 3.27　预氧化策略调控沥青基碳材料的充放电曲线[41]

N、S 和 P 等，这些元素可以改变碳的微观结构和电子状态，进而影响碳材料的导电性和缺陷数量，最终改善碳基材料的储钠性能。

硼是第三主族元素，其引入方式包括原子和化合物两种形式。原子形式的引入主要是在采用化学气相沉积法（CVD）制备碳材料时，引入含硼的烷烃或其他硼化物，通过裂解得到硼原子与碳原子一起沉积的碳材料。化合物形式的引入则是直接将硼化物，如 H_3BO_3 等，加入碳材料的前驱体中，然后进行热解。硼的引入能提高碳材料的可逆容量，这是由于硼的缺电子性能够增加钠与硼掺杂碳材料的相互作用。

在碳基材料中最常引入的杂元素为 N 元素，在碳纳米纤维和有序介孔碳材料中引入 N 元素可显著提高其倍率性能。相比 N 元素，S 元素掺杂似乎更能改善硬碳的电化学性能，可能原因在于 S 原子具有更大的原子半径（S 为 102 pm，N 为 75 pm）。XPS 结果表明硫原子在碳材料中的存在形式包括 C-S、S-S 和硫酸酯等，其对应于硫原子 S_{2p} 的电子结合能分别为 164.1 eV、165.3 eV 和 168.4 eV。

磷的引入对碳材料电化学行为的影响随着前驱体的不同而有所不同。磷元素引入石油焦中主要是调控碳材料的表面结构，表面为磷原子与碳材料的边端面相结合，但由于磷原子的半径比较大，这样的结合会使碳材料的层间距增加，有利于钠离子的嵌入与脱出。若加入 H_3PO_4 以后，H_3PO_4 先与前驱体发生反应，再进行热处理，磷可以掺入碳材料的结构中。XPS 结果表明磷在其中以单一形式存在，一方面与碳原子发生键合，另一方面因热处理温度低（<1200 ℃）而与氧原子键合。磷的引入不但影响碳材料的电子状态，而且还影响碳材料的微结构。这种影响随前驱体的不同而有所不同，但是在较高温度下的引入均能提

高碳材料的储钠比容量。

杂原子的引入主要是提供了硬碳材料更多的缺陷和更大的碳层间距，有利于更多的钠离子吸附和快速嵌入/脱出，改善材料电化学性能。对于碳材料，在低温下，杂原子掺杂能够改善其储钠性能，但在高温下，杂原子会逸出，减弱掺杂的效果。

5. 孔结构对碳基材料微结构的影响

无定形碳的结构是不规整的，如何理解这种复杂的非晶结构（尤其是弯曲堆垛的碳层包围成的孔结构）是很大的挑战，缺乏对孔结构的理解直接导致对储钠机制的争论。另一方面，多孔结构设计通常被认为是提高钠离子电池离子输运能力和增加储钠活性位点数量的可靠策略，但这种策略大概率会造成低的首周库仑效率和高的制造成本。

鉴于此，陆雅翔等[62]通过调控废弃软木塞衍生的分级多孔碳（CC）的孔结构实现了高效储钠。废弃软木塞基硬碳材料得益于其天然孔结构而具有一种新型的分层多孔构造。根据孔结构信息与 CC 的电化学性能相关性得到了以下结论：提高热解温度以减少开孔（与初始容量损失有关）和增加闭孔（与平台容量有关）可使半电池的比容量达到 360 mA·h/g。该工作采用真密度测试结合 SXAS 分析得到了材料内部封闭的孔结构详细信息。随着炭化温度升高，闭孔数量增多，孔径变大，闭孔体积增加，材料真密度降低（图 3.28（a）、（b））。此项研究不仅合成出了高性能钠离子电池碳负极材料，也为设计具有可控开闭孔结构的无定形碳材料提供了新的见解。除了高温封孔这一调控策略外，还可以用造孔剂对前驱体进行造孔，在酚醛树脂前驱体溶剂热过程中加入乙醇可有效增加材料中的闭孔，最终实现约 410 mA·h/g 的高比容量[63]。

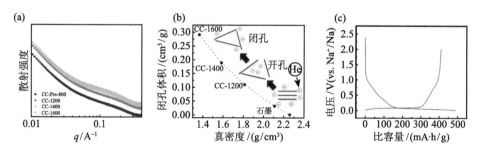

图 3.28 （a）不同炭化温度的分级多孔碳 SXAS 图谱；（b）分级多孔碳真密度与闭孔体积的关系[62]；（c）酚醛树脂在乙醇溶剂热作用下得到的无定形碳负极在0.1C下半电池首圈充放电曲线[63]

3.2.7 碳材料电化学性能评价

1. 无定形碳材料容量评估方法

1）全电池/半电池比较

在锂电池循环过程中，金属锂电极表面会生成多层 SEI 膜，大大降低电极表面离子电导率，使电池的极化大幅增加。在钠离子电池半电池测试中同样存在这个问题。在传统的半电池测试中，半电池电压 $V_h(Q)$ 被定义为工作电极（无定形碳）和对电极（金属钠）的相对电势，过电势 $\eta_h(i_0)$ 被定义为无定形碳嵌钠反应偏离平衡时的电极电势与反应达到平衡时电势的差值。

对于半电池，如图 3.29 所示，实线和虚线分别为理想状态下和极化后的充放电曲线。无定形碳材料嵌钠过程中放电曲线的平台电压非常接近 0 V，而且很大容量区间 $\Delta Q(i_0)$ 处于过电势 $\eta_h(i_0)$ 附近，这部分容量对于极化特别敏感。当极片负载量较大时，由于极化的存在，放电过程会提前终止，所以半电池倍率性能很差，所以半电池测试经常会低估所测试无定形碳材料的性能。而正极材料只有极小的容量区间 $\Delta Q(i_0)$ 位于过电势附近，极化对容量发挥的影响较小。

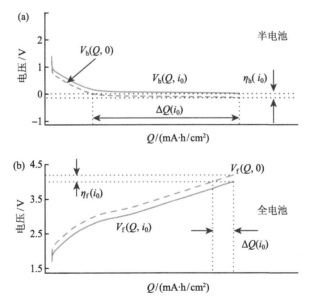

图 3.29 无定形碳材料在半电池中的放电曲线(a)和在全电池中的充电曲线(b)[64]

即使无定形碳负极在储钠过程中有一个很长的平台区域，但在全电池中的充放电曲线依旧是一条倾斜直线，只有极小的容量区间 $\Delta Q(i_0)$ 位于过电势附近。在相同过电势下，全电池容量损失小。

因此半电池测试很大程度上并不能反映材料的真实性能，全电池才是检验材料真实性能的理想方式。

2）无定形碳材料真实容量测定方法

如图 3.29 所示，由于过电势 $\eta_h(i_0)$ 的存在，在无定形碳负极嵌钠电位尚未达到析钠电位时，半电池放电截止电压会被提前触发，此时无定形碳负极停止嵌钠。因此在 0 V 附近，无定形碳负极会有一部分容量被忽略。

无定形碳负极的钠化曲线随电压变化可分为四部分，如图 3.30 所示。第 I 部分（>0.1 V）为放电斜坡区，第 II 部分（0.1~0 V）为放电平台区。当半电池电压下降到 0 V 以后继续放电，无定形碳负极在第III部分（0~−0.03 V）依旧会有部分容量被释放出来。过放电至−30 mV 左右，在无定形碳负极放电曲线第III部分与第IV部分的连接处出现一个"V"形凹陷，这是钠的成核势垒造成的。此时继续放电，放电曲线呈现平台，并将一直保持下去。第四部分对应金属钠在无定形碳负极外表面的沉积。

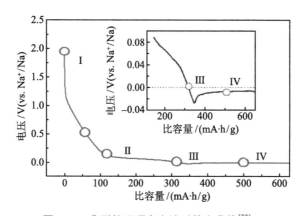

图 3.30 典型的硬碳半电池过放电曲线[30]

因此，以这个"V"形凹槽为界限，可以确定无定形碳材料的真实容量。这样可以得到一个改进的半电池测试方法：将半电池按照传统方法循环两至三周后，将半电池过放，得到过放电曲线，将"V"形凹槽之前的所有容量定义为无定形碳材料的真实容量。

2. 硬碳材料在半电池和全电池中的阻抗分析

全电池和半电池可以用一个统一的模型来描述，如图 3.31 所示。其中 I_a、I_b 和 I_c 分别代表硬碳负极与 SEI、SEI 与电解质和电解质与钠片或是正极之间的界面，

i 表示电流。电解液与金属钠/正极的界面 I_c 阻抗不同是全电池和半电池阻抗特性不同的主要原因。

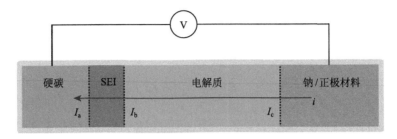

图 3.31　半电池与全电池抽象结构模型[64]

为了验证上述结论，采用杨木作为前驱体，经 1400 ℃ 高温裂解得到硬碳，与 $NaCu_{1/9}Ni_{2/9}Fe_{1/3}Mn_{1/3}O_2$ 正极材料组成全电池。采用同一个等效电路模型（图 3.32（a）），新装半电池和全电池的阻抗谱如图 3.32（b）和图 3.32（c）所示。由于新装半电池和全电池都没有经历过循环，所以其硬碳负极部分并未形成 SEI 膜，主要区别在界面 I_c 上。可以看出，半电池的电荷转移电阻（R_{ct}）要远远大于全电池的电荷转移电阻，因此电解液与金属钠的界面 I_c 是界面阻抗的主要来源。

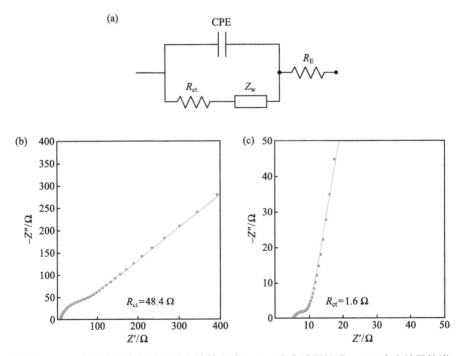

图 3.32　（a）全电池和半电池阻抗谱等效电路；（b）半电池阻抗谱；（c）全电池阻抗谱

半电池测试经常作为全电池设计的前期工作而开展。新材料的比容量、倍率性能、循环性能等经常作为相关参数，采用半电池进行评估，然后按照面密度比例配成全电池。但是半电池往往并不能直接反映新材料的性能，尤其是对硬碳负极，往往会严重低估其倍率性能和循环稳定性。虽然半电池测试较全电池更容易，但全电池能够较为客观准确地评估硬碳材料的性能。

3.3 钛基负极材料

除了碳材料外，嵌入型钛基负极材料也受到了研究者的广泛关注。由于钛的氧化还原电势较低，钛在可变价的过渡金属元素中是一个比较合适的选择。四价钛元素在空气中可以稳定存在，在不同晶体结构中表现出不同的储钠电位。制备结构不同的含钛化合物以获得具有合适电位的负极材料对提高电池性能具有重要的意义。

3.3.1 $Na_2Ti_3O_7$

$Na_2Ti_3O_7$ 具有单斜层状结构，空间群为 $P2_1/m$。三个共边的 TiO_6 八面体组成一个单元，这个单元再通过共边与其他相似单元上下组成一个整体，这样沿着 b 轴方向形成 Zig-Zag 型链状结构，链状结构再通过八面体顶角链接，在 a 轴方向形成层状结构。钠离子占据层间的位置，因此可以在层间迁移（图 3.33（a））。2011 年，Palacin 等[65]报道的单斜层状 $Na_2Ti_3O_7$，具有"Z"字形通道，展现出优异的储钠性能。该材料在充放电过程中有 2 个 Na^+ 的可逆嵌入/脱出，对应的理论比容量为 200 mA·h/g，嵌钠电位低至 0.3 V，是目前具有最低储钠电位的嵌入型氧化物材料（图 3.33（b））。然而这种材料的导电性较差，需要添加 30%的导电添加剂来提高电子电导率，大量的导电添加剂导致首周库仑效率降低，且循环性能仍然不稳定。

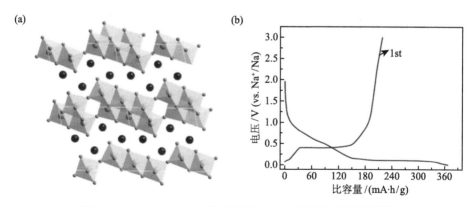

图 3.33 （a）$Na_2Ti_3O_7$ 晶体结构图及（b）首周充放电曲线[66]

3.3.2 Li₄Ti₅O₁₂

Li₄Ti₅O₁₂属于尖晶石结构，空间群为 $Fd\overline{3}m$，其中 O^{2-} 位于 32e 位置，构成面心立方点阵，部分 Li^+ 位于四面体 8a 位置，剩余 Li^+ 和 Ti^{4+} 位于八面体 16d 空位中，因此，其结构式为：$[Li]_{8a}[Li_{1/3}Ti_{5/3}]_{16d}[O_4]_{32e}$，晶格常数 a =0.836 nm（图 3.34（a））。尖晶石结构的 Li₄Ti₅O₁₂ 在充放电过程中的体积形变小，锂离子迁移速度快，从而显示出优异的长循环寿命和倍率性能，成为锂离子电池重要的负极材料。胡勇胜等[67]发现 Na^+ 能在尖晶石结构的 Li₄Ti₅O₁₂ 中实现可逆嵌入、脱出，首次发现尖晶石结构能实现 Na^+ 的可逆存储。在 0.5~3.0 V，可逆比容量约 150 mA·h/g，对应 3 个 Na^+ 的嵌入/脱出，其充放电曲线如图 3.34（b）所示，其平均储钠电位为 0.91 V，比在锂离子电池中的储锂电位低 0.5 V。

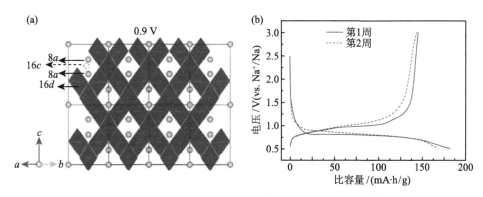

图 3.34 （a）Li₄Ti₅O₁₂ 晶体结构图及（b）充放电曲线[67]

借助于第一性原理计算和原位 XRD 表征，可以推断 Na^+ 嵌入 Li₄Ti₅O₁₂ 的晶格会导致新型的三相反应，这得到了球差校正透射电镜环形明场成像技术 (ABF-STEM)的直接验证，并从原子级别观察到了 3 个相之间的界面结构。新型的三相反应机制为

$$2Li_4Ti_5O_{12} + 6Na^+ + 6e^- \rightleftharpoons Li_7Ti_5O_{12} + Na_6[LiTi_5]O_{12} \qquad (3\text{-}6)$$

Na^+嵌入尖晶石 Li₄Ti₅O₁₂ 的 16c 空位（由于 Na^+ 半径较大，只能占据 16c 位置），形成岩盐结构 Na₆[LiTi₅]O₁₂。与此同时，由于库仑排斥作用，8a 位置的 Li 被排挤到邻近 Li₄Ti₅O₁₂ 的 16c 位置，形成 Li₇Ti₅O₁₂。如图 3.35 所示，可以观察到形成的 Li₃[LiTi₅]O₁₂/Li₆[LiTi₅]O₁₂ 界面以及 Li₆[LiTi₅]O₁₂/Na₆[LiTi₅]O₁₂ 界面，且初始相 Li₃[LiTi₅]O₁₂ 与 Na₆[LiTi₅]O₁₂ 相之间间隔着 Li₆[LiTi₅]O₁₂ 相。其中 Li₃[LiTi₅]O₁₂/Li₆[LiTi₅]O₁₂ 之间晶格失配大约为 0.1%，Li₆[LiTi₅]O₁₂/Na₆[LiTi₅]O₁₂ 之间晶格失配率为 12.5%，而且在原子尺度上可以观察到各个相之间明显的界面结构。

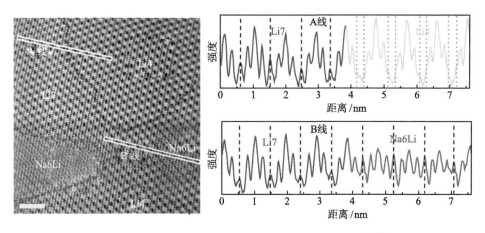

图 3.35　$Li_4Ti_5O_{12}$ 嵌钠状态下的三相共存 STEM 图像[68]

3.3.3　$Na_{0.66}[Li_{0.22}Ti_{0.78}]O_2$

$Na_{0.66}[Li_{0.22}Ti_{0.78}]O_2$ 是一种新型 P2 相层状氧化物，空间群为 $P6_3/mmc$。Li 和 Ti 共同占据着过渡金属层，Na 占据碱金属层的 2b 和 2d 位置，与上下氧形成三棱柱结构（图 3.36（a））。作为钠离子电池负极材料，可实现 0.34 个 Na^+ 的可逆存储，该材料的可逆比容量约为 110 mA·h/g，平均储钠电位约为 0.75 V（图 3.36（b）），远高于金属钠的沉积电位从而有效避免钠枝晶的生成，而且在 2C 倍率下循环 1200 周后比容量保持率为 75%。

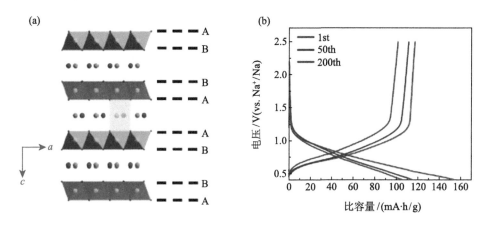

图 3.36　（a）$Na_{0.66}[Li_{0.22}Ti_{0.78}]O_2$ 晶体结构图及（b）充放电曲线[69]

与传统 P2 层状材料在嵌入/脱出反应过程中出现多个相变的反应机理不同，锂掺杂过渡金属层的 P2 层状材料在嵌入/脱出过程中表现出近似单相行为。通过原位 XRD（图 3.37）研究发现，该材料嵌入 Na^+ 后会出现多个相，但这些相仍然保持 P2 层状结构不变，区别在于不同的钠含量以及在层间的占位（2b 和 2d）不同，储钠机制为准单相反应行为，体积变化仅为 0.77%，显示出优异的零应变特性。通过循环伏安测试可知该材料中 Na^+ 的表观扩散系数为 1.0×10^{-10} cm^2/s，与 Li^+ 在石墨中的扩散系数相当。

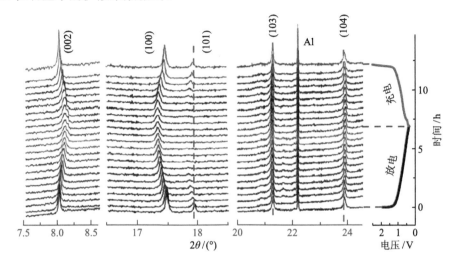

图 3.37　$Na_{0.66}[Li_{0.22}Ti_{0.78}]O_2$ 在充放电过程中的原位 XRD 图谱[69]

3.3.4　$Na_{0.6}[Cr_{0.6}Ti_{0.4}]O_2$

通过对钠离子和空位无序规律的总结，选择离子半径相似并且氧化还原电势相差较大的 Cr^{3+} 和 Ti^{4+}，可以制备出阳离子无序 P2 相 $Na_{0.6}[Cr_{0.6}Ti_{0.4}]O_2$ 层状材料（图 3.38（a））。由于 Cr^{3+} 可以被氧化，Ti^{4+} 可以被还原，该材料既可以作为正极也可以作为负极。作为负极材料时，平均储钠电位为 0.8 V，可逆比容量约为 108 mA·h/g，对应 0.4 个 Na^+ 的可逆嵌入/脱出（图 3.38（b））；用作正极材料时平均储钠电位为 3.5 V，可逆比容量约为 75 mA·h/g，对应 0.27 个 Na^+ 的可逆嵌入/脱出。利用该材料同时作为正极和负极构建的对称钠离子电池显示了优异的倍率性能，在 12C 倍率下，电池比容量仍能保持 1 C 倍率下的 75%。

除此之外，其他很多 P2/O3 相钛基层状氧化物作为钠离子电池负极材料时，也表现出优异的储钠性能。大部分 P2/O3 相钛基层状氧化物材料的平均工作电压在 1 V 以下，可逆比容量在 100 mA·h/g 以上，且具有较好的循环稳定性。但是，这些钛基嵌入型氧化物负极材料存在首周库仑效率低、可逆比容量相对较低、电子电导率差等共同缺点，这必然造成全电池体系的能量密度降低。值得一提的是，除了钛基层状氧化物，隧道型氧化物 $Na_x[FeTi]O_4$ 也可以作为钠离子电池的负极材料。当其在 0.01~2.5 V 电压范围内循环时，可逆比容量能达到 181 mA·h/g。

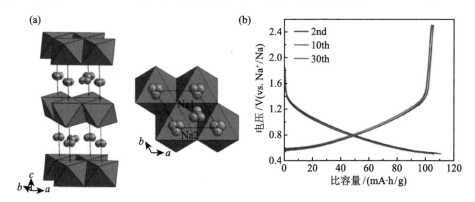

图 3.38 （a）$Na_{0.6}[Cr_{0.6}Ti_{0.4}]O_2$ 晶体结构图及（b）充放电曲线[70]

3.3.5 NaTiOPO₄

$NaTiOPO_4$ 属于正交结构，空间群为 $Pna2_1$。$NaTiOPO_4$ 和 NH_4TiOPO_4 具有与 $KTiOPO_4$ 相同的正交结构。在 $NaTiOPO_4$ 晶体结构中，磷氧四面体(PO$_4$)和钛氧八面体(TiO$_6$)通过共顶点方式相间排列构成隧道结构，在 a 轴方向，Na^+ 占据 Na1 和 Na2 两个不同的位置，其中 Na1 位于隧道中心附近，Na2 位于 TiO$_6$ 与 PO$_4$ 交点附近（图 3.39（a））。这三种材料均可用作钠离子电池负极材料，储钠电位分别为 1.45 V（NH_4TiOPO_4）、1.50 V（$NaTiOPO_4$）和 1.40 V（$KTiOPO_4$），对应 Ti^{4+}/Ti^{3+} 氧化还原电对反应（图 3.39（b））。NH_4TiOPO_4 可直接通过水热方法合成；$KTiOPO_4$ 和 $NaTiOPO_4$ 则可通过先制备 NH_4TiOPO_4 材料，然后通过离子交换方法制备。

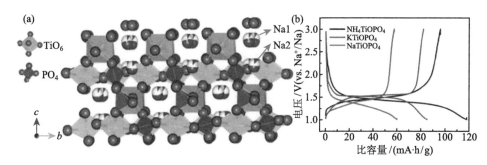

图 3.39 （a）$NaTiOPO_4$ 晶体结构图；（b）NH_4TiOPO_4、$KTiOPO_4$ 和 $NaTiOPO_4$ 的充放电曲线[71]

3.3.6 NaTi₂(PO₄)₃

作为聚阴离子型钛基材料的典型代表，$NaTi_2(PO_4)_3$具有 NASICON 型三维骨架结构，Na^+能在其晶体结构所含有的三维通道中快速扩散。三维骨架的 NASICON 结构是带负电的，$Ti_2(PO_4)_3$由磷氧四面体(PO_4)和钛氧八面体(TiO_6)通过顶角连接构成，每个磷氧四面体(PO_4)与 4 个钛氧八面体(TiO_6)相连接，每个钛氧八面体(TiO_6)与 6 个磷氧四面体(PO_4)相连接。$NaTi_2(PO_4)_3$具有两种不同的Na^+位置(M1 和 M2)，正常情况下，M1 被完全填充，而 M2 都是空位（图 3.40（a））。充放电时，Na^+能够可逆地在 M2 位进行嵌入与脱出，理论比容量为 132.8 mA·h/g。利用固相法合成的$NaTi_2(PO_4)_3$材料颗粒尺寸比较大，导致其电化学性能变差。近年来，研究者利用蔗糖裂解或者化学气相沉积对$NaTi_2(PO_4)_3$进行碳包覆，提升了电化学性能，材料平均储钠电位为 2.1 V（图 3.40（b））。虽然对于非水系钠离子电池来说，其储钠电位比较高，但是将其作为水系钠离子电池负极时比较合适。其衍生物$Na_2FeTi(PO_4)_3$同样具有 NASICON 结构，在 1.6~3.0 V 电压范围内，平均储钠电位为 2.4 V，对应着 2 个Na^+的可逆嵌入/脱出。

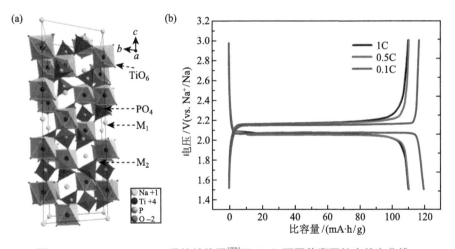

图 3.40 （a）$NaTi_2(PO_4)_3$晶体结构图[72]及（b）不同倍率下的充放电曲线

3.4 有机类负极材料

与无机材料相比，有机材料具有以下优点：

（1）有机化合物种类繁多，在自然界中含量丰富，且制备方法简单，成本低；

（2）结构灵活性高，可通过调节活性基团数量实现多电子反应，从而实现对比容量和氧化还原电势的调节；

（3）独特的嵌入/脱出机制使其具有较快的钠离子迁移速率。

但是有机类负极材料也存在以下缺点：

（1）大部分有机负极材料的本征电子电导率低，需要在制备电极的过程中加入大量的导电炭黑，降低了电池体系的体积能量密度，同时加入的导电碳黑在低电压下会与电解液发生副反应，导致首周库仑效率低；

（2）许多有机类负极材料在有机电解液中溶解度较高，所以循环稳定性较差。

3.4.1 常见有机负极材料

有机负极材料主要包括四种类型：羰基化合物、席夫碱化合物、有机自由基化合物和有机硫化物。其中，共轭羰基化合物来源丰富，并且具有结构多样性和比容量高等优点。

1. 羰基化合物

在含羰基的化合物中，研究者主要将目光集中在共轭羰基化合物上。这类材料价格便宜，合成方法简单，分子结构多样，晶体结构框架相对稳定，并且具有较大的理论比容量（一般大于 200 mA·h/g）和较好的动力学性能。

从所含官能团角度区分，共轭羰基化合物包括羧酸盐类和醌类等。其中，羧酸盐主要指对苯二甲酸二钠及其衍生物，由于在羰基旁边直接连有供电子基团 —ONa，电压一般低于 1 V，适合作为负极，研究报道较多；而醌类化合物的电压一般高于 1 V，可以避免 SEI 膜的形成，比容量也相对较高。通过调整取代基和苯环的数量可以得到具有不同电压和比容量的电极材料。

1）对苯二甲酸二钠

$Na_2C_8H_4O_4$ 是第一个用于钠离子电池的有机负极材料。$Na_2C_8H_4O_4$ 为正交结构，对应空间群 $Pbc2_1$，其晶胞参数为 a=3.5480 Å，b=10.8160 Å，c=18.9943 Å。胡勇胜等[73]报道了商业化 $Na_2C_8H_4O_4$ 作为钠离子电池负极材料的电化学性能。如图 3.41 所示，在 0.1C 倍率下，0.1~2 V 电压范围内，该材料能够发生两个电子的可逆反应，储钠电位约为 0.25 V，可逆比容量约为 250 mA·h/g（理论比容量为 255 mA·h/g），且循环稳定性较高。

2）对醌类化合物

醌指分子中含有六元环状共轭不饱和二酮结构的一类化合物，是一种具有良好电化学活性的典型有机羰基化合物，其氧化还原机制可以归结为一种烯醇化反应和羰基的逆反应。实际上，许多其他的共轭羰基化合物也与醌一样表现出类似

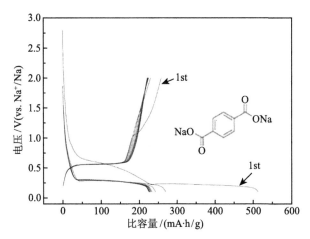

图 3.41　对苯二甲酸二钠的充放电曲线[73]

的电化学氧化还原行为。

　　一般情况下，1 V 以上的储钠电位就可以减少 SEI 膜的生成，但是较高的负极储钠电位又会降低全电池的输出电压，从而降低能量密度。因此，储钠电位在 1 V 左右的负极材料是比较理想的选择。基于以上考虑，胡勇胜等[74]利用氢氧化钠与 2,5-羟基-1,4-苯醌（$C_6H_4O_4$）在室温下直接反应制备出 $Na_2C_6H_2O_4$，并分别在去离子水和乙醇中制备出微米级和纳米级的产物，其分子结构和充放电曲线如图 3.42 所示。纳米 $Na_2C_6H_2O_4$ 在 0.1C 倍率下的首周放电比容量为 288 mA·h/g，首周充电比容量为 265 mA·h/g，首周库仑效率为 91.9%。由于嵌钠电位高于 1 V，该材料与电解液之间的副反应较少，避免低电位下 SEI 膜的生成，从而使首周库仑效率明显提高，同时也可以尽可能地提高全电池的输出电压，保证电池的能量密度。然而该材料循环稳定性较差，这可能是 $Na_2C_6H_2O_4$ 材料的电子电导率低造成的。

　　然而，绝大多数有机小分子羧基化合物都不可避免地在有机电解液中发生溶解，使其比容量迅速衰减，循环稳定性变差。为了缓解这个问题，主要改善方法包括：①选用合适的前驱体并采用化学手段将其聚合，聚合物的生成将会在很大程度上抑制活性物质在电解液中的溶解；②通过化学反应，将不同的活性单体嫁接在一起获得较大的共轭结构，刚性的共轭结构也会抑制有机活性小分子在电解液中的溶解；③与其他载体（如石墨烯、碳纳米管）复合在一起，利用分子间的作用力来抑制小分子的溶解。尽管如此，有机羧基化合物电极材料的电化学性能仍有很大的提升空间。

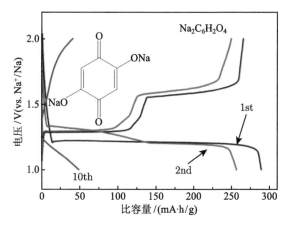

图 3.42　纳米尺寸 2,5-二羟基-1,4-苯醌二钠的结构式和充放电曲线[74]

2. 席夫碱化合物

席夫碱化合物是指含有碳氮双键的（甲）亚胺基团（—R—C═N—）的一类有机化合物的统称，可通过等当量的醛和胺缩合反应制得。席夫碱化合物对金属离子具有很好的络合能力，易与多种金属离子形成配合物。相比于羰基基团，席夫碱化合物的甲亚胺基团更容易被还原，典型席夫碱聚合物的结构式和充电曲线如图 3.43 所示，其中—C═N—的杂化轨道上的 N 原子具有孤对电子，具有独特的光、电和热等性质[75]。

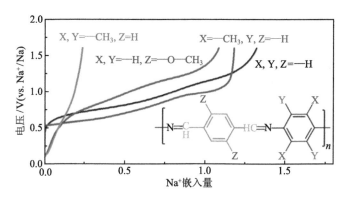

图 3.43　典型席夫碱聚合物的结构式和充电曲线[75]

3.4.2　共轭羰基化合物的储钠机理

共轭羰基化合物的结构特点是具有大的共轭体系和偶数个羰基官能团（C═O），作为参与电化学反应的活性位点。传统的羰基可逆断裂重建机理认为，共轭羰基化合物的储钠机理是羰基的烯醇化反应及其逆反应，如图 3.44 所示。例如，苯醌或共轭羧基发生还原反应时，先得到一个电子生成自由基负离子，再得到第二个电子生成二价阴离子；发生氧化反应时，失去两个电子还原成苯醌或共轭羧基的结构。这种传统机理是从分子水平对电化学反应机理的认识。从更微观的晶体结构方面对电化学反应机理进行研究有利于提高对该类有机化合物储钠机理的认识。

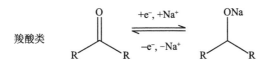

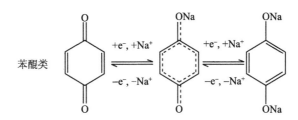

图 3.44　传统的羰基可逆断裂重建机理

2015 年胡勇胜等[76]首次从晶体结构及电子结构等方面对有机化合物的储钠机理进行研究。以 $Na_2C_6H_2O_4$ 为例，XRD 结构精修结果（图 3.45（a））表明，$Na_2C_6H_2O_4$ 属于三斜晶系，空间群为 $P\bar{1}$。其结构可以看作由互相平行的有机苯环层和无机 Na—O 层沿 c 轴交错堆叠而成的有机-无机层状结构。有机苯环层的厚度为 4.527 Å，苯环平行于 a 轴方向排列。无机 Na—O 层厚度为 2.764 Å，由 NaO_6 八面体共边连接所组成。

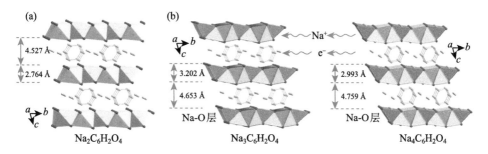

图 3.45　(a) $Na_2C_6H_2O_4$ 沿 a 轴的晶体结构示意图；(b) $Na_2C_6H_2O_4$ 嵌钠后（$Na_3C_6H_2O_4$ 和 $Na_4C_6H_2O_4$）的层状结构示意图[76]

如图 3.45（b）所示，嵌钠态 $Na_3C_6H_2O_4$ 相和 $Na_4C_6H_2O_4$ 相的晶体结构与 $Na_2C_6H_2O_4$ 相类似，均为三斜晶系，空间群也为 $P\bar{1}$，是有机苯环层和无机 Na—O 层交错排列的层状结构。随着 Na^+ 的嵌入，Na^+ 和羧基的配位情况发生变化，$Na_3C_6H_2O_4$ 相的 Na-O 层发生了一定程度的扭曲，同时有机苯环层沿横向和纵向扩展，苯环与 bc 平面之间的夹角减小，整个分子发生转动。钠离子在 Na-O 无机层内迁移，不会沿苯环层和无机层的垂直方向穿过苯环扩散，即使在 2000 K 的模拟温度下，$Na_3C_6H_2O_4$ 相也没有明显的扩散通道。第一性原理计算表明，$Na_2C_6H_2O_4$ 相和 $Na_4C_6H_2O_4$ 相材料为半导体，带隙均为 1.2 eV 左右，而 $Na_3C_6H_2O_4$ 相价带半满，为导体。钠离子嵌入过程中，电子主要是注入了苯环上 C2 和 C3 原子的 2p 轨道中（具体见 8.3.2 节中表 8.1）。有机-无机层状 $Na_2C_6H_2O_4$ 的储钠反应机制为：钠离子在无机 Na-O 层中存储和扩散，而电子在有机苯环层内存储和传递，苯环为氧化还原中心。这一机理与传统的碳氧双键作为氧化还原中心的可逆断裂储钠机理有很大区别。

3.5　合金及其他负极材料

碳基、钛基和有机类材料的储钠位点有限，可逆比容量较低，削弱了钠离子电池的成本优势，所以需要发展高比容量的负极材料。钠是一种活泼金属，可与许多金属(Sn、Sb 和 In 等)形成合金。合金类材料以其储钠比容量高，反应电势相对较低的特点受到了研究者的广泛关注。同时这类材料也存在很大缺点，即反应动力学较差，并且嵌钠和脱钠前后体积变化巨大，这导致材料在循环过程中发生粉化，材料之间及材料和集流体之间失去电接触后，比容量快速衰减，所以实际应用比较困难。例如，Sn 合金嵌锂后体积膨胀为 420%，其中涉及多个中间相变过程。因此缓解钠嵌入/脱出过程中的体积变化问题是合金类负极材料面临的关键问题。

3.5.1　合金类材料

从广义上讲，合金类负极材料指能与金属钠形成合金或者二元类合金化合物的金属、准金属以及非金属。典型的反应方程式如下：

$$M_a + bNa^+ + be^- \rightleftharpoons Na_bM_a \tag{3-7}$$

M 包括第三主族的 In，第四主族的 Si、Sn、Pb 和第五主族的 P、As、Sb、Bi。不同的元素会生成具有不同计量比的合金化产物。具体的合金化产物、理论比容量和体积膨胀率如表 3.1 所示。In 与 Na 形成 Na_2X，Si、Ge 与 Na 形成 NaX，Sn、Pb 与 Na 形成 $Na_{15}X_4$，P、As、Sb、Bi 与 Na 形成 Na_3X。理论上，In 可以与 Na

形成 Na$_2$In 合金，比容量为 467 mA·h/g。但是 In 的钠化过程动力学速度很低，实际比容量仅 100 mA·h/g 左右，不适合作为钠离子电池的电极材料；Si 能与 Na 形成 NaSi 合金，但由于 Na-Si 合金化反应的电位很低（接近 0 V），实际嵌钠过程中的极化现象会使得合金化电位达到 Na 析出的范围，因此不能在实验过程中观察到 Na-Si 合金化过程；Ge 能与钠在 0.4 V 左右发生合金化反应生成 NaGe 合金，理论比容量为 369 mA·h/g，但是由于完全钠化之后的产物是无定形的，难以用 XRD 鉴定最终的钠化产物是否是 1:1 的 NaGe 合金；Pb 也能与钠发生一系列的合金化反应，但是由于 Pb 属于重金属，对环境有污染，后期的研究并不多；除此之外，As 能与钠形成 Na$_3$As 合金，理论比容量为 1073 mA·h/g，但是 As 的毒性非常大，无法实际应用，研究较少；Bi 也能与钠形成 Na$_3$Bi 合金，但是 Bi 的原子质量较大，其理论比容量较低（仅为 385 mA·h/g），研究较少。受到成本、资源和环境等因素的限制，目前研究较多的合金类钠离子电池负极材料主要包括 Sn、Sb、SnSb 和 P。

表 3.1　与钠发生合金化的元素及相应的合金化产物、理论比容量和体积膨胀率

元素周期表位置	合金元素	合金化产物	理论比容量/（mA·h/g）	体积膨胀率
ⅢA	In	Na$_2$In	467	—
ⅣA	Si	NaSi	957	114%
	Ge	NaGe	369	305% vs. 272% (Li-Ge)
	Sn	Na$_{15}$Sn$_4$	847	420% vs. 259% (Li-Sn)
	Pb	Na$_{15}$Pb$_4$	485	487%
ⅤA	P	Na$_3$P	2594	308% vs. 300% (Li-P)
	As	Na$_3$As	1073	—
	Sb	Na$_3$Sb	660	293% vs. 150% (Li-Sb)
	Bi	Na$_3$Bi	385	—

1. Sn

由于 Sn 储钠的理论比容量高、嵌钠电位相对较低并且成本低廉，所以对 Sn 基合金材料的研究是比较深入的。另外，由于 Sn 的储钠电位低于相应的储锂电位，从提高全电池体系的输出电压角度看，Sn 更适合作为钠离子电池的负极材料。

Na-Sn 合金化过程远比 Li-Sn 合金化过程复杂。虽然关于 Sn 钠化的机理研究较多，但至今尚无定论。一方面，这可能是由于很多中间相是无定形态或纳米晶态，不稳定或者反应活性很高，难以直接表征。另一方面，具有不同形貌结构的材料具有不同的动力学性能，从而会检测到不同的相变过程。

黄建宇等[77]通过原位 TEM 详细地研究了纳米 Sn 颗粒在充放电过程中的形貌及结构变化，提出了不同的嵌入/脱出钠机制。图 3.46 为 Sn 嵌钠过程的结构变化及体积膨胀示意图。晶态的 Sn 与钠发生两相反应生成无定形的 NaSn$_2$，这一步骤的体积变化为 56%；随着钠离子的进一步嵌入，形成富钠的无定形 Na_9Sn_4 和 Na_3Sn，相应的体积变化为 252%和 336%；最后，通过单相转变机理生成结晶型的 $Na_{15}Sn_4$，体积变化达到 420%。Sn 在放电过程中的体积膨胀率（420%）远远大于 Sn 在嵌锂过程中的体积膨胀率（259%）。

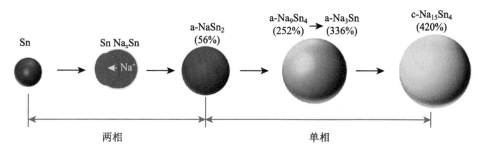

图 3.46　Sn 的储钠机理及相应的体积变化[77]

除此之外，也有研究者观察到在放电过程中存在五个平台，分别为 β-Sn、不确定相 Na_3Sn_5、无定形的 Na_6Sn_5、六方相 Na_5Sn_2 以及 $Na_{15}Sn_4$。然而，也有研究者认为不同尺寸的纳米颗粒存在不同的相变过程，可能存在的中间相包括 $NaSn_6$、$NaSn_4$、$NaSn_3$、$NaSn_2$、Na_9Sn_4、Na_3Sn、$Na_{15}Sn_4$。其他一些研究结果表明，可能存在的中间相包括贫钠相，如 $NaSn_5$、$NaSn_3$、$NaSn_2$、Na_3Sn_5 和 NaSn 等以及富钠相，如 Na_9Sn_4、Na_3Sn、Na_5Sn_2 和 $Na_{15}Sn_4$ 等。

虽然不同研究者报道的相变过程不一致，但是从充放电曲线来看，在首周放电过程中，常常具有四个倾斜的电压平台，分别在 0.45~0.41 V、0.18~0.15 V、0.08~0.06 V、0.03~0.01 V。而对应的首周脱钠电位分别在 0.63 V、0.55 V、0.28 V、0.15 V。充放电电压之间的明显差异可能是 Sn 钠化过程较差的动力学性能造成的。随着循环的进行，平台会变得更加不明显，再次说明动力学性能差，来不及形成中间相。相关研究也表明，纳米级 Sn 表现出完全倾斜的充放电曲线。目前，由体积变化造成的较差的循环稳定性是制约 Sn 作为钠离子电池负极材料的主要瓶颈。

2. Sb

Sb 也是钠离子电池合金型负极材料的一个典型代表，每个 Sb 原子能与 3 个 Na 原子结合。如图 3.47（a）所示，在钠离子首周嵌入 Sb 时，钠先与 Sb 形成了无定形 Na_xSb 合金，紧接着 Na_xSb 再次与钠结合形成立方或六方合金 Na_3Sb；脱钠反应过程则为六方合金 Na_3Sb 直接转化为无定形 Sb，理论比容量可以达到 660 mA·h/g。由于 Sb 钠化的电位（0.52 V vs. Na^+/Na）比 Sb 锂化的电位（0.85 V vs. Li^+/Li）低，所以 Sb 作为钠离子电池负极材料也具有很大的吸引力，其典型的充放电曲线如图 3.47（b）所示[78]。

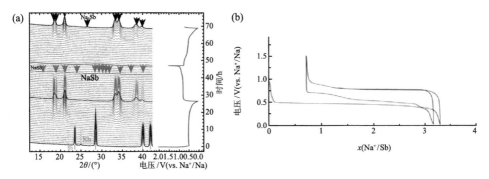

图 3.47　Sb 负极在充放电过程中的原位 XRD 图谱（a）和典型充放电曲线（b）[78]

3. P

自然界中，P 主要有三种存在形式：白磷、红磷和黑磷。白磷，最不稳定，且有剧毒；黑磷热力学稳定，电子电导率高，但反应活性低且制备方法复杂（需要将红磷经高温高压如 900 ℃/4.5 GPa 处理或者高能球磨才能得到）；红磷最稳定，有商业化成品，具有无定形和结晶型两种类型，在钠离子电池中具有电化学活性，其电化学性能显著依赖于晶体结构、形貌、电子电导率以及充放电过程中的体积变化。红磷与 Na 可以形成 Na_3P 化合物，理论比容量高达 2594 mA·h/g，储钠电位在 0.4 V 左右，红磷/碳复合物充放电曲线如图 3.48 所示[79]。但红磷极差的导电性以及在充放电过程中巨大的体积变化严重抑制了其在钠离子电池中的应用。

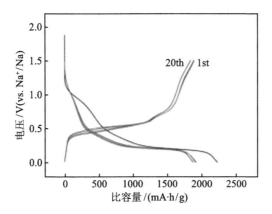

图 3.48　红磷/碳复合物的典型充放电曲线[79]

3.5.2 其他材料

除了合金类材料之外，高比容量的负极材料主要包括以下两类：①同时发生转换型和合金化反应的材料，如上节提到的能与 Na 形成合金的金属、准金属、非金属对应的氧化物、硫化物、硒化物、磷化物和氮化物等。这类材料先发生转换型反应

$$M_aX_b+bcNa^++ze^- \longrightarrow bNa_cX+aM \tag{3-8}$$

其中 M=In、Si、Ge、Sn、Pb、P、As、Sb 或 Bi；X=O、S、Se、P 或 N 等。生成的金属 M 能与金属钠继续发生合金化反应

$$bNa_cX+aM+xNa^++xe^- \longrightarrow bNa_cX+Na_xM_a \tag{3-9}$$

因为该材料可以同时利用转换反应和合金化反应过程，所以其理论比容量高于相应的合金类材料。②过渡金属元素对应的氧化物、硫化物、硒化物、磷化物、氮化物等。该类材料的电化学反应机理通常包括过渡金属的还原（或氧化）以及相应含钠化合物的生成（或分解）。典型的反应方程式同式（3-8），其中 M=Fe、Co、Ni、Cu、Mn 或 Mo 等；X=O、S、Se、P 或 N 等。

3.5.3 合金及其他材料的常见改善策略

在钠离子电池的大部分嵌入型材料中，体积变化一般不会超过 120%，而合金及其他负极材料在钠化过程中的体积膨胀率非常大，会产生较大的内部应力，带来一系列负面效应，如活性材料颗粒粉化，从集流体上脱落，与集流体失去电接触；SEI 膜不稳定，新暴露的表面会持续与电解液发生反应从而消耗活性钠离子，导致容量衰减和电解液的消耗。因此，关于合金及转换类负极材料的研究重点在于采用直接或者间接的方法来缓解体积膨胀，提高储钠性能。目前，改善策略主要包括以下几种。

1. 降低颗粒尺寸（纳米化）及设计不同的微纳结构

降低颗粒尺寸（纳米化）是一种提高合金及转换类负极材料电化学性能的有效方法。纳米颗粒的优势主要体现在以下三个方面：①纳米化可以显著降低单个颗粒的绝对体积变化，从而缓解充放电过程中的应力和应变，提高结构稳定性，提升电池的循环稳定性；同时纳米尺寸的电极材料也有利于均匀地钠化，缓解体积膨胀的问题，减缓裂纹的扩展，从而提高循环稳定性。②根据扩散时间与扩散距离的平方成正比，纳米化可以显著缩短离子的迁移距离，提供更多的电化学活性位点，获得高比容量、高倍率。③由于纳米结构的电极比表面积大，与电解液

接触面积大，可以提高电极的反应活性；并且纳米颗粒之间的空隙有利于电解液的渗透，并为体积膨胀提供缓冲空间，但也存在副反应较多的问题。

但是，单纯地降低电极颗粒的尺寸难以从根本上解决体积膨胀和颗粒粉化等问题。并且纳米材料也存在很多缺点：例如，制造过程复杂，制造成本高；纳米晶体之间的界面接触阻抗较大；比表面积大，副反应多，首周库仑效率低；压实密度低，电池的体积能量密度低；纳米颗粒容易团聚；纳米金属颗粒具有发生爆炸的风险等。因此纳米化并不是一个完美的方法，而设计微纳结构可以在一定程度上综合其优缺点。合理的结构需要预留出一定的空隙，既能适应充放电过程中的体积膨胀，提高结构的稳定性，也能同时提高动力学性能。

目前研究报道的微纳结构主要包括零维、一维、二维以及三维微纳结构。零维材料具有超高的比表面积，拥有更多的活性位点。一维材料如纳米线、纳米丝和纳米棒，具有较大的长径比，离子在径向方向具有较短的扩散距离，有利于提高充放电速率，而且离子在嵌入/脱出过程中产生的应力也可以通过轴向释放，提高结构稳定性，同时一维材料有利于活性材料之间及其与导电剂之间的相互接触面积增大，有利于电子和离子的传输，可提高倍率性能。二维材料，如纳米片等，具有较大的比表面积，能为电极反应提供丰富的活性位点；在垂直于片层的方向扩散路径较短；层状材料的内部空间有利于电解液的渗透，可以阻止颗粒的粉化和团聚，缓解体积膨胀。三维材料有三维多孔结构、核壳结构、中空结构和三维自组装结构等，三维微纳结构同样具有丰富的内部空间，电子和离子的高效迁移通道及大的比表面积，有利于缓解体积膨胀，并有效地缩短离子的扩散距离，提高动力学性能。

2. 引入缓冲基体材料及制备多元金属间化合物

为了充分利用纳米颗粒的优势，避免其负面效应，研究者通过将纳米颗粒分散在不同缓冲基底中来达到缓解体积膨胀、减少颗粒团聚、提高电子电导率以及提升电子转移数的目的。常见的缓冲基底包括各种形貌尺寸的三维网络骨架，如碳材料、金属和导电聚合物等。其中对碳材料的研究最多，稳定且柔韧性好的碳基底可以在制备过程中有效地阻止颗粒团聚和长大。碳网络可以避免活性颗粒和电解液的直接接触，减少副反应，从而提高首周库仑效率。导电的碳网络还可以提高电极的倍率性能，但加入过多的碳基体（或者其他惰性基体材料）会降低电极整体的能量密度，所以需要在活性材料和基体材料的配比方面进行详细研究，使之既能发挥基体材料的优势，又不显著影响能量密度，从而在可逆比容量和循环稳定性之间达到平衡。

此外，与其他金属复合形成二元或者多元金属间化合物也是提高合金及转换类电极材料电化学性能的一种重要方法。引入的其他金属可以是活性组分，亦可以是非活性组分，但是这些金属之间必须均匀紧密地结合，才能起到缓解体积膨胀和提升离子与电子电导率的作用。其中，非活性金属组分包括 Cr、Mn、Fe、Co、Ni、Cu、Zn、Mo、La 和 Ce 等。

与非活性金属相比，活性金属能贡献容量，但不会显著改变整个电极的比容量及电池体系的能量密度。由于引入的活性金属与原始活性金属的嵌入/脱出电位不完全一样，因此二者可以作为彼此的缓冲基底，多种金属之间的协同作用可以获得较优异的储钠性能。值得注意的是合金金属的比例对电化学性能和相应的机理有显著的影响，这类二元或多元合金材料的电化学性能与合金的晶体结构、金属间的结合力以及合金金属的本征动力学特征相关。

3. 优化黏结剂、电解液添加剂及电压窗口

黏结剂种类及组成、导电添加剂种类、活性物质的负载量、活性材料颗粒尺寸及形貌、电解液组成及浓度和电解液添加剂种类及含量等都会显著影响合金及转换类负极材料的性能。其中，以黏结剂、电解液添加剂和电压窗口的影响最为明显。好的黏结剂应该具有弹性和较高的耐膨胀系数，有利于使活性材料颗粒与导电添加剂形成三维网络结构，从而缓解体积膨胀。

合适的电解液添加剂有利于形成薄而致密的 SEI 膜，减少副反应。研究结果表明，氟代碳酸乙烯酯（FEC）添加剂在改善 Sn 的循环性能方面有明显的作用，添加 FEC 后比容量保持率明显提高。但是，相比之下，FEC 添加剂改善微米 Sn 循环性能的作用不如改善纳米 Sn 的效果明显，这可能与体积膨胀有关。随着充放电深度的增加，活性材料颗粒发生的体积变化越大，因此控制充放电过程的电压窗口可以控制体积变化程度，改善循环性能。但是控制截止电压会牺牲部分容量，难以发挥合金及转换类负极材料高容量的优势。

总之，由于合金及转换类材料在充放电过程中形成的各个物质的晶体结构差异太大，所以必然会存在较大的体积变化。这与合金及转换类材料的充放电机理息息相关，不能从根本上避免。缓解充放电过程中的体积膨胀，降低颗粒团聚，减少 SEI 膜的持续生长仍然是后续的研究热点。

从工业化应用的角度讲，Sn 和 Sb 与碳的复合物最具应用前景，其制备方法也相对简单。从科学研究的角度讲，独特的结构设计仍然是研究的热点，但是这些特殊结构的制备方法通常都较为复杂，会限制其实际应用。除此之外，微米级别的颗粒能显著提高材料的库仑效率和振实密度，因此合成微米级别的合金类材料也是一个新的趋势，为了同时利用纳米材料的优势，合成具有微纳结构的合金类材料也是一个具有较大潜力的方向。

参 考 文 献

[1] Winter M, Barnett B, Xu K. Before Li ion batteries. Chemical Reviews, 2018, 118(23): 11433-11456

[2] Kim H, Kim H, Ding Z, et al. Recent progress in electrode materials for sodium-ion batteries. Advanced Energy Materials, 2016, 6(19): 1600943

[3] Pan H, Hu Y S, Chen L. Room-temperature stationary sodium-ion batteries for large-scale electric energy storage. Energy & Environmental Science, 2013, 6(8): 2338-2360

[4] Wang Q, Zhao C, Lu Y X, et al. Advanced nanostructured anode materials for sodium-ion batteries. Small, 2017, 13(42): 1701835

[5] Kang H, Liu Y, Cao K, et al. Update on anode materials for Na-ion batteries. Journal of Materials Chemistry A, 2015, 3(35): 17899-17913

[6] Li Y, Lu Y X, Adelhelm P, et al. Intercalation chemistry of graphite: alkali metal ions and beyond. Chemical Society Reviews, 2019, 48(17): 4655-4687

[7] Asher R C, Wilson S A. Lamellar compound of sodium with graphite. Nature, 1958, 181(4606): 409-410

[8] Ge P, Fouletier M. Electrochemical intercalation of sodium in graphite. Solid State Ionics, 1988, 28: 1172-1175

[9] Liu Y, Merinov B V, Goddard W A. Origin of low sodium capacity in graphite and generally weak substrate binding of Na and Mg among alkali and alkaline earth metals. Proceedings of the National Academy of Sciences of the United States of America, 2016, 113(14): 3735-3739

[10] Jache B, Adelhelm P. Use of graphite as a highly reversible electrode with superior cycle life for sodium-ion batteries by making use of co-intercalation phenomena. Angewandte Chemie International Edition, 2014, 53(38): 10169-10173

[11] Goktas M, Bolli C, Berg E J, et al. Graphite as cointercalation electrode for sodium-ion batteries: electrode dynamics and the missing solid electrolyte interphase (SEI). Advanced Energy Materials, 2018, 8(16): 1702724

[12] Dou X, Hasa I, Saurel D, et al. Hard carbons for sodium-ion batteries: structure, analysis, sustainability, and electrochemistry. Materials Today, 2019, 23: 87-104

[13] Irisarri E, Ponrouch A, Palacin M R. Review—hard carbon negative electrode materials for sodium-ion batteries. Journal of The Electrochemical Society, 2015, 162(14): A2476-A2482

[14] Dahbi M, Kiso M, Kubota K, et al. Synthesis of hard carbon from argan shells for Na-ion batteries. Journal of Materials Chemistry A, 2017, 5(20): 9917-9928

[15] Komaba S, Murata W, Ishikawa T, et al. Electrochemical Na insertion and solid electrolyte interphase for hard-carbon electrodes and application to Na-ion batteries. Advanced Functional Materials, 2011, 21(20): 3859-3867

[16] Simone V, Boulineau A, de Geyer A, et al. Hard carbon derived from cellulose as anode for sodium ion batteries: dependence of electrochemical properties on structure. Journal of Energy Chemistry, 2016, 25(5): 761-768

[17] Muñoz-Márquez M Á, Saurel D, Gómez-Cámer J L, et al. Na-ion batteries for large scale applications: a review on anode materials and solid electrolyte interphase formation. Advanced Energy Materials, 2017, 7(20): 1700463

[18] Saurel D, Segalini J, Jauregui M, et al. A SAXS outlook on disordered carbonaceous materials

for electrochemical energy storage. Energy Storage Materials, 2019, 21: 162-173

[19] Saurel D, Orayech B, Xiao B, et al. From charge storage mechanism to performance: a roadmap toward high specific energy sodium-ion batteries through carbon anode optimization. Advanced Energy Materials, 2018, 8(17): 1703268

[20] Doeff M M. Electrochemical insertion of sodium into carbon. Journal of the Electrochemical Society, 1993, 140(12): L169

[21] Stevens D A, Dahn J R. High capacity anode materials for rechargeable sodium-ion batteries. Journal of the Electrochemical Society, 2000, 147(4): 1271

[22] Anji Reddy M, Helen M, Groß A, et al. Insight into sodium insertion and the storage mechanism in hard carbon. ACS Energy Letters, 2018, 3(12): 2851-2857

[23] Bommier C, Ji X, Greaney P A. Electrochemical properties and theoretical capacity for sodium storage in hard carbon: insights from first principles calculations. Chemistry of Materials, 2018, 31(3): 658-677

[24] Bommier C, Mitlin D, Ji X. Internal structure-Na storage mechanisms-electrochemical performance relations in carbons. Progress in Materials Science, 2018, 97: 170-203

[25] Bommier C, Surta T W, Dolgos M, et al. New mechanistic insights on Na-ion storage in nongraphitizable carbon. Nano Letters, 2015, 15(9): 5888-5892

[26] Cao Y, Xiao L, Sushko M L, et al. Sodium ion insertion in hollow carbon nanowires for battery applications. Nano Letters, 2012, 12(7): 3783-3787

[27] Deringer V L, Merlet C, Hu Y, et al. Towards an atomistic understanding of disordered carbon electrode materials. Chemical Communications, 2018, 54(47): 5988-5991

[28] Forse A C, Merlet C, Allan P K, et al. New insights into the structure of nanoporous carbons from NMR, Raman, and pair distribution function analysis. Chemistry of Materials, 2015, 27(19): 6848-6857

[29] Morita R, Gotoh K, Fukunishi M, et al. Combination of solid state NMR and DFT calculation to elucidate the state of sodium in hard carbon electrodes. Journal of Materials Chemistry A, 2016, 4(34): 13183-13193

[30] Qiu S, Xiao L, Sushko M L, et al. Manipulating adsorption-insertion mechanisms in nanostructured carbon materials for high-efficiency sodium ion storage. Advanced Energy Materials, 2017, 7(17): 1700403

[31] Sun N, Guan Z, Liu Y, et al. Extended "adsorption-insertion" model: a new insight into the sodium storage mechanism of hard carbons. Advanced Energy Materials, 2019, 9(32): 1901351

[32] Xiao L, Cao Y, Henderson W A, et al. Hard carbon nanoparticles as high-capacity, high-stability anodic materials for Na-ion batteries. Nano Energy, 2016, 19: 279-288

[33] Li Y, Hu Y S, Qi X, et al. Advanced sodium-ion batteries using superior low cost pyrolyzed anthracite anode: towards practical applications. Energy Storage Materials, 2016, 5: 191-197

[34] Li Y, Xu S, Wu X, et al. Amorphous monodispersed hard carbon micro-spherules derived from biomass as a high performance negative electrode material for sodium-ion batteries. Journal of Materials Chemistry A, 2015, 3(1): 71-77

[35] Li Y, Hu Y S, Titirici M M, et al. Hard carbon microtubes made from renewable cotton as high-performance anode material for sodium-ion batteries. Advanced Energy Materials, 2016, 6(18): 1600659

[36] Bai P, He Y, Zou X, et al. Elucidation of the sodium-storage mechanism in hard carbons. Advanced Energy Materials, 2018, 8(15): 1703217

[37] Adelhelm P, Hu Y S, Chuenchom L, et al. Generation of hierarchical meso- and macroporous

carbon from mesophase pitch by spinodal decomposition using polymer templates. Advanced Materials, 2007, 19(22): 4012-4017

[38] Cao B, Liu H, Xu B, et al. Mesoporous soft carbon as an anode material for sodium ion batteries with superior rate and cycling performance. Journal of Materials Chemistry A, 2016, 4(17): 6472-6478

[39] Li Q, Zhu Y, Zhao P, et al. Commercial activated carbon as a novel precursor of the amorphous carbon for high-performance sodium-ion batteries anode. Carbon, 2018, 129: 85-94

[40] Lu P, Sun Y, Xiang H, et al. 3D amorphous carbon with controlled porous and disordered structures as a high-rate anode material for sodium-ion batteries. Advanced Energy Materials, 2018, 8(8): 1702434

[41] Lu Y X, Zhao C, Qi X, et al. Pre-oxidation-tuned microstructures of carbon anodes derived from pitch for enhancing Na storage performance. Advanced Energy Materials, 2018, 8(27): 1800108

[42] Qi Y, Lu Y X, Ding F, et al. Slope-dominated carbon anode with high specific capacity and superior rate capability for high safety Na-ion batteries. Angewandte Chemie, 2019, 131(13): 4405-4409

[43] Xie F, Xu Z, Jensen A C S, et al. Hard-soft carbon composite anodes with synergistic sodium storage performance. Advanced Functional Materials, 2019, 29(24): 1901072

[44] Bin D S, Li Y, Sun Y G, et al. Structural engineering of multishelled hollow carbon nanostructures for high-performance Na-ion battery anode. Advanced Energy Materials, 2018, 8(26), 1800855

[45] Jin Y, Sun S, Ou M, et al. High-performance hard carbon anode: tunable local structures and sodium storage mechanism. ACS Applied Energy Materials, 2018, 1(5): 2295-2305

[46] Wang H L, Shi Z Q, Jin J, et al. Properties and sodium insertion behavior of phenolic resin-based hard carbon microspheres obtained by a hydrothermal method. Journal of Electroanalytical Chemistry, 2015, 755: 87-91

[47] Dou X, Hasa I, Hekmatfar M, et al. Pectin, hemicellulose, or lignin? Impact of the biowaste source on the performance of hard carbons for sodium-ion batteries. ChemSusChem, 2017, 10(12): 2668-2676

[48] Jiang Q, Zhang Z, Yin S, et al. Biomass carbon micro/nano-structures derived from ramie fibers and corncobs as anode materials for lithium-ion and sodium-ion batteries. Applied Surface Science, 2016, 379: 73-82

[49] Rath P C, Patra J, Huang H T, et al. Carbonaceous anodes derived from sugarcane bagasse for sodium-ion batteries. ChemSusChem, 2019, 12(10): 2302-2309

[50] Wang H, Yu W, Shi J, et al. Biomass derived hierarchical porous carbons as high-performance anodes for sodium-ion batteries. Electrochimica Acta, 2016, 188: 103-110

[51] Zhang F, Yao Y, Wan J, et al. High temperature carbonized grass as a high performance sodium ion battery anode. ACS Applied Materials & Interfaces, 2017, 9(1): 391-397

[52] Zhu Y, Chen M, Li Q, et al. A porous biomass-derived anode for high-performance sodium-ion batteries. Carbon, 2018, 129: 695-701

[53] Dou X, Hasa I, Saurel D, et al. Impact of the acid treatment on lignocellulosic biomass hard carbon for sodium-ion battery anodes. ChemSusChem, 2018, 11(18): 3276-3285

[54] Jin J, Yu B I, Shi Z Q, et al. Lignin-based electrospun carbon nanofibrous webs as free-standing and binder-free electrodes for sodium ion batteries. Journal of Power Sources, 2014, 272: 800-807

[55] Zhu H, Shen F, Luo W, et al. Low temperature carbonization of cellulose nanocrystals for high

performance carbon anode of sodium-ion batteries. Nano Energy, 2017, 33: 37-44

[56] Li Z, Ma L, Surta T W, et al. High capacity of hard carbon anode in Na-ion batteries unlocked by PO$_x$ doping. ACS Energy Letters, 2016, 1(2): 395-401

[57] Xiao L, Lu H, Fang Y, et al. Low-defect and low-porosity hard carbon with high coulombic efficiency and high capacity for practical sodium ion battery anode. Advanced Energy Materials, 2018, 8(20): 1703238

[58] Hasegawa G, Kanamori K, Kannari N, et al. Studies on electrochemical sodium storage into hard carbons with binder-free monolithic electrodes. Journal of Power Sources, 2016, 318: 41-48

[59] Fromm O, Heckmann A, Rodehorst U C, et al. Carbons from biomass precursors as anode materials for lithium ion batteries: new insights into carbonization and graphitization behavior and into their correlation to electrochemical performance. Carbon, 2018, 128: 147-163

[60] Kim D W, Kil H S, Kim J, et al. Highly graphitized carbon from non-graphitizable raw material and its formation mechanism based on domain theory. Carbon, 2017, 121: 301-308

[61] Li Y, Hu Y S, Li H, et al. A superior low-cost amorphous carbon anode made from pitch and lignin for sodium-ion batteries. Journal of Materials Chemistry A, 2016, 4(1): 96-104

[62] Li Y, Lu Y X, Meng Q, et al. Regulating pore structure of hierarchical porous waste cork‐derived hard carbon anode for enhanced Na storage performance. Advanced Energy Materials, 2019, 9(48): 1902852

[63] Meng Q, Lu Y X, Ding F, et al. Tuning the closed pore structure of hard carbons with the highest na storage capacity. ACS Energy Letters, 2019, 4(11): 2608-2612

[64] Zheng Y, Wang Y, Lu Y X, et al. A high-performance sodium-ion battery enhanced by macadamia shell derived hard carbon anode. Nano Energy, 2017, 39: 489-498

[65] Senguttuvan P, Rousse G, Seznec V, et al. Na$_2$Ti$_3$O$_7$: lowest voltage ever reported oxide insertion electrode for sodium ion batteries. Chemistry of Materials, 2011, 23(18): 4109-4111

[66] Pan H, Lu X, Yu X, et al. Sodium storage and transport properties in layered Na$_2$Ti$_3$O$_7$ for room-temperature sodium-ion batteries. Advanced Energy Materials, 2013, 3(9): 1186-1194

[67] Zhao L, Pan H L, Hu Y S, et al. Spinel lithium titanate (Li$_4$Ti$_5$O$_{12}$) as novel anode material for room-temperature sodium-ion battery. Chinese Physics B, 2012, 21(2): 028201

[68] Sun Y, Zhao L, Pan H, et al. Direct atomic-scale confirmation of three-phase storage mechanism in Li$_4$Ti$_5$O$_{12}$ anodes for room-temperature sodium-ion batteries. Nature Communications, 2013, 4: 1870

[69] Wang Y, Yu X, Xu S, et al. A zero-strain layered metal oxide as the negative electrode for long-life sodium-ion batteries. Nature Communications, 2013, 4: 2365

[70] Wang Y, Xiao R, Hu Y S, et al. P2-Na$_{0.6}$[Cr$_{0.6}$Ti$_{0.4}$]O$_2$ cation-disordered electrode for high-rate symmetric rechargeable sodium-ion batteries. Nature Communications, 2015, 6: 6954

[71] Mu L, Ben L, Hu Y S, et al. Novel 1.5 V anode materials, ATiOPO$_4$ (A = NH$_4$, K, Na), for room-temperature sodium-ion batteries. Journal of Materials Chemistry A, 2016, 4(19): 7141-7147

[72] 刘黎, 王先友, 曹国忠. 钠离子电池钛基负极材料研究进展. 储能科学与技术, 2016, 5(003):292-302

[73] Zhao L, Zhao J, Hu Y S, et al. Disodium terephthalate (Na$_2$C$_8$H$_4$O$_4$) as high performance anode material for low-cost room-temperature sodium-ion battery. Advanced Energy Materials, 2012, 2(8): 962-965

[74] Wu X, Ma J, Ma Q, et al. A spray drying approach for the synthesis of a $Na_2C_6H_2O_4$/CNT nanocomposite anode for sodium-ion batteries. Journal of Materials Chemistry A, 2015, 3(25): 13193-13197

[75] Castillo-Martinez E, Carretero-Gonzalez J, Armand M. Polymeric Schiff bases as low-voltage redox centers for sodium-ion batteries. Angewandte Chemie International Edition, 2014, 53(21): 5341-5345

[76] Wu X, Jin S, Zhang Z, et al. Unraveling the storage mechanism in organic carbonyl electrodes for sodium-ion batteries. Science Advances, 2015, 1(8): e1500330

[77] Wang J, Liu X H, Mao S X, et al. Microstructural evolution of tin nanoparticles during *in situ* sodium insertion and extraction. Nano Lett., 2012, 12: 5897-5902

[78] Darwiche A, Marino C, Sougrati M T, et al. Better cycling performances of bulk Sb in Na-ion batteries compared to Li-ion systems: an unexpected electrochemical mechanism. Journal of the American Chemical Society, 2012, 134(51): 20805-20811

[79] Kim Y, Park Y, Choi A, et al. An amorphous red phosphorus/carbon composite as a promising anode material for sodium ion batteries. Advanced Materials, 2013, 25(22): 3045-304

04

钠离子电池液体电解质

4.1 概　述

电解质作为连接正负极的桥梁，承担着在正负极之间传输离子的作用，是电池的重要组成部分，对电池的倍率、循环寿命、安全性和自放电等性能都起到至关重要的作用。钠离子电池电解质可分为液体电解质和固体电解质，其中液体电解质又习惯性地被称为电解液，电解液主要由溶剂、溶质和添加剂构成，三者共同决定了电解液的性质。

在溶剂方面，目前应用于钠离子电池的溶剂主要为酯类溶剂和醚类溶剂。酯类溶剂是较为常用的一类溶剂，尤其以环状和链状碳酸酯最为常用，基于碳酸酯类溶剂的电解液往往具有离子电导率高和抗氧化性好的优点，其中环状碳酸酯介电常数显著高于其他类溶剂，能够较好地溶解钠盐，但其黏度相对较高。醚类溶剂介电常数远低于环状碳酸酯，高于链状碳酸酯，黏度较低，抗氧化能力相对较差，在高电压下易分解，在实际应用中受到一定限制。醚类溶剂与金属钠等负极兼容性较好，且能够与钠离子共嵌入石墨并表现出良好的可逆性，使得在酯类溶剂中无法嵌钠的石墨在该类溶剂体系中也能作为负极使用。在实际使用过程中，将两种甚至多种溶剂混合使用是较为常见的一种方法，可以综合各种溶剂的优点，但也不可避免地集合了各自的缺点，因此控制不同溶剂的比例显得尤为重要。

在钠盐方面，拥有大半径阴离子，阴阳离子间缔合作用弱的钠盐是较好的选择，该特征能够保证钠盐在溶剂中较好地溶解，提供足够的离子电导率，从而获得良好的离子传输性能。常用的钠盐包含无机钠盐和有机钠盐两类，无机钠盐较为常用，但也存在氧化性较强和易分解等问题，有机钠盐热稳定性较好，但存在腐蚀集流体或成本相对较高等缺点。

添加剂的使用能够弥补上述溶剂或钠盐存在的一些缺点，将少量添加剂加入到电解液中就能起到在电极材料表面形成保护膜、降低有机电解液可燃性以及防止过充等某一个或某几个方面的作用，这也使得添加剂的研究愈发重要。

含有大量有机溶剂的电解液通常具有很高的可燃性，存在安全隐患。为了提升电解液安全性，除了添加阻燃添加剂外，使用水系电解液、高盐浓度电解液以及离子液体电解液等新型电解液体系也能够增强电解液的阻燃性。除阻燃性外，这些新型电解液体系也具有其他的优势，例如，水系电解液成本相对较低，高盐浓度电解液具有良好的界面成膜性质，以及离子液体电解液电化学窗口较宽等。然而水系电解液电化学窗口较窄，高盐浓度电解液和离子液体电解液黏度较高且成本较高等劣势也使得这些新型电解液在实际应用中受到一定限制。

除了对安全性问题的研究外，对电解液与电极材料形成的固-液界面的研究也是电解液领域研究的热点。电解液与电极材料在首周充放电过程中会形成固-液界面膜，界面膜的存在可以阻止电解液持续接触电极材料而分解，从而使电解液的电化学窗口得以扩展。总体而言，固-液界面膜的致密性、厚度和组分等因素对电池的循环性能有很大的影响，获得稳定的、具有保护作用与稳定传输 Na$^+$的界面膜一直是研究者追求的目标。

常用的电解液一般包含多种组分，组分的种类和含量对钠离子电池的工作电压上限、循环寿命以及工作温度范围等都有决定性的作用。然而目前电解液方面的理论知识对实验的指导不足，电解液的配方很大程度上来源于实践经验。由于锂离子电池与钠离子电池工作机理以及电解液体系相近，钠离子电池电解液的开发可以遵循和借鉴前者的经验和思路。但钠离子电池自身也具备诸多不同于锂离子电池的特点，锂离子电池电解液方面的很多研究结论在钠离子电池体系中并不适用，对钠离子电池电解液的基础研究工作亟待进一步开展。

钠离子电池电解液的主要组分和要求如图 4.1 所示。一般来说，用于钠离子电池的电解液往往需要满足以下特征：

（1）离子电导率高；

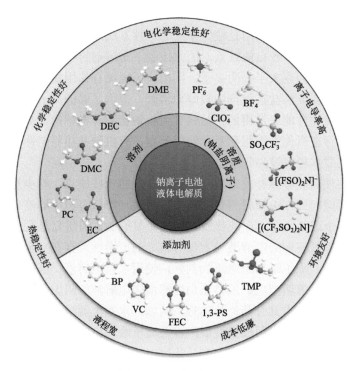

图 4.1　钠离子电池电解液主要组分及要求

（2）液程（液态温度范围）宽；

（3）化学稳定性好；

（4）电化学稳定性好；

（5）热稳定性好；

（6）成本低廉；

（7）环境友好等。

本章将着重介绍钠离子电池常用和潜在可用的溶剂、钠盐和添加剂的性质，并简要介绍电池的固-液界面以及水系、高盐和离子液体电解液等新型电解液体系，希望对钠离子电池电解液的开发提供指导和借鉴。

4.2　电解液基础理化性质

一般而言，理想的钠离子电池电解液应具备如下特征：

（1）熔点低、沸点高，即具有较宽的液程。电解液的熔沸点主要由溶剂的性质所决定，随着电池体系应用范围的扩大，对电解液体系的液程要求越来越高，需要保证电解液在使用温度范围内一直保持稳定的液态。有机溶剂液态温度范围的上限和下限通常是同步变化的，高沸点的溶剂其熔点也相应较高。同时，高沸点的溶剂一般具有高介电常数、高极性、高钠盐溶解度以及低挥发性等优势；低熔点的溶剂一般黏度比较低，对电极材料的浸润性较好。两种或者多种溶剂混溶是实现电解液具备高沸点和低熔点的重要途径。

（2）离子电导率高，钠离子迁移数高，电子绝缘。离子电导率高意味着电解液能有效传输离子，钠离子迁移数高表明 Na^+ 相对于阴离子迁移更快；电子电导率低则能减少自放电。电解液的离子电导率主要与载流子数以及整体的黏度有关，有机电解液体系的离子电导率一般在 $10^{-3}\sim10^{-2}$ S/cm，水系电解液的一般在 $10^{-2}\sim10^{-1}$ S/cm。

（3）化学稳定性好。化学稳定性指的是电解液本身基本不与电池中其他材料发生化学反应的性质，电解液的化学稳定性决定了电解液与电池体系内其他材料的兼容性。

（4）电化学稳定性好。电化学稳定性指的是电解液在一定电压范围内不会因为电化学反应而被持续氧化或者还原的性质。这一性质主要表现在电化学窗口上，即电解液发生氧化反应和还原反应间的电势差，电化学窗口越宽，电解液的电化学稳定性越强。电池体系的能量密度由正负极材料的比容量和工作电压共同决定，而电解液的电化学窗口决定了电池工作电压的上限。

（5）热稳定性好、可燃性低。有机电解液的溶剂一般都是以 C、H、O 三种元素为主，具有很高的可燃性，存在安全隐患。发展在较宽温度范围内稳定、不易燃易爆的电解液体系是必然趋势。

（6）成本低、毒性低。电解液的成本和毒性也是需要考虑的因素，是新型电解液开发的方向。

在具体展开对钠离子电池电解液各种组分的介绍前，首先详细介绍一下前文中提到的比较重要的几种理化性质，以及谱学表征手段在电解液中的应用。

4.2.1 传输性质

在外电场的作用下，电解液中的阴阳离子会发生定向运动，称之为离子的电迁移，离子的迁移速率是影响电池倍率性能的重要因素之一。电解液中离子的运动速率 v（cm/s）主要与盐的性质（包括离子半径和所带电荷等）、溶剂的性质（包括黏度和介电常数等）以及电场的电势梯度 $\dfrac{dE}{dl}$ 有关。某种离子 i 在电场中的运动速率 v_i 与电势梯度的关系可以表示为

$$v_i = \mu_i \frac{dE}{dl} \tag{4-1}$$

其中，比例系数 μ 相当于单位电势梯度时离子的运动速率，称为离子电迁移率，也称为离子淌度（cm²/(V·s)）；下标 i 表示不同的离子（下同）。

由于阴、阳离子移动的速率不同，所带的电荷不等，因此它们在迁移电荷量时所分担的份额也就不同。反映这一"份额"的物理量是离子迁移数，其定义为某种离子 i 所运载的电流与总电流之比，通常用 t_i 表示（例如，Na^+ 的离子迁移数可以表示为 t_{Na^+}），同一溶液中阴、阳离子的迁移数之和为 1，则在钠离子电池电解液体系中

$$t_{Na^+} = \frac{I_{Na^+}}{I_{总}} = \frac{I_{Na^+}}{I_{Na^+} + I_{阴离子}} = \frac{t_{Na^+}}{t_{Na^+} + t_{阴离子}} \tag{4-2}$$

假设电解液中仅存在两种阴、阳离子，而且迁移电荷量时分担的份额相同，那么 $t_{Na^+} = t_{阴离子} = 0.5$。在实际体系中，由于 Na^+ 与溶剂分子的溶剂化作用往往强于阴离子与溶剂分子的溶剂化作用，因此 t_{Na^+} 一般小于 0.5。

对于式（4-1），如果认为电解液所处的电场是均匀的，则 $\dfrac{dE}{dl} = \dfrac{E}{l}$，式（4-1）变为 $v_i = \mu_i \dfrac{E}{l}$，则有

$$I = \sum_i c_i z_i v_i AF = \sum_i c_i z_i \mu_i \frac{E}{l} AF \qquad (4\text{-}3)$$

式中，c 表示自由离子的浓度（mol/cm³）；z 为离子电荷数；F 为法拉第常数；E 为均匀电场两端的电势差（V）；l 为均匀电场两端的距离（cm）；A 为离子通过的截面面积（cm²）。

至此，离子迁移数与离子运动速率的关系可表示如下：

$$t_i = \frac{I_i}{I} = \frac{c_i z_i v_i AF}{\sum_i c_i z_i v_i AF} = \frac{c_i z_i v_i}{\sum_i c_i z_i v_i} \qquad (4\text{-}4)$$

电解液的导电能力通常用电导率 σ 来表示，σ 是电阻率 ρ 的倒数，是指单位长度（cm）、单位截面积（cm²）导体的电导：

$$\sigma = \frac{1}{\rho} = \frac{1}{R} \cdot \frac{l}{A} = \frac{I}{E} \cdot \frac{l}{A} \qquad (4\text{-}5)$$

式中，$R = \rho \dfrac{l}{A} = \dfrac{E}{I}$ 为电阻（Ω），因而 σ 的单位为（Ω·cm）⁻¹，或更常用的 S/cm。电解液的电导率可以通过液体电导率测试仪测量，实验室也可通过电化学阻抗谱测量出电阻 R，再根据式（4-5）计算，计算时 l 和 A 分别为所用电极的间距（cm）和面积（cm²）。

将式（4-3）代入式（4-5），整理可得 σ 的决定式

$$\sigma = \sum_i c_i z_i \mu_i F \qquad (4\text{-}6)$$

从式（4-6）可以看出，要想提高电导率，关键在于提高离子淌度 μ 和电解液中的自由离子浓度 c。

μ 的大小与浓度、温度等因素有关，其值可以通过实验测定。在电解液研究中更多地考虑溶剂的黏度（η，单位：Pa·s）以及离子的溶剂化半径（r）对 μ 的影响。理想条件下，在其他条件一定的情况下，μ 与 η 和 r 的关系如下[1]：

$$\mu_i = \frac{z_i e}{6\pi \eta r_i} \qquad (4\text{-}7)$$

式中，e 为元电荷；r 为离子溶剂化半径。电解液黏度越高，离子溶剂化半径越大，离子淌度就越低。

联合式（4-6）和式（4-7），可以得到黏度和电导率的关系，与早期半经验性的 Walden 规则[2]相符合：

$$\frac{\sigma}{c} \cdot \eta = \Lambda_m \cdot \eta = 常数 \qquad (4\text{-}8)$$

式中，Λ_m 为电解液的摩尔电导率（S·cm²/mol）。这一关系表明电解液的摩尔电导

率与黏度成反比，但该公式仅在没有形成离子对的理想稀溶液中适用，在浓度过高或阴阳离子缔合形成离子对的溶液中，Λ_m 与 η 的乘积将偏离上述常数值。

式（4-6）中自由离子的浓度与溶剂的介电常数以及钠盐的晶格能相关。溶剂的介电常数越大，钠盐的晶格能越小，自由离子就越多，电导率就越高。介电常数越大，自由离子越多这个现象还可以根据 Bjerrum 理论来理解。该理论表明阴阳离子依靠静电引力形成离子对时的临界尺寸 q 为[1]

$$q = \frac{|z_+ z_-| e^2}{2\varepsilon kT} \qquad (4\text{-}9)$$

式中，ε 为溶液的介电常数；k 和 T 分别为玻尔兹曼常量和温度（K），下标+和−表示阴阳两种离子。当阴阳离子间距离小于 q 值时，会形成离子缔合物。高介电常数的溶剂对应的电解液 q 值小，不易产生离子对，能够减少阴阳离子间的缔合，增加溶液中自由离子的数目。

然而高介电常数的溶剂通常又具有较高的黏度，会降低电导率，同时还会使极片或者隔膜浸润性变差。因此单一溶剂常常不能满足钠离子电池电解液的需求，通常选择高介电常数和低黏度的溶剂混合使用。混合溶剂介电常数与单一溶剂的介电常数基本是线性关系：

$$\varepsilon_{混} = \sum_i \varepsilon_i x_i \qquad (4\text{-}10)$$

式中，x_i 为某一溶剂的摩尔分数。

而黏度变化比较复杂，一般不呈线性关系。对于二元混合溶剂，可以利用下式表示[3]：

$$\eta_{混} = \eta_1^{x_1} \cdot \eta_2^{x_2} \qquad (4\text{-}11)$$

4.2.2 化学和电化学稳定性

钠离子电池电解液的化学稳定性体现在与电极活性物质、集流体、隔膜和电池壳的反应活性上，若表现为惰性则证明化学稳定性良好。电解液具有高的化学稳定性可以减少电解液的副反应，防止电解液迅速损失。

钠离子电池电解液的电化学稳定性主要通过电化学窗口来度量，即电解液的氧化电势和还原电势之差（图 4.2）。理论上，要保证正负极材料在循环过程中的稳定性，同时防止电解液持续分解，电池的工作电压应在电解液的本征氧化电势 φ_O^* 和还原电势 φ_R^* 之间，即在电解液的本征电化学窗口内。实际中，电解液的电化学窗口可以宽于本征电化学窗口，这主要由于电解液和电极材料之间形成了稳定的电极-电解液界面膜。一般地，该界面膜在负极处时称为固体电解质中间相

（solid electrolyte interphase，SEI）；在正极处时称为正极电解质中间相（cathode electrolyte interphase，CEI）。理想的 SEI 膜和 CEI 膜为离子导体和电子绝缘体，可以防止电解液与电极直接接触分解，因此可以进一步拓宽电解液的电化学窗口。SEI 膜可以将负极的稳定电势由 φ_a^* 降低到 φ_a，同理，CEI 膜可以将正极的稳定电势由 φ_c^* 提高到 φ_c。相应地，电池的开路电压也就可以从 V^* 扩展到 V。钠离子电池中碳酸酯类电解液一般在 1.2 V（vs. Na⁺/Na）以下都会在负极材料表面还原并生成 SEI 膜，稳定的 SEI 膜可以阻止电解液的进一步反应，而不稳定的界面会持续消耗钠离子，使电池的库仑效率降低，造成电池容量迅速衰减、寿命变短。

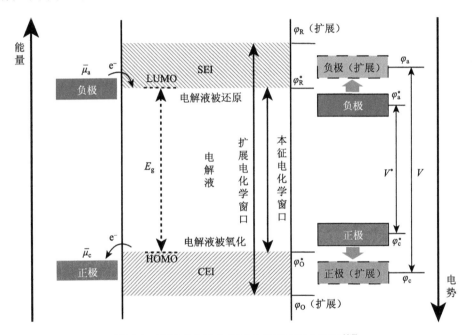

图 4.2　钠离子电池电解液电化学窗口示意图[4,5]

　　电解液的电化学窗口也可以从能量的角度，通过前线轨道理论中最高占据分子轨道（highest occupied molecular orbit，HOMO）和最低未占据分子轨道（lowest unoccupied molecular orbit，LUMO）的能级之差 E_g（单位为 eV）来粗略理解。前线轨道理论将已占有电子的最高能级轨道称为 HOMO，将未占有电子的最低能级轨道称为 LUMO，HOMO 和 LUMO 统称为前线轨道，处在前线轨道上的电子称为前线电子。HOMO 对其电子的束缚较为松弛，具有电子给体的性质，类似于半导体物理中的价带；LUMO 则对电子有较强的亲和力，具有电子受体的性质，类似于导带。前线轨道理论认为，分子中有类似于单个原子的"价电子"的电子存在，即前文所说的前线电子。类似于原子之间发生化学反应时起关键作用的电子是价电子，在分子之间的化学反应过程中，最先作用的分子轨道是前线轨道，起关键作用的电子是前线电子。发生还原反应的时候，还原剂给出电子，其 HOMO 上的电子失去，相反地，发生氧化反应时氧化剂得到电子，其 LUMO 填入电子。对应到电池体系中，在负极上的电化学势较高的电子填入电解液的 LUMO，使电解液被还原，而电解液 HOMO 上的电子流入电子电化学势较低的正极，造成电解液被氧化，因而可以使用电解液的 HOMO 和 LUMO 的能级差 E_g 来表征电解液的电化学窗口。

将 E_g 除以一个电子可得电势差，可以用于估算和比较不同体系的电化学窗口。然而，前线轨道理论仅考虑孤立的溶质或溶剂分子自身的分子轨道能级分布，并没有考虑溶液中其他组分的影响，不与溶液中各分子的浓度相关联，与实际体系有所不同，用 E_g 来表示电化学窗口并不能反映实际氧化还原过程中的情况，且 HOMO 或 LUMO 的数值因为计算方法的不同而有不同的结果，通常情况下 E_g/e 的值宽于电解液氧化电势和还原电势之差。总体而言，使用 HOMO 和 LUMO 的差值仅能对电化学窗口进行大致的判断和比较，使用电解液氧化电势和还原电势的差值才是准确的方法[4,5]。

钠离子电池电解液的电化学稳定性由组成的钠盐、溶剂和界面性质等多种因素共同决定，此外溶剂和钠盐纯度等因素也会对电解液的电化学窗口有较大的影响。

通常电解液的电化学稳定性可以通过线性扫描伏安法（linear sweep voltammetry，LSV）、循环伏安法（cyclic voltammetry，CV）等方式测试，一般使用三电极电解池进行测试，图 4.3 即为采用三电极电解池测量电解液的典型线性扫描伏安曲线，可以根据两拐点间的间距（ΔV）定义电解液的电化学窗口。在较宽的电势扫描范围内，没有明显的电流密度变化，意味着电解液的电化学稳定性较好。

但上述方法存在一定的局限性，一般测量的电化学窗口会比实际值偏大，并且采用不同的电极和扫描速度，测试的结果也会存在差异。玻碳电极和铂电极等惰性工作电极是电化学研究中最常使用的电极，使用这些惰性工作电极可以避免过多的副反应带来的影响，同时因为在电化学领域已经对这类电极有了足够深入的了解，研究者还可以结合已有的知识和经验，选择好合适的支持电解质（即不参与电极表面氧化还原的电解质），独立地对钠盐和溶剂进行研究。然而实际使用的正负极材料往往存在表面催化、表面钝化和钠离子嵌入/脱出等一系列界面反应，其复杂程度高于惰性电极，因此使用惰性工作电极得到的电化学窗口往往不能反映真实情况，一般较宽。使用常见正负极材料的活性电极可以较为真实地反映实际电池体系电化学窗口，但是因为影响因素较多，不能很好地对各组分的性质进行区分，在研究中也较少使用。就目前而言，研究者较常使用惰性电极，对未加入支持电解质的电解液直接进行研究，但是对于电解液分解起始点的确定尚无统一标准，不同研究者得到的数值也不尽相同。除电极的选择外，扫描速度的选择也较为重要，扫描速度过快时反应过程倾向于不可逆过程，对于循环伏安法其峰位会向负电势移动，一般在低扫描速度下所得的结果才具有参考价值。

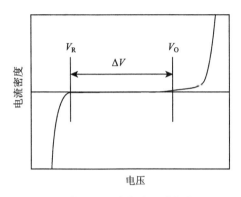

图 4.3   典型电解液线性扫描伏安曲线

4.2.3   热稳定性

电解液的热稳定性也是衡量电解液性能的重要指标。由于电池内阻的存在，在充放电过程中会产生焦耳热，尤其在大倍率条件下工作时，热效应更加明显。这就对电解液的热稳定性提出了更高的要求，如果热稳定性较差，电解液会大量分解，产生更多热量，造成热失控，给钠离子电池带来安全隐患。

电解液的热稳定性主要包括电解液自身的热稳定性以及电解液与电极材料相互作用的热稳定性。前者主要由溶剂和钠盐的性质决定，可根据实际需要选择合适的电解液体系；后者还与电极性质有关，与界面的性质相关联，相对复杂，可通过引入高温添加剂和界面修饰层等策略进行调节。

电解液的热稳定主要通过热重（thermogravimetric analysis，TG）、热重结合差示扫描量热法（thermogravimetric-differential scanning calorimetry，TG-DSC）和加速量热法（accelerating rate calorimetry，ARC）进行表征。如图 4.4 所示，随着温度变化，当物质状态发生改变或发生化学反应时，质量会发生明显改变（固体两相反应或分解产物全为固体的情况除外），同时吸收或放出一定的热量，通过观察 TG 曲线（图 4.4（a））上的质量突变点或 DSC 曲线（图 4.4（b））上的吸热峰所对应的温度，可以确定钠盐及有机溶剂的热稳定临界温度。对于常用钠盐，热稳定性：$NaClO_4$> NaTFSI >$NaPF_6$>NaFSI[6]；对于常用溶剂，热稳定性：PC> EC> DEC> DMC> DME[7]。一般而言，电解液的热稳定性主要受溶剂的热稳定性限制。

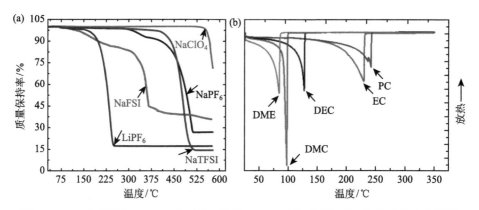

图 4.4 （a）典型钠盐（LiPF₆作对比）热重及（b）有机溶剂的差示扫描量热法曲线[6,7]

谱学技术与电解液理化性质

电解液中分子的结构和分子/离子的状态，可以通过电子光谱、振动光谱、核磁共振谱等技术进行研究。确定钠盐和溶剂分子的结构以及配位状态对研究电解液的传输反应机制以及性能的改善至关重要。本节主要介绍光谱在电解液结构方面的应用，分解产物及 SEI 膜成分测定等内容将在后续章节中介绍。

紫外-可见光光谱（ultraviolet and visible spectroscopy，UV）是一种电子光谱，利用不同分子中的价电子跃迁时吸收特征波长的紫外-可见光的性质，可以辨别不同类型的化合物，可用于研究钠离子电池循环过程中过渡金属离子的溶出问题。

振动光谱包括红外光谱（infrared spectroscopy，IR）和拉曼光谱（Raman spectroscopy），是研究电解液结构最直接、有效的方法。振动光谱技术利用了不同基团从基态振动能级跃迁到高振动能级时吸收特征波长的红外线的特性，其对溶剂分子的化学环境敏感，有机分子的—C═O、—C—O—、—N—C═O、—C≡N 和—S═O 等官能团的伸缩振动随着钠盐的加入会发生位移甚至劈裂。通过研究溶剂分子谱带的变化，可以明确溶剂与钠离子相互作用的官能团以及钠离子的溶剂化结构，研究钠离子与溶剂相互作用的实质，区分与钠离子溶剂化的溶剂种类。图 4.5 展示了 EC（碳酸乙烯酯）+ PC（碳酸丙烯酯）体系电解液的拉曼光谱的变化[8]，可以发现，随着 DMC（碳酸二甲酯）的增加，DMC-Na⁺相互作用的峰强一直保持较弱水平，并不明显，证明 DMC 与 Na⁺的配位能力较弱，较少参与 Na⁺的溶剂化过程。

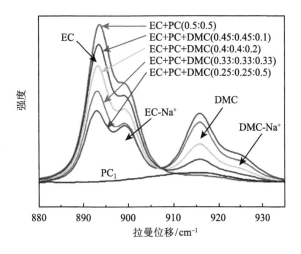

图 4.5 随着 DMC 添加量增加，EC+PC 电解液体系拉曼光谱的变化[8]

同样，核磁共振技术（nuclear magnetic resonate，NMR）在研究电解液分子时也起到了重要的作用。核磁共振指的是磁矩不为零的原子核（例如，常用的 ^1H 和 ^{13}C）在外磁场作用下自旋能级发生分裂，共振吸收某一定频率的电磁波辐射，从低能态跃迁到高能态的物理过程。一种原子核在某一照射频率下只能在某一磁感应强度下发生核磁共振，但当原子核在分子中所处的化学环境（原子核的核外电子以及邻近的其他原子核的核外电子的运动分度）不同时，即使在相同的照射频率下也将在不同的共振磁场下显示吸收峰，这称为化学位移。利用化学位移可以分辨不同化学环境中的原子核，从而得到分子的结构信息。在电解液研究中，NMR 可用于研究 Na^+ 与溶剂分子在不同情况下的相互作用与配位情况，4.6.2 节中将给出一个实例。

通常需要结合多种谱学表征技术以获得钠离子电池电解液较为全面和准确的信息，为机理的研究提供技术支持。

4.3 有 机 溶 剂

类似于锂离子电池电解液体系，可用于钠离子电池电解液的溶剂一般是极性非质子有机溶剂，即分子内正负电荷中心不重合，且不含有活性较强的质子氢的溶剂。这类溶剂通常含有—C≡O、—S≡O、—C≡N 或者—C—O—等极性基团，可以有效地溶解钠盐。实际应用中，因为正负极体系的需求不同，溶剂的选择标准略有差异。有机溶剂分子与 Na^+ 之间存在复杂的相互作用，表现为 Na^+ 与周围溶剂形成的溶剂化结构（如鞘层的大小、组成和溶剂分子数目）不同，其对 Na^+ 的迁移和在电极表面的反应都将产生影响。钠离子电池电解液多由混合溶剂构成，在这种情况下，Na$^+$往往优先同某一种溶剂分子发生相互作用，溶剂化鞘层内部则由该种溶剂优先占据，这种优先溶剂化的规律可以通过施主数的大小来理解。在化学中，施主数（donor number，DN）是对路易斯碱的定量描述。在电解液中，DN 可以衡量溶剂给出电子能力的大小，施主数越大，溶剂越容易给出电子，溶剂分子与 Na$^+$相互作用越强。一般情况下，高介电常数的溶剂具有较高的 DN，将优先与 Na$^+$相互作用，这样 Na$^+$的溶剂化层内含有较多的高介电常数溶剂，降低了Na$^+$与阴离子缔合的程度，而较外层和其他部分以低介电常数的溶剂为主，这类溶剂往往又具有较低的黏度，有利于电解液电导率的提高。

目前应用于钠离子电池的溶剂主要为碳酸酯类和醚类溶剂，羧酸酯类和含硫元素类等溶剂的相关报道较少。碳酸酯类溶剂发展较早，目前已广泛应用于商业化的锂离子电池电解液中，其在钠离子电池中也表现出了良好的特性，能在很大程度上满足前述的要求，但同时也存在着分解产气等问题；醚类溶剂因为氧化电势通常低于碳酸酯，所以在高电压正极材料方面的应用受限，但因为其不易被还原、能在负极形成相对较薄的 SEI 膜且兼容石墨负极等特性又重新受到了关注。表 4.1 列举了一些典型的溶剂的名称、分子式及主要理化性质，将在下文中展开介绍。

4.3.1 碳酸酯类溶剂

碳酸酯类溶剂是常用的一类溶剂，其介电常数整体相对醚类溶剂高，抗氧化性能较好，因而电化学窗口也相对较宽，但通常黏度较高，需要结合低黏度的溶剂使用。碳酸酯类溶剂主要包括环状碳酸酯和链状碳酸酯两类，环状碳酸酯的介电常数远高于链状碳酸酯，相应地，前者的黏度也就高于后者。

碳酸乙烯酯（ethylene carbonate，EC）和碳酸丙烯酯（propylene carbonate，PC）是两种最典型的环状碳酸酯溶剂。

EC 热稳定性好，介电常数高，黏度在环状酯类中较低，是比较合适的溶剂。早前的研究认为 EC 可以在 0.75~0.8 V 电压下依次被还原生成 Na$_2$CO$_3$ 和烷基碳酸酯等产物[9]：

双电子反应： $EC + 2e^- + 2Na^+ \longrightarrow Na_2CO_3 + CH_2{=}CH_2 \uparrow$ \hfill （4-12）

单电子反应： $EC + e^- + Na^+ \longrightarrow (EC^{\cdot-}, Na^+)$

$$2(EC^{\cdot-}, Na^+) \longrightarrow Na^+ \ {}^-O{-}\overset{\overset{\displaystyle O}{\|}}{C}{-}O{-}C_4H_8{-}O{-}\overset{\overset{\displaystyle O}{\|}}{C}{-}O^- \ Na^+$$ \hfill （4-13）

表 4.1 钠离子电池电解液典型溶剂的理化性质

名称	分子式	缩写	结构式	分子量 /(g/mol)	介电常数	黏度 /(×10⁻³Pa·s)	熔点 /°C	沸点 /°C	密度 /(g/cm³)	闪点 /°C	HOMO/LUMO /eV	施主数 DN
碳酸乙烯酯（ethylene carbonate）	$C_3H_4O_3$	EC		88	89.78 (40 ℃)	1.99 (40 ℃)	36.4	248	1.32	143	−12.86/1.51	16.4
碳酸丙烯酯（propylene carbonate）	$C_4H_6O_3$	PC		102	66.14 (20 ℃)	2.50	−48.8	242	1.20	135	−12.72/1.52	15.1
碳酸丁烯酯（2,3-butylene carbonate）	$C_5H_8O_3$	BC		116	55.90	3.20	−53	240	1.15	—	−12.60/1.55	—
碳酸二甲酯（dimethyl carbonate）	$C_3H_6O_3$	DMC		90	3.087	0.58	4.6	91	1.06	19	−12.85/1.88	16.0
碳酸二乙酯（diethyl carbonate）	$C_5H_{10}O_3$	DEC		118	2.82 (24 ℃)	0.75	−73	126	0.57	25	−12.59/1.93	16.0
碳酸甲乙酯（ethyl methyl carbonate）	$C_4H_8O_3$	EMC		104	2.985 (20 ℃)	0.65	−55	108	1.01	23	−12.71/1.91	—
碳酸甲丙酯（methyl propyl carbonate）	$C_5H_{10}O_3$	MPC		118	3.00 (24 ℃)	0.87	−43	130	0.98	—	−12.67/1.91	—
四氢呋喃（tetrahydrofuran）	C_4H_8O	THF		72	7.52 (22 ℃)	0.46	−108	65	0.83	−14	—	20.0
1,3-二氧环戊烷（1,3-dioxacyclopentane）	$C_3H_6O_2$	DOL		74	6.79	0.59	−95	78	1.06	2	—	18.0

续表

名称	分子式	缩写	结构式	分子量/(g/mol)	介电常数	黏度/(×10⁻³Pa·s)	熔点/℃	沸点/℃	密度/(g/cm³)	闪点/℃	HOMO/LUMO/eV	施主数DN
乙二醇二甲醚 (1,2-dimethoxyethane)	$C_4H_{10}O_2$	DME		90	7.30(23℃)	0.46	−58	85	0.86	−2	−11.49/2.02	23.9
二乙二醇二甲醚 (diethylene glycol dimethyl ether)	$C_6H_{14}O_3$	DEGDME		134.8	7.23	1.06	−64	163	0.94	57	—	19.5
三乙二醇二甲醚 (triethylene glycol dimethyl ether)	$C_8H_{18}O_4$	TRGDME		178	7.62	—	−44	249	1.05	118.3	—	—
四乙二醇二甲醚 (tetraethylene glycol dimethyl ether)	$C_{10}H_{22}O_5$	TEGDME		222	7.68	—	−30	275	1.01	140.5	—	—
磷酸三甲酯 (trimethyl phosphate)	$C_3H_9O_4P$	TMP		140	20.60(20℃)	2.032	−46	197	1.21	107 (150)	—	—
磷酸三乙酯 (triethyl phosphate)	$C_6H_{15}O_4P$	TEP		182	13.20	1.56	−57	215	1.07	116	—	—

这些产物可以在负极表面形成致密而稳定的 SEI 膜，与碳基负极有比较好的兼容性。不利的是 EC 熔点为 36.4 ℃，在常温下为无色晶体，不能直接使用，需要搭配其他溶剂共同使用以扩展温度下限。

PC 结构与 EC 类似，常温下为无色透明液体，具有较宽的液程（熔点–48.8 ℃，沸点 242 ℃）以及较高的介电常数，是一类比较理想的钠离子电池电解液溶剂。与锂离子电池中 PC 易造成石墨负极剥离的情况不同，在钠离子电池中 PC 不会与 Na^+ 共嵌入硬碳负极造成结构破坏，从而影响电池的循环性能，此外 PC 还具有一定的吸湿性，水分控制也是需要关注的问题。

链状碳酸酯也是一类比较常用的有机溶剂，主要包括碳酸二甲酯（dimethyl carbonate，DMC）、碳酸二乙酯（diethyl carbonate，DEC）、碳酸甲乙酯（ethyl methyl carbonate，EMC）及碳酸甲丙酯（methyl propyl carbonate，MPC）等。链状碳酸酯可以与 EC 以任意比例互溶，其熔点和黏度一般较低，通常和高黏度的环状碳酸酯混合使用以降低电解液黏度，增加了离子电导率，获得了更好的性能。

DMC 在室温下为无色液体，熔点为 4.6 ℃，沸点为 91 ℃，毒性较小。有研究发现 DMC 的引入并不会参与钠离子的溶剂化过程和明显改变 SEI 膜的组分，仅仅只是在电解液本体中起到降低黏度、提高电导率的作用[8]。但也有研究指出，DMC 在 0.5～0.2 V 时会有较严重的分解[10]。

DEC 的结构和 DMC 相近，熔点为–43 ℃，沸点为 126 ℃，液程宽于 DMC。DMC 和 DEC 的介电常数都比较低，对钠盐溶解有限，一般不单独作为电解液溶剂而作为共溶剂使用。

EMC 和 MPC 均为不对称的线性碳酸酯，熔沸点与 DMC 和 DEC 接近，但热稳定性较差，受热条件下易发生酯交换反应生成 DMC 和 DEC。

此外，卤代碳酸酯也是一类新型溶剂。例如，环状碳酸酯通过引入—Cl 或者—F，可以降低熔点，如氟代碳酸乙烯酯（fluoroethylene carbonate，FEC），但该类溶剂占比过高可能会降低电池的库仑效率和循环稳定性，一般作添加剂使用。

4.3.2 醚类溶剂

醚类溶剂介电常数低，但黏度小。醚基基团化学性质活泼，故醚类溶剂的抗氧化性一般比较差，在高电压钠离子电池正极材料表面易被氧化，因而使用受限。醚类溶剂对碱金属负极兼容性比较好，近期的研究还发现其能有效钝化金属钠，在金属钠表面形成较薄的（约 4 nm）、均一的和致密的 SEI 膜，进一步阻止钠枝晶的形成，防止 SEI 膜因为枝晶的生长和演变进一步增厚，从而影响 Na^+ 传导（图 4.6）[11]。此外，因为与 Na^+ 能形成配合体，在石墨负极中实现共嵌入而又不对石墨结构造成损坏，醚类电解液对石墨兼容性较好。

醚类溶剂也可分为环状醚和链状醚。环状醚主要包括四氢呋喃（tetrahydrofuran，THF）和 1,3-二氧杂环戊烷（1,3-dioxacyclopentane，DOL）。THF 反应活性比较高，具有比较低的黏度和较强的对阳离子的络合能力，可以增强钠盐的溶解度，显著提高电解液的电导率，但电池的循环稳定性较差。DOL 曾被用作一次锂电池和锂硫电池电解液溶剂，其电化学稳定较差，容易开环，引发聚合。冠醚同样对阳阳离子有较强的络合能力，但使用 15-冠-5 醚作共溶剂的钠离子电池几乎没有表现出可逆比容量[12]，可能与溶剂化结构不易嵌入石墨有关。

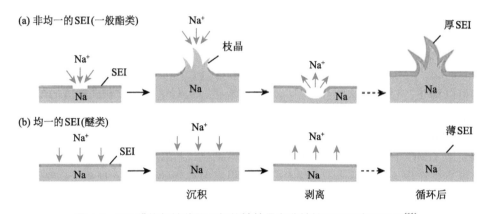

图 4.6　SEI 膜均匀性差异引起的钠枝晶和非钠枝晶沉积表面对比[11]

链状醚溶剂主要包括乙二醇二甲醚（1,2-dimethoxyethane、DME）及其衍生物二乙二醇二甲醚（diethylene glycol dimethyl ether、DG、DEGDME 或 diglyme）、三乙二醇二甲醚（triethylene glycol dimethyl ether、TRGDME 或 triglyme）及四乙二醇二甲醚（tetraethylene glycol dimethyl ether、TEGDME 或 tetraglyme）等。这几种链状醚性质类似，其中 DME 比较常见，可与高介电常数的溶剂混合使用。链状醚拥有较低的黏度以及较强的阳离子络合能力，不利的是沸点较低、易被氧化、易挥发、热稳定性和安全性较差。除 TRGDME 外，前述几种链状醚随着链长的增长，其氧化电势也逐渐升高。

4.3.3　其他溶剂

磷酸酯类溶剂拥有较好的阻燃性能，能提高电解液的安全性能，使用较多的主要有磷酸三甲酯（trimethyl phosphate）和磷酸三乙酯（triethyl phosphate）。有机电解液之所以会发生燃烧，一种观点认为其在高温条件下发生了链式反应。

以碳酸酯溶剂为例，高温气态的碳酸酯溶剂 RH 的化学键断裂，生成了 H·自由基：

$$RH \longrightarrow R \cdot + H \cdot \tag{4-14}$$

H·与正极材料或者电解液在高温下分解产生的 O_2 发生反应，产生 HO·和 O·两种自由基：

$$H \cdot + O_2 \longrightarrow HO \cdot + O \cdot \tag{4-15}$$

HO·和 O·又继续与电解液或电解液中的痕量水被还原产生的 H_2 发生反应，产生更多的 H·推动链式反应持续进行：

$$HO \cdot + H_2 \longrightarrow H \cdot + H_2O$$
$$O \cdot + H_2 \longrightarrow HO \cdot + H \cdot \tag{4-16}$$

而磷酸酯类溶剂在高温下气化，与明火接触时会释放出含 P 的自由基[P]·

$$TMP+TEP（l）\xrightarrow{加热} TMP+TEP（g）\xrightarrow{明火} [P] \cdot \tag{4-17}$$

[P]·可以捕捉 H·，从而阻断上述自由基链式反应的发生，使得有机电解液的燃烧无法或者难以进行，提高钠离子电池的安全性能：

$$[P] \cdot + H \cdot \longrightarrow [P]H \tag{4-18}$$

一般电解液中 TMP+TEP 含量需要达到 20%以上才具有阻燃效果，但 TMP 和 TEP 的黏度较大，过量加入会影响离子电导率；同时二者也容易被还原，对碳基负极的兼容性一般较差，需要通过加入成膜添加剂等手段进行优化，这将在后文中进一步介绍。

除了上面提到的溶剂，在锂离子电池中的一些溶剂在钠离子电池中也有潜在的应用价值，例如，磺酸酯中甲磺酸乙酯（ethyl methanesulfonate，EMS）具有较宽的电化学窗口（5.6 V），应用在以 $Na[Ni_{0.25}Fe_{0.5}Mn_{0.25}]O_2$ 为正极，以 Fe_3O_4 为负极的体系中能有效提高电池的循环性能和热稳定性[13]。这些溶剂在钠离子电池中的报道仍然较少，但在锂离子电池中已经有了一定的研究结果，现将一些在钠离子电池中有潜在应用价值的溶剂的理化性质列于表 4.2，供借鉴参考。

在表 4.2 中，γ-丁内酯介电常数高，黏度低于 EC 和 PC，拥有类似 EC 的结构以及出色的溶剂化能力，先于 PC 在碳基负极表面成膜，是极具潜力的一种溶剂。羧酸酯类溶剂熔点普遍较低，在锂离子电池中用作共溶剂可以提升电池的低温性能，甚至可以将工作温度下限扩展至−60 ℃[14]。砜类和亚砜类溶剂介电常数较高，可燃性低；砜类溶剂对各类锂离子电池正极材料表现出了优异的抗氧化性，因而对高电压正极材料是较好的选择，但其黏度也相对较高，对电极和隔膜浸润性较差。亚硫酸酯类溶剂在结构上与碳酸酯类类似，其抗氧化能力通常强于碳酸酯，但该类溶剂一般毒性较强，大规模使用存在一系列隐患，一般多用作添加剂。

氟代溶剂是一类新型溶剂。由于 F 原子电负性强，将酯类或醚类中非活泼 H 进行部分或全部取代后，这类溶剂的抗氧化能力可以得到有效提高，从而扩展电

表 4.2 一些在钠离子电池中有潜在应用价值的溶剂

名称	分子式	缩写	结构式	分子量/(g/mol)	介电常数	黏度/(×10⁻³ Pa·s)	熔点/℃	沸点/℃	密度/(g/cm³)	闪点/℃	施主数DN
甲磺酸乙酯 (ethyl methanesulfonate)	$C_3H_8O_3S$	EMS		124	—	—	—	213	1.15	100	—
γ-丁内酯 (γ-butyrolactone)	$C_4H_6O_2$	γ-BL		86	39.00 (20 ℃)	1.73	−43.5	204	1.13	98	18
甲酸甲酯 (methyl formate)	$C_2H_4O_2$	MF		60	9.20 (15 ℃)	0.33	−99	32	0.97	−32	16.5
乙酸甲酯 (methyl acetate)	$C_3H_6O_2$	MA		74	7.07 (15 ℃)	0.36	−98	56	0.93	−10	—
丁酸甲酯 (methyl butanoate)	$C_5H_{10}O_2$	MB		102	5.48 (28 ℃)	0.6	−84	102	0.89	14	—
丙酸乙酯 (ethyl propanoate)	$C_5H_{10}O_2$	EP		102	5.76 (20 ℃)	0.5	−74	99	0.89	12.2	—
环丁砜 (sulfolane)	$C_4H_8O_2S$	SL		120	43.30	10.3 (30 ℃)	28.5	287	1.26	177	14.8
二甲基砜 (dimethyl sulfone)	$C_2H_6O_2S$	MSM		94	47.39 (110 ℃)	1.14	109	238	1.45	143	—
二甲基亚砜 (dimethyl sulfoxide)	C_2H_6OS	DMSO		78	47.24 (20 ℃)	1.99	18	189	1.09	95	29.8

续表

名称	分子式	缩写	结构式	分子量/(g/mol)	介电常数	黏度/(×10⁻³ Pa·s)	熔点/℃	沸点/℃	密度/(g/cm³)	闪点/℃	施主数 DN
亚硫酸乙烯酯（ethylene sulfite）	$C_2H_4O_3S$	ES		108	39.60	—	—	159	1.43	79	—
亚硫酸丙烯酯（propylene sulfite）	$C_3H_6O_3S$	PS		122	—	—	—	187.5	1.35	67.2	—
亚硫酸二甲酯（dimethyl sulfite）	$C_2H_6O_3S$	DMS		110	22.50	0.87	−141	126	1.29	—	—
亚硫酸二乙酯（diethyl sulfite）	$C_4H_{10}O_3S$	DES		138	15.60 (20 ℃)	0.84	−112	159	1.88	—	—
双(2,2,2-三氟乙基)醚（bis(2,2,2-trifluoroethyl)ether）	$C_4H_4F_6O$	BTFE		182	—	—	—	63.9	—	—	—
1,1,2,2-四氟乙基-2,2,2-三氟乙基醚（1,1,2,2-tetrafluoroethyl-2,2,2-trifluoroethyl ether）	$C_4H_3F_7O$	TFTFE		200	6.524	—	—	56.2	1.487	—	—
1,1,2,2-四氟乙基-2,2,3,3-四氟丙基醚（1,1,2,2-tetrafluoroethyl-2,2,3,3-tetrafluoropropyl ether）	$C_5H_4F_8O$	HFE		232	—	—	—	—	—	—	—
甲基(2,2,2-三氟乙基)碳酸酯（methyl 2,2,2-trifluoroethyl carbonate）	$C_4H_3F_3O_3$	FTFEC		158	9.56	1.00	—	—	—	—	—
三氟乙酸甲酯（methyl trifluoroacetate）	$C_3H_3F_3O_2$	MTFA		128	—	—	−78	43.5	—	−7	—

解液的电化学窗口上限，例如，使用双(2,2,2-三氟乙基)醚（bis(2,2,2-trifluoroethyl) ether，BTFE）与 DME 作为共溶剂的电解液可能有助于在电极表面形成较薄且稳定的界面膜，同时抑制 $Na[Ni_{0.68}Mn_{0.22}Co_{0.10}]O_2$ 表面形成岩盐相，从而改善 Na^+ 在界面的传导[15]，但更深入的机理还尚待探究。同时，多氟代酯和全氟代酯相对于未取代物通常具有更高的闪点，甚至具有阻燃效果，1,1,2,2-四氟乙基-2,2,2-三氟乙基醚 （ 1,1,2,2-tetrafluoroethyl-2,2,2-trifluoroethyl ether ） 和 1,1,2,2-四氟乙基-2,2,3,3-四氟丙基醚（1,1,2,2-tetrafluoroethyl-2,2,3,3-tetrafluoropropyl ether）等溶剂也被用于提高电解液的阻燃性能。

对于其他类型的溶剂，目前在锂离子电池和钠离子电池中仍然较少使用，这里不再一一展开。

4.3.4 有机溶剂的选择

不考虑成本等因素，良好的化学和电化学稳定性、高介电常数、低黏度和宽液程是钠离子电池溶剂的首要发展目标。

PC 凭借较宽的液程（–48.8~242 ℃）和高的介电常数成为目前的关键溶剂组分；EC 则因为其能够稳定 SEI 膜也必不可少；DMC 的加入能降低体系黏度从而获得高的离子电导率和对极片、隔膜的良好浸润性。

通常来说，对于常用有机溶剂，碳酸酯类溶剂的电化学稳定性优于醚类，环状碳酸酯的电化学稳定性优于链状碳酸酯，例如，使用 $NaClO_4$ 作溶质时，电解液的电化学稳定性顺序为：DEC > PC > TRGDME > DME >DMC > THF[7]。实际上，不同人员测量的结果会有较大差异，一方面是因为采用的电极和扫描速度不同，另一方面是因为溶剂的纯度不同。极微量的杂质（水、卤素化合物等）会明显影响溶剂的电化学窗口，通过提高溶剂纯度可以有效地提高氧化电势上限。

正如前文所说，单一溶剂无法同时满足所有需求，通常需要几种溶剂混合。目前使用较多的二元溶剂体系主要包括：EC+PC、EC+DEC、EC+DMC 和 PC+FEC；三元溶剂体系主要包括： EC+DEC+PC 、 EC+DEC+FEC 、 EC+PC+FEC 、 EC+DMC+FEC 和 EC+PC+DMC。

图 4.7 为几种以 $NaClO_4$ 为钠盐，搭配不同溶剂组合的电解液的电导率和黏度。其电导率按照溶剂不同存在以下顺序：

EC+DME > EC+PC+DME > EC+DMC > EC+PC+DMC > EC+PC
>EC+PC+DEC > EC+TRGDME > PC > PC+DEC > TRGDME>DMC

黏度则有以下顺序：

DMC < EC+DME < EC+DMC < PC+DEC < EC+PC+DME< EC+PC+DMC
< EC+PC+DEC < EC+TRGDME < EC+PC < TRGDME <PC

这也较好地符合了前述电导率与黏度的关系，可以看出，搭配使用高介电常数以及低黏度的有机溶剂，利用其协同作用有利于同时提高电导率和降低黏度。

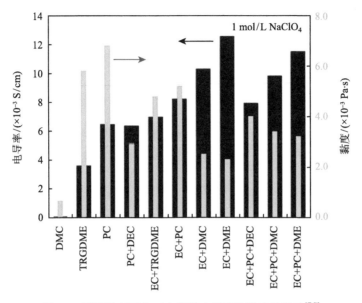

图 4.7　不同溶剂组合对电解液电导率和黏度的影响[7,8]

以硬碳为负极，以 NaClO$_4$ 作为钠盐的几种碳酸酯类电解液的半电池测试结果如图 4.8 所示，比较而言，硬碳负极在 EC（60 ℃）、PC 和 EC+DEC 等体系中展现出了较好的首周库仑效率、可逆比容量和循环性能，在 BC、EC+EMC 和 EC+DMC 中表现较差[10]。

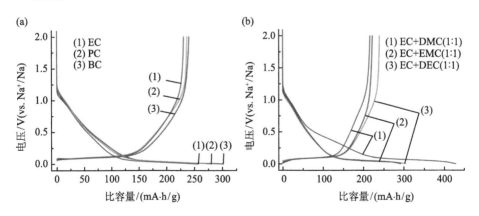

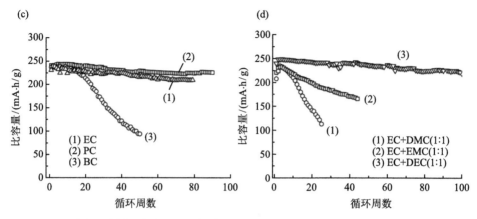

图 4.8　不同碳酸酯溶剂组合方式的电解液对硬碳负极电化学性能的影响（1 mol/L NaClO₄）

（a）、（b）首周充放电曲线；（c）、（d）电化学循环性能[10]

　　上述结论仅在 NaClO₄ 作为钠盐的情况下成立，更换钠盐后的情况可能有所不同。图 4.9（a）和（b）比较了双（氟磺酰）亚胺钠（Na[(FSO₂)₂N]，即 NaFSI）和 NaPF₆ 在不同溶剂中的电导率随温度的变化情况（钠盐浓度均为 1 mol/L），可以看出，在这两例中不同组合溶剂对应的电导率：EC+DMC ＞ PC+DMC ＞ EC+PC ＞ PC ＞ DMC[16]。进一步地，图 4.9（c）和（d）比较了硬碳在 NaPF₆ 不同溶剂组合电解液中的倍率性能和第 1、2、5、30 周循环的库仑效率，可以看出，EC+DMC 体系展现了优越的性能，同时从（d）的比较中也可以看出 EC 对提高硬碳负极库仑效率的重要作用。

　　醚类电解液因为抗氧化能力相对较差在早期相关研究中较少使用，但近来又重新受到了关注。早前的研究认为锂离子电池常用的石墨负极无法嵌入 Na⁺，因此不适合作为钠离子电池负极。近年来的研究发现，由于热力学上的限制，Na⁺ 不能直接嵌入石墨，而在醚类溶剂中，Na⁺ 可以与溶剂分子配合形成溶剂化的 Na⁺，共同嵌入石墨，且这一过程高度可逆，电池的循环稳定性良好。作为对比，Na⁺ 在酯类溶剂中无法嵌入石墨；与此同时，石墨在 LiSO₃CF₃/DEGDME 电解液中的循环稳定性（半电池）也不如在 NaSO₃CF₃/DEGDME 电解液中好。醚类溶剂这一性质使得石墨负极在钠离子电池中的应用成为可能。图 4.10 对比了天然石墨负极在 DME、DEGDME 和 TEGDME 三种链状醚体系电解液中的电化学性能[21]。可以看出，天然石墨负极在这三种电解液中电化学表现类似，均显示 150 mA·h/g 左右的可逆比容量。随着醚类溶剂链长的增长，天然石墨负极半电池的放电平台逐渐升高，表明链状醚类溶剂的链长会影响溶剂化离子客体与天然石墨的相互作用，长链的醚与 Na⁺ 结合后的客体更易与天然石墨形成稳定的共嵌入产物，使得储钠电位升高。在循环性能方面，天然石墨在三种电解液中均具有较好的循环稳定性，

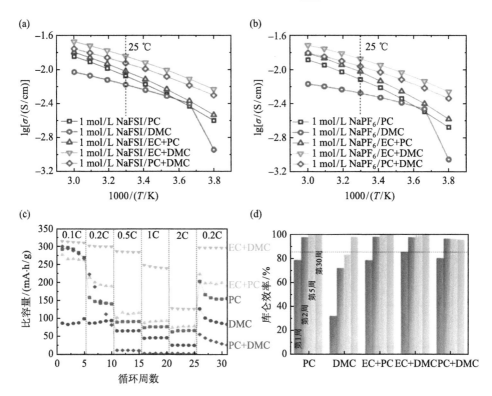

图 4.9 （a）双（氟磺酰）亚胺钠（NaFSI）和（b）NaPF₆ 在不同溶剂中电导率和温度的关系；硬碳在不同溶剂的 NaPF₆ 电解液（1 mol/L）中的（c）倍率性能和（d）第 1、2、5、30 周循环时库仑效率的比较[16]

在室温下稍有差别，但当温度从室温提升至 60 ℃时，由于消除了共嵌入过程中的动力学阻碍，天然石墨负极在三种电解液中的可逆比容量和循环表现几乎完全一致。在倍率性能方面，DEGDME 优于 TEGDME 和 DME，表现出了较好的倍率性能。

　　除对石墨电极兼容性良好外，醚类电解液对席夫碱类负极也有良好的兼容性。通过比较 NaPF₆/EC+DMC、NaFSI/PC、NaFSI/DEGDME、NaFSI/Me-THF、NaTFSI/DEGDME 和 NaTFSI/Me-THF 几种电解液体系，使用醚类电解液的(—CH=N—Ar—N=CH—)负极（Ar 表示苯环）比使用碳酸酯电解液具有更高的可逆比容量和比容量保持率，其中含 NaFSI/Me-THF 体系的可逆比容量最高，几乎是含 NaFSI/PC 的 2.5 倍[17]，这一醚类电解液随后也被用在了其他席夫碱负极中[18]。

　　在还原氧化石墨烯、二氧化钛等负极上，醚类溶剂也展现了较好的成膜性能，其分解形成的 SEI 膜在厚度、致密性和 Na⁺ 传导性能上都优于碳酸酯类溶剂形成的 SEI 膜，使得半电池无论是在可逆比容量还是循环稳定性上都优于碳酸酯电解

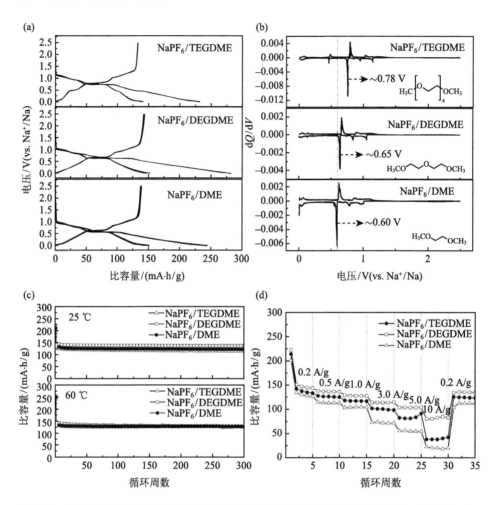

图 4.10　天然石墨负极在 DME、DEGDME 和 TEGDME 三种醚类电解液中（半电池）的
电化学性能对比
（a）充放电曲线；（b）放电平台；（c）室温和高温循环性能；（d）倍率性能[21]

液体系[19,20]。醚类溶剂大大扩宽了负极的选择范围，且从图 4.7 的排序中也可以看出混有醚类的多元溶剂体系能获得较高的电导率，但热稳定性和抗氧化能力较差，电化学窗口窄，无法兼容高电压正极材料，使得全电池的能量密度受限，因而全电池依旧选择碳酸酯类体系电解液。

钠离子电池除了资源、成本优势之外，若想在电池市场取得更广泛的应用，就需在某些特定条件，如高温或低温等极端条件，展现出更优异的性能。扩展工作温度范围（温度下限低于-40 ℃，上限高于 60 ℃）是钠离子电池发展过程中的一个新方向，电池的宽温性能需要同时考虑到高温和低温两方面的性能。

　　一般认为在低温下主要存在扩散问题，这与低温下电解液的黏度急剧升高直接相关，使用熔点和黏度较低的链状碳酸酯和羧酸酯作为共溶剂或将有助于解决这一问题。与此同时，降低钠盐浓度，在保证电导率足够的同时也将有助于黏度的降低，从而提升传输性质。图 4.11 展示了不同浓度的 $NaPF_6/EC+PC$ 电解液在室温和 0 ℃时电导率和黏度的变化情况，可以看出，0 ℃时电解液的黏度随钠盐浓度增加而显著升高，其变化幅度远高于室温下的变化幅度；相比之下，低温电导率随钠盐浓度的变化幅度又小于室温，这也启发我们可以采用低盐浓度电解液（0.3~0.6 mol/L），在保证具备足够的电导率的同时，获得更好的低温传输性能。

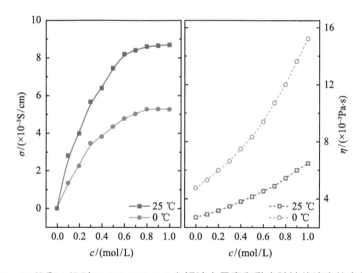

图 4.11　25 ℃和 0 ℃时 $NaPF_6/EC+PC$ 电解液电导率和黏度随钠盐浓度的变化情况

　　高温下主要存在钠盐、溶剂和界面膜的热分解以及蒸汽压增大等问题带来的潜在安全隐患。对于钠盐，需要开发热稳定性好的新型钠盐以防止高温分解；对于界面膜，需要开发能在电极表面形成热稳定性良好的界面成膜添加剂；就溶剂而言，高沸点的酯类及其氟化物热稳定性有一定保证，而氟代醚等具有阻燃和自熄灭性质的溶剂也将增加高温下电解液的安全性，除此之外，高熔点的砜类溶剂也值得关注。

　　总而言之，就溶剂的发展而言，除了继续优化溶剂的组合，还需要通过改造官能团（氟代、增减链长）等手段提升现有碳酸酯类和醚类溶剂性能；与此同时，砜类、羧酸酯类等新型的溶剂体系也值得关注和研究，以满足钠离子电池实际应用的需求。

4.4　电　解　质　盐

钠离子电池中的电解质钠盐应有以下特性：①易解离，在溶剂中溶解度足够高，从而具有较高的载流子浓度；②化学性质稳定，不腐蚀集流体等非活性物质；③电化学性质稳定，解离后的阴离子具有合适的氧化还原电势，不易被氧化或者还原；④热稳定性好；⑤环境友好、易于制备、成本低等。

目前满足需求的钠盐主要为具有大半径阴离子的钠基化合物，主要包括无机钠盐，如高氯酸钠（$NaClO_4$）、四氟硼酸钠（$NaBF_4$）、六氟磷酸钠（$NaPF_6$）和六氟砷酸钠（$NaAsF_6$）；以及有机钠盐，如三氟甲基磺酸钠（$NaSO_3CF_3$，NaOTf）、双（氟磺酰）亚胺钠（$Na[(FSO_2)_2N]$，NaFSI）和双（三氟甲基磺酰）亚胺钠（$Na[(CF_3SO_2)_2N]$，NaTFSI）等。这些常用钠盐的理化性质列于表 4.3 中。

表 4.3　常用钠盐的理化性质[22]

钠盐	阴离子结构	分子量/(g/mol)	熔点/℃	电导率*/ ($\times 10^{-3}$ S/cm)
$NaClO_4$		122.4	468	6.4
$NaBF_4$		109.8	384	—
$NaPF_6$		167.9	300	7.98
$NaSO_3CF_3$（NaOTf）		172.1	248	—
$Na[(FSO_2)_2N]$（NaFSI）		203.3	118	—
$Na[(CF_3SO_2)_2N]$（NaTFSI）		303.1	257	6.2

*盐浓度为 1 mol/L，溶剂为 PC。

4.4.1　无机钠盐

高氯酸钠 $NaClO_4$ 是实验室最常用的，也是研究历史最久的一类钠盐。$NaClO_4$

溶解后电导率比较高，成本低，对水分的敏感性低。阴离子抗氧化能力强，适于高电压电解液体系。与碳基负极的兼容性比较好，产生的 SEI 膜界面电阻低。不利的是氯元素处于最高的氧化态，氧化性比较强，存在安全隐患。

六氟砷酸钠 NaAsF$_6$ 也具有较好的电化学稳定性，不利的是砷元素被还原后会产生剧毒产物，有致癌风险，环境污染严重且该盐的成本偏高，实际应用价值偏低。

四氟硼酸钠 NaBF$_4$ 是常用钠盐中分子量最低的，B—F 键比较稳定，热稳定性好。NaBF$_4$ 对溶剂水含量的耐受力比较强，毒性小于 NaAsF$_6$，安全性高于 NaClO$_4$。NaBF$_4$ 易使铝箔钝化，使用该盐的电解液一般具有较好的循环稳定性，尤其在高温下的性能要优于 NaAsF$_6$ 和 NaPF$_6$。NaBF$_4$ 也可作为添加剂改善高温循环稳定性，但由于 BF$_4^-$ 的半径比较小，与 Na$^+$ 的相互作用较强，在溶剂中较难解离，电解液的离子电导率比较低。

六氟磷酸钠 NaPF$_6$ 为白色晶体，溶解度高，可溶解于醚、腈、醇、酮及酯类，一般随着溶剂的极性增强，其溶解度增加，溶解后电导率高。NaPF$_6$ 易使铝箔钝化，可形成稳定的钝化层，同时与碳基负极以及各类正极材料也都有较好的兼容性。该盐最大的缺点是化学稳定性较差，在有机溶剂中存在分解平衡，会产生 NaF 和 PF$_5$（式（4-19）），高温下分解会加剧，热稳定性也较差，但比 LiPF$_6$ 要好。产物 NaF 会影响界面膜的组成从而影响性能，过多的 NaF 堆积会阻碍 Na$^+$ 的传导，而 PF$_5$ 具有很强的 Lewis 酸性，可与溶剂中的孤对电子作用，催化溶剂的分解和聚合，产生气体，存在安全隐患。同时，P—F 键稳定性较差，极易水解，会与溶剂中的痕量水反应生成 HF（式（4-20））。HF 一方面会与溶剂继续反应，致使电解液劣化，另一方面也会和界面膜以及电极材料反应，使过渡金属层状氧化物正极材料中的过渡金属离子溶出，破坏界面膜和电极材料原有结构，造成正极材料性能的衰减。NaPF$_6$ 在实际制备中还存在难以提纯的问题，通常都含有一定量的 HF，制备高纯度的 NaPF$_6$ 也是将来研发钠离子电池电解液的关键。

$$NaPF_6 \Longleftrightarrow NaF + PF_5 \tag{4-19}$$

$$PF_5 + H_2O \Longleftrightarrow POF_3 + 2HF \tag{4-20}$$

4.4.2 有机钠盐

三氟甲基磺酸钠（sodium triflate，NaSO$_3$CF$_3$，一般简写为 NaOTf）的电化学性能与 NaPF$_6$ 相近，且具有更高的抗氧化性和热稳定性。使用 NaSO$_3$CF$_3$ 为钠盐的电解液一般具有较高的库仑效率，但是由于 $NaSO_3CF_3$ 在有机溶剂中容易形成离子对，不利于 Na^+ 的传输，所制备的电解液一般电导率较低。此外，$NaSO_3CF_3$ 还存在腐蚀铝集流体的问题，其阴离子在较低电势下会与铝发生反应，不能形成稳定的钝化层，使铝集流体发生腐蚀溶解，因此限制了这类钠盐在钠离子电池中的应用。对阴离子进行化学修饰是制备新型钠盐的一种有效方法，例如，可以用长链的氟代烷烃取代—CF_3，获得 $NaSO_3C_nF_{2n+1}$ 等新型钠盐[23]。

氟磺酰亚胺类钠盐是另一类常使用的钠盐，主要的代表为双(氟代磺酰基)亚胺钠（sodium bis(fluorosulfonyl)imide, NaFSI）和双(三氟甲基磺酰)亚胺钠（sodium bis(trifluoromethane)sulfonimide, NaTFSI）等。两种钠盐都具有类似的结构，电负性中心 N 原子和两个 S 原子与具有强吸电子能力的 F 或者—CF_3 相连，使阴离子的电荷分布比较分散，性质与 $NaSO_3CF_3$ 相近。

NaFSI 在正极的应用过程中表明其电化学窗口较窄，在 3.8 V 左右就开始腐蚀铝箔，产生腐蚀电流。

NaTFSI 的阴离子半径大于 NaFSI，解离度更高，应用和研究范围更广，使用该盐的电解液均表现出较高的电导率，接近于 $NaPF_6$ 电解液。NaTFSI 具有较好的热稳定性，同时由于 C—F 键比较稳定，不易水解，较 $NaPF_6$ 对水稳定性更好。类似于 $NaSO_3CF_3$，低浓度的 NaTFSI 也存在腐蚀铝集流体的问题。提高 TFSI⁻ 阴离子浓度，如使用 TFSI⁻ 基的离子液体电解液或者使用高盐浓度的电解液，可以明显改善其对铝集流体的腐蚀性。

目前 NaFSI 和 NaTFSI 主要应用于聚合物电解质中，可以明显改善电导率，该部分内容将在第 5 章中详细介绍。

4.4.3 其他钠盐

除上述常用的六种钠盐外，还有一些新型钠盐因为热稳定性好和电化学窗口宽等优势也有潜在的应用价值，但由于电导率较低、溶解度较低、需要自主合成或成本原因并没有大量应用。这些新型钠盐包括：二氟草酸硼酸钠（sodium difluoro(oxalato)borate，NaDFOB）、4,5-二氰基-2-（三氟甲基）咪唑酸钠（sodium 4,5-dicyano-2-(trifluoromethyl)imidazolate，NaTDI）、4,5-二氰基-2-（五氟乙基）咪唑酸钠（sodium 4,5-dicyano-2-(pentafluoroethyl)imidazolate，NaPDI）、双草酸硼酸钠（sodium bis(oxalate)borate，NaBOB）、双（水杨酸-2-）硼酸钠（sodium bis(salicylate-2-)borate，NaBSB）和水杨酸苯二酚硼酸钠（sodium(salicylato benzenediol)borate，NaBDSB）和四苯硼酸钠（sodium tetraphenylboron，NaBPh₄）等[24-27]。现将这些钠盐的性质列于表 4.4 中，供参考和借鉴。

其中，NaDFOB 在 EC/DMC 溶剂中具有与 NaPF$_6$ 相近的离子电导率，且黏度要低于 NaPF$_6$ 体系；NaTDI 和 NaPDI 具有较好的热稳定性（>300 ℃）和较宽的电化学窗口（前者 4.5 V，后者 4.2 V）；NaBOB、NaBSB、NaBDSB 也具有优异的热稳定（>340 ℃），BOB$^-$ 在锂离子电池中被认为有利于形成良好的 SEI 膜；NaBPh$_4$ 相比于含 F 的钠盐能更好地稳定硬碳与电解液界面，在醚类溶剂中形成的 SEI 膜阻抗小，倍率性能好。

表 4.4　一些在钠离子电池中具有潜在应用价值的钠盐的理化性质

钠盐简称	阴离子结构	分子量/(g/mol)	分解温度/℃	浓度/(mol/L)	溶剂	电导率/(×10^{-3} S/cm)
NaDFOB		160	—	1	EC/DMC	~7.7
NaTDI		208	—	0.5	PC	4
NaPDI		258	—	1	PC	4
NaBOB		210	345	0.025	PC	0.256
NaBSB		263	353	0.025	PC	0.239
NaBDSB		247	304	0.025	PC	0.071
NaBPh$_4$		342	—	0.5	DME	6.3

4.4.4 钠盐的选择

　　增加盐的浓度有利于提高载流子的浓度，从而提高电解液的电导率，但盐浓度和电导率间并不是线性关系。盐浓度的增加会导致电解液黏度的上升，同时电解液中盐的阴阳离子也会形成离子对，降低电导率。一般钠离子电池电解液在钠盐浓度为 0.5~1 mol/L 的范围内存在最高电导率。高盐浓度会改变电解液的其他理化性质，这将会在 4.6.2 节进行详细介绍。

　　图 4.12 对比了 $NaPF_6$、$NaClO_4$ 和 $NaSO_3CF_3$ 三种典型钠盐溶于 EC:DMC=3:7（质量比）所形成电解液的盐浓度对电导率的影响。电导率随钠盐浓度的增加先升后降，盐浓度存在最优值；同一溶剂体系，不同盐构成的电解液的最优值不同，对于前述溶剂体系，$NaPF_6$、$NaClO_4$ 和 $NaSO_3CF_3$ 浓度的最优值分别为 0.6 mol/L、0.8 mol/L 和 1.0 mol/L。通过图 4.12 我们可以明显地看出，就这一溶剂体系而言，相比其他两种钠盐，$NaPF_6$ 的"最优值盐浓度"最低，得到的电解液电导率最高。因此，在常见的 EC/DMC 溶剂体系中，就传输性质而言，$NaPF_6$ 表现最佳。

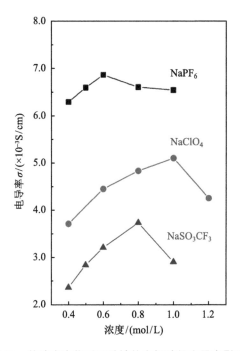

图 4.12　盐浓度变化对三种钠盐电解液的电导率影响[28]

　　除此之外，温度的变化也会显著改变电解液的电导率。电导率与温度的关系一般遵循 Arrhenius 曲线关系，即 $\lg\sigma$ 与 $1/T$ 成正比，如图 4.9（b）所示。随着温度的提升，分子运动加剧，解离作用明显，电解液黏度下降，电导率增加。

除了传输性质，钠盐的阴离子也会影响界面膜的组成。在用 XPS 系统地对比 NaPF$_6$、NaClO$_4$、NaFSI、NaTFSI 和 NaFTFSI（氟代磺酰基-三氟甲基磺酰亚胺钠，sodium fluorosulfonyl-(trifluoromethanesulfonyl)imide）几种钠盐的 EC/DMC 电解液在硬碳负极表面成膜情况后，Passerini 等[29]发现：这些钠盐在硬碳表面均存在分解现象，且会影响溶剂的分解；形成的 SEI 膜外层多为烷基碳酸钠等有机物，内层多为 NaF 或者 NaCl（对于 NaClO$_4$）等无机物；NaPF$_6$ 和 NaClO$_4$ 两种无机钠盐对应形成的 SEI 膜有机物含量高于其他三种，且 NaClO$_4$ 形成的有机层最厚；NaFSI 最易分解形成 NaF，而 NaPF$_6$ 和 NaTFSI 分解产生的 NaF 较少。

总体而言，相比于锂盐，已经商业化生产的钠盐种类仍然较少，因此目前使用的钠盐仍然集中在本节最开始介绍的六种，但这六种钠盐各自存在的缺点也难以通过有效手段消除，寻找和开发新的合适的钠盐仍然是电解液领域亟待解决的问题。

4.5　界面与有机电解液添加剂

4.5.1　电解液与电极材料的界面

在前面的章节中，我们已经引入了电极-电解液界面膜这一概念，包括负极侧的 SEI 膜和正极侧的 CEI 膜，并且介绍了不同溶剂和钠盐对界面膜的影响，例如，醚类溶剂相对于酯类溶剂更利于形成较薄的 SEI 膜，EC 有助于稳定 SEI 膜组分，NaPF$_6$ 的分解增加了 SEI 膜中的 NaF 含量等。

电极-电解质界面膜在电池中的地位举足轻重，首周循环形成的这一界面的结构、化学性质、电化学性质和稳定性等决定了后续循环过程中电池的库仑效率、循环稳定性和倍率性能。正如前文和图 4.2 所显示的，目前绝大多数的钠离子电池电极材料的氧化还原电势都超出了有机电解液的电化学稳定窗口，界面膜的存在使得电解液的电化学窗口得以拓展，从而使获得高能量密度和长循环寿命的电池体系成为可能。可以说，实现钠离子电池稳定循环的关键，就是形成稳定的电极-电解液界面膜。

对于普通无添加剂的钠离子电池电解液，SEI 膜和 CEI 膜主要来源于溶剂和钠盐的阴离子在充放电过程中的氧化或还原。除了溶剂和钠盐组合对界面有关键影响之外，溶剂和钠盐的纯度对其影响也很大，因为杂质也会参与电解液在电极材料表面的成膜，且杂质通常起到负面作用。由于杂质的含量和种类通常是难以确定的，这也加剧了界面膜的不稳定性和不确定性。

对界面性质的研究依赖于各种表征手段，除了上文提到的红外光谱和拉曼光谱，固体核磁（solid-state nuclear magnetic resonate，ssNMR）、X 射线光电子能谱（X-ray photoelectron spectroscopy，XPS）、扫描电子显微镜（scanning electron microscope，SEM）、透射电子显微镜（transmission electron microscope，TEM）、原子力显微镜（atomic force microscope，AFM）、冷冻电镜（cryo-electron microscopy，cryo-EM）、飞行时间二次离子质谱（time-of-flight secondary ionization mass spectroscopy，TOF-SIMS）、电子能量损失谱（electron energy loss spectroscopy，EELS）、X 射线吸收近边结构（X-ray absorption near edge structure，XANES）分析、电化学阻抗谱（electrochemical impedance spectroscopy，EIS）等表征技术和手段也可以用于分析 SEI 膜的形貌、组成、分布和一些性能。大部分表征方法的详细原理将在第 7 章进行统一介绍，这里仅介绍质谱和色谱技术。

质谱利用的是不同分子经高能粒子轰击后会形成不同质荷比（m/z）带电碎片离子的特性，可以用于分析电解液、电解液-电极界面物质的组分和分子结构，包括二次离子质谱（secondary ionization mass spectroscopy， SIMS）、电感耦合等离子体质谱（inductively coupled plasma mass spectroscopy，ICP-MS）等。

色谱技术是一种物理化学分离方法，当两相作相对运动时，由于不同的物质在两相（固定相和流动相）中具有不同的分配系数（或吸附系数），通过不断分配（即组分在两相之间进行反复多次的溶解、挥发或吸附、脱附过程）从而达到各物质被分离的目的，按照流动相的不同分为气相色谱和液相色谱。

在电解液热分解或在界面分解产物的研究中，一般采用的都是结合色谱技术和质谱技术的气相色谱-质谱联用技术（gas chromatography-mass spectroscopy，GC-MS）和液相色谱-质谱联用技术（liquid chromatography-mass spectroscopy，LC-MS）。图 4.13 展示了以硬碳粉末为负极，NaN_3 膜为正极的钠离子电池充电后 1 mol/L $NaPF_6$/EC+DMC（体积比 1:1）与 $NaPF_6$-EC+DEC（体积比 1:1）电解液的 GC-MS 图谱，证明了两种体系中硬碳负极表面在链状碳酸酯的主导作用下分别形成产物 1 和产物 2，且产物 1 更易生成，更为重要的是，这两种链状烷基双碳酸酯均可溶于电解液，致使界面处存在 SEI 膜溶解的现象。

1. SEI 膜

最早在 1970 年，Dey[30]就发现了金属锂长时间浸泡在有机溶剂中会形成表面膜，亦即存在表面钝化现象，同时还发现 PC 在石墨表面也存在电化学分解，会生成丙烯气体和 Li_2CO_3[31]。而 SEI 膜这一概念最早是由 Peled[32]在 1979 年提出的，他发现非水系电池中碱金属及碱土金属与电解液接触时会形成一层表面膜，介于金属和电解液之间，是一个中间相，具有电解质的特点，从此有了"固体电解质中间相"这个名字。考虑到 SEI 膜类似于固体电解质, 离子电导率远低于电解液, 因此, Peled 认为锂离子在 SEI 膜中的扩散是电极表面氧化还原反应的决速步, 此时认为的 SEI 膜模型是如图 4.14 (a) 所示的简单的二维钝化膜结构。1997 年, Peled[33]在研究 SEI 膜阻抗时发现其组成中颗粒间的晶界电阻大于体相的电阻, 因而优化了钝化膜模型, 认为电解液各类还原反应同时发生, 分解产物在负极上混合沉积, 相互堆砌形成类似马赛克的结构, 提出了如图 4.14 (b) 所示的马赛克模型。随着表面表征技术的发展, 从钝化膜模型演化出的双层 (图 4.14 (c)) 和多层模型 (图 4.14 (d)) 也逐渐发展起来。Aurbach 等[34]利用红外光谱、拉曼光谱、X 射线光电子能谱和电化学阻抗谱等多种手段, 在锂离子电池体系中提出了 SEI 膜的多层结构, 认为在新鲜金属 Li 表面一开始形成的钝化膜是不稳定的, 在电化学过程中会发生变化, 会有各种类型的物质逐一形成, 且电解液中痕量的水、溶质阴离子分解产物也会持续影响已生成的 SEI 膜, 形成多层膜结构。这一种动态的概念也被运用到了钠离子电池中, 衍生出了双层乃至多层结构模型。

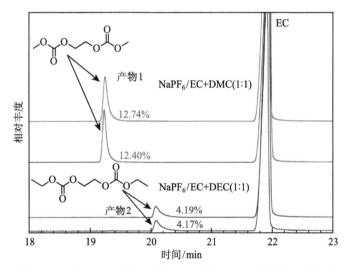

图 4.13 以硬碳粉末为负极, NaN_3 膜为正极的钠离子电池充电后两种电解液的 GC-MS 图谱[6]

一般认为, 电极-电解液界面膜主要由图 4.14 (c) 所示的无机层和有机层组成, 位于内侧的无机层与电极材料相连, 位于外侧的有机层延伸至电解液中。无机层多为一些钠的无机物, 有机层多为溶剂分子与钠反应形成的含钠有机物。这样的两层膜结构模型可以通过电子流入负极时在表面形成的双电层结构和电子参与的反应过程来理解, 当负极充满电子时, 与电子电性相反的电解液中的阳离子, 亦即 Na^+, 将富集在电极表面形成双电层, 与 Na^+ 形成溶剂化配位的溶剂分子将得到电子而被还原，由于一开始时钝化膜较薄，电子转移容易，类似式（4-12）所示的双电子反应优先发生，较易产生 Na_2CO_3 和 Na_2O 等无机产物，沉积在电极表面，与此同时，钠盐阴离子或者添加剂可能也会参与反应，生成 NaF、$NaCl$、Na_2S 和 Na_2SO_4 等物质；随着膜的厚度增加，电子转移受阻，类似式（4-13）的单电子反应开始占主导，$ROCO_2Na$（R 为有机基团）等有机物在无机层上沉积，形成有机层。SEI 膜的厚度通常在几个纳米到几十个纳米之间，这一厚度主要与电子隧穿距离有关，如无表面损坏或分解，在达到电子隧穿最长距离后，溶剂将无法继续得到电子被还原从而停止分解，SEI 膜的厚度变化将减小，成为电子绝缘体和离子导体，并稳定下来。

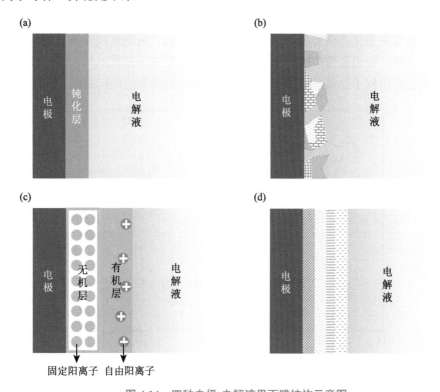

图 4.14 四种电极-电解液界面膜结构示意图

（a） 单层结构模型；（b） 马赛克结构模型（不同的小块代表不同物质）；（c）双层结构模型；
（d）多层结构模型

理想的 SEI 膜应具备以下几个特征：①良好的电子绝缘体，防止电解液在表面发生电荷转移而被氧化或还原；②良好的钠离子导电性，有选择性地使 Na^+ 通过而阻止溶剂进入电极材料或直接与电极接触；③良好的化学和电化学稳定性，在电池体系中无副反应；④良好的热稳定性，在高温下也能稳定附着于电极材料表面；⑤均一、致密且较薄，拥有良好的机械性能，不易剥落或溶解。

作为电子绝缘体和离子导体，SEI 膜对 Na^+ 的选择性传输尤为重要，直接影响着电池的可逆性和倍率性能。如果在第一周循环时形成的 SEI 膜不够稳定，例如，因为化学和电化学稳定性较差而持续溶解或分解，或因机械性能不稳定而不断脱落使得内部电极重新暴露发生反应，在电解液分解副产物的作用下会不断积累不利于 Na^+ 传输的惰性物质等，使 SEI 膜不断生长，阻碍 Na^+ 输运，影响电池的循环稳定性。特别地，对于全电池，由于没有金属钠对电极的持续钠源供应，SEI 膜的持续生长会不断消耗 Na^+，使得电池库仑效率低，比容量持续下降，循环寿命变短。由此也可以看出，在首周循环时仅消耗微量的 Na^+ 形成较薄的、致密的、均一的 SEI 膜，在保护电极材料的同时兼顾传导，是提高负极界面稳定性的重要方向。

与锂离子电池 SEI 膜组成不同的是，钠离子电池 SEI 膜中无机物的比例较大，有机物中短链的物质占比较大，这可能与 Li 和 Na 不同的反应活性有关。图 4.15 和图 4.16 分别为用 XPS 和 TOF-SIMS 对硬碳表面 SEI 膜组分进行探究的两个实例（电解液：1 mol/L $NaClO_4$ 或 $LiClO_4$ 溶于 PC）。从图 4.15 的 C 1s 谱中可以看出，在循环一周后，锂离子电池和钠离子电池硬碳表面的 sp^2 C 强度均大幅减弱，证

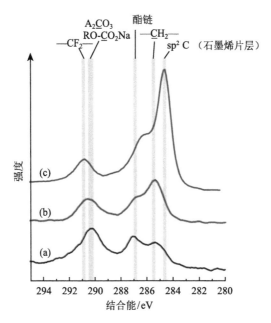

图 4.15 （a）钠离子电池和（b）锂离子电池循环一周后硬碳负极表面 SEI 膜以及（c）未循环未接触电解液的硬碳负极表面的 XPS（C 1s）分析结果，—CF_2—来源于黏结剂 PVDF[10]

明二者表面均有 SEI 膜的形成；锂离子电池硬碳表面—CH$_2$—的 C 1s 强度明显高于钠离子电池硬碳表面，而 A$_2$CO$_3$（A=Li 或 Na）中的强度则相反，—CH$_2$—主要来源于有机物的烷基链，反映了钠离子电池硬碳负极表面 SEI 膜无机物占比相对较高而有机物占比相对较低。图 4.16 更加清晰地反映了锂、钠两种体系硬碳表面 SEI 膜的物质组成，可以明显看出后者的无机物相对强度明显高于前者，Na$_2$CO$_3$、Na$_2$O、NaOH、NaF 和 NaCl 等无机物占主导。

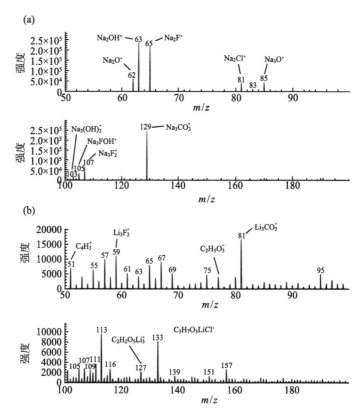

图 4.16　循环一周后的（a）钠离子电池和（b）锂离子电池硬碳负极表面 SEI 膜的 TOF-SIMS 分析结果[10]

2. CEI 膜

界面膜在正极表面也会形成，但无论是在锂离子电池还是在钠离子电池中，关于 CEI 膜的研究都相对少于 SEI 膜，这可能与目前使用的大多数正极材料都在电解液氧化电势以下，正极侧界面反应不剧烈有关。然而，随着正极材料向高电压发展，CEI 膜将会变得愈发重要。

良好的 CEI 膜能够起到保护内部正极材料，减少金属阳离子的溶出，兼顾 Na$^+$

传输的作用，提升正极的循环稳定性、倍率性能和在高电压下的表现。事实上，在正极所做的一些包覆工作也相当于人为制造 CEI 膜，较为直接的便是使用原子层沉积技术（atomic layer deposition，ALD）包覆原子层级的 Al_2O_3。金属氧化物（Al_2O_3、TiO_2 和 MgO）、金属氟化物甚至固体电解质逐渐在钠离子电池正极材料包覆工作中得到应用，这些包覆材料或维持了充放电过程中正极材料可逆相变的稳定，或阻止了 HF 等副产物对正极材料的侵蚀，或为 Na^+ 的传输提供了更好的通道，起到了 CEI 膜的作用。

例如，Sun 等[35]通过在 $Na[Ni_{0.6}Co_{0.2}Mn_{0.2}]O_2$ 正极表面包覆一层纳米 Al_2O_3 改善了正极的界面性质。一方面，纳米 Al_2O_3 能够与电解液中存在的 HF 反应，减少 HF 的含量，防止副产物 NaF 的持续堆积阻碍 Na^+ 传导；另一方面，纳米 Al_2O_3 与 HF 的产物 AlF_3 作为 CEI 膜的良好组分能够增强 CEI 膜对正极材料的保护。在二者的协同作用下，包覆后的正极材料在循环过程中界面阻抗变化明显小于包覆前（图 4.17）；同时包覆层的存在也有助于减少过渡金属从活性材料中溶出，如图 4.18 所示，包覆后的材料界面 Mn、Co、Ni 的氟化物含量远低于包覆前。

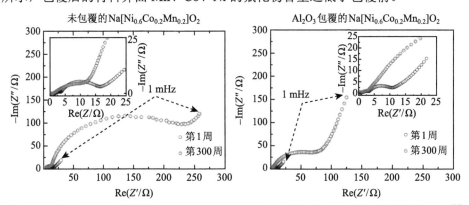

图 4.17　纳米 Al_2O_3 包覆前后 $Na[Ni_{0.6}Co_{0.2}Mn_{0.2}]O_2$ 第 1 周和第 300 周循环界面阻抗对比[35]

通过包覆等方法制造的人造 CEI 膜对不同的电解液体系、不同的正极材料兼容性不同，亟待展开相应的系统研究。和 SEI 膜相同，溶剂、钠盐、电极材料、添加剂乃至黏结剂对 CEI 膜的形成都有一定的影响，另外，可以利用钠离子电池正负极都用铝集流体的特性，将电池反向充电，使电解液添加剂在正极表面还原生成致密稳定的 CEI 膜。

3. 电解液对界面膜的调控

无论是 SEI 膜还是 CEI 膜，溶剂、钠盐、电极材料、添加剂甚至黏结剂对二者的形成都有影响。在前面的章节中，我们已经介绍过不同种溶剂和钠盐对正负极材料的影响，在对溶剂与钠盐的组合与优化过程中，除了改善电解液本体的一

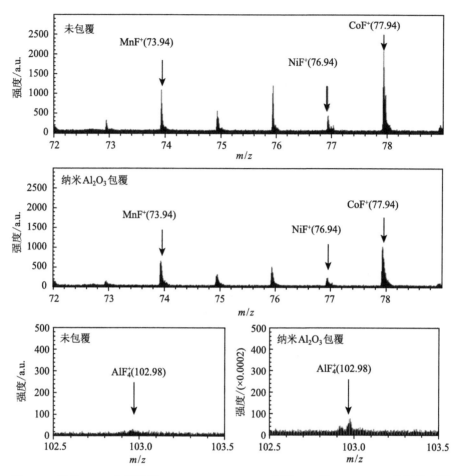

图 4.18 纳米 Al$_2$O$_3$ 包覆前后 Na[Ni$_{0.6}$Co$_{0.2}$Mn$_{0.2}$]O$_2$ 表面 CEI 膜 TOF-SIMS 分析结果[35]

些性质,如液程、传输性质和热稳定性等,研究者更多地是将目光放在电解液与电极材料的兼容性与稳定性上,希望电解液能充分发挥改善电极材料电化学性能的作用,因此,通过调整电解液的组成和配比,或者简单地加入添加剂来调控 SEI 膜或者 CEI 膜的组成、结构和性质是近年来电解液研究的重要方向。

由于双电层结构和溶剂化现象的存在,Na$^+$溶剂化鞘层的结构和阴离子分布往往对 SEI 膜或 CEI 膜的形成起到关键作用。

胡勇胜等[36]发现:通过提高溶剂与钠盐的摩尔比,即降低钠盐浓度(0.3 mol/L NaPF$_6$/EC+PC(体积比 1:1)),使溶剂分子充分占据 Na$^+$溶剂化鞘层,可以在正极和负极侧获得有机物含量高(C+O 占比高)的 SEI 膜和 CEI 膜;由于 PF$_6^-$的浓度降低,对电极材料具有腐蚀作用的 HF 等分解副产物也将减少,获得的 SEI 膜和 CEI 膜更加稳定,综合低黏度等特征,使用该电解液的全电池能在-30~55 ℃温度范围内稳定工作，且在高温和低温条件下循环稳定性和首周库仑效率等电化学性能优于同等情况下 1 mol/L 浓度的电解液（图 4.19）。相反地，应用高盐浓度电解液时，Na^+ 溶剂化鞘层（或称配位层）几乎被阴离子占据，所形成的界面膜又将不同，可以带来其他的一些优势（见 4.6.2 节）。

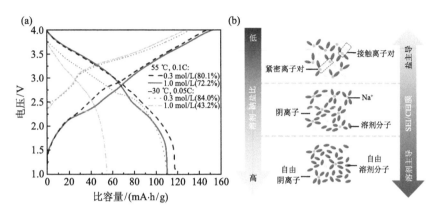

图 4.19 使用低浓电解液（0.3 mol/L NaPF$_6$/EC+PC（体积比 1:1））与普通电解液（1 mol/L NaPF$_6$/EC+PC（体积比 1:1））的全电池对比

(a) 高低温下首周充放电曲线（括号内为首周库仑效率）；(b) 不同浓度电解液特性变化、分子/离子之间的相互作用及界面膜成分的相关变化示意图[36]

最近，周琳等[37]发现金属钠对称电池在 1 mol/L 的 NaPF$_6$/DME 电解液中可以稳定循环 500 多次，当把钠盐更换为 NaClO$_4$ 或 NaSO$_3$CF$_3$，或将溶剂更换为 EC+DEC 或 PC 时，循环稳定性迅速变差（NaSO$_3$CF$_3$/DME 劣化程度弱于其余几者）。通过理论计算，周琳等认为钠离子的溶剂化结构，特别是阴离子的类型和位置，在很大程度上决定了金属钠负极的性能，并提出了一种界面模型解释这一现象：溶剂化的 Na^+ 在 Cu 集流体表面的去溶剂化过程中（图 4.20（a）），Na^+ 与溶剂/阴离子的结合能 E，和 1/2 相邻溶剂/阴离子的距离 B 两个参数显著影响界面的性质（图 4.20（b），（c））。E 表示溶剂/阴离子与 Na^+ 的结合程度，B 表示阴离子/溶剂的堆叠程度，B 值越高，溶剂化结构的堆叠越松散。从图 4.20（b），（c）中可以看出，与 Na^+ 结合能较低且 B 值较低（意味着体积较小）的 ClO_4^- 可以更自由地在溶剂化结构中移动，因此在去溶剂化过程中可以更容易和更频繁地到达电极表面，腐蚀钠金属电极。相比之下，与 Na^+ 结合能中等且 B 值较高的 $SO_3CF_3^-$ 则不易到达电极表面腐蚀电极。图 4.20（d）～（i）展示了更多类型的电解液在钠沉积过程中的溶剂化结构和去溶剂化过程，在这些体系中，DME 与 Na^+ 的结合能明显高于碳酸酯类溶剂与 Na^+ 的结合能，可以将更多的阴离子排除在最内鞘层外，使阴离子远离金属钠电极，防止阴离子腐蚀，表现出了优于碳酸酯溶剂的性能。

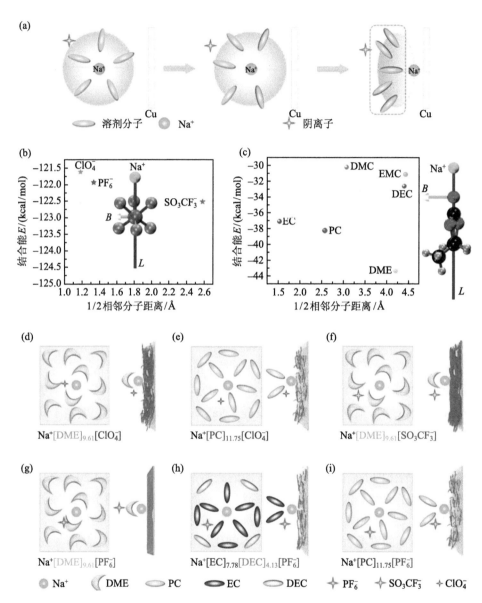

图 4.20 （a）Na⁺在 Cu 集流体表面的去溶剂化过程示意图；（b）几种阴离子与 Na⁺的结合能及 1/2 相邻阴离子距离；（c）几种溶剂与 Na⁺的结合能及 1/2 相邻溶剂分子距离；以及 1 mol/L 各类体系电解液的溶剂化鞘层结构与去溶剂化过程示意图：（d）NaClO₄/DME；（e）NaClO₄/PC；（f）NaSO₃CF₃/DME；（g）NaPF₆/DME；（h）NaPF₆/EC+DEC；（i）NaPF₆/PC（溶剂下角标表示平均配位数）。[37]　1 cal=4.1868 J

更为一般地,通过改变碱金属离子的溶剂化鞘层结构和阴离子分布从而改变 SEI 或 CEI 的一些研究也正在钠离子电池中展开,但仍然处于早期阶段。

除了调控钠盐和溶剂形成的溶剂化鞘层结构,还可以通过引入少量添加剂,利用添加剂分解电势的不同调控电解液与电极材料的界面,达到提高电池循环寿命和倍率性能等目标。

4.5.2 有机电解液添加剂

添加剂指的是电解液含量较少(一般在 5%以下)的组分,可以是气体、液体或者固体,具有针对性强、用量小的特点,可以在基本不提高生产成本、不改变生产工艺的情况下,明显优化电池某一方面的性能。有时候,常用的有机溶剂或者盐由于特殊的理化性质也可以少量加入作为添加剂使用,从概念上来讲,添加剂、溶剂和盐的区别仅在于在电解液中的含量不同,对于含量较少的溶剂或者盐可以统称为添加剂,含量较高的可以称为溶剂或者盐。

按照添加剂的组成,钠离子电解液的添加剂可以分为无机添加剂和有机添加剂。无机添加剂主要以固体钠盐为主,包括 $NaBF_4$、$NaNO_3$ 和 $NaC_2O_4BF_2$ 等;有机添加剂则包括了碳酸亚乙烯酯(vinylene carbonate,VC)、氟代碳酸乙烯酯(fluoroethylene carbonate,FEC)、反式二氟代碳酸乙烯酯(trans-difluoroetyhene carbonate,DFEC)、亚硫酸乙烯酯(ethylene sulfite,ES)、1,3-丙烷磺酸内酯(1,3-propane sultone,PS)、丁二腈(succinonitrile,SN)、丙烯基-1,3-磺酸内酯(prop-1-ene-1,3-sultone,PST)、硫酸乙烯酯(1,3,2-dioxathiolane-2,2-dioxide,DTD)、乙氧基(五氟)环三磷腈(ethoxy(pentafluoro)cyclotriphosphazene,EFPN)、甲基膦酸二甲酯(dimethyl methylphosphonate,DMMP)、甲基九氟丁醚(methyl nonafluorobutyl ether,MFE)、三(2,2,2-三氟乙基)亚磷酸盐(tri(2,2,2-trifluoroethyl) phosphite,TFEP)和联苯(biphenyl,BP)等。表 4.5 列举了钠离子电池电解液常用的添加剂的结构、理化性质和作用。

更为一般地,由于不同的添加剂在电解液中起到的作用不同,按照其功能特性的不同,钠离子电解液的添加剂可以分为成膜添加剂、阻燃添加剂、过充保护添加剂等。成膜添加剂主要用于增强 SEI 膜和 CEI 膜的稳定性;阻燃添加剂可以降低电解液的可燃性;过充保护剂可以在过充的情况下防止电池燃烧、爆炸;除此之外,包括保护 Al 集流体或电池壳等部件的钝化和改善浸润性质的加湿剂等在内的其他添加剂在钠离子电池中也有潜在的应用价值。下面将按照功能特性分类介绍成膜添加剂、阻燃添加剂、过充保护添加剂和其他添加剂。

表 4.5 钠离子电池电解液典型添加剂的理化性质

名称	缩写	结构式	分子量/(g/mol)	熔点/℃	沸点/℃	密度/(g/cm³)	类型和说明
碳酸亚乙烯酯（vinylene carbonate）	VC		86	19	162	1.36	成膜添加剂
氟代碳酸乙烯酯（fluoroethylene carbonate）	FEC		106	18	212	1.45	成膜添加剂
1,3-丙烷磺酸内酯（1,3-propane sultone）	1,3-PS		122	30	180	1.39	成膜添加剂
丙烯基-1,3-磺酸内酯（prop-1-ene-1,3-sultone）	PST		120	82	257	1.51	成膜添加剂
硫酸乙烯酯（1,3,2-dioxathiolane-2,2-dioxide）	DTD		124	95	231	1.60	成膜添加剂
甲基膦酸二甲酯（dimethyl methylphosphonate）	DMMP		124	−50	181	1.15	阻燃添加剂
三(2,2,2-三氟乙基)亚磷酸盐（tri(2,2,2-trifluoroethyl)phosphite）	TFEP		328	—	130	1.49	阻燃添加剂
乙氧基(五氟)环三磷腈（ethoxy(pentafluoro)cyclotriphosphazene）	EFPN		275	—	42	1.36	阻燃添加剂

续表

名称	缩写	结构式	分子量/(g/mol)	熔点/℃	沸点/℃	密度/(g/cm³)	类型和说明
甲基九氟丁醚 (methyl nonafluorobutyl ether)	MFE		250	−135	60	1.53	阻燃添加剂
全氟(2-甲基-3-戊酮) (perfluoro-2-methyl-3-pentanone)	PFMP		316	—	—	—	阻燃添加剂
联苯 (biphenyl)	BP		154	68	255	0.99	过充保护添加剂

1. 成膜添加剂

成膜添加剂，顾名思义指的是在负极（或正极）形成及改善 SEI 膜（或 CEI 膜）的添加剂。这类添加剂会优先于溶剂和钠盐进行还原（或氧化），在负极（或正极）表面形成致密、均一并且较薄的 SEI 膜（或 CEI 膜），使得内部的电极材料得到保护，电解液的实际电化学窗口得到扩宽，与此同时，通过调整添加剂的种类可以实现对于正负极材料界面的调控。典型的成膜添加剂有碳酸亚乙烯酯（VC）、氟代碳酸乙烯酯（FEC）、1,3-丙烷磺酸内酯（1,3-PS）、丙烯基-1,3-磺酸内酯（PST）、硫酸乙烯酯（DTD）和二氟草酸硼酸钠（$NaC_2O_4BF_2$，NaDFOB）。

VC 具有同 PC 和 EC 相似的分子结构，但是由于含有不饱和双键，化学性质要比 PC 和 EC 活泼，嵌钠过程中能够在高于 PC 和 EC 分解电势下断开双键，生成大分子的网络状聚合物参与 SEI 膜的形成。但过量的 VC 会在正极表面被大量氧化分解，沉积于正极表面，从而影响正极的循环性能。

以 FEC 为代表的卤代碳酸乙烯酯借助卤素子的吸电子效应提高中心原子的得电子能力，在相对较高的电势下在负极表面还原并生成稳定的 SEI 膜，对金属钠和硬碳负极表面稳定的 SEI 膜形成有效。图 4.21 展示了一个实例，2%（体积比）FEC 添加的 1 mol/L $NaClO_4$ 的 PC 电解液对硬碳负极表面成膜和电池循环稳定性具有改善作用[38]。在该体系中，无 FEC 添加的电解液中 PC 会在电极表面分解成为可溶性产物，且该产物会降低电解液的电化学窗口，引发不可逆的副反应，最

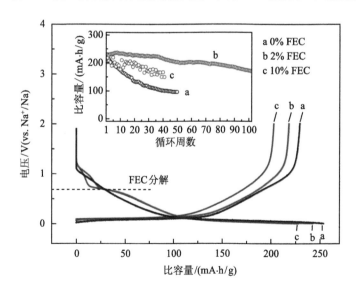

图 4.21 不同 FEC 添加量（体积比）下 1 mol/L $NaClO_4$ 的 PC 电解液中硬碳作为负极的半电池首周充放电曲线和循环稳定性对比[38]

终降低整个体系的比容量和循环稳定性。而 FEC 则能在首周充放电过程中在 0.7 V 左右分解成膜附着于电极表面，阻止 PC 在电极表面的分解，从而避免一系列的不可逆反应。此外，FEC 在 SnO_2、Sn_4P_3 和黑磷等非碳基负极表面也展现了良好的成膜性能，有效提高了这些材料的循环性能[39-42]。然而，FEC 却可能因为添加过量而在一些体系中表现出相反的作用，会因成膜过厚而导致界面阻抗和电荷转移阻抗变大，影响 Na^+ 的传导，降低库仑效率和增大极化。同时，由于引入了更多的 F，NaF 的产生也会增多，与 LiF 不同的是，NaF 中阳离子的迁移势垒更高[43]，前者常被用于负极界面修饰，而后者因为对 Na^+ 传输不利不宜过多引入。

亚硫酸酯和磺酸酯类添加剂也是一类重要的成膜添加剂，主要代表有 ES、PS、PST 和 DTD 等。该类添加剂由于中心的 S 原子的电负性较 C 原子强，在负极表面的还原性要高于类似结构的碳酸酯，其还原电势高于溶剂的还原电势，优先形成富含 S 化合物的稳定 SEI 膜。该类添加剂的优势为：加入后可以改善电池体系的高低温性能，PST 和 DTD 有助于减小界面阻抗的持续增加[44]。

除上述添加剂外，钠盐中的 NaDFOB 也有很好的成膜作用，可能与其可以在电极表面形成纳米 NaF 有关。如前文所言，一般认为 NaF 的大量堆积会阻碍 Na^+ 的传输，但少量的粒径较小的纳米 NaF 却有利于在首周充放电过程中形成致密且稳定的 SEI 膜或 CEI 膜，不易溶解或剥离，防止电极材料和电解液界面持续反应堆积更多的 NaF。然而，NaDFOB 添加过量（大于 3%）时会因形成较厚的 CEI 膜而导致电池的阻抗较大，不利于电池循环[45]。

除此之外，气体 CO_2、SO_2 以及钠盐 $NaBF_4$、$NaNO_3$ 等可能对成膜也有一定的优化作用，但还缺乏相应的研究。

结合以上介绍的几种成膜添加剂可以获得良好的成膜效果，改善电池的循环性能。

马紫峰等[44]使用含 2% FEC + 1% PST + 1%DTD（质量分数）三种添加剂的电解液（1 mol/L $NaPF_6$/PC+EMC（体积比 1:1），电解液为基底），在硬碳负极表面获得了富含 $ROCO_2Na$、$ROSO_2Na$ 和 RSO_3Na 等有机物的 SEI 膜，能够有效地阻止电解液在负极的持续还原分解；在 $Na[Ni_{1/3}Fe_{1/3}Mn_{1/3}]O_2$ 正极表面获得了 RSO_3^-、$ROSO_3^-$、SO_3^{2-} 与少量过渡金属离子形成的 CEI 膜，阻止了电解液在正极氧化分解，同时还防止过渡金属离子的进一步溶出。使用该种电解液的全电池循环 1000 周后仍然具有 92.2%的高比容量保持率（1C 充放电倍率，2.0~3.8 V 电压区间）。

Tarascon 等[45]使用含 NaDFOB（0.5%）、PS（3%）、VC（3%）和 SN（1%）四种添加剂的电解液（1 mol/L $NaPF_6$/EC+PC（体积比 1:1）），在 55 ℃的工作温度下，分别在硬碳负极表面和碳包覆的 $Na_3V_2(PO_4)_2F_3$ 正极表面获得了稳定的 SEI

膜和 CEI 膜。其中前三种添加剂为成膜添加剂，SN 则具有良好的亲核性能，能够稳定 V^{5+}（SN 在锂离子电池中也被认为有助于增强电解液的抗氧化性）。图 4.22 展示了使用添加剂前后正极和负极表面几种元素的 XPS 图谱在循环过程中的变化，可以看出，加入添加剂后，在循环过程中无论正极或是负极表面的组分变化都相对较小，且 NaF 的量也远低于对照组，表现出良好的稳定性和 Na^+ 传输性。使用该种电解液的全电池在 55 ℃下表现出了较低的自放电率，循环 11 周且搁置 7 天后比容量仍为原始比容量的 89.5%，再循环一周后的放电比容量也能恢复到第 11 周充电比容量的 98.7%。

2. 阻燃添加剂

使用有机液体电解液的钠离子电池面临着电解液可燃的安全隐患，加入阻燃添加剂是降低电解液可燃性的一种方式。关于电解液的自由基链式反应燃烧机埋已经在 4.3.3 节中作过介绍，如果能找到抑制这些链式反应的添加剂，将能有效提高钠离子电池的安全性。P、F、Cl 和 Br 都是良好的阻燃元素，有机磷系阻燃添加剂是近年来研究最多的添加剂。除了前文介绍的，可以视为溶剂的 TMP 和 TEP，有机磷系阻燃添加剂还包括磷酸酯，如甲基膦酸二甲酯（DMMP）；亚磷酸盐，如

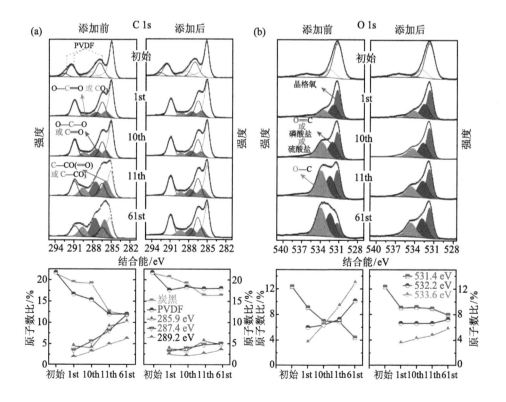

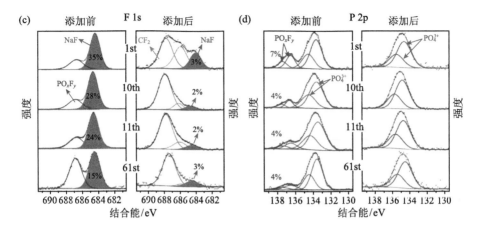

图 4.22　加入 0.5% NaDFOB + 3%PS + 3%VC +1% SN 前后 1 mol/L NaPF$_6$/EC+PC（体积比 1:1）电解液体系（a）和（b）Na$_3$V$_2$(PO$_4$)$_2$F$_3$（碳包覆）正极表面以及（c）和（d）硬碳负极表面循环过程中几种元素的 XPS 图谱变化[45]

三(2,2,2-三氟乙基)亚磷酸盐（TFEP）以及环状磷腈类，如乙氧基(五氟)环三磷腈（EFPN）。这些化合物常温下大部分呈液态，与有机溶剂有一定的互溶性。该类阻燃添加剂的作用机制仍然遵循式（4-17）和式（4-18）所示的自由基产生捕获机制，亦即阻燃添加剂受热时，释放出具有阻燃性能的含 P 自由基[P]·，[P]·再捕获有机物自由基链式燃烧反应中的 H·，终止链式反应，使得有机电解液的燃烧无法或者难以进行。

　　添加 5%的 EFPN 即可使 NaPF$_6$ 的 EC+DEC 电解液变得不可燃（图 4.23），且同时提高了 Na$_{0.44}$MnO$_2$ 正极和乙炔黑负极的循环稳定性[46]。然而，大部分有机磷系溶剂的黏度较大，加入后会降低电解液的电导率，且电化学稳定性较差，添加量不宜过多。

　　除有机磷系阻燃添加剂外，氟代醚等高氟或全氟物质也通常具有阻燃效果。冯金奎等[47]对比了 TMP、TFEP、DMMP 和甲基九氟丁醚（MFE）四种阻燃添加剂后，发现 MFE 对金属钠兼容性最好，含有 MFE 的该电解液对普鲁士蓝正极材料和碳纳米管负极材料的兼容性也较好，但整体的电导率仍较低（5×10^{-4} S/cm）。全氟(2-甲基-3-戊酮)（PFMP）在遇明火时会优先蒸发吸收周围大量热量从而熄灭火焰，因而具有很好的阻燃性，但与传统的 PC 不互溶，黄云辉等[48]通过 1,1,2,2-四氟乙基-2,2,3,3-四氟丙基醚（HFE，本身也具备一定阻燃性）的桥接作用，向 NaPF$_6$/FEC+PC+HFE 体系中溶入了 5%（质量分数）的 PFMP，获得了不可燃的电解液，且同样发现该电解液对金属钠负极具有良好的兼容性。

图 4.23 EFPN 添加前（左：点着了）后（右：点不着）电解液可燃性对比[46]

3. 过充保护添加剂

过充情况下，电池电压会持续升高，化学反应加剧，温度升高，此时即使停止充电，电池温度也会因为化学反应产热而不断上升，引发燃烧爆炸从而有效提高钠离子电池的安全性能，一般含苯环类添加剂具有较好的防过充性能。

过充保护添加剂一般分为氧化还原穿梭剂和电化学聚合添加剂两种，对应两种不同的机理。前者先在正极氧化，然后穿梭到负极被还原，通过在正负极间来回穿梭防止过充，从而减小过大的电流，稳定电池电压。后者则在电池电压超过添加剂的电化学聚合电压时发生聚合反应，在正极表面和隔膜形成聚合物膜同时释放出质子。聚合物膜会增加电池内阻，减缓或阻止电解液的进一步分解，防止热失控；而质子到达负极后还原生成氢气，超过一定压力时可以激活电流切断装置或者冲开释压阀（对于某些形态的电池）。一般而言，氧化还原穿梭剂对电池的保护属于可逆保护，而电化学聚合添加剂的保护是不可逆的，一旦触发就将终止电池寿命。

钠离子电池过充保护添加剂一般需要满足两个条件：①氧化电势在正极材料充电截止电压之上；②氧化反应速度要快，且在没有启动过充保护机制之前不能严重影响电池体系的充放电循环性能。

目前而言，在钠离子电池中仅报道了联苯（BP）这一种过充保护添加剂[49]，该添加剂可以在电压超过 4.3 V 时在 $Na_{0.44}MnO_2$ 正极和隔膜表面发生电化学聚合（图 4.24），通过上述电化学聚合保护机理保障电池安全，可以有效耐受 800% 的过充量，且对电池性能的影响几乎可忽略。

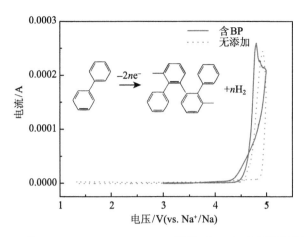

图 4.24 添加 3% BP 的 1 mol/L NaPF$_6$/EC+DMC（体积比 1:1）电解液前后的 CV 曲线对比和 BP 过充聚合机理[49]

4. 其他添加剂

除了上述常用的添加剂，一些在锂离子电池中使用的功能添加剂在钠离子电池中也有潜在的应用价值，如除水添加剂和防铝箔腐蚀保护剂等；还有一些添加剂在钠离子电池中不太典型，但可能具有成膜、阻燃、过充保护或其他功能，现将这两类其他添加剂的名称、结构和可能的作用列于表 4.6，供借鉴与参考。

表 4.6 一些在钠离子电池中具有潜在应用价值的添加剂

添加剂	英文名称或化学式	结构	可能的作用
二氧化碳	CO$_2$	—	成膜
二氧化硫	SO$_2$	—	成膜
硝酸钠	NaNO$_3$	—	成膜
四氟硼酸钠	NaBF$_4$	—	成膜
亚硫酸乙烯酯	ethylene sulfite		成膜
亚硫酸二甲酯	dimethyl sulfite		成膜
三（三甲基硅烷基）亚磷酸酯	tris(trimethylsilyl) phosphite（TMSP）		消耗 HF，与 FEC 协同提高成膜稳定性[40]

添加剂	英文名称或化学式	结构	可能的作用
三苯基磷酸酯	triphenylphosphate（TPP）		阻燃
环己基苯	cyclohexylbenzene（CHB）		防过充
乙醇胺（胺类）	ethanolamine		除水
己二腈（腈类）	adiponitrile		Al 腐蚀保护，对 CEI 膜有益[50]

4.6 新型电解液体系及应用

在钠离子电池电解液研发过程中，安全性和界面稳定性问题一直受到持续的关注，围绕这些问题，一些新型的电解液体系也逐渐发展起来：以水为溶剂的水系电解液，将电解质浓度提升的高盐浓度电解液，完全由流动的阴、阳离子组成的离子液体电解液和具有阻燃性质的不可燃电解液等。这些新型电解液体系有各自的特点，例如，将水系电解液中的盐浓度提高后，可以显著抑制水的析氢析氧现象，改变界面性质，扩展电化学窗口。由此，高浓离子液体电解液、高浓不可燃电解液等类型的电解液也一一出现，各种新奇的现象也被持续发现和研究。

4.6.1 水系电解液

有机电解液体系电池具有能量密度高、循环寿命长和自放电率低等特点，在性能上可以满足储能系统的技术要求。然而，由于有机电解液大量使用易燃的溶剂，在生产和使用过程中会存在安全隐患。同时还考虑到环境污染、成本较高等因素，研究者尝试用更加绿色环保的溶剂——水。

总地来说，采用水溶液作为溶剂的电解液体系具有以下特点[51]：①水溶液电解液代替有机电解液，避免了易燃等安全性问题；②生产条件相对宽松，溶剂和盐成本相对便宜；③水溶液离子电导率比有机电解液高约 2 个数量级，易于实现高倍率。

然而水系电池中存在的最大问题在于水系电解液的电压窗口较窄。水在正的电势下会析氧，在负的电势下会析氢，其分解电势与 pH 的关系可利用 Nernst 公式推导得到，并用图 4.25 左侧的 Pourbaix 图表示，图 4.25 也展示了一些电极材料在水系电解液中的氧化还原电势。

$$析氧:\quad E = 1.23 - 0.059\mathrm{pH} + 0.0147\lg p_{\mathrm{O}_2} \tag{4-21}$$

$$析氢:\quad E = 0 - 0.059\mathrm{pH} - 0.0295\lg p_{\mathrm{H}_2} \tag{4-22}$$

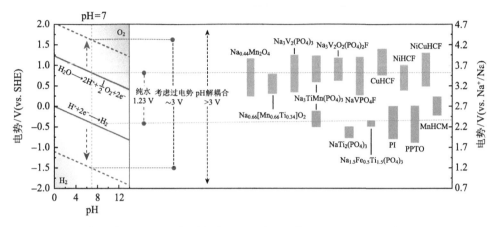

图 4.25　水系钠离子电池电极材料在水溶液中的电势（vs. SHE, vs. Na$^+$/Na）与水的
Pourbaix 图（电势与 pH 的关系）[52]

标准条件下，水的热力学电化学稳定窗口为 1.23 V，即使考虑到动力学因素，传统稀溶液的水系钠离子电池的电化学窗口也不超过 2 V。如果使用高盐浓度溶液作为电解液，电化学窗口可以扩展到 3 V。考虑到腐蚀集流体等因素，不同 pH 的水系电解液需要选择不同的集流体，一般中性溶液中可以使用不锈钢作为集流体，酸性电解液可以使用钛网或者镍网作为集流体。由于水系电解液的电压窗口较窄，所以在电极材料的选择上也受到了较大的限制：正极材料脱出钠离子反应的电势要低于水的析氧过电势，而负极材料的嵌入钠离子反应的电势应高于水的析氢过电势。尤其是还要考虑正负极材料在水系电解液中的溶解问题，电极材料的选择就更加受限。从图 4.25 中我们也可以看出，钠盐的选择和 pH 的调控应当与电极适配，所以在特定 pH 条件下正负极材料能够稳定，不发生析氢和析氧的副反应，从而增强电池的循环稳定性，延长使用寿命。

在钠盐的选择方面，已经报道的文献主要集中在成本低廉的 Na$_2$SO$_4$、NaCl 和 NaNO$_3$ 上，也有使用 NaOH 碱性体系和 NaClO$_4$ 的，但以浓度为 1 mol/L 的中性 Na$_2$SO$_4$ 最为常用，该种电解液在中性条件下能与 Na$_{0.44}$MnO$_2$、Na$_3$V$_2$(PO$_4$)$_3$ 和 Na$_3$MnTi(PO$_4$)$_3$ 兼容。

表 4.7 为已经报道的一些典型的水系钠离子电池的组成和电化学性能。从表中可以看出，不同于普通的有机电解液，水系钠离子电解液中出现了 5 mol/L 和 10 mol/L 等高盐浓度电解液，关于高盐浓度电解液将在 4.6.2 节中进一步介绍。从表 4.7 中还可以看出，水系钠离子电池虽然有的体系表现出了良好的循环性能，但整体能量密度普遍较低。

表 4.7　一些典型的水系钠离子电池的组成和电化学性能[52]

正极	负极	电解液	电流密度或倍率	电压/V	比容量/(mA·h/g)	比容量保持率（循环周数）
$Na_{0.44}MnO_2$	$NaTi_2(PO_4)_3$	1 m* Na_2SO_4	5 C	1.1	95	86%（100）
$Na_{0.66}[Mn_{0.66}Ti_{0.34}]O_2$	$NaTi_2(PO_4)_3$	1 m Na_2SO_4	2 C	1.2	76	≈87%（300）
$NaMnO_2$	$NaTi_2(PO_4)_3$	2 m CH_3COONa	5 C	≈1.0	27	75%（500）
$K_{0.27}MnO_2$	$NaTi_2(PO_4)_3$	1 m Na_2SO_4	0.2 A/g	≈1.2	68.5	无衰减（100）
$Na_3V_2(PO_4)_3$	$NaTi_2(PO_4)_3$	1 m Na_2SO_4	10 A/g	1.2	58	50%（50）
$Na_2VTi(PO_4)_3$	$Na_2VTi(PO_4)_3$	1 m Na_2SO_4	10 C	≈1.2	40.6	≈70%（1000）
$Na_3MnTi(PO_4)_3$	$Na_3MnTi(PO_4)_3$	1 m Na_2SO_4	1 C	1.4	56.5	≈98%（100）
$Na_3V_2O_2(PO_4)_2F$ - MWCNT	$NaTi_2(PO_4)_3$ - MWCNT	17 m $NaClO_4$ +2% VC	1 C	1.5	54.3	≈81%（100）
$NaVPO_4F$	polyimide	5 m $NaNO_3$	0.05 A/g	0.8	54	≈68%（20）
$Na_2CuFe(CN)_6$	$NaTi_2(PO_4)_3$	1 m Na_2SO_4	10 C	1.4	86	≈88%（1000）
$Na_2NiFe(CN)_6$	$NaTi_2(PO_4)_3$	1 m Na_2SO_4	5 C	1.3	79	≈88%（250）
$Na_{0.44}MnO_2$	polyimide - MWCNT	1 m Na_2SO_4	5 C	0.8	60	无衰减（200）
$Na_{0.44}MnO_2$	$Na_2V_6O_{16}·nH_2O$	1 m Na_2SO_4	0.04 A/g	0.8	30	≈67%（250）
$Na_{0.44}MnO_2$	$NaV_3(PO_4)_3@C$	1 m Na_2SO_4	5 C	0.7	100	≈83%（500）
$Na_{0.35}MnO_2$	$PPy@MoO_3$	0.5 m Na_2SO_4	0.55 A/g	0.8	25	≈79%（1000）
Cu^{II} - NC - $Fe^{III/II}$	Mn^{II} - NC - $Mn^{III/II}$	17 m $NaClO_4$	10 C	1.0	22	无衰减（1000）

*m 指质量摩尔浓度，即单位质量的溶剂（水）所溶解的溶质的物质的量，单位为 mol/kg。

4.6.2　高盐浓度电解液

高盐浓度电解液最早由胡勇胜等[53]在锂金属电池中提出，对于一般浓度的钠盐电解质溶液，其离子电导率随着浓度的增加（即导电离子数的增多）而升高，但当浓度升高到一定值以后，由于阴阳离子之间的相互作用力增大，钠离子的运动速率降低，离子电导率反而下降。一般认为浓度为 0.5 mol/L（对应 $NaPF_6$）附近的电解液具有相对较高的离子电导率，过多偏离这个浓度往往会造成离子电导率的下降。我们把浓度在 2 mol/L 以上，溶液黏度明显增加，离子电导率明显下降的电解液体系称为高盐浓度电解液体系。一般来说，在高盐浓度体系中，随着浓度的增大，阴阳离子之间的相互作用力增大，离子电导率下降的同时黏度增加，从而导致电解液对电极的浸润性变差，即和电极的界面接触变差。与此同时，由于钠盐使用量的增加，电池的整体成本也会上升。

虽然高盐浓度的电解液体系有以上缺点，但同时也具备一些独特的优势，具体来说主要包括以下几个方面：①离子数增加使得电极/电解液的界面传质过程得到一定改善，电极上氧化反应和还原反应的稳定性增强，电极上可以进行快速反应；②由于溶剂比例减小，电解液的挥发能力减弱，热力学稳定性增强，安全性得到提升，尤其当浓度增加到一定程度时可以成为不可燃电解液（见 4.4.4 节）；③电极表面能形成良好的 SEI 膜，抑制钠枝晶的产生（对于金属负极）；④绝大部分溶剂和阴离子与钠离子配位，使得自由阴离子和溶剂分子减少，能够保护 Al 等集流体不受阴离子的腐蚀，同时也有助于形成良好的 SEI 膜。

按照溶剂的不同，目前高盐电解液体系可分为有机系和水系两大类。

有机系依旧使用 4.2 节和 4.3 节所述的溶剂、钠盐和添加剂，不同之处在于增加了电解液中钠盐的含量，多选择 NaFSI 和 NaTFSI 作为钠盐。

对于水系电解液，提高盐浓度可以有效抑制析氢析氧从而拓宽水系电解液的电化学窗口，同时高盐浓度还可以减少电解液中的自由水，从而有效抑制电极材料的溶解，提高电极的循环寿命。在选择的时候应当考虑各种钠盐在水中的溶解度，从表 4.8 可以看出，传统的水系电解液中所使用盐的溶解度都相对较低，而 NaFSI 和 NaClO₄ 凭借高溶解度的优势在高盐体系中得以应用，不过 FSI⁻在水中容易水解，其化学稳定性相对较差。

表 4.8　一些常用钠盐在水中的溶解度（20 ℃）[52]

钠盐	溶解度/(g/100 g H₂O)	对应的质量摩尔浓度/m
CH₃COONa	46.4	5.7
NaCl	35.9	6.1
NaNO₃	87.6	10.3
Na₂SO₄	19.5	1.4
NaClO₄	201	16.5
NaFSI	609.3	30

受非水高盐浓度电解液的启发，近年来在水系锂离子电池体系中提出的"Water-in-Salt"的概念也被应用于水系钠离子电池电解液中[54]，使用高浓度（超过 9 m）的 NaSO₃CF₃ 电解液可以将 1.23 V 的电化学窗口拓宽至 2.5 V（图 4.26）。与传统"Salt-in-Water"稀溶液体系不同，当 NaSO₃CF₃ 的质量摩尔浓度达到 9 m 以上时，溶液中缺乏足够的水分子与 Na⁺ 形成完整的溶剂化壳层，使得 SO₃CF₃⁻

与 Na⁺的距离缩短，阴阳离子间的相互作用显著增强，从而使得阴离子的还原电势提高（高于氢析出电势），负极表面在电解液析氢之前形成良好的 SEI 膜，拓宽了电解液的电化学窗口。值得一提的是，随着盐浓度的升高，电解液的黏度上升，离子电导率下降，但由于阴阳离子打破了水分子间的氢键，从而打断了水分子组成的网络，使得电解液的传输性质不同于低盐浓度电解液体系，此时电解液电导率与黏度的关系不再满足低盐浓度情况下的 Walden 规律（式（4-8））。

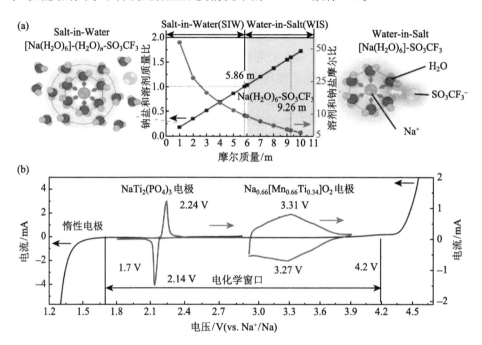

图 4.26 （a）"Salt-in-Water"和"Water-in-Salt"电解液溶剂化结构示意图及溶剂-钠盐的质量比与摩尔比随溶液摩尔质量变化的关系；（b）浓度为 9.26 m 的高盐浓度水系 NaSO₃CF₃ 电解液的电化学窗口（使用惰性电极）和两种电极材料的循环伏安曲线[54]

　　相比于锂盐，钠盐在高盐水系电解液体系中的溶解度较低，比如 LiSO₃CF₃ 和 KSO₃CF₃ 的室温溶解度都能达到 21~22 m，而 NaSO₃CF₃ 的室温溶解度只有 9 m 左右，即使采用两种盐混合使用效果也有限（不超过 10 m, LiTFSI-LiSO₃CF₃ 则可达 28 m），虽然采用混合碱金属阳离子体系可以提高整体盐浓度，但往往存在阳离子共嵌入的问题，导致电池电压不断变化且循环性能较差。通过引入大半径的惰性阳离子盐能有效解决以上两个问题。

　　索鎏敏等[55]通过引入阳离子半径较大的三氟甲基磺酸四乙基铵（TEASO₃CF₃）盐而设计了超高浓度的阳离子混合电解液（9 m NaSO₃CF₃+22 m TEASO₃CF₃），该电解液可将电化学窗口扩展至 3.3 V。虽然该电解液具有超高浓度，但其黏度相对其他超高浓度电解液的黏度（3.02×10^{-2} Pa·s）却低一个数量级且其电导率也较高（1.12×10^{-2} S/cm）。从图 4.27（a）的拉曼光谱可以看出，$TEASO_3CF_3$ 水溶液与 $NaSO_3CF_3$ 水溶液中的 $\delta(CF_3)$ 峰随盐浓度升高所产生的偏移趋势相反，这与 NaOTf 水溶液的性质不同；拉曼光谱数据还表明水溶液中阴阳离子作用大小的趋势为：$Na^+\text{-}SO_3CF_3 > H_3O^+\text{-}SO_3CF_3 > TEA^+\text{-}SO_3CF_3^-$，亦即 $TEA^+\text{-}SO_3CF_3^-$ 阴阳离子的相互作用很弱，这有利于降低电解液的黏度。图 4.27（b）中分子动力学模拟结果表明，该电解液中 $TEA^+\text{-}SO_3CF_3^-$ 和 $Na^+\text{-}SO_3CF_3^-$ 的阴阳离子配位结构不一样是 δ（CF_3）峰偏移趋势相反的内在原因。图 4.27（c）核磁共振谱中也可以观察到 $TEASO_3CF_3$ 水溶液与 $NaSO_3CF_3$ 水溶液中阴离子的 ^{17}O 峰随盐浓度升高所产生的偏移趋势也相反；此外，^{17}O、^1H、^{23}Na 的核磁谱都随盐浓度增加而向高场偏移，说明溶液中的盐-水相互作用增强，电解液中的自由水含量降低，这将有助于拓宽电化学窗口，同时抑制电极材料在循环过程中的溶解。使用该电解液组装的 $NaMnFe(CN)_6 \parallel NaTiOPO_4$ 全电池展现了良好的循环性能（图 2.64）。

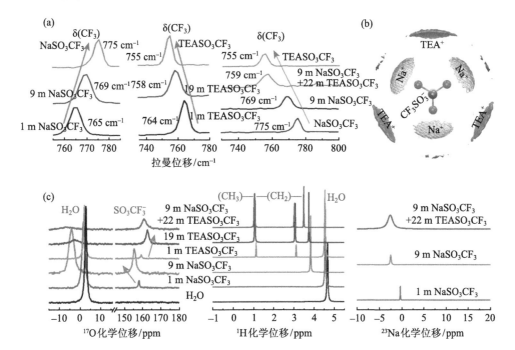

图 4.27 （a）$NaSO_3CF_3$、$NaSO_3CF_3$ 水溶液、$TEASO_3CF_3$、$TEASO_3CF_3$ 水溶液以及 $NaSO_3CF_3$+$TEASO_3CF_3$ 的 δ（CF_3）拉曼光谱随浓度的变化（图中 m 表示 mol/kg，1 ppm=10^{-6}）；（b）通过等表面值显示法展现的 $CF_3SO_3^-$ 阴离子周围的 TEA^+ 和 Na^+ 的位置；（c）各水溶液中 ^{17}O、^1H、^{23}Na 的核磁共振化学位移随浓度的变化

钠盐浓度的提升为电解液带来了上述的一系列优点，为钠离子电池安全性的提高和高电压水系钠离子电池的发展带来了机遇。但同时也面临着成本较高、黏度较大等挑战。

4.6.3 离子液体电解液

离子液体指的是在 100 ℃附近或低于 100 ℃的，完全由阴、阳离子组成的流体。这一最新定义取代了最早的"熔盐"一词，后者在早先时候更为广泛使用，但往往预示着工作温度高等特点（如熔融 NaCl）[56]。使用高温熔盐作为电解质的电池已经存在，但实际上，许多完全由离子组成的"熔盐"并不需要很高的工作温度，甚至可以在室温或者低温下存在，且物理性质表现和液体一样，因此使用离子液体一词更为准确。

离子液体中全为离子，不存在溶剂分子，因此作为电解质本身就具有一定的电导率，且在高温时离子电导率通常较高，此外还具有几乎不挥发、不可燃、热力学稳定、宽工作温度区间和宽电化学窗口（大于 5 V）等传统溶液电解液不具备的性质。加入钠盐后，室温下钠系离子液体电解液体系相比相同条件下锂系离子液体电解液体系而言拥有更高的离子电导率，使得离子液体电解液在钠离子电池电解液中的应用更具优势。

在钠离子电池中，离子液体电解液的通式可以表达为：钠盐/阳离子[WCA]。式中，钠盐为溶于离子液体中的钠盐；阳离子表示烷基甲基咪唑鎓（alkylmethylimidazolium）、烷基甲基吡咯烷鎓（alkylmethylpyrrolidinium）和铵（ammonium）等阳离子基团；WCA（weakly coordinating anions）表示[FSI]$^-$、[TFSI]$^-$、[DCA]$^-$、[PF$_6$]$^-$和[BF$_4$]$^-$等阴离子基团。

常用离子液体的阴阳离子的中英文名称、表示符号和结构如表 4.9 所示。对于咪唑类和吡咯类阳离子，表示符号中 n 表示 R$_2$ 基上的 C 原子数量，第一个 m 表示 R$_1$ 位置为甲基，im=imidazolium，pyr=pyrrolidinium；当 R$_1$ 位置不为甲基，或是 R$_1$、R$_2$ 不为烷基时可以有不同的表示方式，但仍以 im 或 pyr 结尾。对于铵和膦，四个 n 分别代表 R$_1$，R$_2$，R$_3$，R$_4$ 上的烷基 C 原子数量，数字前面的 i 表示异（例如，i4 表示异丁基）。

早在 2010 年，Yamaki 等[57]就报道了咪唑鎓基的离子液体电解质——0.4 mol/L NaBF$_4$/C$_2$mim[BF$_4$]（1-ethyl-3-methyl imidazolium tetrafluoroborate）离子液体电解质在钠离子电池中的应用，使用该电解质的 Na$_3$V$_2$(PO$_4$)$_3$ 对称电池（正负极都使用同种电极材料）有良好的热稳定性。此后，通过改变钠盐和阴阳离子，获得更好的热稳定性、更好的电极浸润性和更高的离子电导率的研究工作逐渐展开，吡咯烷基鏻、铵和膦离子液体电解质也在钠离子电池研究中逐渐使用，甚至出现了有机溶质和离子液体混合电解质。表 4.10 列举了一些已经报道的离子液体电解质的离子电导率供参考。

表 4.9　钠离子电池常用离子液体的阳离子和阴离子

中文名称	英文名称	表示符号	结构
烷基甲基咪唑鏻	alkylmethylimidazolium	$[C_n\text{mim}]^+$	$R_1=CH_3, R_2=C_nH_{2n+1}$
烷基甲基吡咯烷鏻	alkylmethylpyrrolidinium	$[C_n\text{mpyr}]^+$	$R_1=CH_3, R_2=C_nH_{2n+1}$
铵	ammonium	$[N_{n,n,n,n}]^+$	
膦	phosphonium	$[P_{n,n,n,n}]^+$	
双氟磺酰亚胺根	bis(fluorosulfonyl)imide	$[FSI]^-$	
双三氟甲烷磺酰亚胺根	bis(trifluoromethanesulfonyl)imide	$[TFSI]^-$	
四氟硼酸根	tetrafluoroborate	$[BF_4]^-$	

最近，高盐浓度的概念也被应用到离子液体电解液中，Forsyth 等[58]通过原子力显微镜和分子动力学计算发现，当向电极施加负电压时，添加了 50% NaFSI 的 N-甲基-N-丙基吡咯烷鏻双（氟磺酰基）酰亚胺（N-methyl-N-propylpyrrolidinium bis(fluorosulfonyl)imide，C_3mpyrFSI）超浓盐电解液会在电解质与电极界面层富集形成 Na_xFSI_y 离子团簇，排除较大的有机阳离子$[C_3\text{mpyr}]^+$缓解其还原分解。利用这一现象，可以在长循环前先用大电流对界面进行预处理，获得较大的极化电势，使 Na_xFSI_y 离子团簇在金属钠表面聚集，形成致密的 NaF 界面层，同时排除$[C_3\text{mpyr}]^+$对界面的不利影响，获得更稳定的界面，从而在金属钠电池中实现更稳定的循环。这一方法也为调控离子液体电解液与电极材料间的界面提供了思路。

表 4.10　一些离子液体电解液的电导率

盐/离子液体	$\sigma/(\times 10^{-3}\ S/cm)$	$T/℃$
咪唑鎓[59]		
$C_2mim[BF_4]$	—	—
10 % $NaBF_4/C_2mim[BF_4]$	5.3	25
15 % $NaBF_4/C_2mim[BF_4]$	3.9	25
吡咯烷基鎓[60]		
$C_3mpyr[FSI]$	5.7	25
20 % $NaFSIC_3mpyr[FSI]$	1.75	25
55 % $NaFSIC_3mpyr[FSI]$	0.62	25
铵[61]		
$N_{1144}[FSI]$	2.4	25
10 % $NaFSI/N_{1144}[FSI]$	1.6	25
20 % $NaFSI/N_{1144}[FSI]$	1.1	25
30 % $NaFSI/N_{1144}[FSI]$	0.69	25
膦[62]		
$P_{1114}[FSI]$	6.4	20
2.3 m $NaFSI/P_{1114}[FSI]$	0.94	20

注：表中百分数代表摩尔百分比。

　　虽然离子液体电解液具有很好的高温性质,但由于其离子间的相互作用强烈,黏度较大,在降低了其离子电导率的同时也面临着对电极浸润性差的问题。此外,由于离子液体电解液的成本较高,大规模商业化应用受到一定限制,但可以作为功能添加剂使用。

4.6.4　不可燃电解液

　　传统钠离子电池电解液由于使用了挥发性强、可燃的有机物,在大规模应用中存在一定的安全隐患。寻找安全、不可燃的电解液也是科学研究和商业化亟待解决的重要问题。

　　使用固体电解质是解决安全问题的方法之一,但是其较高的固-固界面接触电阻是最大的短板,也是目前研究者正在解决的问题。液体电解质在这两方面相比固体电解质有一定优势,为了解决液态电解质可燃的问题从而获得不可燃电解液,研究者主要采用了添加阻燃溶剂提高钠盐浓度,使用离子液体电解液和使用水系电解液等方法。

　　加入阻燃溶剂或添加剂是一种较为简便的方法,关于阻燃添加剂的原理已经在4.3.3 节介绍过,磷系和高氟或者全氟体系是较常选用的两种体系,前文介绍过的EFPN、MFE、HFE 和 PMFP 等都是典型的代表。较为特殊地,直接将阻燃的 TMP

作为溶剂使用，结合 FEC 的成膜作用，不仅可以获得不可燃电解液，同时该电解液对 Na[Ni$_{0.35}$Mn$_{0.35}$Fe$_{0.3}$]O$_2$ 和 Sb 负极也有较好的兼容性，电导率仍能保持在 5×10^{-3} S/cm 左右，电池的循环性能与 EC+DMC 体系下的几乎相同（图 4.28）[63]。

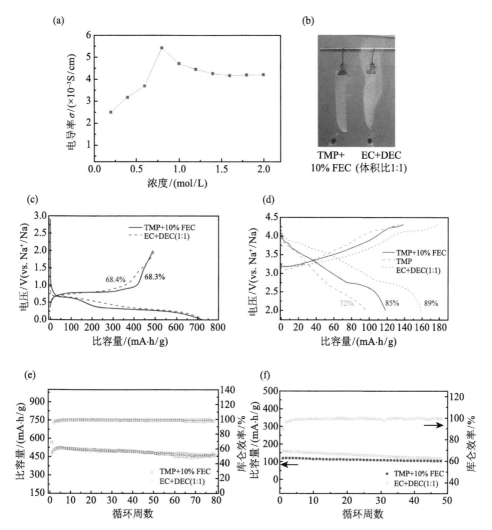

图 4.28 （a）NaPF$_6$/TMP+10%FEC 电解液的电导率与浓度关系；（b）TMP+10%FEC 和 EC+DMC（体积比 1:1）溶剂可燃性对比；Sb 负极在 TMP+10%FEC 和 EC+DMC（体积比 1:1）电解液体系（NaPF$_6$ 作为钠盐）中的（c）首周充放电曲线及（e）循环性能对比；Na[Ni$_{0.35}$Fe$_{0.3}$Mn$_{0.35}$]O$_2$ 正极在 TMP+10%FEC 和 EC+DMC（体积比 1:1）电解液体系（NaPF$_6$ 作为钠盐）中的（d）首周充放电曲线及（f）循环性能对比[63]

高盐浓度电解液体系由于溶剂比例相对较小，电解液的挥发能力减弱，热力学稳定性增强，安全性得到提升，浓度增加到一定程度时可以成为不可燃电解液。配合使用阻燃溶剂，在阻燃性质得到大幅提升的同时还可以保留高盐体系的优势，一举多得。例如，使用高浓度 NaFSI 作为溶质，TMP 作为溶剂形成的电解液不仅具有非常好的阻燃性质，而且还可以在硬碳负极表面形成良好的 SEI 膜，极大地提高了全电池的安全性和循环稳定性（图 4.29）[64]。

离子液体电解液和水系电解液由于本身不可燃的特性，较为容易实现阻燃，安全性有较好的保障。

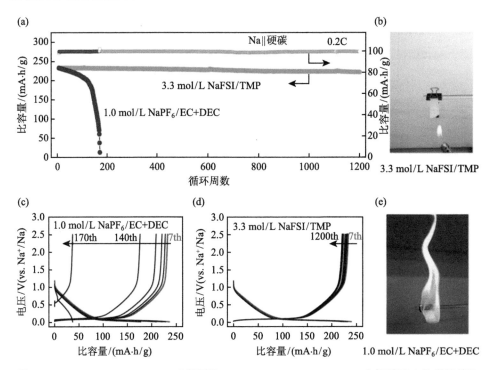

图 4.29　3.3 mol/L NaFSI/TMP 电解液和 1.0 mol/L NaPF₆/EC+DMC 电解液的电化学性能和阻燃性能对比[64]

（a）硬碳在 3.3 mol/L NaFSI/TMP 和 1.0 mol/L NaPF6/EC:DMC 电解液中的循环性能对比以及（c）和（d）相应的充放电曲线；（b）3.3 mol/L NaFSI/TMP 和（e）1.0 mol/L NaPF6/EC:DMC 电解液的可燃性能对比

参 考 文 献

[1] Bockris J O M, Reddy A K N. Modern Electrochemistry: Ionics. 2nd. Boston, MA: Springer, 1998

[2] Walden P. Über organische lösungs-und ionisierungsmittel. Zeitschrift Für Physikalische Chemie, 1906, 55(1): 207-249

[3] Ding M S, Jow T R. Conductivity and viscosity of PC-DEC and PC-EC solutions of LiPF₆.

Journal of the Electrochemical Society, 2003, 150(5): A620

[4] Goodenough J B. Electrochemical energy storage in a sustainable modern society. Energy & Environmental Science, 2014, 7(1): 14-18

[5] Peljo P, Girault H H. Electrochemical potential window of battery electrolytes: the HOMO-LUMO misconception. Energy & Environmental Science, 2018, 11(9): 2306-2309

[6] Eshetu G G, Grugeon S, Kim H, et al. Comprehensive insights into the reactivity of electrolytes based on sodium ions. ChemSusChem, 2016, 9(5): 462-471

[7] Ponrouch A, Marchante E, Courty M, et al. In search of an optimized electrolyte for Na-ion batteries. Energy & Environmental Science, 2012, 5(9): 8572-8583

[8] Ponrouch A, Dedryvère R, Monti D, et al. Towards high energy density sodium ion batteries through electrolyte optimization. Energy & Environmental Science, 2013, 6(8): 2361-2369

[9] Dubois M, Ghanbaja J, Billaud D. Electrochemical intercalation of sodium ions into poly(para-phenylene) in carbonate-based electrolytes. Synthetic Metals, 1997, 90(2): 127-134

[10] Komaba S, Murata W, Ishikawa T, et al. Electrochemical Na insertion and solid electrolyte interphase for hard-carbon electrodes and application to Na-ion batteries. Advanced Functional Materials, 2011, 21(20): 3859-3867

[11] Seh Z W, Sun J, Sun Y, et al. A highly reversible room-temperature sodium metal anode. ACS Central Science, 2015, 1(8): 449-455

[12] Jache B, Binder J O, Abe T, et al. A comparative study on the impact of different glymes and their derivatives as electrolyte solvents for graphite co-intercalation electrodes in lithium-ion and sodium-ion batteries. Physical Chemistry Chemical Physics, 2016, 18(21): 14299-14316

[13] Oh S M, Myung S T, Yoon C S, et al. Advanced $Na[Ni_{0.25}Fe_{0.5}Mn_{0.25}]O_2$/C-$Fe_3O_4$ sodium-ion batteries using EMS electrolyte for energy storage. Nano Letters, 2014, 14(3): 1620-1626

[14] Smart M C, Ratnakumar B V, Chin K B, et al. Lithium-ion electrolytes containing ester cosolvents for improved low temperature performance. Journal of the Electrochemical Society, 2010, 157(12): A1361

[15] Song J, Wang K, Zheng J, et al. Controlling surface phase transition and chemical reactivity of O3-layered metal oxide cathodes for high-performance Na-ion batteries. ACS Energy Letters, 2020, 5(6): 1718-1725

[16] Pan H, Zhang J G. Electrolytes and interfaces for stable high-energy Na-ion batteries. U. S. Department of Energy, 2019. https://www.energy.gov/sites/prod/files/2019/06/f64/bat429_pan_2019_p_4.12_6.28pm_jl.pdf

[17] Castillo-Martínez E, Carretero-González J, Armand M. Polymeric schiff bases as low-voltage redox centers for sodium-ion batteries. Angewandte Chemie International Edition, 2014, 53(21): 5341-5345

[18] López-Herraiz M, Castillo-Martínez E, Carretero-González J, et al. Oligomeric-Schiff bases as negative electrodes for sodium ion batteries: unveiling the nature of their active redox centers. Energy & Environmental Science, 2015, 8(11): 3233-3241

[19] Li K, Zhang J, Lin D, et al. Evolution of the electrochemical interface in sodium ion batteries with ether electrolytes. Nature Communications, 2019, 10(1): 725

[20] Zhang J, Wang D W, Lv W, et al. Achieving superb sodium storage performance on carbon anodes through an ether-derived solid electrolyte interphase. Energy & Environmental Science, 2017, 10(1): 370-376

[21] Kim H, Hong J, Park Y U, et al. Sodium storage behavior in natural graphite using ether-based electrolyte systems. Advanced Functional Materials, 2015, 25(4): 534-541

[22] Ponrouch A, Monti D, Boschin A, et al. Non-aqueous electrolytes for sodium-ion batteries. Journal of Materials Chemistry A, 2015, 3(1): 22-42

[23] Nagasubramanian G, Shen D, Surampudi S, et al. Lithium superacid salts for secondary lithium batteries. Electrochimica Acta, 1995, 40(13-14): 2277-2280

[24] Chen J, Huang Z, Wang C, et al. Sodium-difluoro(oxalato)borate (NaDFOB): a new electrolyte salt for Na-ion batteries. Chemical Communications, 2015, 51(48): 9809-9812

[25] Ge C, Wang L, Xue L, et al. Synthesis of novel organic-ligand-doped sodium bis(oxalate)-borate complexes with tailored thermal stability and enhanced ion conductivity for sodium ion batteries. Journal of Power Sources, 2014, 248: 77-82

[26] Plewa-Marczewska A, Trzeciak T, Bitner A, et al. New tailored sodium salts for battery applications. Chemistry of Materials, 2014, 26(17): 4908-4914

[27] Morikawa Y, Yamada Y, Doi K, et al. Reversible and high-rate hard carbon negative electrodes in a fluorine-free sodium-salt electrolyte. Electrochemistry, 2020, 8(3): 151-156

[28] Bhide A, Hofmann J, Durr A K, et al. Electrochemical stability of non-aqueous electrolytes for sodium-ion batteries and their compatibility with $Na_{0.7}CoO_2$. Physical Chemistry Chemical Physics , 2014, 16(5): 1987-1998

[29] Eshetu G G, Diemant T, Hekmatfar M, et al. Impact of the electrolyte salt anion on the solid electrolyte interphase formation in sodium ion batteries. Nano Energy, 2019, 55: 327-340

[30] Dey A N. Extended Abstracts No. 62. Electrochemical Society Princeton, NJ, 1970

[31] Dey A N, Sullivan B P. The electrochemical decomposition of propylene carbonate on graphite. Journal of the Electrochemical Society, 1970, 117(2): 222-224

[32] Peled E. The electrochemical behavior of alkali and alkaline earth metals in nonaqueous battery systems—the solid electrolyte interphase model. Journal of the Electrochemical Society, 1979, 126(12): 2047-2051

[33] Peled E, Golodnitsky D, Ardel G. Advanced model for solid electrolyte interphase electrodes in liquid and polymer electrolytes. Journal of the Electrochemical Society, 1997, 144(8): L208-L210

[34] Aurbach D, Markovsky B, Levi M D, et al. New insights into the interactions between electrode materials and electrolyte solutions for advanced nonaqueous batteries. Journal of Power Sources, 1999, 81-82: 95-111

[35] Hwang J Y, Myung S T, Choi J U, et al. Resolving the degradation pathways of the O3-type layered oxide cathode surface through the nano-scale aluminum oxide coating for high-energy density sodium-ion batteries. Journal of Materials Chemistry A, 2017, 5(45): 23671-23680

[36] Li Y, Yang Y, Lu Y X, et al. Ultralow-concentration electrolyte for Na-ion batteries. ACS Energy Letters, 2020, 5(4): 1156-1158

[37] Zhou L, Cao Z, Zhang J, et al. Engineering sodium-ion solvation structure to stabilize sodium anodes: universal strategy for fast-charging and safer sodium-ion batteries. Nano Letters, 2020, 20(5): 3247-3254

[38] Komaba S, Ishikawa T, Yabuuchi N, et al. Fluorinated ethylene carbonate as electrolyte additive for rechargeable Na batteries. ACS Applied Materials & Interfaces, 2011, 3(11): 4165-4168

[39] Kim Y, Kim Y, Choi A, et al. Tin phosphide as a promising anode material for Na-ion batteries. Advanced Materials, 2014, 26(24): 4139-4144

[40] Jang J Y, Lee Y, Kim Y, et al. Interfacial architectures based on a binary additive combination for high-performance Sn_4P_3 anodes in sodium-ion batteries. Journal of Materials Chemistry A, 2015, 3(16): 8332-8338

[41] Dahbi M, Yabuuchi N, Fukunishi M, et al. Black phosphorus as a high-capacity, high-capability negative electrode for sodium-ion batteries: investigation of the electrode/electrolyte interface. Chemistry of Materials, 2016, 28(6): 1625-1635

[42] Wang Y X, Lim Y G, Park M S, et al. Ultrafine SnO_2 nanoparticle loading onto reduced graphene oxide as anodes for sodium-ion batteries with superior rate and cycling performances. Journal of Materials Chemistry A, 2014, 2(2): 529-534

[43] Yildirim H, Kinaci A, Chan M K Y, et al. First-principles analysis of defect thermodynamics and ion transport in inorganic SEI compounds: LiF and NaF. ACS Applied Materials & Interfaces, 2015, 7(34): 18985-18996

[44] Che H, Yang X, Wang H, et al. Long cycle life of sodium-ion pouch cell achieved by using multiple electrolyte additives. Journal of Power Sources, 2018, 407: 173-179

[45] Yan G, Reeves K, Foix D, et al. A new electrolyte formulation for securing high temperature cycling and storage performances of na-ion batteries. Advanced Energy Materials, 2019, 9(41): 1901431

[46] Feng J, An Y, Ci L, et al. Nonflammable electrolyte for safer non-aqueous sodium batteries. Journal of Materials Chemistry A, 2015, 3(28): 14539-14544

[47] Feng J, Zhang Z, Li L, et al. Ether-based nonflammable electrolyte for room temperature sodium battery. Journal of Power Sources, 2015, 284: 222-226

[48] Zheng X, Gu Z, Liu X, et al. Bridging the immiscibility of an all-fluoride fire extinguishant with highly-fluorinated electrolytes toward safe sodium metal batteries. Energy & Environmental Science, 2020, 13(6): 1788-1798

[49] Feng J, Ci L, Xiong S. Biphenyl as overcharge protection additive for nonaqueous sodium batteries. RSC Advances, 2015, 5(117): 96649-96652

[50] Song X, Meng T, Deng Y, et al. The effects of the functional electrolyte additive on the cathode material $Na_{0.76}Ni_{0.3}Fe_{0.4}Mn_{0.3}O_2$ for sodium-ion batteries. Electrochimica Acta, 2018, 281: 370-377

[51] 刘双, 邵涟漪, 张雪静, 等. 水系钠离子电池电极材料研究进展. 物理化学学报, 2018, 34(6): 581-597

[52] Bin D, Wang F, Tamirat A G, et al. Progress in aqueous rechargeable sodium-ion batteries. Advanced Energy Materials, 2018, 8(17): 1703008

[53] Suo L, Hu Y S, Li H, et al. A new class of solvent-in-salt electrolyte for high-energy rechargeable metallic lithium batteries. Nature Communications, 2013, 4 :1481

[54] Suo L, Borodin O, Wang Y, et al. "Water-in-salt" electrolyte makes aqueous sodium-ion battery safe, green, and long-lasting. Advanced Energy Materials, 2017, 7(21): 1701189

[55] Jiang L, Liu L, Yue J, et al. High-voltage aqueous Na-ion battery enabled by inert-cation-assisted water-in-salt electrolyte. Advanced Materials, 2020, 32(2): 1904427

[56] Rogers R D, Seddon K R. Ionic liquids–solvents of the future? Science, 2003, 302(5646): 792-793

[57] Plashnitsa L S, Kobayashi E, Noguchi Y, et al. Performance of NASICON symmetric cell with ionic liquid electrolyte. Journal of the Electrochemical Society, 2010, 157(4): A536-A543

[58] Rakov D A, Chen F, Ferdousi S A, et al. Engineering high-energy-density sodium battery anodes for improved cycling with superconcentrated ionic-liquid electrolytes. Nature Materials, 2020, 10:1038

[59] Wu F, Zhu N, Bai Y, et al. Highly safe ionic liquid electrolytes for sodium-ion battery: wide

electrochemical window and good thermal stability. ACS Applied Materials & Interfaces, 2016, 8(33): 21381-21386

[60] Noor S A M, Su N C, Khoon L T, et al. Properties of high Na-ion content N-propyl-N-methylpyrrolidinium bis(fluorosulfonyl)imide-ethylene carbonate electrolytes. Electrochimica Acta, 2017, 247: 983-993

[61] Matsumoto K, Taniki R, Nohira T, et al. Inorganic-organic hybrid ionic liquid electrolytes for Na secondary batteries. Journal of the Electrochemical Society, 2015, 162(7): A1409-A1414

[62] Hilder M, Howlett P C, Saurel D, et al. Small quaternary alkyl phosphonium bis (fluorosulfonyl) imide ionic liquid electrolytes for sodium-ion batteries with P2- and O3-$Na_{2/3}[Fe_{2/3}Mn_{1/3}]O_2$ cathode material. Journal of Power Sources, 2017, 349: 45-51

[63] Zeng Z, Jiang X, Li R, et al. A safer sodium-ion battery based on nonflammable organic phosphate electrolyte. Advanced Science, 2016, 3(9): 1600066

[64] Wang J, Yamada Y, Sodeyama K, et al. Fire-extinguishing organic electrolytes for safe batteries. Nature Energy, 2018, 3(1): 22-29

05

钠离子电池固体电解质

5.1 概　　述

目前，钠离子电池的基础科学研究及性能评价多集中于有机液体电解质体系。然而，有机电解液中易挥发、易燃烧的有机溶剂在电池使用过程中存在安全隐患。固体电解质没有有机电解液的上述缺点，使用固体电解质同时代替电解液与隔膜，可进一步提升电池的安全性。图 5.1 对目前研究最多的钠离子电池固体电解质材料进行了分类，总结了其所需具备的关键特性。值得一提的是，将固体电解质和双极性电极交替堆垛可以组装双极性固态电池（图 5.2（a）），其中双极性电极为正负极材料分别涂覆于铝箔集流体两侧所做成的电极。双极性固态电池的设计形式可减少电池封装材料的使用，有效提升电池的能量密度。

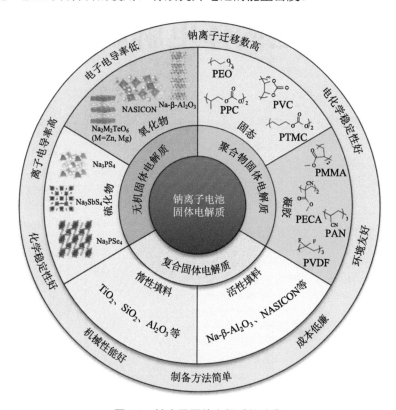

图 5.1　钠离子固体电解质的种类

固体电解质最初起源于 19 世纪末 Nernst 发现的氧离子导体-氧化锆发光体。通常，将在一定的温度范围内具有能与液体电解质相比拟的离子电导率（$10^{-3} \sim 10^{-2}$

S/cm)和低的离子传导激活能（≤0.40 eV）的固体电解质称作快离子导体（fast ionic conductor）或超离子导体（super ionic conductor）。首个钠离子固体电解质，Na-beta-Al$_2$O$_3$，是由 Yao 和 Kummer[1]于 1967 年发现的，并在之后的高温 Na-S 电池中得到应用。随后，Hong 和 Goodenough 于 1976 年提出了 NASICON（Na Super Ionic CONductor）型的 Na$_{1+x}$Zr$_2$Si$_x$P$_{3-x}$O$_{12}$ （0≤x≤3）快离子导体[2,3]。1992 年，Jansen[4]合成了四方相的硫化物固体电解质 Na$_3$PS$_4$ 单晶。除了钠离子无机固体电解质，钠离子聚合物导体也是一类非常重要的固体电解质。1975 年，Wright[5]报道了 NaSCN/PEO 复合物具有传导离子的特性。之后，研究者将有机固体电解质柔软的机械性能与无机固体电解质高的离子电导率相结合，开发出了综合性能优异的有机-无机复合固体电解质。此外，作为从液态电池到全固态电池的过渡，固液混合电池中的凝胶类聚合物电解质兼具有机电解液较高的离子电导率和聚合物良好的机械性能，也是目前研究开发的重点。

　　除了对固体电解质本身的特性进行研究以外，固体电解质与电极之间的界面问题也受到广泛关注，如图 5.2（b），（c）所示。固态电池中电解质与电极之间一般是点-点或点-面接触，这种接触方式的有效接触面积不足，会引起界面阻抗增加，造成电池内阻增大，极化增大，最后导致电池容量降低等问题。由于固体电

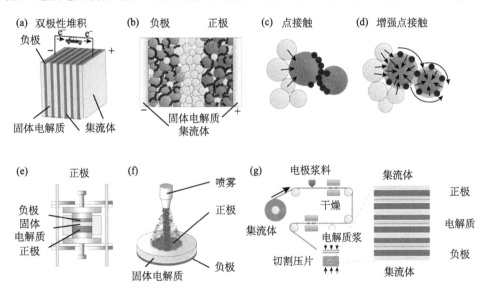

图 5.2　固态电池的结构与制备过程

（a）固态双极性电池，电极材料涂覆于集流体两侧，以降低电池组的质量与体积；（b）典型固态电池组成及结构图；（c）典型固态电池中电极与电解质颗粒之间的接触放大图。黑色的球是炭黑，黑色箭头代表离子迁移路径；（d）电极与电解质颗粒之间引入一层混合导电网络，以提升电极与电解质之间的接触；（e）固态电池的粉末压制过程；（f）固态电池的喷涂工艺；（g）固态电池制备的湿法工艺[7]

解质本身的电化学窗口较窄，容易与高电压电极不匹配而引发副反应，或电极材料中过渡金属离子对电解质催化分解，造成电池循环性能变差等。因此固态电池中的固体电解质与电极材料之间的界面问题是目前阻碍固态电池发展的关键因素。

基于目前固态钠电池中存在的问题，未来的研究重点将主要分为两部分，一部分是针对固体电解质，继续优化现有固体电解质并开发新型固体电解质，以进一步提升固体电解质的离子电导率和稳定性等性能。另一部分是针对固态电池，继续开发高安全的固态电池，对固态电池中遇到的界面问题提出行之有效的解决方案。比如，在活性材料与非活性材料之间引入界面层，将两者有效地结合在一起以增大接触位点（图5.2（d））；传统的粉末压制和共烧结工艺，如图5.2（e）所示，难以放大到实际应用且不够经济；通过借鉴液态电池制备工艺，如图5.2（g）所示，采用湿法涂覆的形式将固态电池的各个部分联结在一起（尤其对于聚合物固体电解质），不仅可以有效地控制各个部分的厚度，而且可以实现规模化生产。此外，原位固态化技术也是解决固态电池中界面问题行之有效的方法。

目前，固态钠电池还处于实验室研究阶段，所使用的负极主要为活性极高的金属钠，因此必须在惰性气氛的手套箱中处理，这增加了固态电池制备的难度。此外，基于金属钠的固态电池，使用过程中如果意外破损，暴露的金属钠将引起严重的安全问题。因此，开发新型负极以取代金属钠也是重要的发展方向。

图5.3总结了目前已报道的钠离子固体电解质的离子电导率[6]。对于可实际应

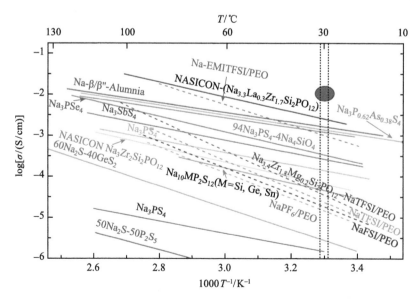

图5.3 已报道的钠离子固体电解质的离子电导率比较[6]

用于固态电池的固体电解质，需要满足以下要求：

（1）总的离子电导率在工作温度下尽可能高，且电子电导率可以忽略；

（2）与正负极不发生化学反应；

（3）电化学窗口宽，电池循环过程中正负极界面稳定；

（4）与正负极有良好的接触，能形成低阻抗的界面；

（5）制备简单、成本低廉、环境友好。

对于目前已报道的钠离子固体电解质很难同时满足以上所有要求，因此需要研究者进一步研究。本章将对目前已开发报道的一些重要的钠离子固体电解质进行简要介绍，并对固态钠电池的发展现状进行分析。

5.2　固体电解质基础理化性质表征

5.2.1　离子电导率

无机氧化物固体电解质离子电导率的测试一般需要将粉末烧结成陶瓷片。在陶瓷片的两面溅射或蒸镀上一层对钠离子具有一定阻塞作用的金属，如金和铂等，或涂上导电银浆，作为离子阻塞电极。该类电极阻抗谱的低频区域会出现容抗弧，但实际情况比较复杂，容抗弧可能并不明显，离子阻塞电极的阻抗 Nyquist 图如图 5.4（a）所示。除了阻塞电极外，也可以用离子导通电极，如金属钠。由于金属钠同时具有传导电子和离子的作用，作为离子导通电极，在阻抗谱的低频区域没有由阻塞效应导致的容抗弧，离子导通电极的阻抗 Nyquist 图如图 5.4（b）所示。

对于硼氢化物固体电解质和硫化物固体电解质等，不易做成陶瓷片，通常选择不锈钢片、导电碳片或金属钠作为电极，在一定的压力条件下进行阻抗测试。

聚合物电解质在进行电化学阻抗谱测试时，为了避免对电解质产生破坏或影响，通常不采用溅射、蒸镀或涂银浆的方式引入电极，而采用金属钠或不锈钢片作为离子导通或离子阻塞电极。

虽然采用不同的电极形式（离子阻塞或离子导通），低频区域的表现形式不同，但并不影响获取离子电导率的信息，利用阻抗谱的高频和中频区域即可得到固体电解质的阻抗值，因此两种电极形式在进行固体电解质的离子电导率测试时可以获得相同的结果，由于聚合物没有晶粒和晶界的区别，所以聚合物电解质本身的阻抗表现为一个半圆，离子阻塞电极的阻抗 Nyquist 图如图 5.4（c）所示，离子导通电极的阻抗 Nyquist 图如图 5.4（d）所示。

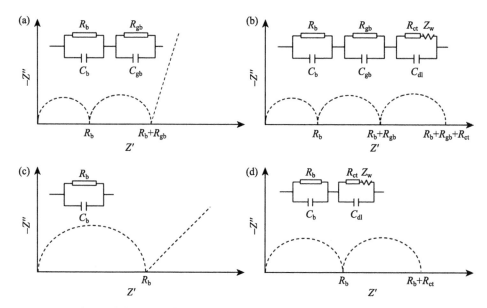

图 5.4 （a）离子阻塞的无机固体电解质对称电池阻抗谱；（b）离子导通的无机固体电解质对称电池阻抗谱（R_b 表示晶粒电阻，R_{gb} 表示晶界电阻，R_{ct} 表示界面电荷转移电阻）；（c）离子阻塞的聚合物固体电解质对称电池阻抗谱；（d）离子导通的聚合物固体电解质对称电池阻抗谱（R_b 表示聚合物电解质总阻抗，R_{ct} 表示界面阻抗）

电化学阻抗谱测试无机固体电解质离子电导率时，根据晶粒与晶界不同的频率响应，只要测试频率足够宽，即可以将两者很容易地区分开。室温条件下，由于受大多数阻抗测试仪的频率范围所限，难以测得晶粒的电阻，根据频率、阻抗、电容三者之间的关系，$CR\omega=1$（C 为电容，R 为电阻，ω 为特征频率），对于特定的材料组分，电容 C 为一定值，如果电阻增大，则对应的特征频率就会降低，在仪器的测试频率范围内就可以测出电阻 R。对于特定的无机固体电解质，如 NASICON 陶瓷电解质，根据 Arrhenius 公式，降低温度就可以增大其电阻。因而，为了获得准确的 NASICON 等电解质的晶粒、晶界的离子电导率信息，可以进行一系列的低温阻抗测试，构建 Arrhenius 曲线，分析 Na⁺在晶粒和晶界中的传输激活能。

离子电导率采用下列公式进行计算：

$$\sigma = \frac{l}{RS} \tag{5-1}$$

式中，σ 为离子电导率（S/cm）；l 为电解质厚度（cm）；R 为电解质总电阻（Ω）；S 为电解质面积（cm²）。

以上对固体电解质阻抗的测试，最终得到的是各个物理化学过程的阻抗信息，而对于固态电池而言,固体电解质的面电阻 RS 的数值更具有实际意义。由式(5-1)也可看出,同一固体电解质,电解质面积不同,厚度一定时,阻抗也不同。综上,考虑受面积影响的面电阻具有更大的参考意义。

5.2.2 离子扩散激活能

离子扩散激活能是评价固体电解质离子导通能力的一个重要参数,有助于分析判断某一固体电解质中离子扩散速率的快慢。同时,结合相应的公式即可计算出在特定温度下该固体电解质的离子电导率。

离子扩散是一个热激活过程,对于晶态的固体电解质,其离子电导率与温度的关系可由改进后的 Arrhenius 方程表示:

$$\sigma_{\mathrm{T}} = \frac{A}{T}\exp\left(-\frac{E_{\mathrm{a}}}{RT}\right) \tag{5-2}$$

式中,σ_{T} 为离子电导率(S/cm);T 为绝对温度(K);E_{a} 为激活能(eV);A 为指前因子,由三部分组成:载流子浓度,跃迁距离和离子跃迁的频率;R 为理想气体常数,取 8.314 J/(mol·K)。

对于无定形的固体电解质,其离子电导率与温度的关系可由 Vogel-Tamman-Fulcher(VTF)经验公式表示:

$$\sigma_T = \frac{A}{T^{1/2}}\exp\left(-\frac{E_{\mathrm{a}}}{T-T_0}\right) \tag{5-3}$$

式中,σ_T 为离子电导率(S/cm);T 为绝对温度(K);E_{a} 为激活能(eV);A 为指前因子,由三部分组成:载流子浓度,跃迁距离和离子跃迁的频率;T_0 为理想的玻璃化转变的热力学平衡温度,其值低于实际的玻璃化转变温度 T_{g},通常 $T_{\mathrm{g}} - T_0 \approx 50\ \mathrm{K}$。

对于特定的固体电解质,可通过 EIS 测定该固体电解质在一系列温度下的离子电导率,然后,对应于不同温度范围内的固体电解质的结晶状态(晶态或无定形态),选用上述相应的离子电导率与温度的关系式对离子电导率和温度进行拟合,即可求得相应结晶状态下的固体电解质的离子扩散激活能。

5.2.3 离子迁移数

关于离子迁移数的定义可参考 4.2.1 节。对于无机固体电解质,晶体结构的骨架由阴离子基团构成,骨架离子固定不动,因而无机固体电解质的钠离子迁移数

为 1。对于聚合物固体电解质，在工作温度下为无定形结构，电池工作过程中阳离子和阴离子同时向相反的方向移动，因而钠离子迁移数不为 1。聚合物固体电解质离子迁移数的测试，一般采用直流极化（direct-current polarization）与交流阻抗相结合的方式，对金属钠|聚合物电解质|金属钠的对称电池进行测试分析。在直流极化测试之前先对电池进行交流阻抗测试，然后对电池加小幅度的偏压（具体幅值需根据对称电池的阻抗及仪器量程和精度来确定）进行直流极化测试，待电池极化电流稳定之后，对电池再次进行交流阻抗测试，典型的测试结果如图 5.5 所示[8]。

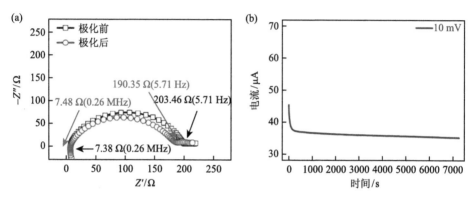

图 5.5 （a）Na|NaFNFSI/PEO|Na 对称电池极化前后对应的交流阻抗图谱；
（b）Na|NaFNFSI/PEO|Na 对称电池的直流极化曲线[8]

钠离子的迁移数采用下列公式进行计算：

$$t_{Na^+} = \frac{I^s R_b^s (\Delta V - I^0 R^0)}{I^0 R_b^0 (\Delta V - I^s R^s)} \tag{5-4}$$

式中，t_{Na^+} 为 Na$^+$迁移数；I^s 为稳态时的电流；I^0 为初始电流，R_b^0 为初始的电解质电阻；R_b^s 为稳态时的电解质电阻；ΔV 为加在电池上的电压；R^0 为初始的电极/电解质界面电阻；R^s 为稳态时的电极/电解质界面电阻。根据图 5.5，R_b^0 =7.38 Ω，R_b^s =7.48 Ω，ΔV =10 mV，R^0 =196.08 Ω，R^s =182.87 Ω，I^0 =45.34 μA，I^s =35.11 μA，将各个值代入公式可得 t_{Na^+} =0.24。

5.2.4 电化学窗口

电化学窗口的定义参见 4.2.2 节。固体电解质的电化学窗口是固体电解质至关重要的参数，高的氧化电势将有利于高电势正极侧材料的使用，最终提升电池的能量密度，而低的还原电势将有利于低电势负极材料使用，理想情况是其还原电势低于相应负极的储钠电势。目前采用最多的电化学窗口的测定方法是线性扫描伏安法（linear sweep voltammetry，LSV）或循环伏安法（cyclic voltammetry，CV），两种方法采用的电池结构是一样的，即固体电解质的一面对离子阻塞电极（不锈钢、金、铂等），另一面对离子导通电极（钠金属）。对于循环伏安法来讲，最重要的参数就是扫描速率，太快的扫描速率会造成电池较大的极化，测得的电化学窗口将明显宽于电解质真实值，通常将扫描速率控制在 0.1 mV/s 及以下较为合理。

从已报道的文献来看，如果根据 LSV 或 CV 测得的电化学窗口进行充放电，电池的性能通常会衰减很快。王春生等[9]认为，LSV 或 CV 对固体电解质的电化学窗口进行测量时，电解质与电极的接触面积非常小，电解质在高的电势开始分解时产生的电流很小，LSV 和 CV 曲线观测得不够明显；同时由于接触面积较小，极化较大，最终所测得的电化学窗口远高于电解质真实的分解电势。因此，应将电解质粉体与导电碳充分接触、混合后制备成电极，组装电池进行测试，这样测得的电化学窗口才是可信的。

以上对固体电解质电化学窗口测试所得到的值一定程度上反映的只是电解质的本征特性，在真实的电池中，与电解质接触的活性电极材料和导电碳等组分在一定的电势下可能会对电解质产生催化分解作用，因而固体电解质具体的电化学窗口还需在真实的电池中进一步验证。

除了以上对电解质的离子电导率、离子迁移数和电化学稳定窗口的测试外，固体电解质的热稳定性、化学稳定性以及电极的界面相容性等性能也非常重要，需要进行详细的测试分析。通常，固体电解质的热稳定性会通过 TG-DSC 进行分析测试；化学稳定性会通过与空气和水等接触之后再对电解质进行 XRD、EIS、XPS 和 SEM 等分析测试，观察其物理化学性质的变化。评价电极界面相容性最直接的方法就是测试电池电化学性能的优劣，然而电池性能的优劣受多方面因素的影响，因此固态电池的界面问题非常复杂，也是影响固态电池最终性能的关键。

5.3 无机固体电解质

无机固体电解质具有不可燃、不流动等特点，可以显著提升电池的安全性。目前研究者已经对钠离子无机固体电解质做了非常多的工作，开发出了多种高离子电导率的无机固体电解质。

5.3.1 离子扩散机制

不管是理解无机固体电解质高离子电导率的原因，还是设计高离子电导率的无机固体电解质，都需要准确地理解离子在无机固体电解质中的传输方式，即离子扩散机制。目前，针对离子在无机固体电解质中的传输方式，研究者主要提出了四种机制，如图 5.6 所示。四种离子扩散机制分别为空位跃迁（vacancy migration）、间隙位跃迁（interstitial migration）、联动跃迁（correlated migration）和协同扩散（concerted diffusion），其中联动跃迁也常称为推填子机制（knock-off migration）。

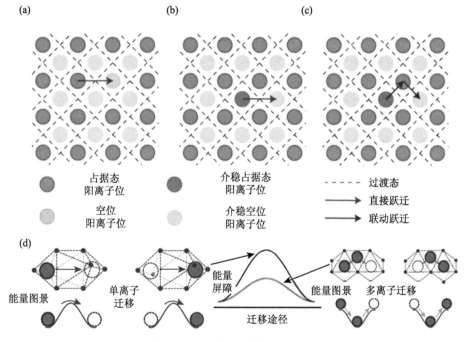

图 5.6 不同离子扩散机制示意图

（a）空位跃迁；（b）间隙位跃迁；（c）联动跃迁；（d）协同扩散[10,11]

如图 5.6（a），（b）所示，根据空位跃迁和间隙位跃迁机制，离子的传输主要与材料的激活能以及空位的缺陷数量有关，因此离子掺杂可以有效地改善材料的离子电导率。如图 5.6（c）所示，根据联动跃迁机制，离子传输并不是直接在空位间跳跃，而是敲击相邻位点的离子使其迁移到空位处，该种传输方式下离子传输的势垒比空位或间隙位跃迁的势垒更低。如图 5.6（d）所示，根据协同扩散机制，离子间的库仑相互作用会使多个离子协同作用，离子传输势垒低于单个离子在位点与空位间跃迁的势垒，该理论可以较好地解释一些提高固体电解质中钠离子浓度可以增加离子传输性质的原因。

5.3.2 氧化物固体电解质

氧化物固体电解质主要有 Na-beta-Al_2O_3，P2-$Na_2M_2TeO_6$（M=Ni，Co，Zn 和 Mg）和 NASICON 型 $Na_{1+x}Zr_2Si_xP_{3-x}O_{12}$（$0 \leqslant x \leqslant 3$）。

1. Na-beta-Al_2O_3

Na-beta-Al_2O_3 具有两种晶体类型，且都是尖晶石结构堆垛而成的层状结构，Na^+ 在相邻的两个尖晶石堆垛层之间二维传导，称其为导钠层。一种是六方晶系，空间群 $P6_3/mmc$，标记为 β-Al_2O_3，组成为 $Na_2O \cdot (8 \sim 11)Al_2O_3$，由两个尖晶石结构堆垛而成；另一种是三方晶系，空间群 $R\bar{3}m$，标记为 β''-Al_2O_3，组成为 $Na_2O \cdot (5 \sim 7)Al_2O_3$，由三个尖晶石结构堆垛而成[13]。

图 5.7 为 Na-beta-Al_2O_3 两种晶体结构图[12]。相邻的两个尖晶石结构层通过 Na^+ 导通层中的 O^{2-} 连接，形成 Al—O—Al 键。对于 β-Al_2O_3 相，Na^+ 导通层中的 O^{2-} 对周围 Na^+ 的静电引力较大，可容纳的 Na^+ 数量较少，而对于 β''-Al_2O_3 相，Na^+ 导通层中的 O^{2-} 对周围 Na^+ 的静电引力较小，可以容纳更多的 Na^+，因而 β''-Al_2O_3 相的离子电导率优于 β-Al_2O_3 相。β''-Al_2O_3 相和 β-Al_2O_3 相中的 Na^+ 均为沿 ab 平面的二维离子传输。

纯的 β''-Al_2O_3 为热力学亚稳定相，1500 ℃时分解为 Al_2O_3 和 β-Al_2O_3，且对潮湿空气敏感，机械强度差。通常采用掺杂的方式来稳定 β''-Al_2O_3 相，Li^+ 和 Mg^{2+} 是最常用且最有效的掺杂离子。值得注意的是，β''-Al_2O_3 相和 β-Al_2O_3 相中的 Na^+ 含量不同，Na-beta-Al_2O_3 中 Na_2O 的含量不同将导致两相比例不同，最终影响 Na-beta-Al_2O_3 的离子电导率。此外，通过合成 β''-Al_2O_3 和 β-Al_2O_3 的混晶或添加氧化锆，可以提升整体的机械强度，使 Na-beta-Al_2O_3 成为可实际应用的固体电解质。

Na-beta-Al_2O_3 的合成方法主要有固相法、溶胶-凝胶法和共沉淀法。不同合成方法的目标都是注重降低晶粒和晶界的阻抗，并且提升 β''-Al_2O_3 的比例，从而提升整体的离子电导率。固相法是采用最多的方法，固相法合成出的 Na-beta-Al_2O_3 粉末，在 β''-Al_2O_3 相和 β-Al_2O_3 相的晶界处会有残留的 $NaAlO_2$，在空气中不稳定，易与 CO_2 和 H_2O 发生反应。Virkar 等[14]采用蒸汽辅助的方法，以 Y-ZrO_2 和 α-Al_2O_3

为原料，经 1450 ℃高温烧结，得到致密的陶瓷片，提升了 Na-beta-Al$_2$O$_3$ 的化学稳定性。

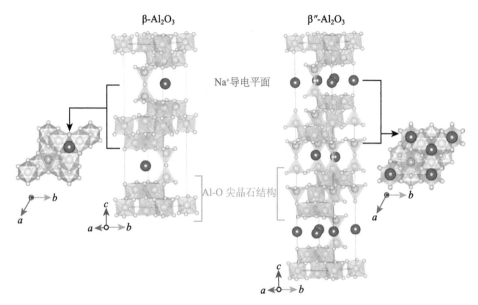

图 5.7　Na-beta-Al$_2$O$_3$ 两种晶体结构图，六方晶系的 β-Al$_2$O$_3$ 和三方晶系的 β″-Al$_2$O$_3$[12]

目前为止，Na-beta-Al$_2$O$_3$ 是唯一商业化应用的钠离子固体电解质，主要用于固定式储能装置高温钠硫电池中。关于钠硫电池的详细介绍参见 9.2.2 节。

2. P2 型 Na$_2$M$_2$TeO$_6$（M = Ni, Co, Zn, Mg）

2011 年，Evstigneeva 等[15]报道了 Na$_2$M$_2$TeO$_6$（M=Ni, Co, Zn, Mg）的新型氧化物固体电解质，其晶体结构如图 5.8 所示。他们采用固相法烧结得到具有六方层状结构的 P2 型晶体 Na$_2$M$_2$TeO$_6$（M=Ni, Co, Zn, Mg），这四种组成的电解质具有相似的六方晶胞的晶胞参数，a 为 5.20~5.28 Å，c 为 11.14~11.31 Å，但是沿 c 轴方向有两种堆垛方式，M=Co, Zn, Mg（$P6_322$）时，c 轴方向的堆垛顺序为 Te M Te M 和 M M M M，M=Ni（$P6_3/mcm$）时，c 轴方向的堆垛顺序为 Te Te Te Te 和 Ni Ni Ni Ni。少量的 Li 替换 Ni 会使 Na$_2$Ni$_2$TeO$_6$ 的晶体结构由 $P6_3/mcm$ 转变为 $P6_322$。

Na$^+$在层间无序分布，Na$^+$与 O 为 6 配位，形成三棱柱，每个三棱柱和周围的三棱柱共面，Na$^+$在二维层间传输。尽管 Na$_2$M$_2$TeO$_6$（M=Ni, Co, Zn, Mg）的致密度（陶瓷片实际密度与按照相应组分的完美晶体结构参数计算得到的理论密度的比值）不高，但是其表现出了高的钠离子电导率，300 ℃时为(4~11)×10^{-4} S/cm[15]。

黄云辉等[16-18]采用固相法合成的 $Na_2Zn_2TeO_6$ 室温下离子电导率达到 $6×10^{-4}$ S/cm，通过 Ca 掺杂将室温离子电导率提升到了 $1.1×10^{-3}$ S/cm，该离子电导率值达到了与 Na-beta-Al_2O_3 和 NASICON 相同的水平。此外，同样采用固相法合成的 $Na_2Mg_2TeO_6$，其室温离子电导率为 $2.3×10^{-4}$ S/cm。对上述两种固体电解质进行电化学稳定窗口测试，循环伏安曲线表明两者的氧化分解电势均超过了 4 V，然而其扫描速率为 5 mV/s，扫速太快，并不能反映真实的电化学窗口。尽管 $Na_2M_2TeO_6$（M=Ni，Co）也具有高的钠离子电导率，但是 Ni 和 Co 元素作为锂离子电池和钠离子电池正极材料中常采用的变价元素，具有高的电子电导率，所以其不适合作为固体电解质使用。

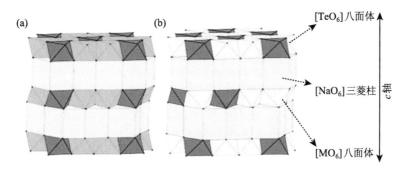

图 5.8　$Na_2M_2TeO_6$ 两种晶体堆垛图

（a）图为 $Na_2Ni_2TeO_6$，空间群 $P6_3/mcm$；（b）图为 $Na_2M_2TeO_6$（M=Zn，Co，Mg），空间群 $P6_322$[15]

3. $Na_{1+x}Zr_2Si_xP_{3-x}O_{12}$（$0≤x≤3$）

$Na_{1+x}Zr_2Si_xP_{3-x}O_{12}$（$0≤x≤3$），是一种 NASICON 型快离子导体[2,3]，其具有可供 Na^+ 三维传输的通道，晶体结构如图 5.9 所示。

该材料是由 $NaZr_2(PO_4)_3$ 和 $Na_4Zr_2(SiO_4)_3$ 组成的固溶体；通过用四价的 Si 部分替换 $NaZr_2(PO_4)_3$ 中五价的 P，并引入 Na^+ 来平衡电荷，使体系达到电中性，最后得到通式为 $Na_{1+x}Zr_2Si_xP_{3-x}O_{12}$（$0≤x≤3$）的材料。根据 Hong[2]对该系列材料的晶体结构解析，室温条件下，当 $1.8≤x≤2.2$ 时，该材料的晶体结构属单斜晶系（monoclinic），空间群为 $C2/c$，当 x 处于此范围之外时，晶体结构变为三方晶系（rhombohedral），空间群为 $R\bar{3}c$。同一组分的单斜晶系的材料，随着温度的变化，两种晶体结构之间可以发生转换，发生相变的温度取决于材料的具体组分，通常在 150~200 ℃[19]。

三方结构（$R\bar{3}c$）中，如图 5.9 所示，SiO_4 或 PO_4 四面体与 ZrO_6 八面体顶角相连，构成三维骨架。Na^+ 占据三个不同的位点，其中 Na^+ 主要占据 Na1（6b）和

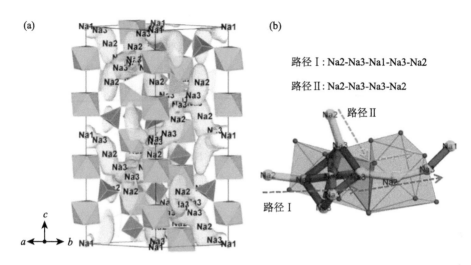

图 5.9 1400 K 温度下，三方晶系的（a）NASICON 晶体结构及（b）离子传输路径[20]

Na2（8e）位，Na3（36f）位少量占据。Na3 位非常靠近 Na1 位，也因此 Na1 和 Na3 位不能同时被占据。Na$^+$ 的扩散路径主要有两个，分别是 Na2-Na3-Na1-Na3-Na2 和 Na2-Na3-Na3-Na2。

单斜结构（$C2/c$）中，如图 5.10 所示，SiO$_4$ 或 PO$_4$ 四面体与 ZrO$_6$ 八面体顶角相连，构成三维骨架。Na$^+$ 占据五个不同的位点，分别为 Na1（4d）、Na2（4e）、Na3（8f）、Na4（8f）和 Na5（8f）。Na$^+$ 在骨架结构中发生协同扩散，图 5.10 分别模拟的是不同时间的 Na$^+$ 占位情况，并指出了 Na$^+$ 在此期间的传输路径。

对于未掺杂其他元素的 NASICON，目前公认的离子电导率最高且物理化学性质稳定的组成为单斜相的 Na$_3$Zr$_2$Si$_2$PO$_{12}$，其室温离子电导率为 6.7×10^{-4} S/cm[6]。为进一步提升 NASICON 固体电解质的钠离子电导率，可对 NASICON 进行不同元素的掺杂改性。

根据 5.2.2 节所述的 Arrhenius 公式（5-2）可知，当 Na$^+$ 浓度升高时，指前因子 A 增大，σ 增大；但是，当 Na$^+$ 浓度很高时，Na$^+$ 从一个位点成功跳跃至下一个位点的概率可能降低，导致离子跃迁的频率可能降低，因而此时虽然 Na$^+$ 浓度增大，σ 增大的幅度很小。此外，根据 NaZr$_2$(PO$_4$)$_3$ 和 Na$_4$Zr$_2$(SiO$_4$)$_3$ 的固溶关系，Na$^+$ 的化学计量数最多为 4。因而通过掺杂异价元素来提升 Na$^+$ 浓度进而提升离子电导率有一定限度。

通常认为，异价元素掺杂一方面会改变 Na$^+$ 的浓度，另一方面会改变局域结构，使晶体结构发生改变，改善 Na$^+$ 的传输通道，使 Na$^+$ 的传输能量势垒降低，进而可提升 NASICON 的离子电导率。如图 5.11 所示，根据 Na$^+$ 在晶体结构中的传

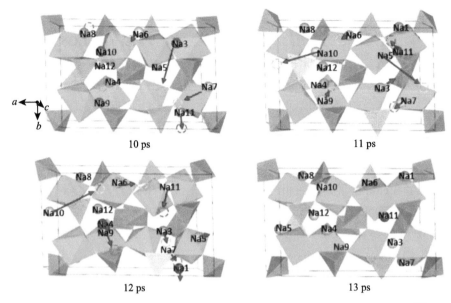

图 5.10　1400 K 温度下，单斜晶系的 NASICON 晶体结构及离子传输路径[19]

Na$^+$在骨架中协同扩散，图示结构及离子占位传输由从头算分子动力学方法模拟而来

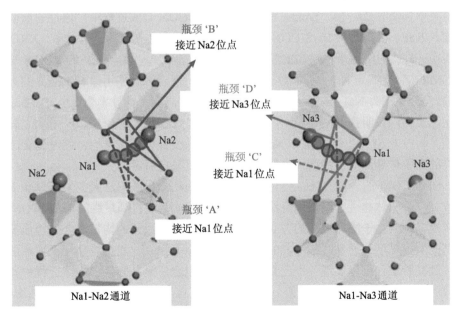

图 5.11　NASICON 结构中钠离子传输的三角形瓶颈路径[21]

输路径，在两个邻近的 Na$^+$传输位点之间，形成两个由氧原子围成的三角形，称为瓶颈（bottleneck）。Na$^+$在两个邻近位点之间传输速度的快慢依赖于通道的尺

寸,尺寸越大,即三角形面积越大,Na$^+$从一个位点跃迁至另一个位点的激活能就会越低,离子电导率越高。因此,可以通过掺杂元素,微调 NASICON 晶体结构,使通道尺寸变大,进而提升钠离子电导率。

目前文献报道的对离子电导率的优化,都是从晶体结构出发的,所有的电导率也都是在纯相的 NASICON 结构基础上进行评价的。然而,无论是在 Na$_{1+x}$Zr$_2$Si$_x$P$_{3-x}$O$_{12}$(0≤x≤3)的基础上改变 Si/P 比值来改变晶体结构和 Na$^+$浓度,还是对 Zr 位进行掺杂来改变晶体结构和 Na$^+$浓度,目前几乎所有的关于改善 NASICON 离子电导率的工作所合成出的电解质都会有一定量的杂相出现,如 ZrO$_2$,或者在晶界出现其他的相[22]。因而,对于改变 Si/P 比值或者掺杂其他元素来提升 NASICON 的离子电导率,究竟是改善了晶粒的离子电导率,还是晶界的离子电导率,抑或是同时改善了晶粒和晶界二者的离子电导率,这其中的机理有待进一步确认。

胡勇胜等[23]在 NASICON 合成过程中,在前驱体中加入 La(CH$_3$COO)$_3$ 以实现对 NASICON 进行 La 元素的掺杂,XRD 结果表明,最终的电解质材料中除了 NASICON 主相外,还有 Na$_3$La(PO$_4$)$_2$,La$_2$O$_3$ 和 LaPO$_4$ 晶相的存在,结合变温 EIS 和 STEM 等分析,确定 La 元素的引入主要改善了晶界的离子传输,并将室温离子电导率提高到 3.4×10^{-3} S/cm。此外,在 NASICON 合成过程中,通过向前驱体中加入 NaF,以期改善 NASICON 晶界的组成,提升晶界的离子电导率。XRD 结果表明,最终的电解质材料在室温下由单斜相逐渐向三方相转变;结合 XPS 与固体 NMR 分析,确定有 Na-Si-P-O-F 玻璃相出现,两者综合作用改善了晶界的离子传输,当分子式为 Na$_{3.2}$Zr$_2$Si$_{2.2}$P$_{0.8}$O$_{12}$-0.5NaF 时,室温离子电导率为 3.6×10^{-3} S/cm。以上两实例均说明在 NASICON 合成过程中,引入除 Na、Zr、Si、P 和 O 之外的元素,将改变 Si 与 P 的比例和 Na 含量,进而改变晶体局域结构,同时也会改变晶界的离子传导,但最终离子电导率的改善主要源自后者。

NASICON 的合成方法主要分为固相法和液相法。固相法大多采用球磨混料的方式对前驱体盐进行混合,再经过低、高温两次煅烧得到最终的 NASICON 粉体或陶瓷片。由于固相混料的方式难以保证各个元素原子的均匀混合,因而需要较高的烧结温度(通常大于 1200 ℃)来克服原子扩散的能量势垒。而液相法,如溶胶凝胶法,可以实现各个元素原子级别的混合,显著降低了烧结过程中原子扩散的能量势垒,因而可显著降低烧结温度,而且使 NASICON 的物相更加均匀,更加致密。由于液相法处理过程复杂,尽管降低了烧结温度,节约了电能,但是前期的处理过程增加了成本。通常液相法合成出的 NASICON 固体电解质的离子电导率会稍高于固相法合成出的,这主要是由于液相法制备的电解质片致密度较大。

NASICON 电解质的组分不同，致密度不同，其对空气和水的化学稳定性也有所不同。Kim 等[24]通过 XRD 证明了 NASICON 与水接触之后，H_3O^+占据了一部分 Na^+位，造成 NASICON 峰位的移动。尽管 NASICON 会与水发生反应，但并不会造成 NASICON 陶瓷片的断裂分解，依然能保持完好的形状和致密度，离子电导率也不会有剧烈的衰减。

5.3.3 硫化物固体电解质

在相同的晶体结构条件下，与氧化物固体电解质相比较，硫化物固体电解质具有较高的离子电导率和较低的晶界阻抗，这是因为 S 比 O 的电负性小，对 Na^+的束缚小，有利于 Na^+的自由移动；S 比 O 的半径大，S 取代 O 使晶格结构扩展，形成有利于 Na^+扩散的通道，从而提升离子电导率。此外，硫化物固体电解质比氧化物固体电解质更加"柔软"，无须高温烧结制备陶瓷片，粉末冷压就可以保证与电极材料的接触，使固态电池的制备更加简单，且结构完整性容易得到保持，只是要持续给电池施加压力以保证完好接触。然而，硫化物固体电解质大多在潮湿的空气中不稳定，易吸水且易与空气中的水发生分解反应，释放出有毒的 H_2S 气体。因而，目前对硫化物固体电解质的研究主要集中在提升电解质的离子电导率，以及提升硫化物电解质对空气和水的稳定性，而硫化物电解质的稳定性是更加需要解决的问题，这关系到硫化物电解质的实际应用。经过多年的研究开发，目前已发现了几种性能优异的硫化物固体电解质。

1. Na_3PS_4

立方相的 Na_3PS_4 是研究得最多的硫化物固体电解质之一。事实上，Na_3PS_4 有两种晶体结构，立方相和四方相，立方相是高温下的稳定相，四方相是低温下的稳定相，如图 5.12 所示，两者在结构上稍有差别。立方相中，Na^+分布在两个扭曲的四面体间隙位，空间群为 $I\bar{4}3m$；而在四方相中，Na^+分布在一个四面体位和一个八面体位，空间群为 $P\bar{4}2_1c$。通常，立方相 Na_3PS_4 的离子电导率比四方相 Na_3PS_4 的离子电导率要稍高一些，立方相和四方相 Na_3PS_4 的离子电导率都高于玻璃相的 Na_3PS_4，且玻璃-陶瓷相的离子电导率高于玻璃相。2012 年，Hayashi 等[25]报道的 Na_3PS_4 玻璃-陶瓷固体电解质，室温离子电导率可达到 2×10^{-4} S/cm。

目前提高硫化物固体电解质离子电导率的方法主要是元素掺杂。对 P 位或 S 位进行元素掺杂均可以提高硫化物固体电解质 Na_3PS_4 的离子电导率。在立方相的 Na_3PS_4 中，用四价离子 Sn^{4+}、Ge^{4+}、Ti^{4+} 和 Si^{4+} 取代 P^{5+}，同时为保持电中性，引入更多的 Na$^+$，拓宽 Na$^+$通道尺寸，这都有利于降低间隙迁移势垒，从而提升离子电导率；此外用离子半径更大的同族 As^{5+}掺杂 P 位，使晶格膨胀，同时使 Na—S 键增长，从而提升离子电导率。在四方相的 Na$_3$PS$_4$ 中，用负一价的 F$^-$、Cl$^-$、Br$^-$ 和 I$^-$取代 S^{2-}，可以引入钠空位，增加 Na$^+$从一个位点向邻近位点的迁移概率，这也有助于离子电导率的提升。

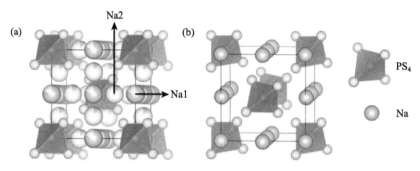

图 5.12　Na$_3$PS$_4$ 的两种晶体结构[27, 28]

（a）立方相 Na$_3$PS$_4$，空间群 $I\overline{4}3m$；（b）四方相 Na$_3$PS$_4$，空间群 $P\overline{4}2_1c$

2. Na$_3$SbS$_4$

与 Na$_3$PS$_4$ 结构类似，Na$_3$SbS$_4$ 也有两种晶体结构，四方相和立方相，立方相的离子电导率比四方相的稍高，室温下立方相 Na$_3$SbS$_4$ 离子电导率达到 1×10^{-3} S/cm[29]。图 5.13 显示了 Na$_3$SbS$_4$ 的两种晶体结构。四方相 Na$_3$SbS$_4$ 晶胞中，$a=b=7.1453$ Å，$c=7.2770$ Å，Sb 原子占据 2b 位，S 原子占据 8e 位，Na 占据 4d 位（Na1）和 2a 位（Na2），与 c 轴平行排列的 Na1 位和与 a 或 b 轴平行以 Z 字形交替排列的 Na1、Na2 位占据 SbS$_4$ 四面体组成的间隙，两者正交组成三维离子传输通道。立方相 Na$_3$SbS$_4$ 晶胞中，$a=b=c=7.1910$ Å，Sb 原子占据 2a 位，S 原子占据 8e 位，Na 占据 6b 位，SbS$_4$ 四面体间隙组成三维离子传输通道。含水的 Na$_3$SbS$_4$ 加热至 150 ℃即可除去结晶水得到纯的立方相 Na$_3$SbS$_4$，冷却至室温后立方相可转变为四方相。2019 年，Hayashi 等[26]报道了 W 掺杂的 Na$_3$SbS$_4$(Na$_{2.88}$Sb$_{0.88}$W$_{0.12}$S$_4$) 固体电解质，室温离子电导率达到 3.2×10^{-2} S/cm，但 W^{6+}容易被还原。

值得关注的是，Na$_3$SbS$_4$ 在空气中稳定性较好，这可由软硬酸碱理论进行解释：在其他影响因素相同的情况下，"软"的酸与"软"的碱反应，形成强键；"硬"的酸与"硬"的碱反应，形成强键。硫代磷酸盐中的 P 为硬酸，空气中的 O 为硬碱，两者容易发生反应，这解释了含 P 的硫化物固体电解质在空气中不稳定的原因，而 Sb 相对于 P 来说酸性较弱，不容易与 O 结合，而 Sb 与 S 的结合键较强，因此 Na$_3$SbS$_4$ 在干燥的空气中是稳定的。

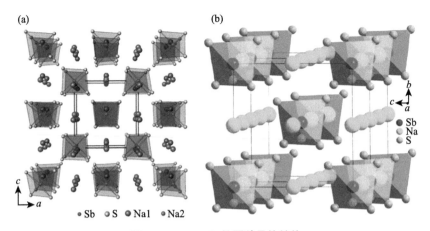

图 5.13　Na₃SbS₄ 的两种晶体结构

（a）四方晶相 Na₃SbS₄，空间群 $P\bar{4}2_1c$；（b）立方相 Na₃SbS₄，空间群 $I\bar{4}3m$[30,31]

3. Na₃PSe₄

S 位进行阴离子替换比 P 位进行阳离子替换对离子电导率的影响更加显著，室温下立方相 Na₃PSe₄ 离子电导率达到 $1.16×10^{-3}$ S/cm[32]。Se 完全取代 Na₃PS₄ 中的 S 能够提高离子电导率，这是因为 Se 原子半径比 S 原子半径大，使晶格膨胀，离子扩散势垒降低，有利于离子的快速传输；且 Se²⁻ 极化能力很强，极大地削弱了 Na⁺ 与阴离子之间的结合力。图 5.14 显示了 Na₃PSe₄ 的晶体结构，属立方晶系，空间群 $I\bar{4}3m$，$a=b=c$=7.3094 Å[31]。Na₃PSe₄ 的晶体结构与立方相的 Na₃PS₄ 相同，P 原子占据 2a 位，Se 原子占据 8c 位，Na 原子占据 6b 位，Na⁺ 在 PSe₄ 四面体构成的扩散通道内传输[32]。

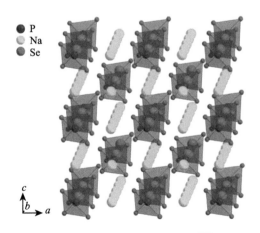

图 5.14　Na₃PSe₄ 的晶体结构[32]

4. Na$_{11}$Sn$_2$PS$_{12}$

2018 年，Nazar 等[33]利用从头算分子动力学方法，预测了一种新的硫化物固体电解质 Na$_{11}$Sn$_2$PS$_{12}$，具有三维的离子传输通道，室温离子电导率达到 1.4×10^{-3} S/cm，Na$^+$迁移激活能低至 0.25 eV，其晶体结构如图 5.15 所示，为四方晶系，共有 5 个 Na 位，且邻近位点之间 Na$^+$的传输距离都接近于 3.4 Å，所以不同位点之间的跃迁在能量上基本是等价的，这从结构上解释了该材料具有高的离子电导率的原因。

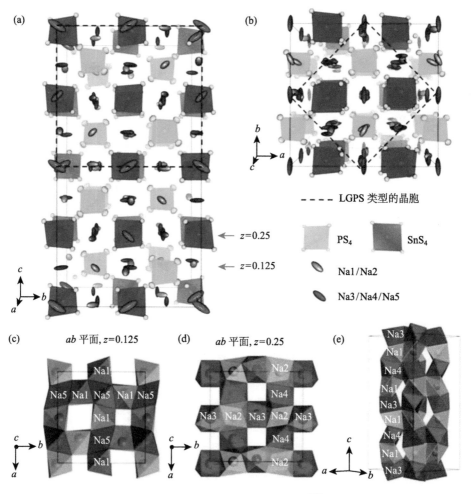

图 5.15　Na$_{11}$SnP$_2$S$_{12}$ 的晶体结构[33]

硫化物钠离子固体电解质目前依然处于基础研究阶段，需要进一步研究开发综合性能优异的硫化物固体电解质。在硫化物固体电解质拥有高的钠离子电导率和优异的机械性能的同时，在其对空气和水稳定性、对正负极的化学和电化学稳定性以及电化学电压窗口等方面还需进一步提升。

5.3.4 其他无机固体电解质

复合氢化合物由金属阳离子 Na$^+$和复合阴离子（由中心原子和配位氢原子构成，如[BH$_4$]$^-$、[B$_{10}$H$_{10}$]$^{2-}$、[NH$_2$]$^-$和[OBH$_4$]$^{3-}$）组成，其中硼氢化钠及其衍生物作为钠离子电池固体电解质得到了较为广泛的研究，已报道的有 Na(BH$_4$)$_{0.5}$(NH$_2$)$_{0.5}$[34]、Na$_2$(CB$_9$H$_{10}$)(CB$_{11}$H$_{12}$)[35]、 Na$_2$B$_{12}$H$_{12}$[36]、Na$_2$B$_{10}$H$_{10}$[37]、NaCB$_{11}$H$_{12}$[35]、NaCB$_9$H$_{10}$[38]和 Na$_3$OBH$_4$[39]等。其中 Na$_2$(CB$_9$H$_{10}$)(CB$_{11}$H$_{12}$)的室温钠离子电导率达到了 7×10^{-2} S/cm，甚至超过了有机电解液的电导率。此外，硼基固体电解质本身柔软、易延展，与电极材料可以实现很好的接触。然而，随着温度降低，硼基固体电解质会转变为非导电相，另外，其剪切模量低，不能阻挡枝晶，且其电化学窗口窄，这都限制了硼基固体电解质的应用，其化学、电化学及机械性能等还有待进一步改善。

5.4 聚合物电解质

聚合物电解质一般由聚合物基体和电解质盐构成，是盐与聚合物之间通过配位作用而形成的一类复合物。一般而言，聚合物电解质的离子电导率比无机固体电解质和有机液体电解质低。但聚合物电解质具有其独特的优点：①柔韧性好，易于加工，有利于大规模生产，电极界面可控；②电池可以承受在处理、使用过程中的撞击、变形、振动以及电池内部温度和压力变化。

聚合物电解质中，聚环氧乙烷（也称聚氧化乙烯，PEO）是研究最早且最多的聚合物基体。1973 年，Wright 等[40]首次报道了 PEO 与碱金属盐复合物具有离子传导的性能。这一结果当时并没有引起研究者的重视，但由于聚合物电解质就是盐溶解在聚合物中形成的，所以该研究结果的发表可作为聚合物电解质起始研究的标志。随后在 1975 年，Wright[5]报道了 NaSCN/PEO 和 NaI/PEO 复合物的离子电导特性，至此开始了钠离子聚合物电解质的研究。根据聚合物电解质的组成和物理形态可以分为两大类：固体聚合物电解质（solid polymer electrolyte, SPE）和凝胶聚合物电解质（gel polymer electrolyte, GPE）[41]。固体聚合物电解质不含有任何有机溶剂，安全性较高，但是也存在缺点：①室温离子电导率较低；②电化学窗口窄；③与负极兼容性不好；④成膜性较差。目前所研究的固体聚合物电解质中，按照聚合物基体的种类主要可以分为三大类：聚环氧乙烷（PEO）类、聚碳酸酯类和其他聚合物电解质。凝胶聚合物电解质，顾名思义，是一种凝胶状态的半固体电解质，由聚合物基体、电解质盐和增塑剂（多数为有机碳酸酯溶剂如 EC、PC、DMC，也有 NMP、二甲基甲酰胺（DMF）、硫酸乙烯酯（ES）以及离子液体）组成。凝胶聚合物电解质主要有 PEO 基、聚偏氟乙烯（PVDF）基、聚甲基丙烯酸甲酯（PMMA）基和氰基凝胶聚合物电解质。凝胶聚合物电解质由于含有一定量的溶剂，其室温离子电导率比固体聚合物电解质高，但由于有机溶剂的存在，在电池中的安全性比固体聚合物电解质差。

聚合物电解质作为隔膜和离子导体，其性能直接影响着聚合物电解质基固态电池的性能。对于聚合物电解质，除 5.2 节中所述的一些基本性能要求外，还需满足以下要求。

（1）热稳定性：聚合物电解质材料需要在电池热失控温度区间保持良好的热稳定性，包括化学热稳定性（指材料本身不发生分解或降解）和尺寸热稳定性（在高温下，尺寸收缩率尽可能小，以免发生聚合物电解质收缩导致电池短路）。

（2）机械性能：聚合物电解质需要具备良好的机械性能，包括高的拉伸强度、好的柔韧性以及高的杨氏模量。高的拉伸强度和柔韧性可以保证聚合物电解质的可加工性和成膜性，高的杨氏模量可以防止金属钠枝晶刺穿电解质。

（3）成本和制备工艺：实用化聚合物电解质应该具备低成本和制备便捷的特点，易于实现大规模卷对卷制备。

（4）电化学窗口：聚合物电解质需要拥有足够宽的电化学窗口，即低的电化学还原电势（高的 LUMO 能级）和高的电化学氧化电势（低的 HOMO 能级），以保证电极材料稳定的电化学循环。图 5.16 为常用聚合物的 LUMO 和 HOMO 能级[42]。

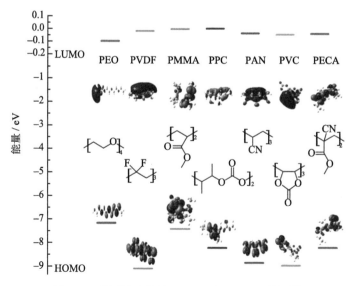

图 5.16　常用聚合物的 LUMO 和 HOMO 能级[42]

5.4.1 离子传输机制

在过去几十年中，许多研究者都对固体聚合物电解质的离子传导机理进行了深入的研究，并提出了相应的传导模型。将电解质盐溶解在聚合物中可得固体聚合物电解质，但是有些聚合物（如聚乙烯）中溶解电解质盐后，并没有离子导电性。构成固体聚合物电解质的聚合物需要具备溶解盐并与传导离子（如 Li$^+$、Na$^+$）进行耦合的能力，通常需要包含极性基团，如—O—、—S—和—C≡N 等，通过这些基团上的孤对电子对阳离子的配位作用来实现对盐的溶剂化。通常来说，可自由迁移的离子数量越多，离子电导率越高。可自由迁移的离子数量取决于盐在聚合物基体中的解离程度。具有较高介电强度的聚合物基体比较有利于盐的解离，晶格能较低的盐比较容易在聚合物基体中发生解离。在固体聚合物电解质中，离子传输主要发生在无定形区域。迁移离子与聚合物链上的极性基团，如氧和氮等进行原子配位，在电场作用下，且在玻璃化转变温度（T_g）以上时，聚合物分子链段能够发生振动，阳离子与聚合物链段上的基团不断地络合与解离，从而实现离子的转移。如图 5.17 所示，阳离子与聚合物极性基团（如聚环氧乙烷链上的乙醚氧原子—O—和聚丙烯腈链上的—C≡N 等官能团）配位，聚合物分子的部分链段不停地运动，产生自由体积，在电场的作用下，阳离子沿着聚合物链段从一个配位点跃迁到另一个新的配位点上，或者从一个链段跃迁到另一个链段上，从而实现离子的传导。离子的输运是通过聚合物的链内环或链间环进行的。以 PEO 为例，电解质盐中解离的阳离子与 PEO 基聚合物链段中无定形区域的 O 原子不断地发生络合和解离，从而实现离子的传导。离子在 PEO 基体中传输可以分为单个离子链内跳跃传输、离子簇链内跳跃传输、单个离子链间跳跃传输以及离子簇链间跳跃传输几种方式，如图 5.17 所示。

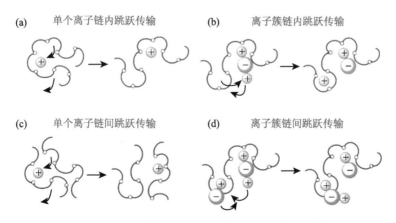

图 5.17 PEO 基聚合物电解质中离子传输机制[43]

对于凝胶聚合物电解质来说，离子传输是固体聚合物基体与液体电解液协同传输的结果，由于离子在液态中的传输速率远高于固体聚合物基体，通常半固态状的凝胶聚合物电解质的离子电导率高于固态的聚合物电解质的电导率。

5.4.2 聚环氧乙烷基固体聚合物电解质

在众多聚合物电解质体系中，PEO 基固体聚合物电解质是研究得最早且研究得最多的体系。它具有密度小、黏弹性好和易成膜等诸多优点。

聚环氧乙烷是一种聚醚类化合物，其化学结构为 $H-(O-CH_2-CH_2)_n-OH$。根据催化剂类型不同，PEO 可分别由环氧乙烷的阳离子或阴离子开环聚合而成。

1978 年，Armand 等[44]提出将聚合物与锂盐的配合物用作锂电池固体电解质，这是首个报道的将固体聚合物电解质用于锂电池中的工作，引起了国内外研究者的广泛关注。随后又提出了锂离子与钠离子在聚合物电解质中的传输机理[45]，即离子传导主要发生在无定形区域。PEO 可以与碱金属盐络合形成聚合物电解质，它的醚氧基（EO）具有高的阳离子溶剂化能力和较高的柔韧性，对促进离子的输运具有重要作用。此外，PEO 具有较高的介电常数和较强的 Li^+/Na^+ 离子溶解能力。因此，基于 PEO 的固体聚合物电解质是目前研究得最广泛的体系。

PEO 基固体聚合物电解质的优点在于：化学稳定性好、与碱金属负极兼容性较好、柔韧性好、成膜性好以及水溶性好，可以采取绿色无污染的制备工艺来制备 PEO 基固体聚合物电解质。其缺点在于：PEO 室温结晶程度比较高，导致室温离子电导率低（~10^{-8} S/cm），因此需要在较高的温度（60~80 ℃，即高于其软化点）下工作，电化学稳定电势上限较低（≤4.2 V（vs. Na^+/Na）），因此无法采用高电压正极材料；尺寸热稳定性较差（软化点为 55~64 ℃）；机械强度不高（≤10 MPa）。PEO 是一种半晶态聚合物，离子传输发生在具有活化链段（T_g 以上）的非晶态区域。PEO 中链段运动越快，离子传导速度越快。通常电池能正常工作的电解质离子电导率为 10^{-3} S/cm 量级。为了使 PEO 固体聚合物电解质能够更好地应用于室温电池中，需要提高 PEO 的室温电导率，其主要策略是降低 PEO 固体电解质的室温结晶度。

1. 聚环氧乙烷基聚合物电解质离子电导率的优化

对于盐-PEO 体系的固体聚合物电解质的研究已经相对成熟，一般认为影响固体聚合物电解质中离子传输速率（即离子电导率大小）的因素主要有：聚合物的结晶度、聚合物链的柔顺性、聚合物对盐的溶剂化能力以及聚合物与迁移离子的配位作用。针对这几个因素可以对 PEO 基电解质进行调控：①降低聚合物的结晶度可以提高离子电导率；②通过提高 PEO 链的柔顺性和运动能力可以促进离子的迁移；③提升 PEO 溶剂化能力，强的溶剂化作用还具有抑制离子对或其他离子簇形成的能力；④在制备聚合物电解质时，应该适当调节离子与 PEO 中醚氧原子链间配位和链内配位的比例。在非晶态中，PEO 链间和链内均可以发生离子与 PEO 中醚氧原子的配位作用。链间的配位作用较弱，有利于离子的迁移，但较弱的链间配位作用会使聚合物的玻璃化转变温度升高，结晶度升高，导致离子迁移能力降低；链内的配位作用较强，盐/PEO 的微观结构变得紧密，增加离子迁移的阻力，但不会使其玻璃化转变温度升高。

一般通过提升聚环氧乙烷基聚合物电解质中非晶态比例来提升离子电导率，目前主要有以下五种方法。

1）共聚或共混

将 PEO 与其他聚合物共聚或者共混，可以有效综合各自的优点，提升 PEO 基聚合物电解质的综合性能。PEO 链段上可以插入氧化丙烯、亚甲氧基、环氧氯丙烷、硅氧烷、磷酸酯或铝酸酯等结构单元来打破 PEO 的结晶性，提高 PEO 基聚合物电解质的室温离子电导率。另外，在 PEO 主链上引入极性基团（含较高比例的 O、N，如丙烯酰胺、丙烯腈、氨基甲酸乙酯和碳酸酯等），可以在降低 PEO 结晶度的同时，进一步提高共聚物的介电常数，促进盐在聚合物中的解离，提高固体聚合物电解质的导电性能。

聚合物中，硬段可以提高力学性能，软段有利于盐的溶解以及促进离子的迁移，硬段和软段共聚生成嵌段聚合物可以同时改善聚合物电解质的力学性能和导电性能。还可以将软、硬两种聚合物共混在一起。

2）接枝

在聚合物主链上接上低聚醚侧链，有助于阳离子发生多重配位作用，同时产生大量的链末端利于离子迁移。所接枝的低聚醚要求柔性、热稳定、化学和电化学稳定，通常含有 3~8 个氧化乙烯单元，比主链具有更大的自由度，能够有效抑制结晶作用，使整体结构的 T_g 降低，非晶态比例提升，从而提升离子电导率。接枝聚合物的制备是破坏 PEO 晶体结构的有效方法，这些聚合物电解质的离子电导率可以通过接枝侧链以降低 PEO 的结晶性而得到改善。图 5.18 列出了几种含接枝 PEO 的嵌段共聚物的结构，包括聚甲基丙烯酸低氧乙烯酯（POEM）、聚环氧醚（PEPE）、聚（烯丙基缩水甘油醚）-氧化乙烯（PAGE-(EO)$_n$）以及 POEM 的嵌段共聚物 PS-b-POEM（PS：聚苯乙烯）和接枝共聚物 PVC-g-POEM（PVC：聚氯乙烯）。

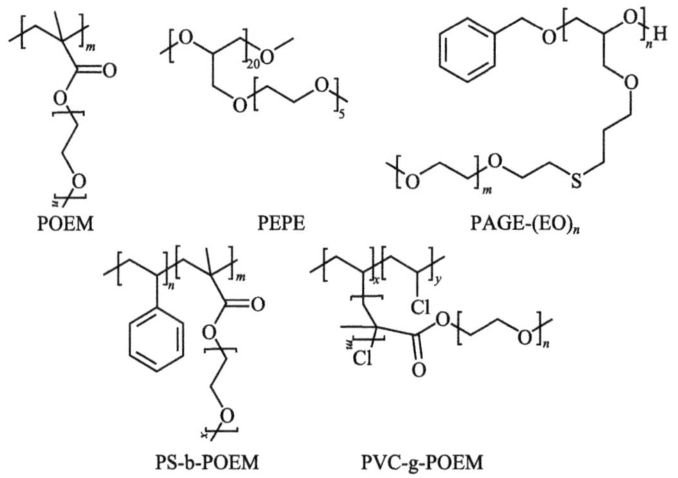

POEM   PEPE   PAGE-(EO)$_n$

PS-b-POEM   PVC-g-POEM

图 5.18　含接枝 PEO 的嵌段共聚物的结构[43]

3）超支化

增加支链有助于提升离子电导率，星形或超星形聚合物是一类在三维空间呈高度支化的聚合物，几乎处在完全非晶化的状态，从而对离子传导极为有利。图 5.19 展示了聚合物电解质链段从嵌段共聚物、梳形聚合物到超支化星形、超星形聚合物的结构示意图。一般而言，增加末端单元数，可以增加聚合物自由体积，降低玻璃化转变温度。因此，引入适当的支化结构有望增加聚合物中非晶态组分含量，从而提高离子电导率。

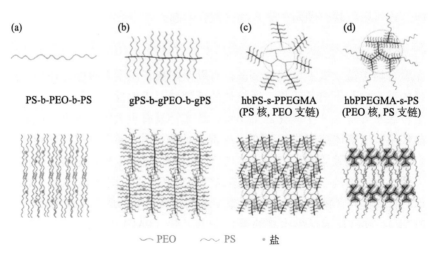

(a)　　　　　(b)　　　　　(c)　　　　　(d)

PS-b-PEO-b-PS　　gPS-b-gPEO-b-gPS　　hbPS-s-PPEGMA　　hbPPEGMA-s-PS
（PS 核，PEO 支链）　（PEO 核，PS 支链）

〜 PEO　　〜 PS　　·盐

图 5.19　（a）三嵌段共聚物；（b）梳形共聚物；（c）星形共聚物；
（d）超星形共聚物[46]

4）交联

可以通过在柔性聚合物链上引入侧链以降低聚合物的玻璃化转变温度，提升离子电导率，但是聚合物稳定性将会受到损失，甚至使聚合物变成黏性的液体。为了改进力学稳定性，可以通过在聚合物链间发生化学交联的方法得到类似于橡胶态的聚合物。然而，化学交联而成的聚合物虽然可以提升力学性能，但是交联度的增加将降低聚合物链段的蠕动能力，从而降低离子电导率，因此需要精确控制交联度以获得综合性能更优的聚合物电解质。

5）引入 Lewis 型聚合物

无论是共聚、共混、支化还是交联，其目的都在于降低 PEO 主链或支链的结晶度和玻璃化转变温度，增大电解质盐解离度从而提升离子电导率。另一种思路则从 Lewis 酸碱角度进行设计。PEO 的醚氧原子属于 Lewis 碱，碱金属离子则属于 Lewis 酸，因此它们之间存在较强的相互作用。如果在聚合物中引入缺电子的 Lewis 酸基团，一方面可以降低链段与阳离子的相互作用，提升阳离子的运动能力从而提高离子电导率；另一方面可以增加链段与阴离子（Lewis 碱）的相互作用，捕获阴离子从而增加阳离子迁移数。

2. 聚环氧乙烷基聚合物电解质离子迁移数的优化

一般聚合物电解质中，需要通过盐解离形成游离的离子后，才能进行离子的传输，阴阳离子共同迁移时，阳离子迁移数较低，通常在 0.5 以下。单离子导体中，阴离子几乎不发生迁移，阳离子迁移数接近 1，可以极大地减小电池中的浓差极化。聚合物单离子导体通常是直接在聚阴离子的单体结构中引入离子传导区，聚阴离子盐不具有离子传导能力，PEO 具有离子传导能力，将两者共聚，实现只传输阳离子的目的。常见的单离子导体如图 5.20 所示。中性的无机硼化物是良好的电子受体（图 5.20(a)），可以有效地束缚阴离子，提高阳离子迁移数。此外，阴离子与聚合物主链（图 5.20(b)）或侧链（垂链，图 5.20(c)）的共价连接可以使阴离子固定成为高分子重复单元的组成部分，从而提高阳离子迁移数。含有阴离子的聚合物链可以锚定在无机纳米颗粒（SiO$_2$ 或 TiO$_2$，图 5.20(d)）上，提供功能化接枝或共接枝的无机阴离子，也可以将阴离子接枝到有机分子（如轮烷）上（图 5.20(e)），从而起到固定阴离子和提高阳离子迁移数的作用。

Armand 等[48,49]于 1995 年提出采用强吸电子基团氟化烷基基团代替普通烃基基团可以促进锂离子的解离。周志彬等[50,51]开发了以聚[（4-苯乙烯磺酰基）（氟磺酰基）酰亚胺锂]（LiPSFSI）和聚[（4-苯乙烯磺酰基）（三氟甲基（硫-三氟甲基磺

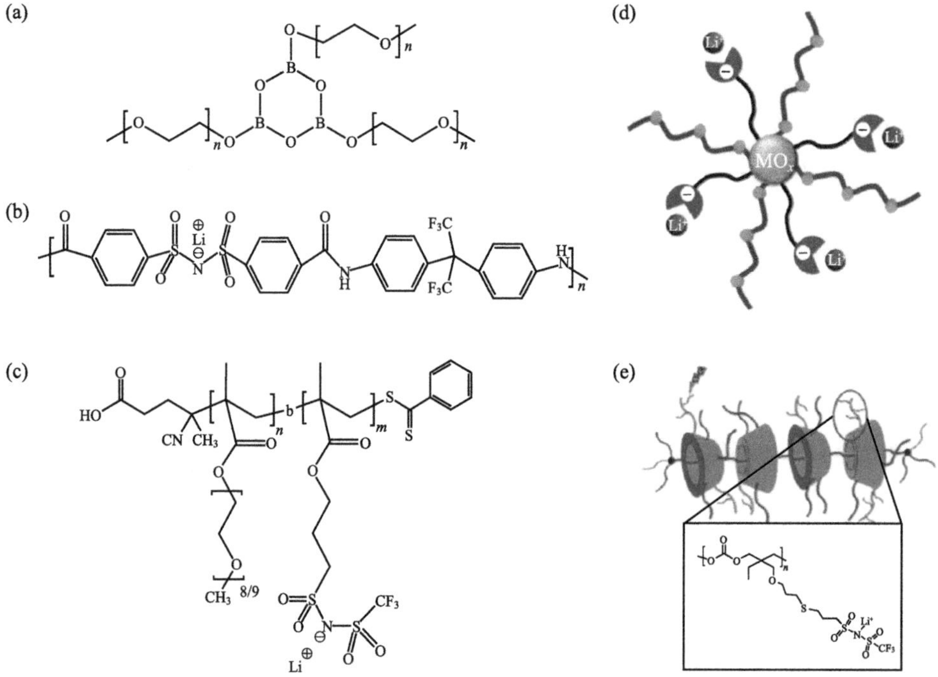

图 5.20　根据固定的阴离子的性质和位置分类的聚合物单离子导体

（a）阴离子接受体；（b）聚合物阴离子主链；（c）悬挂式聚合物侧链；（d）嫁接无机颗粒，M=Si，Ti 等；
（e）超分子功能化的有机分子[47]

酰氨基）磺酰基）酰亚胺锂]（LiPSFSI）为盐的 LiPSFSI/PEO 和 LiPSsTFSI/PEO 固体聚合物电解质，使锂离子迁移数提升到 0.9。在钠盐单离子导体设计方面，Li 等[52]合成了聚[4-苯乙烯磺酰基（三氟甲基磺酰基）酰亚胺]-丙烯酸乙酯-乙基]钠（Na[PSTFSI]），并将其与丙烯酸乙酯（EA）共聚，得到 Na[PSTFSI-co-mEA]（m 为 EA 单体数），合成过程如图 5.21 所示。但没有报道采用该聚阴离子钠盐与聚合物复合的固体聚合物电解质的钠离子迁移数，不过与聚阴离子锂盐类似，聚阴离子钠盐应用于固体聚合物电解质中也会有较高的钠离子迁移数。然而，单离子导体的离子电导率相对较低，提高离子电导率是聚合物单离子导体要面临的主要挑战之一。

3. 聚环氧乙烷固体电解质在固态钠电池中的应用

早期对 PEO 固体电解质的研究一般集中在对电解质本身的物理、化学和电化学特性的研究。钠盐/PEO 固体聚合物电解质中常见的钠盐有 $NaClO_4$、$NaPF_6$ 和 $NaSO_3CF_3$。研究者主要通过调控 EO/Na^+ 的摩尔比来优化离子电导率。West 等[53]

研究了 NaClO$_4$ 与 PEO 配合得到的固体聚合物电解质，当 EO/Na$^+$摩尔比为 12:1
时，NaClO$_4$/PEO 体系电解质的离子电导率最高，60 ℃以下为 3.1×10^{-6} S/cm。
Chandra 等[54]采用溶液浇注法制备了 NaPF$_6$/PEO 电解质膜，对 EO/Na$^+$不同摩尔比
的室温离子电导率的测试结果表明，当 EO/Na$^+$摩尔比为 15 时，室温离子电导率
最高，为 5×10^{-6} S/cm，且具有较高的 Na$^+$迁移数（0.45）。胡勇胜等[55]采用 NaPF$_6$/PEO
作为固体聚合物电解质膜，分别以层状 Na[Ni$_{2/9}$Cu$_{1/9}$Fe$_{1/3}$Mn$_{1/3}$]O$_2$ 和 NASICON 结
构的 Na$_3$V$_2$(PO$_4$)$_3$ 为正极组装了半电池，在 80 ℃下实现了稳定的充放电循环。Rao
等[56]制备了 NaLaF$_4$/PEO 体系的电解质膜，但最高的室温离子电导率只有 3.9×10^{-7}
S/cm。2007 年，Ahn 等[57]将 NaSO$_3$CF$_3$/PEO（质量比 1:9）聚合物电解质膜用于
固态钠硫电池中（工作温度 90 ℃），该电解质膜在 90 ℃时离子电导率为 3.4×10^{-4}
S/cm，固态电池 Na|NaSO$_3$CF$_3$/PEO|S 首周放电比容量为 505 mA·h/g，但是比容量
随着循环次数增加而快速衰减。

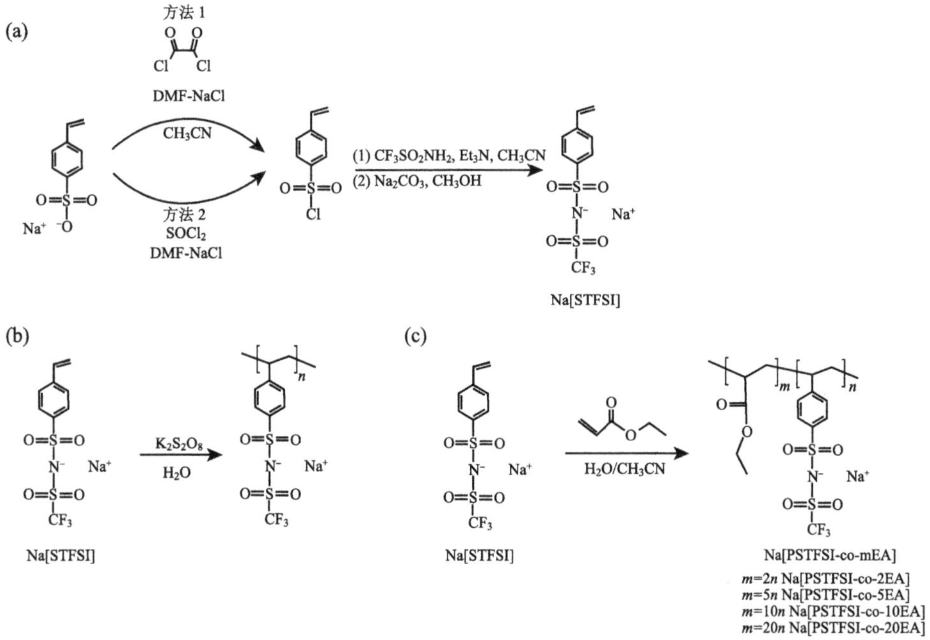

图 5.21 （a）Na[STFSI]的合成步骤；（b）聚 Na[STFSI]合成步骤；（c）Na[STFSI]与 EA
以不同的比例共聚合成步骤[52]

随着新型电解质盐的不断发展，具有较大阴离子、较低的晶格能和较高解离
度的盐（如 NaFSI 和 NaTFSI）成为目前固体聚合物电解质中常见的盐。Boschin
等[58]综合研究了钠盐中不同阴离子的种类（NaFSI 和 NaTFSI）和 EO/Na$^+$的摩尔

比对离子电导率的影响。对比 NaTFSI/(PEO)$_n$ 与 NaFSI/(PEO)$_n$ 固体聚合物电解质，当 $n=9$ 时，在低于 40 ℃ 的温度下，NaTFSI/(PEO)$_n$ 比 NaFSI/(PEO)$_n$ 的离子电导率高。原因是 TFSI$^-$ 阴离子体积较大、内在灵活性较好，从而阻止了结晶，而 FSI$^-$ 在室温下更倾向于结晶。虽然在非晶状态下，这种空间效应可以忽略，但是，相比 TFSI$^-$ 来说，FSI$^-$ 与 Na$^+$ 结合更为紧密，也导致了 NaFSI 基的电解质比 NaTFSI 的离子电导率低。戚兴国等[59]采用溶液浇注法制备了 NaFSI/PEO（EO/Na$^+$摩尔比为 20）电解质，80 ℃ 下离子电导率为 4.1×10^{-4} S/cm，电化学窗口为 4.66 V。分别以层状 Na$_{0.67}$[Ni$_{0.33}$Mn$_{0.67}$]O$_2$ (NNM) 和 NASICON 结构的 Na$_3$V$_2$(PO$_4$)$_3$ (NVP) 为正极组装了半电池，在 80 ℃ 下循环良好（图 5.22），并且表现出对 Na 负极稳定：Na|SPE|Na 对称电池可稳定循环 1000 个小时（电流密度为 0.1 mA/cm^2）。随后，刘丽露等进一步提出一种通过化学反应原位去除固体聚合物电解质中残余自由溶剂分子的方法[60]。该方法的关键在于通过调控选取合适溶剂、盐以及添加剂组分，在溶剂去除过程中设计盐-溶剂分子-添加剂两步化学反应过程，实现将残留的溶剂最终转化为一种稳定的表面包覆层，进而达到彻底去除残余溶剂的目的。具体过程为采用去离子水和 NaFSI 分别作为溶剂和盐，并添加 Al$_2$O$_3$ 纳米颗粒制备了水系 PEO 基固体聚合物电解质（NaFSI/PEO+Al$_2$O$_3$+AQ，AQ 表示水溶剂）。NaFSI 结构上的 S—F 键不稳定，遇水会发生微弱的水解产生 HF，与 Al$_2$O$_3$ 颗粒反应会最终转化为 AlF$_3$·xH$_2$O。采用该工艺制备的固体聚合物电解质可有效地降低固态

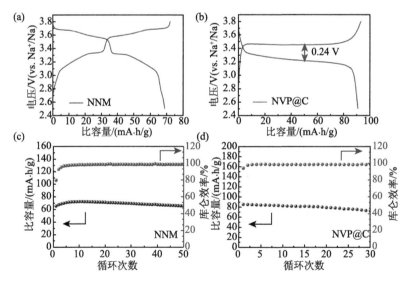

图 5.22 以 NaFSI/PEO（EO/Na$^+$摩尔比为 20）为电解质的固态电池在 80 ℃ 下的性能
首周充、放电曲线（0.2C）：(a) Na$_{0.67}$[Ni$_{0.33}$Mn$_{0.67}$]O$_2$；(b) Na$_3$V$_2$(PO$_4$)$_3$@C，以及循环性能（0.2C）：(c) Na$_{0.67}$[Ni$_{0.33}$Mn$_{0.67}$]O$_2$；(d) Na$_3$V$_2$(PO$_4$)$_3$@C[59]

电池界面副反应，显著提升电池的库仑效率、循环稳定性和倍率性能。采用磷酸钒钠（$Na_3V_2(PO_4)_3$）和金属钠（Na）分别作为正极和负极组装固态电池 Na|SPE|NVP，循环 2000 周以后比容量保持率为 92.8%，平均每周比容量衰减率仅为 0.0036%。金属钠的对称电池在 100 μA/cm² 的电流密度下可稳定循环 800 h，且电池循环过程中电化学阻抗谱也保持相对稳定（图 5.23）。此外，水作为溶剂实现了 PEO 固体电解质绿色、无污染的制备。

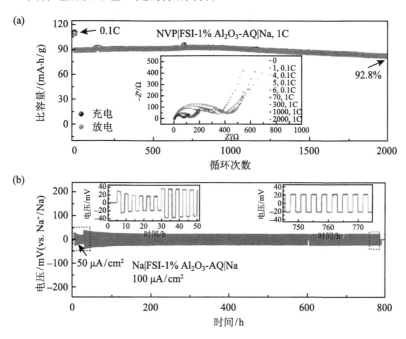

图 5.23　**NaFSI/PEO+Al₂O₃+AQ 固体聚合物电解质在 80 ℃下的循环性能**

（a）Na|PEO|Na₃V₂(PO₄)₃ 固态电池在 1C 倍率下的循环性能，插图为循环过程中的交流阻抗谱；（b）Na‖Na 对称电池在电流密度为 100 μA/cm² 下的循环性能[60]

5.4.3　非聚环氧乙烷基固体聚合物电解质

PEO 是目前锂离子电池中已经产业化的聚合物电解质材料，其综合性能较优。除此之外，各种新型的聚合物基体也逐渐被应用于固体电解质体系。聚碳酸酯基聚合物的应用研究较为广泛，其分子结构中含有强极性碳酸酯基团，介电常数高，可以有效减弱盐中阴阳离子之间的相互作用，有助于提高离子传导能力。聚碳酸酯基电解质在锂离子聚合物电解质中的研究较多，在钠离子电解质中还未展开广泛的研究，但其离子导电原理与锂离子固体聚合物电解质相同。理解锂离子固体聚合物电解质同样有助于理解和设计钠离子固体聚合物电解质。此外硅基聚合物也被广泛用作固体聚合物电解质的聚合物基体。

1. 聚碳酸酯类固体聚合物电解质

聚碳酸酯类固体聚合物电解质研究得较晚，是目前较为热门的固体聚合物电解质体系。碳酸酯基团具有较强的极性和较高的介电常数，可以有效减弱电解质盐中阴阳离子之间的相互作用，有助于提高载流子数量和离子电导率。碳酸酯类固体聚合物电解质相对于 PEO 体系来说，优点在于：聚碳酸酯类无定形程度较高，高分子链段柔顺性高，因此更有利于传输离子，具有更高的室温离子电导率。此外，其电化学稳定电势上限较高；尺寸热稳定性较好（≥150℃）。缺点在于：与碱性电极材料的兼容性和稳定性较差，成膜性和机械性能较差。常见的聚碳酸酯聚合物有聚碳酸乙烯酯（PEC）、聚碳酸丙烯酯（PPC）、聚碳酸亚乙烯酯（PVC）和聚三亚甲基碳酸酯（PTMC）。其结构式和玻璃化转变温度列于表 5.1。

表 5.1 几种常见的聚碳酸酯的结构式和玻璃化转变温度

聚合物名称	结构式	玻璃化转变温度/K
聚碳酸乙烯酯 poly(ethylene carbonate) PEC		278
聚碳酸丙烯酯 poly(propylene carbonate) PPC		306
聚碳酸亚乙烯酯 poly(vinylene carbonate) PVC		289
聚三亚甲基碳酸酯 poly(trimethylene carbonate) PTMC		258

1）PEC

碳酸乙烯酯（ethylene carbonate, EC）是液体电解质中常用的有机溶剂，其基本性质在第 4 章中已经详细介绍。将小分子的 EC 通过不同的开环聚合反应可得到不同的碳酸乙烯酯聚合物。

在 LiTFSI/PEC 电解质体系中加入具有较高离子电导率和较宽电压窗口的离子液体 N-甲基-N-丙吡咯烷酮二（三氟甲基磺酰）亚胺（$Pyr_{14}TFSI$）可以有效提高离子电导率。提高盐与聚合物的比例是一种有效提高聚合物电解质离子电导率的方法，当 EC 与 LiTFSI 的摩尔比为 0.8 时，室温离子电导率为 10^{-5} S/cm。由于盐的存在会打破聚合物的结晶性，如果提高盐含量，聚合物的结晶性越低，离子电导率越高，聚合物电解质膜黏性越大，成膜难度也会变大。因此在制备固体聚合物电解质时应该平衡机械性能和离子电导率来调控聚合物和盐的比例。

在 PEC 基聚合物电解质中，阳离子和羰基氧会发生配位作用，羰基氧的存在使得 PEC 链段运动更活跃，有利于离子的迁移，这是 PEC 基聚合物电解质比相同条件下的聚醚基固体聚合物电解质的室温离子电导率高的原因之一。然而，其离子电导率仍然不能满足电池在室温下工作的要求，盐的增加会显著提升离子电导率，但是机械性能随之下降，这也是固体聚合物电解质的共性。如何提高固体聚合物电解质的离子电导率并保证其足够的机械性能是固体聚合物电解质发展的主要方向之一。

2）PPC

碳酸丙烯酯（propylene carbonate, PC）同样是液体电解质常用的溶剂，其基本理化性质也已在第 4 章中叙述。PPC 由二氧化碳和氧化丙烯共聚反应得到，为无定形结构。分子链极易发生内旋转，链段运动较快，使离子与羰基氧结合后迅速分离，跳跃到下一个羰基氧位置，离子迁移较快，因此离子电导率较高。与 PEC 类似，PPC 存在极性很强的碳酸酯基团，具有相同的离子传输机制。单纯的 PPC 柔性较大，与一定量盐混合后，黏性较大，成膜性较差，机械性能差。崔光磊等[61] 采用刚性的无纺布多孔膜作为支撑体，将柔性的 PPC 负载到无纺布上，得到复合固体聚合物电解质（CPPC-SPE），用于固态锂电池中，其室温锂离子电导率达到 $4.2×10^{-4}$ S/cm，远高于传统的 PEO 基聚合物电解质。并且该 CPPC-SPE 对金属锂的氧化电势可以达到 4.6 V 以上，相应的对 Na 的氧化电势理论上约为 4.3 V 以上。将其应用于 $Li\|LiFe_{0.2}Mn_{0.8}PO_4$ 电池中，在 2.5~4.4 V 电压区间充放电，在 20 ℃温度下循环 100 周后比容量保持率为 96%。PPC 用于钠离子固体聚合物电解质，并且采用高电压电极材料也值得验证。

PPC 作为一种新型固体聚合物电解质基体，具有较高的离子电导率和较宽的电化学稳定窗口，可以满足固态电池在室温下正常工作的要求。然而，其室温电导率较电解液还有一定的差距，可以通过添加无机颗粒和共聚共混等方法进一步提高 PPC 有机聚合物电解质的室温离子电导率。

3）PVC

碳酸亚乙烯酯（vinylene carbonate, VC）是电解液中常见的添加剂，可以促使 SEI 成膜，从而提升电池的性能。VC 的聚合物可以用来制备固体聚合物电解质。VC 可以作为单体原位聚合形成 PVC 固体电解质，原位聚合的最大优势是电池中所形成的电解质与电极之间具有良好的界面接触，因此界面阻抗较低。

陈文等[62]研究了 NaClO$_4$/PVC 体系固体聚合物电解质，研究发现纯的 PVC 在室温下处于非晶态，随着 NaClO$_4$ 含量的增加，聚合物电解质晶态组成越来越多且柔韧性变差，离子电导率也随之下降。但钠离子电导率均在 10^{-3} S/cm 以上，并且随温度没有明显的变化。有关 PVC 在钠离子固体电解质中的应用还有待进一步深入研究。

在改善 PVC 聚合物电解质电化学性能方面，同样有交联、共混等方法。例如，将 VC 与乙二醇（EG）交联得到聚（乙二醇-碳酸亚乙烯酯）（P(EG-VC)），再与 PVDF-HFP 共混，所制备的半互穿网络聚合物电解质具有较高的离子电导率和较宽的电压窗口。

原位聚合是 PVC 基固体聚合物电解质的最大优势，一方面提高了电解质与电极之间的界面接触，有效地解决了固态电池中的界面问题；另一方面，在制备原位聚合物固态电池时，可以采用现有的锂离子电池生产工艺，降低固态电池开发成本。

4）PTMC

PTMC 主要应用于生物医学方面，在固体聚合物电解质方面研究较少。PTMC 氧化电势上限可达到 4.5 V（vs. Na$^+$/Na）以上，可以应用于高电压正极材料中。然而其室温离子电导率较低，当 PTMC/NaTFSI 的摩尔比为 3:1，PTMC/NaClO$_4$ 摩尔比为 5:1 时，室温离子电导率为~10^{-8} S/cm[63]。采用共聚的方法可以进一步提高离子电导率。将 TMC 与己内酯（PCL）共聚得到的聚合物电解质的室温离子电导率可以达到 $7.9×10^{-7}$ S/cm。这是由于 PCL 的玻璃化转变温度（−60 ℃）比 PTMC 低，PCL 的加入提高了 PTMC 链段的柔顺性，从而增加了离子电导率。共聚得到的聚合物电解质是无定形的，相比于纯 PTMC，机械性能也得到了提高。

综合来讲，PTMC 固体聚合物电解质具有较好的机械强度、尺寸热稳定性以及较高的氧化电势。然而室温离子电导率太低，严重限制了其实际应用。提高离子电导率将成为 PTMC 固体聚合物电解质需要突破的关键目标。可以尝试采取类似于 PEO 电解质改性的方法对 PTMC 电解质进行改性。

2. 其他固体聚合物电解质体系

除上述聚环氧乙烷和聚碳酸酯类常见的固体聚合物电解质体系外，还有聚丙烯腈（polyacrylonitrile, PAN）、聚乙烯醇（poly(vinyl alcohol), PVA）、聚乙烯基吡咯烷酮（poly(vinyl pyrrolidone), PVP）（其化学结构如图 5.24 所示）以及硅基固体聚合物电解质。

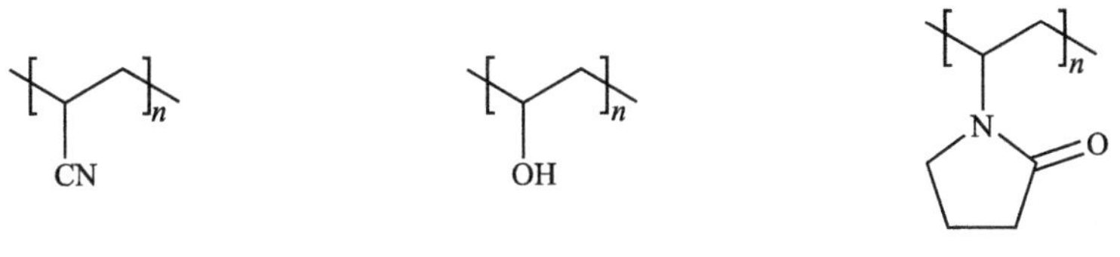

图 5.24 PAN、PVA 和 PVP 的化学结构

PAN 是一种耐热、化学性能稳定且电压窗口宽的聚合物材料。Osman 等[64]将 PAN 分别与 $NaSO_3CF_3$ 和 $LiSO_3CF_3$ 复合制备了钠基固体聚合物电解质和锂基固体聚合物电解质,对比两种固体聚合物电解质的性能,发现离子电导率均随温度变化遵循 Arrhenius 曲线规律,但 PAN 具有成膜性较差、机械性能差等缺点。

PVA 也可以用来制备钠离子聚合物电解质。目前所研究的 PVA 基钠离子固体聚合物电解质包括卤素钠盐/PVA(NaBr、NaI 和 NaF)[54-68]和 Na_2MoO_4/PVA[69]。

PVP 也是一种固体聚合物电解质的基体,与不同的无机钠盐($NaClO_3$、$NaClO_4$ 和 NaF)制备的固体电解质已有报道。2001 年,Reddy 等[70]将 $NaClO_3$ 分散在 PVP 聚合物基体中,当 PVP/$NaClO_3$=70/30 时,离子电导率比纯的 PVP 提高了 4 个数量级。其导电机制可能是 Na^+ 在局部结构弛豫、配位点以及 PVP 可移动链段之间的跳跃。陈文等[71]也做了相关工作,制备了 $NaClO_4$/PVP(10/90、20/80、30/70)体系的聚合物电解质,在 25~150 ℃温度范围,当 PVP/$NaClO_4$=70/30 时,离子电导率最高。2011 年,Kumar 等[72]研究了 NaF 对 PEO/PVP 混合聚合物电解质室温离子电导率的影响。NaF 与聚合物的协同作用提高了 PEO/PVP 的离子电导率,降低了活化能。相比纯 PEO/PVP 电解质,NaF(15%)/PEO+PVP 电解质组分的离子电导率提高了两个数量级,达到了 $1.19×10^{-7}$ S/cm。

硅基聚合物具有较好的热稳定性,较高的离子电导率,较低的可燃性,较低的玻璃化转变温度和无毒性等优点,有望成为固体聚合物电解质的基体。但由于主链是聚硅氧烷链,离子传输能力较差。在侧链接入聚硅氧烷,会提升链的柔顺性,加上空间位阻效应的影响,会大大提升聚硅氧烷基固体聚合物电解质的离子电导率。然而,其较窄的电化学窗口,较差的成膜性限制了其应用,使硅基固体聚合物电解质的研究相对较少。目前研究的硅基聚合物电解质主要分为聚硅氧烷、聚倍半硅氧烷和硅烷三类。在钠离子电解质中,硅基固体聚合物电解质尚待开发。

5.4.4 凝胶聚合物电解质

Feuillade 等[73]于 1975 年尝试在聚合物-碱金属盐的电解质基体中加入含有锂盐的非质子溶剂,形成凝胶态来研究聚合物-碱金属盐复合物的性能,由此提出了凝胶电解质的概念。凝胶聚合物电解质（GPE）是一类介于固体电解质和液体电解质之间的半固体电解质，是含有一定量液体增塑剂和/或溶剂的聚合物-盐复合物。凝胶聚合物电解质结合了液体电解质的高离子电导率和固体聚合物电解质的安全性（离子电导率和安全性介于两者之间）。凝胶聚合物电解质包含聚合物基体和增塑剂，以及溶解在其中的盐。常见的凝胶聚合物电解质基体有 PEO、PVDF、PMMA 和氰基高分子。凝胶电解质中所谓的增塑剂通常是介电常数高、挥发性低、对聚合物复合物具有相容性且对盐具有良好溶解性的有机溶剂，常用的有 EC、PC、DMC、NMP、DMF 和 ES 等。同时，为了避免上述列举的增塑剂易挥发，也常使用中低极性的聚醚和离子液体等，可以提高电解质的热稳定性以及拓宽电化学窗口，即提升电解质的电化学稳定性。

从物理状态和化学性质上看，凝胶聚合物电解质在一定程度上可以看作是介于液体电解质和固体电解质的中间状态。与液体电解质相比，凝胶聚合物电解质具有更好的安全性，无电解液泄漏问题。并且由于加入了液体增塑剂或溶剂，凝胶聚合物电解质保持了 10^{-3} S/cm 的室温离子电导率，高于固体聚合物电解质。此外，凝胶聚合物电解质同时具有聚合物性质，相比于玻璃-陶瓷类固体电解质，它拥有优越的柔性和加工性能。因此，它们在电池应用中表现出良好的机械性能和与电极的良好兼容性。

1. PEO 基凝胶聚合物电解质

上文提到 PEO 是固体聚合物电解质中研究得最早且最为广泛的聚合物基体。但由于其室温下结晶程度较高，室温离子电导率太低，难以应用于实际电池中。将液体电解质常用的有机溶剂如碳酸丙烯酯（PC）或者碳酸乙烯酯（EC）等作为增塑剂加入 PEO 固体聚合物电解质中，制备成凝胶聚合物电解质，可以有效提升其室温离子电导率。除此之外，常见的增塑剂还有小分子的聚乙二醇（PEG）和冠醚。PEG 的加入会明显降低 PEO 的结晶度，提升室温离子电导率[73]。但是由于 PEG 链段末端—OH 的存在，电化学还原稳定性较差，且随着 PEG 量的增加，机械性能也会下降。冠醚作为增塑剂时，除提升离子电导率之外，还可以改善电解质与电极之间的界面性能，降低界面阻抗[75]。

针对 PEO 基聚合物在高温下的机械性能和热稳定性较差的问题，一般采用共混、交联或者添加无机填料的方式来缓解。交联剂可以采用丙烯酸酯、聚苯乙烯（PS）和聚苯醚（PPO），交联后的 PEO 基凝胶聚合物电解质可以在一定程度上提升机械性能。但是研究表明，丙烯酸酯的添加会使得原本凝胶电解质中的增塑剂从聚合物网络骨架中溢出，降低化学稳定性[76]。添加适当的无机填料既可以增加离子电导率也可以提升机械性能[77]。贺艳兵等[78]将含有 PEO 链段的聚乙二醇-二

缩水甘油醚（PEGDE）与二氨基-聚苯醚（DPPO）交联，以玻璃纤维隔膜作为支撑体，聚合后浸泡于电解液，制备出致密的交联结构凝胶聚合电解质（图 5.25）。具有玻璃纤维隔膜支撑的凝胶聚合物电解质具有较强的机械性能、较好的柔韧性和较高的室温离子电导率（2.18×10^{-3} S/cm）。该工作将致密结构的凝胶电解质与金属钠负极匹配，组装的 Na||Na$_3$V$_2$(PO$_4$)$_3$ 电池在室温下以 1C 的倍率循环 2000 周后比容量保持率为 96.7%。进一步证明了表面致密的电解质结构能够显著地抑制金属钠负极的不均匀沉积，即抑制枝晶生长。此外，通过引入凝胶电解质，能够显著地抑制金属钠与碳酸酯电解质的副反应。

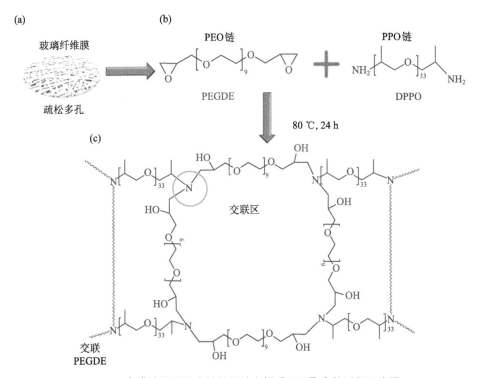

图 5.25　合成玻璃纤维支撑的凝胶电解质开环聚合的过程示意图

（a）玻璃纤维膜示意图；（b）PEGDE 和 DPPO 单体化学结构；（c）PEGDE 和 DPPO 交联后的化学结构[78]

2. PVDF 基凝胶聚合物电解质

如前所述，PVDF 基凝胶电解质在锂离子电池中的研究最为广泛，因为其具有成膜性好（易于批量化生产）、介电常数大（促进锂盐在聚合物中的溶解）、玻璃化转变温度高（提高电解质的热稳定性）和吸电子基团强（化学和电化学稳定）等特点。

PVDF 能够商业化应用的一个主要原因在于其制备方法的改进，1999 年

Boudin 等[79]提出了一种制备多孔性凝胶聚合物电解质的方法,解决了传统浇铸法制备的电解质的离子电导率和机械强度低的缺点。新方法的主要思路有:① 采用 PVDF 与六氟丙烯(HFP)共聚作为基质材料,降低了结晶度,提高了吸液能力,从而提升了离子电导率;②利用萃取工艺,在制备前期混入高沸点增塑剂而在进行电池组装前将其萃取出,形成多孔结构膜材料;③引入添加剂 SiO_2 稳定聚合物膜材料的多孔结构。

PVDF 基聚合物电解质在钠离子电池中的研究也较多。离子液体的掺入是提高凝胶聚合物电解质性能的有效途径。2010 年,Hashmi 等[80]以 PVDF-HFP 为主体聚合物,$NaSO_3CF_3$(NaOTf)为电解质盐,选用 EMIOTf 作为离子液体通过溶液浇铸法合成了离子液体基钠离子导电凝胶聚合物电解质。0.5 mol/L NaOTf/EMIOTf+PVDF-HFP(质量比为 4:1)凝胶电解质膜外观透明、自支撑且尺寸结构稳定。27℃时离子电导率高达 5.74×10^{-3} S/cm,电化学窗口达到 5.0 V,钠离子迁移数为 0.23,还需要进一步优化。

Wu 等[81]报道了一种多孔 PVDF-HFP 钠离子凝胶电解质膜,并在 1 mol/L $NaClO_4$,EC+DMC+DEC(1:1:1,质量比)中浸泡吸液。该凝胶聚合物电解质的热稳定温度高达 130℃,与商业化的 Celgard 2730 隔膜相当,室温离子电导率为 6.0×10^{-4} S/cm,高于 Celgard 2730(1.6×10^{-4} S/cm)。此外,PVDF-HFP 基 GPE 具有更高的安全性和更优异的力学性能,抗拉强度可达 7.6 MPa。

Goodenough 等[82]在 2015 年报道了一种由 PVDF-HFP、低成本玻璃纤维(GF)和聚多巴胺(PDA)涂层组成的复合凝胶聚合物电解质,并吸有浓度为 1 mol/L $NaClO_4$ 的 PC 溶液。该复合凝胶聚合物电解质展现出良好的力学性能(拉伸强度为 20.9 MPa),热稳定性可达 200℃,并且线性扫描伏安图显示该复合固体电解质的电化学窗口为 4.8 V。高的热稳定性和电化学稳定性有助于钠离子电池的高安全性。在 25 ℃时,GF/PVDF-HFP 和 GF/PVDF-HEP/PDA 电解质的离子电导率分别为 4.6×10^{-3} S/cm 和 5.4×10^{-3} S/cm。离子电导率的增加可能是由于聚多巴胺的亲水涂层加快了 Na^+ 在凝胶聚合物电解质中的传输。相对于纯的玻璃纤维和 GF/PVDF-HFP,以 PVDF-HEP/PDA 为电解质,$Na_2MnFe(CN)_6$ 为正极材料的钠离子电池的倍率性能、循环性能和库仑效率得到显著提高,如图 5.26 所示。

3. PMMA 凝胶聚合物电解质

PMMA 聚合物成本低,易制备,其甲基丙烯酸甲酯(MMA)单元结构中有一羧基侧基,与碳酸酯增塑剂中的氧有很强的作用,具有很好的相容性,能够吸收大量的液体电解质,因此能够有效提升凝胶电解质的离子电导率。近年来,PMMA 在钠离子凝胶电解质中也得到了广泛的研究。

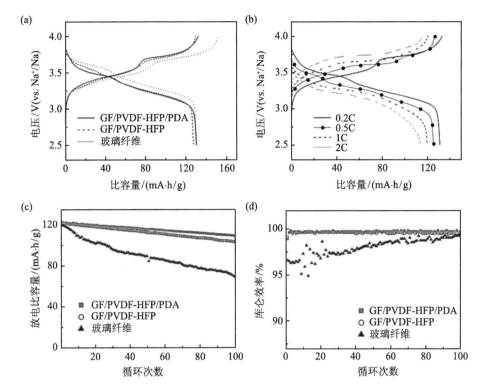

图 5.26 玻璃纤维、GF/PVDF-HFP 和 GF/PVDF-HFP/PDA 分别作为电解质膜时
Na₂MnFe(CN)₆正极材料的电化学性能对比

(a) 不同电解质膜 0.2C 下的充放电曲线;(b) GF/PVDF-HFP/PDA 为膜时不同倍率下的充放电曲线;(c) 不同隔膜 1C 循环时的放电比容量对比;(d) 不同隔膜 1C 循环时的库仑效率对比图[82]

2010 年,Hashmi 等[83]制备了基于 PMMA 的凝胶聚合物电解质纳米复合材料,其分散有 SiO₂ 纳米颗粒且浸泡于 1 mol/L NaClO₄/EC+PC(体积比 1:1)。SiO₂ 含量为 20%的纳米复合固体电解质,在 20 ℃时的离子电导率为 3.4×10⁻³ S/cm,几乎比不含纳米颗粒的电解质离子电导率高一个数量级。纳米复合固体电解质离子电导率的提高是由于聚合物中二氧化硅纳米颗粒与阴离子相互作用从而在纳米颗粒周围形成更多的非晶区和点缺陷。此外,分散有二氧化硅纳米颗粒的复合固体电解质具有更好的热稳定性、机械稳定性和电化学稳定性。并且,SiO₂ 的加入使钠离子的迁移数也略有提高。

Goodenough 等[84]采用原位自由基聚合法合成交联 PMMA。以 2,2′-偶氮双(2-甲基丙腈)(AIBN)为引发剂,将 MMA 和四乙二醇二甲基丙烯酸酯(TEGDMA)的自由基聚合成交联的 PMMA,所合成的交联 PMMA 结构如图 5.27 所示。再浸入含 1 mol/L NaClO₄ 的 PC 和 FEC 溶液(体积比 9:1),得到凝胶电解质。将前驱体溶液滴到纤维素膜上,原位聚合后变为透明状的电解质膜,纤维素膜由多孔结

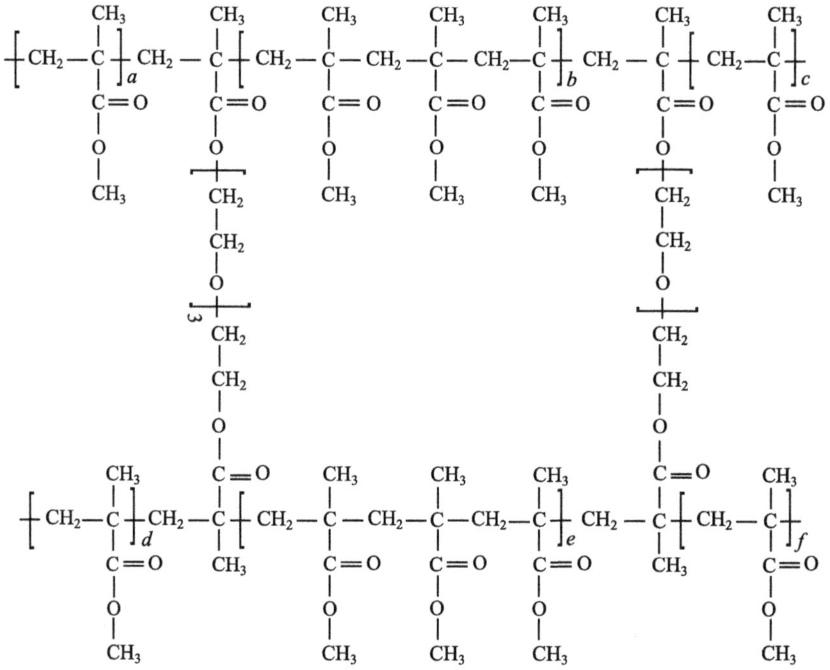

图 5.27 交联 PMMA 的化学结构[84]

构变为致密的电解质膜。由于交联 PMMA 的氧化电势高，液体电解质与聚合物链之间的相互作用强，凝胶聚合物电解质的电化学窗口宽达 4.8 V。25 ℃下，该交联凝胶电解质的离子电导率为 6.02×10^{-3} S/cm。

4. 氰基高分子基凝胶聚合物电解质

氰基是一种偶极矩较高的极性基团，属于强吸电子基团，其介电常数约为 30。氰基具有较高的抗氧化性，将其引入到聚合物基体中可以提高电解质的氧化分解电压。目前所研究的氰基高分子凝胶聚合物电解质主要包括聚丙烯腈（PAN）、氰乙基聚乙烯醇醚（PVA-CN）和聚氰基丙烯酸乙酯（PECA）。

如前所述，PAN 用于凝胶聚合物电解质始于 1975 年，同时也是凝胶电解质的起源，Feuillade 等[73]制备出室温离子电导率接近 1×10^{-3} S/cm 的 PAN 凝胶电解质。PAN 凝胶电解质中，离子电导率随着增塑剂和盐含量的增加而提高。通过对 PAN 凝胶电解质中的增塑剂种类以及增塑剂与盐的比例进行优化，得到的 $LiPF_6$/PAN+EC+DMC/凝胶电解质，室温离子电导率可以达到 5.9×10^{-3} S/cm。然而，由于 PAN 中的氰基基团极性较强，PAN 对金属负极会有较大的钝化作用，导致电池在循环过程中内阻上升[85]。此外，当电池温度升高时还会导致电解液从凝胶电解质基体中析出，增加安全隐患。通过共混、共聚以及添加无机填料有望改善上述问题。与 PAN 共混的聚合物有 PEO、PMMA 和 PVDF 等，PAN 凝胶电解质在钠电池中的研究还有待继续开发。

PVA-CN 是由丙烯腈在乙烯醇侧链发生取代而得到的，其介电常数约为 16，比较有利于盐的溶解和解离。崔光磊等[86]将 PVA-CN 作为聚合物基体制备的柔性 LiTFSI/PVA-CN 涂覆在刚性无纺布膜上，得到了"刚柔并济"的电解质膜，将其浸泡在 EC/DMC 增塑剂中得到凝胶电解质。康飞宇等[87]采用原位引发聚合的方法制备的具有交联结构的 PVA-CN 基凝胶聚合物电解质，可以提升电解质的阳离子迁移数和热稳定性。

PECA 中同时存在氰基和酯基官能团，因此具有较宽的电化学稳定窗口。PVA-CN 和 PECA 目前只在锂离子凝胶聚合物中有所研究，相关钠离子凝胶电解质及其在钠电池中的应用尚待开发。

5.5 复合固体电解质

如前文所述，有机固体聚合物电解质的离子电导率普遍较低，且其机械性能有待提高。研究表明，无机粉体的加入可以提升固体聚合物电解质的离子电导率，同时可以有效地提升其机械性能，最终得到的固体电解质称为复合固体电解质（CPE）。用作有机-无机复合固体电解质的无机填料主要分为两大类，一类称为惰性填料，本身不具有离子传输能力，如 Al_2O_3，SiO_2，MgO 和 TiO_2 等；另一类为活性填料，本身具备离子传输能力，即本身为固体电解质，如钠离子导体 Na_2SiO_3、NASICON 电解质、Na-beta-Al_2O_3 以及硫化物无机固体电解质颗粒。通过添加无机纳米颗粒来提高 PEO 基聚合物离子电导率的机理有两种：①无机纳米颗粒降低了聚合物高分子链的有序排列，阻止聚合物结晶，提高了可蠕动分子链的比例；②在纳米颗粒表面区域形成了更多的离子输运通道。此外，添加无机纳米颗粒还可以提高固体聚合物电解质的机械强度以及与电极之间的界面稳定性。

5.5.1 惰性纳米颗粒-聚合物复合固体电解质

Hwang 等[88]报道了复合 TiO_2 纳米颗粒的固体聚合物电解质 $NaClO_4$/PEO+TiO_2（nCPE）。当 EO/Na^+=20 时，$NaClO_4$/PEO 固体聚合物电解质的离子电导率最高，60 ℃下离子电导率为 1.34×10^{-5} S/cm。当添加 5% TiO_2 时，可以将离子电导率提高至 2.62×10^{-4} S/cm（60 ℃）。TiO_2 的加入，增加了 PEO 基电解质中的无定型区域，有利于 PEO 链段的蠕动，从而加快了 Na^+ 的迁移。使用该

电解质膜制作的 Na|nCPE|Na$_{2/3}$[Co$_{2/3}$Mn$_{1/3}$]O$_2$ 电池，0.1C 倍率下首周放电比容量为 49.2 mA·h/g（工作温度为 60 ℃），电池放电比容量低的原因可能是电解质膜太厚（180 μm）导致极化比较大。

Morenno 等[89]采用热压法制备了 NaTFSI/PEO$_n$（n = 6~30）电解质，避免了溶剂的残留。NaTFSI/PEO$_{20}$ 添加 5% SiO$_2$ 后，电解质膜的机械性能得到了提升。Na$^+$迁移数由 0.39 提高至 0.51（75 ℃）。但其离子电导率几乎没有提升，这是因为 TFSI$^-$ 阴离子的塑化效应掩盖了 SiO$_2$ 提高离子电导率的作用。

胡勇胜等[60]采用溶液浇铸法制备了 NaFSI/PEO+x%Al$_2$O$_3$（x=1~20）聚合物电解质，Al$_2$O$_3$ 颗粒尺寸在 20 nm 左右。研究表明，Al$_2$O$_3$ 添加量在 2%以内时，可以提升电解质的离子电导率。Al$_2$O$_3$ 含量高于 5%时，离子电导率比未添加时有所降低，随着 Al$_2$O$_3$ 含量的继续增加，离子电导率也随之下降。因此，聚合物电解质在与惰性纳米颗粒复合时，惰性填料的含量不宜太高（本节中百分数均指质量分数）。

5.5.2 活性无机固体电解质-聚合物复合固体电解质

1999 年，Thakur 等[90]在 PEO-NaI 电解质体中添加了 0~25%的硅酸钠（Na$_2$SiO$_3$），当组分为 NaI/(PEO)$_{25}$+1% Na$_2$SiO$_3$ 时，离子电导率最高，40 ℃时为 1×10^{-6} S/cm。同时，由于 Na$_2$SiO$_3$ 的填入，电解质膜的机械强度也得以提升。

胡勇胜等[91]采用 NASICON 结构的快离子导体 Na$_3$Zr$_2$Si$_2$PO$_{12}$ 及 Na$_{3.4}$Zr$_{1.8}$Mg$_{0.2}$Si$_2$PO$_{12}$ 陶瓷粉作为无机填料，NaFSI/PEO$_{12}$ 作为基体，制备了钠离子有机–无机复合固体电解质，当陶瓷粉填料比例为 40%（质量分数）时，复合固体电解质 NaFSI/Na$_{3.4}$Zr$_{1.8}$Mg$_{0.2}$Si$_2$PO$_{12}$+PEO$_{12}$ 离子电导率最高，80 ℃时为 2.4×10^{-3} S/cm。使用该复合固体电解质膜制备的 Na|NaFSI/PEO$_{12}$|Na$_3$V$_2$(PO$_4$)$_3$ 固态电池具有较好的倍率性能和优异的循环性能，在 80 ℃，0.1C 倍率下循环 120 周比容量几乎无衰减。此外，将氧化物固体电解质 Na-β''-Al$_2$O$_3$ 作为活性填料引入 NaTFSI/PEO$_{20}$ 聚合物电解质基体中，制备了钠离子有机-无机复合固体电解质，1% Na-β''-Al$_2$O$_3$ 的引入显著提升了 Na||Na$_3$V$_2$(PO$_4$)$_3$ 固态电池的循环性能，比容量保持率从未添加 Na-β''-Al$_2$O$_3$ 的 63%提升到了 74%[92]。

近年来，硫化物固体电解质也作为活性填料与有机聚合物电解质复合。采用硫化物电解质与有机聚合物电解质复合时，由于硫化物的化学稳定性较差，对溶剂的选择至关重要，既要溶解聚合物，又不与硫化物电解质发生反应。另外一种方法则是，在电解质制备过程中，添加硫化物固体电解质原材料（如 Na$_2$S、P$_2$S$_5$ 等），在溶剂中原位反应生成硫化物固体电解质，同时添加聚合物制备复合固体电解质。此时，溶剂的选择更为关键，溶剂需要有适当的极性去调控前驱体之间的湿化学反应，硫化物前驱体中 S 元素的质子化作用容易将硫化物分解生成 H_2S、HS^- 和 $H_xPS_4^{x-4}$ 等，因此需要采用质子惰性的溶剂。此外还需考虑溶剂的沸点，在满足硫化物前驱体反应生成硫化物电解质以及溶剂聚合物的基础上，需要沸点尽可能低，以便去除溶剂。

5.5.3 其他类型的复合固体电解质

除上述两种将无机颗粒直接与聚合物复合的方法之外，还可以通过功能聚合物、功能无机颗粒或者聚合物/无机颗粒共同与聚合物基体复合的方式来制备复合固体电解质。

单离子导体聚合物电解质是增强固体聚合物电解质离子传输能力的新发展方向，其作用机理是将阴离子固定在聚合物基体链上，抑制极化中心的形成，从而促进阳离子的移动。Armand 等[93]报道了基于 PEO 和 PEGDME 混合基体的固体聚合物复合固体电解质，以功能化的 SiO_2 为填料，通过将 SiO_2 嫁接到钠盐中的阴离子（SiO_2-阴离子）或 PEG 中的阴离子上（SiO_2-PEG-阴离子）得到功能化的 SiO_2 纳米颗粒（图 5.28）。制备得到的 EP（环氧树脂）-SiO_2-阴离子（EO/Na$^+$~10）和 EP-SiO_2-PEG-阴离子（EO/Na$^+$~20）的室温离子电导率均达到 2×10^{-5} S/cm，电化学窗口分别为 4.4 V（vs. Na$^+$/Na）和 3.8 V（vs. Na$^+$/Na）。达到最优离子电导率值时，EP-SiO_2-PEG-阴离子电解质中需要盐的含量较少，原因是引入了较大的磺酰亚胺基团阴离子，离域化程度较高，从而抑制了阴离子迁移造成的大范围极化中心的形成。此外，PEG 也起到了增塑剂的作用，引入增塑剂也是提高离子电导率的一种方法。

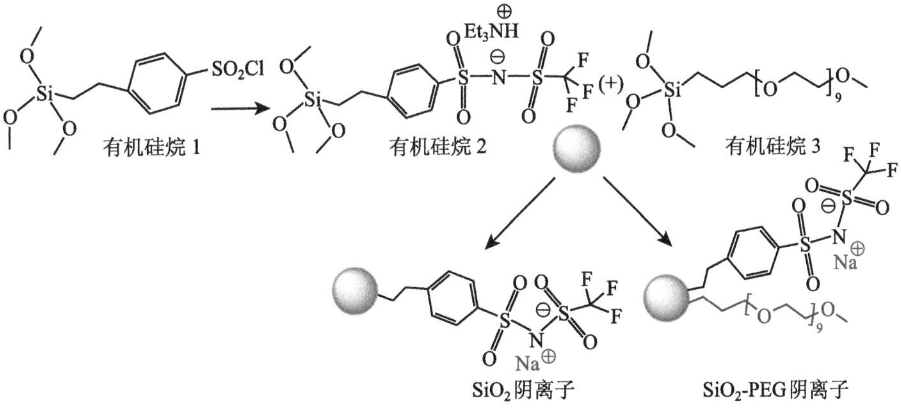

图 5.28 有机-无机复合 SiO_2 功能化纳米颗粒合成原理图[93]

在钠离子固体聚合物电解质中混入纤维素可以有效地提升电解质膜的机械性能。Gerbaldi 等[94]在 PEO 基固体电解质中混入羧甲基纤维素钠（NaCMC），最佳质量比为 PEO:NaClO₄:NaCMC = 82:9:9。NaCMC 本身可以作为电极黏结剂，添加到电解质中可以优化电极和电解质的界面接触。以 PEO/NaCMC 为电解质的固态电池的电荷传输阻抗比以无 NaCMC 电解质的更小，表明 PEO/NaCMC 电解质与电极之间具有更好的兼容性和更理想的离子扩散路径。以 PEO/NaCMC 为电解质的固态电池（Na|SPE|TiO₂ 和 Na|SPE|NaFePO₄）显示出较好的循环稳定性。

5.6 固态钠电池中的界面

随着对固态电池研究的不断深入，固态电池中界面问题的重要性日益突显，尤其对固态电池的电化学性能具有至关重要的影响。典型固态电池的组成及结构如图 5.29 所示。从图 5.29 可以看出，固态电池中的界面主要分为三类：①固体电解质（主要针对无机固体电解质）内部晶粒之间的界面；②固体电解质与正负极之间的界面；③正负极（当负极不是金属钠或钠合金时）内部活性材料与电子导电添加剂、离子导电添加剂（即固体电解质）和黏结剂等组分之间的界面。界面之间的紧密接触将有助于电子或离子的快速传输，同时，不同组分之间化学相容与电化学相容将有助于固态电池的稳定运行。本节将着重对固态钠电池中存在的界面问题及相应的解决策略进行讨论。

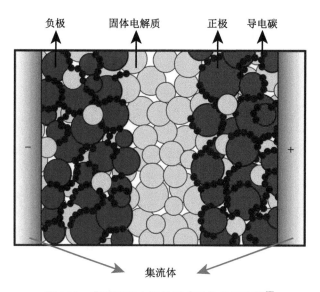

图 5.29 典型固态电池的组成及结构示意图[7]

5.6.1 固态电池中的界面问题

1. 界面相容性

传统的液态电池中，液体电解液具有极高的流动性，对电极材料具有良好的润湿性，保证了电池内部较低的接触阻抗。而在固态电池中，电解质与电极之间为点状的固-固接触，如图 5.29 所示，有效接触面积大大降低，因而固体电解质与电极之间的界面阻抗很高，同时由于固体电解质没有流动性，极片内部大量孔洞并不能被电解质"润湿"，因而离子传输很差。这些都使得固态电池相较于传统的液态电池具有更高的内阻。

2. 化学相容性

固态电池中，可将固体电解质与电极的界面分为以下三类：①固体电解质与电极不发生反应，界面热力学稳定，界面阻抗恒定，如图 5.30（a）所示；②固体电解质与电极发生反应，且界面产物为离子电子双导通，从而引发持续的反应造成电池短路，电池阻抗降为零，如图 5.30（b）所示；③固体电解质与电极发生反应，但界面产物稳定，即该产物为离子导通电子绝缘相，依据产物的性质，该界面相的离子电导率可能大于固体电解质的离子电导率，也可能小于固体电解质的离子电导率，如图 5.30（c）所示。第一类界面是理想的界面，第二类界面是最差的界面，固体电解质会与电极不断反应，直至电池短路，第三类界面也是较理想的界面，也是目前改善界面的出发点。

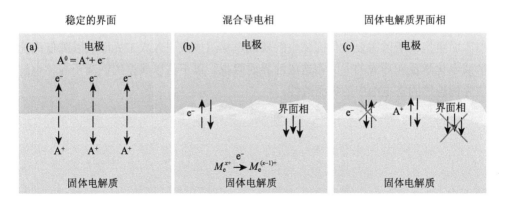

图 5.30　电极与固体电解质之间形成的三种界面

（a）热力学稳定，不发生反应；（b）热力学不稳定，反应产物为混合导电相；（c）热力学不稳定，反应产物为纯离子导电相

3. 电化学相容性

固体电解质由于组分和结构的不同，其本征的电化学窗口有所差异，通常情况下固体电解质在与正负极接触和电化学循环的过程中会在界面处形成 SEI 或 CEI（SEI 或 CEI 的形成也有化学反应的贡献），使其电化学窗口得到拓宽，因此超出固体电解质本征电化学窗口的电极材料得以使用。

固态电池中，使用金属钠作为负极时，电化学循环过程中，存在金属钠的不均匀沉积和剥离的问题，界面处所形成的 SEI 膜通常也是不稳定的，且在固体电解质的缺陷处易形成枝晶，导致电池短路。在正极侧，不同的固体电解质其电化学氧化窗口各不相同，因而采用某一固体电解质装配固态电池时需选择工作电压范围合适的正极材料。

5.6.2 固态电池界面改性

目前固态电池的界面改性工作主要集中于改善固体电解质与电极材料的接触，从而降低界面阻抗，提升电池电化学性能。从固体电解质与电极间物理接触的角度看，硫化物固体电解质具有良好的可塑性，仅通过冷压即可使电极和电解质之间获得良好的界面接触；聚合物电解质因其本身具有良好的柔韧性，高温（60~80℃）下具有良好的黏弹性，可与电极保持良好的接触；无机氧化物固体电解质是刚性的，与电极之间的接触是点接触，有效接触面积较小，因而接触阻抗较大，所以，目前改善固体电解质与电极材料间接触的工作主要集中于无机氧化物固体电解质。从固体电解质与电极间的相界面的角度看，如 5.6.1 节所述，固体电解质会与电极发生化学或电化学反应，形成中间相，中间相的形成会增大或减小界面阻抗，所以需要优化固体电解质或电极组成或引入人工界面层以降低因化学或电化学反应形成的中间相造成的界面阻抗。以下将以典型的钠离子固体电解质为例论述固态电池中的界面改性。

1. 固体电解质与金属钠负极界面

Na-beta-Al$_2$O$_3$ 固体电解质与金属钠接触不发生反应，化学相容性好，但金属钠对 Na-beta-Al$_2$O$_3$ 润湿性并不好，低温条件下（钠的熔点以下）其有效的固固接触面积较小，界面阻抗较大。为改善其低温下的界面性能，Reed 等[95]在 Na-beta-Al$_2$O$_3$ 表面溅射一层 Sn，有效提升了金属钠对 Na-beta-Al$_2$O$_3$ 的润湿性。温兆银等[96]在 Na-beta-Al$_2$O$_3$ 表面包覆一层微米尺寸的碳纳米管，同样有效提升了金属钠对 Na-beta-Al$_2$O$_3$ 的润湿性，图 5.31 为界面改性前后润湿性能的对比。钠的对称电池在 58 ℃和 0.1 mA/cm² 的条件下稳定循环。

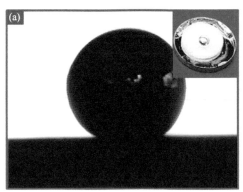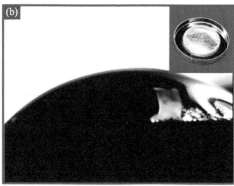

图 5.31　碳纳米管对 Na-beta-Al₂O₃ 固体电解质界面改性前后金属钠的润湿效果对比[96]

（a）改性前；（b）改性后

NASICON 固体电解质与金属钠接触会发生反应，可形成一层稳定的界面层。为进一步增大 NASICON 与金属钠之间的有效接触面积，降低 NASICON 与金属钠之间的接触阻抗，Goodenough 等[97]将金属钠与 NASICON 加热到 380 ℃，化学反应之后再降到室温，金属钠对 NASICON 表现出良好的润湿性，有效地降低了界面阻抗，钠的对称电池在 65 ℃及 0.15 mA/cm² 和 0.25 mA/cm² 的电流密度下均实现了稳定的循环。孙春文等[98]将 NASICON 与金属钠接触的一侧做成三维孔道状结构，并在表面形成 SnO₂ 颗粒，使金属钠进入孔道中并润湿界面，有效地降低了界面阻抗，组装的钠对称电池在室温条件下，以及在 0.1 mA/cm²、0.2 mA/cm² 和 0.3 mA/cm² 的电流密度下均实现了稳定的循环。

Na₃PS₄ 与金属钠接触会发生反应，形成 Na₂S 和 Na₃P 等副产物，采用 Na-Sn 合金代替 Na 做负极可改善 Na₃PS₄ 与金属钠的接触，用 Sb⁵⁺ 替换 P⁵⁺[30]，也可改善与金属钠之间的接触。此外，理论计算表明，在金属钠和 Na₃PS₄ 之间引入界面层（如 HfO₂、Sc₂O₃ 或 ZrO₂）也可提升界面性能[99]。

PEO 基固体聚合物电解质与金属钠接触会发生反应，可形成一层稳定的界面层。不同组分的 PEO 基固体聚合物电解质与金属钠形成的界面层阻抗大小不同，通常引入惰性或活性无机填料，如 Al₂O₃、SiO₂、ZrO₂、TiO₂ 和 NASICON 等优化界面，降低界面阻抗。此外，将 PEO 与其他聚合物进行共混、接枝和共聚等也可优化界面降低界面阻抗；不同的钠盐也会对 PEO 基固体聚合物电解质与金属钠的界面产生影响，如 NaFSI 比 NaTFSI 的界面阻抗小，因为氟磺酰基团与金属钠发生反应可形成稳定的界面。除了对 PEO 基电解质进行改性，对金属钠进行改性也可以降低界面阻抗，如范丽珍等[100]将金属钠吸附在三维网络结构的碳毡中，极大地增大了金属钠与聚合物电解质的接触面积，降低了接触阻抗。

固体电解质与金属钠负极的界面表征手段主要为电化学阻抗谱和钠的对称电池恒电流充放电，界面改性之后界面阻抗通常会降低，钠的对称电池恒电流循环时的电池过电势变小，稳定循环的周数或时间会延长。钠的对称电池恒电流循环时的电流密度大小、充放电的时间和电池的工作温度对实现稳定循环有着显著的影响。

2. 固体电解质与正极界面

相较于质地柔软的金属钠负极，多孔刚性的正极与固体电解质之间的有效接触更差，正极与固体电解质之间的界面阻抗通常更大。最常用且有效的改善固态电池界面接触，提升固态电池电化学性能的方法是提升电池的工作温度，这对正负极界面性能的提升均有效。相对于低温而言，高温条件下不论是材料晶格内的离子跃迁，还是材料颗粒之间的离子跃迁，都变得更加容易，因而电池整体的阻抗会降低。

在电极制备过程中混入聚合物和硫化物类可塑性好的固体电解质对界面改性有较好的效果，而混入无机氧化物类刚性固体电解质对界面改性的效果并不明显。电极材料的纳米化也是非常有效的改善界面接触的方式，而且可以使活性材料的利用率得到显著提升，同时由于离子扩散路径的缩短，电池的倍率性能也可得到提升。Wang 等[101]将 Na_3PS_4 纳米化，相比于微米尺度的 Na_3PS_4，固态电池的阻抗更低，且发挥出更高的比容量。

在正极与固体电解质界面处添加界面润湿剂，例如，液态电解液（高盐浓度电解液）或离子液体以润湿界面也是行之有效的方式。胡勇胜等[102]将电极活性材料 $Na_{0.66}[Ni_{0.33}Mn_{0.67}]O_2$、导电剂 Super P 和离子液体 $PY_{14}FSI$ 三者混合，制成牙膏状的电极涂覆于 $Na-beta-Al_2O_3$ 上，有效改善了界面接触，在离子液体质量百分比为 40%时，70 ℃下，6C 倍率时电池循环 10000 周比容量几乎无衰减，如图 5.32 所示。此外，胡勇胜等[23]在 $Na_3V_2(PO_4)_3$ 为活性材料的极片与 $Na_{3.3}Zr_{1.7}La_{0.3}Si_2PO_{12}$ 固体电解质之间滴加少量的离子液体 $PP_{13}FSI$，有效改善了界面接触（图 5.33），固态电池在室温下运行，10C 倍率时循环 10000 周容量几乎无衰减，表现出优异的电化学性能，如图 5.34 所示。

在正极与无机固体电解质之间引入塑晶电解质，如丁二腈电解质，也可以显著改善界面。Goodenough 等[103]将丁二腈与 $NaClO_4$ 的混合塑晶电解质引入 $Na_3V_2(PO_4)_3$ 正极和 $Na_3Zr_2Si_2PO_{12}$ 固体电解质之间，显著改善了 $Na_3V_2(PO_4)_3$ 和

$Na_3Zr_2Si_2PO_{12}$之间的界面,提升了电化学性能,电池在 50 ℃ 和 1C 倍率下稳定循环 100 周比容量几乎无衰减。

除以上改性方法之外,在正极与无机固体电解质之间引入凝胶电解质层或聚合物电解质层也是常用的改善界面的方法。正极与固体电解质在高温下烧结也可以一定程度地改善界面接触,但这样容易引起正极与固体电解质之间的元素互扩散,且电极层中的孔洞依然存在。电解质的原位固态化是非常有效的改善正极与固体电解质界面的方法,初始液态前驱体的引入将充分润湿电极,后期的液态前驱体原位固态化形成固体电解质可实现电极与固体电解质的充分接触,将极大地降低界面阻抗,提升活性材料利用率,改善倍率和循环性能,同时与现有电池制造技术兼容,易于实现大规模工业化生产。

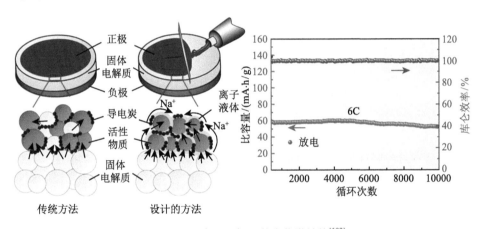

图 5.32 牙膏状正极及其电化学性能[102]

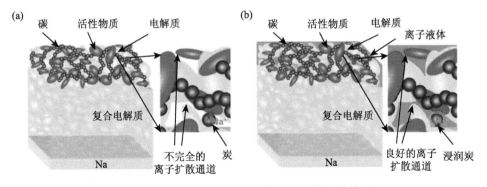

图 5.33 离子液体界面润湿前后各组分之间的接触对比

(a)固态电池结构示意图;(b)加入离子液体之后固态电池结构示意图[23]

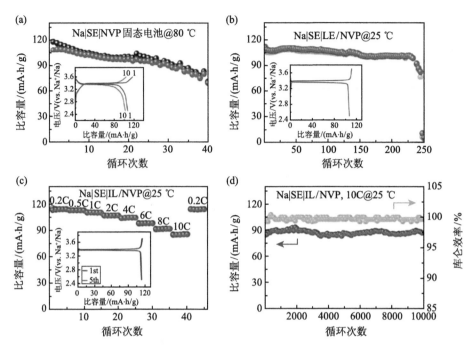

图 5.34 固态电池电化学性能

（a）Na|SE|NVP 固态电池在 80 ℃下的循环性能；（b）室温下 Na|SE|LE/NVP 复合电池在电流为 0.2C 时的循环
性能；（c）室温下 Na|SE|IL/NVP 固态电池在电流为 0.2C、0.5C、1C、2C、4C、6C、8C 和 10C 时的倍率性能；
（d）Na|SE|IL/NVP 在电流为 10C 时循环 10000 周的循环性能与库仑效率[23]

参 考 文 献

[1] Yao Y F Y, Kummer J T. Ion exchange properties of and rates of ionic diffusion in beta-alumina. Journal of Inorganic and Nuclear Chemistry, 1967, 29(9):2453-2475

[2] Hong H Y P. Crystal structures and crystal chemistry in the system $Na_{1+x}Zr_2Si_xP_{3-x}O_{12}$. Materials Research Bulletin, 1976, 11(2): 173-182

[3] Goodenough J B, Hong, H Y P, Kafalas J A. Fast Na^+-ion transport in skeleton structures. Materials Research Bulletin, 1976, 11(2): 203-220

[4] Jansen M, Henseler U. Synthesis, structure determination, and ionic conductivity of sodium tetrathiophosphate. Journal of Solid State Chemistry, 1992, 99(1): 110-119

[5] Wright P V. Electrical conductivity in ionic complexes of poly(ethylene oxide). Polymer International. 1975, 7(5): 319-327

[6] Thangadurai V. Engineering materials for progressive all-solid-state Na batteries. ACS Energy Letters, 2018, 3(9): 2181-2198

[7] Hu Y S. Batteries: getting solid. Nature Energy, 2016, 1(4): 16042

[8] Ma Q, Liu J, Qi X, et al. A new $Na[(FSO_2)(n\text{-}C_4F_9SO_2)N]$-based polymer electrolyte for solid-state sodium batteries. Journal of Materials Chemistry A, 2017, 5(17): 7738-7743

[9] Han F, Zhu Y, He X. Electrochemical stability of $Li_{10}GeP_2S_{12}$ and $Li_7La_3Zr_2O_{12}$ solid

electrolytes. Advanced Energy Materials, 2016, 6(8): 1501590

[10] Famprikis T, Canepa P, Dawson J A, et al. Fundamentals of inorganic solid-state electrolytes for batteries. Nature Materials, 2019, 18(12): 1278-1291

[11] He X, Zhu Y, Mo Y. Origin of fast ion diffusion in super-ionic conductors. Nature Communications, 2017, 8(1): 15893

[12] Lu Y, Li L, Zhang Q, et al. Electrolyte and interface engineering for solid-state sodium batteries. Joule, 2018, 2(9):1747-1770

[13] Birnie D P. On the structural integrity of the spinel block in the β''-alumina structure. Acta Crystallographica Section B: Structural Science, 2012, 68(2): 118-122

[14] Ghadbeigi L, Szendrei A, Moreno P, et al. Synthesis of iron-doped Na-β''-alumina + yttria-stabilized Zirconia composite electrolytes by a vapor phase process. Solid State Ionics, 2016, 290: 77-82

[15] Evstigneeva M A, Nalbandyan V B, Petrenko A A, et al. A new family of fast sodium ion conductors: $Na_2M_2TeO_6$ (M= Ni, Co, Zn, Mg). Chemistry of Materials, 2011, 23(5): 1174-1181

[16] Li Y, Deng Z, Peng J, et al. A P2-type layered superionic conductor Ga-doped $Na_2Zn_2TeO_6$ for all-solid-state sodium-ion batteries. Chemistry—A European Journal, 2018, 24(5): 1057-1061

[17] Zhi D, Gu J, Li Y, et al. Ca-doped $Na_2Zn_2TeO_6$ layered sodium conductor for all-solid-state sodium-ion batteries. Electrochimica Acta, 2019, 298: 121-126

[18] Han J, Huang Y. New P2-type honeycomb-layered sodium-ion conductor: $Na_2Mg_2TeO_6$. ACS Applied Materials & Interfaces, 2018, 10(18): 15760-15766

[19] Von A U, Bell M F, Höfer H H. Compositional dependence of the electrochemical and structural parameters in the Nasicon system ($Na_{1+x}Si_xZr_2P_{3-x}O_{12}$). Solid State Ionics, 1981, 3: 215-218

[20] Zhang Z, Zou Z, Kaup K, et al. Correlated migration invokes higher Na^+-ion conductivity in nasicon-type solid electrolytes. Advanced Energy Materials, 2019, 9(42): 1902373

[21] Park H, Jung K, Nezafati M, et al. Sodium ion diffusion in nasicon ($Na_3Zr_2Si_2PO_{12}$) solid electrolytes: effects of excess sodium. ACS Applied Materials & Interfaces, 2016, 8(41): 27814-27824

[22] Anantharamulu N, Rao K K, Rambabu G, et al. A wide-ranging review on nasicon type materials. Journal of Materials Science, 2011, 46(9): 2821-2837

[23] Zhang Z, Zhang Q, Shi J, et al. A self-forming composite electrolyte for solid-state sodium battery with ultralong cycle life. Advanced Energy Materials, 2017, 7(4): 1601196

[24] Jung J I, Kim D, Kim H, et al. Progressive assessment on the decomposition reaction of Na superionic conducting ceramics. ACS Applied Materials & Interfaces, 2017, 9(1): 304-310

[25] Hayashi A, Noi K, Sakuda A, et al. Superionic glass-ceramic electrolytes for room-temperature rechargeable sodium batteries. Nature Communications, 2012, 3(1): 856

[26] Hayashi A, Masuzawa N, Yubuchi S, et al. A sodium-ion sulfide solid electrolyte with unprecedented conductivity at room temperature. Nature Communications, 2019, 10(1): 5266

[27] Zhu Z, Chu I H, Deng Z, et al. Role of Na^+ interstitials and dopants in enhancing the Na^+ conductivity of the cubic Na_3PS_4 superionic conductor. Chemistry of Materials, 2015, 27(24): 8318-8325

[28] Chu I H, Kompella C S, Nguyen H, et al. Room-temperature all-solid-state rechargeable sodiumion batteries with a Cl-doped Na_3PS_4 superionic conductor. Scientific Reports, 2016, 6: 33733

[29] Wang H, Chen Y, Hood Z D, et al. An air-stable Na_3SbS_4 superionic conductor prepared by a rapid and economic synthetic procedure. Angewandte Chemie International Edition, 2016,

55(30): 8551-8555

[30] Banerjee A, Park K H, Heo J W, et al. Na₃SbS₄: a solution processable sodium superionic conductor for all-solid-state sodium-ion batteries. Angewandte Chemie International Edition, 2016, 55(33): 9634-9638

[31] Zhang D, Cao X, Xu D, et al. Synthesis of cubic Na₃SbS₄ solid electrolyte with enhanced ion transport for all-solid-state sodium-ion batteries. Electrochimica Acta, 2018, 259: 100-109

[32] Zhang L, Yang K, Mi J, et al. Na₃PSe₄: a novel chalcogenide solid electrolyte with high ionic conductivity. Advanced Energy Materials, 2015, 5(24): 1501294

[33] Zhang Z, Ramos E, Lalère F, et al. Na₁₁Sn₂PS₁₂: a new solid state sodium superionic conductor. Energy & Environmental Science, 2018, 11(1): 87-93

[34] Matsuo M, Kuromoto S, Sato T, et al. Sodium ionic conduction in complex hydrides with [BH₄] and [NH₂] anions. Applied Physics Letters, 2012, 100(20): 203904

[35] Tang W S, Yoshida K, Soloninin A V, et al. Stabilizing superionic-conducting structures via mixed-anion solid solutions of monocarba-closo-borate salts. ACS Energy Letters, 2016, 1(4): 659-664

[36] Udovic T J, Matsuo M, Unemoto A, et al. Sodium superionic conduction in Na₂B₁₂H₁₂. Chemical Communications, 2014, 50(28): 3750-3752

[37] Udovic T J, Matsuo M, Tang W S, et al. Exceptional superionic conductivity in disordered sodium decahydro-closo-decaborate. Advanced Materials, 2014, 26(45): 7622-7626

[38] Tang W S, Matsuo M, Wu H, et al. Liquid-like ionic conduction in solid lithium and sodium monocarba-closo-decaborates near or at room temperature. Advanced Energy Materials, 2016, 6(8): 1502237

[39] Sun Y, Wang Y, Liang X, et al. Rotational cluster anion enabling superionic conductivity in sodium-rich antiperovskite Na₃OBH₄. Journal of the American Chemical Society, 2019, 141(14): 5640-5644

[40] Fenton D E, Parker J M, Wright P V. Complexes of alkali-metal ions with poly(ethylene oxide). Polymer, 1973, 14(11): 589

[41] Wang Y, Song S, Xu C, et al. Development of solid-state electrolytes for sodium-ion battery–A short review. Nano Materials Science, 2019, 1 (2): 91-100

[42] Zhou Q, Ma J, Dong S, et al. Intermolecular chemistry in solid polymer electrolytes for high-energy-density lithium batteries. Advanced Materials, 2019, 31(50): 1902029

[43] Xue Z, He D, Xie X. Poly (ethylene oxide)-based electrolytes for lithium-ion batteries. Journal of Materials Chemistry A, 2015, 3(38): 19218-19253

[44] Armand M B, Chabagno M, Duclot M. Second international meeting on solid electrolytes. St Andrews, Scotland, 1978, September 20-22

[45] Berthier C, Gorecki W, Minier M, et al. Microscopic investigation of ionic conductivity in alkali metal salts-poly(ethylene oxide) adducts. Solid State Ionics, 1983, 11(1): 91-95

[46] Chen Y, Shi Y, Liang Y, et al. Hyperbranched PEO-based hyperstar solid polymer electrolytes with simultaneous improvement of ion transport and mechanical strength. ACS Applied Energy Materials, 2019, 2(3): 1608-1615

[47] Nair J R, Imholt L, Brunklaus G, et al. Lithium metal polymer electrolyte batteries: opportunities and challenges. The Electrochemical Society Interface, 2019, 28(2): 55-61

[48] Alloin F, Herrero C R, Sanchez J Y, et al. Ionic conductivity of polymer electrolytes obtained by polycondensation from PEGs; Redox properties induced within a polyether-aryl. Electrochimica Acta, 1995, 40(12): 1907-1912

[49] Djellab H, Armand M, Delabouglise D. Stabilization of the conductivity of poly (3-methylthiophene) by triflimide anions. Synthetic Metals, 1995, 74(3): 223-226

[50] Ma Q, Xia Y, Feng W, et al. Impact of the functional group in the polyanion of single lithium-ion conducting polymer electrolytes on the stability of lithium metal electrodes. RSC Advances, 2016, 6(39): 32454-32461

[51] Ma Q, Zhang H, Zhou C, et al. Single lithium-ion conducting polymer electrolytes based on a super-delocalized polyanion. Angewandte Chemie International Edition, 2016, 55(7): 2521-2525

[52] Li J, Zhu H, Wang X, et al. Synthesis of sodium poly[4-styrenesulfonyl (trifluoromethylsulfonyl) imide-co-ethylacrylate] solid polymer electrolytes. Electrochimica Acta, 2015, 175: 232-239

[53] West K, Zachau-Christiansen B, Jacobsen T, et al. Poly(ethylene oxide)-sodium perchlorate electrolytes in solid-state sodium cells. British Polymer Journal, 1988, 20(3): 243-246

[54] Hashmi S A, Chandra S. Experimental investigations on a sodium-ion-conducting polymer electrolyte based on poly(ethylene oxide) complexed with $NaPF_6$. Materials Science and Engineering: B, 1995, 34(1): 18-26

[55] Zhang Q, Lu Y X, Yu H, et al. $PEO-NaPF_6$ blended polymer electrolyte for solid state sodium battery. Journal of the Electrochemical Society, 2020, 167: 070523

[56] Mohan V M, Raja V, Bhargav P B, et al. Structural, electrical and optical properties of pure and $NaLaF_4$ doped PEO polymer electrolyte films. Journal of Polymer Research, 2007, 14(4): 283-290.

[57] Park C W, Ryu H S, Kim K W, et al. Discharge properties of all-solid sodium-sulfur battery using poly(ethylene oxide) electrolyte. Journal of Power Sources, 2007, 165(1): 450-454

[58] Boschin A, Johansson P. Characterization of NaX (X: TFSI, FSI)-PEO based solid polymer electrolytes for sodium batteries. Electrochimica Acta, 2015, 175: 124-133

[59] Qi X, Ma Q, Liu L, et al. Sodium bis(fluorosulfonyl) imide/poly(ethylene oxide) polymer electrolytes for sodium-ion batteries. ChemElectroChem, 2016, 3(11): 1741-1745

[60] Liu L, Qi X, Yin S, et al. *In situ* formation of a stable interface in solid-state batteries. ACS Energy Letters, 2019, 4(7): 1650-1657

[61] Zhang J, Zhao J, Yue L, et al. Safety-reinforced poly(propylene carbonate)-based all-solid-state polymer electrolyte for ambient-temperature solid polymer lithium batteries. Advanced Energy Materials, 2015, 5(24): 1501082

[62] Reddy C V S, Han X, Zhu Q Y, et al. Conductivity and discharge characteristics of (PVC+$NaClO_4$) polymer electrolyte systems. European Polymer Journal, 2006, 42(11): 3114-3120

[63] Mindemark J, Mogensen R, Smith M J, et al. Polycarbonates as alternative electrolyte host materials for solid-state sodium batteries. Electrochemistry Communications, 2017, 77: 58-61

[64] Osman Z, Isa K B M, Ahmad A, et al. A comparative study of lithium and sodium salts in PAN-based ion conducting polymer electrolytes. Ionics, 2010, 16(5): 431-435

[65] Bhargav P B, Mohan V M, Sharma A K, et al. Structural and electrical properties of pure and NaBr doped poly(vinyl alcohol)(PVA) polymer electrolyte films for solid state battery applications. Ionics, 2007, 13(6): 441-446

[66] Bhargav P B, Mohan V M, Sharma A K, et al. Structural, electrical and optical characterization of pure and doped poly(vinyl alcohol)(PVA) polymer electrolyte films. International Journal of Polymeric Materials, 2007, 56(6): 579-591

[67] Bhargav P B, Mohan V M, Sharma A K, et al. Characterization of poly(vinyl alcohol)/sodium bromide polymer electrolytes for electrochemical cell applications. Journal of Applied Polymer

Science, 2008, 108(1): 510-517

[68] Bhargav P B, Mohan V M, Sharma A K, et al. Investigations on electrical properties of (PVA: NaF) polymer electrolytes for electrochemical cell applications. Current Applied Physics, 2009, 9(1): 165-171

[69] Abdullah O G, Aziz S B, Saber D R, et al. Characterization of polyvinyl alcohol film doped with sodium molybdate as solid polymer electrolytes. Journal of Materials Science: Materials in Electronics, 2017, 28(12): 8928-8936

[70] Kumar K N, Sreekanth T, Reddy M J, et al. Study of transport and electrochemical cell characteristics of PVP: NaClO$_3$ polymer electrolyte system. Journal of Power Sources, 2001, 101(1): 130-133

[71] Reddy C V S, Jin A P, Zhu Q Y, et al. Preparation and characterization of (PVP+NaClO$_4$) electrolytes for battery applications. The European Physical Journal E, 2006, 19(4): 471-476

[72] Kumar K K, Ravi M, Pavani Y, et al. Investigations on the effect of complexation of NaF salt with polymer blend (PEO/PVP) electrolytes on ionic conductivity and optical energy band gaps. Physica B: Condensed Matter, 2011, 406(9): 1706-1712

[73] Feuillade G, Perche P. Ion-conductive macromolecular gels and membranes for solid lithium cells. Journal of Applied Electrochemistry, 1975, 5(1): 63-69

[74] Ito Y, Kanehori K, Miyauchi K, et al. Ionic conductivity of electrolytes formed From PEO-LiSO$_3$CF$_3$ complex low molecular weight poly(ethylene glycol). Journal of Materials Science, 1987, 22(5): 1845-1849

[75] Nagasubramanian G, Di Stefano S. 12-crown-4 ether-assisted enhancement of ionic conductivity and interfacial kinetics in polyethylene oxide electrolytes. Journal of The Electrochemical Society, 1990, 137(12): 3830-3835

[76] Song J Y, Wang Y Y, Wan C C. Review of gel-type polymer electrolytes for lithium-ion batteries. Journal of Power Sources, 1999, 77(2): 183-197

[77] Appetecchi G B, Dautzenberg G, Scrosati B. A new class of advanced polymer electrolytes and their relevance in plastic-like, rechargeable lithium batteries. Journal of the Electrochemical Society, 1996, 143(1): 6-12

[78] Yu Q, Lu Q, Qi X, et al. Liquid electrolyte immobilized in compact polymer matrix for stable sodium metal anodes. Energy Storage Materials, 2019, 23: 610-616

[79] Boudin F, Andrieu X, Jehoulet C, et al. Microporous PVDF gel for lithium-ion batteries. Journal of Power Sources, 1999, 81: 804-807

[80] Kumar D, Hashmi S A. Ionic liquid based sodium ion conducting gel polymer electrolytes. Solid State Ionics, 2010, 181(8-10): 416-423

[81] Yang Y Q, Chang Z, Li M X, et al. A sodium ion conducting gel polymer electrolyte. Solid State Ionics, 2015, 269: 1-7

[82] Gao H, Guo B, Song J, et al. A composite gel-polymer/glass-fiber electrolyte for sodium-ion batteries. Advanced Energy Materials, 2015, 5(9): 1402235

[83] Kumar D, Hashmi S A. Ion transport and ion-filler-polymer interaction in poly(methyl methacrylate)-based, sodium ion conducting, gel polymer electrolytes dispersed with silica nanoparticles. Journal of Power Sources, 2010, 195(15): 5101-5108

[84] Gao H, Zhou W, Park K, et al. A sodium-ion battery with a low-cost cross-linked gel-polymer electrolyte. Advanced Energy Materials, 2016, 6(18): 1600467

[85] 崔光磊. 动力锂电池中聚合物关键材料. 北京：科学出版社, 2018

[86] Wang Q, Zhang B, Zhang J, et al. Heat-resistant and rigid-flexible coupling glass-fiber

nonwoven supported polymer electrolyte for high-performance lithium ion batteries. Electrochimica Acta, 2015, 157: 191-198

[87] Zhou D, He Y B, Cai Q, et al. Investigation of cyano resin-based gel polymer electrolyte: *in situ* gelation mechanism and electrode-electrolyte interfacial fabrication in lithium-ion battery. Journal of Materials Chemistry A, 2014, 2(47): 20059-20066

[88] Ni'mah Y L, Cheng M Y, Cheng J H, et al. Solid-state polymer nanocomposite electrolyte of TiO_2/PEO/$NaClO_4$ for sodium ion batteries. Journal of Power Sources, 2015, 278: 375-381

[89] Wang C H, Yeh Y W, Wongittharom N, et al. Rechargeable Na/$Na_{0.44}MnO_2$ cells with ionic liquid electrolytes containing various sodium solutes. Journal of Power Sources, 2015, 274: 1016-1023

[90] Thakur A K, Upadhyaya H M, Hashmi S A, et al. Polyethylene oxide based sodium ion conducting composite polymer electrolytes dispersed with Na_2SiO_3. Indian Journal of Pure & Applied Physics, 1999, 37(4): 302-305

[91] Zhang Z, Zhang Q, Ren C, et al. A ceramic/polymer composite solid electrolyte for sodium batteries. Journal of Materials Chemistry A, 2016, 4(41): 15823-15828

[92] Zhang Q, Su X, Lu Y X, et al. A composite solid-state polymer electrolyte for solid-state sodium batteries. Journal of the Chinese Ceramic Society, 2020, 48(7): 10.14062/j.issn.0454- 5648. 20200066

[93] Villaluenga I, Bogle X, Greenbaum S, et al. Cation only conduction in new polymer-SiO_2 nanohybrids: Na+ electrolytes. Journal of Materials Chemistry A, 2013, 1(29): 8348-8352

[94] Colò F, Bella F, Nair J R, et al. Cellulose-based novel hybrid polymer electrolytes for green and efficient Na-ion batteries. Electrochimica Acta, 2015, 174: 185-190

[95] Reed D, Coffey G, Mast E, et al. Wetting of sodium on β"-Al_2O_3/YSZ composites for low temperature planar sodium-metal halide batteries. Journal of Power Sources, 2013, 227: 94-100

[96] Wu T, Wen Z, Sun C, et al. Disordered carbon tubes based on cotton cloth for modulating interface impedance in β"-Al_2O_3-based solid-state sodium metal batteries. Journal of Materials Chemistry A, 2018, 6(26): 12623-12629

[97] Zhou W, Li Y, Xin S, et al. Rechargeable sodium all-solid-state battery. ACS Central Science, 2017, 3(1): 52-57

[98] Lu Y, Alonso J A, Yi Q, et al. A high-performance monolithic solid-state sodium battery with Ca^{2+} doped $Na_3Zr_2Si_2PO_{12}$ electrolyte. Advanced Energy Materials, 2019, 9(28): 1901205

[99] Tang H, Deng Z, Lin Z, et al. Probing solid-solid interfacial reactions in all-solid-state sodium-ion batteries with first-principles calculations. Chemistry of Materials, 2018, 30(1): 163-173

[100] Chi S S, Qi X G, Hu Y S, et al. 3D flexible carbon felt host for highly stable sodium metal anodes. Advanced Energy Materials, 2018, 8(15): 1702764

[101] Yue J, Han F, Fan X, et al. High-performance all-inorganic solid-state sodium-sulfur battery. ACS Nano, 2017, 11(5): 4885-4891

[102] Liu L, Qi X, Ma Q, et al. Toothpaste-like electrode: a novel approach to optimize the interface for solid-state sodium-ion batteries with ultralong cycle life. ACS Applied Materials & Interfaces, 2016, 8(48): 32631-32636

[103] Gao H, Xue L, Xin S, et al. A plastic-crystal electrolyte interphase for all-solid-state sodium batteries. Angewandte Chemie International Edition, 2017, 56(20): 5541-5545

06

钠离子电池非活性材料

6.1 概　　述

一个完整的钠离子电池并不只包含活性材料，非活性材料所占比例不大但作用不可忽视，其与活性物质的兼容性对电池性能会产生重要影响。电池的非活性材料即本质上不参与电极电化学反应过程的材料，包括隔膜、黏结剂、集流体和导电剂等，如图 6.1 所示。隔膜材料起到物理分隔正负极避免电池短路的作用，导电剂在电极中主要起到导电及增强极片浸润性的作用，集流体用于附着活性物质及汇集电流，而黏结剂将活性物质、导电剂与集流体三者相互黏结起来以获得电极极片。现有文献资料中对非活性物质部分的内容通常只做简单阐述，少有系统的对比分析，因此目前钠离子电池所选用的非活性材料一般借鉴于锂离子电池相对成熟的体系，但有必要开发针对钠离子电池的非活性材料。

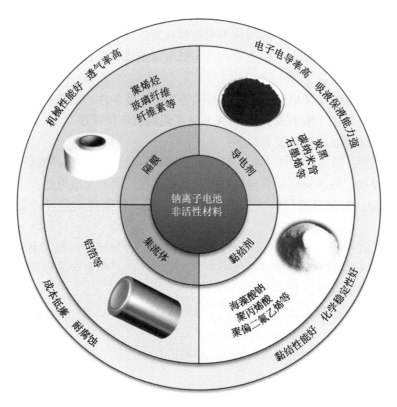

图 6.1　钠离子电池主要非活性材料及要求

本章将分为隔膜、黏结剂、导电剂和集流体四部分，每部分都将涉及材料基本的性能要求以及适合钠离子电池的非活性材料选择。

6.2 隔膜材料

隔膜材料是液态钠离子电池中十分关键的组成部分，除物理分隔电池正负极而避免短路外，还能保证电解液溶剂分子的渗透、浸润以及溶剂化钠离子的输运[1,2]。在固态钠电池中，因固体电解质兼具电解液与物理隔离的功效，通常不需要隔膜这一组成部分。本节将列举隔膜材料需要满足的主要性能指标，同时也将阐述隔膜的各方面性质对钠离子电池电化学性能的影响。

（1）电学性质：所选用的隔膜材料需是电子绝缘材料，同时离子电阻要尽可能小。

（2）力学稳定性：隔膜的机械强度需要尽量高而且厚度要小。

（3）（电）化学稳定性：隔膜应不与电解液发生反应，也不能影响电解液的化学性质（对钠盐及溶剂惰性）。在高电压与低电压的操作条件下，电池中的隔膜材料不会失效。

（4）热稳定性：能耐受低温以及高温等恶劣温度条件的影响而保持其他性质没有大幅度的变化（缩小或膨胀），尤其是高温的抗氧化表现。

满足上述性能的具体要求如下：

（1）电阻：吸液后的离子电阻变小有利于降低电池整体内阻并提高倍率性能。

（2）厚度：隔膜材料需要耐受电极表面的粗糙毛刺和充放电过程中形成的钠枝晶的穿刺。隔膜厚度与电阻及穿刺强度成正比，但隔膜太厚可能会影响离子传输。

（3）孔径与孔隙率：孔径均一性影响电流密度的分布，孔径大小会影响隔膜透气性，过大的孔径可能造成正负极微短路，并且枝晶也更容易穿透；孔隙率也会影响电解液的吸收。

（4）透气率：指的是定量的空气穿过隔膜所需要的时间，高透气率有助于减小隔膜电阻。

（5）接触角：接触角代表隔膜对电解液的润湿性能。接触角越小，表明隔膜的浸润性越好。

（6）机械强度：隔膜需耐受生产或应用过程中的机械加工或环境应力的影响，机械强度不足，易被拉伸变形。

（7）耐腐蚀性：浸泡电解液前后隔膜性质未发生变化，溶出物对电池没有影响。

（8）热收缩率：在高温环境下要求隔膜的收缩率低，尺寸稳定，否则正负极易接触造成短路。

（9）闭孔温度及电流切断性：达到阈值温度或阈值电流时，多孔隔膜闭孔切断电流回路，防止温度过载或电流破坏电池安全性。

综上，隔膜特性与电池性能关系较为复杂[3]，例如，电池内阻的大小与隔膜厚度、孔径和孔隙率等均有关联，需要满足各个具体的要求。隔膜材料与实际电池器件的整体安全性有很大的关联，在满足隔膜材料基本安全性能的同时，如何使得隔膜材料变得更加轻薄也是未来隔膜材料发展的方向。

6.2.1 常见隔膜材料及其改性

在锂离子电池中所选用的隔膜体系通常是聚烯烃类的聚合物材料，如聚乙烯（PE），聚丙烯（PP）和 PP-PE-PP 复合膜；另外玻璃纤维隔膜（其主要成分为二氧化硅和氧化铝等无机氧化物）也是实验室里使用较多的隔膜。玻璃纤维隔膜一般采用拉丝法制备，而聚烯烃类隔膜一般采用相分离法或延伸法制备。二者的共性是机械强度、电绝缘性好且具备丰富的孔道[4]。锂离子电池所选用的隔膜材料基本都可移植到钠离子电池体系。

图 6.2（a）～（c）是三种商用隔膜的 SEM 图片。Celgard 2400 属于聚烯烃类，具有多孔的微观形貌，孔洞的尺寸在 50 nm；而属于玻璃纤维的 Whatman GF/C 和 Whatman GF/D，其表面形貌为长条纤维状，直径大概在 3 μm，具有大的比表面积。三者的主要成分和性能指标如表 6.1 所示[5]。不论是多孔结构还是纤维结构，中空的微观结构都有利于电解液的吸附以及离子的传输。

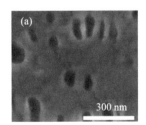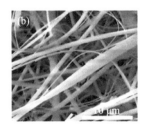

图 6.2　SEM 图像

(a) Celgard 2400；(b) Whatman GF/C；(c) Whatman GF/D[5]

表 6.1　常见隔膜微观结构及成分[5]

品种	结构	成分	吸液率	厚度/μm
Celgard 2400	单层膜	PP	20%~40%	25
Whatman GF/C	多层膜	SiO_2, Al_2O_3, MgO 等	760%	260
Whatman GF/D	多层膜	SiO_2, Al_2O_3, MgO 等	752%	675

在同种有机电解液下测试这三种隔膜的性质[5]，交流阻抗结果显示相比于玻璃纤维，聚烯烃隔膜的电荷转移阻抗较大，将影响电荷传输，而玻璃纤维隔膜的电荷转移阻抗比聚烯烃类的阻抗要小 2~3 个数量级。注意，不同厂家及类型的隔膜其基本指标常有较大出入，可根据需求选择不同种类的隔膜材料。

表 6.1 为三种隔膜的吸液率，相比于玻璃纤维超过 700%的吸液率，聚烯烃隔膜的吸液率只有 20%~40%。综上，实验室级别的扣式钠离子电池隔膜更适合选用玻璃纤维类材料。玻璃纤维隔膜存在的主要问题是较厚，不利于进一步提升钠离子电池的体积能量密度。为了进一步提升电池的能量密度，在实际电池中仍需更加轻薄的聚烯烃类隔膜。

传统隔膜的改性主要聚焦于界面。目前在锂离子电池中，涂覆 Al_2O_3 的陶瓷隔膜已获得大规模的商用化应用。钠离子电池也可以借鉴此思路进行进一步改性。例如，在传统的聚烯烃 PE 隔膜上涂覆聚偏二氟乙烯-六氟丙烯（PVDF-HFP 共聚物）与 ZrO_2 纳米颗粒的聚合物涂层[6]，均匀分散的 ZrO_2 纳米颗粒在聚合物涂层上诱导形成许多微孔，这些微孔使得隔膜结构更加开放，从而能够被电解液完全浸润，如图 6.3 所示。这种复合隔膜大幅度改善了电池内部的离子传导性质，循环 50 次后比容量保持率可达 95.8%。

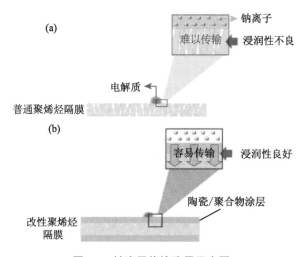

图 6.3　钠离子传输路径示意图

（a）纯 PE 隔膜；（b）ZrO_2/PVDF-HFP 复合隔膜[6]

6.2.2　新型隔膜材料

除了 6.2.1 节中介绍的常用的钠离子电池隔膜材料外，近些年一些新型隔膜材料也涌现出来。例如，使用有机溶剂溶胀的全氟磺酸离子交换膜可同时作为钠离子电池的电解液和隔膜[7]，隔膜图片如图 6.4 所示。与使用液体电解液的常见钠离子电池（Na$_{0.44}$MnO$_2$ 作为正极的半电池）相比，其不仅显示出更高的可逆比容量（118.6 mA·h/g vs. 94 mA·h/g），还具有更好的循环稳定性。

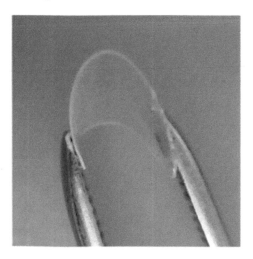

图 6.4   用 EC-PC 混合溶剂溶胀的钠基全氟磺酸膜[7]

通过结构设计提高孔隙率也是提升隔膜性能的一条重要途径，例如，可利用静电纺丝技术制备聚偏二氟乙烯（PVDF）基的钠离子电池隔膜[8]。通过 XRD，FTIR 和 AFM 等表征手段表明该隔膜是具有高孔隙率的本征 β 相结构。如图 6.5 所示，AFM 结果表明通过静电纺丝获得的隔膜形貌是具有细小通道的三维互联多

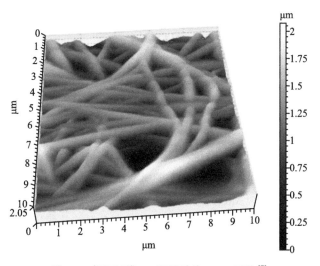

图 6.5   超细纤维 3D 网状结构 AFM 图像[8]

孔结构。在室温条件下其具有大约 7.38×10^{-4} S/cm 的离子电导率（浸泡电解液后）。基于该静电纺丝隔膜，采用 $Na_{0.66}[Fe_{0.5}Mn_{0.5}]O_2$ 作为正极、金属钠作为负极制成的钠电池具有稳定的循环性能，90 周循环后的比容量保持率为 92%。

除了使用传统的有机类材料作为隔膜来源外，2017 年，俞书宏等[9]通过自组装技术将源自虾壳的环保型几丁质纳米纤维制成了用于钠离子电池的新型隔膜，如图 6.6 所示。研究者证明了几丁质纳米纤维膜（CNM）中的孔径可以通过调节几丁质纳米纤维在自组装过程中的造孔剂（柠檬酸二氢钠）的量来调节。通过优化 CNM 隔板中的孔径，CNM 隔膜在 $Na\|Na_3V_2(PO_4)_3$ 电池中表现出比 PP 隔膜更好的性能。

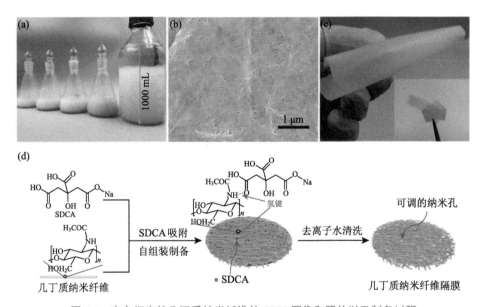

图 6.6 来自虾壳的几丁质纳米纤维的 SEM 图像和照片以及制备过程

（a）几丁质纳米纤维悬浮液的照片；（b）几丁质纳米纤维的 SEM 图像；（c）直接真空干燥几丁质纳米纤维悬浮液获得的 CNM 照片；（d）在 CNM 隔膜中引入纳米孔的示意图[9]

对于纤维状隔膜，进一步的界面设计同样重要。例如，通过静电纺丝工艺合成一种用于钠离子电池的柔性改性醋酸纤维素隔膜（MCA），随后可将部分乙酰基改变为羟基来优化界面化学基团，如图 6.7 所示[10]。经过这样的界面设计，柔性 MCA 隔膜在碳酸酯类及醚类电解液中都展现出了高化学稳定性和优异的润湿性（接触角接近 0°）。此外，MCA 隔膜显示出良好的热稳定性，其分解温度超过 250 ℃，在 220 ℃时也无收缩。最终的电化学测试表明具有柔性 MCA 隔膜的全电池（$SnS_2\|Na_3V_2(PO_4)_3$）显示出 98 mA·h/g 的比容量，并且在 0.118 A/g 电流密

度下循环 40 周后几乎没有容量衰减（图 6.7）。

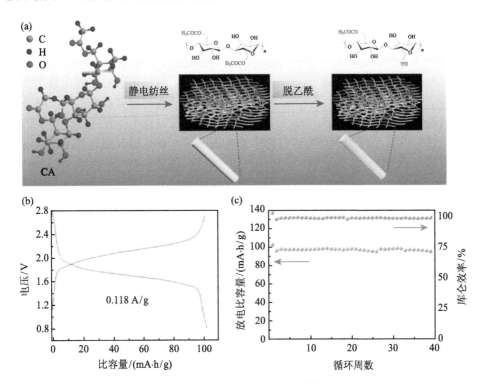

图 6.7 （a）改性醋酸纤维素隔膜的制备过程；（b）使用改性隔膜的 $SnS_2 \| Na_3V_2(PO_4)_3$ 全电池充放电曲线（0.118 A/g）；（c）全电池循环性能[10]

在实际应用中,可选用的新型隔膜还包括无机陶瓷涂覆的聚烯烃隔膜如 Al_3O_2 和 SiO_2 涂覆的隔膜,这种有机-无机复合的隔膜兼具聚烯烃高分子和无机陶瓷填料的优势,从而大幅度提升了隔膜材料在高温下的机械（尺寸）稳定性、吸收浸润电解液性能及安全性能。此外,涂胶隔膜（PVDF 涂层等）也有较大的应用前景。

综上,为了满足钠离子电池的实际应用需求,需要制备具有良好机械强度、热稳定性和电解液润湿性的隔膜,并且制造过程需高效环保。新型低成本隔膜还有很大的开发空间,一方面,隔膜的原材料大多来自高分子类有机材料,未来需利用更高效的合成工艺（在原有的干法和湿法基础上升级）。另一方面,考虑利用丰富的生物质资源开发低成本隔膜材料也是兼具经济性与环保性的选择。面向固态电池技术,将现有隔膜与一些聚合物电解液或凝胶电解液相结合也是未来的发展方向[11],同时还可以构建氧化物固体电解质涂覆的隔膜以提升电解液浸润性与电池安全性。

6.3　黏结剂材料

如图 6.8 所示，在极片制备过程中，黏结剂将活性电极材料与导电剂、集流体三者相互黏结起来以制备成可供使用的完整极片。黏结剂所占比例在整个极片中较少，但其作用非常重要[12,13]：黏结剂不仅要将活性物质有效地黏结，而且还要将活性物质、导电剂与集流体都要黏结起来；黏结过程不能破坏活性物质的分散均匀性，并且不能引入对电极性能有影响的杂质，黏结剂也要有利于电极表面形成有效界面膜。

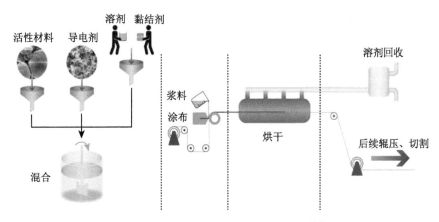

图 6.8　电极材料浆料的常见加工过程[14]

黏结剂的具体性能要求主要有：

（1）易于加工、低毒性、环境友好；

（2）成本低廉、所需量少；

（3）在电解液中有适中的溶胀能力；

（4）在干燥过程中保持足够的热稳定性（干燥除水过程 120~180 ℃）；

（5）对电解液中的钠盐、溶剂及分解产物保持稳定；

（6）最好能引入一定的电子电导和离子电导，高效传输电子和钠离子；

（7）具有良好的电化学稳定性，在宽电压范围内不分解；

（8）不可燃（通常用氧化指数评价），具有良好的安全性能；

（9）应该控制 pH 以防止腐蚀集流体；

（10）黏结剂应具备一定的弹性，以缓解在充放电过程中电极的体积变化。

黏结剂具体的黏结机制包括扩散、穿透和成键等过程，如图 6.9 所示[12]。黏结过程可分为脱溶、扩散、渗透步骤和硬化步骤：黏结剂润湿基材表面并穿透电极材料颗粒的孔隙，然后黏结剂可通过不同的反应机理硬化，从而导致机械互锁。

除了机械互锁效果和界面结合力，被黏合的复合材料的机械强度也取决于黏结剂和电极材料的机械强度。

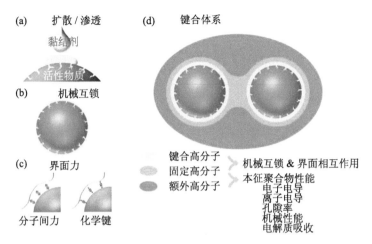

图 6.9　黏结剂黏结机制示意图[12]

（a）电极制备过程中的扩散/穿透过程；（b）组建干燥过程中的机械互锁；（c）界面结合力包括分子间力和化学键；
（d）聚合物黏合体系中的状态：黏合聚合物、固定聚合物和过量聚合物

6.3.1　常见黏结剂材料

1. PVDF

PVDF 是通过 1,1-二氟乙烯的聚合反应合成的一种热塑性聚合物。由于其极性弱、含氟量高、抗氧化还原能力强、热稳定性好、易于分散等特点，PVDF 是目前常用的油性黏结剂。但其明显的不足是 PVDF 杨氏模量相对较高，极片的柔韧性不够好，因此需要使用 N-甲基吡咯烷酮（NMP）作溶剂，但这类溶剂的挥发温度较高且容易污染环境。

2. 海藻酸钠

海藻酸钠（SA）是从褐藻类的海带或马尾藻中提取碘和甘露醇之后的一种天然多糖。与 PVDF 不同，SA 是一种水系黏结剂，微溶于水，不溶于大部分有机溶剂；其具有吸湿性，水合后颗粒表面黏性增强，从而将颗粒快速连接在一起形成团状物，随着水合过程的缓慢进行，颗粒得以完全溶解。水系黏结剂通常环境友好、成本低廉且电极烘干速度较快。在锂离子电池中 SA 对于使用以硅或者硅碳材料作为负极材料的电池性能有明显的改善作用，主要原因是 SA 的结构比较稳定，作为黏结剂同时起到抑制硅粉化的作用，在钠离子电池中，对于一些合金负极也有类似的功效。

3. 羧甲基纤维素钠

羧甲基纤维素钠（CMC）是葡萄糖聚合度为 100~2000 的纤维素的羧甲基化衍生物。这种链状离子型的黏结剂具有吸湿性，易于分散在水中形成黏稠的透明胶状物。其对溶液的 pH 以及温度比较敏感。由于电荷排斥作用，CMC 在电极浆料制备过程中会让浆料分散得更均一，并且常与丁苯橡胶（SBR）联用以改善黏结剂的综合性能。

4. 聚丙烯酸

聚丙烯酸（PAA）是一种水溶性聚合物。相比于 CMC，PAA 羧基基团含量更高，羧基水解后带负电荷，能够和电极材料表面羟基基团形成氢键，可使得浆料分散更均一，包覆更均匀。同时 PAA 在电解液中不容易溶胀，能保持电极的结构稳定性，成膜性能也比较优良，但其力学性能有待进一步改善。PAA 的衍生物聚丙烯酸钠盐（简称 NaPAA）也是一种水系黏结剂。它是水溶性直链高分子聚合物，分子量小时为液态，分子量大时则为固态。其吸湿性较强，并且具有亲水和疏水基团。

5. 其他

其他黏结剂还有聚四氟乙烯（PTFE，可应用至干电极技术）、丙烯腈共聚物（LA 系列）和聚环氧乙烷（PEO）等。通常针对不同的体系采用不同的黏结剂，因为黏结剂会显著影响电极的电化学性能尤其是体积膨胀较大的电极，这点将在6.3.2 节中重点讨论。上述黏结剂的分子结构见图 6.10。

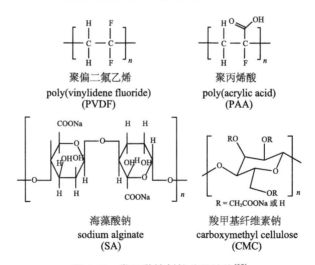

图 6.10 常见黏结剂的分子结构[13]

6.3.2 黏结剂对电极材料电化学性能的影响

对于钠离子电池而言，可供选择的黏结剂种类繁多，但是针对不同电极材料种类，黏结剂的选择则具有很强的特异性，如表 6.2 所示。因此本节将主要阐述黏结剂对不同种类型的电极材料的影响以及如何根据电极材料的特点选择合适的黏结剂。

表 6.2　钠离子电池不同体系中代表性的黏结剂[12]

活性材料	黏结剂	初始放电容量 /(mA·h/g)	可逆放电比容量 /(mA·h/g)	循环次数
NaMnO$_2$	PVDF	~110	~100	800
NaMnO$_2$	CMC	~110	99.7	800
Na$_3$V$_2$O$_{2x}$(PO$_4$)$_2$F$_{3-2x}$	PVDF	103	87	60
Na$_3$V$_2$O$_{2x}$(PO$_4$)$_2$F$_{3-2x}$	CMC	108	105	250
Na$_3$V$_2$(PO$_4$)$_2$F$_3$	PVDF	~90	~80	3500
Na$_3$V$_2$(PO$_4$)$_2$F$_3$	CMC	~90	~60	3500
CNT	PVDF	~225	64.2	300
CNT	PAA	~230	175.5	300
Phosphorous	PVDF	PVDF	~1900	20
Phosphorous	PAA	PAA	~1400	5
Phosphorous	CMC	CMC	~2100	100
Sb	CMC	~1400	~850	140
MoS$_2$	PVDF	680	9	50
MoS$_2$	SA	820	595	50
CuO	PVDF	238	324	50
CuO	CMC/PAA	401	630	90

首先是负极侧的黏结剂选择。2012 年，赵亮等[15]在钛酸锂负极体系中发现相比以 PVDF 和海藻酸钠为黏结剂的电极，以 CMC 为黏结剂的电极在首周充放电过程中表现出更小的极化和更高的首周库仑效率，而且初始的活化过程也减小很多。进一步，其在锡碳复合负极体系中发现相比以 PVDF 为黏结剂的电极，以海藻酸钠为黏结剂的电极首周库仑效率和可逆比容量都有所提高，并且充电曲线出现了明显的台阶状电势平台。

与碳负极相比，合金负极虽然能量密度更高，但其在循环过程中通常体积变化严重，故其对黏结剂的要求更加苛刻。针对上述问题，Goodenough 等[16]通过基于低成本壳聚糖和戊二醛的交联化学反应开发了用于高性能 Sb 负极的聚合物网状黏结剂。所设计的聚合物网络能有效地适应 Sb 负极在合金化反应时的大体积变化，获得优异的循环稳定性和高库仑效率，如图 6.11 所示。

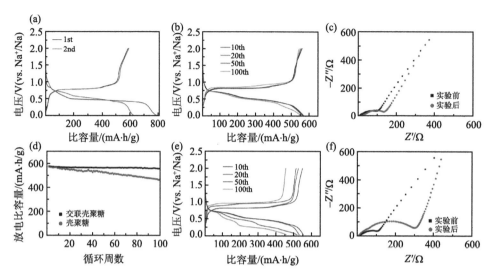

图 6.11 （a）Sb 负极的第一周和第二周充放电曲线，交联壳聚糖作为聚合物黏结剂，电流密度为 0.1C；（d）循环示意图，在 1C 下用壳聚糖或交联壳聚糖作为聚合物黏结剂的 Sb 电极的循环稳定性；用交联壳聚糖（b）或壳聚糖作为聚合物黏结剂（e）1 C 下不同循环次数的 Sb 电极的充电/放电电压曲线；在循环实验之前和之后，（c）交联的壳聚糖或（f）壳聚糖的 Sb 电极的 EIS 图谱[16]

另外关于 SnO_2 @ CMK-8 钠离子电池负极的工作，则涉及更多不同种类的黏结剂的对比：PVDF，CMC，NaPAA 及其混合使用对电极电化学性能有着不同的影响[17]。CMC 和 NaPAA 之间的协同作用可以在电极上形成有效的保护膜。该保护膜不仅提升了循环过程中的充放电库仑效率，而且还将 SnO_2 纳米颗粒保持在 CMK-8 基体中，防止氧化物聚集和脱落。使用 CMC/NaPAA 混合黏结剂，在 20 mA/g 和 2000 mA/g 的充放电电流密度下分别获得 850 mA·h/g 和 425 mA·h/g 的高比容量，经过 300 周循环后，可实现 90% 的比容量保持率。充放电循环后具有 PVDF 和 CMC/NaPAA 黏结剂的电极结构的示意图如图 6.12 所示。

黏结剂对正极材料的影响同样重要。例如，$Na_3V_2(PO_4)_2F_3$（NVPF）由于其快速的钠离子传输速率、高工作电压和高结构稳定性而受到广泛关注。通过引入 CMC 黏结剂可进一步优化其电化学性能[18]。对比 PVDF，CMC 产生的导电网络会加速钠离子在界面以及体相中的扩散，如图 6.13 所示。从而使得 NVPF 良好的倍率性能（改善其本征导电性较差的问题）得以充分体现。具有强结合力的 CMC 可渗透进界面从而保护电极防止粉化，在 30 ℃ 下循环 3500 周后比容量保持率为 79%。

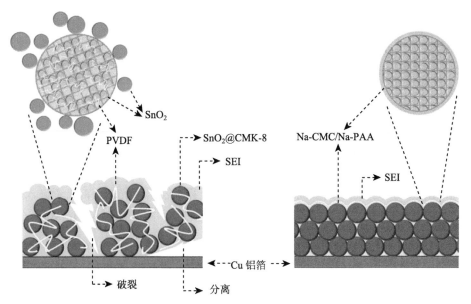

图 6.12　充放电循环后具有 PVDF 和 CMC/NaPAA 黏结剂的电极结构的示意图[17]

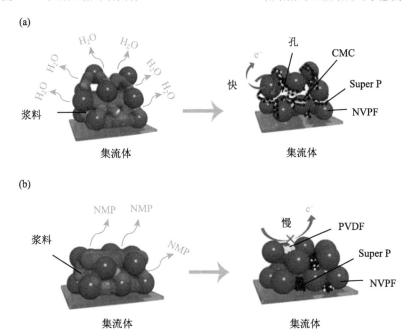

图 6.13　电极干燥过程示意图以及（a）NVPF-CMC 和（b）NVPF-PVDF 电极电子传输行为
对比[18]

层状氧化物一直是钠离子电池最有应用前景的正极材料，其黏结剂的选择同样重要。例如，P2 相的 Na$_{2/3}$[Ni$_{1/3}$Mn$_{2/3}$]O$_2$ 具有较高的可逆比容量和工作电压。然而，其比容量在充电/放电循环期间迅速衰减，这是由大的体积收缩引起的（钠离子脱嵌过程可导致 Na$_{2/3}$[Ni$_{1/3}$Mn$_{2/3}$]O$_2$ 颗粒体积变化约 23%）。充电至 4.1 V 以上，严重的电解液分解也会导致颗粒表面的劣化和循环期间的比容量衰减。为了解决上述缺点，Komaba 等[19]将水溶性聚-γ-谷氨酸钠（PGluNa）代替 PVDF 作为应用于 Na$_{2/3}$[Ni$_{1/3}$Mn$_{2/3}$]O$_2$ 的黏结剂。PGluNa 复合电极显示出 95% 的首周库仑效率，在 50 次循环后显示 89% 的比容量保持率，而 PVDF 电极分别为 80% 的首周库仑效率和 71% 的比容量保持率。通过电极的表面分析，发现 PGluNa 黏结剂覆盖于 Na$_{2/3}$[Ni$_{1/3}$Mn$_{2/3}$]O$_2$ 颗粒的表面并抑制电解液分解和表面降解。在钠离子嵌入脱出过程中 PGluNa 黏结剂进一步增强了电极的机械强度并促进 Na$_{2/3}$[Ni$_{1/3}$Mn$_{2/3}$]O$_2$ 颗粒的接触，其综合作用机理如图 6.14 所示。

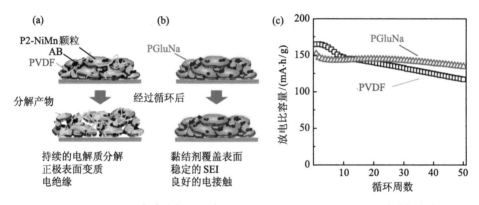

图 6.14　Na$_{2/3}$Ni$_{1/3}$Mn$_{2/3}$O$_2$ 复合电极的示意图（a）PVDF 和（b）PGluNa 黏结剂在充电/放电循环前后对比；（c）PVDF 和 PGluNa 黏结剂比容量保持率对比[19]

综上，虽然黏结剂的添加量极少，但是黏结剂对钠离子电池的电极具有重要的影响，值得引起大家的关注。总体而言，近些年来，由于水系黏结剂成本低和环境友好等优势，电极中所选用的黏结剂逐渐从油系转向水系[18,20]，并且关于新型黏结剂的开发也逐渐从自然界汲取灵感，开始采用一些生物质衍生的黏结剂[21-23]。除了丰富黏结剂的种类，在复合电极中黏结剂应被赋予更多功能，这点在锂离子电池中已有一些应用[24,25]，可逐步推广至钠离子电池。如图 6.15 所示，对于理想电极，每个活性颗粒应均匀分散并与集流体和电解液连接，且具有低电阻和连续的内部通道。因此，未来需要开发可以促进电子和离子传输，能提供一定的机械黏合和柔韧性，能增强表面相容性和改善活性颗粒分散性的新型黏结剂体系[26]。

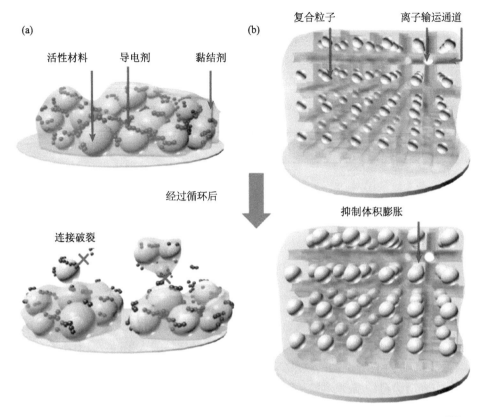

图 6.15 用于钠离子电池的（a）传统电极和（b）基于功能化黏结剂电极的示意图[26]

6.4 导电剂材料

导电剂在电极中主要起导电的功能。在电极材料充放电时，如果单凭活性物质导电，那么电极极化会较大，为了提升电极的导电性能，通常在极片制作过程中加入导电剂材料，导电剂会收集在活性物质之间、活性物质与集流体之间的微电流，以减小接触电阻，加大电子电导，从而提升钠离子的迁移速率。同时导电剂多为比表面积较大的碳材料，还可以增加极片的柔韧性，也使极片具备良好的吸收及保持电解液的能力。

导电剂的具体性能要求有：

（1）具有高的电子电导率；

（2）具有较好的化学/电化学稳定性，在电池中尽量不引入副反应；

（3）具有一定的吸液保液能力（能充分被电解液浸润）；

（4）能均匀分散到浆料中；

（5）容易获得，成本低廉，环境友好。

目前钠离子电池中常用的导电剂材料主要是一些碳素材料，与锂离子电池所用的类似。其主要包括乙炔黑、Super P、导电石墨 KS、导电石墨 SFG、科琴黑、碳纳米管（CNT）、碳纳米纤维和石墨烯等，其主要性质列于表 6.3，可根据不同的电极材料需求以及工艺条件选择合适的导电剂。

表 6.3 常见碳基导电剂的主要性质

导电剂种类	粒径	电导率/（S/cm）	类型
Super P	30~40 nm	~10	小颗粒导电炭黑(点点接触)
科琴黑	30~50 nm	~10^5	超导炭黑（点点接触）
乙炔黑	35~45 nm	~10	炭黑（点点接触）
KS	6~7 um	~1000	大颗粒石墨粉（点点接触）
SFG	3~6 μm	~1000	导电石墨（点点接触）
CNT	10~15 nm	~10^3~10^4	碳纳米管（线接触）
石墨烯	厚度<3 nm	~1000	多层石墨烯（面接触）

在钠离子电池中，对于一些导电性较差的电极材料，可在其中构建导电网络。电极的三种电子传导情况如图 6.16 所示：（a）混合导体的大单晶，具有不充分的储钠动力学；（b）混有导电剂的纳/微米晶体颗粒，以优化电子传输，允许电解液进入；（c）导电介质涂覆纳/微米颗粒（使用无定形碳或杂原子掺杂的碳壳、石墨烯和碳纳米管等）以优化储存，此电子导电涂层也可通过离子（不完全覆盖或者多孔）。因此碳包覆是构建导电网络的有效方式，电极的电子传导可以通过增加电子汇集得到优化[27]。为了在电极中形成有效的导电网络，必须如同上述导电网络示意图一样，要有导电节点，这些导电节点由导电剂来充当，粒径最好和活性物质的粒径接近。为了在正负电极中形成有效的导电网络，可加入具有不同粒径、不同形貌特征的导电剂，如 Super P 和 KS6 导电石墨混用以及 Super P 与碳纳米管、石墨烯混用。

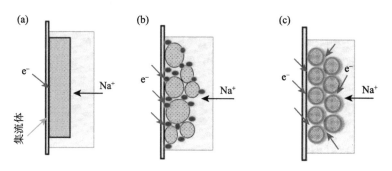

图 6.16 各种电极形态的示意图[27]

导电剂材料的不同成分、形貌、粒径、添加顺序、添加量等都对钠离子电池有着不同的影响。电池设计应考虑不同的活性物质材料，基于不同的优化目标(改善倍率性能或循环性能等)而筛选相匹配的导电剂材料。因此不同导电剂复合可以综合各种导电剂的优缺点达到综合最优状态。例如，电池的循环及倍率性能可通过添加导电炭黑得到有效改善，但是添加过量的导电炭黑会降低电池的首周库仑效率，进一步可引入少量的碳纳米管在电极中形成良好的三维导电网络来降低导电炭黑的添加量以缓解上述问题，但其成本较为高昂，所以共同引入导电炭黑及少量的碳纳米管会是一个综合性能比较好的导电剂搭配方案。在改善电池的电化学性能的同时还需要着重考虑成本问题，实际生产应用过程要尽可能减少成本。

综上，针对导电性不良的电极材料，用导电剂改进有很大的提升空间。未来钠离子电池中导电剂的改进还需要更加细致深入的对比研究，可参照锂离子电池的工艺发展[28]优化导电剂的最佳添加比例与种类，其中通过构建共混点接触与线接触的导电剂构建三维导电网络是一个可以重点研究的方向[29]。

6.5 集流体材料

集流体是指电池电极材料中用于附着活性物质及收集电流的基体材料，如铜箔和铝箔等，广义的集流体也包括极耳等。集流体的主要功能是汇集电极活性材料所产生的电流以对外传导电流，集流体与活性物质接触是否良好将直接影响电池的电化学性能。

一个合格集流体的具体性能要求有：

（1）导电性良好、内阻小；

（2）与活性物质充分接触，保证其接触内阻尽可能小；

（3）具有良好的化学稳定性及电化学稳定性，耐电解液的腐蚀，且在宽电压窗口范围内不与活性物质反应；

（4）柔韧性良好，易加工，可制成薄箔等多种结构集流体，力学性能稳定。

在锂离子电池中正极集流体通常选用铝箔，负极侧通常选用铜箔，因为在低电势下锂和铝会发生合金化反应。但是在低电势下钠与铝不会发生合金化反应，所以在钠离子电池中其正负极两侧都可以选用成本更低廉的铝箔作为集流体，使得钠离子电池在成本方面更具优势。此外，集流体的纯度、厚度、表面张力等也都是重要参数，将会影响电极的性质。

6.5.1 常见集流体材料

目前常见的集流体材料主要可分为三类，第一类是单质金属，主要包括铝、铜、钛、镍、铁、银、铂和铍等；第二类是合金，主要包括不锈钢、镍合金、钛合金、铝合金和铜合金等；其他还包括碳基和氧化物基集流体。

不同的应用场景下集流体的选择也不同，如表 6.4 所示，虽然贵金属表现出高电导率但是其昂贵的成本使得其很难得到大规模应用，尤其不适合用于主打低成本的钠离子电池，因此未来还是更多考虑铝、碳（碳基集流体的极耳问题需要进一步解决）等低成本集流体材料。同时还要考虑不同的电解液体系，比如在类似 $NaN(SO_2CF_3)_2$ 的钠盐中要尽量避免使用纯铝材质的集流体材料[30]。另外集流体与活性物质的接触也是实际生产中需重点解决的问题，通常会对集流体进行表面处理以改善其性能。

表 6.4 常见集流体电导率汇总[31]

材料	单位体积相对电导率	单位质量相对电导率	单位成本相对电导率
Ag	1.05	0.9	0.01
Cu	1	1	1
Au	0.7	0.33	0.00008
Al	0.4	1.3	2
Mo	0.31	0.27	0.01
W	0.29	0.13	0.02
Zn	0.28	0.36	0.8
Ni	0.24	0.25	0.05
Fe	0.17	0.2	2
Pt	0.16	0.067	0.000008
Cr	0.13	0.16	0.05
Ta	0.13	0.072	0.001
304 钢	0.1	0.1	0.1
316 钢	0.1	0.1	0.07
Ti	0.04	0.079	0.02
SiC	0.012	0.032	0.001
Mn	0.009	0.01	0.01
热解石墨	~0.007	~0.03	—
石墨	~0.0003	~0.0012	~0.0005
炭黑	~0.00001	~0.00004	~0.00002

6.5.2 新型集流体材料

1. 用于钠金属电池的新型集流体材料

为了进一步构建高能量密度的钠基电池，金属钠负极因其较高的理论比容量

（约 1165 mA·h/g）和较低的电化学势（–2.714 V vs. SHE），具有一定的应用潜力。但是枝晶生长、体积变化、低循环效率和高反应活性一直阻碍金属钠负极的实际应用（循环稳定性及安全性较差）。具体来讲，在连续沉积和溶解过程中，其表面上的 SEI 膜将由于体积膨胀和枝晶形成和生长而破裂（图 6.17）。此外，金属钠循环过程中容易形成失去电化学活性的"死钠"，SEI 膜会变厚甚至失效，最后无限制生长的枝晶穿刺隔膜导致电池短路[32]。

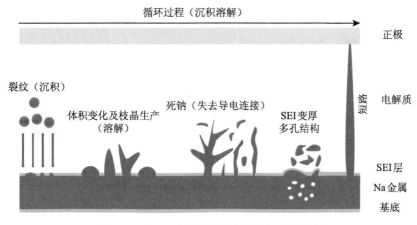

图 6.17　循环过程中钠金属负极的示意图[32]

电极表面的钠离子空间分布不均匀将直接导致钠枝晶形成，通过控制集流体的纳米结构可以增加电极的表面积和降低局部电流密度，从而实现均匀的钠离子沉积与溶解。铝箔是常用的集流体材料，然而，普通铝箔中不均匀的电子分布会导致在沉积期间形成树枝状和苔藓状钠。因此，设计多孔的集流体可有效抑制钠枝晶，例如，具有互联互通结构的铝集流体可以增加用于钠表面成核的活性位点并降低局域电流密度，从而使得电镀更加均匀（图 6.18）[33]。钠金属在多孔铝上可循环 1000 次，电压滞后并不明显，其平均库仑效率高于 99.9%，沉积/溶解能力与普通铝箔相比有大幅度提高。

除了多孔的形貌设计，一种三维铜纳米线集流体（小于 40 nm）也可显著促进钠的电化学沉积稳定性，从而有助于构造长寿命和低过电压的钠金属负极[34]。纳米线有助于稳定金属钠负极的机理，如图 6.19 所示，薄的 SEI 膜在沉积的钠金属表面上快速形成，在钠沉积/溶解过程中的体积变化可以轻易地破坏 SEI 层，尤其是在高倍率下。这种行为将导致钠枝晶的生长和电解液的快速消耗。而纳米线结构可以提供更多的成核位点并有效地限制沉积钠的最终尺寸，因此有利于降低局部电流密度，稳定 SEI 膜和抑制枝晶生长。而且此种分层多级结构有助于缓解钠沉积过程中的体积变化。基于此，范丽珍等[35]通过在铜泡沫上原位生长铜纳米

线进一步优化金属钠的电化学性能。其沉积/溶解时展现出了较高的库仑效率
（99.7%）和较低的电压极化（25 mV），在高的沉积容量下可稳定循环 1000 小时
以上。

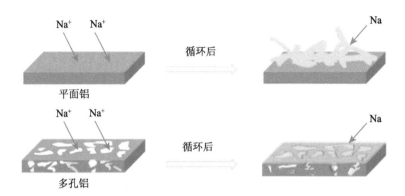

图 6.18　平面和多孔铝箔上钠沉积的示意图[33]

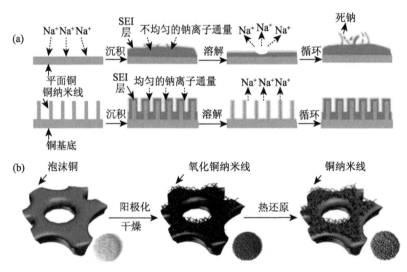

图 6.19　（a）在铜箔以及铜纳米线结构上钠沉积溶解示意图；
（b）泡沫铜上生长铜纳米线示意图[35]

　　除了上述金属基集流体外，碳基集流体也是低成本集流体的重要选择。已大
规模商业化的三维柔性碳毡（C）可以通过熔体注入策略作为预先存储钠的宿主[36]，
通过该策略获得 Na/C 复合负极（图 6.20）。基于此电极的对称电池表现出稳定的
循环性能，这是由于金属钠被固定在导电碳毡主体中，通过增加钠离子沉积位点
降低了有效电流密度并促使钠均匀成核，从而限制了电化学循环中负极的尺寸变
化并能有效抑制钠枝晶生长。当与层状氧化物正极结合时，Na/C 复合材料在全电

池中也表现出良好的兼容性。

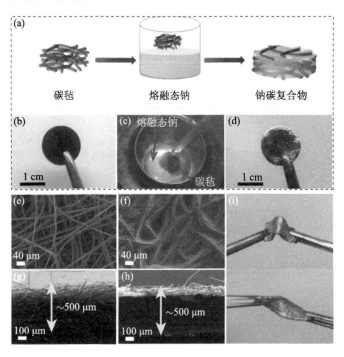

图 6.20 Na/C 复合负极的制备（a）Na/C 负极制造工艺的示意图，使碳毡与熔融态钠接触，熔融态钠稳定地注入碳毡中，形成 Na/C 复合负极；（b）碳毡，（c）熔融态钠注入和（d）Na/C 复合材料的相应图像；（e），（g）碳毡和（f），（h）Na/C 复合物的 SEM 图；（i）Na/C 复合带的良好柔韧性，由两个镊子弯曲或扭曲[36]

　　不过总体而言相对于金属锂，金属钠由于其高反应活性很难大规模应用至商业电池中，钠金属电池依然有待进一步开发，不仅需要从集流体处改善，电解液等都需要协同优化[37]。

2. 用于柔性钠离子电池的新型集流体材料

　　开发柔性储能装置是未来可穿戴电子领域的发展关键，随着柔性锂离子电池的迅速发展，柔性钠离子电池技术也亟待开发[38]。柔性电池技术的优势是显而易见的，基于传统浆料浇铸制造工艺的钠离子电池是刚性的，且重量大，体积大，降低了电池的体积/质量能量密度，而柔性电极通常由在柔性导电基底上构建的各种活性材料制成，这种集成式工艺会提升电池的能量密度，且具有一定的柔韧性，便于加工，可应用于可穿戴领域[39]。在柔性电池中，基底的选择至关重要，其同时承担了集流体和结构支撑的作用。柔性钠离子电池的主要基底选择包括金属基底（铜、钛和不锈钢）和碳基基底（石墨烯、碳布和碳纤维）等[39,40]。

2015 年，胡先罗等[41]报道了用于钠离子电池的 $Na_3V_2(PO_4)_3$/还原氧化石墨烯（NVP/rGO）和 Sb/rGO 纳米复合材料的柔性且无黏结剂的电极。Sb 和 NVP 纳米颗粒均匀地嵌入 rGO 纳米片的互连框架中，其为钠离子脱嵌提供结构稳定的主体。这两种纸状电极容易制备且具有高柔韧性及可剪裁性，具有高可逆比容量和良好的循环性能。匹配的 Sb/rGO‖NVP/rGO 钠离子全电池在 100 mA/g 的电流密度下可提供约 400 mA·h/g 的可逆比容量，如图 6.21 所示。

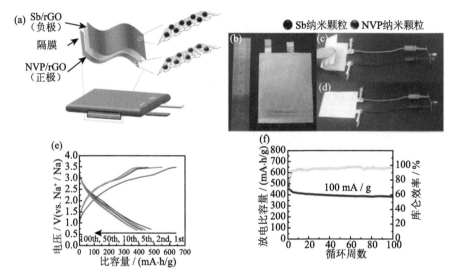

图 6.21　柔性 Sb/rGO‖NVP/rGO 钠离子全电池

（a）钠离子全电池的制造示意图；（b）组装的钠离子全电池的图片；（c）用于点亮 LED 的弯曲钠离子全电池的图片；（d）用于自由弯曲的钠离子全电池的图片，其在 30 个弯曲循环后点亮 LED；（e）第 1、2、5、10、50 和 100 次循环的恒电流充放电曲线；（f）长循环性能和库仑效率[41]

　　除了传统的三明治式的电池结构外，还有绳状等多种先进可穿戴器件的结构设计。可通过简单的方法将化学镀镍废水和棉纺织废料制成新型电极基板，如图 6.22 所示[42]。基于该基材，获得无黏结剂的以镀镍棉纺织品为基底的普鲁士蓝石墨烯复合材料电极表现出了优异的电化学性能。此外，还制备了一种新型绳式柔性可穿戴式钠离子电池，所获得的镀镍棉纺织品具有机械强度高、柔韧性好、电子传导性良好和电化学稳定性优异等优点。

　　综上，集流体材料因其结构可定制性，为钠金属电池与柔性钠离子电池带来了新的设计思路。作为非活性材料，其未来的发展路径依然要向低成本靠拢，可考虑采用一些生物质基的集流体材料[43]，并依靠更精巧的设计进一步优化与提升电极的综合电化学性能。

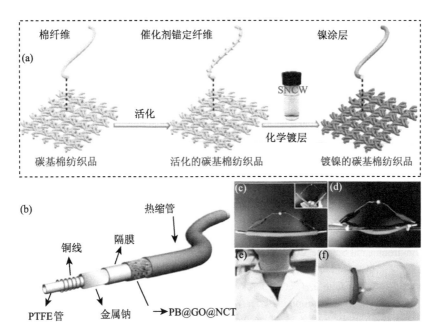

图 6.22 （a）合成镀镍棉纺织品的示意图；（b）缆绳状柔性钠离子电池结构；（c）～（f）在不同条件下通过缆绳状柔性钠离子电池演示 LED 照明[42]

参 考 文 献

[1] Pintauro P N. Perspectives on membranes and separators for electrochemical energy conversion and storage devices. Polymer Reviews, 2015, 55(2): 201-207

[2] Pan Y, Chou S, Liu H K, et al. Functional membrane separators for next-generation high-energy rechargeable batteries. National Science Review, 2017, 4(6): 917-933

[3] Lee H, Yanilmaz M, Toprakci O, et al. A review of recent developments in membrane separators for rechargeable lithium-ion batteries. Energy & Environmental Science, 2014, 7(12): 3857-3886

[4] Zhang S S. A review on the separators of liquid electrolyte Li-ion batteries. Journal of Power Sources, 2007, 164(1): 351-364

[5] Wu F, Zhu N, Bai Y, et al. Highly safe ionic liquid electrolytes for sodium-ion battery: wide electrochemical window and good thermal stability. ACS Applied Materials & Interfaces, 2016, 8(33): 21381-21386

[6] Suharto Y, Lee Y, Yu J S, et al. Microporous ceramic coated separators with superior wettability for enhancing the electrochemical performance of sodium-ion batteries. Journal of Power Sources, 2018, 376: 184-190

[7] Cao C, Liu W, Tan L, et al. Sodium-ion batteries using ion exchange membranes as electrolytes and separators. Chemical Communications, 2013, 49(100): 11740-11742

[8] Janakiraman S, Surendran A, Ghosh S, et al. Electroactive poly(vinylidene fluoride) fluoride separator for sodium ion battery with high coulombic efficiency. Solid State Ionics, 2016, 292:

130-135

[9] Zhang T W, Shen B, Yao H B, et al. Prawn shell derived chitin nanofiber membranes as advanced sustainable separators for Li/Na-ion batteries. Nano Letters, 2017, 17(8): 4894-4901

[10] Chen W, Zhang L, Liu C, et al. Electrospun flexible cellulose acetate-based separators for sodium-ion batteries with ultralong cycle stability and excellent wettability: the role of interface chemical groups. ACS Applied Materials & Interfaces, 2018, 10(28): 23883-23890

[11] Zhang W, Tu Z, Qian J, et al. Design principles of functional polymer separators for high-energy, metal-based batteries. Small, 2018, 14(11): 1703001

[12] Chen H, Ling M, Hencz L, et al. Exploring chemical, mechanical, and electrical functionalities of binders for advanced energy-storage devices. Chemical Reviews, 2018, 118(18): 8936-8982

[13] Ma Y, Ma J, Cui G. Small things make big deal: powerful binders of lithium batteries and post-lithium batteries. Energy Storage Materials, 2019, 20: 146-175

[14] Bresser D, Buchholz D, Moretti A, et al. Alternative binders for sustainable electrochemical energy storage-the transition to aqueous electrode processing and bio-derived polymers. Energy & Environmental Science, 2018, 11(11): 3096-3127

[15] 赵亮. 储能电池负极材料研究. 北京: 中国科学院研究生院, 2012: 68-80.

[16] Gao H, Zhou W, Jang J H, et al. Cross-linked chitosan as a polymer network binder for an antimony anode in sodium-ion batteries. Advanced Energy Materials, 2016, 6(6): 1502130

[17] Patra J, Rath P C, Li C, et al. A water-soluble NaCMC/NaPAA binder for exceptional improvement of sodium-ion batteries with an SnO_2-ordered mesoporous carbon anode. ChemSusChem, 2018, 11(22): 3923-3931

[18] Zhao J, Yang X, Yao Y, et al. Moving to aqueous binder: a valid approach to achieving high-rate capability and long-term durability for sodium-ion battery. Advanced Science, 2018, 5(4): 1700768

[19] Yoda Y, Kubota K, Isozumi H, et al. Poly-γ-glutamate binder to enhance electrode performances of P2-$Na_{2/3}Ni_{1/3}Mn_{2/3}O_2$ for Na-ion batteries. ACS Applied Materials & Interfaces, 2018, 10(13): 10986-10997

[20] Li J T, Wu Z Y, Lu Y Q, et al. Water soluble binder, an electrochemical performance booster for electrode materials with high energy density. Advanced Energy Materials, 2017, 7(24): 1701185

[21] Zhang L, Liu Z, Cui G, et al. Biomass-derived materials for electrochemical energy storages. Progress in Polymer Science, 2015, 43: 136-164

[22] Zhang W, Dahbi M, Komaba S. Polymer binder: a key component in negative electrodes for high-energy Na-ion batteries. Current Opinion in Chemical Engineering, 2016, 13: 36-44

[23] Nirmale T C, Kale B B, Varma A J. A review on cellulose and lignin based binders and electrodes: small steps towards a sustainable lithium ion battery. International Journal of Biological Macromolecules, 2017, 103: 1032-1043

[24] Choi S, Kwon T W, Coskun A, et al. Highly elastic binders integrating polyrotaxanes for silicon microparticle anodes in lithium ion batteries. Science, 2017, 357(6348): 279-283

[25] Ma Y, Chen K, Ma J, et al. A biomass based free radical scavenger binder endowing a compatible cathode interface for 5 V lithium-ion batteries. Energy & Environmental Science, 2019, 12(1): 273-280

[26] Shi Y, Zhou X, Yu G. Material and structural design of novel binder systems for high-energy, high-power lithium-ion batteries. Accounts of Chemical Research, 2017, 50(11): 2642-2652

[27] Chen S, Wu C, Shen L, et al. Challenges and perspectives for nasicon-type electrode materials

for advanced sodium-ion batteries. Advanced Materials, 2017, 29(48): 1700431

[28] Zheng H, Yang R, Liu G, et al. Cooperation between active material, polymeric binder and conductive carbon additive in lithium ion battery cathode. The Journal of Physical Chemistry C, 2012, 116(7): 4875-4882

[29] Chang W C, Wu J H, Chen K T, et al. Red phosphorus potassium-ion battery anodes. Advanced Science, 2019, 6(9): 1801354

[30] Krämer E, Schedlbauer T, Hoffmann B, et al. Mechanism of anodic dissolution of the aluminum current collector in 1 M LiTFSI EC:DEC 3:7 in rechargeable lithium batteries. Journal of the Electrochemical Society, 2012, 160(2): A356-A360

[31] Whitehead A H, Schreiber M. Current collectors for positive electrodes of lithium-based batteries. Journal of the Electrochemical Society, 2005, 152(11): A2105-A2113

[32] Zhao C, Lu Y X, Yue J, et al. Advanced Na metal anodes. Journal of Energy Chemistry, 2018, 27(6): 1584-1596

[33] Liu S, Tang S, Zhang X, et al. Porous Al current collector for dendrite-free Na metal anodes. Nano Letters, 2017, 17(9): 5862-5868

[34] Lu Y, Zhang Q, Han M, et al. Stable Na plating/stripping electrochemistry realized by a 3D Cu current collector with thin nanowires. Chemical Communications, 2017, 53(96): 12910-12913

[35] Wang T S, Liu Y, Lu Y X, et al. Dendrite-free Na metal plating/stripping onto 3D porous Cu hosts. Energy Storage Materials, 2018, 15: 274-281

[36] Chi S S, Qi X G, Hu Y S, et al. 3D flexible carbon felt host for highly stable sodium metal anodes. Advanced Energy Materials, 2018, 8(15): 1702764

[37] Zheng X, Bommier C, Luo W, et al. Sodium metal anodes for room-temperature sodium-ion batteries: applications, challenges and solutions. Energy Storage Materials, 2019, 16: 6-23

[38] Gwon H, Hong J, Kim H, et al. Recent progress on flexible lithium rechargeable batteries. Energy & Environmental Science, 2014, 7(2): 538-551

[39] Wang H G, Li W, Liu D P, et al. Flexible electrodes for sodium-ion batteries: recent progress and perspectives. Advanced Materials, 2017, 29(45): 1703012

[40] Foreman E, Zakri W, Hossein Sanatimoghaddam M, et al. A review of inactive materials and components of flexible lithium-ion batteries. Advanced Sustainable Systems, 2017, 1(11): 1700061

[41] Zhang W, Liu Y, Chen C, et al. Flexible and binder-free electrodes of Sb/rGO and $Na_3V_2(PO_4)_3$/rGO nanocomposites for sodium-ion batteries. Small, 2015, 11(31): 3822-3829

[42] Zhu Y H, Yuan S, Bao D, et al. Decorating waste cloth via industrial wastewater for tube-type flexible and wearable sodium-ion batteries. Advanced Materials, 2017, 29(16): 1603719

[43] Zhu H, Jia Z, Chen Y, et al. Tin anode for sodium-ion batteries using natural wood fiber as a mechanical buffer and electrolyte reservoir. Nano Letters, 2013, 13(7): 3093-3100

07

钠离子电池表征技术

7.1 概　　述

钠离子电池性能与其各部分的组成、结构以及电池组装的工艺等紧密相关。要制造出性能优良的钠离子电池需要详细地了解各组成部分的作用机制。在电池充放电过程中，钠离子往返穿梭于正负极之间，往往会引起电极材料、电极/电解质界面的各种变化，例如，材料体积膨胀与收缩、结构相变、形态演化和表面重构现象等，因此需要先进的表征技术来揭示其变化规律。目前，由于每种表征手段都有各自的优势和劣势，因此结合不同表征技术手段的优势研究钠离子电池及其界面的物理化学变化，能够为进一步认识和优化材料的性能提供重要参考。钠离子电池常用的表征技术及应用如图 7.1 所示，这些技术的典型特点如表 7.1 所示。

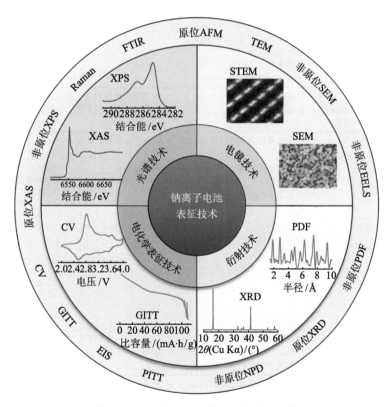

图 7.1　钠离子电池主要表征技术及应用

表 7.1　钠离子电池相关测试表征技术

表征技术	优势	局限	原位测试
X 射线衍射（X-ray diffraction，XRD）	✧ 检测材料的晶体结构信息 ✧ 检测信号强度大	➢ 不能识别非晶结构信息	可以 能够获得电池在充放电过程中，电极材料的结构演变信息；获得材料在不同处理条件下的结构信息（如温度、气氛等）
中子粉末衍射（neutron powder diffraction，NPD）	✧ 能够识别较轻的元素（如 Li，Na，O 等） ✧ 检测材料的长程结构信息	➢ 检测信号强度弱，用时长，需要大量样品 ➢ 不能识别非晶结构信息 ➢ 不容易实时检测材料充放电过程的结构信息	可以 能够获得材料在不同处理条件下的结构信息（如温度、气氛等）
对分布函数（pair distribution function analysis，PDF）	✧ 获得材料的局域结构信息 ✧ 能识别非晶体材料	➢ 部分材料结构建模困难	可以
扫描透射电子显微镜（scanning transmission electron microscopy，STEM）	✧ 检测材料的形貌和化学特征 ✧ 识别原子尺度信息，测定晶体结构 ✧ 检测元素分布和价态信息 ✧ 能够识别轻重原子的分布	➢ 对材料有损害	可以 对于液体电解质电池检测比较困难，多用于固体电解质电极材料的检测
固体核磁共振波谱（solid-state nuclear magnetic resonate，ssNMR）	✧ 检测材料的局域结构信息 ✧ 能够表征 Na$^+$ 的扩散	➢ 需要样品纯度较高，易产生信号叠加和干扰	可以 能够获得电池在充放电过程中的相关信息
X 射线吸收谱（X-ray absorption spectroscopy，XAS）	✧ 检测元素价态和配位信息（近边谱） ✧ 识别原子间的键长，配位和有序度信息（扩展边谱） ✧ 检测非晶材料结构信息 ✧ 检测材料的表面和体相信息	➢ 制备样品困难，需要真空条件 ➢ 测试时间长	可以 能够获得电池在充放电过程中电极材料的结构演变和元素价态信息
X 射线光电子能谱（X-ray photoelectron spectroscopy，XPS）	✧ 表面敏感技术 ✧ 检测元素的价电子信息	➢ 不容易识别材料体相信息	相关应用较少
原子力显微镜（atomic force microscopy，AFM）	✧ 检测界面和表面的结构信息	➢ 对材料制备要求较高	可以 能够获得材料在充放电过程中的表面演变信息，通过外加偏压实现
循环伏安法（cyclic voltammetry，CV）	✧ 检测电池系统内氧化还原信息 ✧ 获得离子表观扩散系数	➢ 电池各组分之间存在影响	可以
恒电流/位间歇滴定（galvanostatic intermittent titration technique，GITT/potentiostatic intermittent titration technique，PITT）	✧ 获得电极材料离子扩散信息 ✧ 识别材料的相转变行为	➢ 测试周期较长	可以
电化学阻抗谱（electrochemical impedance spectroscopy，EIS）	✧ 获得电解质材料离子扩散信息 ✧ 获得电池体系阻抗信息	➢ 电池各组分之间存在影响	可以

钠离子电池相关表征技术主要研究集中于：

（1）电极材料的晶体结构、脱出/嵌入钠离子过程中的结构演变关系及其储钠机制；

（2）电极材料氧化还原的反应机制及其容量和电势特征；

（3）电解质材料的离子传输机制和稳定性研究；

（4）电极和电解质材料的热力学、动力学特征；

（5）电化学反应过程中的电池各组成部分的表面、界面特征及其相应的变化。

本章主要介绍目前常用的表征手段在钠离子电池材料结构、组成、形貌、表面和界面等研究中的相关应用，主要包括衍射技术、透射电子显微技术、固体核磁共振波谱技术、X射线吸收谱技术、表面分析技术以及电化学表征技术等。对上述技术首先简要介绍其基本的检测原理，然后结合代表性的应用实例讨论每种技术在钠离子电池相关领域的应用价值。此外，原位（*in situ*）表征技术的发展为进一步深入研究上述问题提供了强有力的支持。这些技术在研究材料结构演变、离子传输、氧化还原过程以及电解质界面衰减机理等方面表现出了极大的优越性，为后续提高电池性能包括能量密度、循环寿命和安全性等提供了有力支撑。

7.2 衍 射 技 术

7.2.1 X射线衍射技术

1912年，Laue等根据理论预测，证实了晶体可以作为X射线的空间衍射光栅。当一束X射线通过晶体时，由于晶体中规则排列的原子间距离与入射X射线波长处于相同的数量级，入射的X射线会与晶体中的原子发生相互干涉；在某些特殊方向上产生强X射线衍射（X-ray diffraction, XRD），衍射线在空间分布的方位和强度与晶体结构密切相关。通过分析所得到的衍射图案，可以确定晶体的结构。

1913年，Bragg父子在Laue的发现基础上，成功地测定了NaCl、KCl等的晶体结构，并提出了晶体衍射的基础公式——布拉格方程：

$$2d\sin\theta = n\lambda \tag{7-1}$$

式中，d为晶面间距，即相邻晶面的垂直距离；n为反射级数；θ为掠射角，即入射X射线和晶面间的夹角；λ为X射线的波长。Bragg方程是X射线在晶体中产生衍射的基本条件，它反映了衍射方向和晶体结构之间的关系，Bragg方程衍射示意图如图7.2所示。

任何晶体物质都有其特征的衍射峰位置和强度，利用X射线在晶体物质中的衍射效应能够得到XRD图谱。通过对衍射图谱的分析可以获得材料的相应信息。

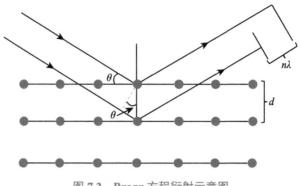

图 7.2　Bragg 方程衍射示意图

（1）衍射峰的位置。主要用于物相的鉴定、晶胞参数的确定和残余应力的测量等。

（2）衍射峰的峰高或者面积，即强度。主要用于物相的含量、结晶度以及织构的计算等。

（3）衍射峰的形状，即线形。该信息包括两个方面：一是衍射峰的宽度，可以用来计算亚晶尺寸的大小（常被称为晶粒大小）和微观应变；另一个是线的形状，主要是指峰形是否对称，用来计算位错、层错等。

根据 XRD 图谱，可以获得材料的晶体结构，物相的含量、应力、结晶取向和超结构等信息，还可以反映材料的平均晶体结构性质和晶胞结构参数变化，拟合后还可以获取原子在晶体内部的占位信息。结合全谱拟合技术，即在假设的晶体结构模型与结构参数的基础上，结合特定峰形函数计算多晶体衍射谱，调整这些结构参数与峰形函数使计算得到的多晶体衍射数据与实验数据相符合，从而获得材料的具体结构信息。常用的结构精修软件有 GSAS（general structure analysis system）[1]、FullProf Suite[2]等。

常见的钠离子电池材料多为高温退火得到的多晶粉末，根据 XRD 图谱还可以计算所制备样品的尺寸、不均匀应变和垛堆层错等信息。根据衍射峰宽化的程度，结合 Debye-Scherrer 方程（式(7-2)）可以计算晶粒的大小。

$$S = \frac{K\lambda}{\beta \cos\theta} \tag{7-2}$$

式中，S 表示晶粒尺寸；K 为常数，一般取 $K=1$；λ 为 X 射线的波长；β 是样品衍射峰半高宽；θ 是衍射角。目前，在 XRD 数据分析软件中（如 MDI Jade 或 X'pert Highscore plus 等）已经整合基于衍射图谱直接计算样品的晶粒尺寸的功能。

物相分析是研究钠离子电池材料最常用的分析方法之一，对应的基本原理如下：任何一种物相都有其特征的衍射谱；任何两种物相的衍射谱不可能完全相同；多相样品的衍射峰是各物相的机械叠加。随着 XRD 标准数据库的日益完善，XRD

物相分析变得越来越简单，目前最常见的操作方式是将样品的 XRD 图谱与标准图谱进行对比来确定样品的物相组成。常用的 XRD 标准数据库包括 JCPDS（joint committee on powder diffraction standard）、ICDD（international center for diffraction data）和 ICSD (inorganic cystal structure database）等。

对于钠离子电池电极材料的研究，从原材料合成到电极极片制备再到充放电过程中的结构演变以及循环后材料的失效分析等，XRD 技术都起着重要的作用。以下将以 P2-$Na_{2/3}[Mg_{1/3}Ti_{1/6}Mn_{1/2}]O_2$ 体系为例，介绍 XRD 在研究中的具体应用。

根据材料的 XRD 图谱，首先对其进行物相分析。从图 7.3（a）可以得到通过高温固相法制备 $Na_{2/3}[Mg_{1/3}Ti_{1/6}Mn_{1/2}]O_2$ 正极材料主要物相为 P2 结构，与已知的 P2-$Na_{2/3}[Mg_{0.25}Mn_{0.75}]O_2$（No. PDF-011-6346，ICDD）具有相似的衍射峰形，除此之外还含有少量的 MgO（No. PDF-004-0829, ICDD）物相。在 20.3°和 25.5°左右存在两个较弱的衍射峰，它们是由 Mn/Ti/Mg 在过渡金属层形成的超结构有序排布引起的。在分析完物相之后，可进一步选取合适的结构模型进行结构精修分析以便获得相应物相的比例和晶胞参数以及原子占位信息等。这里选取了具有相似结构的 P2-$Na_{2/3}[Mg_{0.25}Mn_{0.75}]O_2$（空间群为 $P6_3/mcm$ (193)）和 MgO（$Fm\overline{3}m$ (225)）

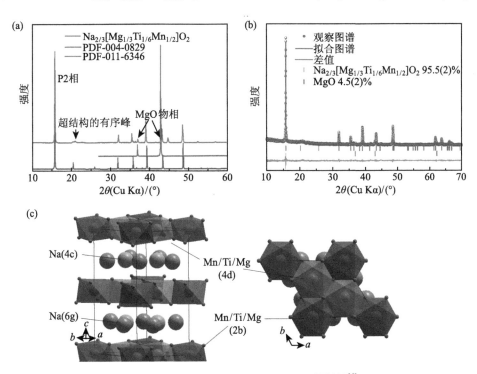

图 7.3 P2-$Na_{2/3}[Mg_{1/3}Ti_{1/6}Mn_{1/2}]O_2$ 正极材料[4]

（a）XRD 图谱；（b）结构精修图谱；（c）晶体结构信息

为初始模型。图 7.3（b）为获得的结构精修图谱，通过对比观察图谱和拟合图谱可以得到所制备材料的 XRD 图谱，与已知两种物相结构能够很好地匹配，并且其中 $Na_{2/3}[Mg_{1/3}Ti_{1/6}Mn_{1/2}]O_2$ 物相所占比例约为 95.5(2)%，MgO 物相所占比例约为 4.5(2)%。图 7.3（c）和表 7.2 给出了通过结构精修所获得的 $Na_{2/3}[Mg_{1/3}Ti_{1/6}Mn_{1/2}]O_2$ 材料的具体结构信息，包括晶胞参数和原子占位信息等。其中 Mn/Ti/Mg 同时占据了 4d 和 2b 的晶格位置，且所占的比例不同。

表 7.2　$Na_{2/3}[Mg_{1/3}Ti_{1/6}Mn_{1/2}]O_2$ 晶体结构信息

	x	y	z	占位数	U_{iso}	威科夫位置
Na1	0.31029(1)	0	1/4	0.3677(1)	0.0478(3)	6g
Na2	1/3	2/3	1/4	0.2989(1)	0.0137(2)	4c
Mn/Mg/Ti1	0	0	0	0.4651(2)/0.3385(2)/0.1965(2)	0.0148(5)	2b
Mn/Mg/Ti2	1/3	2/3	0	0.5348(2)/0.3284(2)/0.1368(2)	0.0227(3)	4d
O1	0.34353(5)	0.34353(5)	0.08581(7)	1.0	0.0521(4)	12k

X 射线衍射技术能够实现对钠离子电池的原位测试，可以用来记录充放电过程中一系列的结构演变过程。由于电池材料经过循环后大多会对空气敏感，对电化学反应过程的原位监测就显得尤为重要，这样既可以排除非原位实验过程中空气可能带来的影响，又可以更加真实地模拟实际反应条件。原位 X 射线衍射技术在监测材料的结构随温度变化（升温/降温）或在电池循环（嵌钠/脱钠）过程中的材料的结构变化方面得到了普遍应用。通过分析原位数据可得到晶胞参数在充放电过程中的变化图，从而评估电极材料在循环过程中引起的钠离子电池体积和结构的变化，为钠离子电池的研究和材料的选取提供可行方法和分析手段。对比于其他种类的原位电化学测试技术，原位 XRD 测试更容易实现，目前已经得到普遍应用。图 7.4 所示的是一种原位电化学 X 射线测试装置，通常原位电池有一个 X 射线窗口，X 射线能够穿过该窗口到达电极材料，然后通过衍射到达探测器。根据不同的实验条件，通常选择铍或铝箔来做 X 射线窗口。钠离子电池测试中，正在进行充放电的电极材料的结构变化可以通过原位的 X 射线衍射技术直接观察，无须停止测试后再取出极片。因此该技术在实时观测电池极片结构演变的同时也节省了繁杂的人力操作和物质资源，此外也避免了外部环境对样品暂态结构的不利影响，从而使实验结果更具可靠性。

层状材料在充放电过程中伴随着脱出/嵌入钠离子行为，这在一定程度上会造成结构之间的相互转变（见第 2 章）。利用原位 X 射线衍射技术，研究电极材料在离子嵌入/脱出过程中的结构变化对提高电极材料的性能有着至关重要的影响。这里我们进一步借助该技术分析 $Na_{2/3}[Mg_{1/3}Ti_{1/6}Mn_{1/2}]O_2$ 正极材料在脱/嵌钠过程中的结构演变行为[4]。

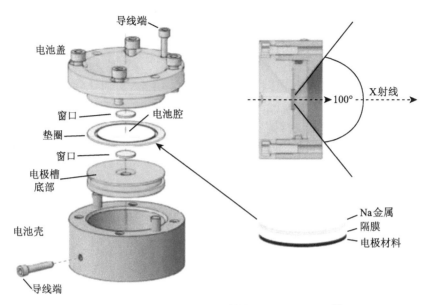

图 7.4　一种原位电化学 X 射线测试装置示意图[3]

如图 7.5（a）所示，在首周充放电过程中，伴随着钠离子的脱出/嵌入，原始

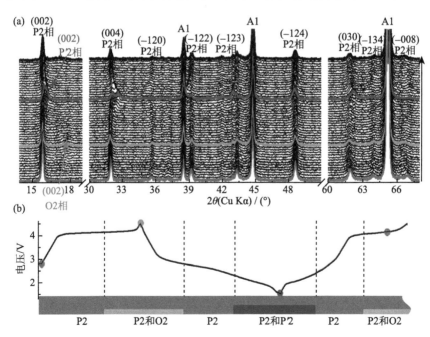

图 7.5　P2-Na$_{2/3}$[Mg$_{1/3}$Ti$_{1/6}$Mn$_{1/2}$]O$_2$ 正极材料在充放电过程中的（a）XRD 图谱；（b）与充放电
曲线对应的物相组成[4]

的 P2-Na$_{2/3}$[Mg$_{1/3}$Ti$_{1/6}$Mn$_{1/2}$]O$_2$ 结构先后经历了 P2-O2-P2-P'2 相的相变过程。在充电至 4.15 V 时，O2 相逐渐形成，并在满充（4.5 V）时达到最大比例，此时为 P2 和 O2 相共存。在放电过程中，O2 相逐渐消失，在 2.9 V 时完全转化为 P2 相；随着放电过程的继续进行，有 P'2 相生成且在满放（1.5 V）时达到最大比例。在第二周充电过程中，P'2 恢复为 P2 相，然后重复相同的结构演变过程。图 7.5（b）为 Na$_{2/3}$[Mg$_{1/3}$Ti$_{1/6}$Mn$_{1/2}$]O$_2$ 材料在充放电过程中的物相组成和对应的电化学曲线。从图 7.5（a）可以看出，在充电时生成的 O2 相（002）衍射峰宽化现象比较严重。这表明高度脱钠态的 O2 相会存在一定的过渡金属层之间的层错行为，大量的层错会影响材料结构的稳定性，进而影响钠离子电池的循环稳定性。

7.2.2　同步辐射 X 射线衍射技术

同步辐射 X 射线衍射技术（synchrotron-based XRD，SXRD）是研究材料在充放电过程中的晶体结构、电子结构、化学组成、形貌演变以及残余应力等的强大手段。与实验室的 X 射线光源相比，同步加速器的 X 射线光源能提供更高的强度和更大的光子能量，能够在短时间内收集到更高的信噪比衍射数据。由于其高亮度和宽波段等特性，利用同步辐射光源的 X 射线衍射能够更好地研究电池材料在充放电过程中的晶格变化和结构演变，反映更实时的变化信息。

同步辐射是速度接近光速的带电粒子在磁场中沿弧形轨道运动时放出的电磁辐射，由于它最初是在同步加速器上观察到的，所以被称为"同步辐射"或"同步加速器辐射"。同步辐射是具有从远红外到 X 射线范围内的连续光谱，是高强度、高度准直、高度极化并且特性可精确控制的脉冲光源，可以用来开展实验室 X 射线光源无法实现的前沿科学技术研究。同步辐射 X 射线源是加速运动的电子辐射出的电磁波。在加速器中，将电子加速到数千兆电子伏特，并使其在电子储存环的强大磁场偏转力的作用下做圆周运动，在圆周的切线方向会产生包括从红外至硬 X 射线（波长 < 0.1 nm）各个频段的辐射，具体表现在以下几个方面：

（1）高亮度。同步辐射光源是高强度光源，有很高的辐射功率和功率密度。

（2）宽波段。光的波长覆盖面大，具有从远红外、可见光、紫外线直到 X 射线范围内的连续光谱，并且能根据使用者的需要获得特定波长的光。

（3）窄脉冲。同步辐射光是脉冲光，其宽度在 $10^{-11} \sim 10^{-8}$ s 可调，这种特性对研究材料结构变化非常重要。

（4）高纯净。同步辐射光是在超高真空或高真空的条件中产生的，不存在任何由杂质带来的污染，是非常纯净的光。

（5）可精确预知。同步辐射光的光子通量、角分布和能谱等均可精确计算，因此它可以作为辐射计量，特别是真空紫外到 X 射线波段计量的标准光源。

（6）其他特性。高度稳定性、高通量、微束径、高准直、准相干和高偏振等。

同步辐射的实验技术可以分为几大类：能量分辨、动量分辨、空间分辨和时间分辨等。钠离子电池充放电过程中，钠离子从晶体结构中脱出或嵌入，这个过程会伴随着过渡金属离子的氧化态和晶体结构的变化。这些变化会进一步影响电池性能，如电池比容量、倍率性能和循环寿命等。利用波长可调同步辐射 X 射线能够快速采集高分辨率数据，从而更有效地分析电化学反应过程。

正极材料 $Na_3V_2(PO_4)_2F_3$ 具有高的氧化还原电势和良好的循环性能，受到了广泛的研究。然而伴随着钠离子脱出和嵌入过程，该材料会经历一系列复杂的结构演变，这些变化已经超出了实验室 X 射线光源的分辨上限[5,6]。利用同步辐射的 X 射线衍射技术能充分减少收集每条谱线所用的时间，能在几分钟内快速得到高质量的衍射图谱，这给时间分辨的原位观测和连续测试带来了重要意义[7,8]。Croguennec 等[5]利用高强度分辨的同步辐射 X 衍射测试，研究了 $Na_3V_2(PO_4)_2F_3$ 材料在电池循环过程中的结构变化，给出了一套完整的结构演变相图。如图 7.6（a）

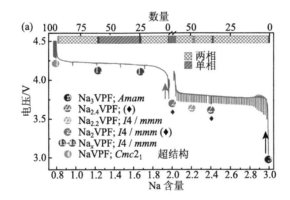

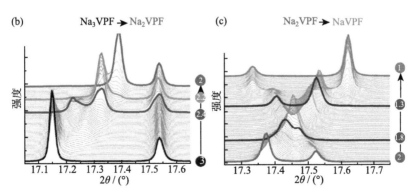

图 7.6 （a）$Na_3V_2(PO_4)_2F_3$（Na_3VPF）正极在脱钠过程中的恒电流滴定曲线；（b）充电过程中衍射图谱从 $Na_3V_2(PO_4)_2F_3$ 到 $Na_2V_2(PO_4)_2F_3$（Na_2VPF）的演变；（c）$Na_2V_2(PO_4)_2F_3$ 到 $NaV_2(PO_4)_2F_3$（$NaVPF$）的演变[5]

所示，在充放电过程中，生成了四个中间相，即 $Na_{2.4}V_2(PO_4)_2F_3$、$Na_{2.2}V_2(PO_4)_2F_3$、$Na_2V_2(PO_4)_2F_3$ 和固溶体相 $Na_xV_2(PO_4)_2F_3$（$1.8 \leqslant x \leqslant 1.3$）。SXRD 图谱揭示了三个两相反应，这涉及到电压在 3.7 V 左右的两个中间相 $Na_{2.4}V_2(PO_4)_2F_3$ 和 $Na_{2.2}V_2(PO_4)_2F_3$，如图 7.6（b）所示。前者是长程有序结构，伴随着超晶格有序的排列，后者在高温下展现出与 $Na_3V_2(PO_4)_2F_3$ 相同的结构，由于钠离子的无序排列，表现为四方晶系 $I4/mmm$ 空间群。在第一个 3.7 V 电压平台结束之后，得到了 $Na_2V_2(PO_4)_2F_3$，表明由于钠离子的有序排列或者电荷有序性有可能得到其他超晶格。在更高电压的区域表现为两相反应，同时 $Na_2V_2(PO_4)_2F_3$ 消失，随后表现为一个钠离子无序的固溶体相 $Na_xV_2(PO_4)_2F_3$（$1.8 \leqslant x \leqslant 1.3$），如图 7.6（c）所示。正因为采用了高质量的同步辐射数据，才能观察到此反应过程的细节和结构演变过程。高分辨和高强度的衍射数据是直接观测电极材料中具体反应途径的重要手段，这对理解钠离子的脱嵌机制有很大的帮助[5]。

利用 X 射线衍射也能进行原位变温条件下的相关研究。由于固相反应合成方法是制备钠离子电池电极材料常用的方法，其烧结温度、时间和烧结气氛等会对材料晶体结构和相组成产生很大的影响。Chen 等[9]利用变温 SXRD 技术探索了原位合成 Na_xMnO_2 材料的物相变化过程，如图 7.7 所示。实验中所用到的原材料

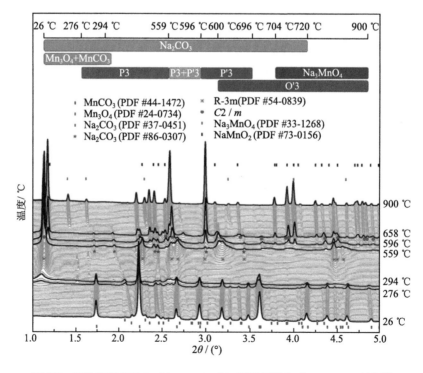

图 7.7　原位变温 SXRD（$\lambda=0.11725$ Å）图谱探索合成 Na_xMnO_2 材料[9]

为 Na$_2$CO$_3$、Mn$_3$O$_4$ 和 MnCO$_3$，测试温度范围为 26~900 ℃，升温速率 2 ℃/min。实验结果表明：在温度升高到 596 ℃之前，产生了多个中间物相，包括 P3 和 P′3 相；在温度达到 596 ℃时出现了 P2-Na$_x$MnO$_2$；温度继续升高后出现了 O′3-NaMnO$_2$ 和 P2-Na$_x$MnO$_2$ 相共存的现象；残余的 Na$_2$CO$_3$ 衍射峰在 720 ℃左右消失；最后在 900 ℃时，得到了 O′3 相的 NaMnO$_2$ 和 Na$_3$MnO$_4$ 共存的结果。利用原位变温 SXRD 能够更精确地控制合成温度以得到不同晶体结构的材料，例如，P3 相材料的合成温度通常在 600 ℃左右；O3 相材料的合成温度通常在 900 ℃左右以及 Na$_2$CO$_3$ 的分解温度在 720 ℃等。

7.2.3 中子衍射技术

中子粉末衍射（neutron powder diffraction, NPD）是通过利用中子束作为源对粉末等样品进行衍射，对材料的晶体结构和磁结构进行表征的技术。其原理与 X 射线衍射相同，中子通过晶体会发生衍射，衍射波会在某些特定的散射角满足 Bragg 方程形成干涉加强，即形成衍射峰。衍射峰的位置和强度与晶体中原子的位置、排列方式和种类密切相关。对于磁性物质而言，衍射峰的位置和强度还与原子的磁矩大小、方向和排列方式有关。

与 X 射线粉末衍射相比，中子粉末衍射具有以下优点:

（1）深穿透。中子是电中性粒子，具有远高于常见 X 射线与电子的穿透深度，易于在极端条件下开展对物质结构的研究。

（2）核素辨识。X 射线散射长度与电子数成正比，而中子散射长度则与原子序数 Z 无关，且对轻原子也灵敏，因而中子特别适合于区分元素的同位素，确定点阵中轻元素的位置和邻近元素的位置。

（3）磁性探针。中子具有磁矩，能与原子磁矩发生相互作用而产生特有的磁衍射，通过对磁衍射的分析可以定出磁性材料点阵中磁性原子的磁矩大小和取向[10,11]。

中子衍射的主要缺点是需要强中子源，常需较多的样品量和较长的数据收集时间。

中子粉末衍射可用于多组分混合体系的无损分析，这种可分析未知材料与材料表征的能力使其在冶金、矿物、凝聚态物理和生物等众多科学领域发挥着重要作用。其具体应用包括相组分确定、结晶性、晶格常数、膨胀张量、体模量、相变以及结构精修与确定等。中子衍射技术在钠离子电池方面的应用主要表现在晶体结构分析，材料中的钠离子扩散行为和用于轻元素的定位与近邻元素的区分。例如，探测材料结构中轻元素（H、Li、Na、C、O 和 F）的位置[14]，3d 过渡金属元素 Fe-Co、Ni-Mn 和 Ni-Cr 等含近邻元素样品的有序排列研究。这主要源于中子对不同元素的散射截面不同，能够区分原子序数相近的元素，甚至是同位素。

3d 过渡金属元素是钠离子电极材料中必不可少的元素，有效地区分不同种元素在晶体中的占位信息是十分必要的。Belharouak 等[12]通过溶胶-凝胶法合成具有相似化学组成的磷酸盐 NaNiCr$_2$(PO$_4$)$_3$ 和 NaCoCr$_2$(PO$_4$)$_3$，并借助中子衍射技术研究了化合物中的 Ni 和 Cr，Co 和 Cr 的原子占位信息。这两种化合物具有相同的晶体结构，同属于 α-CrPO$_4$ 型的结构（orthorhombic 结构，空间群为 *Imma* (74)），如图 7.8 所示。尽管 Ni^{2+} 和 Co^{2+} 具有相似的性质，但是在这两种物质中，Ni 和 Cr，Co 和 Cr 的原子占位却表现出了不同形式。在 NaNiCr$_2$(PO$_4$)$_3$ 中，Ni 和 Cr 按一定比例同时占据 8g 和 4a 的格位，而在 NaCoCr$_2$(PO$_4$)$_3$ 中，Co 和 Cr 按一定比例占据了 8g 的格位，4a 格位由 Cr 单独占据。

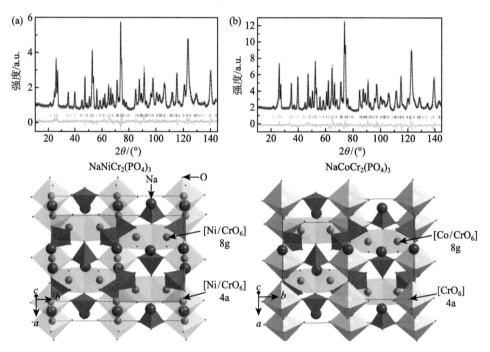

图 7.8 （a）NaNiCr$_2$(PO$_4$)$_3$ 和（b）NaCoCr$_2$(PO$_4$)$_3$ 中子衍射数据和晶体结构图[12]

对于钠离子电池层状正极材料来说，有效地理解结构中钠离子的扩散方式是十分重要的。Juranyi 等[13]通过高分辨率变温中子粉末衍射技术，研究层状过渡金属氧化物 Na$_{0.7}$CoO$_2$ 在 10~475 K 的温度范围内钠层中钠离子的分布形式，如图 7.9（a），（b）所示。在 0~290 K 的温度范围内属于单斜的晶体结构；在 290 K 出现了向正交结构的转变；在温度升高到 400 K 以上时，转变成了六方结构。表明在 10~475 K 的温度范围内，$Na_{0.7}CoO_2$ 经历了两个一级相转变的过程。由于中子能够有效地识别钠离子的分布，通过对所得到的中子衍射数据进行差值傅里叶变换，即可获得钠离子在不同温度下的扩散路径，如图 7.9（c）所示。在 290 K 以下，单斜相 $Na_{0.7}CoO_2$ 中的钠离子处于一种静态的形式；在 290~400 K 的温度范围内，钠离子能够沿着一条准一维路径扩散；在温度超过 400 K 时，所有 Na-Na 间距变得更明显，这表明钠离子开始沿着二维的路径扩散。这些发现表明通过外加扰动，如改变温度，有机会创造更多的钠离子扩散路径，提高钠离子扩散能力。

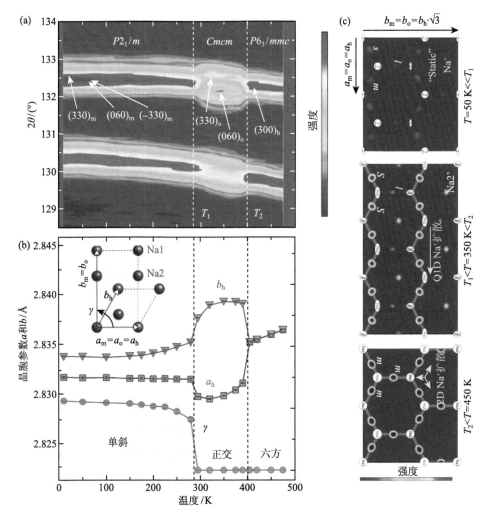

图 7.9　$Na_{0.7}CoO_2$ 的（a）变温中子衍射数据（λ=1.494 Å）；（b）对应的晶胞参数以及钠离子在不同温度范围的扩散路径；（c）钠离子在不同温度下的扩散路径[13]

7.2.4 对分布函数

不同于前面章节的衍射技术研究材料长程晶体结构，对分布函数（pair distribution function, PDF）可以提供材料中的局域结构方面的信息，既能够研究晶态材料也能研究非晶态材料。对分布函数也是基于 X 射线或中子光源的测试，但它提供材料中原子尺度的结构信息，特别是结构中原子-原子间的相互作用。通过傅里叶变换可以获得实空间对分布函数图谱，依据峰位能够直接对应真实空间中的相邻原子间距。对分布函数图谱中峰强对应着相应原子间距的相对丰度。对于非晶材料，可以从对分布函数图谱中提取局部结构信息，如键长和配位数等。对于晶体材料，可以采用相应晶体结构模型，拟合出对应的结构信息。

对于钠离子电池负极材料，例如，碳基负极、合金和转换类负极等，它们在充放电过程中都会经历非晶态结构的转变，因此利用对分布函数能够有效地揭示其中的结构转变现象。Grey 等[15]利用原位 X 射线对分布函数研究 Sb 金属负极在嵌脱钠反应过程中的结构演变机理。Na_xSb_y 为合金反应的高度非晶态中间产物，很难被 X 射线或中子衍射等技术检测。通过原位对分布函数技术，观察到了两个新的中间相化合物 α-$Na_{3-x}Sb$ 和 $Na_{1.7}Sb$。这为进一步认识 Na_xSb_y 合金储钠机理提供了依据。

最近，容晓晖等[14]结合 X 射线和中子对分布函数系统研究了阴离子氧化还原材料 $P3$-$Na_{0.6}[Li_{0.2}Mn_{0.8}]O_2$ 的结构变化，如图 7.10 所示。X 射线对分布函数技术结果表明在充放电前后 Mn—Mn 键和 Mn—O 键没有发生明显的变化，但发现充电态（脱钠态）样品的晶格无序度较原始样品明显增加。另外对于充电态样品，在原子对间距大于 10 Å 后，信号强度较原始态显著减弱，也说明了在充电后晶格

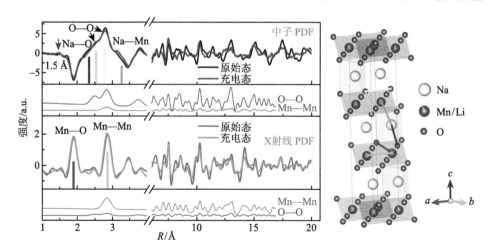

图 7.10　中子对分布函数技术检测 P3-$Na_{0.6}[Li_{0.2}Mn_{0.8}]O_2$ 材料的局域 O—O 结构[14]

无序性增加。进一步通过中子对分布函数技术发现在充电态图谱~1.5 Å 处出现了新的信号峰，认为是过氧根的信号（O—O，键长~1.5 Å）。由于该信号峰的强度较弱，表明充电态中可能出现了有限的过氧根形式的氧二聚体。但是较为明显的是，原本长度为 2.637(4) Å 的 O—O 键（同一过渡金属层内部层间 O—O 键）对应的信号峰在充电态样品中明显向左偏移（O—O 键长变短），变短后的 O—O 键长约 2.506(3) Å。同时发现充电态的 Na—O 信号峰（~2.4 Å）相较原始态其强度明显减弱，表明在充电后过渡金属层间的钠离子大量脱出。

7.3 透射电镜技术

7.3.1 透射电子显微技术

透射电子显微技术（transmission electron microscopy, TEM）是通过把加速和聚集后的电子束投射到非常薄的样品上，使电子与样品中的原子碰撞而改变方向，从而产生立体角散射，其散射角的大小与样品的密度和厚度相关，因此可以形成明暗不同的影像，影像将在放大和聚焦后在成像器件（如荧光屏、胶片，以及感光耦合组件等）上显示出来。由于电子的德布罗意波长比较短，透射电子显微镜可将物质放大为几万到百万倍。因此，使用透射电子显微镜可以观察样品的精细结构，可同时实现微观形貌观察、晶体结构分析和成分分析（配以能谱或能量损失谱）。

透射电镜的成像模式可分为三种情况：

（1）吸收衬度。当电子射到密度大的样品时，主要的成相作用是散射作用。样品上厚度大的地方对电子的散射角大，通过的电子较少，像的亮度较暗。

（2）衍射像。电子束被样品衍射后，样品不同位置的衍射波振幅分布对应于样品中晶体各部分不同的衍射能力，当出现晶体缺陷时，缺陷部分的衍射能力与完整区域不同，所以衍射波的振幅分布不均匀，反映出晶体缺陷的分布。

（3）相位像。当样品薄至 100 Å 以下时，电子可以穿过样品，波的振幅变化可以忽略，成像来自于相位的变化。

在钠离子电池研究中，通常用透射电子显微镜研究以下内容：

（1）利用吸收衬度像，对电极材料进行一般形貌观察。

（2）利用电子衍射、微区电子衍射、会聚束电子衍射等技术分析电极或固体电解质材料的物相、晶系，甚至空间群。

（3）利用高分辨电子显微技术观察晶体中原子或原子团在特定方向上的结构

投影确定晶体结构。

（4）利用衍射像和高分辨电子显微成像技术，观察材料中存在的结构缺陷，确定缺陷的种类，估算缺陷密度。

（5）利用附加的能量色散 X 射线谱仪或电子能量损失谱仪对样品的微区化学成分进行分析等。

透射电子显微镜由于具有在高分辨率下观察结构演变的能力，是研究电池充放电过程中材料结构转变行为和电化学反应机制的重要手段[17,18]。透射电子显微镜通常需要在高真空的条件下操作，原位装置的构造如图 7.11（a），其中由钠金属表面的 Na_2O 充当固体电解质传导钠离子。钠离子电池电极合金或转化类负极材料在进行充放电时除了会发生结构和化学成分的改变，其形貌也会发生很大的变化。许多电极材料性能的恶化就源于体积膨胀及颗粒破裂，因此对材料进行原位的形貌观测也很重要。苏东等[16]利用原位透射电子显微镜研究了转换类钠离子电池负极 FeF_2 纳米材料在充放电过程中的微观形貌和结构演变机理。图 7.11（b）和（c）分别展示了 FeF_2 电极材料颗粒的原始尺寸和嵌钠之后的尺寸大小，可以发现嵌钠后的颗粒尺寸由原始的 20.84 nm、22.42 nm、23.56 nm、18.59 nm 和 41.74 nm 变为 26.93 nm、28.78 nm、30.63 nm、23.94 nm 和 53.78 nm。图 7.11（d）给出了整个过程的变化，随着钠离子的嵌入，材料的图像衬度发生了变化，且其颗粒直径也逐渐变大。

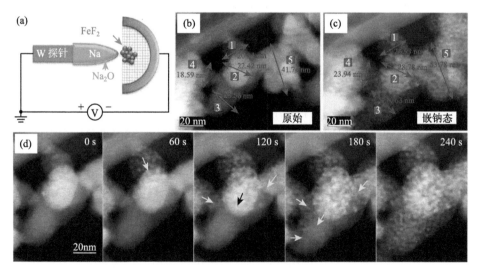

图 7.11 （a）原位透射电子显微镜在钠离子电池研究中的装置示意图；FeF_2 电极材料在充放电过程中的形貌演变（b）原始态、（c）嵌钠态和（d）整个过程的相应变化[16]

7.3.2 扫描透射电子显微技术

随着电子显微技术的不断发展，扫描透射电子显微技术（scanning transmission electron microscopy, STEM）已经成为目前最为流行和广泛应用的电子显微表征手段和测试方法。相比于传统的高分辨相位衬度成像技术，高分辨扫描透射电子显微镜可提供具有更高分辨率、对化学成分敏感以及可直接解释的图像，因而广泛应用于研究材料原子尺度下的微观结构及成分。其中高角环形暗场像（high-angle annular dark-field image, HAADF image，Z 衬度像）为非相干高分辨像，图像衬度不会随着样品的厚度及物镜聚焦的改变而发生明显的变化，像中亮点能反映真实的原子或原子对，且像点的强度与原子序数（Z）的平方成正比，因而可以获得原子分辨率的化学成分信息。近年来，随着球差校正技术的发展，扫描透射电镜的分辨率及探测敏感度得到进一步提高，分辨率达到亚埃尺度，使得单个原子的成像成为可能。此外，配备先进能谱仪及电子能量损失谱的电镜在获得原子分辨率 Z 衬度像的同时，还可以获得原子分辨率的元素分布图及单个原子列的电子能量损失谱。在一次实验中可以同时获得原子分辨率的晶体结构、成分和电子结构信息，为解决一些材料科学中的疑难问题提供新的技术。目前商业化的场发射扫描透射电子显微镜，不仅可以得到高分辨的 Z 衬度像和原子分辨率的能量损失谱，而且其他各种普通透射电子显微术（如衍射成像、普通高分辨相位衬度像、选区电子衍射、会聚电子衍射和微区成分分析等）均可以在一次实验中完成，因而高分辨扫描透射电子显微技术将在材料、化学和物理等学科中发挥着更加重要的作用。

如图 7.12 所示，若探测器内接收的信号主要为布拉格散射的电子，此时得到的图像为环形暗场像，很适合用于电池材料中较重的过渡金属离子[20]；当探测器接收到的信号主要是高角度非相干散射电子时，得到的像为高角环形暗场像。相比之下，当探测器接收到的信号主要是透射电子束和部分散射电子时，可以获得环形明场像（annular bright-field, ABF），适合观察各种衬度的像，如弱束像、像位衬度像和晶格像。2009 年，Okunishi 等[21]发展了球差校正环形明场扫描透射电子显微成像技术（ABF-STEM），并在 $SrTiO_3$、Si_3N_4 和 Fe_3O_4 中分别实现了轻原子氧和氮的直接观察。随后，有关环形明场像的实验和理论不断完善，证明了环形明场像可以实现轻重原子同时成像[22,23]，可通过明场区域的环形探测器收集低角度弹性散射电子[24]。目前，ABF-STEM 技术可以实现对 Na[25]、Li[26]、C[27]、N[23]、O[28]，甚至 H 的直接成像[29]。图 7.12（b）展示了 $LiCoO_2$ 沿[010]方向的 ADF 照片，较重的 Co 元素列为明亮的峰，清晰可见，而较轻的氧元素列则几乎看不到，而更轻的 Li 元素则根本不可见。在对应的 ABF 照片中（图 7.12（c）），Co、O 和 Li 元素列都是清晰可见的[19]。STEM 技术是在原子层面上精确观测原子位置和结构缺陷的有力手段。

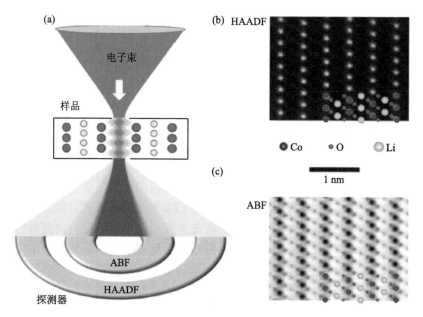

图 7.12 （a）STEM 工作原理示意图；（b）LiCoO₂ 的 HAADF 实验照片和（c）ABF 实验照片[19]

7.3.3 X 射线能谱和电子能量损失谱分析

X 射线能谱（energy dispersive spectrometer，EDS）是电子显微分析方法中一种最基本、最重要的微区成分分析方法。其主要通过检测样品与电子束相互作用后激发的特征 X 射线的能量进行元素分析，具有探测速度快、分析元素范围广、对样品损伤小且适合分析重元素等特点，然而由于 X 射线的采集效率较低（仅能收集样品表面大概 1% 的 X 射线），空间分辨率不高，仅局限于定性及半定量分析。近年来，随着该技术的发展及探测器采集效率的提高，获得原子分辨率的能谱分析成为可能。相较于 TEM-EDS 技术，STEM-EDS 能谱分析能够实现更高的空间分辨率，可以进行点、线和面扫描分析。X 射线能谱分析对于理解材料的化学成分和微观结构至关重要。

除此之外，在入射电子束与样品发生相互作用时，除了会产生弹性散射外，还会产生非弹性散射，使电子损失一部分能量，通过对出射电子按损失的能量进行统计计数，便可以得到电子能量损失谱，因而可以在采用环形探测器收集弹性散射电子成像的同时，通过电子能量过滤系统得到电子能量损失谱。电子能量损失谱（electron energy loss spectroscopy，EELS）在成分分析方面与 X 射线能谱功能相似，特别是对轻元素较为敏感。此外，电子能量损失谱的能量分辨率（约 1 eV）远远高于 X 射线能谱的能量分辨率（约 130 eV），不仅能得到样品的化学成分、电子结构和化学成键等信息，还可以对电子能量损失谱各部分选择成像。电子能量损失谱不仅可以明显提高电子显微像与衍射图的衬度和分辨率，而且可以提供样品中的原子尺度元素分布图。在扫描透射电子显微技术中得到高分辨 Z 衬度像的同时，可以精确地将电子束斑停在所选的原子列上，用较大的接收光阑可以得到单个原子列的能量损失谱。原子分辨率的 Z 衬度像与电子能量损失谱结合，可以在亚埃的空间分辨率和亚电子伏特能量分辨率下研究材料的界面和缺陷及电子结构、价态、成键和成分等，为研究材料原子尺度成分与宏观性能的关系提供新的途径。虽然 Z 衬度高分辨成像可以获得原子序数衬度，但是它并不能确定元素的种类，X 射线能谱和电子能量损失谱分析则是探测元素种类的有效方法，其中后者具有较高的探测敏感度，可以用来分析电子的态密度。

由于扫描透射电子显微镜搭载的电子能量损失谱能够获得化学键、价态和配位的信息，因此，它们的结合可以提供电极材料在原子尺度上的结构、界面特征、扩散途径以及电子结构的信息。周豪慎等[31]利用扫描透射电子显微镜研究了 $Na[Mn_{0.8}Ti_{0.1}Ni_{0.1}]O_2$ 表面化学组成。研究结果表明钠、锰、镍元素能够均匀分布，但钛元素的含量从内向界面逐渐增加，形成类似尖晶石相的由 Ti^{3+} 的氧化物组成的独特界面。这种界面加强了电子和离子的导电性，提高了化学稳定性和热稳定性。Ceder 等[30]通过 STEM-EELS 观察到了 $Na_{5/8}MnO_2$ 中的姜-泰勒效应以及与之相伴的 Na^+/空位有序现象。如图 7.13 所示，通过 Mn L3 和 L2 边的强度比可以判

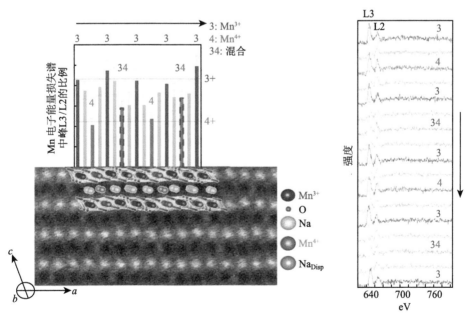

图 7.13　$Na_{5/8}MnO_2$ 中 Mn 的电子能量损失谱 L3/L2 峰的比值,虚线为标准样品 Mn_2O_3 和 MnO_2 的相应比值。左下角为[010]方向的扫描透射电子显微图像；右边是 Mn L-边的电子能量损失图谱[30]

断出有三种类型锰元素的条纹：纯的 Mn^{3+} 的条纹，纯的 Mn^{4+} 的条纹以及 Mn^{3+} 和 Mn^{4+} 相间的条纹。其中 $Mn^{3+}O_6$ 的八面体表现为姜-泰勒扭曲，但 $Mn^{4+}O_6$ 则不然。它们的周期性排列产生的姜-泰勒效应驱使钠离子占据高度扭曲的八面体位置，形成 $Na-O-Mn^{3+}-O-Na$ 构型，这使进一步从原子尺度上认识钠离子电池电极材料成为可能。

7.4　固体核磁共振波谱技术

固体核磁共振（solid-state nuclear magnetic resonate，ssNMR）是磁矩不为零的原子核，在外磁场作用下自旋能级发生分裂，共振吸收某一定频率的射频辐射的物理过程。

原子核具有自旋角动量，其自旋角动量的具体数值由原子核的自旋量子数 I 决定，原子核的自旋量子数 I 由如下法则确定：

（1）中子数和质子数为偶数的原子核，自旋量子数为 0；

（2）中子数加质子数为奇数的原子核，自旋量子数为半整数（如 1/2、3/2、5/2）；

（3）中子数和质子数均为奇数的原子核，自旋量子数为整数（如 1、2、3）。

只有自旋量子数等于 1/2 的原子核，其核磁共振信号才能够被人们利用，经常为人们所利用的原子核有 ^1H、^7Li、^{13}C、^{17}O、^{19}F、^{23}Na、^{31}P 等。

由于原子核携带电荷，当原子核自旋时，会产生一个磁矩。这一磁矩的方向与原子核的自旋方向相同，大小与原子核的自旋角动量成正比。将原子核置于外加磁场中，若原子核磁矩与外加磁场方向不同，则原子核磁矩会绕外磁场方向旋转。原子核发生旋转的能量与磁场、原子核磁矩以及磁矩与磁场的夹角相关。当原子核在外加磁场中接受其他来源的能量输入后，就会发生能级跃迁，也就是原子核磁矩与外加磁场的夹角会发生变化。这种能级跃迁是获取核磁共振信号的基础。当外加磁场的频率与原子核自旋旋转的频率相同的时候，外加磁场的能量才能够有效地被原子核吸收，为能级跃迁提供助力。因此某种特定的原子核，在给定的外加磁场中，只吸收某一特定频率外加磁场提供的能量，这样就形成了一个核磁共振信号。核磁共振技术具有高的能量分辨和空间分辨能力，能够探测材料中的化学信息并成像，获得局部电荷有序无序等信息，可以探测顺磁或金属态的材料，还可以通过探测由掺杂带来的电子结构的微弱变化来反映元素化合态信息，另外结合同位素示踪还可以研究电池中的副反应。

钠离子电池材料的长程有序结构一般可通过 X 射线衍射等方法获得，但是衍射方法对轻元素（如氢、锂、钠、氧和氟等）不敏感，所以无法准确测定其空间占位与分布等信息。大量的研究表明，钠离子电池材料的局域结构尤其是离子排布的有序性是影响材料性能的关键因素。近些年来，固体核磁共振技术已被广泛应用于钠离子电池的研究中，在定量分析电池材料的局域微观结构、电化学过程和离子传输过程等方面发挥了重要的作用。

相比液体体系，固体材料结构刚性相对较大且具有很强的内部相互作用，如偶极-偶极作用和核-电四极矩作用，会导致固体材料的固体核磁共振谱谱线宽化，因此固体样品难以获得高分辨 NMR 图谱。魔角旋转（magic angle spinning，MAS）方法是目前应用得最广泛的一种获取高分辨固体核磁共振谱的方法，它通过将样品与静磁场以一定的角度高速旋转，可部分或完全平均化固体中上述相互作用，从而获得高分辨图谱。一般钠离子电池正极材料常含有过渡金属元素，它们通常带有一定的顺磁性，这些顺磁性会造成谱线的急剧增宽和位移。此外，过渡金属离子的电子自旋和核偶极之间产生电子-核偶极相互作用，也会引起谱线增宽。因此钠离子电池正极材料需要在更高的 MAS 转速下才能获得高分辨率的图谱。

P2 相层状钠离子正极在充电时通常会经历 P2 到 O2/OP4/Z 的相变，Rojo 等[32]借助非原位的 ^{23}Na MAS-NMR 技术等方法对 P2-$Na_{2/3}[Mn_{1/2}Fe_{1/2}]O_2$ 材料在充放电过程的结构演化进行了研究，如图 7.14（a）和（b）所示。研究发现该材料在充

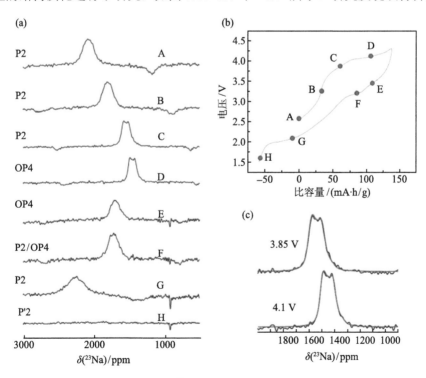

图 7.14 （a）$Na_{2/3}Mn_{1/2}Fe_{1/2}O_2$ 非原位 ^{23}Na 核磁图谱；（b）对应的充放电曲线；（c）为（a）图中拟合的 C 和 D 点数据[32]

放电过程中发生了 P2-OP4 的可逆两相反应，当充至高电压时生成 OP4 相，钠离子主要位于 P 相的三棱柱位置（图 7.14（c））。

聚阴离子型材料，由于具有较高的工作电压、稳定的晶相结构以及突出的热稳定性，是钠离子电池正极材料中非常重要的电极材料体系。钠离子电池正极材料 $Na_3V_2(PO_4)_2F_3$ 的结构曾存在一定的争议，即利用 XRD 方法初步判断该材料在室温条件下存在两种相结构空间群，分别为：$P4_2/mnm$（两个 P 位）和 $Amam$（一个 P 位），但在 ^{31}P NMR 图谱中可以清晰地观测到 $Na_3V_2(PO_4)_2F_3$ 在室温条件下存在着两个明显的 ^{31}P 谱峰[33]，对应着 $P4_2/mnm$ 空间群，如图 7.15（a）所示。使用固体核磁共振波谱技术对该材料的首次充放电过程进行研究，通过观测 ^{23}Na 谱峰强度变化结果发现，$Na_3V_2(PO_4)_2F_3$ 中两个钠位上的钠离子几乎同时脱出，如图 7.15（b）所示，弥补了 X 射线衍射和电化学对此阶段机理研究的不足。该工作还利用原位和非原位以及变温核磁共振波谱技术实验对钠离子的移动性进行了研究，结果表明钠离子的迁移速率随着材料结构中钠空位的增多先升高后降低，较快的钠离子迁移速率和较高的表观钠离子扩散系数是 $Na_3V_2(PO_4)_2F_3$ 材料的倍率性能优异的原因。

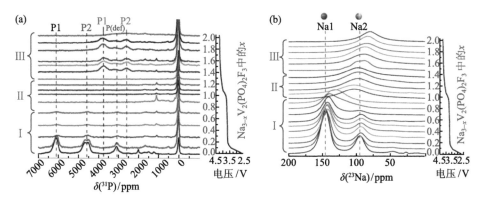

图 7.15　$Na_3V_2(PO_4)_2F_3$ 材料中的（a）非原位 ^{31}P 核磁图谱；（b）^{23}Na 核磁图谱[33]

如第 3 章所述，钠在硬碳负极材料的存储行为一直备受争议，寻找合适的表征技术至关重要。Grey 等[34]利用原位 ^{23}Na 固体核磁技术研究钠在硬碳负极材料中的存储机理。如图 7.16 所示，随着放电的进行（嵌钠过程），出现了一个新的信号峰，并且该峰的化学位移随着放电深度逐渐增大至~760 ppm。在充电过程（脱钠过程）中，该信号峰逐渐消失，并在后期循环中表现出了可逆的变化规律。作者认为随着放电过程的进行，钠在膨胀的碳层内逐渐形成一种"quasi-metallic clusters"（准金属团簇），表现为逐渐向金属钠谱峰移动的 ^{23}Na 信号。

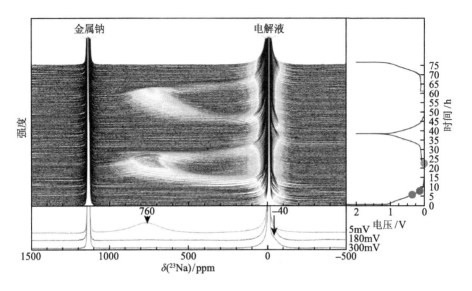

图 7.16 原位 ^{23}Na 核磁图谱在硬碳负极中应用[34]

7.5 X 射线吸收谱技术

X 射线透过样品后，其强度会发生衰减并且其衰减程度与材料结构和组成有关。这种研究透射强度与入射 X 射线强度之间关系的技术，称为 X 射线吸收谱（X-ray absorption spectroscopy, XAS）技术。由于其透射光强与元素、原子质量有关，故可以用于元素的成分、价态定性分析，甚至定量分析。当 X 射线能量等于被照射样品某内层电子的电离能时，会发生共振吸收，发出光电子，而 X 射线吸收系数发生突变，在吸收谱中对应吸收边（edge）。原子中不同主量子数的电子的吸收边相距较远，按主量子数命名为 K、L、M 和 N 吸收边等。其中，每一种元素都有其特征的吸收边，因此 X 射线吸收谱技术可以用于元素的定性分析。此外，吸收边的位置与元素的价态相关，如果元素的氧化价增加，吸收边会向高能侧移动，因此对于同种元素的不同种价态也是可以分辨的。

根据作用机理和峰形的不同，通常把 X 射线吸收谱划分为三个区域（图 7.17）：吸收边前(pre-edge）和吸收边（edge），吸收边又进一步分为 X 射线吸收近边结构谱（X-ray absorption near edge structure, XANES）和扩展 X 射线吸收精细结构谱（extended X-ray absorption fine spectroscopy, EXAFS）。

吸收边前源于内层电子向束缚态的空轨道跳跃。对于 3d 过渡金属，1s 轨道上的电子向空的 3d 及 4p 轨道的跃迁，其中 1s-4p 是允许的跃迁，而 1s-3d 是偶极禁阻或四级矩允许的跃迁。因此，1s-4p 跃迁对应图谱中强度较高的边前峰，而 1s-3d 跃迁对应的则是很弱的边前部分。因为吸收边前的产生涉及 3d 轨道的能级位置，于是就很容易理解吸收边前用于元素电子结构的分析。由于 3d 金属的 d 轨道电子填充情况直接与元素价态相关，因此边前位置可以用来判断元素的价态；不同构型中 d 轨道能级分裂不同，因此结合晶体场理论和边前部分还可以用来判断元素的几何构型。

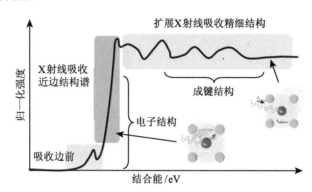

图 7.17　包含三个区间范围的典型 X 射线吸收谱示意图

X 射线吸收近边结构谱，位于吸收边前-吸收边后~50 eV 范围内。其特点包括振荡剧烈；谱采集时间短，适合于时间分辨实验；对价态、未占据电子态和电荷转移等化学信息敏感；对温度依赖性很弱，可用于高温原位化学实验；具有简单的"指纹效应"，可快速鉴别元素的化学状态。

扩展 X 射线吸收精细结构谱位于吸收边后 50~1000 eV 范围内。其特点是可以得到中心原子与配位原子的键长、配位数和无序度等信息。

1920 年，Kossel 提出吸收边附近结构是由激发的光电子跃迁到一系列外层未被占据的轨道造成的。X 射线吸收近边结构谱分为软 X 射线吸收谱（soft XAS）与硬 X 射线吸收谱（hard XAS），空间分辨尺度在数纳米到毫米范围。通过硬 X 射线吸收谱近边谱的位置，比对参考化合物，可以得到元素价态的信息；同时可以获得扩展 X 射线吸收精细结构的数据分析，获得局域键长、结构有序度和配位环境变化的信息。由于硬 X 射线吸收谱穿透能力较强，可以实现原位电池的观察。软 X 射线吸收谱对电子结构更为敏感，通过 DFT 的辅助拟合分析，可以获得精确的价态，甚至是电子在特定电子轨道填充的信息，这对于理解电池充放电过程中的电荷转移非常重要。

在钠离子电池工作过程中，会同时伴随着元素的氧化还原和晶体结构的变化，因此 X 射线吸收谱技术已经被广泛应用到相关的研究中。尤其是原位吸收谱技术的发展，在一定程度上加快了钠离子电池材料的研究进程。

图 7.18（a）给出了原位 X 射线吸收谱测试装置示意图以及实物照片。由于吸收谱是基于同步辐射光源开展的，故其 X 射线源具有很高的强度，能够穿透整

个电池体系。通过采用改进的扣式电池壳，能够比较容易地组装实验需要的原位电池。$Na_3V_2(PO_4)_3$ 是一种性能优异的钠离子电池正极材料，通常表现出很好的循环稳定性。该材料充放电过程中在 3.4 V 有一个电压平台，对应于 V^{4+}/V^{3+} 的氧化还原[36]。图 7.18（b）为 $Na_3V_2(PO_4)_3$ 电极材料充放电过程中钒元素原位 X 射线吸收谱。在充电过程中，可以观察到吸收边（能量在 5475~5486 eV）逐渐向高能区移动，表明原始材料中的 V^{3+} 被逐渐氧化为 V^{4+}；并且边前峰也向高能量范围偏移，说明 V^{3+} 被逐渐氧化为 V^{4+}。在放电过程中，吸收边发生可逆转变，恢复到了初始的状态，表明随着钠离子的嵌入，V^{4+} 被逐渐还原为 V^{3+}。X 射线吸收近边结构谱高度可逆的转变过程也说明材料在钠离子脱嵌过程中的稳定性，与实际的电化学可逆性相符。

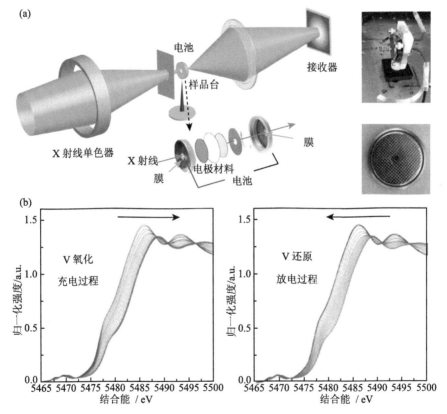

图 7.18 （a）原位 X 射线吸收谱测试示意图以及实物模型；（b）$Na_3V_2(PO_4)_3$ 电极材料在充放电过程中钒元素的 K 边吸收谱[35]

基于 X 射线吸收谱技术开发的成像技术，特别是三维重构技术为进一步研究钠离子电池电极材料在充放电过程中的变化行为提供了更加直观的认识。由于 X

射线的波长基本上覆盖了所有元素的光谱特征，因此 X 射线成像还可以提供元素和价态分布。X 射线成像的强大穿透力和非破坏性使其适合于在原位操作条件下研究较厚的样品。近年来，新开发的 X 射线成像显微技术（X-Ray transmission microscopy, TXM）和同步辐射 X 射线断层扫描显微技术（synchrotron radiation X-ray tomographic microscopy）在电池材料研究中受到了广泛的关注。三维的 X 射线成像显微技术，可以提供分辨率从纳米到微米结构的直接三维成像。与仅能提供样品平均信息的 X 射线衍射或吸收技术相比，X 射线成像显微技术可以提供具有 30 nm 空间分辨率的元素和价态映射信息。尽管透射电子显微镜已被证明是研究微结构转变和动力学过程的有力技术，但是它受限于探测样品的厚度。而基于同步加速器源的 X 射线成像显微技术，能够研究具有宽视野的大而厚的样品。最近，王军等[37]成功应用原位 X 射线成像显微技术，研究了 FeS 电极材料在充放电过程中各物相的演变和分布，如图 7.19 所示。三维重构的结果表明，在材料相变过程开始时，颗粒的局部表面附近先经历体积膨胀；随着进一步嵌钠，相变逐渐发生在多个位置并向颗粒中心扩散。在脱钠过程中，电极材料颗粒逐渐收缩，但颗粒中心仍有一些钠残余。结果表明，FeS 电极材料的不可逆比容量是由一些残余在中心的钠引起的。第二周循环的结果进一步表明，由于微观结构的变化和重组，电极材料的循环可以实现更好的可逆性。

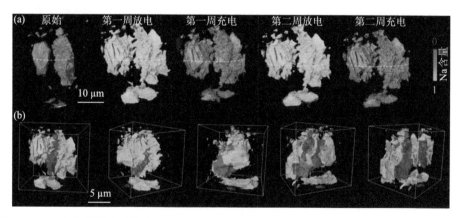

图 7.19 FeS 电极材料在充放电过程中的（a）三维重构 X 射线成像显微技术测试以及（b）整合原材料与第一次放电态（嵌钠状态）图像的不同方向视图[37]

7.6 表面分析技术

7.6.1 X 射线光电子能谱技术

X 射线光电子能谱（X-ray photoelectron spectroscopy，XPS）是基于光电效应，

利用 X 射线与样品表面相互作用，激发产生光电子，通过测量光电子动能进而对样品表面元素及化学状态进行分析的一项技术。当光子辐照到样品表面时，光子可以被样品中某一元素的原子轨道上的电子所吸收，使得该电子脱离原子核的束缚，以一定的动能从原子内部发射出来，变成自由的光电子。根据爱因斯坦光电效应方程，同时考虑到出射光电子从样品内部到真空中的能量损耗，有

$$E_k = h\nu - E_B - \phi \tag{7-3}$$

式中，E_k 为仪器测量得到的光电子动能；$h\nu$ 为 X 射线源光子的能量，一般采用 Mg 靶或 Al 靶的 X 射线激发源，产生的光子的能量足够促使除氢、氦以外的所有元素发生光电离作用，产生自由光电子；E_B 为光电子的结合能，不同原子轨道上被激发出的光电子具有不同的结合能；ϕ 为功函数，是指电子由费米能级进入真空成为自由光电子所需要的能量，由仪器和材料共同决定，一般可以利用标准样品或者特定元素进行定标。

当已知入射 X 射线的能量和系统的功函数时，就可以通过测量光电子动能得到结合能，将具有不同动能的光电子的强度（计数）与动能对应的结合能作图即可得到常用的 XPS 图谱，由于特定原子轨道上被激发得到的光电子的结合能是特定的，在图谱上将会出现不同的强度峰，因此可以根据光电子的结合能定性分析物质的元素种类。同时，同一元素同一原子轨道上的电子由于所处化学环境的不同（如 C—O 和 C═O），被激发出的光电子也对应着不同的结合能，在图谱上表现出峰位的差异（即化学位移），化学位移同原子氧化态、原子电荷和官能团有关，因此，还可以利用化学位移的不同分析元素的化学状态。除了定性分析不同元素和同一元素的不同化学环境，由于光电子的强度与样品中该原子的浓度存在线性关系，还可以利用这一性质对元素进行半定量分析。第 4 章中的图 4.22 (c) 给出了不同电解液体系下硬碳负极表面含 F 物质 NaF 与 PO_xF_y 循环过程中含量的相对变化。值得指出的是，光电子的强度不仅与原子的浓度有关，还与光电子的平均自由程、样品的表面光洁度、元素所处的化学状态和 X 射线源强度以及仪器的状态有关。X 射线光电子能谱技术一般不能给出所分析元素的绝对含量，仅能提供各元素的相对含量。由于元素的灵敏度因子不仅与元素种类有关，还与元素在物质中的存在状态，仪器的状态有一定的关系，因此不经校准测得的相对含量也会存在很大的误差。

作为一种表面分析方法，X 射线光电子能谱具有很高的表面检测灵敏度，具体表现为：可以分析除 H 和 He 以外的所有元素，对所有元素的灵敏度具有相同的数量级；相邻元素的同种能级的谱线相隔较远，相互干扰较少，元素定性的标识性强；样品分析的深度约 2 nm，信号来自表面几个原子层。在此基础上，通过离子溅射法，即用惰性气体离子束轰击样品，逐层剥离样品表面，然后对表面进

行分析，可以获得深度-成分分布曲线或深度方向元素的化学态变化情况。

目前，X 射线光电子能谱技术在研究钠离子电池各部分之间界面的化学成分和电化学性质之间的关系方面得到了比较广泛的应用，在前面的章节中已经给出了大量的实例。然而这些实例多为非原位的，要想获得在充放电过程中界面化学成分的动态变化，就需要发展原位 X 射线光电子能谱技术。图 7.20 （a）展示了一种用于检测固态钠金属电池界面变化的原位 X 射线光电子能谱示意图，所用电解质为 Na_3PS_4。通过 Ar^+ 刻蚀金属钠，使溅落下来的钠金属沉积到 Na_3PS_4 电解质片上，在外加电压的条件下使溅落下来的钠金属和 Na_3PS_4 电解质反应。同时用 X 射线光电子能谱探测界面的反应产物。在图 7.20（b）的分析结果中可以看到，随着金属钠沉积，P 2p 谱上逐渐出现了 Na_3P 的信号，同时在 S 2p 谱上也检测到了 Na_2S 的信号，表明 Na_3PS_4 电解质在一定程度上发生了分解反应，这些分解产物在电解质与钠金属界面的不断积累会增大界面阻抗，影响离子传导，该现象与固态锂金属电池（电解质为 $Li_{10}GeP_2S_{12}$）界面反应类似[38]。

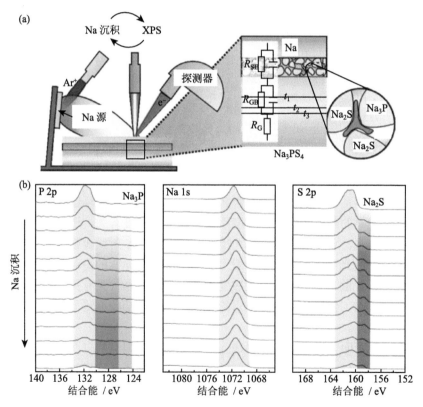

图 7.20 （a）原位 X 射线光电子能谱技术用于固态钠金属电池（电解质为 Na_3PS_4）界面研究示意图；（b）钠沉积过程中 P 2p，Na 1s 和 S 2p 图谱[39]

7.6.2 原子力显微技术

原子力显微镜（atomic force microscopy, AFM）是一种通过测量样品表面分子（原子）与微悬臂探针之间的相互作用力来观测样品表面形貌的技术[40]。利用原子力显微镜可以直观地观察到界面反应和形貌变化。相对于扫描电子显微镜，原子力显微镜具有更多的优点。不同于扫描电子显微镜只能提供二维图像，原子力显微镜可提供真正的三维图像。同时，扫描电子显微镜需要在高真空条件下运行，而原子力显微镜在常压下甚至在液体环境下都可以工作。

基于原子力显微镜的原位表征技术能实时检测电极表面的微观形貌，在纳米尺度上提供电极表面的物理化学信息，为电极材料和电解液的优化改性提供实验依据。作为钠离子电池研究的有力手段，原子力显微镜能通过其针尖原子与电极表面原子之间的相互作用，在电化学反应条件下实时检测电极材料的高度变化、裂纹形成和相变，得到有关钠离子扩散、电子传输、电极-电解液界面反应以及电极材料稳定性的信息。这些信息为研究电极老化机制和电极-电解液界面反应提供了可靠依据，是通过原位观测取得"第一手资料"的重要手段。由于金属钠与电解液高的反应活性，通常会在电极表面形成 SEI 膜[42,43]。陈军等[41]利用原位原子力显微镜技术研究了电解液添加剂 FEC 对钠金属沉积行为的影响，如图 7.21（a）

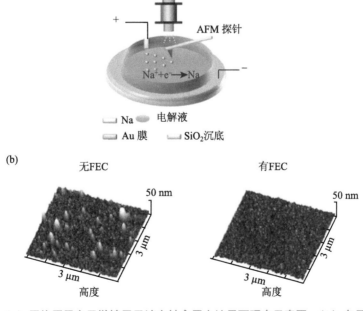

图 7.21 （a）原位原子力显微镜用于液态钠金属电池界面研究示意图；（b）有无 FEC 做添加剂的金属钠表面的形貌[41]

所示。FEC 的添加能够有效提高金属钠表面的平整度，即减少钠金属枝晶的形成（图 7.21（b）），提高电池的循环稳定性。

7.7 电化学表征技术

7.7.1 线性电势扫描法

线性电势扫描法属于控制电势技术的一种，是在电极上施加一个一定范围内随时间线性变化的电压，获得响应电流随电压变化曲线的一种方法，主要包括线性扫描（linear sweep voltammetry，LSV）和循环伏安法（cyclic voltammetry，CV）两种，二者的区别在于使用的电势扫描波形不同，前者采用单程线性电势波，后者采用连续三角波。在钠离子电池的研究过程中，线性扫描一般用于测定电解液的电化学窗口，而循环伏安法的使用更为广泛。

下面以图 7.22（a）为例简要介绍循环伏安法的过程和图像。对于电极反应：

$$O + ne^- \rightleftharpoons R$$

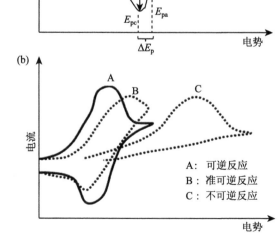

图 7.22 （a）循环伏安法扫描电流响应曲线；（b）可逆、准可逆和不可逆反应的循环伏安图

O 和 R 分别表示电活性物质的氧化态和还原态，若初始溶液中只含 O 而不含 R，电势向阴极方向扫描时，即电势逐渐变负（由高变低，图中由右向左），O 逐渐在电极上被还原，且随着电势变负出现越来越大的阴极电流，当电势达到一定值时，表面 O 被显著消耗，电流下降，在这一过程中得到具有峰值的曲线，出现还原峰（或称阴极峰）；同理，当扫描电势达到三角波的顶点，改为反向扫描时（由低变高，图中由左向右），之前过程产生的 R 被氧化，阴极电流减小而阳极电流增大，随后出现氧化峰（或称阳极峰）。还原峰位置对应的峰电势和峰电流分别用 E_{pc} 和 i_{pc} 表示；氧化峰相应值则用 E_{pa} 和 i_{pa} 表示。

根据循环伏安曲线的氧化峰和还原峰的峰高（即 i_{pc} 和 i_{pa} 值）、峰间距离（即 E_{pc} 和 E_{pa} 的差值）和对称性可以判断电活性物质在电极表面反应的可逆程度，测量表观化学扩散系数等，由此分析电极反应的性质、机理和电极过程动力学。

（1）电极可逆性的判断。若反应是可逆的，则曲线上下对称，若反应不可逆，则曲线上下不对称（图 7.22（b））。严格来说，若反应可逆且完全由液相传质速度控制，有

$$\frac{|i_{pc}|}{|i_{pa}|} = 1 \tag{7-4}$$

$$\Delta E_p = E_{pa} - E_{pc} = \frac{56.5}{n} \text{ (mV)} \tag{7-5}$$

i_{pc} 与 i_{pa} 的比值越接近于 1，表明该体系的可逆程度就越高；当改变扫速时，峰电势差值越接近定值，表明该体系可逆程度越高。

（2）表观化学扩散系数的测量。对于扩散控制的可逆体系，室温时峰电流 i_p 可以由以下 Randles-Sevcik 公式得出：

$$i_p = 2.69 \times 10^5 n^{3/2} A D^{1/2} c v^{1/2} \tag{7-6}$$

式中，A 为电极面积；D 为表观扩散系数（cm^2/s）；c 为本体溶液中 O 的浓度；n 为交换电子数；v 为扫描速度（mV/s）。

因此，可以首先测量电极材料在不同扫描速率下的循环伏安曲线，将不同扫描速率下的峰值电流对扫描速率的平方根作图，将相关参数代入式（7-6），即可求得表观扩散系数。值得指出的是，由于钠离子电池在实际的氧化还原反应过程中涉及固体电极内部的电荷转移，同时还有 Na^+ 的嵌入/脱出，因此测得的表观扩散系数实际包含了电极内部和电解液两部分的扩散，得到的只是平均的表观化学扩散系数。此外，由于电极的实际表面积难以得到准确值，因此得到的表观扩散系数也只适合半定量比较，而不适用于定量分析。

实际电池体系往往无法达到完全可逆的程度，多为准可逆反应，对于准可逆反应的循环伏安曲线，它的氧化还原峰形和峰电流、峰电势除了与电极反应电荷

转移数、反应本身的动力学参数等有关外，还与电势扫描速率有关。一般来说，随着扫速增大，ΔE_p 值也逐渐变大。

实际中，循环伏安法经常会配合电化学曲线同时使用。Masquelier 等[44]研究了 Na$_4$MnV(PO$_4$)$_3$ 正极材料在不同电化学窗口循环下的氧化还原可逆性差异，如图 7.23 所示。在 2.5~3.7 V 电压范围内，两对可逆的氧化还原峰分别为 V^{4+}/V^{3+}（3.4 V）与 Mn^{3+}/Mn^{2+}（3.6 V），符合典型的可逆反应类型；同时结合原位 X 射线衍射技术，表明在这个过程中经历了两相可逆反应的结构转变，其部分可逆的结构演变趋势也证明了这一点。

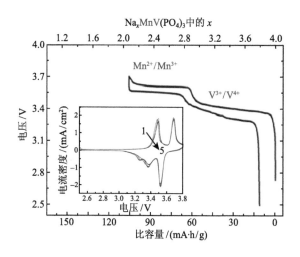

图 7.23 Na$_4$MnV(PO$_4$)$_3$ 正极材料在 2.5~3.7 V 下的充放电曲线和循环伏安曲线[44]

7.7.2 恒电流间歇滴定和恒电位间歇滴定技术

恒电流间歇滴定技术（galvanostatic intermittent titration technique, GITT）是一种结合了稳态技术和暂态技术优点的一种方法，其基本原理是在某一特定环境下对测量体系施加一恒定电流并持续一段时间后切断该电流，观察施加电流段体系电压随时间的变化以及弛豫后达到平衡的电势，通过分析电压随时间的变化可以得出电极反应过程过电势的弛豫信息，进而推测和计算反应动力学信息。

Na$^+$在固相中的扩散过程（嵌入/脱出、合金化/去合金化）较为复杂，既有离子晶体中"空位、间隙机制"的扩散，也有浓度梯度影响的扩散，还包括化学势影响的扩散。化学扩散系数是一个包含以上扩散过程的宏观概念，目前被广为使用，在 7.7.1 节中使用循环伏安法测得的表观扩散系数在钠离子电池中也属于这一范畴。GITT 方法在提出之初就是为了解决充放电过程中离子表观扩散系数的测定，其基本过程和原理如下：

（1）从已知化学计量组成的样品开始，电池处于热力学平衡状态，对应电势为 E_0。

（2）t_0 时刻开始向体系施加一个恒电流 I_0，在 τ 时间后切断。开始时，由于恒电流的存在，在相界面处会形成一个固定的浓度梯度，为了保持住这样的浓度梯度，电极电势会相应地上升或下降（取决于电流的方向）。如图 7.24 所示，在接入电流 I_0 的瞬间，由于电解液和接触界面的电阻，会形成一段 IR 降的台阶，这部分电势差在 $t_0+\tau$ 时刻断开电流后将消失，并不影响 τ 时间内电势-时间曲线的几何形状。此时，电势 E 与时间 t 的关系需要使用菲克第二定律进行描述。

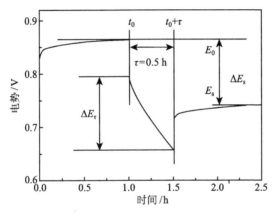

图 7.24　恒电流间歇滴定测试参数示意图

（3）$t_0+\tau$ 时刻断开电流后，迅速经过 IR 降后进入弛豫阶段。在弛豫阶段，组分倾向于通过迁移物质（Na^+）的扩散而再次变得均匀，电势缓慢上升，直到再次平衡，降至一个新的稳态电势 E_s，对应于迁移物质（Na^+）在电极材料中含量变化，亦即迁移物质（Na^+）在电极材料中的库仑滴定引起的电势的改变。

由图 7.24 中的 E 和 t 关系可以获得 E-$\sqrt{t}$，由第（3）部分内容可以获得库仑滴定曲线——每次建立的新平衡电势和迁移物质（Na^+）在电极材料中占比的关系，由此可以获得这两条曲线的斜率。利用下式即可获得表观扩散系数 D^{GITT}：

$$D^{GITT} = \frac{4}{\pi} \left(\frac{I_0 V_m}{Z_A FS} \right)^2 \left[\frac{\left(\dfrac{dE}{d\delta} \right)}{\left(\dfrac{dE}{d\sqrt{t}} \right)} \right]^2 \tag{7-7}$$

式中，I_0 为电流（mA）；V_m 为活性物质的摩尔体积（cm³/mol）；Z_A 是离子电荷数；F 为法拉第常数；S 为电极与电解液的接触面积（cm²）。

当外加的电流 I_0 很小，且弛豫时间 τ 很短时，$\dfrac{dE}{d\sqrt{t}}$ 呈线性关系，式（7-7）可

以简化为

$$D^{GITT} = \frac{4}{\pi\tau}\left(\frac{mV_m}{MS}\right)^2\left(\frac{\Delta E_s}{\Delta E_\tau}\right)^2 \qquad (7\text{-}8)$$

其中，m 和 M 分别为电极材料的质量和相对分子质量；ΔE_s 和 ΔE_τ 分别为滴定前后稳态电压值变化和滴定过程中的电压变化。

值得指出的是，式（7-7）是在以下几个假设条件的基础上推导得到的，在使用时应特别注意：

（1）电极体系为等温绝热体系；

（2）电极体系在施加电流时无体积变化与相变；

（3）电极响应完全由离子在电极内部的扩散控制；

（4）$\tau \ll d^2/D$，d 为离子扩散长度；

（5）电极材料的电子电导率远大于离子电导率。

如第 3 章所述，硬碳材料是钠离子电池一种常用的负极材料，其充放电曲线通常表现为斜坡和平台两部分，细致地研究在这两部分中钠离子扩散速度的区别对于理解硬碳材料的储钠机理和进一步优化性能至关重要。为了更好地理解不同碳化温度下处理的硬碳材料电化学性能的差异，特别是倍率性能的差异，胡勇胜等[45]对其进行了恒电流间歇滴定测试，如图 7.25（a），（b）所示。相较于低电压平台区域，三种材料在高电压的斜坡区域都表现出了较大的电压降；并且在 1600 ℃

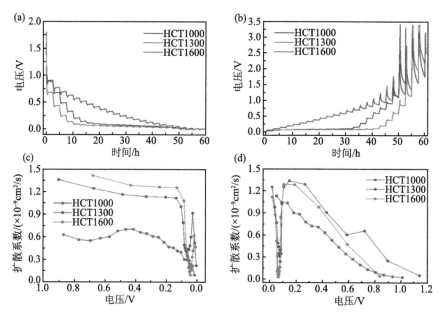

图 7.25　不同热处理温度所制备的硬碳材料的恒电流间歇滴定测试（a）放电和（b）充电曲线；
（c）放电和（d）充电过程中扩散系数随电压的变化[45]

下得到的材料电压降要比 1000 ℃下制备的样品大一到两倍。计算结果表明，三种材料的钠离子扩散系数都在 $10^{-9}\ cm^2/s$ 量级（图 7.25（c），（d））。但是在 1000 ℃下得到的材料的钠离子扩散系数随着放电和充电的进行逐渐减小；而在 1300 ℃下得到的材料和 1600 ℃下得到的材料在两个电极中的扩散系数在充放电过程中的变化比较复杂。在放电的过程中先缓慢减小，接下来急剧减小，而在接近放电结束时又快速反弹；在充电过程中，扩散系数先快速降低，又迅速增加，最后缓慢降低，扩散系数的复杂变化主要是由斜坡部分和平台部分不同的储钠机制导致的。

恒电位间歇滴定技术（potentiostatic intermittent titration technique, PITT）则是通过瞬时改变电极电位并恒定保持一段时间，同时记录电流随时间变化，通过分析电流随时间变化获得动力学信息的一种方法。

利用 PITT 计算表观扩散系数的公式如下：

$$I = \frac{2QD}{d^2}\exp\left(-\frac{\pi^2 Dt}{4d^2}\right) \tag{7-9}$$

式中，Q 为电荷量，每一步阶跃的 Q 可以由 I-t 曲线的面积得到；d 为离子扩散长度，可以近似地认为是活性物质厚度。将式（7-9）两边取对数，得到

$$\ln I = \ln\left(\frac{2QD}{d^2}\right) - \left(\frac{\pi^2 D}{4d^2}\right)t \tag{7-10}$$

因此，在测试过程中作出 $\ln I$-t 曲线，截取曲线的线性部分数据，求斜率即可获得 Na^+ 在活性电极中的表观扩散系数：

$$D^{PITT} = \frac{d\ln I}{dt}\frac{4d^2}{\pi^2} \tag{7-11}$$

Adamczyk 等[46]用恒电位间歇滴定测试揭示了 $Na_2Mn_3O_7$ 电极材料两相转变的可逆过程，如图 7.26 所示。在充放电过程中，在 $x=0.7$ 时，出现了一对电流增大

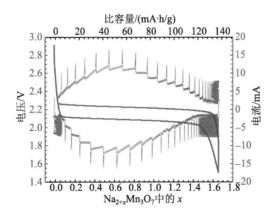

图 7.26　$Na_2Mn_3O_7$ 电极材料恒电位间歇滴定测试[46]

的、可逆"铃"形的响应曲峰，表明材料在这一时刻发生了不同的动力学过程，表现为可逆的结构转变。

7.7.3 电化学阻抗谱技术

在前面介绍的电化学表征方法中，我们向系统施加的扰动信号都是直流电信号，若将输入的扰动信号改为交流电信号，通过研究阻抗的变化，可以获得电池界面的动力学信息，这样的方法称为交流阻抗法。通过改变施加的小振幅正弦波的频率，可获得一系列不同频率下的阻抗、阻抗的模量和相位角，作图即可得交流阻抗谱，也称电化学阻抗谱（electrochemical impedance spectroscopy, EIS）。

在直流电系统中，将电压和电流关联起来的物理量是电阻，在交流电系统中，这一物理量为阻抗，阻抗包括电阻（R）、电容（C）和电感（L）。利用电化学阻抗谱研究电化学系统的基本思路是将电化学系统看作一个等效电路，这个等效电路是由电阻、电容、电感等基本元件按串联或并联等不同方式组合而成的。通过电化学阻抗谱，可以定量地测定这些元件参数的大小；利用这些元件的电化学含义来分析电化学系统的结构和电极过程的性质。

在交流电系统中，阻抗 Z 是一个随频率变化的矢量，可以用变量为频率 f 或其角频率 ω 的复变函数表示：

$$Z = Z' + jZ'' \tag{7-12}$$

式中，$j = \sqrt{-1}$；Z'为阻抗的实部；Z''为阻抗的虚部。对于上述的电阻、电容和电感则分别有

$$Z_R = R = Z_R', \quad Z_R'' = 0 \tag{7-13}$$

$$Z_C = -j\frac{1}{\omega C}, \quad Z_C' = 0, \quad Z_C'' = -\frac{1}{\omega C} \tag{7-14}$$

$$Z_L = -j\omega L, \quad Z_L' = 0, \quad Z_L'' = \omega L \tag{7-15}$$

将这些等效元件串并联后进行计算，其结果通常用以下两种图谱进行表示：

奈奎斯特图（Nyquist plot）。是最常用的一种图谱，其以阻抗的实部为横轴，虚部的负数为纵轴，图中的每个点代表不同的频率，左侧的频率高，称为高频区，右侧的频率低，称为低频区。在奈奎斯特图上电阻为横轴（实部）上一个点；电容为与纵轴（虚部）重合的一条直线；电阻 R 和电容 C 串联的电路在奈奎斯特图上为与横轴交于 R 与纵轴平行的一条直线；电阻 R 和电容 C 并联的电路在奈奎斯特图上为半径为 $R/2$ 的半圆。

伯德图（Bode plot）。包括两条曲线，它们的横坐标都是频率的对数，纵坐标一个是阻抗模值的对数，另一个是阻抗的相位角。

在钠离子电池研究中，经常会遇到两种不同机理控制电化学阻抗谱。

（1）电荷传递过程控制的电化学阻抗谱。

等效电路如图 7.27（a）顶部所示，电荷传递电阻（R_{ct}）与电极溶液界面双电层电容（C_d）并联，然后与欧姆电阻（R_Ω）串联，欧姆电阻包括测量回路中的溶液的电阻，对于三电极体系，就是工作电极与参比电极之间的溶液的电阻，对于两电极电池，就是两电极之间的溶液的电阻。将等效电路用式（7-13）和式（7-14）代入后计算可得

$$Z_总 = R_\Omega + \frac{R_{ct}}{1 + R_{ct}^2 \omega^2 C_d^2} - j\frac{R_{ct}^2 \omega C_d}{1 + R_{ct}^2 \omega^2 C_d^2} \tag{7-16}$$

使用奈奎斯特图表示时，在高频区，可认为 ω 趋于无穷，则 $Z_总 = R_\Omega$；在低频区，ω 趋于 0，则 $Z_总 = R_\Omega + R_{ct}$，中间部分通过整理，就可以用如图 7.27（a）所示的以（$R_\Omega + R_{ct}/2$）为圆心，以 $R_{ct}/2$ 为半径的半圆表示。从奈奎斯特图上可以直接求出欧姆电阻和电荷传递电阻，由半圆顶点所对应的频率（ω）可求得界面双电层电容。

在固体电极的 EIS 测量中发现，曲线总是或多或少地偏离半圆轨迹，而表现为一段圆弧，因此被称为容抗弧，这种现象被称为"弥散效应"，一般认为同电极表面的不均匀性、电极表面的吸附层及溶液导电性差有关。它反映了电极双电层偏离理想电容的性质，即把电极界面的双电层简单地等效为一个物理纯电容是不够准确的。欧姆电阻除了包括溶液电阻外，还包括体系中的其他可能存在的欧姆电阻，如电极表面膜的欧姆电阻、电池隔膜的欧姆电阻、电极材料本身的欧姆电阻等。

（2）电荷传递和扩散过程混合控制的 EIS。

如果电荷传递动力学不是很快，电荷传递过程和扩散过程共同控制总的反应过程，电化学极化和浓差极化同时存在，则电化学系统的等效电路如图 7.27（b）顶部所示。除了电荷传递电阻之外，电路中又引入一个由扩散过程引起的阻抗，用 Z_W 表示，称之为韦伯阻抗（Warburg impedance）。韦伯阻抗可以看作是由一个扩散电阻 R_W 和一个假（扩散）电容 C_W 串联组成，其阻抗可以表达为

$$Z_W = \frac{(1-j)Z_0}{\omega^{1/2}} \tag{7-17}$$

式中，$Z_0 = \dfrac{RT}{n^2 F^2 c^* \sqrt{2D}}$（$c^*$ 为初始表面浓度，D 为表观扩散系数）。

通过类似的计算和近似可以得到，在低频区有

$$-Z'' = Z' - R_\Omega - R_{ct} + 2\sigma^2 C_d \tag{7-18}$$

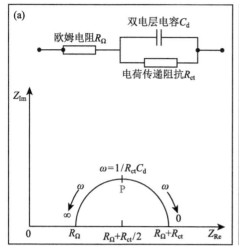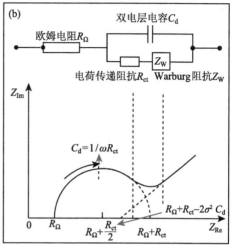

图 7.27 （a）电荷传递过程控制；（b）电荷传递和扩散过程混合控制电化学阻抗谱的两种等效电路及奈奎斯特图

在奈奎斯特图中表现为倾斜角为 45° 的直线，延长后与实轴相交于 $R_\Omega + R_{ct} - 2\sigma^2 C_d$。在高频区则与电荷传递过程控制的电化学阻抗谱类似，表现为半圆。

综上，电极过程由电荷传递和扩散过程共同控制时，在整个频率域内，其奈奎斯特图是由高频区的一个半圆和低频区的一条与横轴呈 45° 的直线构成。高频区为电极反应动力学中电荷传递过程控制，低频区由电极反应的反应物或产物的扩散控制。

电化学阻抗谱技术已经被广泛应用于二次电池的反应动力学过程中，它能够提供一些界面方面的物理信息和所发生的化学反应情况，如离子扩散系数、电化学反应方式、固体电解质的离子电导率（见第 5 章）等。

一般情况下，对于扩散电荷传递和扩散过程混合控制的 EIS，可以将拟合后得到的 R_Ω、R_{ct}、C_d 和 Z_0 等值代入前述 Z_0 的表达式中求出 Na^+ 在固体中的扩散系数 D。

陆雅翔等[47]利用电化学阻抗谱技术研究硬碳负极和金属钠电池在不同循环次数充电态的界面性质，如图 7.28（a）所示。随着循环次数的增加，电池的总电阻呈现一个递增的趋势。对于原始态（即电池没有经历充放电），循环后的电池的总电阻可以细分为由硬碳负极与电解液界面引起的电荷转移电阻 R_1 部分，欧姆电阻 R_E 部分和由金属钠与电解液界面引起的电荷转移电阻 R_2 部分。通过进一步拟合各部分阻抗发现，随着循环次数的增加，金属钠与电解液界面引起的电荷转移

电阻 R_2 部分的电阻在逐渐增大 (图 7.28 (b))。表明硬碳负极和金属钠电池在循环过程的衰减原因主要来源于金属钠和电解液界面的副反应, 这在一定程度上影响了半电池的性能。

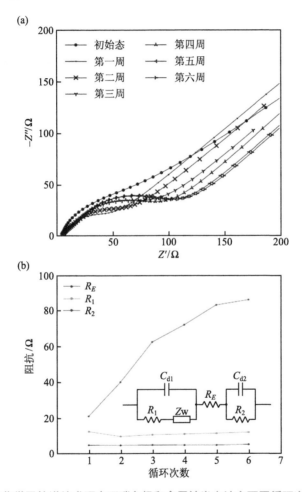

图 7.28 (a) 电化学阻抗谱技术研究硬碳负极和金属钠半电池在不同循环次数充电态的界面性质; (b) 拟合所得各部分阻抗大小的变化规律[47]

参 考 文 献

[1] Vogel S C. gsaslanguage: a GSAS script language for automated Rietveld refinements of diffraction data. Journal of Applied Crystallography, 2011, 44(4): 873-877

[2] Boultif A, Louer D. Powder pattern indexing with the dichotomy method. Journal of Applied Crystallography, 2004, 37(5): 724-731

[3] Borkiewicz O J, Shyam B, Wiaderek K M, et al. The AMPIX electrochemical cell: a versatile

apparatus for *in situ* X-ray scattering and spectroscopic measurements. Journal of Applied Crystallography, 2012, 45(6): 1261-1269

[4] Zhao C, Yao Z, Wang J, et al. Ti substitution facilitating oxygen oxidation in $Na_{2/3}Mg_{1/3}Ti_{1/6}Mn_{1/2}O_2$ cathode. Chem, 2019, 5(11): 2913-2925

[5] Bianchini M, Fauth F, Brisset N, et al. Comprehensive investigation of the $Na_3V_2(PO_4)_2F_3$-$NaV_2(PO_4)_2F_3$ system by operando high resolution synchrotron X-ray diffraction. Chemistry of Materials, 2015, 27(8): 3009-3020

[6] Park Y U, Seo D H, Kim H, et al. A family of high-performance cathode materials for Na-ion batteries, $Na_3(VO_{1-x}PO_4)_2 F_{1+2x}$ ($0{\leqslant}x{\leqslant}1$): combined first-principles and experimental study. Advanced Functional Materials, 2014, 24(29): 4603-4614

[7] Palacín M R, Chabre Y, Dupont L, et al. On the origin of the 3.3 and 4.5 V steps observed in $LiMn_2O_4$-based spinels. Journal of the Electrochemical Society, 2000, 147(3): 845-853

[8] Yin R Z, Kim Y S, Shin S J, et al. *In situ* XRD investigation and thermal properties of Mg doped $LiCoO_2$ for lithium ion batteries. Journal of the Electrochemical Society, 2012, 159(3): A253-A258

[9] Ma T, Xu G L, Zeng X, et al. Solid state synthesis of layered sodium manganese oxide for sodium-ion battery by *in-situ* high energy X-ray diffraction and X-ray absorption near edge spectroscopy. Journal of Power Sources, 2017, 341: 114-121

[10] Hansen T C, Kohlmann H. Chemical reactions followed by *in situ* neutron powder diffraction. Zeitschrift Für anorganische und Allgemeine Chemie, 2014, 640(15): 3044-3063

[11] Rosciano F, Holzapfel M, Scheifele W, et al. A novel electrochemical cell for *in situ* neutron diffraction studies of electrode materials for lithium-ion batteries. Journal of Applied Crystallography, 2008, 41(4): 690-694

[12] Yahia H B, Essehli R, Avdeev M, et al. Neutron diffraction studies of the Na-ion battery electrode materials $NaCoCr_2(PO_4)_3$, $NaNiCr_2(PO_4)_3$, and $Na_2Ni_2Cr(PO_4)_3$. Journal of Solid State Chemistry, 2016, 238: 103-108

[13] Medarde M, Mena M, Gavilano J L, et al. 1D to 2D Na^+ ion diffusion inherently linked to structural transitions in $Na_{0.7}CoO_2$. Physical Review Letters, 2013, 110(26): 266401

[14] Rong X, Liu J, Hu E, et al. Structure-induced reversible anionic redox activity in Na layered oxide cathode. Joule, 2018, 2(1): 125-140

[15] Allan P K, Griffin J M, Darwiche A, et al. Tracking sodium-antimonide phase transformations in sodium-ion anodes: insights from operando pair distribution function analysis and solid-state NMR spectroscopy. Journal of the American Chemical Society, 2016, 138(7): 2352-2365

[16] He K, Zhou Y, Gao P, et al. Sodiation via heterogeneous disproportionation in FeF_2 electrodes for sodium-ion batteries. ACS Nano, 2014, 8(7): 7251-7259

[17] Lu X, Adkins E R, He Y, et al. Germanium as a sodium ion battery material: *in situ* TEM reveals fast sodiation kinetics with high capacity. Chemistry of Materials, 2016, 28(4): 1236-1242

[18] Wan J, Shen F, Luo W, et al. *In situ* transmission electron microscopy observation of sodiation-desodiation in a long cycle, high-capacity reduced graphene oxide sodium-ion battery anode. Chemistry of Materials, 2016, 28(18): 6528-6535

[19] Findlay S D, Huang R, Ishikawa R, et al. Direct visualization of lithium via annular bright field scanning transmission electron microscopy: a review. Microscopy, 2016, 66(1): 3-14

[20] Xu S, Wang Y, Ben L, et al. Fe-based tunnel-type $Na_{0.61}[Mn_{0.27}Fe_{0.34}Ti_{0.39}]O_2$ designed by a new strategy as a cathode material for sodium-ion batteries. Advanced Energy Materials, 2015, 5(22):

1501156

[21] Okunishi E, Ishikawa I, Sawada H, et al. Visualization of light elements at ultrahigh resolution by STEM annular bright field microscopy. Microscopy and Microanalysis, 2009, 15(S2): 164-165

[22] Findlay S D, Shibata N, Sawada H, et al. Robust atomic resolution imaging of light elements using scanning transmission electron microscopy. Applied Physics Letters, 2009, 95(19): 191913

[23] Findlay S D, Shibata N, Sawada H, et al. Dynamics of annular bright field imaging in scanning transmission electron microscopy. Ultramicroscopy, 2010, 110(7): 903-923

[24] Gu L, Xiao D, Hu Y S, et al. Atomic-scale structure evolution in a quasi-equilibrated electrochemical process of electrode materials for rechargeable batteries. Advanced Materials, 2015, 27(13): 2134-2149

[25] Wang P F, Yao H R, Liu X Y, et al. Na$^+$/vacancy disordering promises high-rate Na-ion batteries. Science Advances, 2018, 4(3): eaar6018

[26] Huang R, Ikuhara Y H, Mizoguchi T, et al. Oxygen-vacancy ordering at surfaces of lithium manganese(III,IV) oxide spinel nanoparticles. Angewandte Chemie International Edition, 2011, 50(13): 3053-3057

[27] Haruta M, Kurata H. Direct observation of crystal defects in an organic molecular crystals of copper hexachlorophthalocyanine by STEM-EELS. Scientific Reports, 2012, 2(1): 252

[28] Okunishi E, Sawada H, Kondo Y. Experimental study of annular bright field (ABF) imaging using aberration-corrected scanning transmission electron microscopy (STEM). Micron, 2012, 43(4): 538-544

[29] Ishikawa R, Okunishi E, Sawada H, et al. Direct imaging of hydrogen-atom columns in a crystal by annular bright-field electron microscopy. Nature Materials, 2011, 10(4): 278-281

[30] Li X, Ma X, Su D, et al. Direct visualization of the Jahn-Teller effect coupled to Na ordering in Na$_{5/8}$MnO$_2$. Nature Materials, 2014, 13(6): 586-592

[31] Guo S, Li Q, Liu P, et al. Environmentally stable interface of layered oxide cathodes for sodium-ion batteries. Nature Communications, 2017, 8(1): 135

[32] Singh G, López del Amo J M, Galceran M, et al. Structural evolution during sodium deintercalation/intercalation in Na$_{2/3}$[Fe$_{1/2}$Mn$_{1/2}$]O$_2$. Journal of Materials Chemistry A, 2015, 3(13): 6954-6961

[33] Liu Z, Hu Y Y, Dunstan M T, et al. Local structure and dynamics in the Na ion battery positive electrode material Na$_3$V$_2$(PO$_4$)$_2$F$_3$. Chemistry of Materials, 2014, 26(8): 2513-2521

[34] Stratford J M, Allan P K, Pecher O, et al. Mechanistic insights into sodium storage in hard carbon anodes using local structure probes. Chemical Communications, 2016, 52(84): 12430-12433

[35] Li L, Chen-Wiegart C K, Wang J, et al. Visualization of electrochemically driven solid-state phase transformations using operando hard X-ray spectro-imaging. Nature Communications, 2015, 6: 6883

[36] Li G, Jiang D, Wang H, et al. Glucose-assisted synthesis of Na$_3$V$_2$(PO$_4$)$_3$/C composite as an electrode material for high-performance sodium-ion batteries. Journal of Power Sources, 2014, 265: 325-334

[37] Wang J, Wang L, Eng C, et al. Elucidating the irreversible mechanism and voltage hysteresis in conversion reaction for high-energy sodium-metal sulfide batteries. Advanced Energy Materials, 2017, 7(14): 1602706

[38] Wenzel S, Randau S, Leichtweiß T, et al. Direct observation of the interfacial instability of the fast ionic conductor $Li_{10}GeP_2S_{12}$ at the lithium metal anode. Chemistry of Materials, 2016, 28(7): 2400-2407

[39] Wenzel S, Leichtweiss T, Weber D A, et al. Interfacial reactivity benchmarking of the sodium ion conductors Na_3PS_4 and sodium β-alumina for protected sodium metal anodes and sodium all-solid-state batteries. ACS Applied Materials & Interfaces, 2016, 8(41): 28216-28224

[40] Zhang J, Wang R, Yang X, et al. Direct observation of inhomogeneous solid electrolyte interphase on MnO anode with atomic force microscopy and spectroscopy. Nano Letters, 2012, 12(4): 2153-2157

[41] Han M, Zhu C, Ma T, et al. *In situ* atomic force microscopy study of nano-micro sodium deposition in ester-based electrolytes. Chemical Communications, 2018, 54(19): 2381-2384

[42] Mu L, Xu S, Li Y, et al. Prototype sodium-ion batteries using an air-stable and Co/Ni-free O3-layered metal oxide cathode. Advanced Materials, 2015, 27(43): 6928-6933

[43] Pan H, Lu X, Yu X, et al. Sodium storage and transport properties in layered $Na_2Ti_3O_7$ for room-temperature sodium-ion batteries. Advanced Energy Materials, 2013, 3(9): 1186-1194

[44] Chen F, Kovrugin V M, David R, et al. A NASICON-type positive electrode for Na batteries with high energy density: $Na_4MnV(PO_4)_3$. Small Methods, 2019, 3(4): 1800218

[45] Li Y, Hu Y S, Titirici M M, et al. Hard carbon microtubes made from renewable cotton as high-performance anode material for sodium-ion batteries. Advanced Energy Materials, 2016, 6(18): 1600659

[46] Adamczyk E, Pralong V. $Na_2Mn_3O_7$: a suitable electrode material for Na-ion batteries? Chemistry of Materials, 2017, 29(11): 4645-4648

[47] Zheng Y, Lu Y X, Qi X, et al. Superior electrochemical performance of sodium-ion full-cell using poplar wood derived hard carbon anode. Energy Storage Materials, 2019, 18: 269-279

08

钠离子电池理论计算与模拟

8.1 概　　述

近年来，钠离子电池正负极材料和电解质材料得到了迅速发展，其中涉及的诸多基础科学问题在不断进行挖掘和理解，这不仅需要先进的实验表征手段，还需要辅以相应的理论计算与模拟手段。理论计算与模拟能帮助我们理解材料结构与性能之间的构效关系，为钠离子电池材料的开发和设计提供科学的理论依据。

图 8.1 展示了理论计算与模拟在钠离子电池中的诸多应用。对于电极材料，理论计算与模拟可以计算正负极材料的能带带隙、储钠电压、体积形变以及电荷补偿机制等；对于电解质材料，理论计算与模拟能研究其电化学窗口、离子电导率、离子迁移数以及离子的扩散势垒与传输机理等。随着计算机运算能力的大幅提升，高通量计算和机器学习等方法也开始迅速发展，使得电池材料的开发趋向更加高效与智能化。

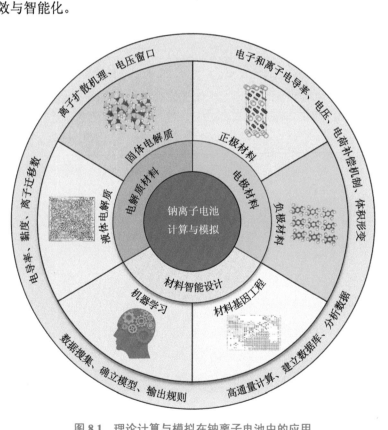

图 8.1　理论计算与模拟在钠离子电池中的应用

本章首先概述了钠离子电池中基于量子力学理论一些常用的计算与模拟方法，然后着重介绍这些方法在钠离子电池材料开发中的应用，最后简单介绍材料基因工程和机器学习在钠离子电池材料开发中的应用。

8.2 基于量子力学的理论计算与模拟方法简介

只要给定材料的结构和原子占位信息，就可以通过求解材料体系中的多原子多电子的薛定谔方程（8-1）来计算材料的物理化学性质。由于这个过程只需要利用一些最基本的物理量（如约化普朗克常量、原子质量和电子电量等），因此基于薛定谔方程的理论计算一般都被称为第一性原理计算（first-principle calculation）或者从头算（*ab initio*）。

量子力学中的薛定谔方程形式如下：

$$i\hbar \frac{\partial}{\partial t}\psi(r,t) = \hat{H}\psi(r,t) \tag{8-1}$$

式中，i 是虚数单位（$i^2 = -1$）；$\hbar$ 为约化普朗克常量；$\frac{\partial}{\partial t}$ 为时间偏导算符；$\psi(r,t)$ 为体系的波函数；$\hat{H}$ 为体系的哈密顿量算符。

在第一性原理计算求解薛定谔方程的过程中，人们需要解决多体相互作用导致方程难以求解的问题。为了解决这个难题，理论计算研究者提出了很多精妙的简化方法和近似思想，其中以密度泛函理论（density functional theory, DFT）应用最为广泛。Kohn 教授因为发展了能够高效求解多体薛定谔方程的密度泛函理论，荣获了 1998 年度的诺贝尔化学奖。

随着密度泛函理论的发展及应用，理论计算研究者还发展了更多的理论和方法与密度泛函理论结合使用。如图 8.2 所示，为了进一步考虑电子强关联相互作用而发展了杂化泛函以及 DFT+U 的方法；为了考虑长程的范德瓦耳斯（van der Waals，VDW）相互作用而发展了 DFT-D 方法；为了研究体系随着时间演化的性质而结合了分子动力学方法（molecular dynamic）；为了研究化学反应速率和离子扩散的最小能量路径而结合了基于过渡态理论的爬坡能带（climbing image nudged elastic band，CI-NEB）法；为了考虑温度对体系的影响而结合了晶格振动理论以及蒙特卡罗（Monte Carlo, MC）方法和团簇展开方法；为了快速预估离子扩散势垒而结合了 Bader 电荷分析法与键价理论（bond-valence theory）。这些理论方法与密度泛函理论相结合，大大拓展了第一性原理计算的适用领域。以下章节将简要介绍密度泛函理论以及与之相结合使用的理论和方法。

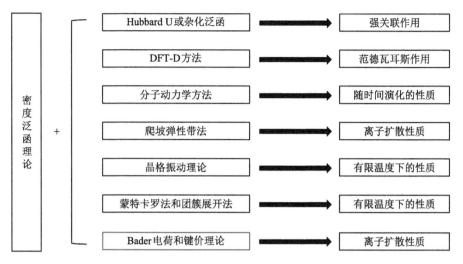

图 8.2　密度泛函理论与各种理论方法相结合

8.2.1　密度泛函理论

　　密度泛函理论的核心思想在于不直接求解多体相互作用体系的电子波函数，而是将哈密顿量与电子密度直接联系起来，并将总能 E 表示为电子密度的泛函。1964 年，Kohn 和 Hohenberg 提出了两个定理，称为 Hohenberg-Kohn 定理[1]：①不计自旋的全同费米子系统的非简并基态的能量是粒子数密度 $\rho(r)$ 的唯一泛函；②能量泛函 $E(\rho)$ 在粒子数不变的条件下对正确的粒子数函数取极小值，并等于基态能量。

　　Hohenberg-Kohn 定理表明，只要用电子密度的泛函形式将电子哈密顿量表达出来并进行变分求极小值就能得到体系的基态能量。然而实际求解过程中，存在多体相互作用体系的电子密度无法分离变量的问题。后来 Kohn 又和 Sham 提出一个假设[2]：总可以找到一种非相互作用体系，其基态电子密度可以完全替代具有相互作用体系的基态电子密度。使用了 Kohn-Sham 假设后，相互作用体系问题就转换为易于分离变量求解的非相互作用问题，就能把求解电子基态能量的过程转化为 Kohn-Sham 方程的自洽迭代过程。在 Kohn-Sham 方程中，电子哈密顿量里需要引入交换关联泛函修正项，而交换关联泛函修正项的准确形式是未知的，但可以通过局域密度近似（local density approximation, LDA）和广义梯度近似（generalized gradient approximation, GGA）等方法近似求解。

　　图 8.3 展示了密度泛函理论对薛定谔方程的自洽求解过程。首先输入晶体结构信息，然后生成初始波函数并得到电子密度，经过自洽计算过程得到体系总能

量以及原子受力，直到体系总能量或原子受力达到收敛标准后就输出材料的基态能级与波函数，然后计算材料的各种性质。目前已经有很多基于密度泛函理论的商业化软件，比如 VASP（vienna *ab initio* simulation package）[3]和 CASTEP（Cambridge sequential total energy package）[4]等。经过数十年的发展，基于密度泛函理论的第一性原理计算已成为当今计算材料科学领域中最重要的方法之一。

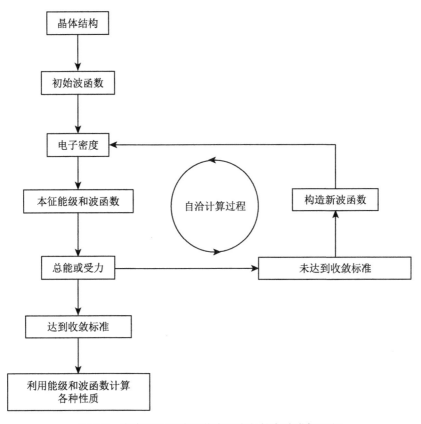

图 8.3　密度泛函理论对薛定谔方程的自洽求解过程

杂化泛函/DFT+U 方法和 DFT-D 方法

密度泛函理论在计算过渡金属和分子晶体时，往往会存在较大的误差。这是因为过渡金属体系中的 d 电子或 f 电子具有强关联作用，而分子晶体中则具有明显的范德瓦耳斯作用。由于密度泛函理论是基于 Kohn-Sham 方程中的非相互作用体系假设发展起来的，因而无法完全考虑强关联作用。同时密度泛函理论又因为无法考虑电子密度的波动，而不能研究电子波动产生的瞬时吸引作用，即范德瓦耳斯作用。由于很多电池的相关材料都具有强关联作用（比如大部分电极材料都含有过渡金属元素）或者范德瓦耳斯作用（比如石墨负极或有机材料都具有一定的范德瓦耳斯作用），因此需要进一步研发能研究这两种相互作用的理论。

对于强关联相互作用，有两种常见的解决方案。其中一种是在密度泛函理论基础上引入 Hartree-Fock 方法中精确的电子交换作用，这种方法被称为杂化密度泛函方法，但是这种方法会使计算量增加，计算效率降低。另一种解决方案是在密度泛函理论的框架中引入哈伯德（Hubbard）参数 U 来考虑强关联作用，其中 U 值的大小可以通过线性响应法计算得到，这种方法相对计算量更小，计算效率更高。对于范德瓦耳斯相互作用，一般的解决方案是在 Kohn-Sham 方程的基础上增加一个能量矫正项，这个能量矫正项的势函数形式有很多种，其中以 DFT-D 方法最为广泛。以上理论方法都早已被整合到 VASP 和 CASTEP 等商业软件中，已经得到了研究者的广泛使用。

8.2.3 分子动力学方法

密度泛函理论只是求解了定态薛定谔方程，因此无法直接考虑整个体系的性质随时间的演化，而分子动力学则可以很方便地考虑体系随时间的演化。分子动力学方法最早由 Alder 和 Wainwright[5] 于 1959 年提出，其核心在于找到一个能够合理描述体系的势函数，具有半经验性特征。

1985 年，Car 和 Parrinello[6] 把分子动力学方法和第一性原理计算结合起来使用，称为第一性原理分子动力学（AIMD）。第一性原理分子动力学主要是通过第一性原理的方法来计算原子所受到的力，然后结合牛顿力学计算原子速度和位移的演化，进而利用热力学统计方法计算材料的各种性质。这种方法使得分子动力学模拟更加精准有效，同时也使第一性原理计算在更多领域都能得到应用。

第一性原理分子动力学方法可以在 VASP 程序中直接使用。分子动力学结果可以分析出离子扩散的均方位移（mean-squared displacement，MSD），然后利用式（8-2）可以计算出离子扩散系数。分子动力学计算多个温度下的扩散系数后，就可以利用式（8-3）求出离子扩散势垒，同时也可以利用式（8-4）计算不同温度下的离子电导率。这三个公式的具体形式如下：

$$D = \frac{1}{2dt}(\text{MSD}) = \frac{1}{2dt}\left(\frac{1}{N}\sum_i \sum_t \left[r_i(t) - r_i(0)\right]^2\right) \tag{8-2}$$

$$\ln D = \ln D_0 - \frac{E_a}{k_B T} \tag{8-3}$$

$$\sigma = \frac{ne^2}{k_B T} D \tag{8-4}$$

式中，D 是离子扩散系数（m²/s）；d 是体系的维度；t 是离子演化时间（s）；MSD 是离子扩散的均方位移（m²）；n 是参与演化的离子数目；$r(t)$ 和 $r(0)$ 代表离子在 t 时刻和 0 时刻的位移（m）；D_0 是温度趋近于无限大时的扩散系数（m²/s）；k_B 是玻尔兹曼常量（$1.38×10^{-23}$ J/K）；n 是载流子浓度；σ 是离子电导率（S/cm）；T 是温度（K）；e 是电子电量（$1.6×10^{-19}$ C）。

8.2.4 爬坡弹性带法

密度泛函理论计算只得到了体系能量最低的基态，无法直接考虑体系从一个平衡态演化到另一个平衡态所经历的过渡态。过渡态理论最早由 Eyring[7] 在 1935 年提出，现在已经被广泛用于研究反应动力学问题。过渡态搜寻的方法有很多，其中爬坡弹性带（CI-NEB）法是目前使用得很广泛的一种确定过渡态最小能量路径的方法。在电池材料中离子的扩散过程就是从一种平衡态过渡到另一种平衡态的过程，其中离子的扩散势垒就经常需要使用 CI-NEB 法来计算。

爬坡弹性带法是一种被广泛用于研究过渡态的方法。该方法需要在两个平衡态之间插入一批新结构，每一个结构对应势能面上的一个点，然后通过类似于弹簧势能形式的势函数将这些点连接起来，在势能面上形成一条链，通过保证每个势能点只在沿着链路径的切线方向和垂直于路径方向的平面上进行弛豫优化，并且在弛豫过程中能量最高点的受力方向总是沿着能量鞍点方向去优化，直至得到最小能量路径。

爬坡弹性带法可以直接在 VASP 程序中使用，该法得到的是单个扩散事件对应的扩散势垒，可用于研究具体路径中离子扩散的特点和物理机制。

8.2.5 晶格振动理论

密度泛函理论所计算的是体系的基态，亦即体系在绝对零度下的性质，因此无法直接考虑体系在有限温度下的热力学性质。温度升高后，固体材料的吉布斯自由能随温度升高的变化主要体现在晶格振动能上，而研究晶格振动能变化的理论是晶格振动理论。晶格振动理论在专业书籍中有详细介绍[8]，本节只作简要介绍。

晶格振动是指原子在其平衡位置附近的振动，其本质是一种热力学现象，源于有限温度下的热运动。因此通过晶格振动理论能够描述晶体在有限温度下的热力学性质。晶格振动理论的核心在于简谐近似。在简谐近似的基础上，使用牛顿定律对晶格中的所有原子进行受力分析，而后可以求解出整个体系简谐振动的频率与波数的函数关系，并得到体系的声子谱，最后利用热力学统计理论求解体系的相关热力学参数。

密度泛函理论结合晶格振动理论计算声子谱的方法包括直接法和线性响应法。直接法是指直接计算力常数矩阵来求解色散关系的方法。其思路是，通过扩胞并使原子发生一个小位移，计算其在超胞中所受的力得到力常数矩阵，然后代入运动方程求解色散关系。这种方法的优点是简单方便，缺点是由于需要采用较大的超原胞计算，计算量很大，通常采用 VASP 程序结合 Phonopy 程序计算[9]。线性响应法是指在密度泛函微扰理论[10]（density functional perturbation theory，DFPT）框架下，通过引入微扰外场后考虑体系对外场的响应，求出晶体动力学性质的方法。其优点在于不需要扩胞，利用原胞就可以求解色散关系，使得计算量更小，常用的程序有 VASP、ABINIT[11]等。

密度泛函理论结合晶格振动理论在电池材料领域中可以判断材料是否为动力学稳定构型，可以计算材料在有限温度下的电压曲线变化，还可以判断材料高低温相的相转变温度等。

8.2.6 蒙特卡罗方法与团簇展开法

考虑温度对体系影响的方法中，还有一种是属于数学分支的蒙特卡罗方法。1949 年 Metropolis 和 Ulam[12]提出了蒙特卡罗方法，这是一种基于概率统计学中的伯努利大数定律的数值计算方法。伯努利大数定律指出当实验次数足够多时，事件发生的频率就会无限接近于该事件发生的概率。

蒙特卡罗方法求解问题的步骤是先构造或描述概率分布，然后从已知概率分布抽样，最后建立各种估计量。蒙特卡罗方法的难点在于需要提前建立一个样本数据库，用于抽样并得到概率分布。比如要利用蒙特卡罗方法描述材料体系在有限温度下的结构，首先概率分布描述可以是满足玻尔兹曼分布的能量概率模型，但是这需要构建一个已经包含了大量构型能量的数据库。如果直接通过密度泛函理论来计算所有可能构型的能量，那么计算量将会非常大，这时就需要用到团簇展开法。

团簇展开法是一种完备的基于团簇函数正交展开的方法[13]。这种方法可以通过计算少量构型的能量数据而迅速得到任意构型的能量的近似值。任意构型的能量都可以通过集群展开，形式如下：

$$E = J_0 + \sum_{\alpha}^{\text{cluster}} J_{\alpha} \psi_{\alpha} \tag{8-5}$$

式中，J_0 是常数；J_α 是展开系数，称为有效团簇作用（effective cluster interaction），ψ_α 是集群的子集构型能量。由于有效团簇作用 J_α 是随着 α 增加而迅速衰减的，所以构型能量的计算就可以很快收敛得到一个较好的近似值。ATAT（alloy-theoretic automated toolkit）[14]就是一款基于团簇展开法的软件，该程序可以与基于密度泛函理论的 VASP 程序配合使用。

8.2.7 键价理论和 Bader 电荷

8.2.3 节和 8.2.4 节中已经介绍过利用密度泛函理论结合分子动力学和爬坡能带法可以计算电池材料的离子扩散性能。但是其计算量相对较大，计算成本较高且效率较低，假如需要从具有成千上万种晶体结构的实验数据库中筛选出具有合适离子扩散通道与扩散势垒的材料，那么计算所需的经济成本和时间成本将会非常高。为了更加高效快速地建立大量材料的离子扩散数据库，提高筛选目标材料的效率，可以结合使用密度泛函理论和键价理论。

键价理论的建立受到了 Pauling[15]提出的电价规则的启发。电价规则的基本思想是"离子化合物中，负离子的电价等于该负离子与其周围正离子的静电键强总和"。后来 Brown 等[16]又进一步发展了键价理论，指出在晶体结构中键价和键长存在某种指数关系，并进一步提出了键价和规则（式（8-6）式（8-7））：

$$S_{ij} = (R_{ij} / R_0)^{-N} \tag{8-6}$$

$$S_{ij} = e^{(R_0 - R_{ij})/b} \tag{8-7}$$

$$V_i = \sum_j S_{ij} \tag{8-8}$$

式中，S_{ij} 是化学键键价；R_{ij} 是键长；b 为普适参数，一般取 0.37 Å；N 和 R_0 为键价参数；V_i 是原子价态。

密度泛函理论结合键价理论可以发展为一种键价路径法来求解电池材料中的离子扩散性质。因为键价理论中要用到原子价态，而密度泛函理论结合贝德电荷（Bader charge）分析法可以得到各个离子的价态。贝德电荷分析法是加拿大教授 Bader[17]发展的一种通过电荷零通量表面法来分析晶体或分子中离子电荷的方法，其应用颇为广泛。得到价态分布后代入键价理论中的势函数就可以计算离子扩散通道连通的最小势垒。通常键价理论计算结果所得离子扩散势垒的绝对值和 AIMD 以及 CI-NEB 方法所得的势垒相差较大，但三种方法的计算结果在不同材料中的变化趋势是一致的。

8.3　理论计算模拟在钠离子电池材料中的应用

8.3.1　电极材料的嵌钠电压

电压是电池性能的重要参数之一，全电池的电压为正极材料和负极材料的电极电势之差。如式（8-9）和式（8-10）所示，在等温等压条件下，电极相对金属钠的电压是由整个电化学系统在转移单位电子时所释放的吉布斯自由能 ΔG 决定的。

$$Na_{x-n}A + nNa \longrightarrow Na_xA \qquad (8-9)$$

$$V = -\frac{\Delta G}{nF} = -\frac{G_{Na_xA} - G_{Na_{x-n}A} - nG_{Na}}{nF} \qquad (8-10)$$

式中，V 是电压；G 代表摩尔吉布斯自由能；n 为转移电子摩尔数；F 为法拉第常数。

计算电极的嵌钠电压需要计算 ΔG，其中要知道电极材料的原始结构、脱出态或嵌入态电极以及金属钠的能量。一般脱出态或者嵌入态电极晶格中的钠离子都处于不完全占满状态，存在很多可能的构型。为了得到最稳定的构型，需要计算并对比所有可能构型的能量，这可以采用 8.2.6 节提到的密度泛函理论结合团簇展开法进行计算。

1. O3 型层状氧化物的嵌钠电压曲线

图 8.4（a）中展示了通过密度泛函理论结合团簇展开法计算的层状氧化物 Na_xCrO_2 的钠含量-构型能量图[18]。其中横坐标代表钠含量在 0 到 1 之间变化，纵坐标是指以 Na 含量为 1 和 Na 含量为 0 的结构作为初始结构生成 Na_xCrO_2 的形成能。其中方形点代表相应钠含量下不同构型的 Na_xCrO_2，圆形点则代表相应钠含量下 Na_xCrO_2 的最低能量构型。所有圆形点连接成的曲线被称作形成能凸包（convex energy hull）。如图 8.4（b），根据计算所得的 Na_xCrO_2 的热力学稳定构型的能量，可以得到其嵌钠电压曲线图。

从图 8.4（b）可以看出，Na_xCrO_2 材料的嵌钠电压曲线具有 9 个平台。其内在原因可以归结于钠离子电池层状氧化物材料的 Na^+/空位有序排布。每一个小平台对应于一次有序化，类似于一次微小的相变。这种有序结构可以在计算所得的形成能凸包曲线上 Na_xCrO_2 的最低能量构型中分析得出。图 8.4（b）中的插图就展示了 Na_xCrO_2 材料在 x 为 1/3 和 2/3 时具有 Na^+/空位有序排列的稳定构型。Na^+/空位有序化会导致电极材料的局域结构在充放电过程中一直处于各种有序结构之间的转换，来回转换一定次数后就容易产生结构坍塌导致容量衰减，这不利于实现电极材料的长循环寿命。因此在设计材料时，有必要抑制材料在充放电过程中出现过多的 Na^+/空位有序排列。图 8.5 展示了不同过渡金属层状氧化物的计算电压值曲线，可以分析出 O3 型层状氧化物中过渡金属氧化还原电对所对应的电势顺序是：$Ti^{4+}/Ti^{3+}<V^{4+}/V^{3+}<Mn^{4+}/Mn^{3+}<Co^{4+}/Co^{3+}<Ni^{4+}/Ni^{3+}<Cr^{4+}/Cr^{3+}<Fe^{4+}/Fe^{3+}$。虽然计算的具体数值和实验值有一定差别，但其所得的规律趋势和实验结果吻合很好。

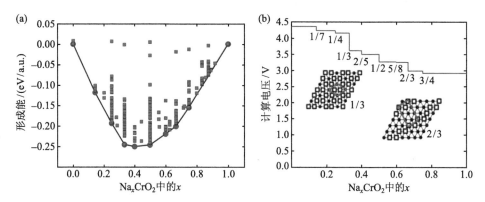

图 8.4 （a）Na_xCrO_2 材料的钠含量-构型能量图；（b）Na_xCrO_2 材料的嵌钠电压曲线图，插图中展示了 x 为 1/3 和 2/3 时的稳定构型中的 Na^+/空位有序排列图[18]

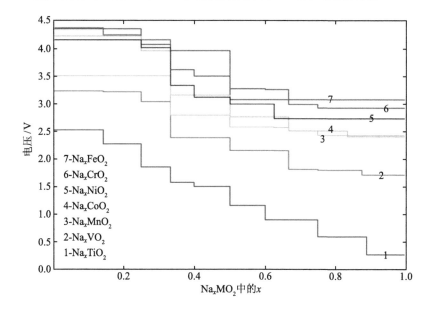

图 8.5 O3 型 Na_xMO_2 (M = Ti、V、Mn、Co、Ni、Cr、Fe)嵌钠电压计算曲线[18]

2. 其他类型正极和负极的嵌钠电压

对于其他类型结构的材料，比如聚阴离子类、隧道结构氧化物、合金负极等材料，同样也可以采用类似的方法来计算电压曲线。图 8.6（a）中 $Na_xV_2(PO_4)_3$ 在 x 为 1 到 3 之间的电压计算值 3.4 V 和实验结果 3.3 V 相近[19]，不过在 x 为 3 到 4 之间的计算值 2.0 V 平台和实验结果 1.6 V 相差较大。图 8.6（b）中隧道结构氧化物 $Na_{0.44}MnO_2$ 正极的计算所得的多个平台和实验曲线大体符合，同时通过分析每一个平台对应的有序结构还可以进一步得到相应有序结构中不同钠位置的占据情况[21]。图 8.6（c）和（d）表明 P 单质与 Bi 单质作为钠离子电池负极的电压计算曲线与实验曲线也基本相符。计算结果表明 P 单质在嵌钠离子过程中经历了 $Na_{0.7}P$、Na_2P 和 Na_3P 三种相结构，而 Bi 单质嵌钠离子过程中经历了 Na_2Bi 和 Na_3Bi 两种相结构[21]。

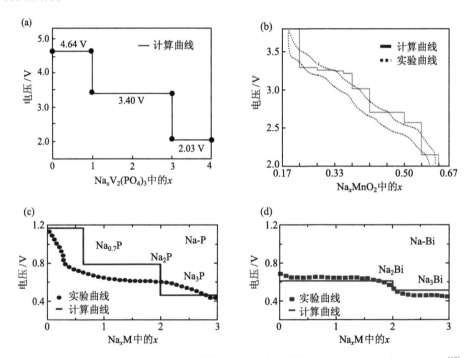

图 8.6　各种电极材料电压的实验值和计算值（a）磷酸钒钠材料 $Na_xV_2(PO_4)_3$（$0 \leqslant x \leqslant 4$）[19]；（b）隧道结构氧化物材料 Na_xMnO_2（$0 \leqslant x \leqslant 0.67$）[20]（c），（d）单质 P 和 Bi[21]

虽然第一性原理计算可以得到与实验类似的电压曲线，但是有时候也会产生较大的偏差，主要有以下几点原因：

通过密度泛函理论以及团簇展开法得到的能量最低的中间态构型有可能与实验上不一致。这样就会使所确定的构型并非基态结构，从而导致计算电压值偏离实验值。为了减小误差，可先通过 XRD 确定实验中脱钠或者嵌钠后的结构，然后再建立相应构型并计算电压。

即使计算采用的脱钠或者嵌钠的相结构与实际结构完全一样，计算结果本身也会存在一定的偏差。因为密度泛函理论对具有强关联电子的过渡金属氧化物的计算不够精确，一般都需要采用 8.2.2 节中提到的 DFT+U 或者杂化泛函的方法来进一步减小误差。

第三，密度泛函理论计算的是绝对零度下的具有完美周期晶格的基态能量值，这与实验中室温下具有纳米或者微米尺寸的材料能量值存在偏差。对于温度的影响，一般可以采用 8.2.5 节和 8.2.6 节中介绍的方法计算；对于表面能的影响，则可以建立相应的表面结构模型，利用密度泛函理论计算。

虽然计算电压值和实验值存在一定偏差，但还是有很大的参考价值，尤其是通过大量计算结果分析规律时非常有意义。比如图 8.5 中通过大量计算分析出不同电对的电压值规律后，就可以用于指导设计不同电压要求的 O3 层状氧化物电极材料。

3. 钠离子不能嵌入石墨的机理

石墨作为锂离子电池负极可以实现 355 mA·h/g 左右的可逆比容量，然而石墨作为钠离子电池负极时可逆比容量很低，除去吸附过程贡献的容量后，由钠离子嵌入石墨晶格中贡献的容量基本可以忽略。为什么锂离子能嵌入石墨晶格，而钠离子却不能？研究表明，钠离子不能嵌入石墨晶格的热力学原因是体系吉布斯自由能的变化 ΔG 大于零，相当于钠离子嵌入石墨的电势为负值[22]。

为了深入理解钠离子无法嵌入石墨晶格的原因，Goddard 等[22]进行了大量的第一性原理计算。如图 8.7（a）所示，众多碱金属（锂、钾、铷和铯）离子嵌入石墨过程的形成能（即体系吉布斯自由能的变化 ΔG）都小于零，唯有钠离子嵌入石墨的 ΔG 大于零。这表明不管是比钠离子半径小的锂离子还是比钠离子半径大的钾、铷和铯离子在热力学上都能嵌入石墨。因此钠离子不能嵌入石墨并不是因为钠离子半径（1.02 Å）比锂离子半径（0.76 Å）大。实际上，离子半径的大小只是其中一个影响因素，但却不是决定性因素。Goddard 等通过将石墨嵌钠的过程拆分，进一步揭示了钠离子无法嵌入石墨晶格的决定性因素。

如图 8.7（b）所示，可以将碱金属嵌入石墨的过程分解为三个部分：碱金属晶体解离为相距无穷远的碱金属原子，这一过程所吸收的能量用 M 表示；石墨膨胀至相应碱金属离子嵌入后的层间距，这一过程所吸收的能量用 C 表示；相距无穷远的碱金属原子和膨胀后的石墨结合过程中所吸收的能量用 $-B$ 表示（相当于放出能量值为 B）。因此碱金属离子嵌入石墨的形成能 F 就可以表达为：$F = M + C$

−*B*，其中 *F* 为正值代表热力学不可嵌入，*F* 为负值代表热力学可嵌入。为了方便比较，其他碱金属离子嵌入石墨所有过程能量计算值均采取以金属锂离子嵌入石墨的相应能量值为参考。图 8.7（c）和（d）分别展示了碱金属离子嵌入石墨后达到 C_8M 和 C_6M 比例时，各个过程的能量对比。其中两种比例的具体能量数值略有差别，但是总体趋势和规律基本一致。

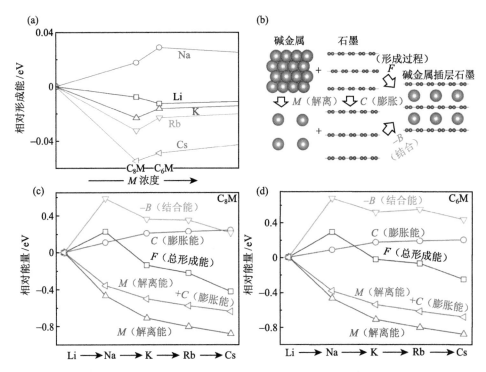

图 8.7 （a）碱金属离子嵌入石墨达到 C_8M 和 C_6M 原子比例时的形成能；（b）碱金属插层石墨形成过程分解为解离、膨胀和结合三部分的示意图；各种碱金属离子嵌入石墨达到（c）C_8M 和（d）C_6M 原子比例时所有过程的能量值。所有值均以金属锂嵌入石墨的相应数值为参考起点[22]

从图 8.7（c）和（d）中可以看出，碱金属离子半径越大，石墨膨胀能 *C* 就越大，越不利于其嵌入石墨，这与一般认为离子半径越大越难嵌入石墨是相一致的。然而，这一过程的能量只是总形成能的一部分，并且不是决定性的部分。真正的决定性部分其实是最后的结合过程所吸收的能量−*B*。可以看出，结合过程所吸收的能量−*B* 和总形成能 *F* 的变化趋势是一致的。在众多碱金属离子中，唯有钠离子的结合过程吸收的能量最大或者说释放的能量最小，这是钠离子不能嵌入石墨的更深层次的原因。

通过第一性原理计算能从更深的角度理解钠离子不能嵌入石墨的原因，深入理解这些可以帮助我们找到促进金属钠离子嵌入石墨的思路。问题的关键在于要使石墨嵌钠的形成能 $F = M + C - B$ 变为负值，因此降低 M 和 C 以及提高 B 值都是可以努力的方向，比如，降低 C 值的方法，如合成层间距增大的石墨；提高 B 值的方法，如制备具有更多缺陷的石墨等。

8.3.2 电极材料的电子结构和电荷补偿机制

在 8.3.1 节中，我们知道通过第一性原理计算能够预测电极材料的钠含量-构型能量相图，从而得到不同钠含量的最低能量构型。确定最低能量构型后，可进一步计算电极材料的电子结构和局域结构等信息，进而深入理解和预测电极材料在充放电过程中的能带带隙变化、元素价态变化以及局域结构变化情况。电子结构可以分别从实空间和能量空间来分析。从实空间可以分析出电子云在晶格原子周围的分布（电子密度），对实空间的电子云分布进行自旋电荷密度积分或者 Bader 电荷分析可以判断各种离子的价态，进而判断充放电过程中的电荷补偿机制。从能量空间分析电子结构，可以得出电子能态密度，进而得到材料的能带带隙，判断不同过渡金属价电子的轨道占据情况。

1. 自旋电荷密度积分和 Bader 电荷法分析元素价态变化

对于有磁性的过渡金属元素的价态，一般可以通过自旋电荷密度积分法来分析。比如材料中锰离子价态，可以通过对锰离子周围的电子云进行自旋电荷密度积分，随着积分半径增大可以得到锰离子的收敛磁矩，进而根据晶体场理论判断锰的价态。根据晶体场理论，Mn^{2+} 的最外层电子轨道填充一般为 $t_{2g}^3 e_g^2$，且 5 个电子都是自旋向上的，那么计算所得磁矩应为 $5\,\mu_B$ 左右。同理 Mn^{3+} 的最外层电子轨道填充一般为 $t_{2g}^3 e_g^1$，计算所得磁矩应为 $4\,\mu_B$ 左右；Mn^{4+} 的最外层电子轨道填充一般为 $t_{2g}^3 e_g^0$，计算所得磁矩是 $3\,\mu_B$ 左右。图 8.8（a）表明，$Na_{0.44}Mn_{0.44}Ti_{0.56}O_2$ 材料[23]中计算所得锰离子的收敛磁矩都是 $4\,\mu_B$ 左右，因此其中的锰离子都是三价。该材料的晶格中具有五种 Mn 位，分别为 Mn1、Mn2、Mn3、Mn4 和 Mn5（具体晶体结构见 2.2.2 节中图 2.22）。图 8.8（b）中嵌钠态 $Na_{0.66}Mn_{0.44}Ti_{0.56}O_2$ 材料中 Mn5 离子的收敛磁矩是 $4\,\mu_B$ 左右，Mn2 离子的磁矩是 $5\,\mu_B$ 左右，因此 Mn5 离子是三价，Mn2 离子是二价。这些价态计算结果与 X 射线吸收谱的实验结果非常一致。

对于非磁性的元素（如 C、O 等）的价态分析，由于其自旋电荷密度积分的收敛磁矩一般都是 0，因此无法利用自旋电荷密度积分判断价态变化。此时，一般可以使用 Bader 电荷分析法进行研究。$Na_2C_6H_2O_4$ 是一种层状结构的有机材料，其结构是由互相平行的有机苯环层和无机 Na-O 八面体层交错堆叠而形成的有机-

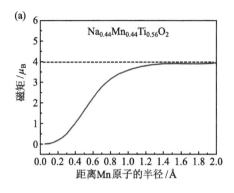
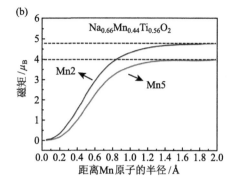

图 8.8　(a) $Na_{0.44}Mn_{0.44}Ti_{0.56}O_2$ 材料中 Mn 离子的磁矩（所有 Mn 位的自旋电荷密度积分结果一样）；(b) $Na_{0.66}Mn_{0.44}Ti_{0.56}O_2$ 材料中 Mn2 和 Mn5 位置的 Mn 的磁矩[23]

无机层状结构（其典型晶体结构见 3.4.2 节中图 3.45 (a)）。图 8.9 展示了有机材料 $Na_2C_6H_2O_4$ 嵌钠前后的局域结构[24]，表明该材料晶格中具有三种碳位、两种氧位。表 8.1 中展示了利用 Bader 电荷分析 $Na_2C_6H_2O_4$ 嵌 Na 前后各原子的电子数及其变化，可以看出嵌钠后苯环上的碳原子（C2 和 C3）所得的电子数比氧原子的要多，揭示该有机材料中的电荷补偿机制主要是以碳氧双键中的碳作为氧化还原中心的，相当于氧化还原中心集中于苯环上，这比传统观点认为羧基的碳氧双键作为氧化还原中心的理解更进了一步。

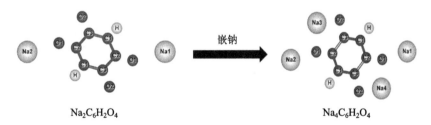

图 8.9　有机材料 $Na_2C_6H_2O_4$ 嵌钠前后的局域结构[24]

表 8.1　$Na_2C_6H_2O_4$ 嵌 Na 前后各原子的 Bader 电荷分析[24]

原子种类	$Na_2C_6H_2O_4$ 结构各原子的电子数目/e	$Na_4C_6H_2O_4$ 结构中各原子的电子数目/e	得电子数/e
O1	7.1658	7.2390	0.0732
O2	7.1647	7.2449	0.0802
C1	4.0799	4.1575	0.0776
C2	3.2758	3.5519	0.2761
C3	3.2552	3.4727	0.2175

注：其中计算输入文件中，O 原子价电子数为 6，C 原子价电子数为 4。

2. 能态密度分析能带带隙与元素价态变化

根据固体物理能带理论可知，带隙减小时，电极材料的电子电导率将呈指数增加。一般可通过掺杂的方法减小带隙以提高材料的电子电导率。图 8.10（a）和（b）展示了 β-NaMnO$_2$ 层状材料掺杂 Cu 元素前后的总电子态密度图[25]。我们可以发现掺 Cu 后，材料的带隙由 0.7 eV 减小到 0.3 eV，说明 Cu 掺杂有助于提高β-NaMnO$_2$ 材料的电子电导率。

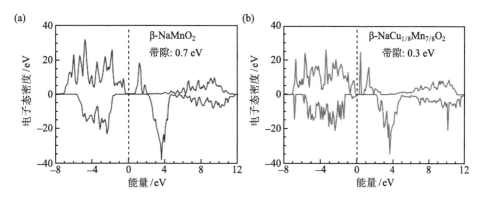

图 8.10　（a）β-NaMnO$_2$ 材料电子态密度；（b）β-NaMnO$_2$ 材料掺 1/8 比例 Cu 后的电子态密度。图（a）和（b）中的虚线对应费米能级的位置，费米能级以下是价带（填满电子的最高轨道），费米能级以上是导带（没有填充电子的空轨道）[25]

如果以原子投影态密度的形式画态密度图，就能分析脱钠前后不同元素的态密度在导带和价带占据情况中的变化，进而得出充放电过程中各元素的变价信息。图 8.11（a）展示了 P2-Na$_{2/3}$[Ni$_{1/3}$Mn$_{2/3}$]O$_2$ 层状材料脱钠前后的原子投影态密度图[26]。其中 P2-Na$_{2/3}$[Ni$_{1/3}$Mn$_{2/3}$]O$_2$ 原始材料中镍元素为二价，其晶体场能级的电子填充结构为图 8.11（b）中的 $t_{2g}^6 e_g^2$。从图 8.11（a）可以看出 Ni^{2+} 的 e$_g$ 轨道的两个电子刚好填充于费米能级以下的价带顶，即脱钠时，首先是价带顶上 Ni^{2+} 的 e$_g$ 轨道要失去电子，Ni 元素开始变价。实际上，从脱钠后的 Na$_{1/3}$[Ni$_{1/3}$Mn$_{2/3}$]O$_2$ 的电子态密度看出，确实是 Ni 元素的 e$_g$ 轨道有一部分进入到了费米能级以上的导带，对应着 Ni^{2+} 失去电子变成了 Ni^{3+}，而其中的电子结构也由 Ni^{2+} 的 $t_{2g}^6 e_g^2$ 变为 Ni^{3+} 的 $t_{2g}^6 e_g^1$。

同理，随着 Na$_{1/3}$[Ni$_{1/3}$Mn$_{2/3}$]O$_2$ 进一步脱钠变为 [Ni$_{1/3}$Mn$_{2/3}$]O$_2$，Ni^{3+} 的 e$_g$ 轨道进一步失去电子，变成 Ni^{4+} 价态，其中轨道电子结构也由 Ni^{3+} 的 $t_{2g}^6 e_g^1$ 变成 Ni^{4+} 的 $t_{2g}^6 e_g^0$。然而值得注意的是，在 [Ni$_{1/3}$Mn$_{2/3}$]O$_2$ 的态密度中可以看到，费米能级以下仍然存在一些填充着电子的 e$_g$ 轨道，说明 Ni^{3+} 没有完全变成 Ni^{4+}。这意味着在这个脱钠的过程中还伴随着一定程度的氧变价，亦即 [Ni$_{1/3}$Mn$_{2/3}$]O$_2$ 分子式中的氧有

一定比例处于–1 到–2 价之间，这个计算结果与实验报道相符[27]。

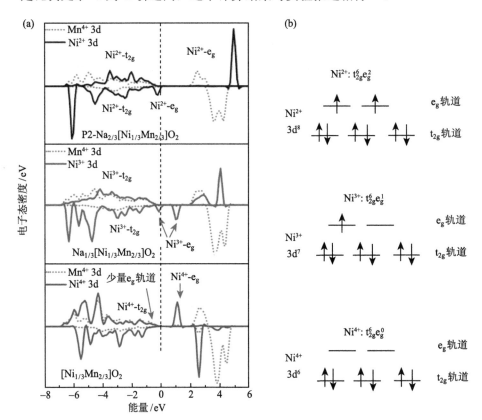

图 8.11 （a）P2-Na$_{2/3}$[Ni$_{1/3}$Mn$_{2/3}$]O$_2$ 材料脱钠前后的电子态密度，其中 $x = 0$ 的虚线对应费米能级位置。费米能级以下为填满了电子的轨道，费米能级以上为空轨道[26]；（b）Ni^{2+}、Ni^{3+}、Ni^{4+} 的外层电子在 t_{2g} 和 e_g 轨道上的分布示意图

8.3.3 电极材料与固体电解质中的钠离子扩散机理

离子扩散是电池动力学的核心过程，也是关键的速控步骤。不论是电极材料还是固体电解质都需要具有一定的离子电导率。相比之下，固体电解质材料对离子电导率的要求更高，因为电极材料尚可通过纳米化等方法缩短离子扩散路径来降低离子扩散的电阻，而固体电解质尤其是陶瓷类电解质不容易做薄，因此固体电解质只有具备更高的离子电导率才能保证其在电池器件中具有足够小的面电阻。

目前有两种方法来计算电极材料或固体电解质中钠离子扩散势垒。其一为8.2.3 节中介绍的 AIMD 法，其二为 8.2.4 节介绍的 CI-NEB 法。这两种方法所得到的势垒存在一定的区别。CI-NEB 法得到的是单个具体扩散事件对应的扩散势垒，可以用来研究具体路径中离子扩散的特点；而 AIMD 法对应的是大量扩散事件在统计学意义上的扩散势垒，可以更好地与实验结果做对比。通常，CI-NEB 法与 AIMD 法可以结合使用：先利用 AIMD 法确定可能的离子传输通道与离子扩散特征，然后使用 CI-NEB 法计算这些路径上的离子扩散特征及其物理机制。

1. 电极材料中的钠离子扩散机理

1）层状氧化物中钠离子的扩散机理

层状氧化物 O3-NaCoO$_2$ 中钠离子的扩散和 O3-LiCoO$_2$ 中锂离子的扩散很类似，都属于双空位扩散机理。图 8.12（a）展示了层状 O3-NaCoO$_2$ 中的双空位扩散机理特点[28]：当一个钠离子周围产生了两个或者两个以上的空位时，钠离子具有较小的扩散势垒且其扩散路径会通过相邻八面体之间的四面体位。图 8.12（b）是通过 NEB 法计算并对比了层状结构 ACoO$_2$ (A: Na 或 Li)在双空位扩散机理下的钠离子与锂离子的扩散势垒。可以看出 O3-NaCoO$_2$ 中的钠离子的扩散势垒比 O3-LiCoO$_2$ 中锂的扩散势垒更低，表明钠离子半径虽然比锂离子更大，但其扩散不一定比锂的慢，原因在于 O3-NaCoO$_2$ 结构的层间距比 O3-LiCoO$_2$ 的更大，离子的扩散通道也变宽了，更有利于半径更大的钠离子的扩散。

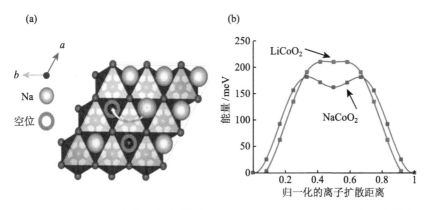

图 8.12　（a）O3-NaCoO$_2$ 中的双空位扩散机理；（b）O3-ACoO$_2$ (A: Na 或 Li)中的离子扩散势垒[28]

钠离子层状氧化物电极材料中往往具有 P2 和 O3 两种构型，其中 O3 构型中的扩散机理为双空位机制，但 P2 构型却不是，其主要原因在于双空位构型在 P2 结构里本身就不是热力学稳态。如图 8.13（a），（b），P2-Na$_x$CoO$_2$ 结构中一旦产生两个空位后[29]，两个空位周围的一个钠会自发迁移，形成一个新的配位环境。这个配位环境和双空位的环境显然是不一样的，因此其晶格中不会存在双空位扩散机理。该现象与 P2-Na$_x$CoO$_2$ 结构中具有两种钠位（Na$_e$ 和 Na$_f$）是相关的，产生两个 Na$_e$ 空位后，处于两个空位之间的 Na$_e$ 会迁移到 Na$_f$ 位置，导致钠离子迁移的配位环境发生变化。图 8.13（c）展示了通过 AIMD 计算所得的 P2-Na$_x$CoO$_2$ 结构中钠离子的扩散路径，其整体扩散路径的形状是由 Na$_e$ 和 Na$_f$ 位置连接而成的蜂巢形状。图 8.13（d）对比了不同钠含量的 P2-Na$_x$CoO$_2$ 结构和 O3-Na$_x$CoO$_2$ 结构中钠离子扩散势垒和扩散系数。可以看出，钠含量高于 0.75 时，O3-Na$_x$CoO$_2$ 结构中的钠离子扩散更快；而钠含量低于 0.75 时，P2-Na$_x$CoO$_2$ 结构中的钠离子扩散更快。

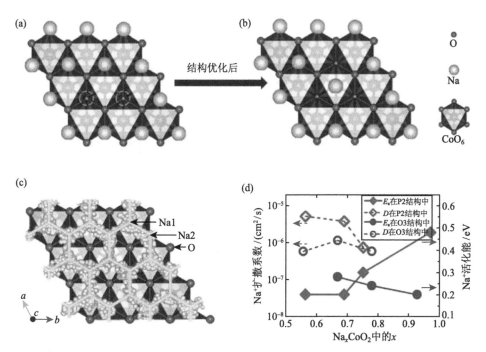

图 8.13　（a）具有两个空位 P2-Na$_x$CoO$_2$ 弛豫前的构型；（b）具有两个空位 P2-Na$_x$CoO$_2$ 弛豫后的构型；（c）AIMD 计算所得的 P2-Na$_x$CoO$_2$ 结构中钠离子的扩散路径；（d）P2 和 O3 构型 Na$_x$CoO$_2$ 中 Na$^+$ 的扩散势垒大小与钠含量的关系[29]

图 8.14（a）展示了 P2-Na$_{0.6}$[Cr$_{0.6}$Ti$_{0.4}$]O$_2$ 结构中具有蜂巢形状的钠离子扩散通道[30]，这与图 8.13（c）中 P2-Na$_x$CoO$_2$ 的类似。图 8.14（b）表明 P2-Na$_{0.6}$[Cr$_{0.6}$Ti$_{0.4}$]O$_2$ 结构中钠离子在 1200 K 到 2700 K 之间的钠离子均方位移都很大，表明钠离子在该结构中很容易扩散。得到钠离子在不同温度下的 MSD 后，可代入式（8-2）和

式（8-3）并根据 Arrhenius 公式对钠离子扩散系数随温度变化的曲线进行拟合，得到钠离子的扩散活化能。如图 8.14（c）所示，P2-Na$_{0.6}$[Cr$_{0.6}$Ti$_{0.4}$]O$_2$ 结构中钠离子的扩散活化能约为 0.35 eV。

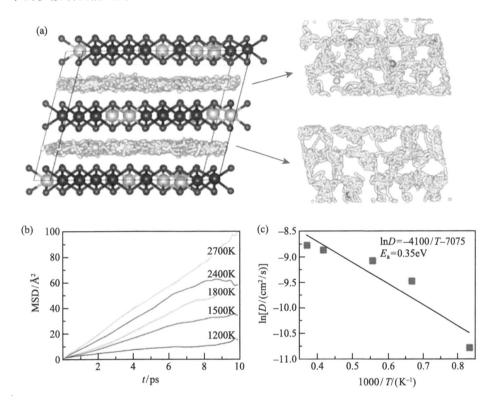

图 8.14　AIMD 计算 P2-Na$_{0.6}$[Cr$_{0.6}$Ti$_{0.4}$]O$_2$ 结构中钠离子的扩散（a）AIMD 所得的钠离子扩散通道，计算设定的温度为 1800 K；（b）钠离子在不同温度下的均方位移与时间的关系；（c）根据 Arrhenius 公式拟合钠离子扩散系数随温度变化的曲线[30]

2）聚阴离子化合物中钠离子的扩散机理

钠离子电池中聚阴离子类的电极材料种类繁多，这里以氟化磷酸钒钠为例，介绍第一性原理计算研究其晶格中钠离子的扩散机理。计算结果表明氟化磷酸钒钠 Na$_x$V$_2$(PO$_4$)$_2$F$_3$ 正极材料晶格中具有三种钠位（Na1、Na2 和 Na3）[31]，图 8.15（a）中采用圆圈标记了所有的 Na1 和 Na2 位置，采用小正方形代表 Na3 位置，图中用箭头标注了其中两个 Na3 位置。这三种钠位置产生了三种钠离子的迁移路径，分别在图中标记为 1、2 和 3。图 8.15（b）和（c）展示了路径 1、路径 2 和路径 3 在富钠态和贫钠态下的迁移势垒，其中富钠态是指脱钠初期的状态，贫钠态是指脱钠末期的状态。通过分析这两种状态的钠离子迁移势垒，可以大概分析整个脱钠过程中钠离子迁移势垒的变化。路径 1 的钠离子迁移速度是最快的，其迁移势垒在富钠态时是 0.020 eV 左右，在贫钠态时是 0.045 eV 左右。路径 1 的迁移势垒在富钠态和贫钠态时的势垒形状都是 M 字形，主要原因在于迁移路径 1 在由 Na1 到 Na2 的过程中经历了能量较低的 Na3 位置。路径 2 和路径 3 的钠离子迁移势垒相对路径 1 要高一个数量级，并且这两条路径的迁移势垒在贫钠态时都是 0.3 eV 左右，其原因在于钠全部脱出后，Na2 和 Na3 位置是对称的；而在富钠态时钠离子之间具有较强的静电作用，导致路径 2 的钠离子迁移势垒升高至 0.6 eV 左右，路径 3 的钠离子迁移势垒升高至 1 eV 左右。

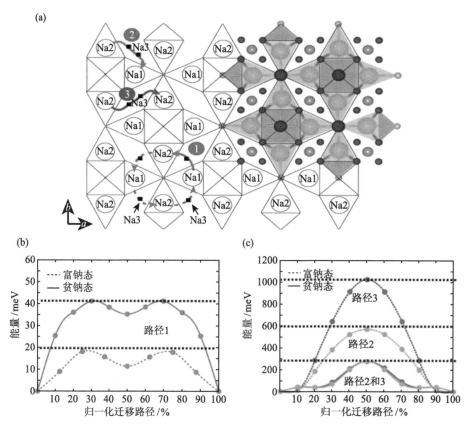

图 8.15 （a）$Na_xV_2(PO_4)_2F_3$ 沿着 z 方向的俯视结构示意图。图中标出了晶格中有三种钠位，包括圆圈内的 Na1 和 Na2 以及小箭头标注的正方形。这三种钠位之间形成 1、2 和 3 三条钠离子迁移路径；（b）路径 1 在贫钠态和富钠态下的迁移势垒；（c）路径 2 和 3 在贫钠态和富钠态下的迁移势垒[31]

3）有机电极材料中钠离子的扩散机理

图 8.16（a）和（c）分别展示了有机材料 $Na_2C_6H_2O_4$ 原始结构和嵌钠态 $Na_4C_6H_2O_4$ 结构中钠离子的扩散轨迹，可以看出其中的钠离子形成了很明显的二维通道[24]。图 8.16（b）和（d）分别展示了 $Na_2C_6H_2O_4$ 原始结构和嵌钠态 $Na_4C_6H_2O_4$ 结构中 Na、C、H 和 O 在 1200 K 下的均方位移，可以看出随着时间的增加，两种结构中 C、H 和 O 的均方位移都极小，只有钠离子具有较大的均方位移，这说明两种结构中的苯环框架是比较稳定的，而只有其中的钠离子可以扩散。值得注意的是，同一温度下，$Na_2C_6H_2O_4$ 原始结构中钠离子的均方位移要大于嵌钠态 $Na_4C_6H_2O_4$ 结构的，这表明原始结构中的钠离子具有更高的钠离子扩散系数。

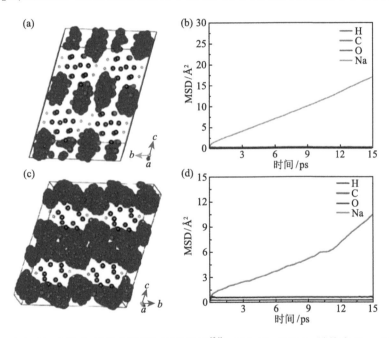

图 8.16 （a）$Na_2C_6H_2O_4$ 结构中钠离子扩散轨迹[24]；（b）$Na_2C_6H_2O_4$ 结构中 Na、C、H 和 O 的均方位移；（c）$Na_4C_6H_2O_4$ 结构中钠离子扩散轨迹；（d）$Na_4C_6H_2O_4$ 结构中 Na、C、H 和 O 的均方位移（所有计算所设置的温度为 1200 K，模拟时间为 15 ps）

2. 固体电解质中的离子扩散机理

钠离子固体电解质中，聚合物固体电解质由于结构复杂而很难建立标准模型进行计算。相比之下，无机类固体电解质，如氧化物和硫化物等，因结构简单易于建立模型，因而其相应的理论模拟与计算研究更多。本节主要介绍第一性原理分子动力学和爬坡弹性带法在 NASICON 结构 $Na_3Zr_2Si_2PO_{12}$ 和硫化物 Na_3PS_4 固体电解质中钠离子扩散方面的应用。

$Na_3Zr_2Si_2PO_{12}$ 具有单斜相和三方相。图 8.17（a）和（c）展示了 AIMD 法所得的两种构型中钠离子的扩散通道[32]。图 8.17（b）和（d）为不显示晶格中 ZrO_6 八面体、SiO_4 和 PO_4 四面体时，单斜相和三方相晶格中钠离子的扩散通道，表明两种构型都具有明显的三维钠离子通道。通过 NEB 法可以研究其中钠离子的扩散机理。如图 8.18（a）和（b）所示，单斜 $Na_3Zr_2Si_2PO_{12}$ 结构 bc 平面内，单离子扩散机理下的钠离子扩散势垒为 0.312 eV，而离子协同扩散机理下的钠离子扩散势垒则只有 0.187 eV。这表明，协同扩散机理更有利于提高单斜相 $Na_3Zr_2Si_2PO_{12}$ 电解质的电导率，这和锂离子固体电解质中报道的协同扩散机理类似。图 8.19 中的计算分析结果表明，钠含量适当增加，温度越高，钠离子协同扩散的比例也越高。因此提高钠含量有利于提高 $Na_3Zr_2Si_2PO_{12}$ 材料的体相电导率，这与实验结果基本一致。

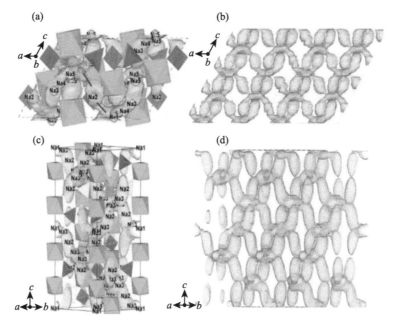

图 8.17　$Na_3Zr_2Si_2PO_{12}$ 的钠离子扩散通道（a）单斜相；（b）不显示 ZrO_6 八面体、SiO_4 和 PO_4 四面体的单斜相；（c）三方相；（d）不显示 ZrO_6 八面体、SiO_4 和 PO_4 四面体的三方相[32]

硫化物 Na_3PS_4 具有四方相和立方相两种结构。计算表明 Na_3PS_4 这两种相结构的钠离子扩散都是空位机制。实际上，完美四方相和立方相晶格中的钠离子占位是满的，只有产生空位后，钠离子才更容易迁移。图 8.20（a）和（b）分别展示了两种构型中不存在和存在钠离子空位缺陷时的钠离子均方位移[33]，可以很明

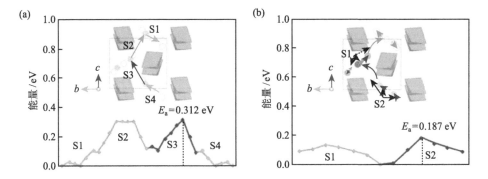

图 8.18　单斜 $Na_3Zr_2Si_2PO_{12}$ 晶胞结构 bc 平面内，钠离子以（a）单离子扩散机理和（b）多离子协同扩散机理的离子扩散路径与扩散势垒[32]

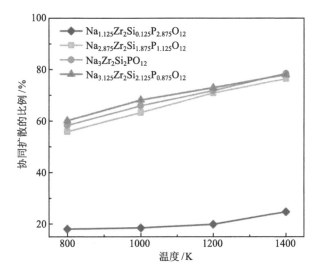

图 8.19　利用 AIMD 结果所得单斜 $Na_3Zr_2Si_2PO_{12}$ 结构在不同温度下，钠离子协同扩散机理所占的比例[32]

显地看到，两种构型中钠离子的均方位移都随着钠空位的增加而变大。表 8.2 则进一步对比了两种构型存在不同比例钠空位时的钠离子扩散系数和离子电导率的计算结果，证明产生一定的空位可以使电解质中钠离子的电导率提高一个数量级。

虽然计算表明直接在 Na_3PS_4 晶格中产生空位可以有效地提高钠离子电导率，但是产生钠离子空位需要较大的能量，实际上很难直接合成具有大量空位的 $Na_{3-x}PS_4$ 材料。一般可以采用异价掺杂来产生钠离子空位，例如，利用 Ca 掺杂产生空位。如图 8.21（a）所示[34]，通过第一性原理分子动力学模拟表明，掺 Ca 后的立方相 $Na_{2.75}Ca_{0.125}PS_4$ 晶格中钠离子的均方位移高于没有缺陷的四方相 Na_3PS_4，说明掺 Ca 后晶格钠离子的电导率有所提升。图 8.21（b）通过爬坡弹性

带法计算了 $Na_{2.75}Ca_{0.125}PS_4$ 晶格中的一条路径的钠离子扩散势垒为 0.15 eV，说明掺 Ca 后钠离子电导率会提高，这与实验结果相一致[34]。

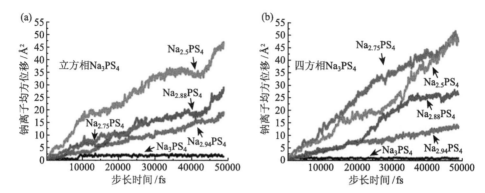

图 8.20　$Na_{3-x}PS_4$（$x=0$、0.06、0.12、0.25 和 0.5）在 525 K 下的钠离子均方位移[33]

（a）立方相；（b）四方相

表 8.2　立方相和四方相 $Na_{3-x}PS_4$（$x=0$、0.06 和 0.5）在 525 K 下的钠离子扩散系数和电导率计算值[33]

化学式	晶系	扩散系数/（$\times 10^{-6}$ cm²/s）	电导率/（S/cm）
Na_3PS_4	立方	0.3	0.02
Na_3PS_4	四方	0.1	0.01
$Na_{2.94}PS_4$	立方	3.3	0.2
$Na_{2.94}PS_4$	四方	2.3	0.14
$Na_{2.5}PS_4$	立方	8.0	0.42
$Na_{2.5}PS_4$	四方	8.2	0.43

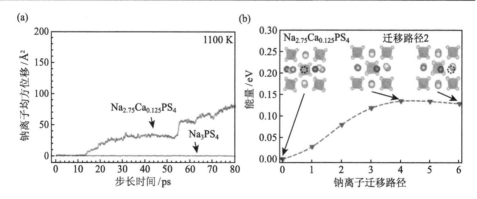

图 8.21　（a）四方相 Na_3PS_4 和立方相 $Na_{2.75}Ca_{0.125}PS_4$ 晶格中钠离子在 1100 K 下的均方位移；（b）立方相 $Na_{2.75}Ca_{0.125}PS_4$ 中一条钠离子迁移路径的钠离子扩散势垒[34]

3. 液体电解质中的离子扩散机理

液体电解质的性质可以通过经典分子动力学模拟和计算。图 8.22（a）展示了通过经典分子动力学模拟得到的 9 m NaOTF（三氟甲基磺酸钠）+ 22 m TEAOTF（四乙基三氟甲基磺酸铵）电解液构型[35]：主要由 TEAOTF 区域和 $Na^+(H_2O)_n$ 水合钠离子纳米区域相互交织组成。图 8.22（b）展示了放大的 $Na^+(H_2O)_n$ 纳米区域为电解液中钠离子的快速通道。表 8.3 列出了计算所得的 303 K 下的电导率为 9.7×10^{-3} S/cm 与实验值 13.2×10^{-3} S/cm 相近，所得的 303 K 下的黏度为 28.3 mPa·s 与实验值 23.8 mPa·s 也相近。此外，实验中较难测的 Na^+ 和 TEA^+ 的扩散系数和迁移数也可以通过计算获得。计算表明，Na^+ 在 303 K 下的扩散系数 $D(Na^+)$ 大约是 TEA^+ 的扩散系数 $D(TEA^+)$ 的 2 倍（0.74×10^{-10} m^2/s vs. 0.36×10^{-10} m^2/s）。虽然 TEA^+ 浓度是 Na^+ 浓度的 2.4 倍，但 Na^+ 的迁移数 t_{Na^+} 和 TEA^+ 的迁移数 t_{TEA^+} 相近（0.24 vs. 0.28），这些数值与有机电解液体系中 Na^+ 的迁移数值 0.2~0.4 相近。

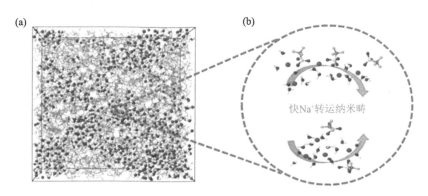

图 8.22　（a）9 m NaOTF + 22 m TEAOTF 电解液的分子动力学模拟结果；（b）从分子动力学模拟结果中提取出的钠离子快速通道水合钠离子区域[35]

表 8.3　9 m NaOTF + 22 m TEAOTF 电解液分子动力学数据[35]

类型	数值
计算模型设定温度值/K	303
Na^+ 扩散系数计算值/($\times10^{-10}$ m^2/s)	0.74
TEA^+扩散系数计算值/($\times10^{-10}$ m^2/s)	0.36
Na^+ 迁移数计算值	0.24
TEA^+迁移数计算值	0.28
电导率计算值/($\times10^{-3}$ S/cm)	9.7
电导率实验值/($\times10^{-3}$ S/cm)	13.2
黏度计算值/($\times10^{-3}$ Pa·s)	28.3
黏度实验值/($\times10^{-3}$ Pa·s)	23.8

8.3.4 固体电解质的电化学窗口

固体电解质的电化学窗口决定了电池的电压范围，是一个非常重要的参数。理论计算可以从热力学和动力学上分析固体电解质的电化学窗口。

热力学窗口可以通过计算巨热力学势相图得到，固体电解质能够保持热力学稳定的最高和最低巨热力学势之差即为热力学电压窗口值。钠基固体电解质的巨热力学势表达式为[36]

$$\Phi(c, \mu_{Na}) = E(c) - n_{Na(c)}\mu_{Na} \tag{8-11}$$

式中，$\Phi(c, \mu_{Na})$是巨正则势；c是化学组分；μ_{Na}是钠离子的化学势；$E(c)$是内能；$n_{Na(c)}$是化学组分c中钠离子的浓度。

图 8.23 展示了含钠固体电解质以及电解质/电极界面可能存在的含钠化合物

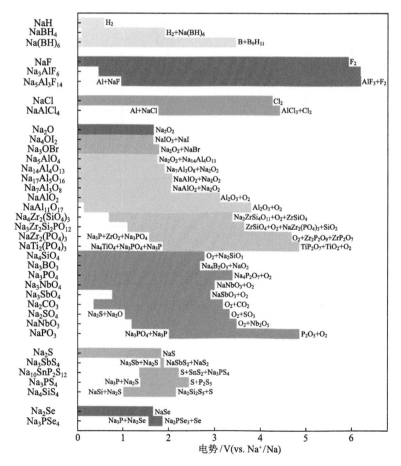

图 8.23 含钠固体电解质以及电解质/电极界面可能存在的含钠化合物的电化学窗口计算值[36]

电化学窗口计算值。其中 NASCION 固体电解质 $Na_3Zr_2Si_2PO_{12}$ 的热力学窗口约为 2.5 V，比硫化物 $Na_{10}SnP_2S_{12}$（约 0.9 V）和 Na_3PS_4（约 1 V）的热力学窗口宽很多。另外还可以看出，氟化物（如 NaF 等）具有非常宽的窗口（大于 5.5 V），比较适合用于正负极的界面修饰。

　　计算的热力学窗口往往都会低于实际电池中的窗口值，因为实际电池中还存在动力学因素。固体电解质的动力学窗口很难准确预估，有一种方法是将电解质的最低脱钠电势等效为动力学氧化电势极限，从而简单估算固体电解质的动力学窗口。表 8.4 列了一些电解质的热力学窗口和动力学氧化电势极限，可以看出考虑了动力学氧化极限后，固体电解质的实际窗口会更宽。

表 8.4　一些固体电解质的热力学窗口及其动力学氧化电势极限[36]

结构	还原电势/V	氧化电势/V	动力学氧化电势上限/V
Na_3PSe_4	1.57	1.87	2.75
Na_3PS_4	1.39	2.45	3.05
Na_3SbS_4	1.83	1.9	3.22
$Na_{10}SnP_2S_{12}$	1.37	2.23	2.68
$NaZr_2(PO_4)_3$	1.58	4.68	4.78
$Na_4Zr_2(SiO_4)_3$	0.69	3.38	4.13
$NaAl_{11}O_{17}$	0.14	3.79	4.79
$NaAlCl_4$	1.78	4.42	4.84
Na_3AlF_6	0.46	6.19	6.35
$NaBH_4$	0.02	2.07	4.91
$Na_2B_{12}H_{62}$	0.00	3.46	4.31

8.4　材料基因工程、机器学习及其应用

8.4.1　材料基因工程简介

　　2011 年美国启动了"材料基因组计划"（material genome initiative，MGI），通过高通量材料计算、高通量材料合成和表征实验以及数据库的技术融合与协同，将材料从发现、制造到应用的速度至少提高一倍，成本至少降低一半。材料基因计划是材料科学技术的一次飞跃，用高通量并行迭代替代传统试错法中的多次顺序迭代，逐步由"经验指导实验"向"理论预测、实验验证"的材料研究新模式转变。最终实现材料"按需设计"。材料基因技术包括高通量材料计算、高通量材料实验和材料数据库三个要素。我国也于 2016 年启动首批"材料基因工程关键技术与支撑平台重点专项"国家重点研发计划。国内在该方面已经开展相关研究的科

研单位与院校包括中国科学院物理研究所、北京科技大学、北京计算科学研究中心、上海大学、上海硅酸盐研究所、上海交通大学、电子科技大学、中国科学院宁波材料所和北京大学深圳研究生院等。

图 8.24 数据流程展示了高通量计算筛选材料过程的一些重要步骤[37]。首先，需要有包含大量材料的实验晶体结构数据库作为高通量筛选的起点；其次，批量输入结构信息并进行数据筛选；然后，将筛选出来的晶体结构信息生成可采用密度泛函理论计算的数据格式，并投入服务器进行计算；随后，计算完成后输出计算文件并保存起来组成一个数据库；最后，用数据库里的数据对材料的各种性质进行分析，用于指导材料设计或者筛选出进入下一个循环的数据。

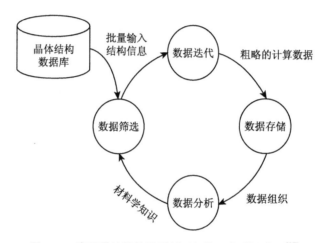

图 8.24　高通量计算筛选材料过程的一些重要步骤[37]

8.4.2　机器学习简介

机器学习（machine learning）是一门涉及数学、统计学、概率论和算法等多领域的交叉学科。机器学习也可以看作是一类算法的总称，这些算法能够从大量的实验数据中挖掘出潜在规律，获取新的知识或技能，建立相应的数据分析模型，并通过新数据的输入，让机器反复分析相应的内容，重新组织已有的知识结构，使之不断改善自身的性能。在材料开发领域，机器学习可以作为计算机辅助材料开发的一种最新模式。图 8.25 展示了计算机辅助材料开发模式的三代演变过程[38]，第一代需要输入结构信息，然后通过局部优化算法进行计算，最后得到该结构的性质；第二代只需给定分子式，然后通过全局优化算法进行计算，最后得到该分子式所对应的各种可能构型以及相应的性质；第三代则只需给出预期的物理化学性质，然后通过机器学习算法进行统计分析，最终可以输出所需的材料组分、结构与相应性质。机器学习的应用十分广泛，不仅包括材料领域，而且还涵盖了数据挖掘、生物特征识别、搜索引擎、医学诊断、证券市场分析以及 DNA 序列测序等领域。

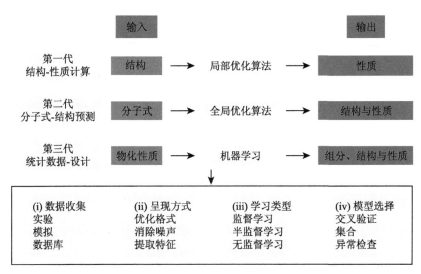

图 8.25　计算机辅助材料开发的模式演变[38]

材料开发是钠离子电池发展的关键，开发具有更好性能的新材料一直备受关注。基于机器学习的方法，通过对已有材料的认识和理解，寻找最佳的设计策略将能极大地促进钠离子电池技术的进步。此外，机器学习也能通过分析电极参数、电解液用量与循环倍率性能的关系，为优化钠离子电池性能提供重要的指导。

8.4.3　材料基因工程及机器学习在钠离子电池中的应用

钠离子电池尚处于开发新型高性能正极、负极以及电解质材料的阶段。材料基因工程正好可以在钠离子电池材料的研发过程中发挥作用。

虽然目前很少有专门针对钠离子电池材料进行高通量计算的文献，但是国内外公开的一些数据库网站都包含了大量材料，其中可能包括可以应用于钠离子电池的材料，因此可以从这些数据库网站上搜集一些有用的信息。图 8.26 和图 8.27 分别展示了 Materials Project 数据库网站和 AFLOW 数据库网站首页。在这些网站

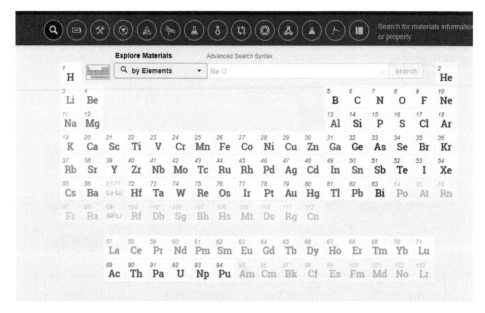

图 8.26　劳伦斯伯克利国家实验室与麻省理工学院的 Materials Project 数据库网站首页
（https://materialsproject.org/）

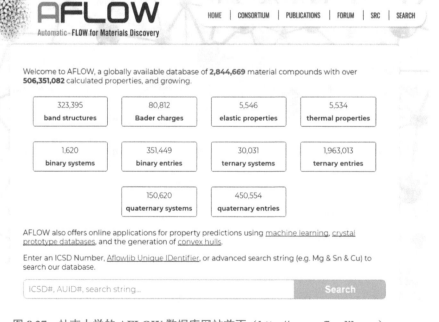

图 8.27　杜克大学的 AFLOW 数据库网站首页（http://www.aflowlib.org）

上可以很方便地查询到各种材料的能带、磁性和相图等基本性质，其中 Materials Project 网站还开发了电池材料的专栏，可以找到电压曲线、充电后的结构以及体积形变等数据。因此可以直接在这些数据库网站查找并总结可能应用于钠离子电池相关的新材料。

图 8.28 展示了中国科学院物理研究所肖睿娟等开发的电池材料离子输运数据库。该数据库是基于 8.2 节介绍的密度泛函理论和键价理论而建立的。该数据库包含了 21204 种无机晶体化合物中的离子输运数据，其中含 Li 的化合物有 4535 种，含 Na 的化合物有 4344 种，含 K 的化合物有 2808 种，含 Mg 的化合物有 2145 种，含 Zn 的化合物有 2180 种以及含 Al 的化合物有 5192 种。

电池材料离子输运数据库

电池材料离子输运数据库包含了采用键价方法计算得到的21204种无机晶体化合物中的离子输运数据，其中包括含Li的化合物4535种、含Na的化合物4344种、含K的化合物2808种、含Mg的化合物2145种、含Zn的化合物2180种、含Al的化合物5192种。

搜索 »

材料基因组

材料基因组是有效加快材料研发的一种新方法，高通量计算、高通量制备、高通量表征以及数据分析技术是其主要组成部分。

离子输运计算

离子输运计算方法包括几何分析、键价分析及基于密度泛函理论的过渡态计算等。

键价和软件BVpath

BVpath软件是采用键价方法计算晶体结构中离子输运路径及输运势垒的半经验计算程序。

© 2018 - 我的 ASP.NET 应用程序

图 8.28 中国科学院物理研究所电池材料离子输运数据库网站首页
（http://e01.iphy.ac.cn/bmd）

表 8.5 展示了从数据库中挑选的几种钠离子扩散势垒较低的材料，图 8.29（a），（b）分别展示了用键价法计算得到的 $NaSbSiO_5$ 和 $Na_{12}Al_{12}Si_{12}O_{48}$ 的钠离子通道。8.2.7 节中已经提到通过键价法得到的离子扩散势垒的绝对值与 AIMD 和 CI-NEB 方法所得的势垒相差较大，但是总体趋势是一致的。键价法计算所得势垒较小的材料应该值得进行更全面的理论计算或者实验研究。

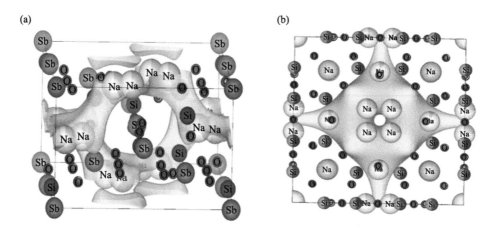

图 8.29 键价法计算所得的钠离子通道（a）$NaSbSiO_5$ 和（b）$Na_{12}Al_{12}Si_{12}O_{48}$

表 8.5 从数据库中挑选的一些钠离子扩散势垒较低的材料

ICSD 编号	分子式	空间群	势垒/eV
010288	$Na_{12}Al_{12}Si_{12}O_{48}$	$Pm\bar{3}m$	0.031
067006	$Mg_{1.5}Na_9Si_{12}Al_{12}O_{48}$	$Pm\bar{3}m$	0.027
080878	$Ca_4Na_4Al_{12}Si_{12}O_{48}$	$Pm\bar{3}m$	0.133
172575	$Na_{7.26}Ga_{8.9}Si_{27.1}O_{72}$	$P63/mmc$	0.034
006161	Na_6ZnO_4	$P63mc$	0.206
075421	$NaSbSiO_5$	$Pnan$	0.208
024434	$Na_2Zn_2(TeO_3)_3$	$P63/m$	0.090

参 考 文 献

[1] Hohenberg P, Kohn W. Inhomogeneous electron gas. Physical Review,1964,136(3B): B864-B871

[2] Kohn W, Sham L J. Self-consistent equations including exchange and correlation effects. Physical Review, 1965, 140(4A):A1133-A1138

[3] Kresse G, Furthmüller J. Efficient iterative schemes for *ab initio* total-energy calculations using a plane-wave basis set. Physical Review B, 1996, 54(16):11169-11186

[4] Payne M C, Teter M P, Allan D C, et al. Iterative minimization techniques for *ab initio* total-energy calculations-molecular-dynamics and conjugate gradients. Reviews of Modern Physics, 1992, 64(4): 1045-1097

[5] Alder B J, Wainwright T E. Studies in molecular dynamics. I. General Method. Journal of Chemical Physics, 1959, 31(2):459-466

[6] Car R, Parrinello M. Unified approach for molecular dynamics and density-functional theory. Physical Review Letters, 1985, 55(22):2471-2474

[7] Eyring H. The activated complex in chemical reactions. Journal of Chemical Physics, 1935, 3(2):107-115

[8] 黄昆(著), 韩汝琦(改编). 固体物理学. 北京: 高等教育出版社, 1988

[9] Togo A, Oba F, Tanaka I. First-principles calculations of the ferroelastic transition between rutile-type and CaCl$_2$-type SiO$_2$ at high pressures. Physical Review B, 2008, 78(13): 134106

[10] Gonze X, Lee C. Dynamical Matrices, Born effective charges, dielectric permittivity tensors and interatomic force constants from density-functional perturbation theory. Physical Review B, 1997, 55(16): 10355-10368

[11] Gonze X, Amadon B, Anglade P M, et al. ABINIT: first-principles approach to material and nanosystem properties. Computer Physics Communications, 2009,180(12): 2582-2615

[12] Metropolis N, Ulam S. The Monte Carlo method. Journal of the American Statistical Association, 1949, 44(247): 335-341

[13] Sanchez J M, Ducastelle F, Gratias D. Generalized cluster description of multicomponent systems. Physica a Statistical Mechanics & its Applications, 1984, 128(1-2): 334-350

[14] van de Walle A, Ceder G. Automating first-principles phase diagram calculations. Journal of Phase Equilibria, 2002, 23(4): 348-359

[15] Pauling L. The Nature of the Chemical Bond. 3rd ed. Ithaca: Cornell University Press, 1960

[16] Brown I D. The Chemical Bond in Inorganic Chemistry and the Bond Valence Model IUCrMono Graphs on Crystalloography. Oxford: Oxford University Press, 2020

[17] Bader R F W, Jones G A. The electron density distributions in hydride molecules: I. the water molecule. Canadian Journal of Chemistry, 1963, 41(3): 586-606

[18] Toumar A J, Ong S P, Richards W D, et al. Vacancy ordering in O3-type layered metal oxide sodium-ion battery cathodes. Physical Review Applied, 2015, 4(6): 064002

[19] Jian Z L, Sun Y, Ji X L. A new low-voltage plateau of Na$_3$V$_2$(PO$_4$)$_3$ as an anode for Na-ion batteries. Chemical Communications, 2015, 51(29): 6381-6383

[20] Kim H, Kim D J, Seo D H, et al. *Ab initio* study of the sodium intercalation and intermediate phases in Na$_{0.44}$MnO$_2$ for sodium-ion battery. Chemistry of Materials, 2012, 24(6): 1205-1211

[21] Mortazavi M, Ye Q, Birbilis N, et al. High capacity group-15 alloy anodes for Na-ion batteries: electrochemical and mechanical insights. Journal of Power Sources, 2015, 285: 29-36

[22] Liu Y, Merinov B V, Goddard W A. Origin of low sodium capacity in graphite and generally weak substrate binding of Na and Mg among alkali and alkaline earth metals. Proceedings of the National Academy of Sciences of the United States of America, 2016, 113(14): 3735-3739

[23] Wang Y, Liu J, Lee B, et al. Ti-substituted tunnel-type Na$_{0.44}$MnO$_2$ oxide as a negative electrode for aqueous sodium-ion batteries. Nature Communications, 2015, 6:6401

[24] Wu X Y, Jin S F, Zhang Z Z, et al. Unraveling the storage mechanism in organic carbonyl electrodes for sodium-ion batteries. Science Advances, 2015, 1(8): e1500330

[25] Jiang L W, Lu Y X, Wang Y S, et al. A High-temperature β-phase NaMnO$_2$ stabilized by Cu doping and its Na storage properties. Chinese Physics Letters, 2018, 35(4): 048801

[26] Lee D H, Xu J, Meng Y S. An advanced cathode for Na-ion batteries with high rate and excellent structural stability. Physical Chemistry Chemical Physics, 2013, 15(9): 3304-3312

[27] Cheng C, Li S, Liu T, et al. Elucidation of anionic and cationic redox reactions in a prototype sodium-layered oxide cathode. ACS Applied Materials & Interfaces, 2019, 11(44): 41304-41312

[28] Bai Q, Chen H, Yang L, et al. Computational studies of electrode materials in sodium-ion batteries. Advanced Energy Materials, 2018, 8(17): 1702998

[29] Mo Y, Ong S P, Ceder G. Insights into diffusion mechanisms in P2 layered oxide materials by first-principles calculations. Chemistry of Materials, 2014, 26(18): 5208-5214

[30] Wang Y S, Xiao R J, Hu Y S, et al. P2-$Na_{0.6}[Cr_{0.6}Ti_{0.4}]O_2$ cation-disordered electrode for high-rate symmetric rechargeable sodium-ion batteries. Nature Communications, 2015, 6: 6954

[31] Matts I L, Dacek S, Pietrzak T K, et al. Explaining performance-limiting mechanisms in fluorophosphate Na-ion battery cathodes through inactive transition-metal mixing and first-principles mobility calculations. Chemistry of Materials, 2015, 27(17): 6008-6015

[32] Zhang Z Z, Zou Z Y, Kaup K, et al. Correlated migration invokes higher Na^+-ion conductivity in nasicon-type solid electrolytes. Advanced Energy Materials, 2019, 9(42): 1902373

[33] de Klerk N J J, Wagemaker M. Diffusion mechanism of the sodium-ion solid electrolyte Na_3SP_4 and potential improvements of halogen doping. Chemistry of Materials, 2016, 28(9): 3122-3130

[34] Ki M C, Hyun-Jae L, Ho P K, et al. Vacancy-driven Na^+ superionic conduction in new Ca-doped Na_3PS_4 for all-solid-state Na-ion batteries. ACS Energy Letters, 2018, 3(10): 2504-2512

[35] Jiang L, Liu L, Yue J, et al. High-voltage aqueous Na-ion battery enabled by inert-cation-assisted water-in-salt electrolyte. Advanced Materials, 2020, 32: 1904427

[36] Lacivita V, Wang Y, Bo S H, et al. *Ab initio* investigation of the stability of electrolyte/electrode interfaces in all-solid-state Na batteries. Journal of Materials Chemistry A, 2019, 7(14): 8144-8155

[37] Jain A, Hautier G, Moore C J, et al. A high-throughput infrastructure for density functional theory calculations. Computational Materials Science, 2011, 50(8): 2295-2310

[38] Butler K T, Davies D W, Cartwright H, et al. Machine learning for molecular and materials science. Nature, 2018, 559(7715): 547-555

09

钠离子电池技术与应用

9.1 概　　述

自 20 世纪 80 年代起，钠离子电池在正负极材料、电解液及电极与电解液界面方面就得到了广泛研究，电池体系的可行性与发展潜力也得到了论证。但电池作为一种商业化产品，在进行科学研究的同时，也需要相关技术协同发展。

图 9.1 展示了钠离子电池的生产制造、设计及产品的应用情况。钠离子电池的生产制造工艺主要包括极片和电芯制造两方面，具体工艺与锂离子电池类似，这有利于缩短钠离子电池的研发周期。优异的电化学性能和安全性能使钠离子电池具有较好的发展前景，在应用方面，钠离子电池的优势在于高安全性和高性价比，目标应用场景主要包括对比能量要求不高的低速交通领域及储能领域，如电动自行车、低速电动车、分布式储能和大规模储能等。

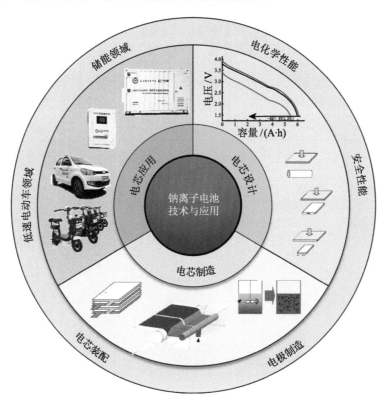

图 9.1　钠离子电池的生产制造、设计及产品应用

本章首先简要介绍两种已经商业化的钠电池产品的情况，然后详细介绍实验室扣式电池中的极片匹配和电池组装技术，并进一步扩展到工业上钠离子电池的生产制造技术，包括正负极电极的制造，软包、圆柱和方形硬壳电池，电池组的设计制造以及电池性能的测试维护与失效分析等，同时对钠离子电池的成本进行了建模分析和可行性论证。最后介绍了目前钠离子电池的产业化现状、目标应用场景及其示范应用和市场的推广情况。

9.2 钠电池及钠离子电池

9.2.1 钠电池及钠离子电池简介

与锂基电池类似[1]，钠基电池根据是否使用金属钠，也可以分为钠电池和钠离子电池。两者都是依靠钠离子在正负极之间往返运动实现充放电的，即充电时，钠离子从正极脱出，经过电解质存储在负极；放电时则相反。

钠电池和钠离子电池的区别主要在于负极材料的选择，钠电池使用金属钠负极材料而钠离子电池使用其他种类的负极材料，如碳材料、层状氧化物和合金类材料等；其次，在正极材料方面，可应用于钠电池的正极材料种类要比钠离子电池广泛，不仅包括 O3 相层状氧化物材料、普鲁士蓝（白）类材料、磷酸盐材料等，还有缺钠的 P2 相层状材料、隧道结构材料以及不含钠的化合物材料等[11]。

在电解质方面，由于金属钠的化学活泼性，钠电池的选择范围较钠离子电池窄。金属钠和水会直接反应产生氢气，因此钠电池无法使用水系电解液。钠电池常用的是有机液体电解质和固体电解质，但即便是这两类电解质，同样需要考虑与金属钠的兼容性。在电解质选择方面，钠离子电池可使用上述两类电解质作为传导钠离子的载体。

在工艺技术方面，钠电池涉及金属钠负极，对环境要求极为苛刻。另外金属钠质软且黏性大，加工难度较大，现有常见加工工艺难以满足钠电池的制造。而钠离子电池可采用碳材料作为负极，且与现有的锂离子电池加工工艺类似，可直接借鉴其成熟的生产制造工艺，产业化相对容易。

9.2.2 两类商业化的钠电池

钠电池的研究和商业化要早于钠离子电池，其中已经商业化的两类钠电池为高温钠硫电池和钠氯化镍电池，主要用于规模储能。通常情况下，二次电池

（铅酸电池和锂离子电池等）由固体形态的正负极材料以及液体形态的电解液组成，而高温钠电池的负极活性物质为熔融金属钠，电解质为陶瓷固体电解质[2]。

1. 高温钠硫电池

高温钠硫电池（Na-S）自 20 世纪 60 年代问世以来已有了很大发展。早期，美国、日本和英国的汽车公司就采用钠硫电池组装电动汽车，并进行了路试，最终由于安全性问题而不得不放弃，但是其具有的高比能量、低成本和无自放电等优势使其成为合适的储能电池。日本 NGK 公司和东京电力公司自 1983 年开始合作开发大容量管式钠硫电池，1992 年实现了全球第一个钠硫电池储能电站示范运行。目前 NGK 的钠硫电池已经应用于城市电网储能，已有超过 200座功率在 500 kW 以上的钠硫电池储能电站分别在日本、美国、加拿大、欧洲、西亚等国家投入商业化运营，电站的能量转换效率在 80%左右[3]。国内钠硫电池的产业化起步较晚，2014 年，以上海硅酸盐研究所技术为主导的钠硫电池模块产品通过第三方检测和厂内验收，并交付上海电力开展电站工程应用示范[4]。

图 9.2（a）是钠硫电池的结构及其工作原理[5]。中间的管状 Na-beta-Al$_2$O$_3$ 固体电解质用于传导钠离子和隔离正负极，正极采用熔融单质硫，负极采用熔融金属钠。为确保 Na-beta-Al$_2$O$_3$ 电解质具有足够的离子电导率，该电池的工作温度需达到 300~350 ℃，在此温度下正负极均为熔融态。电池反应为

$$xS + 2Na \Longrightarrow Na_2S_x \tag{9-1}$$

在放电过程中，金属钠负极失去电子变成钠离子，电子和钠离子分别经由外电路和固体电解质到达硫正极形成多硫化钠。充电时钠离子重新经过电解质回到负极，充电过程与放电时相反。随着放电深度不同，钠硫电池的电压和放电产物多硫化钠的主要成分会有所改变[6]。如图 9.2（b）所示，放电开始时，不与硫混溶的 Na$_2$S$_5$ 在正极侧生成，此时电池正极侧处于两相区，电池电压保持恒定为 2.076 V；继续放电时，正极侧 Na$_2$S$_5$ 逐渐转变为 Na$_2$S$_4$，电压也随之下降到 1.74 V；随着放电程度进一步加深，Na$_2$S$_4$ 经历两相转变，被进一步还原为放电终产物 Na$_2$S$_3$，放电电压保持 1.74 V 不变。按照正极放电产物为 Na$_2$S$_3$ 来计算，钠硫电池的理论比能量为 760 W·h/kg。

用于储能的单体钠硫电池最大容量已经达到 650 A·h，将多个单体电池串并联后形成模块，模块的功率通常为数十千瓦，可直接用于储能。根据电力输出的具体要求再将模块进行集成就可形成不同功率大小的储能电站。目前，商业化的钠硫电池的使用寿命可以达到 10~15 年。

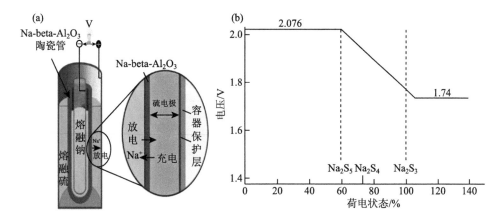

图 9.2 （a）钠硫电池的结构；（b）其在不同放电程度下的开路电压曲线[6]

2. 钠-氯化镍电池

钠-氯化镍电池，又被称为 ZEBRA（zero emission battery research activity）电池，1986 年由南非 ZEBRA Power System 公司的 Coetzer 发明。1994 年 AEG Anglo Batteries GmbH 公司开始钠-氯化镍电池的生产，后来其钠-氯化镍电池技术全部被瑞士 MES-DEA 公司收购，并由其大规模商业应用，注册商标名称为 ZEBRA[7]。目前全球钠-氯化镍电池生产商主要有美国 GE 运输系统集团和欧洲 FZ SoNick SA 公司。国内方面，2014 年中国科学院上海硅酸盐研究所开展针对 ZEBRA 电池的产学研合作，并于 2019 年成立奥能瑞拉公司开展中试技术研究；2019 年超威集团与美国 GE 公司合作，引入 ZEBRA 电池技术，成立了浙江安力能源有限公司，进行钠-氯化镍电池的商业化运营[8]。

与钠硫电池的构造相近，ZEBRA 电池也由 Na-beta-Al_2O_3 陶瓷管作为固体电解质，将正极和负极隔离，如图 9.3 所示。在 300~350 ℃的运行温度下并且电池处于全充电状态时，电池正极材料为 Ni+ $NiCl_2$ 并混入熔融 $NaAlCl_4$，负极材料为熔融 Na[9]。电池反应为

$$NiCl_2 + 2Na \rightleftharpoons Ni + 2NaCl，开路电压 = 2.58 \text{ V} \quad (300 \text{ ℃}) \quad (9-2)$$

放电时负极金属钠失去电子变成 Na^+，电子经由外电路到达正极，而 Na^+ 先后穿过 Na-beta-Al_2O_3 固体电解质和熔融 $NaAlCl_4$ 到达正极；与此同时，正极 $NiCl_2$ 得到电子转变为金属镍并释放 Cl^- 与到达正极侧的 Na^+ 结合形成 NaCl，充电过程则相反。

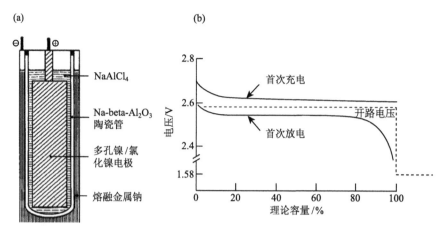

图 9.3　(a) ZEBRA 电池的结构示意图；(b) 其首周充放电曲线[9]

ZEBRA 电池相对于钠硫电池的优点在于：

（1）可在全放电状态下组装，即组装时只需装入正极原料镍粉和 NaCl，通过首周充电可在负极侧生成金属钠。因此，电池制备过程未涉及液态钠，更加高效安全。

（2）过充或过放电时，熔融 NaAlCl₄ 会参与反应，并且反应可逆，随着电池恢复正常，充放电循环即可自动恢复，因此 ZEBRA 电池过充和过放电均不会产生恶劣影响。

（3）安全性远高于钠硫电池。由于 Na-beta-Al$_2$O$_3$ 陶瓷管易碎且对应力敏感，因此高温钠电池在长期运行过程中均有可能出现陶瓷管碎裂的风险。钠硫电池在陶瓷管破裂时，液态钠会直接和熔融硫接触，放出大量的热引起燃烧爆炸等安全事故，如 2011 年 9 月 21 日，日本 NGK 公司生产的钠硫电池储能电站发生了严重的起火爆炸事故[10]。而在 ZEBRA 电池中，当陶瓷管有微小裂缝时，液态钠会直接和 NaAlCl₄ 接触并生成 Al 和 NaCl，而生成的金属铝会填补陶瓷管的裂缝，阻止熔融钠与正极直接接触，电池仍可以继续运行，消除了爆炸等严重的安全隐患；另外，即使陶瓷管出现严重的碎裂导致液态钠大量泄漏，液态钠与 NaAlCl₄ 生成的金属铝会直接连接正负极集流体使得电池内阻下降，以短路状态继续传导电流，因此即使某个单体 ZEBRA 电池失效依然不会影响整个电池组中其他电池的正常工作，使得 ZEBRA 电池的安全性相对于钠硫电池得到了提升。

3. 高温钠电池存在的问题

Na-beta-Al$_2$O$_3$ 固体电解质的室温下离子电导率为 2×10^{-3} S/cm，随着温度的升高而不断提升，300 ℃时达到 0.24 S/cm，因此为了保证钠硫电池和钠-氯化镍电池 Na-beta-Al$_2$O$_3$ 固体电解质较高的离子电导率，电池的工作温度通常设定在 300~350 ℃。如此高的工作温度会造成以下问题：

（1）维持电池在高温运行需要损失一定的能量，使得电池组运行的能量转换效率有所降低；

（2）高的运行温度对电池封装材料的稳定性要求苛刻，且对固体电解质的要求非常高，要求电解质薄、致密、无裂纹；

（3）液态金属钠存在较大的安全隐患。

因此，人们积极寻求室温或者较低温度下工作的钠电池或钠离子电池。鉴于本书主要介绍的是室温钠离子电池，在后续内容中将不再把高温钠电池列入讨论和比较范畴。

9.2.3 钠离子电池分类

根据电解质的种类不同，可将钠离子电池分为液态钠离子电池和固态钠离子电池，其中液态钠离子电池又包括水系钠离子电池和非水系钠离子电池。详细对比如表 9.1 所示。

表 9.1 不同钠离子电池体系对比

电池体系	电解质组成	优点	缺点
非水系钠离子电池	有机溶剂、钠盐	电化学窗口宽、比能量高；与现有锂离子电池工艺一致	溶剂易挥发、易燃等安全性问题
水系钠离子电池[12]	水、钠盐	安全性好、绿色无污染、成本低廉	易分解，电压窗口窄
固态钠离子电池[13]	固体电解质	无腐蚀、无泄漏、安全性好；可简化电池外壳及冷却模块以提升比能量；双极性电极设计，提升空间利用率	离子电导率较液体电解质低，常温及低温下工作困难；存在界面接触和兼容性问题；电池工艺与现有工艺不一致，开发成本高

9.2.4 实验室扣式电池组装

钠离子电池正负极材料体系的开发是推动其商业化应用的重要前提，在研究正负极材料的过程中，扣式电池的组装必不可少，实验室中对电极通常采用金属钠，钠源远远过量，不用考虑正负极容量匹配问题。然而，在电解液、添加剂等的应用研究中，负极不再采用金属钠，而是采用碳材料和层状氧化物材料等，此时需要考虑材料性能的发挥及电池的安全性，因此需要考虑正负极容量的匹配以及极片尺寸的匹配等问题。

1. 扣式钠电池组装方法

1）金属钠保存

金属锂的制造加工已经相对成熟，能按照要求订制具体尺寸的金属锂片，满足使用要求。但由于金属钠化学活性很强而且质软，目前暂无成熟的钠片加工工艺，一般将大块钠锭浸泡于煤油中并用铁皮罐密封包装。

钠锭在使用时，需先转移至手套箱内，再用吸油纸将其表面的煤油吸干并切去表面的变质层，裸露出泛金属光泽的金属钠。处理好后的金属钠应密封保存，随取随封，避免因手套箱气氛异常带来安全隐患。

2）金属钠电极制备

按量切取小块金属钠并将其擀成厚度均匀的钠片。用合适直径的圆形铣子冲取钠片即得到扣式钠电池的金属钠电极。

3）电池组装

扣式电池的装配结构图如图 9.4 所示[14]。装电池前，负极壳平放于绝缘台面，夹取金属钠电极置于负极壳中心，并用压具使金属钠表面平整。若采用其他负极，则直接将负极片放于负极壳中心，免去平整步骤。在钠电极之上，加入隔膜，隔膜种类包括 PP、PE、PP/PE 复合隔膜和玻璃纤维隔膜等。随即加入适量电解液，并按顺序依次加入正极极片、垫片、弹簧片和正极壳，要求正极极片置于负极极片边界之内。最后将扣式电池负极侧朝上置于封口机模具上，在适当压力下进行压制密封，取出后擦去多余电解液，然后对其进行标记，即完成扣式钠电池组装[15]。

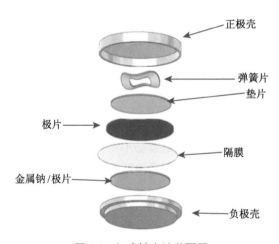

图 9.4　扣式钠电池装配图

2. 扣式钠离子全电池正负极匹配设计

扣式钠离子全电池正负极匹配主要包含两个方面，即极片尺寸的匹配和设计容量的匹配。

1）极片尺寸的匹配

以实验室最常用的 2032 型扣式电池为例进行说明。为防止充电时金属钠析出，一般负极极片的尺寸需要大于正极极片并将正极片完全置于负极极片内部。该型号扣式电池常用的正负极极片尺寸如表 9.2 所示，其中负极壳底部为内径 16.2 mm 的圆形，因此负极片最大可选直径为 16.2 mm。

表 9.2　正负极极片尺寸匹配表

正极片直径/mm	负极片直径/mm	负极面积过量比/%
12	14	36
13	15	33
14	16	31
14.5	16.2	25
15	16.2	17
15.5	16.2	9.2
16	16.2	2.5

当正极片直径选 12 mm，负极片直径选 14 mm 时，负极的极片面积过量比为 36%，过大的面积比会产生更多的 SEI，造成电池效率和容量下降。当正极片直径选 16 mm，负极片直径选 16.2 mm 时，由于正负极极片直径相近，装配时难以确保正极片完全置于负极片内部，容易导致金属钠沉积。当选择正极片直径为 15.5 mm 而负极片直径为 16.2 mm 时，面积过量比为 9.2%，处于较合理的范围，且负极片放入时将充满整个负极壳，不需要移动，正极片只要放在可见中心位置即可，可简化操作。

2）容量匹配

容量匹配是组装钠离子全电池时需重点考虑的问题，只有容量匹配时才能发挥出最优的性能。一般采用负极容量适当过量的形式，如果负极容量过量不足，甚至正极容量过高，会带来负极析钠的风险；而负极容量过量太多会造成电池库仑效率降低，且无法发挥出材料的真实性能。

在容量匹配设计时，正负极材料的首周库仑效率是关键参数。当正极首周库仑效率小于负极首周库仑效率时，全电池在首周充电过程中从正极出来的容量不能全部被负极接收，会造成钠离子的富余，因此负极容量需要过量。此时，全电池的放电容量为

$$C = C_P \qquad (\eta_P < \eta_N) \qquad (9\text{-}3)$$

当正极首周库仑效率大于负极首周库仑效率时，全电池在首周充电过程中从正极出来的容量能够全部被负极接受，不会造成钠离子的富余，理论上正负极的容量相等即可，即负极容量可以不用过量（但实际设计时，考虑到操作误差、设备精度及正负极材料的循环衰减速度等，还是应将负极适当过量）。此时，全电池的容量为

$$C = C_P \times \frac{\eta_N}{\eta_P} \quad (\eta_P > \eta_N) \tag{9-4}$$

式（9-3）和式（9-4）中，C 为全电池的容量；C_P 为正极可逆容量；η_P 为正极首周库仑效率；η_N 为负极首周库仑效率。

同时，根据以上公式还可以得出：钠离子全电池的首周库仑效率取决于正负极中首周库仑效率较低的电极。

9.3 钠离子电池制造工艺及技术

9.3.1 钠离子电池类型

常见的锂离子电池主要根据其使用的材料体系和封装形式来进行分类，类似体系的钠离子电池也可按此进行分类。具体到制造工艺，主要可以分为圆柱、软包和方形硬壳三大类，其差别主要体现在电池的内部装配结构及封装形式上，不同的内部装配结构及封装形式意味着不同的制造工艺和电池特性。

1. 圆柱电池

圆柱电池采用相对成熟的卷绕工艺，自动化程度高，产品品质稳定，一致性好，成本较低。常见圆柱电池型号有 14650、17490、18650、21700、26650、32650 和 32138 等，其中 18650 圆柱电池历史最为悠久，最具有代表性。

18650 型圆柱电池，是指电池外径 ϕ 为 18 mm、高度 L 为 65 mm 的圆柱形结构电池，其外形结构如图 9.5 所示。

目前市场上较成熟且应用较多的圆柱电池型号还有 21700、26650 和 32650 等，以 26650 为例，对于同样的材料体系，26650 电池比 18650 电池更有优势，其单体容量可提升 48%以上，成本可下降约 8%，且保持了 18650 电池所具有的高可靠性和高稳定性的优势。此外，26650 电池从原材料选用、电池制作工艺等方面，都与技术成熟的 18650 电池相似[16]。因此 18650 电池与 26650 电池的生产线大部分可兼容。

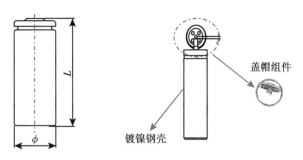

图 9.5　18650 型圆柱电池外形结构示意图

2. 软包电池

图 9.6（a）为软包电池的外形结构示意图，其所用的主要材料体系（正极材料、负极材料、电解液及隔膜）与圆柱和方形硬壳电池之间的区别不大，最大的不同之处在于封装材料（铝塑膜），这是软包电池中最关键、技术难度最高的部分。铝塑膜通常分为三层，即外阻层（尼龙构成的外层保护层）、阻透层（铝箔构成的中间层）和内层（聚丙烯材质构成的多功能高阻隔层），各层之间通过黏结剂连接，其结构示意图如图 9.6（b）所示。其中，尼龙层可防止外力对电池的损伤，起保护作用；铝箔层增加结构强度，并防止电池外部水汽的渗入以及内部电解液的渗出；聚丙烯层保证封装可靠性，并起到耐腐蚀的作用。

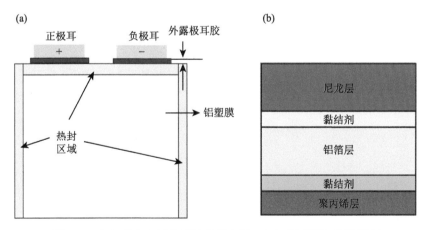

图 9.6　（a）软包电池外形结构示意图；（b）铝塑膜结构示意图

软包电池的封装材料及其结构使其具有一系列优势：

（1）安全性能好，在发生安全问题时，软包电池铝塑膜一般会鼓气胀开，而不会像圆柱和方形硬壳电池那样易发生爆炸。

（2）重量轻，软包电池重量较同等容量的钢壳电池轻 40%，较铝壳电池轻

20%。

（3）内阻小，可以极大地降低电池的自耗电。

（4）设计灵活，外形尺寸可根据需求进行定制。

不足之处在于产品一致性较差，成本较高，且容易因封装不良或铝塑膜破损导致电解液泄漏等问题。

3. 方形硬壳电池

方形硬壳电池通常是指采用方形的铝壳或钢壳作为封装材质的电池，在国内普及率很高，其外形结构如图 9.7 所示。随着近年来动力电池的兴起，电池容量要求越来越高，国内动力电池厂商多采用比能量较高的方形铝壳电池，其结构较为简单，整体附件重量较轻。但由于方形电池可根据产品的尺寸进行定制化生产，型号较多，工艺难以统一。

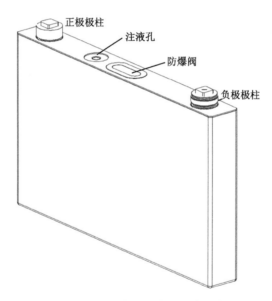

图 9.7　方形硬壳电池外形结构示意图

9.3.2　钠离子电池设计

1. 设计基础

1）设计基本原则

钠离子电池需根据使用设备的要求提供工作电源。因此，首先必须根据设备的需要及电池的特性，确定电池的电极、电解液、隔膜、外壳以及其他部件的参数，并将它们组成满足一定规格和指标（如电压、容量、体积和重量等）的电池。电池设计是否合理，关系到其性能的发挥，必须尽可能使其达到最优。

正负极匹配：在设计上，首先要考虑的是负极相对于正极的容量过量范围。过量太多，容易造成负极材料浪费，同时影响电池首周库仑效率；过量偏少，负极存在析钠风险，产生安全隐患，并可能造成电池容量偏低。

压实密度：为提高电池的比能量，需要将极片上的涂层通过一定的压力辊压至一定的密度，称之为压实密度。合理的压实密度不仅可以减小极片的体积，在有限的空间内装入更多的材料以提高容量，也能够增强极片内部活性颗粒与导电剂之间的接触，提高电化学性能。但是，压实密度太高则会导致活性材料晶体结构破坏，降低电池性能。

注液量：确保正负极片和多孔隔膜材料的孔隙被电解液完全填充，同时在此基础上需要增加一定量的电解液以填补充放电循环过程中的消耗。

2）设计要求

钠离子电池设计时，必须了解使用设备对电池性能指标及电池使用条件的要求，一般应考虑：工作电压，即电池在放电时所能提供的平均电压；工作电流，即正常放电电流和峰值电流；工作时间，包括连续放电时间、使用期限或循环寿命；工作环境，包括电池工作环境的温度和湿度；电池设计的体积上限与形状等。

3）设计评价参数

电池最终的性能一般通过其容量、内阻、工作温度、存储性能、循环性能以及安全性能等参数进行综合评价。其中，容量直接影响电池的最大工作时间和工作电流；内阻主要影响电池的倍率性能；工作温度范围决定了电池的使用环境；存储性能和循环性能分别决定了电池的存放有效期和使用寿命，是其生命周期的体现；安全性能的好坏则决定电池能否实际应用。

2. 工艺参数设计

钠离子电池设计主要包括参数计算和工艺设计，现以软包叠片工艺的钠离子电芯设计为例进行说明：

（1）电芯使用的电化学体系和具体性能指标等，需要根据使用需求对其尺寸、重量、电化学性能和安全性能等要求进行分解确定。

（2）电芯容量计算。

为保证电芯的可靠性和使用寿命，根据用电负载需要的最小容量来确定设计容量。

$$C_{d} = C_{min} \times D \tag{9-5}$$

式中，C_{d} 和 C_{min} 分别为电芯的设计容量和用电负载要求的电芯最小容量，单位为 mA·h；D 为设计系数，一般取 1.03~1.1。

（3）极片尺寸设计。

根据用电负载对电芯的尺寸及规格型号要求确定单个极片的长度和宽度

$$L_{P} = L - A - 2 \times B \tag{9-6}$$

$$W_{P} = W - 2 \times (B + C) \tag{9-7}$$

式中，L_{P}、W_{P} 分别为正极片的长度和宽度（mm）；L、W 分别为电芯长度和宽度（mm）；A 为电池顶部封边宽度（mm）；B 为铝塑膜厚度（mm）；C 为电池单边折边宽度（mm）。

考虑到工艺误差，一般要求负极片的长度和宽度均须超出正极片。根据工艺控制能力以及电池的大小，负极片超出正极片的尺寸大小值 φ_{1} 可取 1~5 mm，结合公式（9-6）和（9-7）可获得负极片的长度 L_{N} 和宽度 W_{N}（mm）。

（4）计算正、负极片层数和涂布面密度。

如 9.2.4 节所述，为了保证电池有较好的性能，防止因负极容量不够而导致的金属钠析出，负极容量一般应过量，通常用 N/P 值来表示负极过量系数。因此，电池的设计容量将由正极容量决定，而负极容量需根据正极容量和 N/P 值来确定。在电池设计中，N/P 的取值一般会考虑以下几个因素：正、负极的首周库仑效率、涂布精度和正、负极循环效率，一般取值在 1.08~1.2。

$$T_{P} = \frac{C_{d}}{C_{P} \times L_{P} \times W_{P} \times \rho_{P} \times \omega_{p}} \tag{9-8}$$

$$T_{N} = T_{P} + 1 \tag{9-9}$$

$$N/P = \frac{C_{N} \times \rho_{N} \times \omega_{N}}{C_{P} \times \rho_{P} \times \omega_{p}} \tag{9-10}$$

式中，T_{P} 为正极片层数，计算时 T_{P} 向上取整数；C_{P} 为正极活性物质的比容量（mA·h/g）；ρ_{P} 为正极涂布面密度（g/m²），可根据正极材料体系及相应工艺配方确定；ω_{P} 为正极片中活性物质的质量百分比；T_{N} 为负极片层数；ρ_{N} 为负极片的涂布面密度（g/m²）；C_{N} 为负极活性物质的比容量（mA·h/g）；ω_{N} 为负极片中活性物质的质量百分比。

（5）隔膜规格。

钠离子电池可用的隔膜有单层 PE、双层 PP/PE 和三层 PP/PE/PP 等微孔膜，常用的隔膜厚度有 9 μm、12 μm、16 μm、20 μm、25 μm、32 μm 等几种规格，可根据电池的实际需要选择。

隔膜的长度、宽度由公式（9-11）和（9-12）确定：

$$L_S = W_P \times T_P + W_N \times T_N + 2 \times (T - 2 \times B) \tag{9-11}$$

$$W_S = L_P + \varphi_1 + \varphi_2 \tag{9-12}$$

式中，L_S、W_S 分别为隔膜的长度和宽度（mm）；T 为电池厚度（mm）；φ_2 为隔膜宽度超出负极片的长度值，根据工艺控制能力以及电池大小，一般取 1~5 mm。

（6）电解液用量。

注液量可以根据电池正负极片和多孔隔膜材料的总孔体积和电解液的密度计算获得理论值，即最低注液量。再根据选定的电池体系特性，结合设计电池的具体使用条件（如工作电流、工作温度、循环寿命等）来确定电解液的组成、浓度和实际注液量。

3. 安全设计

钠离子电池由于其自身的化学特性和体系特点，在发生失效后可能会导致一系列安全问题，直接造成其安全失效的主要诱因如图 9.8 所示。因此在钠离子电池的开发过程中，安全设计非常重要，可主要从原材料选择、电池结构设计、工艺控制等方面入手。

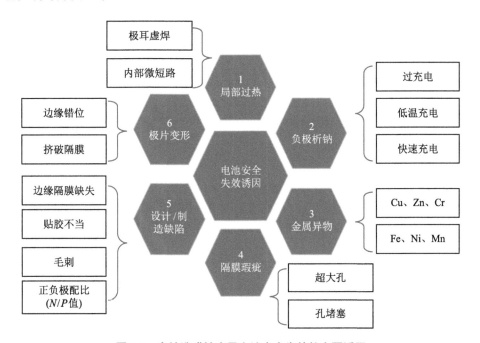

图 9.8　直接造成钠离子电池安全失效的主要诱因

1）原材料选择

电池的设计制造就是将各种原材料（包括正负极材料、隔膜、电解液、导电剂、黏结剂、极耳和外壳等）按照一定的设计方案及制作工艺有机地集成组合起来。因此对材料的选择不仅需要考虑性能，还要严格考察其一致性，以及本身的热力学和电化学稳定性。同时还需结合各种材料的理化指标来制订合理的电池工艺参数，最终在保证电池的电化学性能正常发挥的同时，具备较高的安全性能。

2）电池结构设计

电池结构设计不仅影响到各种材料性能的发挥，还会对电池的整体电化学性能和安全性能产生重要的影响。重点包括以下几个方面：

（1）正、负极片及隔膜尺寸设计。

电池正负极容量的配比是关乎钠离子电池安全性的重要环节，正极片所有区域均必须要有负极片与之对应，而且对应的负极容量必须过量，以防止充电过程中出现金属钠析出。因此，考虑到工艺误差，需要设计合理的正、负极片规格，使负极片的宽度和长度能够大于正极片，同时隔膜的宽度和长度又必须能够完全包住负极片，且在隔膜的使用上还必须考虑其收缩特性，留有足够余量，防止正负极发生短路。

（2）内短路防护设计。

内短路是导致电池发生安全问题的重要因素，在电池的结构及工艺设计中存在很多引发内短路的潜在风险，因此必须在这些关键点设置必要的预防措施，以防止在异常情况下发生电池内短路，比如，正负极耳间保持必要的间距，正极铝箔和负极活性物质之间贴绝缘胶带，极耳焊接部位包绝缘胶带处理，电池顶部采用绝缘措施等。

（3）设置安全阀（泄压装置）。

当设置安全阀后（主要针对圆柱和方形硬壳电池），电池内部压力上升到一定的数值时，安全阀可自动打开，释放出电池内部产生的气体，保证电池的使用安全性。同时还可以根据实际需求选择铝塑膜作为外壳封装材料（软包电池），提升电池安全性。

3）工艺优化

（1）提高工艺水平，改进工艺手段，做好电池生产过程中的标准化和规范化。保证工艺质量，缩小产品间的差异。

（2）对安全有影响的关键工序设置特殊工步（如消除极片毛刺、去粉尘、对不同的材料采用不同的焊接方法等），实施标准化质量监控，消除缺陷部位，排除有缺陷产品（如极片变形、隔膜破损、活性材料脱落和电解液泄漏等）。

（3）保持生产场所的整洁、清洁，实施严格的生产过程控制，防止生产中混入杂质和水分，尽量减少生产中的意外情况对电池安全性能的影响。

9.3.3 钠离子电池补钠技术

1. 补钠的定义

对全电池而言，在首周充电化成时负极表面形成的 SEI 膜会消耗一部分从正极脱出的钠离子，降低电池的可逆容量。如果可以从正极材料外再寻找到一个额外的钠源，弥补 SEI 膜形成过程中消耗的钠离子，这样可保证正极脱出的部分钠离子不会浪费于化成过程，最终可以提高电池容量，这个提供额外钠源的过程称为补钠。

2. 补钠的意义

补钠的意义主要包括以下几个方面：

（1）增加电池首周可逆容量，提高电池比能量；

（2）有助于 P2 层状结构缺钠态的正极材料容量发挥；

（3）负极补钠可实现负极材料体积的预膨胀，减少材料颗粒在嵌钠过程中的破裂和极化，提升负极的机械稳定性和循环性；

（4）可改善电池循环性能；

（5）某些补钠技术可形成人造 SEI 膜，因而可取代电池的化成步骤，缩短生产周期，降低生产成本。

补钠对钠离子电池首周库仑效率影响模型如图 9.9 所示。

(a) 无补钠

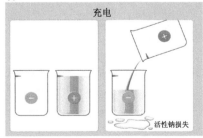

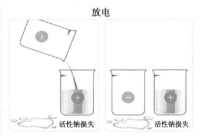

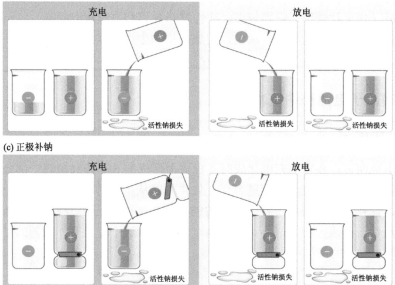

图 9.9　补钠对钠离子电池首周库仑效率影响模型[17]

3. 补钠的方法

目前研究的补钠方法主要包括负极预钠化、正极富钠材料以及富钠添加剂等[18-20]，具体如表 9.3。

表 9.3　钠离子电池的各种补钠方法

分类	方法	原理	试剂	劣势
负极预钠化	化学法	用低电势的含钠化学试剂与负极材料发生化学反应进行补钠	惰性钠粉 钠块 熔融钠 钠-有机复合物溶液（如联苯、萘）	钠化试剂化学稳定性差，与极性溶剂和空气反应等
	电化学法	负极与钠片装配电池，对其小电流放电，电解液中的钠离子会在负极还原，钠化负极	钠片、隔膜、电解液、外壳等	涉及电池预组装和拆卸，制备过程复杂
正极补钠	电化学法	首周充电时，正极材料或正极添加剂中过量的钠不可逆迁移至负极，钠化负极	正极富钠添加剂（如 NaN_3） 正极富钠材料	需解决富钠材料与正极活性物质一同配料和涂布的工艺

4. 补钠过程需考虑的因素

（1）补钠的程度与正极材料的匹配度，过量补钠会在负极表面造成金属钠析出；

（2）补钠试剂的分解产物除了钠，任何其他的非活性残留物质对电池电化学性能和安全性能的影响，特别是气体的产生，都可能会对极片的致密性和表面状态等产生影响；

（3）补钠技术的成本问题（处理时间、原材料成本等）；

（4）补钠工艺与常见工艺的兼容性。

9.3.4 钠离子电池制造

1. 钠离子电池制造对关键原材料的基本要求

钠离子电池制造需要根据产品设计和工艺要求，结合各种原材料的加工性能等特点，选用具有合适理化指标的材料，保证电池制造过程的顺利完成。

1）正极材料

要求材料颗粒具有稳定的晶体结构和规则的表面形貌特征，无明显杂相，且粒径分布合理，D_{50} = 8~15 μm，能在空气中稳定存在，满足搅拌、涂布等工序的加工要求。振实密度 1.5~2.5 g/cm^3，压实密度≥2.6 g/cm^3，比表面积≤0.6 m^2/g，pH≤11.5。

2）负极材料

要求材料颗粒粒径分布合理，粒径分布 D_{50} = 10~15 μm，具有规则的形貌和较低的杂质含量。振实密度≥0.9 g/cm^3，压实密度≥1.2 g/cm^3，比表面积≤4 m^2/g。

3）电解液

钠离子电池所用有机液体电解液由三部分构成，溶剂、溶质和添加剂（详细介绍见第 4 章），其不同配方主要是为了解决某些功能性问题。其中常见溶剂主要有链状碳酸酯和环状碳酸酯，二者配合使用；溶质也就是钠盐，常用的钠盐有 $NaClO_4$ 和 $NaPF_6$ 等；添加剂有很多种，主要包括成膜添加剂、过充添加剂、改善高温性能的添加剂、增加浸润的添加剂、提高离子电导率的添加剂等。在实际电池生产过程中电解液的电导率、水分、色度及酸度等物性指标需满足使用要求：电导率≥5.0×10^{-3} S/cm，水分≤20 ppm，色度≤50 Hazen，游离酸≤50 ppm（以 HF 计）。

4）隔膜

由于钠离子的溶剂化半径较锂离子更小，原理上锂离子电池能用的隔膜钠离子电池都可以使用，可结合实际应用场景进行选用。一般要求隔膜的孔隙率

≥40%，孔径分布 100~200 nm，透气度≥300 s/100 mL，穿刺强度≥300 gf[①]，横向拉伸强度≥1200 kgf/cm²，纵向拉伸强度≥1100 kgf/cm²。

5）辅材选择

辅材应满足基本的电化学性能。设计和制作过程可选用成熟稳定的产品，保证加工性能和一致性等，主要包括黏结剂、导电剂、集流体、极耳、外壳等。

2. 钠离子电池生产线

钠离子电池的生产工艺可参照锂离子电池，其生产线与锂离子电池生产线基本类似，不同的地方在于钠离子电池可采用铝箔作为负极集流体，因此正、负极片可采用相同的铝极耳，相关工序（如极耳焊接工序）可以更加简化。钠离子电池生产线原理示意图如图 9.10 所示（图中每个工序对应的面积基本上与生产线的车间面积成正比）[21]。

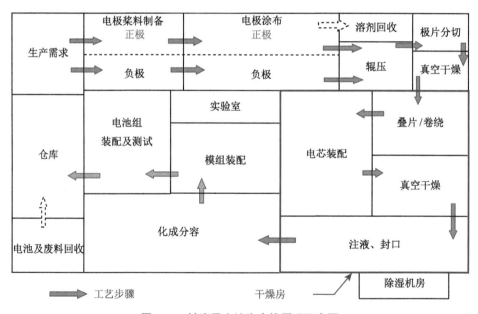

图 9.10 钠离子电池生产线原理示意图

3. 钠离子电池工艺流程简介

根据图 9.10 所示的工艺流程，钠离子电池的制造工序可基本分为三个部分，即前端电极制造工序，包括电极浆料制备、电极涂布、辊压、极片分切等；后端

---

① 1 gf = 9.8×10⁻³ N。

装配工序，包括叠片/卷绕、电芯装配、真空干燥、注液及封口等；化成分选工序，包括化成、分容和筛选等。各种材料体系和结构类型的钠离子电池极片制造工序基本一致，只是装配工序根据封装形式和电池内部结构的区别有所不同。化成分选工序受电池外观结构以及容量大小的影响，使用的夹具针对不同化成环境有一定差别。

1) 前端电极制造工序

（1）电极浆料制备。

电池正负极活性材料、导电剂、黏结剂和溶剂按照规定的比例、一定的搅拌速度和搅拌时间进行投料搅拌，使各组分均匀分散并制成浆料，投料搅拌示意图如图9.11所示，主要检测指标包括固含量、浆料黏度、细度和流变特性等。混料工序是电池制作的关键工序，直接决定了电池的各项性能。

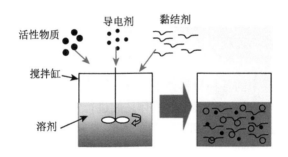

图9.11 投料搅拌示意图

（2）电极涂布。

涂布是将一定量稳定性好、黏度和流动性好的浆料均匀涂覆在集流体上，并通过加热干燥除去浆料中的溶剂，使固体物质粘结于集流体上的过程。电极涂布对电池的容量、内阻、循环寿命、安全性以及一致性等具有重要影响，具体表现在涂布方式的选择和涂布工艺参数的设计上。

①涂布方式选择：比较常用的两种涂布方式为转移式涂布和挤压式涂布，如图9.12所示。转移式涂布是通过涂辊转动带动浆料，通过调整刮刀间隙来调节浆料转移量，并利用背辊的转动将浆料均匀转移到基材上。挤压式涂布是使浆料在一定的压力和流量下沿着涂布模具的缝隙挤压喷出而转移到基材上。前者设备成本较低，但涂布过程稳定性和精度不及后者。目前工业上正负极片的大规模涂布生产设备以挤压式涂布机为主。

②涂布工艺参数设计：主要涂布工艺参数包括涂布干燥温度、涂布面密度、涂布尺寸、涂布厚度等。若涂布干燥温度过低，无法保证极片完全烘干，过高则

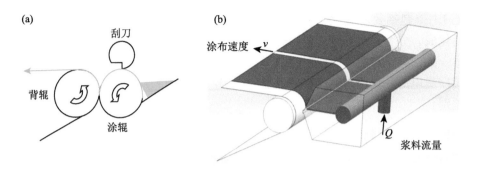

图 9.12　(a) 转移式涂布和(b) 挤压式涂布示意图

可能因极片内部溶剂蒸发太快，涂层出现龟裂或脱落。涂布面密度太小则会使电池容量无法达到要求，太大易造成配料浪费，甚至出现正极面密度过大而导致负极析钠等现象的发生；涂布尺寸过大可能导致负极无法完全包住正极而引发安全问题；涂布厚度太薄或太厚会对后续极片辊压产生影响，无法保证电池极片性能的一致性。此外在涂布过程中还需要确保无杂物和粉尘等的混入。

（3）辊压。

涂布后电极涂层中的各种材料处于一种松散状态，需通过辊压将其压实，使极片中各类材料颗粒之间、涂层与集流体之间进行紧密接触，达到一定的压实密度，辊压过程示意图如图 9.13 所示，图中 AM 表示活性材料，$\varepsilon_{c,0}$ 为涂层初始孔隙率，ε_c 为涂层辊压后的孔隙率，q_L 为作用在极片上的线载荷，M_c 为涂层的面密度。辊压可使极片加工性能达到后续工艺要求，同时还可提高极片的电化学性能。辊压后极片的指标主要通过厚度和压实密度来表征。

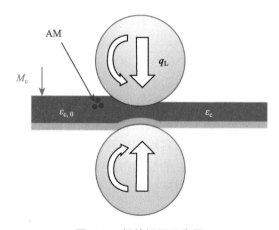

图 9.13　极片辊压示意图

（4）极片分切。

不同规格型号的电池对极片的尺寸要求各不一样，需要通过分切设备根据工艺要求将极片分切成不同的尺寸规格以满足后端装配工艺的需求，极片分切过程如图 9.14 所示。

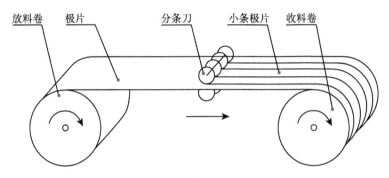

放料卷　极片　　　　分条刀　小条极片　收料卷

图 9.14　极片分切示意图

2）后端装配工序

电池装配主要是将制作好的正、负极片通过隔膜卷绕或堆叠在一起，建立钠离子传输通道，正、负极片通过隔膜接触达到钠离子相互转移而不短接的目的，其中卷绕又可分为圆柱卷绕和方形卷绕两种结构。圆柱卷绕结构用于 18650、26650 等圆柱电池，而方形卷绕与叠片结构多用于软包和方形硬壳电池，二者各有优缺点。

方形卷绕结构电池工艺成熟稳定，生产效率和自动化程度高，有利于大规模生产。但卷绕结构电池存在正面与侧面的张力不一致，内部反应不均匀的情况，且对极片的涂布要求高，同时要求极片涂层应有一定的韧性，否则在弯折处易脱落或断裂。

叠片结构电池具有内阻低，电流密度均匀一致，内部散热性能优良和放电倍率高等优点，除此之外由于其可利用边缘部位的空间，其比能量相比于卷绕结构的电池可提高约 5%。但叠片结构的极片需要进行冲切，断面较多，毛刺较难控制，易出现刺穿隔膜而导致内短路等问题，且机械自动化难度较高，生产效率低。

（1）圆柱电池装配工艺。

圆柱电池外壳一般为一体冲压成型的钢壳。在正、负极片上分别焊接极耳后将二者与隔膜通过圆形卷针卷绕成圆柱形的裸电芯，极耳分别从裸电芯两头引出，如图 9.15 所示。其中负极耳与电池壳底部采用电阻点焊连接，正极耳与盖帽通过激光焊接。装配好后通过滚槽工序后完成真空干燥、注液，最后采用卷边冲压工艺将盖帽与壳体密封。

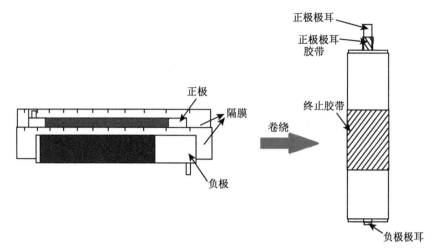

图 9.15　圆柱电芯卷绕示意图

（2）软包电池装配工艺。

软包电池内部结构可以是叠片结构，也可以是方形卷绕结构，如图 9.16 所示。叠片结构是将模切好的极片与隔膜按照"Z"字形方式叠加成裸电芯，然后分别在预留的空白集流体上焊接带胶的正负极耳。卷绕结构是首先将正负极片分别焊接上规定尺寸且带胶的极耳，然后通过方形卷针卷绕成裸电芯。最后将叠片或卷绕后的裸电芯放入拉伸成一定规格的铝塑膜壳体中，完成顶侧封、真空干燥、注液、抽真空封口等工序。

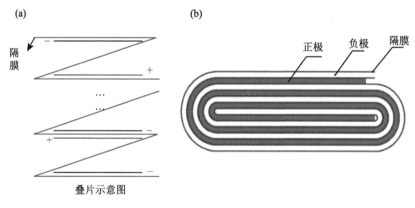

图 9.16　（a）叠片结构和（b）方形卷绕结构示意图

（3）方形硬壳电池装配工艺。

方形硬壳电池根据外壳材料可分为铝壳方形电池和钢壳方形电池。铝壳底板与壳体一般为一体冲压成型，而钢壳为了增加壳体强度，其壳体与底板多采用激光焊接方式成型。方形电池裸电芯的制作方法与软包类似，也可分为卷绕和叠片，不同的是正、负极极耳直接引出并焊接至上盖的正、负极极柱上。上盖与壳体采用激光焊接方式进行密封，真空干燥后将电解液从上盖板上预留的注液孔中注入，注液完成并密封注液孔后完成电池装配。

3）化成分选工序

（1）化成。

化成是通过一定的充放电方式将电池内部活性物质激活的过程。在钠离子电池首周充电过程中，不可避免地要在正极和负极与电解液的相界面上发生各类化学及电化学反应，分别形成覆盖在正极和负极表面的 CEI 膜和 SEI 膜，它们的性质与后续电池的循环寿命、自放电以及储存等性能紧密相关。

（2）分容。

分容是通过对满充的电池按照一定的放电模式进行放电以确定电池实际容量的过程。电池在分容完成后，需测量其 K 值（K 值指单位时间内电池的电压降，是一种衡量电池自放电率的指标）。K 值偏大的电池提前淘汰或降级处理，合格品留下进行成组筛选。

（3）筛选。

电池筛选一般按电压、内阻、容量、自放电率及充放电曲线等参数进行选择配组，使组成同一电池组的电池满足同一标准，保证电池一致性。因此，电池筛选需要考虑筛选标准，合理的制订标准，可提升生产效率，降低生产成本。在实际生产过程中，还需要对电池外观进行检查，比如外观无绝缘膜破损（软包电池则看铝塑膜外观）、绝缘膜起翘、漏液、正负极端面污渍等。筛选合格后的电池根据预先制订的电池组设计方案进行配组制作。

9.3.5 钠离子电池组设计

1. 电池组设计

1）圆柱电池组

圆柱电池组一般由单体电芯、上下支架、正负极连接片、采样线束、绝缘板和固定螺丝杆等主要部件组成，保护电路板，一般布置在模块上，图 9.17 为圆柱 26650 电池组的装配结构示意图。

2）软包电池组

软包电池组一般由单体电芯、导热胶垫、内框架、外边框架、铝框架、胶垫、汇流排（铝排）、汇流排托架和采样线束等主要部件组成，保护电路板一般布置在模块两侧端板上，其装配结构示意图如图 9.18 所示。

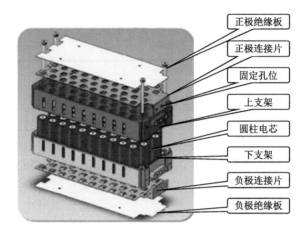

图 9.17　圆柱 26650 电池组装配结构示意图

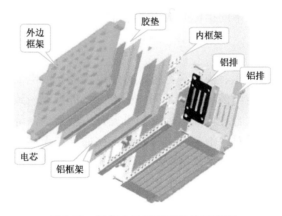

图 9.18　软包电池组装配结构示意图

3）方形电池组

方形电池组一般由单体电芯、铝端板、铝侧板、绝缘片、盖板、固定拉杆、铝片、采样线束及其隔离板等主要部件组成，保护电路板一般布置在模块上电池正负极耳之间的通道上，其装配结构示意图如图 9.19 所示。

2. 电池组制作工艺流程简介

1）圆柱电池组组装工艺

圆柱电池组装普遍采用支架固定及极柱焊接的硬连接工艺，工艺流程如图 9.20 所示。

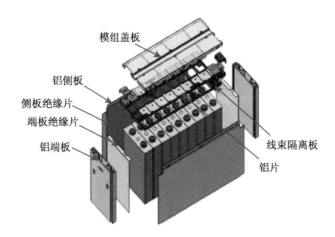

图 9.19　方形电池组装配结构示意图

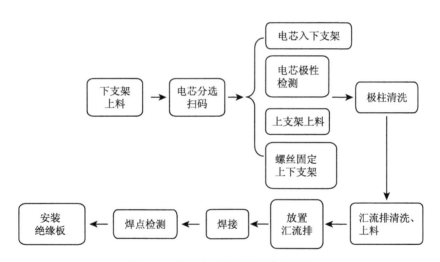

图 9.20　圆柱电池组组装工艺流程图

硬连接技术采用汇流排金属条作为连接件，这种金属条较厚，质地较硬，不具备柔软性，电池与电池之间采用这种硬质厚型的连接件连接后，随着用电设备的振动，电池组也跟随振动，易导致连接部位松动，松动后电池组与金属条之间因接触不良而致使接触点持续发热，发热温度超过规定值，会加剧电池组的极柱氧化，进而又导致接触电阻值上升，这样促使极柱发热而进一步升温，最终引起供电困难甚至会导致安全事故。

目前行业内已开发出了一种新的圆柱电池软连接成组技术，上、下支架孔内部加入具有一定弹性的正负极金属导电片，将电芯在定位孔中固定后可以通过支架外部的快插件进行串并联连接（图 9.21），这样成组效率可以提高且成本更低。同时当电池组发生振动时，导电片的韧性可以在一定程度上避免连接部位出现接触不良，当振动达到一定程度后，能够直接将电芯连接部位断开，形成断路以确保电池组的安全性。同时采用软连接的方式还可以很方便地进行电池组无损拆解，不仅有利于电池组的维修、失效电芯的替换，同时也为日后梯次利用奠定了基础。

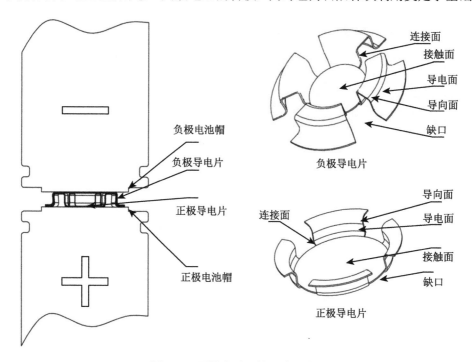

图 9.21　圆柱电池组软连接示意图

2）软包电池组制作工艺

软包电池成组工艺流程如图 9.22 所示。软包电池组汇流排一般有两种方式，一种为波浪式，铝质汇流排在上料前就已通过超声波焊接连接成完整的一片汇流排。

使用波浪式汇流排制作时，将汇流排置于电芯极耳和汇流排托架的上方，电芯极耳垂直插入汇流排下方，正极极耳与铝质汇流排，负极耳与铜质汇流排一一对应，并通过激光焊接紧密连接。其连接内阻小，串并联方式灵活，且焊接时不需要额外的夹具。但激光焊接对极耳缝隙以及极耳高度的一致性要求很高，必须保证电芯极耳与汇流排充分接触，避免虚焊。

另一种软包电池模组汇流排为日字形。运用日字形正负极铝质汇流排分别置于正负极耳和托架上方，电芯极耳向下进行折弯，使正负极耳与铝质汇流排一一对应并紧贴。再通过激光焊接紧密连接。该成组方式工艺简单，易于控制，但是激光焊接时需要增加夹具，以确保极耳与汇流排紧密贴连，且使用该方式的电池组，串并联灵活性较差。

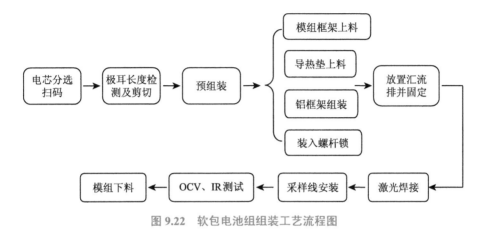

图 9.22 软包电池组组装工艺流程图

3）方形电池组制作工艺

方形电池成组工艺流程如图 9.23 所示。方形电池组外壳侧缝焊接一般有两种方式：一种是激光焊接，激光焊接具有焊缝宽度小、热影响区域小、易实现自动化等优点，不会对电池产生不利的影响，但是对焊接位置要求非常精确，必须在

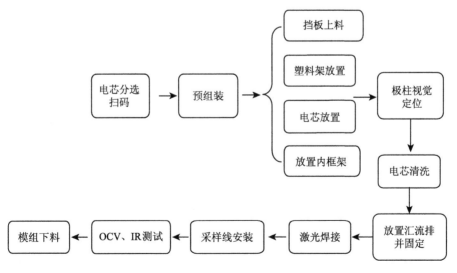

图 9.23 方形电池组组装工艺流程图

激光束的聚焦范围内，使用高精度夹具，保证焊件的焊接位置与激光束的冲击焊点对齐。在利用激光焊来连接模组外壳时，一般采用穿透焊，而不是搭接焊，以避免外壳与外壳搭边之间有缝隙造成虚焊。另一种焊接方式为冷焊，其焊接包容性强，对材料精度要求不高。

3. 电池管理系统

电池管理系统（battery management system，BMS）是一种能够对钠离子电池进行监控和管理的电子装置，通过对电压、电流、温度以及荷电状态等参数进行采集和计算，进而控制电池的充放电过程，防止或避免电池过放电、过充电、过温、过流和短路等异常状况出现，实现对电池的保护，提升电池的综合性能。其能同时实现对电池的均衡充电以及剩余容量和剩余寿命的估算及监测，并完成与上级系统的通信等功能。钠离子电池对过放电忍耐能力较强，对 BMS 过放电管理要求不高，这在一定程度上减少了 BMS 的制作成本。

9.4　钠离子电池测试维护及失效分析

9.4.1　钠离子电池测试

钠离子电池的性能测试主要包括电化学性能测试和安全性能测试。除另有规定外，一般上述各项测试实验均在以下环境条件下进行：

温度：（25±5）℃；

相对湿度：不大于 75% RH；

大气压力：86~106 kPa。

1. 电化学性能测试

钠离子电池的电化学性能测试项目主要包括开路电压、内阻、容量、放电性能、荷电保持/恢复性能以及循环性能等。

1）开路电压测试

开路电压主要用电势差计、数字电压表和高阻抗伏特表等来测量。

2）内阻测试

通常电池内阻通过交流测试法和直流测试法来测量。

3）容量测试

主要为室温放电实验，用来测试钠离子电池的额定容量。具体测试步骤如下：

（1）钠离子电池在室温下，以一定的放电倍率（一般为 0.2C）恒流放电至规定的终止电压，然后以一定的充电倍率（一般为 0.2C）充电至终止电压；

（2）钠离子电池在室温下搁置一定的时间；

（3）在室温下以一定的倍率（一般为 0.2C）放电至终止电压；

步骤（3）中所放出的容量为测试结果。

4）放电性能测试

放电性能测试一般为特殊条件放电，不包括室温放电，主要有大电流放电测试以及高、低温放电测试。

大电流放电测试：首先按照容量测试中的步骤（1）将钠离子电池充满电，然后以较大的放电倍率（根据实际需要或标准设定）进行放电实验，将放电容量作为测试结果。

高、低温放电测试：钠离子电池首先按照容量测试中的步骤（1）充满电，然后在不同温度下搁置一段时间（搁置温度以及时间根据实际需要或标准设定）后以一定的放电倍率进行放电实验，将放电容量作为测试结果。

5）荷电保持/恢复性能测试

钠离子电池的荷电保持能力测试首先按照容量测试中的步骤（1）充满电，然后开路搁置一段时间（一般常温搁置 28 天），之后将其在常温下以一定的倍率放电，记录放电容量，并与额定容量进行比较，得出荷电保持性能数据。将经过荷电保持性能测试的电池在常温下继续以相同的倍率进行充放电，将其放电容量和额定容量比较，得出荷电恢复性能数据。

6）循环性能测试

钠离子电池按照容量测试中的步骤（1）充满电；将该电池在室温下以相同的倍率放电至规定的放电终止电压；将该电池在室温下进行循环测试，充放电之间的搁置时间不超过 1 小时；电池按照上述步骤充放电，直至电池容量下降至规定的容量值（一般为 80%的额定容量），计算循环周数。

基于上述测试方法，表 9.4 给出了基于铜铁锰基层状氧化物的钠离子电池正极材料和煤基碳负极材料、型号为 NaCP10/64/165 的软包钠离子电池的部分电化学性能数据。该型号中的 Na 代表为钠离子电池，C 代表铜基正极材料体系，P 代表电池形状为方形，厚度 10 mm，宽度 64 mm，长度 165 mm，电池实物见图 9.24。

表 9.4   NaCP10/64/165 软包钠离子电池基本参数指标

序号	指标名称	指标参数
1	容量	6 A·h
2	平均电压	3.2 V
3	工作电压范围	1.5~4.0 V
4	电池内阻	≤10 mΩ
5	外形尺寸	165 mm×64 mm×10 mm（长×宽×厚）
6	倍率性能	3 C 容量≥90%额定容量
7	高低温性能	−20℃容量≥88%额定容量，55℃容量≥99%额定容量
8	比能量	≥145 W·h/kg
9	存储性能（常温 28 天）	荷电保持≥91%，荷电恢复≥99%
10	工作温度	−40~80℃

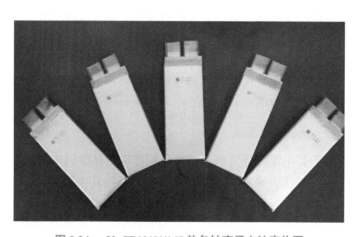

图 9.24   NaCP10/64/165 软包钠离子电池实物图

图 9.25 为 NaCP10/64/165 型号的软包钠离子电池四种典型的电化学测试曲线。其中，图 9.25（a）为首周充放电曲线，首周充放电效率超过 82%；图 9.25（b）为不同倍率下的放电曲线，3C 放电容量保持率为 90.2%；图 9.25（c）为 28 天常温存储后的荷电保持和荷电恢复性能放电曲线，其容量保持率为 91.4%，容量恢复率为 99.8%；图 9.25（d）为不同温度下的放电曲线，55℃放电容量保持率为 99.1%，−20℃放电容量保持率为 88.9%。

2. 安全性能测试

1）短路测试

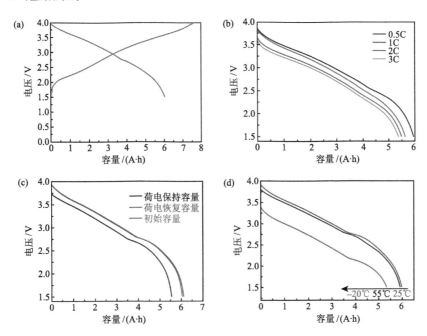

图 9.25　NaCP10/64/165 软包钠离子电池四种典型的电化学性能曲线

（a）首周充放电曲线；（b）不同倍率下的放电曲线；（c）常温 28 天搁置后荷电保持和荷电恢复性能放电曲线；（d）不同温度下的放电曲线

　　钠离子电池按照容量测试中的步骤（1）充满电后，放置在（20±5）℃的环境中，待电池表面温度达到（20±5）℃后，再继续放置 30 min。然后用导线连接电池正负极端，并确保全部外部电阻为（80±20）mΩ。实验过程中检测电池温度变化，当出现以下两种情形之一时，实验终止：电池温度下降到峰值温度的 80%或短接时间达到 24 小时。电池应不起火、不爆炸、不漏液。NaCP10/64/165 软包电池短路测试如图 9.26 所示，短路测试后的电池不起火、不爆炸、不漏液。

2）过充电

　　钠离子电池按照容量测试中的步骤（1）充满电，再继续以一定倍率过充电至 6 V，一般要求不起火、不爆炸、不漏液。NaCP10/64/165 软包电池过充测试如图 9.27 所示，过充电测试后的电池不起火、不爆炸、不漏液。

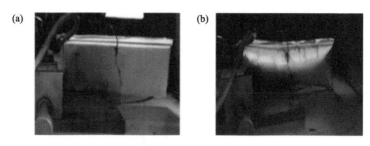

图 9.26 （a）短路实验前电池；（b）短路实验后电池

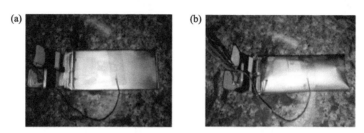

图 9.27 （a）过充实验前电池；（b）过充实验后电池

3）0 V 放电

钠离子电池以一定倍率放电至 0 V，一般要求不起火、不爆炸、不漏液。NaCP10/64/165 软包电池过放电测试如图 9.28 所示，过放电测试后的电池不起火、不爆炸、不漏液，且过放至 0 V 后的钠离子电池继续进行充放电，容量可恢复且不影响循环。

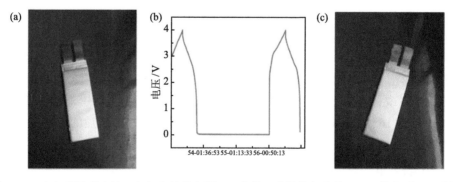

图 9.28 （a）实验前电池；（b）电池放电到 0 V 曲线及容量恢复曲线；（c）放电到 0 V 后的电池

4）机械性能测试

挤压：钠离子电池按照容量测试中的步骤（1）充满电后，将电池置于两个平面内，垂直于极板方向进行挤压，两平板间施加一定的挤压力，实验过程中电池不能发生外部短路。实验中电池放置方式参照图 9.29 所示。1 个样品只做一次挤压实验。一般要求不起火、不爆炸。

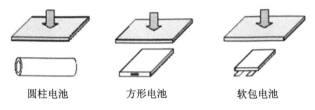

圆柱电池　　　　　　　方形电池　　　　　　　软包电池

图 9.29　挤压实验中电池放置示意图

5）撞击测试

钠离子电池按照容量测试中的步骤（1）充满电后，将电池置于平台表面，将金属棒横置于电池几何中心上方，用一定质量的重物从一定的高度自由落体撞击放有金属棒的电池表面，并观察一段时间。要求圆柱型电池撞击实验时金属棒与电池纵轴垂直，方形电池和软包装电池只对宽面进行撞击实验。1 个样品只做一次冲击实验。一般要求不起火、不爆炸。NaCP10/64/165 软包电池撞击测试如图 9.30 所示，撞击测试后的电池不起火、不爆炸。

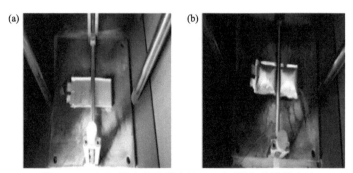

图 9.30　（a）撞击实验前电池；（b）撞击实验后电池

6）针刺测试

钠离子电池按照容量测试中的步骤（1）充满电后，用直径 $\phi 3 \sim \phi 8$ mm 的耐高温钢针从垂直于电池极板方向贯穿，贯穿速度（25±5）mm/s，贯穿位置靠近所刺面的几何中心，钢针停留在电池中。要求电池不起火、不爆炸。NaCP10/64/165 软包电池针刺测试如图 9.31 所示，针刺测试后的电池不起火、不爆炸。

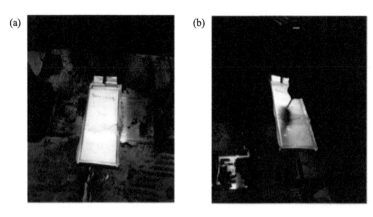

图 9.31　（a）针刺实验前电池；（b）针刺实验后电池

7）浸泡测试

钠离子电池按照容量测试中的步骤（1）充满电后，剪开其密封口，放置于水中浸泡。要求电池放置一段时间不起火、不爆炸。NaCP10/64/165 软包电池浸泡测试如图 9.32 所示，浸泡测试后的电池不起火、不爆炸。

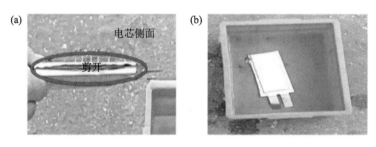

图 9.32　（a）浸泡实验前电池；（b）浸泡实验后电池

8）热稳定性测试

电池的各类安全事故大都是以热失控的形式体现的，一旦发生将严重威胁人类生命和财产安全，因此钠离子电池的热稳定性测试对于防止热失控的发生至关重要。图 9.33 展示了基于铜基正极材料体系的钠离子电池在−60~1000 ℃全温度区间内的反应温度特性。当然，电池内部各种副反应发生的温度都不是绝对的，活性物质比表面积、表面状态、电解液配方、电池荷电状态等，都会对图 9.33 中的各项温度产生一定影响。

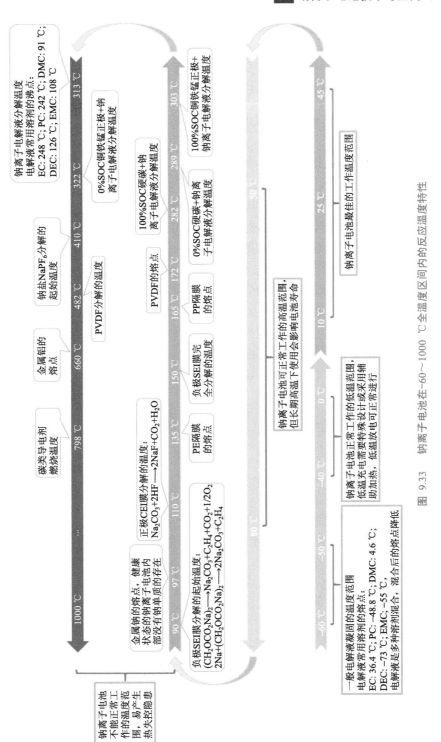

图 9.33 钠离子电池在−60~1000 ℃全温度区间内的反应温度特性

9.4.2 钠离子电池使用和维护

1. 钠离子电池的正确使用及储存方法

钠离子电池的滥用可能会造成电池损坏或人身伤害，在使用钠离子电池前，应注意以下防范措施：

（1）将电池放置在远离儿童的地方；电池保存不用时，应放置于阴凉干燥的环境中；严禁将电池在过高温度下放置或使用；严禁将电池短路或过充；严禁颠倒正负极使用电池；严禁拆卸或修整电池；严禁将电池与金属一起运输或储存；严禁敲击、抛掷、踩踏、坠落和冲击电池等；严禁直接焊接电池，用钉子或其他利器刺穿电池；如果电池发生泄漏，电解液进入眼睛，请不要揉擦，应用清水冲洗眼睛，并立即送医治疗；如果电池在使用、储存、充电过程中发出异味、发热、变色、变形或其他任何异常，立即停止充电或停止使用，并将其从装置中移出或隔离；如果正负极极柱弄脏，使用前应用干布抹净，否则可能会导致接触不良、功能失效。

（2）必须使用钠离子电池专用充电器进行充电。

（3）长期储存的钠离子电池（超过 3 个月）须置于干燥、通风处，储存环境要求：温度为（25±3）℃，湿度为 65%±20% RH。储存电压为 3.0~3.1 V，且每三个月对电池进行一次充放电循环。

2. 钠离子电池充电

钠离子电池充电过程分为快充、慢充和浮充三个部分。快充时，充电器以恒定电流对电池充电，一般选用(0.33~1)C 充电倍率。充电时，电池电压将逐渐上升，一旦电池电压达到设定的终止电压，快充终止。然后电池进入慢充阶段，此时充电电流降低，并继续恒流充电至设定电压后进入浮充过程。浮充为恒压充电，浮充过程中，充电电流逐渐降低，直到充电电流降低到 0.02C 以下或浮充时间超时，充电停止，电池处于充满电状态。

9.4.3 钠离子电池失效分析

1. 失效分析介绍

根据国家标准 GB 3187—1982 定义：失效（故障）是指产品丧失规定的功能。对可修复的产品，通常也称为故障。钠离子电池的失效是指由某些特定的本质原因导致电池性能衰减或使用性能异常的现象。而钠离子电池失效分析则是对其失效现象进行针对性的分析，确定电池失效模式，进而研究其失效机理及直接或间接的影响因素，最终在设计、制造及使用等阶段对钠离子电池产品可能的失效现象进行有效的预测、预防、避免和根本性解决的技术及管理活动。

钠离子电池在使用或储存过程中偶尔会出现某些失效现象，这会严重降低电池的使用性能、一致性、可靠性和安全性。这些失效现象是由电池内部一系列复杂的物理和化学相互作用引起的。因此，正确分析和理解电池的失效现象对其性能提升和技术改进有着重要作用。

钠离子电池失效分析的内容主要包括失效现象采集及其机理研究，各类测试表征手段等失效分析方法的选用，失效分析流程的建立及优化等。其中，失效机理研究是失效分析的核心，在大量基础研究的前提下，构建合理的模型，有利于准确模拟分析电池内部各类复杂的物理化学过程，找出失效现象的本质原因。测试表征手段是失效分析的基础，正确的材料预处理，精准的材料测试，深度的数据分析，是准确了解电池内部情况的唯一途径。合理的失效分析流程可确保电池失效分析高效化、准确化、定量化，是失效分析的基础[22]。

2. 失效现象及其失效机理

根据钠离子电池表现出来的失效特征，失效现象主要有两类（图 9.34）：一类是性能失效，另一类是安全性失效。性能失效是指电池性能达不到使用要求和相关指标，常见的钠离子电池性能失效主要包括容量异常、循环寿命短、电压/电流异常、倍率性能差、自放电率高、高低温性能衰减等；安全性能失效是指由于电池使用不当或者滥用，出现具有一定安全风险的现象，常见的钠离子电池安全性能失效主要包括热失控、胀气、漏液、析钠、短路、膨胀变形等。

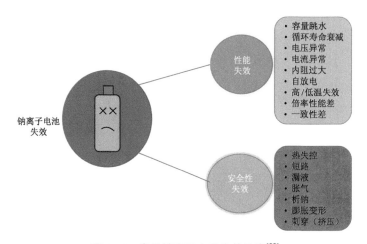

图 9.34　常见钠离子电池失效分类[22]

造成钠离子电池性能和安全性失效的内在原因又可分为三个方面：核心材料（正负极材料、电解液、隔膜）、设计制造以及使用环境。从核心材料角度来看，正负极材料结构变化或破坏均会导致电池出现容量衰减、倍率性能下降、内阻增大以及循环寿命降低等问题，如图 9.35 所示；电解液注液量不足及其分解消耗等直接关系到活性钠离子的含量及钠离子的传输性能，会降低电池的电化学性能和安全性能，同时电解液与材料体系不匹配也将导致一系列性能问题；隔膜老化也是电池各种电化学性能和安全性能变差的诱因。

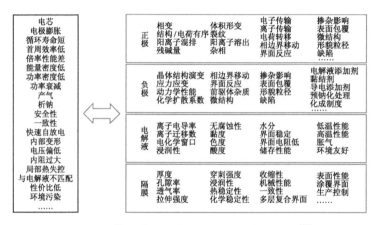

图 9.35　核心材料性质与电池性能之间的关系[22]

从设计制造角度来看，合理的钠离子电池设计，包括材料体系选择、结构设计、工艺参数设计等（图 9.36），是保证电池电化学性能、安全性能等的关键环节

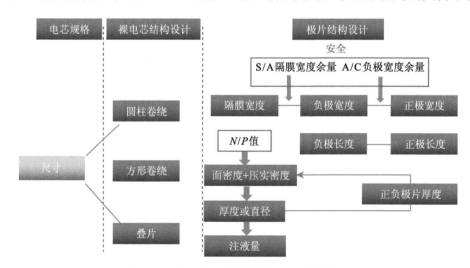

图 9.36　合理的电池设计要考虑的关键因素

和必要前提；严格的制造过程管控（图 9.37）则是电池性能发挥、安全性和一致性等的直接保证。

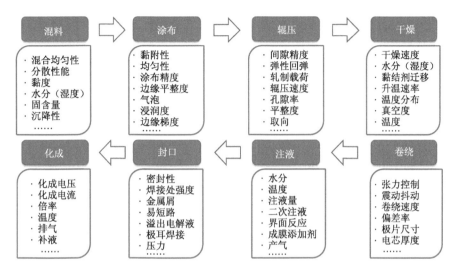

图 9.37　电池主要制造工序与电池失效现象之间的影响关系

从使用环境角度来看，极端环境会引起钠离子电池电解液分解/失效产气、自放电、SEI 过度生长、枝晶生长等问题，过充电、外短路、挤压、刺穿等滥用则会导致电池性能衰退，严重时甚至引起热失控、起火爆炸等安全问题，如图 9.38 所示。

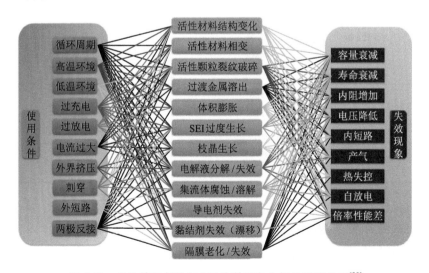

图 9.38　电池使用条件与电池失效现象之间的影响关系[22]

3. 失效分析方法

钠离子电池失效分析常用的方法可分为无损分析和有损分析，无损分析是指在不破坏电池整体结构的基础上对电池状态、性能进行测试和分析的方法，并根据测试结果对电池可能出现的失效模式进行推测，以此作为下一步测试分析的选择和优化方向。无损分析技术主要包括 X 射线断层扫描、超声波扫描、各类电化学测量方法等。

有损分析是指将电池拆解后，对其内部关键材料进行的有针对性的分析方法，包括电池各组分的成分分析、形貌分析、结构分析、官能团表征、离子输运性能分析、微区力学分析、模拟电池的电化学分析以及副产物的分析。同时有损分析还涉及到样品的预处理技术，包括样品收集/筛选、样品转移等，这也是影响检测结果的关键性因素。常用的测试分析技术如表 9.5 所示。

表 9.5　常用测试分析技术

测试部位	测试内容	必要测试方法	辅助测试方法
正负极活性材料	成分分析	EDS、ICP	SIMS、XRF
	结构分析	XRD、Raman	TEM、ND、EXAPS、NMR、ABF-STEM、TEM、AFM
	形貌分析	表/截面 SEM	TEM、AFM
	价态分析	XPS	EELS、STXM、XANES、ESR、NMR
	界面分析	FTIR、XPS、SEM	SIMS、SPM
	电性能分析	半电池测试、EIS	GITT、PITT
	热性能分析	TGA-DSC	ARC
黏合剂	形貌分析	SEM	TEM
	结构分析	NMR	
	分子量分析	GPC	
隔膜	形貌分析	SEM	TEM
	成分分析	EDS	ICP
	热性能分析	TGA-DSC	
电解液	成分分析	GC-MS	ICP
产气	成分分析	GC-MS	

4. 失效分析流程

如何准确判断钠离子电池失效的主要影响因素，并开展定性、半定量和定量分析是失效分析的重点与难点。为了快速解决这些问题，一套高效、可靠的失效分析流程十分必要。如图 9.39 所示，对钠离子电池失效分析的一般流程主要采用"表观-无损-拆解-有损"的思路。每个分析阶段的内容和方法根据电池的实际失效表现进行动态选择和组合。表观分析是失效分析的第一步，是对电池进行的最直接的观测与评估，对失效电池的失效点进行初步估计，设计相应的实验方案和测试分析方案。无损分析可获取基本电化学性能和结构信息，初步尝试找出失效点，为下一步深层次的机理分析提供大致方向。拆解过程则是根据电池结构特点及失效情况的差异，选择合适的拆解方法，避免拆解过程中出现新的失效位点，确保结果的可靠性、准确性。有损分析主要是对电池内部的主要材料进行分析，理清材料之间的相互关系，推导电池失效的主要原因，并结合先进的测试分析技术，实现半定量/定量分析。

图 9.39 失效分析一般流程[22]

钠离子电池目前还处于产业化初期，越早开展钠离子电池的失效分析，越有助于全面地认识和了解其内部各种失效机理，建立完善的失效机理数据库，在电池的研究开发过程中能够更加及时准确地获得相关信息，便于钠离子电池产品的快速开发和迭代，从而在钠离子电池设计、制造和应用等全寿命阶段做好产品潜在失效模式的预防和预测，快速推动钠离子电池的规模化应用。

9.5 钠离子电池成本估算

在当前的储能器件中，化学电源的用量逐年增加，特别是支持新能源发展的动力电池和储能电池需求旺盛，这样电池的成本就逐渐成为人们关注的焦点。在实际应用中，追求高性能的动力储能电池固然重要，但更重要的是单位比能量下的成本，这直接关系到动力和储能电池等新能源产品能否进行大规模推广应用。

对于钠离子电池而言，锂离子电池及铅酸电池是其对标产品。由于体系的自然属性，目前钠离子电池综合性能位于锂离子电池和铅酸电池之间，强于铅酸电池，弱于锂离子电池。但钠离子电池作为一项新的电池技术，资源丰富，成本低廉是其特有优势，其成本较锂离子电池便宜，且随着产业链的成熟和规模化效应的凸显甚至可接近铅酸电池的水平。因此，成本将是钠离子电池的生命力，是决定其能否实际应用的最关键因素，这一点在大规模储能应用领域尤其重要。因此，要想在市场竞争中立于不败之地，就必须强化钠离子电池成本体系的设计及管理，严格按照成本计划加强成本控制，降低成本。

9.5.1 成本计算模型建立

1. 成本构成

基于钠离子电池与锂离子电池类似的工作原理、结构和生产制造工艺等，二者的成本结构也基本相同，主要包括原材料成本、制造成本、管理费用及资金使用成本等。制造成本又包含人工成本，除人工成本之外的与电池制造直接相关的成本（如厂房、设备和能源等）以及质量/环境成本等[25]。

在目前的制造水平下，同样类型的钠离子电池与锂离子电池除主要原材料成本差别较大外，二者的其他原辅材料成本及制造成本基本相当。当然，对于不同的钠离子电池材料体系、容量大小和结构类型的电池，其各部分成本占比又会有一定的变化。

图 9.40 为 NaCP10/64/165 软包钠离子电池（基于铜基层状氧化物正极材料体系和煤基碳负极材料体系）当前的大致成本构成，其中原材料成本和制造成本各约占 60% 和 38%，管理费用等约占 2%。而在原材料成本中（以其为整体 1）：正极成本约占其 32%，负极成本约占 10%，电解液和隔膜成本分别约占 18% 和 15%，其他装配物料成本约占 25%。制造成本中人工成本、设备折旧、能源消耗以及质量/环境成本又分别约占总成本的 14%、13%、9%、2%。

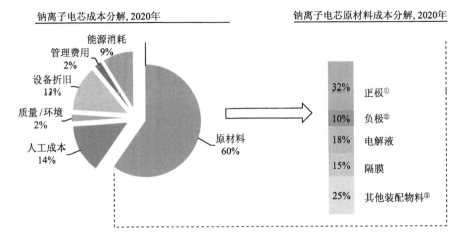

钠离子电芯成本分解, 2020年

钠离子电芯原材料成本分解, 2020年

①包括正极材料、导电剂、黏结剂和铝箔; ②包括负极材料、导电剂、黏结剂和铝箔; ③包括外壳组件、极耳等

图 9.40　NaCP10/64/165 软包钠离子电池成本结构图

2. 原材料的成本

电池组（电池包）由多个电芯经过串并联组成，在其组装过程中会产生设备、软件等使用成本，一般较为固定。电芯作为电池组（电池包）的关键基础，其成本特性属于变动成本。根据目前钠离子电池产业化的现状，这里将重点讨论其电芯的成本情况。与现有的锂离子电池一样，钠离子电池也是由正极材料、负极材料、电解液、隔膜这四大主材与集流体、黏结剂、导电剂、极耳和外壳组件等多种关键辅材组成的（图 9.41）[26]。

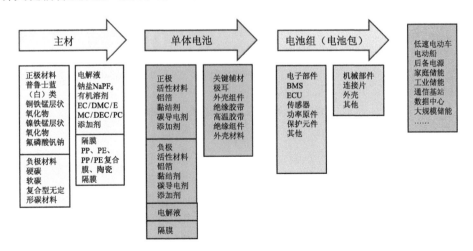

图 9.41　钠离子电池产业链

1）正极材料

正极材料体系的性能直接影响钠离子电池的性能，其成本也直接决定电池的成本。目前具备产业化前景的钠离子电池正极材料主要有以下几种，如表 9.6 所示。

表9.6　钠离子电池正极材料体系对比

正极材料体系	普鲁士白类	镍铁锰层状氧化物	铜铁锰层状氧化物
平均电压	3.2 V	2.9 V	3.2 V
循环寿命	1200 周 98%	1000 周 92%	6000 周 80%
比能量	~120 W·h/kg	100~120 W·h/kg	~150 W·h/kg
环保特性	前驱体 NaCN 剧毒	无毒	无毒
成本	低	高	低

各种正极材料当前的预计成本如图 9.42 所示：铜铁锰层状氧化物为 28.8 元/kg，普鲁士白类为 26.4 元/kg，镍铁锰层状氧化物为 42.4 元/kg。

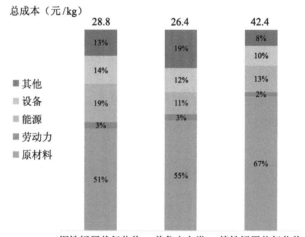

图 9.42　三种钠离子电池正极材料成本比例

2）负极材料

目前能产业化的负极材料主要为各种碳材料，其中锂离子电池使用的石墨类碳材料技术比较成熟，且廉价、无毒[27]。钠离子电池负极材料一般采用硬碳、软碳以及软硬复合碳等无定形碳材料。目前国内市场上大多数无定形碳材料的成本为（8~20）万元/t，而煤基的无定形碳材料成本预计低于 1.5 万元/t。

3）电解液

在影响电池的性能和稳定性方面，电解液一直居于重要位置。钠离子电池电解质盐采用 $NaPF_6$，溶剂为链状碳酸酯和环状碳酸酯共用，一般采用 EC、DMC、EMC、DEC 和 PC 等溶剂组成二元或多元混合溶剂体系，此外再加上特定的功能性添加剂。

目前，国产锂离子电池电解液主流成本为（3~5）万元/t，高端产品成本为（7~10）万元/t，低端产品成本为（2~3）万元/t。对于钠离子电池电解液而言，钠盐是其开发制造的重点，其合成方式与 $LiPF_6$ 基本相同，且原材料成本更低。同时钠离子电池还可以采用低盐浓度电解液，因此钠离子电池电解液规模化供应后成本与锂离子电池相比会更低。

4）隔膜

隔膜主要分为干法隔膜和湿法隔膜，目前常用的隔膜主要包括 PP、PE、PP/PE 以及 PP/PE/PP 隔膜、陶瓷隔膜、涂胶隔膜。目前规模化生产的隔膜孔径均远大于钠离子的溶剂化半径，均可满足钠离子电池的使用需求，因此可以根据电池性能需求和成本需求选用合适的隔膜。目前，国内 7 μm 厚度的主流湿法隔膜成本为 1.8~2.1元/m²，干法双拉隔膜成本为 0.8~1.2元/m²，采用陶瓷涂层的隔膜成本会增加 50%以上。

5）集流体

钠离子电池负极也可采用铝箔作为集流体，可进一步降低电池成本，铝箔的厚度主要为 16 μm 和 12 μm。目前市场上电池级铜箔成本（80~90元/kg）约为电池级铝箔成本（24~30元/kg）的 3 倍。

6）极耳

钠离子电池的正负极集流体均可采用铝箔，因此正负极处都可使用铝极耳，相比铜箔集流体所对应的铜镀镍极耳或镍极耳，成本有一定的降低，铝极耳成本与其尺寸规格有关。同时铝极耳的焊接加工工艺更为简单，也可以简化对应工序设备，降低部分制造成本。

因此，除正负极材料和钠盐外，其余原材料如隔膜、铝箔、铝极耳、黏结剂、导电剂、溶剂及外壳组件等可完全借用现有锂离子电池成熟的产业链，这些材料可以参考现有的市场成本情况[28]。

3. 制造成本

电池的制造成本是指电池生产企业为制造电池和提供服务而发生的各项间接费用，包括除原材料、管理费用以及资金使用成本等之外的其他费用，如人工成本、能源消耗、设备设施折旧等。其中，人工成本主要是管理及生产人员的工资，可折算为单个电池的生产工时进行核算，一般对于某个型号的电池来说，单批次生产过程的生产量越大，需求的工时数就越小；能源消耗主要为电池生产制造过程中水电气等资源的消耗，包括动力电、纯水、自来水、压缩空气、氮气、真空及天然气等的消耗；设备设施折旧主要包括电池生产设备、检测设备/仪器、辅助性设备及功能设施等的折旧。电池制造成本一定程度上还受电池结构规格、地域差异、产线规模和产线自动化程度等影响。

4. 整体模型建立

在建立钠离子电池的整体成本模型之前，还需根据上述钠离子电池成本结构对一些关键条件或参数进行假设判定。在这里将投入的原材料和固定设备设施的成本等当作直接基础成本。

1）原材料成本假设

钠离子电池原材料的最终成本极大地依赖于电池设计中所包含的活性材料以及非活性材料的成本，这里正负极活性材料和电解液成本采用 9.5.2 节中的相关数据。在实际生产中，原材料的消耗需要考虑每个涉及该原材料工序的加工良品率，实际消耗的材料成本可以按照式(9-13)来计算：

$$A_n = \frac{T_n}{Y_1 \times Y_2 \times \cdots \times Y_x} \tag{9-13}$$

式中，A_n 为投入的第 n 种原材料的实际成本；T_n 为投入的第 n 种原材料的理论成本；x 为涉及第 n 种物料的工序数；Y_x 为对应的第 x 个工序的加工良品率，一般在 95%以上。

本模型中除正、负极材料和钠盐这三类活性材料外，选用的其他原材料如隔膜、铝箔、铝极耳、黏结剂、导电剂、溶剂、添加剂和外壳组件等通用材料的成本都是相对固定的，可按照当前的市场成本水平进行计算。

2）制造成本假设

单个电池的制造成本在不同的生产制造工厂区别较大，因此在建立模型的过程中，需要首先设计一个钠离子电池的基本制造工厂，这里设定一个年产 0.5 GW·h 的钠离子电池自动化制造工厂。该工厂每年 300 天 3 班倒全天生产，大约每年有 82%的时间在运行。如无额外表述，本模型中的成本估算将依据此生产时间和生产效率。

固定设备设施资产成本参照式（9-14），采用已知的成本乘以加工率的功率幂指数来评估设备设施的资本成本，然后再对基础工厂中每个工序涉及的固定设备设施投入成本进行综合合并估算[29]。固定设备设施资产年折旧成本按照基本工厂的财务规定折旧年限（一般 5~8 年）进行计算

$$C_n = C_0 \times \left(\frac{R_n}{R_0}\right)^P \tag{9-14}$$

式中，C_0 是基准生产率 R_0 下设备项目的资本成本；功率因数 P 是与资本投资成本以及生产工序加工率相关的系数；n 为电池生产工序数；R_n 为第 n 个工序的实际生产率；C_n 为第 n 个工序包含的设备的资本成本。

如果 P 值为 1.0，则设备设施成本与生产率成正比。但是在实际生产中，设备成本的 P 值一般为 0.6~0.7，对于需要很多相同设备来扩大规模的制造工序，比如电池的化成分容工序，其 P 值可以达到 0.9，不过 P 值一般很难达到 1.0，因为设备设施成本中还包括了一部分安装调试的费用。当然，对于不同生产规模和自动化程度、不同电池工艺的成本模型需要重新计算每个工序的设备设施成本来确定。

制造成本中的人工、能源消耗以及质量/环境等部分可当作可变的间接成本，在模型中可按照基础成本的一定比例来进行计算。除了以上讨论的直接基础成本外，在成本模型中还需要额外加上其他的非直接成本来核算钠离子电池的单位成本。这些额外的非直接成本包括各种管理费用、资金使用成本以及合理的利润等。同样，额外的管理成本、资金成本等也可以按照基础成本的一定比例来进行计算。在这个模型中，利润设置为总成本的 5%，这基本上也是成熟生产厂家的平均盈利标准。

9.5.2 不同正、负极材料体系钠离子电池成本核算

1. 不同体系钠离子电池成本核算比较

对于不同体系的钠离子电池，其生产工艺基本一致，同样规格或容量的电芯成本差异主要在于电池原材料体系以及原辅材料用量的不同。这里将依据现有的钠离子电池组成和生产工艺条件，参照 9.5.2 节的成本核算模型，并结合阿贡实验室开发的电池性能和成本模型（BatPaC）[30]，大致核算出不同体系钠离子电池成本。这里所述的不同体系主要指铜铁锰层状氧化物、普鲁士白类、镍铁锰层状氧化物三种材料体系的钠离子电池。表 9.7~表 9.9 中分别列出了基于上述三种体系的 NaCP10/64/165 型软包钠离子电池的物料清单（bill of material，BOM）、理论用量（未计算工艺消耗及良品率）以及相关的成本数据，并计算出了现有规模和技术水平下三种体系单位能量的理论 BOM 成本，分别为 0.26 元/（W·h）、0.26 元/（W·h）、0.31 元/（W·h），其对应的电池总成本可以参考 9.5.2 节钠离子电池成

本构成图中的比例并结合一定的良品率进行大致估算。

表 9.7 基于铜铁锰层状氧化物正极材料的 NaCP10/64/165 软包钠离子电池 BOM 成本

序号	材料名称	单位	用量	单价	单位	理论成本	成本比例
1	铜铁锰层状氧化物正极材料	kg	0.0469	28.8000	RMB/kg	1.3500	27.48%
2	无定形碳	kg	0.0216	15.0000	RMB/kg	0.3240	6.60%
3	正极黏结剂	kg	0.0015	115.0000	RMB/kg	0.1730	3.52%
4	负极黏结剂	kg	0.0009	45.0000	RMB/kg	0.0409	0.83%
5	正极导电炭	kg	0.0015	60.0000	RMB/kg	0.0902	1.84%
6	负极导电炭	kg	0.0002	60.0000	RMB/kg	0.0136	0.28%
7	NMP	kg	0.0269	15.0000	RMB/kg	0.2015	4.10%
8	正极铝箔	kg	0.0060	23.5000	RMB/kg	0.1414	2.88%
9	负极铝箔	kg	0.0066	23.5000	RMB/kg	0.1548	3.15%
10	隔膜	m^2	0.6646	1.3000	RMB/m^2	0.8640	17.59%
11	高温绝缘胶带	卷	0.0360	2.5000	RMB/卷	0.0900	1.83%
12	极耳	pcs	2.0000	0.3000	RMB/PCS	0.6000	12.21%
13	铝塑膜	kg	0.0103	26.0000	RMB/kg	0.2691	5.48%
14	电解液	kg	0.0300	20.0000	RMB/kg	0.6000	12.21%
	合计					4.9125	100.00%

表 9.8 基于普鲁士白类正极材料的 NaCP10/64/165 软包钠离子电池 BOM 成本

序号	材料名称	单位	用量	单价	单位	理论成本	成本比例
1	普鲁士白类正极材料	kg	0.0429	26.5000	RMB/kg	1.1357	23.19%
2	无定形碳	kg	0.0216	15.0000	RMB/kg	0.3240	6.62%
3	正极黏结剂	kg	0.0024	115.0000	RMB/kg	0.2738	5.59%
4	负极黏结剂	kg	0.0009	45.0000	RMB/kg	0.0409	0.84%
5	正极导电炭	kg	0.0024	60.0000	RMB/kg	0.1429	2.92%
6	负极导电炭	kg	0.0002	60.0000	RMB/kg	0.0136	0.28%
7	NMP	kg	0.0397	15.0000	RMB/kg	0.2976	6.08%
8	正极铝箔	kg	0.0057	23.5000	RMB/kg	0.1347	2.75%
9	负极铝箔	kg	0.0063	23.5000	RMB/kg	0.1477	3.02%
10	隔膜	m^2	0.6357	1.3000	RMB/m^2	0.8264	16.88%
11	高温绝缘黄胶带	卷	0.0360	2.5000	RMB/卷	0.0900	1.84%
12	极耳	PCS	2.0000	0.3000	RMB/PCS	0.6000	12.25%
13	铝塑膜	kg	0.0103	26.0000	RMB/kg	0.2691	5.50%
14	电解液	kg	0.0300	20.0000	RMB/kg	0.6000	12.25%
	合计					4.8965	100.00%

表 9.9　基于镍铁锰层状氧化物正极材料的 NaCP10/64/165 软包钠离子电池 BOM 成本

序号	材料名称	单位	用量	单价	单位	理论成本	成本比例
1	镍铁锰层状氧化物	kg	0.0462	42.4000	RMB/kg	1.9569	35.55%
2	无定形碳	kg	0.0216	15.0000	RMB/kg	0.3240	5.89%
3	正极黏结剂	kg	0.0015	115.0000	RMB/kg	0.1703	3.09%
4	负极黏结剂	kg	0.0009	45.0000	RMB/kg	0.0409	0.74%
5	正极导电炭	kg	0.0017	60.0000	RMB/kg	0.1037	1.88%
6	负极导电炭	kg	0.0002	60.0000	RMB/kg	0.0139	0.25%
7	NMP	kg	0.0303	15.0000	RMB/kg	0.2269	4.12%
8	正极铝箔	kg	0.0057	23.5000	RMB/kg	0.1347	2.45%
9	负极铝箔	kg	0.0063	23.5000	RMB/kg	0.1477	2.68%
10	隔膜	m²	0.6357	1.3000	RMB/m²	0.8264	15.01%
11	高温绝缘黄胶带	卷	0.0360	2.5000	RMB/卷	0.0900	1.64%
12	极耳	PCS	2.0000	0.3000	RMB/PCS	0.6000	10.90%
13	铝塑膜	kg	0.0103	26.0000	RMB/kg	0.2691	4.89%
14	电解液	kg	0.0300	20.0000	RMB/kg	0.6000	10.90%
	合计					5.5045	100.00%

2. 成本演变趋势预测

钠离子电池的产业化目前处于起步阶段，目标应用市场主要集中在各类低速电动车和大规模储能等领域，而这些目标应用市场的成本水平直接影响用户的接受程度。钠离子电池要想获得一席之地，其成本将起到决定性作用。随着关键材料的实用化和规模化，接下来，钠离子电池成本将大幅降低，其产业也将得到迅速发展。

在相同的生产制造条件下，电池原辅材料是决定其成本高低的关键因素。鉴于现阶段钠离子电池的产业化才刚开始，其材料体系的选择、合成及工艺的调整完善、电池设计及制造工艺优化、产品规模化效应等使得钠离子电池的成本还可以被进一步压缩。目前，钠离子电池的设计制造基本上可以沿用和借鉴现有锂离子电池的生产工序和成熟的产业链，所以其成本演变趋势将主要体现在核心原材料体系（正、负极材料和电解液）成本的变化和规模化效应显现等方面，这里将分三个时期进行预测。

1）推广期

钠离子电池推广期的产品主要投向低速电动车市场，同时进行储能示范应用。在此期间，原辅材料成本降低将是钠离子电池成本下降的主要推手，尤其是正、负极材料和电解液等核心材料的成本。通过材料和电池技术进一步优化制备工艺，逐渐消除技术壁垒，获得包括典型工况、失效机制和极端条件下性能等在内的测试结果，同时随着相应产业链的完善，钠离子电池的总成本将逐步下降，预计可降低至 0.5~0.7 元/（W·h）。

2）发展期

随着各类低速电动车行业更加规范化、标准化以及市场容量的进一步扩大，且大规模储能市场逐渐成熟，钠离子电池产业将迎来快速发展期。在此期间钠离子电池产品标准化程度将逐渐提高，规模化效应将逐渐显现，产品技术也趋于成熟，其总成本有望降到 0.3~0.5 元/（W·h）。

3）爆发期

通过新技术的应用以及比能量大幅度提升等途径，伴随着各级市场逐渐成熟和应用领域拓宽，钠离子电池的性价比优势将更加凸显，相关产业将迎来爆发式增长，产品成本将大幅度降低，低至 0.3 元/（W·h）以下。

9.5.3 与其他电池体系成本对比

1. 与锂离子电池比较

在比较锂离子电池和钠离子电池成本时，由于二者的工作原理和生产工序相似，成本的差异主要体现在原材料的区别：

（1）钠离子电池原材料储量丰富，成本低廉，例如，铜铁锰层状氧化物正极材料的成本是锂离子电池磷酸铁锂正极材料成本的 1/2 左右；煤基碳负极材料相比于石墨类负极材料，其原料成本不及石墨原料成本的 1/10。

（2）钠离子的斯托克斯直径比锂离子的小，低浓度的钠盐电解液具有较高的离子电导率，可以使用低盐浓度电解液，以进一步降低电解液成本。

（3）钠离子电池正、负极集流体均采用铝箔后，同等容量的钠离子电池中 Al 集流体成本是锂离子电池 Al 和 Cu 集流体的 1/3。

（4）钠离子电池无过放电特性，允许钠离子电池放电到零伏，可以降低电池管理系统设计制造的相关成本，同时在零伏电压下的运输和储存成本可进一步降低。

（5）在固态电池中，可设计双极性电极，在同一张铝箔两侧分别涂布正极材料和负极材料，将这样的极片周期堆叠，在一个单体电池中可实现更高电压，并可节约其他非活性材料以提高体积能量密度。

表 9.10 对比了锂离子电池与钠离子电池主要原材料。

表 9.10　钠离子电池与锂离子电池主要原材料对比

项目	钠离子电池	锂离子电池
正极材料	铜铁锰层状氧化物/普鲁士白类/镍铁锰层状氧化物	镍钴锰层状氧化物/磷酸铁锂/锰酸锂/钴酸锂
正极集流体	铝箔	铝箔
电解质材料	0.5 mol/L NaPF$_6$/EC+DMC+EMC+DEC+PC	1.0 mol/L LiPF$_6$/EC+DMC+EMC+DEC
负极材料	无定形碳（软碳、硬碳、软硬复合碳）	石墨
负极集流体	铝箔	铜箔
隔膜	PP/PE	PP/PE

众所周知，锂离子电池材料中常用的钴和镍等重金属元素，不仅资源稀有、成本昂贵，而且对环境也有不利影响，需要特别指出的是，合成正极材料都需要相当比例的含锂前驱体，而锂的资源十分有限且 ~50% 在南美洲，随着锂离子电池应用范围的快速扩展，必然会出现锂盐供不应求的局面。2015 年由于我国电动汽车产量快速增长，导致锂离子电池产能的提升，从而出现碳酸锂成本飞涨的局面，一度达到 14~16 万元/吨。可以预期，锂离子电池原材料成本难以大幅降低，所以其在大规模储能中的应用受到限制。

图 9.43 对比了铜铁锰层状氧化物体系钠离子电池和磷酸铁锂电池单位能量原材料 BOM 成本，可以算出铜铁锰层状氧化物体系钠离子电池要低约 30%。鉴于现阶段锂离子电池产业化程度相对比较成熟，通过各项参数优化和技术调整带来的成本压缩程度已经十分有限，可以预测锂离子电池总成本的下降空间不大。而钠离子电池产业处于起步阶段，其各项成本都还具有巨大的下降空间。

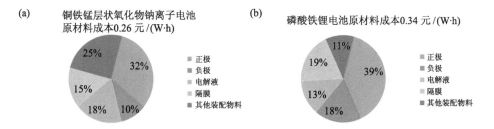

图 9.43　（a）铜铁锰层状氧化物体系钠离子电池和（b）磷酸铁锂电池主要原材料成本比例分布

2. 与铅酸电池比较

铅酸电池的原辅材料和外部电路系统成本极低，而钠离子电池的正极材料、负极材料、集流体、隔膜和电解质等主材成本比铅酸电池原材料成本高很多。而且由于制作工艺的原因，钠离子电池生产用的机械设备昂贵，价值较高且机械设备折旧损耗较大，其制造成本占比较大，达到 20%~30%，而铅酸蓄电池的制造成本一般为 10%~20%。目前，主流的 12 V 10 A·h 铅酸电池成本约 0.4 元/（W·h）（回收成本约占一半，相当于实际成本为 0.2 元/（W·h））。铅酸电池已经过了长期的发展，其成本下降空间极其有限，且随着环保要求更加严格，成本压力将会更大。

但是相比于铅酸电池，同等容量的钠离子电池体积更小、重量更轻，比能量高出 3 倍以上，且循环寿命更长（5000 周以上），远高于铅酸蓄电池循环寿命（300~500 周），降低了钠离子电池的使用成本，延长了使用寿命。

综合折算，钠离子电池单位比能量或单次充放电循环下的成本未来将接近铅酸电池的水平，甚至会更低。鉴于钠离子电池上述独特的技术优势，未来将首先取代铅酸电池并逐步实现各类低速电动车和储能等领域的无铅化。

9.6　钠离子电池应用

9.6.1　钠离子电池产业化现状

1. 国内外钠离子电池产业化情况

2010 年以来，钠离子电池再次受到国内外学术界和产业界的广泛关注[31]。目前，钠离子电池已逐步开始了从实验室走向实用化应用的阶段，国内外已有超过二十家企业正在进行钠离子电池产业化的相关布局，并取得了重要进展[32]。全球主要的钠离子电池代表性企业有英国 FARADION 公司、法国 Tiamat、日本岸田化学、美国 Natron Energy 公司等，以及我国的中科海钠、钠创新能源和星空钠电等。不同企业采用的材料体系各有不同，其中正极材料体系主要包括层状氧化物（如铜铁锰和镍铁锰三元材料）[33,34]、聚阴离子型化合物（如氟磷酸钒钠）和普鲁士蓝（白）类等[35,36]，负极材料体系主要包括软碳、硬碳以及复合型的无定形碳材料等[37,38]。

英国 FARADION 公司较早开展钠离子电池技术的开发及产业化工作[39]，其正极材料为 Ni、Mn、Ti 基 O3/P2 混合相层状氧化物，负极材料采用硬碳。现已研制出 10 A·h 软包电池样品，比能量达到 140 W·h/kg。电池平均工作电压 3.2 V，在 80%DOD 下的循环寿命预测可超过 1000 周。美国 Natron Energy 公司采用普鲁士蓝（白）材料开发的高倍率水系钠离子电池[40]，2C 倍率下的循环寿命达到了 10000 次，但普鲁士蓝（白）类正极材料压实密度较低，生产制作工艺也较复杂，其体积比能量仅为 50 W·h/L。由 CNRS、CEA、VDE、SAFT、Energy RS2E 等多家单位共同参与成立的法国 NAIADES 组织开发出了基于氟磷酸钒钠/硬碳体系的 1 A·h 钠离子 18650 电池原型，其工作电压达到 3.7 V，比能量 90 W·h/kg，1C 倍率下的循环寿命达到了 4000 周，但是其材料电子电导率偏低，需进行碳包覆及纳米化，且压实密度低。此外，丰田公司电池研究部在 2015 年 5 月召开的日本电气化学会的电池技术委员会上也宣布开发出了新的钠离子电池正极材料体系。

国内钠离子电池技术研究也取得了重要进展，其中钠创新能源有限公司制备的 $Na[Ni_{1/3}Fe_{1/3}Mn_{1/3}]O_2$ 三元层状氧化物正极材料/硬碳负极材料体系的钠离子软包电池比能量为 100~120 W·h/kg，循环 1000 周后容量保持率超过 92%。依托中国科学院物理研究所技术的中科海钠公司已经研制出比能量超过 145 W·h/kg 的钠离子电池，电池平均工作电压 3.2 V，在 2C/2C 倍率下循环 4500 次后容量保持率为 83%，现已实现了正、负极材料的百吨级制备及小批量供货，钠离子电芯也具备了 MW·h 级制造能力，并率先完成了在低速电动车、观光车和 30 kW/（100 kW·h）储能电站的示范应用。

2. 目标应用市场

钠离子电池拥有原料资源丰富、成本低廉、环境友好、能量转换效率高、循环寿命长、维护费用低和安全性好等诸多独特优势，可广泛应用于包括各类低速电动车（电动自行车、电动三轮车、观光车、四轮低速电动汽车和物流车）、大规模储能（5G 通信基站、数据中心、后备电源、家庭储能和可再生能源大规模接入）等，可以预计在未来将首先取代铅酸电池并逐步实现低速电动车、后备电源和启停电源等领域的无铅化。即使面对大规模储能的国家战略需求以及智能电网覆盖下的家庭储能市场的崛起，钠离子电池技术作为锂离子电池的有益补充同样会占据一席之地，甚至会扮演更重要的角色。

根据现有钠离子电池技术成熟度和制造规模，将首先从各类低速电动车应用领域切入市场，然后随着钠离子电池产品技术的日趋成熟以及产业的进一步规范化、标准化，其产业和应用将迎来快速发展期，并逐步切入到各类储能应用领域，其应用发展趋势如图 9.44 所示。

3. 钠离子电池产业化面临的挑战及解决方案

钠离子电池技术和产业的发展一定程度上可以借鉴锂离子电池，可谓是"站在了巨人的肩膀上"。然而我们也应意识到目前在钠离子电池产品研发和实现其产业化的过程中依然面临着一些挑战[23,41,42]。

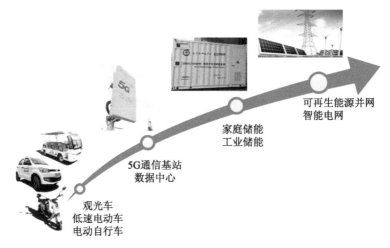

图 9.44　钠离子电池应用发展趋势

（1）目前钠离子电池处于多种材料体系并行发展的状态，而其中一些正、负极材料体系加工性能等还有待进一步提高。其中负极无定形碳材料还有首周库仑效率偏低、储钠机理尚未明确等问题。此外，与正负极材料相匹配的电解液体系的研究和开发也不足。

（2）虽然目前钠离子电池的大部分非活性物质（集流体、黏结剂、导电剂、隔膜、外壳等）可借鉴锂离子电池成熟的产业链，但是对于核心的正负极材料和电解液等活性材料的规模化供应渠道依然缺失，其来源稳定性无法保证，进而影响生产工艺过程和产品质量的稳定性。

（3）相比于锂离子电池，现有的钠离子电池体系能量密度还较低，单位能量密度下的非活性物质用量和成本占比会有一定的增加，致使其活性材料的成本优势无法完全发挥出来。

（4）钠离子电池可参照锂离子电池设计及生产工艺技术，但却无法完全照搬，如钠离子电池负极使用铝箔集流体带来的产品设计、电极制作及装配工艺等的变化，化成老化工艺区别等。

（5）由于钠离子电池工作电压上、下限与其他成熟电池体系的差异以及较强的过放电忍耐能力等，现有的电池管理系统无法完全满足钠离子电池组的使用要求，需要重新设计开发。

（6）目前暂无任何正式的有关钠离子电池的标准和规范发布，影响钠离子电池制造工艺的规范化及产品质量的一致性，也会导致不同企业之间的产品难以统一和标准化，不利于产品的市场推广和成本降低。

接下来，钠离子电池的发展将会更加注重于解决产业发展过程中的工程技术问题和开发符合目标市场需求的产品，其相关技术和产业的发展趋势可以从以下几个方面来进行考虑：

（1）进一步提高正负极材料体系的综合性能，提高材料稳定性并优化其生产制备工艺。优化电解液体系，构筑更加稳定的正极|电解质和负极|电解质界面等。

（2）根据不同应用场景逐渐形成对应的主流钠离子电池体系，同时优化电池设计及生产制造工艺，降低非活性物质的用量，继续提高电池能量密度、循环寿命以及安全性能。

（3）结合钠离子电池特点针对性发展并优化适用于钠离子电池的相关技术体系，包括电芯设计、极片制作、电解液/隔膜选型、化成老化以及电芯评测等技术。

（4）根据钠离子电池的特性针对性开发相应的电池管理系统，以进一步提升电池组整体寿命以及安全性，同时优化钠离子电池成组技术，如开发钠离子电池的无模组电池包（CTP）技术、双极性电池技术等。

（5）联合更多的科研单位及企业共同攻关，打通钠离子电池上下游供应链，尽早完成针对钠离子电池的相关必要标准的制定。

（6）调整生产规模，优化销售环节，降低钠离子电池的单位成本，提高市场的接受程度（尤为重要）。

根据现有的钠离子电池技术成熟度和制造规模水平，将首先从各类低速电动车应用领域切入市场，然后随着钠离子电池产品技术的日趋成熟以及产业的进一步规范化、标准化，其产业和应用将迎来快速发展期，并逐步切入到各类储能应用场景，如可再生能源（如风能、太阳能）的存储，数据中心、5G 通信基站、家庭和电网规模储能等领域。

9.6.2 低速电动车市场

1. 市场需求

低速电动车一般是指速度低于 70 km/h 的纯电动车，主要涵盖电动自行车、电动三轮车、四轮低速电动车，低速便捷、经济实用，而且对于驾照要求不高，可以较好地适应各种道路。据统计，2019 年，国内四轮低速电动车保有量已超过400 万辆，年产量约 100 万辆；电动三轮车保有量达到 5000 万辆，年产量为 1500万辆；电动自行车的保有量达到 3 亿辆左右，年产量达到 3300 万辆。可以预计，整个低速电动车市场规模将超过千亿元。

2. 国家及地方政策导向

最近几年，从国家层面已多次出台了相关政策以引导低速电动车的健康有序发展。

2016 年 10 月，国务院《关于低速电动车管理有关问题的请示》文件中显示，已批示关于低速电动车"升级一批、规范一批、淘汰一批"的工作思路。2018 年 3 月，工信部发《2018 年新能源汽车标准化工作要点》中指示，在整车领域，推进四轮低速电动车标准制定，推动纯电动汽车、轻型混合动力汽车和重型混合动力汽车能耗测试标准修订。

国家政策除了对低速电动车进行了规范和引导外，对电动自行车也有进一步的规范。2018 年 5 月 17 日，国家市场监管总局和国家标准化管理委员会批准发布了《电动自行车安全技术规范》[43]。2018 年 12 月 28 日，《电动自行车用锂离子蓄电池》新国标也正式发布，并于 2019 年 7 月 1 日正式实施[44]。

3. 低速电动车对钠离子电池的要求

低速电动车对钠离子电池的性能要求主要包括放电性能、充电性能、循环寿命和安全性能等几个方面。

放电性能方面，一般需具备 3C 倍率的放电能力，以应对电机启动时峰值功率的需求。充电性能方面，由于低速电动车充电一般采用车载充电机进行充电，220 V 家庭用电即可满足其充电功率要求，同时，充电一般晚上进行，充电时间 3~10 小时不等，因此对充电性能要求较低，最大具备 0.33C 倍率的充电能力即可。循环寿命方面，市场主流低速电动车续航里程在 80~120 km，月行驶里程 1000 km，每年 12000 km，假设充电一次行驶 100 km，一年 120 周循环，大约每三天充一次电，考虑到一般不会将电池的电耗尽，两天充一次电，一年 180 周充放电循环，如果规定用车 5 年，则要求循环寿命不低于 900 周。安全性能则需要满足国家相关的强制检验标准。

9.6.3 规模储能市场

1. 市场需求

来自国家能源局的数据显示，截至 2018 年底，我国可再生能源发电装机达到 7.28 亿千瓦。其中，水电装机 3.52 亿千瓦、风电装机 1.84 亿千瓦、光伏发电装机 1.74 亿千瓦、生物质发电装机 1781 万千瓦。可再生能源发电装机约占全部电力装机的 38.3%。2018 年，可再生能源发电量达 1.87 万亿千瓦时，可再生能源发电量占全部发电量比例为 26.7%；其中，水电 1.2 万亿千瓦时，风电 3660 亿千瓦时，光伏发电 1775 亿千瓦时，生物质发电 906 亿千瓦时，均居世界第一位。

但是，近年来在加快清洁能源开发利用的同时，水电、风电、光伏发电出现送出难、消纳难问题。2018 年全国风电弃风电量 277 亿千瓦时，弃光电量 54.9 亿千瓦时，弃水电量 691 亿千瓦时。"三弃"电量共约 1023 亿千瓦时，超过同期三峡电站的发电量 1016 亿千瓦时，这意味着在能源产业迅猛成长的背后隐藏着非常严重的浪费问题，但同时也使储能电池的研究和发展迎来了不可忽视的机遇及巨大的市场。

近年来，在国家和地方政府政策支持和引导下，在能源消费转型迫在眉睫的关键时期，储能电池市场投资规模在不断加大，产业链布局不断完善，商业模式日趋多元，应用场景加速延伸。在 2018 年，国内电化学电池储能装机为 845 MW，以 4 小时运营时间算，已达到了 3.38 GW·h。预计到"十四五"末，中国的储能装机容量将达到 50~60 GW，相当于万亿元的市场规模。

2. 国家及地方政策导向

目前，国家及地方政府储能政策主要目的是推动储能快速发展，与储能相关的政策大致分三类，储能产业政策、储能参与电力辅助服务政策以及微电网相关政策。

1）储能产业政策

2017 年 9 月，国家发展改革委、财政部、科技部、工业和信息化部和国家能源局五部门联合印发《关于促进储能技术与产业发展的指导意见》（以下简称《指导意见》），明确了促进我国储能技术与产业发展的重要意义、总体要求、重点任务和保障措施[45]。

《指导意见》指出，储能是智能电网、可再生能源高占比能源系统以及"互联网+"智慧能源的重要组成部分和关键支撑技术。储能是提升传统电力系统灵活性、经济性和安全性的重要手段，是推动主体能源由化石能源向可再生能源更替的关键技术，是构建能源互联网，推动电力体制改革和促进能源新业态发展的核心基础。近年来，我国储能呈现多元发展的良好态势，总体上已经初步具备了产业化的基础。

2）储能参与电力辅助服务政策

近几年，东北、西北、华北、华中以及南方能源监管局相继出台的各区域的两个细则，即《南方区域发电厂并网运行管理实施细则》以及《南方区域并网发电厂辅助服务管理细则》。据不完全统计，截至目前，国家及地方已出台 30 余项电力辅助服务相关政策。

3）微电网相关政策

2017 年 7 月，国家发展改革委和国家能源局为推进能源供给侧结构性改革，促进并规范微电网健康发展，引导分布式电源和可再生能源的就地消纳，建立多元融合、供需互动、高效配置的能源生产与消费模式，推动清洁低碳，安全高效的现代能源体系建设，结合当前电力体制改革，制定《推进并网型微电网建设试行办法》。从 2017 年开始，国家标准化管理委员会依次发布国标《微电网接入电力系统技术规定》、《微电网接入配电网测试规范》和《微电网接入配电网运行控制规范》，对微电网接入进行标准化要求。

3. 储能对钠离子电池的要求

储能对钠离子电池的要求主要体现在成本和循环寿命两方面，以一套 30 kW/（100 kW·h）的储能系统为例，预设系统使用 5 年收回成本，每天充放电 1 次，按照峰电价 1 元/（kW·h）、谷电价 0.3 元/（kW·h）来计算对钠离子电池的成本要求，具体收益核算见表 9.11。

表 9.11　钠离子电池储能系统收益表

年限		1	2	3	4	5	备注
电价政策	高峰电价/（元/（kW·h））	1	1	1	1	1	电价政策不变
	低谷电价/(元/(kW·h))	0.3	0.3	0.3	0.3	0.3	
收益核算	电池衰减累计	0%	2%	4%	6%	8%	与初始比
	比容量保持率	100%	98%	96%	94%	92%	与初始比
	系统电量/(kW·h)	100	98	96	94	92	与初始比
	充放电深度	85%	85%	85%	85%	85%	降低电池衰减
	能量效率	90%	90%	90%	90%	90%	包括电池与 PCS
	可用电量/(kW·h)	76.5	74.97	73.44	71.91	70.38	考虑 DOD 和寿命，扣除效率
	峰谷差价/元	0.7	0.7	0.7	0.7	0.7	
	一天充放/次	1	1	1	1	1	
	每年运行/天	365	365	365	365	365	
	每年存储电量/(kW·h)	31025	30405	29784	29164	28543	用电低谷充入
	每年放出电量/(kW·h)	27923	27364	26806	26247	25689	用电高峰放出
	全年峰谷套利/(元/年)	18615	18243	17870	17498	17126	高峰时放出电量费用减去低谷时存储电量费用
	累计峰谷套利/元	18615	36858	54728	72226	89352	

从表 9.11 计算可得，1 套 30 kW/(100 kW·h)储能系统，运行 5 年，峰谷套利累计达 89352 元，因此要求储能系统的成本应小于 0.9 元/(W·h)，按电池单体占储能系统成本 60%算，要求单体钠离子电池成本应小于 0.54 元/(W·h)。另一方面，在系统运行 5 年盈利后，继续运行 5 年，不考虑成组后对电池寿命的影响，要求电芯循环寿命至少要达到 3650 周。

因此，储能对钠离子电池成本和循环寿命的要求将是一个挑战。

4. 钠离子电池储能系统案例介绍

以中国科学院物理研究所与中科海钠科技有限责任公司共同建设的 30 kW/(100 kW·h)钠离子电池储能系统为例进行介绍[46]。

1）钠离子电池储能系统成组方案

系统采用 6 A·h 单体钠离子电池,通过 6 并 16 串连接后成为 48 V 36 A·h 的模组。系统共使用 63 个模组,采用 7 并 9 串的方式接入变流器。电池阵列输出电压范围 216~576 V，系统总能量约 100 kW·h，最终集成为 30 kW/(100 kW·h)钠离子电池储能系统。储能系统组成方案的总体框图如图 9.45 所示。

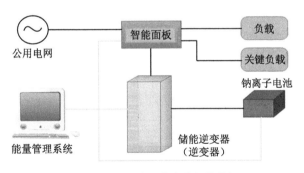

图 9.45　储能系统组成方案的总体框图

2）钠离子电池储能系统结构方案

30 kW/(100 kW·h)钠离子电池储能系统采用集装箱将电池组、配电系统、通信监控、温控安全等设备有机地集成到一个标准单元内。该标准单元拥有独立的温度控制系统、隔热系统、阻燃系统、火灾报警系统、消防系统等自动控制和安全保障系统。集装箱外形图如图 9.46 所示。

图 9.46　30 kW/（100 kW·h）钠离子电池储能系统外形图

参 考 文 献

[1] Li M, Lu J, Chen Z, et al. 30 years of lithium-ion batteries. Advanced Materials, 2018, 30(33): 1800561

[2] Hueso K, Armand M, Rojo T. High temperature sodium batteries: status, challenges and future trends. Energy & Environmental Science, 2013, 6(3): 734-749

[3] Wen Z. Sodium sulfur cell and its energy storage application. Shanghai Energy Conservation, 2007, 2

[4] 新能源网.上海硅酸盐所等"钠硫电池"开展电站应用工程示范. http://www.china-nengyuan.com/tech/71411.html. 2014-12-30

[5] Yang Z, Zhang J, Kintner-Meyer M, et al. Electrochemical energy storage for green grid. Chemical Reviews, 2011, 111(5): 3577-3613

[6] Oshima T, Kajita M. Development of sodium-sulfur batteries. International Journal of Applied Ceramic Technology, 2004, 1(3): 269-276

[7] Sudworth J. Zebra batteries. Journal of Power Sources, 1994, 51: 105-114

[8] 浙江安力能源有限公司投产仪式. http://www.durathon.cn/NewsDetail/1067205.html

[9] Hartenbach A, Bayer M, Dustmann C. The sodium metal halide (ZEBRA) battery//Molten Salts Chemistry. Amsterdam: Elsevier, 2013, 439-450

[10] NGK Insulators, LTD. Cause of NAS battery fire incident, safety enhancement measures and resumption of operations. https://www.ngk-insulators.com/en/news/20120425_9322.html. 2012-4-25

[11] Li Y, Lu Y X, Zhao C, et al. Recent advances of electrode materials for low-cost sodium-ion batteries towards practical application for grid energy storage. Energy Storage Materials, 2017, 7:130-151

[12] Bin D, Wang F, Tamirat A, et al. Progress in aqueous rechargeable sodium-ion batteries. Advanced Energy Materials, 2018, 8: 1703008

[13] Zhao C, Liu L, Qi X, et al. Solid-state sodium batteries. Advanced energy materials, 2018, 8:

1703012

[14] Pan H, Zhang J. Electrolytes and interfaces for stable high energy Na-ion batteries. https://www.energy.gov/sites/prod/files/2019/06/f64/bat429_pan_2019_p_4.12_6.28pm_jl.pdf. 2019-06-12

[15] 王其钰, 褚赓, 张杰男, 等. 锂离子扣式电池的组装,充放电测量和数据分析. 储能科学与技术, 2018, 7(02): 327-344

[16] Quinn J, Waldmann T, Richter K, et al. Energy density of cylindrical Li-ion cells: a comparison of commercial 18650 to the 21700 cells. Journal of The Electrochemical Society, 2018, 165(14): A3284-A3291

[17] Holtstiege F, Bärmann P, Nölle R, et al. Pre-lithiation strategies for rechargeable energy storage technologies: concepts, promises and challenges. Batteries, 2018, 4: 4

[18] 李国龙, 褚春波, 张耀. 钠离子电池补钠的方法及钠离子电池. CN106848453A. 2017

[19] 徐茂文, 沈博磊. 一种钠离子电池负极材料的处理方法及产品. CN106654159A. 2017

[20] Singh G, Acebedo B, Cabanas M, et al. An approach to overcome first cycle irreversible capacity in P2-$Na_{2/3}[Fe_{1/2}Mn_{1/2}]O_2$. Electrochemistry Communications, 2013, 37: 61-63

[21] Peer review report for the ANL BatPac model. Modeling the cost and performance of lithium-ion batteries for electric-drive vehicles: docket ID EPA-HQ-OAR-2010-0799-1080.

[22] 王其钰, 王朔, 张杰男, 等. 锂离子电池失效分析概述. 储能科学与技术, 2017, 6(5): 1008-1025

[23] 方铮, 曹余良, 胡勇胜, 等. 室温钠离子电池技术经济性分析. 储能科学与技术, 2016, 5(2): 149-158

[24] Li Y, Hu Y S, Li H, et al. A superior low-cost amorphous carbon anode made from pitch and lignin for sodium-ion batteries. Journal of Materials Chemistry A, 2016. 4(1): 96-104

[25] 锂电网.锂离子电池供应链分析报告. https://libattery.ofweek.com/2015-10/ART-36001-8420-29011394.html. 2015-10-05

[26] 中国产业信息网. 2017 年中国锂离子电池行业发展概况及产业链分析. http://www. chyxx. com/industry/201709/566418.html. 2017-09-22

[27] Li Y, Lu Y X, Adelhelm P, et al. Intercalation chemistry of graphite: alkali metal ions and beyond. Chemical Society Reviews, 2019, 48(17): 4655-4687

[28] 中国化学与物理电源行业协会. 锂电池及主要材料成本行情. http://www.ciaps.org.cn/quote/. 2020-07-19

[29] 詹弗兰科·皮斯托亚. 锂离子电池技术——研究进展与应用. 赵瑞瑞, 余乐, 常毅, 陈红雨, 译. 北京: 化学工业出版社, 2016: 69-75

[30] Nelson P, Gallagher K, Bloom I. BatPaC (Battery Performance and Cost) Software. https://www.anl.gov/tcp/batpac-battery-manufacturing-cost-estimation

[31] Hwang J, Myung S, Sun Y. Sodium-ion batteries: present and future. Chemical Society Reviews, 2017, 46(12): 3529-3614

[32] 李先锋, 张洪章, 郑琼, 等. 能源革命中的电化学储能技术. 中国科学院院刊, 2019, 34(4): 443

[33] Mu L, Xu S, Li Y, et al. Prototype sodium-ion batteries using an air-stable and Co/Ni-free O3-layered metal oxide cathode. Advanced Materials, 2015, 27(43): 6928-6933

[34] 王红, 廖小珍, 颉莹莹, 等. 新型移动式钠离子电池储能系统设计与研究. 储能科学与技术, 2016, 5(1): 65-68

[35] Qi Y, Zhao J, Yang C, et al. Comprehensive studies on the hydrothermal strategy for the synthesis of $Na_3(VO_{1-x}PO_4)_2F_{1+2x}$ $(0 \leqslant x \leqslant 1)$ and their Na storage performance. Small Methods, 2018, 3(4): 1800111

[36] Lu Y, Wang L, Cheng J, et al. Prussian blue: a new framework of electrode materials for sodium batteries. Chemical Communications (Cambridge), 2012, 48(52): 6544-6546

[37] Li Y, Hu Y S, Qi X, et al. Advanced sodium-ion batteries using superior low cost pyrolyzed anthracite anode: towards practical applications. Energy Storage Materials, 2016, 5: 191-197

[38] Fu L, Tang K, Song K, et al. Nitrogen doped porous carbon fibres as anode materials for sodium ion batteries with excellent rate performance. Nanoscale, 2014, 6(3): 1384-1389

[39] Barker J. Progress in the commercialization of Faradion's Na-ion battery technology. http://www.faradion.co.uk

[40] Bauer A, Song J, Vail S, et al. The scale-up and commercialization of nonaqueous Na-ion battery technologies. Advanced Energy Materials, 2018, 8(17): 1702869

[41] Lu Y X, Rong X, Hu Y S, et al. Research and development of advanced battery materials in China. Energy Storage Materials, 2019, 23: 144-153

[42] Hu Y S, Lu Y X. 2019 Nobel prize for the Li-ion batteries and new opportunities and challenges in Na-ion batteries. ACS Energy Letters, 2019, 4(11): 2689-2690

[43] 夏金彪. 电动自行车新国标将引领行业高质量发展. 电动自行车, 2018, 7(7): 24.

[44] 《电动自行车用锂离子蓄电池》新国标将于 2019 年 7 月 1 日实施. http://std.samr.gov.cn/gb/search/gbDetailed?id=7E2903B0D5C75A63E05397BE0A0AF660

[45] 发改办能源〔2019〕725 号.关于促进储能技术与产业发展的指导意见. https://www. ndrc. gov.cn/xxgk/zcfb/tz/201907/t20190701_962470.html

[46] 中科海钠科技有限责任公司. 全球首座 100 kW·h 钠离子电池储能电站投入运行. http://www.hinabattery.com/index.php?id=68. 2019-03-29

后　记

钠离子电池：中国的机会

自 1800 年意大利物理学家亚历山德罗·伏特发明了人类历史上的第一个电池——伏打电堆以来，电池这种能够提供持续而稳定电流的装置历经 200 余年的发展，不断满足人们对电力灵活运用的需求。近年来，随着对可再生能源利用的巨大需求和对环境污染问题的日益关注，二次电池（又称可充电电池或蓄电池）这种能够将其他形式能量转换成的电能预先以化学能的形式存储下来的储能技术，在新一轮能源变革中迎来新的发展机遇。

在众多二次电池中，锂离子电池率先把握住了这一重要发展机遇。20 世纪 70 年代在欧洲开启研究，1991 年在日本实现商业化，迅速获得市场的认可，成为"4C"产品（即计算机、通信、网络和消费电子）不可或缺的重要组件。近二十年来，在各国政府的大力支持下，锂离子电池在新能源汽车领域的发展势头同样强劲，同时中关村储能产业技术联盟 2019 年统计数据显示在全球电化学规模储能示范项目中，锂离子电池的占比高达 88%。目前，全球锂离子电池的生产制造规模达到了空前水平，2019 年的诺贝尔化学奖给予了锂离子电池极高的肯定。

尽管如此，仅靠锂离子电池这一项储能技术并不能全面改变传统能源结构，受锂资源储量（~17 ppm）和分布不均匀（~50%在南美洲）的限制（特别是我国目前 80%锂资源依赖进口），锂离子电池难以同时支撑起电动汽车和电网储能两大产业的发展。因此，锂离子电池的备选储能技术成为世界各国新能源技术竞争的焦点，谁将成为继锂离子电池之后的另一储能技术新星备受瞩目。

在此背景下，与锂离子电池具有相同工作原理和相似电池构件的钠离子电池再次受到关注。实际上，早在 20 世纪 70 年代末期钠离子电池与锂离子电池几乎同时开展研究，由于受当时研究条件的限制和研究者对锂离子电池研究的热情，钠离子电池的研究曾一度处于缓慢和停滞状态，直到 2010 年后钠离子电池才迎来它的发展转折与复兴。近十年来钠离子电池的研究取得了突飞猛进的发展。这离不开对锂离子电池研究经验的成功借鉴，更离不开对钠离子电池本征优势的不断探索。

随着研究的不断深入，研究者发现钠离子电池不仅具有钠资源储量丰富、分布广泛、成本低廉、无发展瓶颈、环境友好和兼容锂离子电池现有生产设备的优势，还具有较好的功率特性、宽温度范围适应性、安全性能和无过放电问题等优势。同时借助于正负极均可采用铝箔集流体构造双极性电池这一特点，可进一步提升钠离子电池的能量密度，使钠离子电池向着低成本、长寿命、高比能和高安全的方向迈进。

经过世界各研究组的共同努力，钠离子电池在电极材料、电解质材料、表征分析、储钠机制探索和电芯技术等方面不断取得突破，钠离子电池相关文章的发表数量迅速增加，专利的申请数目逐年递增。2020 年，美国能源部公布了对电池研究计划的布局，着力开展对动力电池和储能电池的基础研究与先进制造，在此计划中明确将钠离子电池作为储能电池的发展体系。欧盟储能计划"电池 2030"项目公布了未来重点发展的电池体系，包括锂离子电池、非锂离子电池和未来新型电池，其中将钠离子电池列在非锂离子电池体系的首位。欧盟"地平线 2020 研究和创新计划"更是将"钠离子材料作为制造用于非汽车应用耐久电池的核心组件"作为重点发展项目（资助 800 万欧元）。截至 2020 年，全球已有约二十多家企业致力于钠离子电池的研发，包括英国 Faradion 公司、法国 Tiamat、日本岸田化学、美国 Natron Energy 等公司，以及我国的中科海钠、钠创新能源、星空钠电等公司，都在进行钠离子电池产业化的相关布局，并取得了重要进展。

由此可见，钠离子电池已成为世界各国竞相发展的储能技术。现在的问题是，在新一轮的电池技术角逐中，中国是否有机会率先在全球范围内实现钠离子电池的商业化？

从国家能源安全而言，我国的基本国情为钠离子电池在中国的产业化提供了肥沃土壤。从能源结构来看，我国是一个富煤、少气、缺油的国家，致使我国成为煤炭使用量世界第一，二氧化碳排放量世界第一，石油进口量世界第一和天然气进口量世界第一的国家。当前，世界政治、经济格局深刻调整，能源供求关系深刻变化，我国能源资源约束日益加剧，能源发展面临一系列新问题、新挑战。如何降低我国对外进口依存度，降低二氧化碳排放量，提高能源安全保障，改善生态环境是亟待解决的重大问题。能源绿色低碳转型是我国可持续发展的必然选择，我国政府对储能技术的研究开发和应用推广给予了高度重视，已出台多项支持政策。2015 年 09 月 26 日，国家主席习近平在联合国发展峰会发表题为《谋共同永续发展 做合作共赢伙伴》的重要讲话并宣布"中国倡议探讨构建全球能源互联网，推动以清洁和绿色方式满足全球电力需求"。能源互联网是基于可再生能源的分布式、开放共享网络，能源互联网的基础是储能。

面对如此庞大的需求，储能技术的发展迎来了不可忽视的机遇。钠离子电池技术在中国的商业化进程必将势不可挡，不仅能够在构建能源互联网中发挥重要作用，满足新能源领域低成本、长寿命和高安全性能等要求，还能够在一定程度上缓解由锂资源短缺引发的储能电池发展受限问题，是锂离子电池的有益补充，同时可逐步替代环境污染严重的铅酸电池，推动我国清洁能源技术应用迈向新台阶，为我国能源安全和社会可持续发展提供保障。

从产业需求推动而言，我国的储能市场为钠离子电池在中国的产业化创造了必要条件。近年来，我国清洁能源产业不断发展壮大，产业规模和技术装备水平不断提升，为缓解能源资源约束和生态环境压力做出了突出贡献。但同时，清洁能源发展不平衡、不充分的矛盾也日益凸显，特别是清洁能源消纳问题突出，已严重制约了电力行业的健康可持续发展。中国科学院物理研究所陈立泉院士在最新召开的 2020 年储能国际峰会中多次倡导要大力发展储能技术，促电动中国，保能源安全。他对我国储能行业的现状做了详细分析，指出 2018 年全国数据中心共耗 1609 亿度电，占中国全社会用电量的 2.35%；2018 年我国弃光、弃风、弃水电量共计 1022 亿度电；随着 5G 基站建设进程加快，我国至少需要新建或改造 1438 万个基站，存在 155 GW·h 电池的容纳空间，对储能电池的需求必将大幅提升。面对巨大的储能市场，钠离子电池以其低成本、长寿命和高安全的诸多优势有望在低速电动车、电动船、数据中心、通信基站、家庭/工业储能、可再生能源大规模接入和智能电网等多个领域快速发展，提升我国在储能技术领域的竞争力与影响力。

从核心技术层面来看，我国的技术储备为钠离子电池在中国的产业化做好了充分准备。我国在钠离子电池的研发方面处于国际领先水平，在核心材料体系方面具有完全独立自主的知识产权，部分专利还获得了美国、日本和欧盟的授权。这预示着我国不仅不会在核心技术方面遭遇卡脖子的危险，而且还有机会为钠离子电池争取更大的海外市场。除了关键材料的研发，相关企业不断有序推进关键材料放大制备和生产、电芯设计和研制、模块化集成与管理，推动钠离子电池的商业化进程。其中，国内首家专注于钠离子电池研发的企业——中科海钠公布的数据显示，钠离子电芯能量密度已接近 150 W·h/kg，循环寿命达 4500 次以上，高低温性能优异、安全性高、具备快充能力；于 2018 年 6 月，推出了全球首辆钠离子电池（72 V·80 A·h）驱动的低速电动车，并于 2019 年 3 月发布了世界首座 30 kW/100 kW·h 钠离子电池储能电站，标志着我国在钠离子电池的应用示范方面走在了世界前列。目前，我国在钠离子电池产品研发制造、标准制定以及市场推广应用等方面的工作正在全面展开，为钠离子电池在中国的商业化奠定了坚实的基础。

总之，在全球大规模储能产业快速发展的今天，特别是在众多电化学储能技术中，作为最接近锂离子电池技术的钠离子电池将凭借其独特的优势在储能领域拥有广阔的用武之地。我国钠离子电池在基础研究、技术水平和产业化推进速度方面都处于国际领先地位，已具备了先发优势。因此，无论从国家的政策扶持和市场引导等角度，还是企业自身技术发展和产业布局等角度，中国都有机会获得钠离子电池产业发展的主导权，引领钠离子电池技术研发与实际应用的发展趋势，率先在全球范围内实现钠离子电池的商业化应用。相信在我国各级政府的顶层规划及相关政策大力支持之下，在产、学、研协同创新之下及社会资本的推动之下，钠离子电池必将为实现碳达峰、碳中和目标而发挥重要作用。

2020 年 9 月